高等院校"十三五"应用型规划教材·土木工程专业

材料力学

主　编　苏振超　薛艳霞　游春华
副主编　刘清颖　王新征　黄艳丽

南京大学出版社

内容简介

本书依据教育部高等学校力学教学指导委员会制定的《材料力学课程教学基本要求》(A类)，在总结长期从事材料力学教学工作经验和课程改革成果的基础上编写而成。全书共10章，依次为绪论、轴向拉伸与压缩、扭转与剪切、弯曲内力、弯曲应力、弯曲变形、应力状态分析及强度理论、组合变形、压杆稳定、动荷载及交变应力，另有附录。本书内容讲解透彻，针对读者学习中的疑惑，给出有启发意义的提示、说明或思考方法。每章后均有比较多、难易不等的思考题和习题，并以二维码的形式给出习题的参考答案、客观思考题和五套模拟试卷及其参考答案，以用于巩固和提高。

本书可作为高等学校工科本科土木类、水利类、机械类等专业的材料力学教材，也可作为其他专业学习材料力学的参考书、相关工程技术人员的自学用书或研究生入学考试的复习用书等。

图书在版编目(CIP)数据

材料力学/ 苏振超，薛艳霞，游春华主编. —南京
南京大学出版社，2017.9
高等院校"十三五"应用型规划教材. 土木工程专业
ISBN 978-7-305-18566-3

Ⅰ. ①材… Ⅱ. ①苏… ②薛… ③游… Ⅲ. ①材料力学—高等学校—教材 Ⅳ. ①TB301

中国版本图书馆CIP数据核字(2017)第097034号

出版发行 南京大学出版社
社　　址 南京市汉口路22号　　邮　　编 210093
出 版 人 金鑫荣

丛 书 名 高等院校"十三五"应用型规划教材. 土木工程专业
书　　名 材料力学
主　　编 苏振超 薛艳霞 游春华
责任编辑 姚 燕 刘 灿　　编辑热线 025-83597482

照　　排 南京理工大学资产经营有限公司
印　　刷 丹阳市兴华印刷厂
开　　本 787×1092 1/16 印张22 字数589千
版　　次 2017年9月第1版 2017年9月第1次印刷
ISBN 978-7-305-18566-3
定　　价 49.80元

网　　址:http://www.njupco.com
官方微博:http://weibo.com/njupco
官方微信号:njupress
销售咨询热线:(025)83594756

前　言

材料力学对于土建类、机械类、水利类等很多工科专业是一门极其重要的专业基础课程，后续很多专业技术课程都有材料力学的重要应用，并且也是很多工科专业考研的专业课程之一，在课程体系的规划中受到广泛重视。本教材的编写，考虑到多个专业的不同需要、教学对象的不同层次、教学计划的不同课时等问题，按照由浅入深、循序渐进的原则，在强调基本概念、基本原理的同时，加强材料力学的理论和方法的应用。课后习题既包含简单的练习以掌握基础知识，也包含一些比较灵活的问题以提高解决实际问题的能力，所以本教材可作为各类本科教育的教学用书，也可作为工程技术人员的自学用书或研究生入学考试的复习用书等。

本书是在作者们长期从事材料力学课程教学工作经验基础上，参照教育部高等学校力学教学指导委员会制定的《材料力学课程教学基本要求》(A 类)撰写而成。本教材沿用了传统的材料力学教学体系，主要特点有：(1) 在轴向拉压、扭转和平面弯曲的内力分析中，均引入分布荷载与内力之间的微分和积分关系，这样使得各基本变形的章节中内力之间有更明确的对应关系，也使学生在学习内力相关内容时有更深入的理解。(2) 强调变形的计算方法，因为很多材料力学的问题都与变形有关。特别是梁的变形计算，强化了叠加法的应用，将叠加法中的一些技巧进行归纳总结，以便于学生理解和掌握。(3) 强化了与后续结构力学课程的衔接，例如梁的内力图的画法，正文中还包含了多跨静定梁、静定平面刚架的内力图等内容。(4) 除课程指导委员会要求的教学基本内容之外，还涉及一些专题部分的内容，例如薄壁截面直杆的自由扭转，非对称纯弯曲的概念，组合梁，塑性铰与极限荷载的概念，应变状态分析，动荷载和疲劳强度等都有所涉及，这些内容对于深入理解基础理论、扩展学生的视野、解决实际工程问题都很有帮助。这些内容可以根据课时的多少由老师自行安排，或者给学生自学，不会影响后续内容的学习。(5) 在附录中简单介绍了材料力学课程教学软件 MDSolids 的应用，希望通过对该软件的使用提高学生对材料力学课程的兴趣，并了解一些专业词汇的英文表达。(6) 以二维码的形式提供习题答案和客观思考题，并可以对客观思考题在线互动解答。同时提供五套难度不同的材料力学模拟试题，并提供参考答案，供读者检查学习效果。(7) 本书在编写过程中，坚持以学生为中心的理念，以有效教学、激发学生的积极思维为导向，在正文中及例题后附加的【说明】、【评注】、【思考】等环节，加强学生思维能力以及提出和分析问题能力的培养，力求做到使学生的知识与能力协调发展，理论与实际相结合。作者相信，只有引导学生不断提出新的问题，才能激发学习兴趣，才能学好材料力学。

本书在实际授课时，教师可以按照不同课时进行组合讲授。这里给出参考意见如下：对于36 课时左右的课程，建议讲授第一至六章(除去带星号部分)的基本内容；对于 48～52 课时的课程，建议讲授第一至八章(除去带星号部分)的基本内容；对于 64～72 课时的课程，建议讲授

第一至九章(含带星号部分)的内容;对于 80 课时以上的课程,建议讲授本书全部内容(含带星号部分)。

本书由苏振超、薛艳霞、游春华担任主编,刘清颖、王新征、黄艳丽担任副主编,编写分工如下:苏振超编写第一章、第九章及所有附录和二维码对应的内容,薛艳霞编写第五章、第六章、第十章,游春华编写第三章,刘清颖、薛艳霞共同编写第七章,王新征编写第四章、第八章,黄艳丽、薛艳霞共同编写第二章。全书由苏振超负责规划并统稿,薛艳霞协助统稿并绘制所有线图。

本教材在编写过程中得到了厦门大学嘉庚学院、湖南工学院、南阳师范学院、福州外语外贸学院、西安培华学院、厦门大学等学校诸多教师的帮助,并且参考、引用了很多国内外优秀材料力学教材的内容,在此向这些学校有关老师以及参考教材的作者们致以诚挚的谢意!本书第一主编对厦门大学嘉庚学院及土木工程系的领导在写作过程中所提供的良好条件和帮助深表感谢!对其他作者所在学校领导在本书编写过程中给予的关心和帮助表示感谢!

限于作者的水平,书中定有疏漏或错误之处,敬请广大教师和读者批评指正。

编　者

2017 年 6 月

目 录

第1章 绪 论

1.1 材料力学的任务与研究对象

各种机械与结构在工程实际中都有广泛应用，如图 1-1(a)所示的机械手臂，图 1-1(b)所示的钢结构，图 1-1(c)所示的厦门海沧大桥，图 1-1(d)所示的框架结构等。组成这些机械与结构的零部件，统称为**构件**。当机械与结构工作时，构件受到外力作用，同时，其尺寸与形状也发生改变。构件尺寸与形状的变化，称为**变形**。构件的变形分为两类：一类为外力解除后能消失的变形，称为**弹性变形**；另一类为外力解除后不能消失的变形，称为**塑性变形**或**残余变形**。

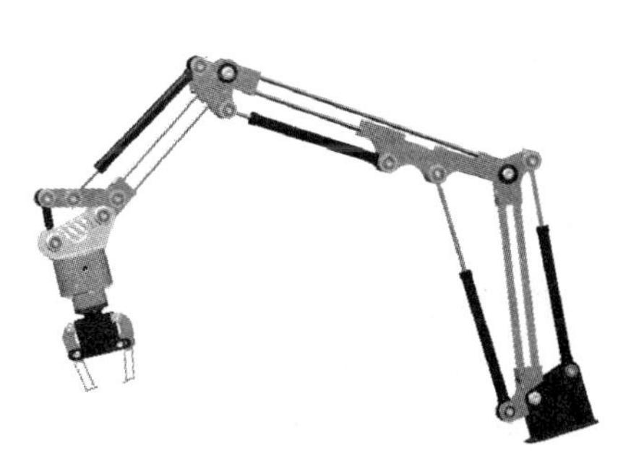

(a) 机械手臂

(b) 钢结构厂房

(c) 厦门海沧大桥

(d) 框架结构

图 1-1 各类机械或结构(图片来自百度图片)

1.1.1 材料力学的任务

材料力学是研究工程构件承载能力的基础性学科，也是固体力学中具有入门性质的分支。它主要以一维构件(杆件)作为研究对象，定量研究构件内部在各类变形形式下的力学规律，以便选择适当的材料，确定恰当的形状尺寸，在保证构件能够承受预定荷载的前提下为设计既安全又经济的构件提供必要的理论基础、计算方法和实验技能。

各类工程构件要能够正常工作，需满足强度、刚度和稳定性三个方面的要求。

所谓**强度**，是指构件或结构抵抗破坏的能力。在一定的外荷载作用下，某些构件可能会在局部产生裂纹，裂纹扩展可能导致构件的断裂；而有些构件虽没有裂纹产生，但可能在局部产生较大的不可恢复变形，导致整个构件失去承载能力。这些现象都是工程构件应该避免的。一方面，需要对各类工程材料的力学性能加以研究、分析和比较，把各类材料应用于最适合的场合。例如，用钢制构件替代木制构件，就能够提高构件的强度。另一方面，采用更加合理的结构形式，而不替换材料，不增加材料用量，也能提高结构的强度。例如图 1-2 所示的矩形截面悬臂梁，仅仅将构件的放置方向改变一下，就提高了构件抵抗破坏的能力。因此，在材料力学中，将全面考虑影响构件强度的各种因素，并加以定量分析，从而能够采取更为合理而可靠的措施来提高构件的强度。

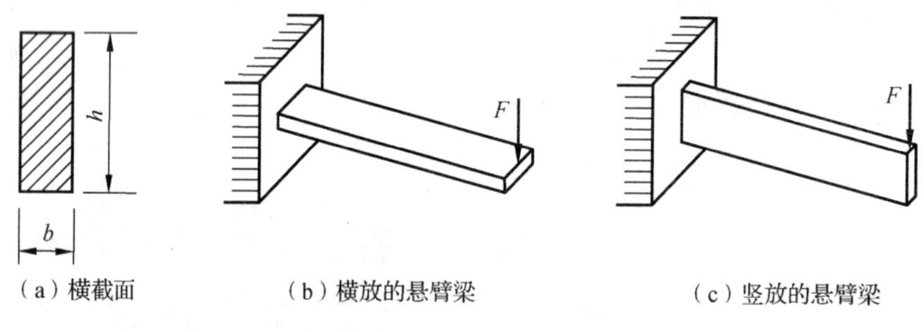

图 1-2 悬臂梁的强度与刚度

所谓**刚度**，是指构件或结构抵抗变形的能力。许多构件都需要满足一定的变形要求。例如在精密仪器的加工中，车床主轴如果变形过大，会严重影响加工精度，次品率大幅上升；超高层建筑在风荷载作用下，如果产生太大的变形和晃动，会使住户产生不适感甚至恐慌感。所以工程中常常需要提高结构或构件的刚度。另一方面，构件的刚度要与使用要求相适应，例如跳水运动员往往希望跳板有足够的弹性和适当的变形量，以便能发挥出更高的水平。针对工程中的实际要求，材料力学将研究构件的变形形式和影响因素，讨论控制构件变形的相关措施。

【注意】 ① 不能把强度和刚度混淆，认为提高构件强度的同时也必然提高其刚度是不一定正确的。的确，有些措施在提高强度的同时也提高了刚度。但即使是这样，它们在数量关系上也不一定是相同的。② 在以后的章节中读者会看到，对于截面宽度为 b，高度为 $h=3b$ 的矩形截面梁，若图 1-2(b)所示的梁横放形式变为图 1-2(c)所示的竖放形式，则在同样的强度条件要求下，允许施加的荷载提高到 $h/b=3$ 倍；而在同样的刚度条件要求下，允许施加的荷载提高到 $(h/b)^2=9$ 倍。③ 在不改变其他条件的前提下，用高强度的合金钢材代替普通钢材，可以有效提高构件的强度，却不能有效提高其刚度。因此，强度和刚度是完全不同的两个概念。

由图 1-2 可看出，如果荷载沿竖直方向作用，提高构件截面的高宽比 h/b，有助于提高其强度和刚度。但是，过大的高宽比却可能产生如图 1-3 所示的另外一类情况。当外荷载不是很大时，悬臂梁保持着仅在竖直平面内发生弯曲的平衡状态，如图 1-3(a)所示。但是当荷载逐渐增大，大到一定数值时，原有的平衡状态变得很不稳定了，极易转为图 1-3(b)的状态。这种情况称作**失稳**。图 1-4(a)中的压杆也存在着类似的情况。工程结构或构件应该有足够的保持原有平衡状态的能力，这就是结构的**稳定性**。材料力学将以图 1-4(a)一类的压杆为例研究各种因素对压杆稳定性的影响。

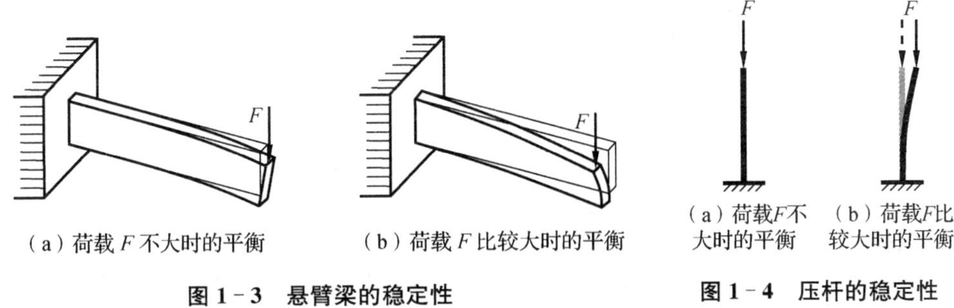

(a) 荷载 F 不大时的平衡　　(b) 荷载 F 比较大时的平衡

图 1-3　悬臂梁的稳定性

(a) 荷载F不大时的平衡　　(b) 荷载F比较大时的平衡

图 1-4　压杆的稳定性

1.1.2　材料力学的研究对象

工程实际中的构件，形状多种多样，按照其几何特征，主要可分为杆件与板件。

如图 1-5 所示，一个方向的尺寸远大于其他两个方向的尺寸的构件，称为**杆件**。杆件是工程中最常见、最基本的构件。例如图 1-3 所示的悬臂梁与图 1-4 所示的压杆，工程实际中其长度方向的尺寸常常远大于其他两个方向的尺寸，故均为杆件。

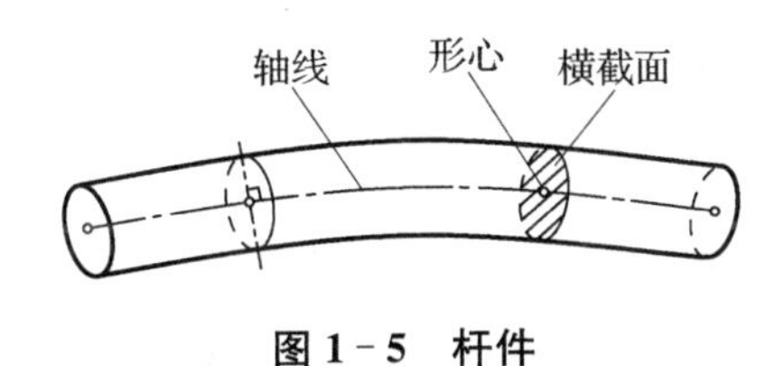

图 1-5　杆件

杆件的形状与尺寸由其轴线与横截面确定，轴线通过横截面的形心，横截面与轴线相正交。根据轴线与横截面的特征，杆件可分为**等截面杆**[图 1-6(a)、(c)]与**变截面杆**[图 1-6(b)]，**直杆**[图 1-6(a)、(b)]与**曲杆**[图 1-6(c)]。在工程实际中，最常见的杆件是等截面直杆，简称为**等直杆**。等截面直杆的分析计算原理，一般也可近似地用于曲率较小的曲杆与截面无显著变化的变截面杆。

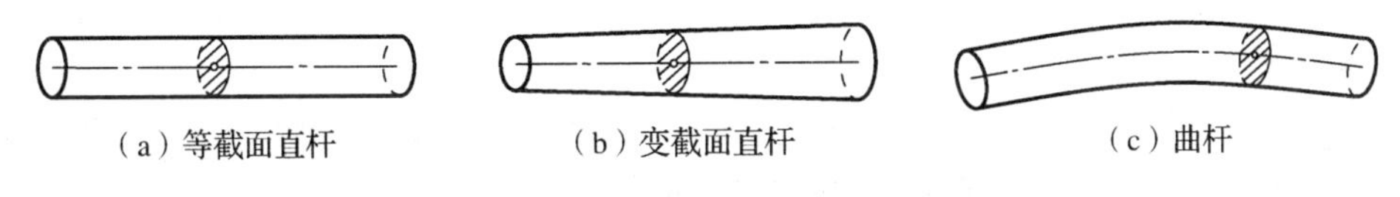

(a) 等截面直杆　　(b) 变截面直杆　　(c) 曲杆

图 1-6　杆件的分类

如图 1-7 所示，一个方向的尺寸远小于其他两个方向的尺寸的构件，称为**板件**。平分板件厚度的几何面，称为**中面**。中面为平面的板件，称为**板**[图 1-7(a)]；中面为曲面的板件，称为壳[图 1-7(b)]。

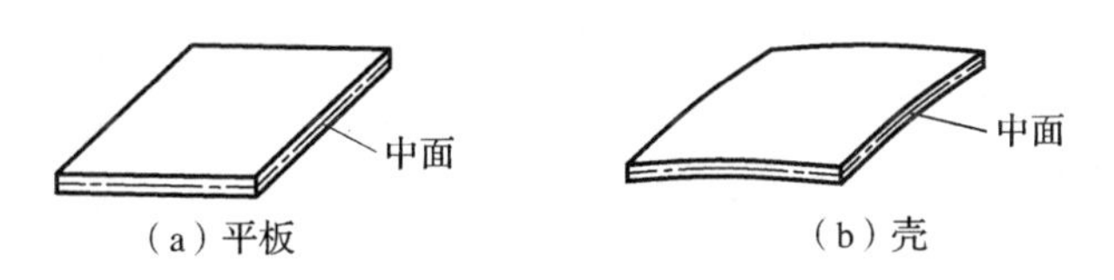

(a) 平板　　(b) 壳

图 1-7　板件的分类

材料力学的主要研究对象是杆件，以及由若干杆件组成的简单杆系，同时也研究一些形状与受力均比较简单的板与壳，例如中面为圆柱面的承受径向压力的薄壁圆筒与薄壁圆管。至于一般较复杂的杆系与板壳问题，则属于结构力学与弹性力学等课程的研究范畴。工程实际中的构件，大部分属于杆件，而且，杆件问题的分析原理与方法，也是分析其他形式构件的基础。

1.2 材料力学的基本假设

实际工程中的任何构件、机械或结构都是变形体或称**变形固体**。变形固体在外力及其他外部因素的作用下，其本身的性质与行为可能是比较复杂的。材料力学不可能同时考虑各种因素的影响，而只能保留所研究问题的主要方面，略去次要因素，对变形固体作某些假设，即将复杂的实际物体抽象为具有某些主要特征的**理想固体**，以便于进行强度、刚度和稳定性的理论分析。通常，在材料力学中，对变形固体作如下假设。

1. 连续性假设

连续是指在物体或构件所占据的空间内没有空隙，处处充满了物质，即认为是密实的；且认为物体在变形后仍保持这种连续性，即受力变形后既不产生新的空隙或孔洞，也不出现重叠现象。这样，可以保证物体或构件中的一些物理量(如任意一点的位移等)是连续的，因而可以用坐标的连续函数来描述，便于利用微积分等数学工具。同时，由此假定所作的力学分析被广泛的实验与工程实践证实是可行的。

2. 均匀性假设

材料在外力作用下所表现的性能，称为材料的**力学性能**。在材料力学中，假设材料的力学性能与其在构件中的位置无关，即认为是均匀的。按此假设，从构件内部任何部位所切取的微小单元体(简称为单元体)，都具有与构件完全相同的性能。同样，通过试样所测得的力学性能，也可用于构件内的任何部位。

对于实际材料，其基本组成部分的力学性能往往存在不同程度的差异。例如，金属是由无数微小晶粒所组成，而各个晶粒的力学性能不完全相同，晶粒交界处的晶界物质与晶粒本身的力学性能也不完全相同。但是，由于构件的尺寸远大于其组成部分的尺寸(例如 1 mm^3的钢材中包含数万甚至数十万个晶粒)，因此，按照统计学观点，仍可将材料看成是均匀的。

3. 各向同性假设

假设材料在各个不同方向具有相同的力学性质，即认为是各向同性的。沿各个方向具有相同力学性能的材料，称为**各向同性材料**。例如玻璃为典型的各向同性材料；金属的各个晶粒，均属于各向异性体，但由于金属构件所含晶粒极多，且在构件内的排列又是随机的，因此，宏观上仍可将金属看成是各向同性材料。因此，在各向同性材料中，表征这些材料特性的力学参量(如弹性模量等)与方向无关，为常量。应指出，如果材料沿不同方向具有不同的力学性质，则称为**各向异性材料**。木材、竹材、复合材料即是典型的各向异性材料。

以上针对材料的三个假设是材料力学普遍采用的前提假设。除以上三个假设之外，材料力学还常常依据小变形假设来推导有关定理或结论。所谓**小变形假设**，是指所研究的构件在外荷载作用下发生的变形都是微小的，在很多情况下需要用专门的仪器才能观察到。比如结构工程中的梁，在荷载作用下各点的最大位移，也比梁横截面的尺寸小很多。

绝大多数工程构件在实际工作状态所发生的变形，都是这样的小变形。这也是采用小变形假设的合理之处。

采用小变形假设，可以使分析过程得以简化。这可以从两个方面说明。

第一，**原始尺寸原理**。对变形体内力的分析和计算可以在未变形的构形(形状和尺寸)上进行。这可用图1-8(a)加以说明。这是一个最简单桁架，其中一根杆件是竖直的，另一根是倾斜的。若在结点上作用一个竖向集中力，按静力学的分析可知，斜杆是所谓零杆，即内力为零。

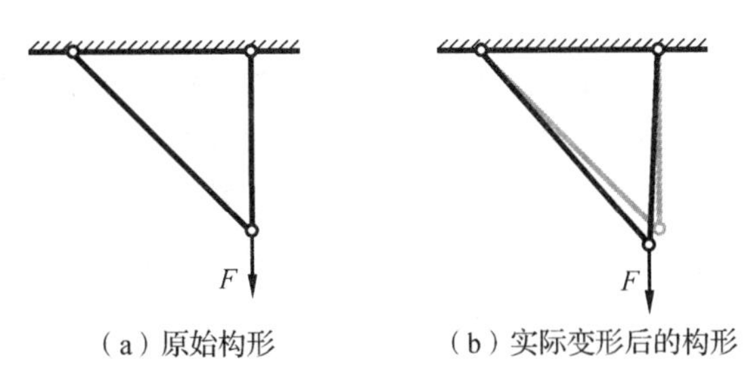

(a) 原始构形　　(b) 实际变形后的构形

图1-8　两种计算构形

但当作用力实际作用并考虑到构件的变形后，平衡的位形将如图1-8(b)所示。严格来说，斜杆不再是零杆，因而两杆的内力及变形都不再如图1-8(a)的分析那么简单。但是，进一步的分析可知，由于杆件的变形是微量的，按照图1-8(b)计算的位移与图1-8(a)的计算结果之差是比杆件的小变形还要高阶的微量，可以忽略不计，故认为斜杆为零杆是合理的。一般地，在材料力学课程中，除了少数几处特别需要并加以声明的情况之外，总是在未变形的原始构形上进行平衡分析。这种分析变形体的内力与外力平衡时，在未变形的原始构形上进行分析的方法称为原始尺寸原理。

第二，**线性化原理**。在许多分析过程中，如果能够确定某些无量纲量是高阶微量，本教材都将适时地将其舍去，从而使分析的方程线性化。例如，在建立变形的几何关系时，构件上一点的位移常常是一弧线(二次)，为简化分析和计算，常以一直线(切线或垂线，线性)代替。又例如，若x是无量纲量的微量，则由$\sin x \approx 0$，$\tan x \approx 0$，而$\cos x \approx 1$，诸如此类的数学处理可以简化计算过程，且由于工程中的很多问题都是小变形问题，所以可以保证工程精度的要求。

【说明】 (1) 材料力学中的变形虽然是微小的，但其作用是巨大的。如何对变形依据所观察到的现象正确地提出假设、并据此寻找变形量之间的关系，是很多材料力学问题的基础。(2) 需要强调的是在进行数学线性化之前，一定要进行无量纲化处理，这是进行数学分析的前提。(3) 材料力学主要是用线性化的手段处理非线性问题，所以材料力学的分析方法主要为一阶分析方法。这既是材料力学的优势(计算简洁又可满足大多数工程精度要求)，同时也是它的劣势(不能进行高阶精度的分析)。

1.3　外力、内力与截面法

在外力作用下，物体发生变形，其内部各质点产生位移，同时产生内力。下面介绍外力、内力及确定内力的截面法。

1.3.1　外力及其分类

对于所研究的对象而言，其他构件或物体作用于其上的力均为外力，包括荷载与约束反力。荷载是主动作用于物体上的外力。在实际工程中，构件或结构受到的荷载是多种多样的，如建筑物的楼板传给梁的重力、钢板对轧辊的作用力等。荷载可以根据不同特征进行分类：

(1) 荷载按其作用在结构上的时间长短可分为**恒载**和**活载**。

恒载是长期作用在构件或结构上的不变荷载,如结构的自重和土压力。

活载是指在施工及建成后服役期间可能作用在结构上的可变荷载,它们的作用位置和范围可能是固定的(如风荷载、雪荷载、会议室的人群重量等),也可能是移动的(如吊车荷载、桥梁上行驶的车辆等)。

(2) 荷载按其作用在结构上的分布情况可分为**分布荷载**和**集中荷载**。

分布荷载是连续分布在结构上的荷载。当分布荷载在结构上均匀分布时,称为均布荷载;当均匀分布在一段直线或曲线上时,则称为均布线荷载,常用单位为“N/m 或 kN/m”。

当作用于结构上的分布荷载面积远小于结构的尺寸时,可认为此荷载是作用在结构的一点上,称为集中荷载。如火车车轮对钢轨的压力,屋架传给砖墙或柱子的压力等,都可认为是集中荷载,常用单位为“N 或 kN”。

(3) 荷载按其作用在结构上的性质可分为**静力荷载**和**动力荷载**。

静力荷载是指从零开始缓慢、平稳地增加到终值后保持不变的荷载,在整个加载过程中,引起构件的加速度可以忽略不计。

动力荷载是指大小、位置、方向随时间迅速变化的荷载。在动力荷载下,构件或结构产生显著的加速度,故必须考虑惯性力的影响。如动力机械产生的振动荷载、风荷载、地震作用产生的随机荷载等。

1.3.2 内力与截面法

实际构件是变形固体,即使不受外力作用,其各部分之间也存在着相互作用力,即结合力。在外力作用下,构件产生变形,内部各质点间的相对位置发生变化。同时,构件内部相连各部分之间产生相互作用力。在材料力学中,一般将由于外力作用而引起的相连部分之间相互作用力的改变量称为**附加内力**,简称**内力**。可见,材料力学的内力是由于外力作用而产生的,且随外力的改变而改变,当其达到某一限度时就会引起构件或结构的破坏。因此,构件的强度、刚度和稳定性,与内力的大小及其在构件内的分布情况密切相关。内力分析是解决构件强度、刚度与稳定性问题的基础。

由静力学可知,为了分析两物体之间的相互作用力,需将两物体分离并取其中一部分作为研究对象,才能将两个物体之间的作用力作为外力进行计算。同样,要分析构件某一截面上的内力,例如要分析图 1-9(a)所示杆件横截面 $m-m$ 上的内力,则必须用一假想截面在该处将杆件切开,得到切开截面的分布内力(分布规律一般未知),如图 1-9(b)所示,然后选择切开后的任一部分进行分析。由连续性假设可知,在切开截面上存在着连续分布力,从而一般情况下在所切开的截面上内力系构成空间任意力系。

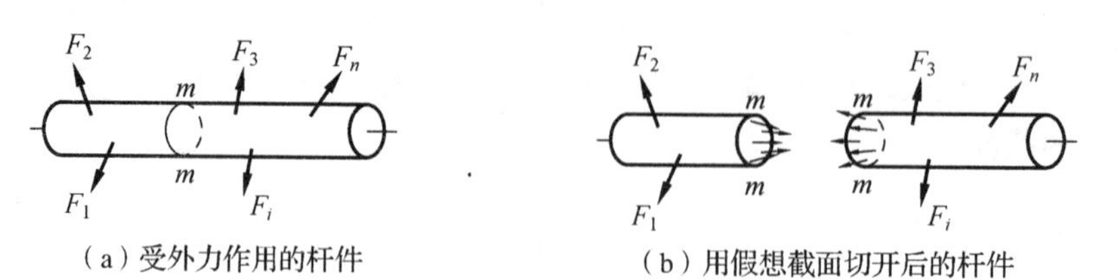

(a) 受外力作用的杆件　　(b) 用假想截面切开后的杆件

图 1-9　截面法

应用静力学中空间力系的简化理论,将上述分布内力向截面的任意一点,例如形心 C 简化,如图1-10(a)所示,可得主矢$\boldsymbol{F}_R$和主矩$\boldsymbol{M}$(本书在插图中有时用→→表示力偶及其力偶矩矢)。若沿横截面轴线方向建立坐标轴x,在所切横截面内建立坐标轴y与z,并将主矢$\boldsymbol{F}_R$和主矩$\boldsymbol{M}$沿x、y、z轴投影,如图1-10(b)所示,可得内力分量F_N、F_{Sy}与F_{Sz},以及内力偶矩分量M_x、M_y与M_z。

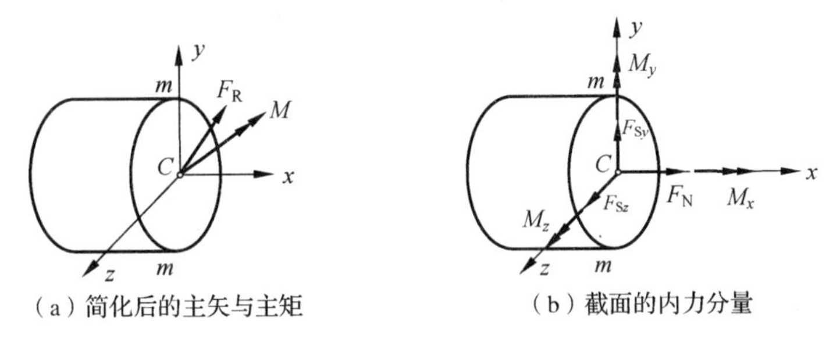

(a) 简化后的主矢与主矩　　(b) 截面的内力分量

图1-10　截面内力的简化与分解

作用线垂直于横截面并通过其形心、轴线方向的内力F_N分量,称为**轴力**;作用线位于截面的内力F_{Sy}与F_{Sz}分量,称为**剪力**;矢量方向沿轴线的内力偶矩M_x分量,称为**扭矩**;矢量位于所切横截面的内力偶矩M_y与M_z分量,称为**弯矩**。上述内力及内力偶矩分量与作用杆段上的外力保持平衡,因此,由平衡方程即可建立内力与外力间的关系,或由外力确定内力。为叙述简单,以后将内力分量及内力偶矩分量统称为**内力分量**。这些内力分量与作用在构体保留部分的外力构成平衡力系,由此,可列出相应的平衡方程。

$$\left.\begin{aligned}\sum F_{ix}=0,\sum F_{iy}=0,\sum F_{iz}=0\\ \sum M_{ix}=0,\sum M_{iy}=0,\sum M_{iz}=0\end{aligned}\right\}\tag{1-1}$$

将杆件假想地用截面切开以显示内力,并由平衡条件建立内力与外力间的关系或由外力确定内力的方法,称为**截面法**,它是分析杆件内力的一般方法。

【说明】 ① 一截面的内力分量,即是该截面上的分布内力简化的结果,也须服从平衡规律。在其分布内力的分布规律未知时,常常采用平衡的方法讨论其大小。② 当杆件的受力不明确时,一般应假定截面上存在六个内力分量,除非利用平衡关系证明一些内力分量为零才可以不考虑。这就要求在切开杆件施加内力时认真考虑,不得随意减少内力分量。

上述关于内力分量的定义与坐标轴的选取,将在以后的章节中进一步讨论。

用截面法求内力可归纳为如下步骤:

(1) 在求内力的截面处,用一假想的平面将构件截为两部分。

(2) 舍掉一部分,保留另一部分,并将舍掉部分对保留部分的作用代之以力。

(3) 考虑保留部分的平衡,由平衡方程来确定内力值。

在步骤(2)中,保留哪一部分都可以,因为内力总是成对出现的。位于不同部分上的对应内力总是等值反向的,二者为作用与反作用的关系。

【说明】 ① 在研究内力与变形时,应该慎重应用刚体静力学中的一些结论和等效力系,如力的可传性和力偶可在其作用面的任意移动等,不能机械地、不加分析地随意应用。一个力(或力系)用别的等效力系来代替,虽然对整体平衡没有影响,但对构件的内力与变形来说,则可能有很大影响。② 在很多情况下,杆件横截面上仅存在一种、两种或三种内力分量,具体应根据外部荷载来确定。

1.4 应力、应变与胡克定律

1.4.1 应力

如上所述，内力是构件由于外力作用内部相连部分之间相互作用力的改变量，并沿截面连续分布。为了描述内力的分布情况，现引入内力分布集度（即应力）的概念。

1. 正应力与切应力

如图1-11(a)所示，在截面$m—m$上任一点k的周围取一微小面积ΔA，并设作用在该面积上的内力为$\Delta \boldsymbol{F}$，则$\Delta \boldsymbol{F}$与ΔA的比值，称为ΔA内的**平均应力**，并用$\boldsymbol{p}_{\mathrm{m}}$表示，即

$$\boldsymbol{p}_{\mathrm{m}}=\frac{\Delta \boldsymbol{F}}{\Delta A} \tag{1-2}$$

一般情况下，内力沿截面并非均匀分布，平均应力的大小及方向将随所取面积ΔA的大小不同而不同。为了更精确地描写内力的分布情况，应使ΔA趋于零，由此所得平均应力的极限值，称为截面$m—m$上k点处的**应力**或**全应力**，并用$\boldsymbol{p}$表示，即

$$\boldsymbol{p}=\lim_{\Delta A\to 0}\frac{\Delta \boldsymbol{F}}{\Delta A} \tag{1-3}$$

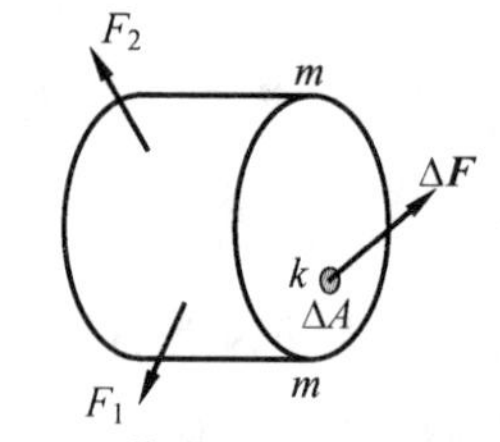

（a）m-m截面上k点处的平均应力

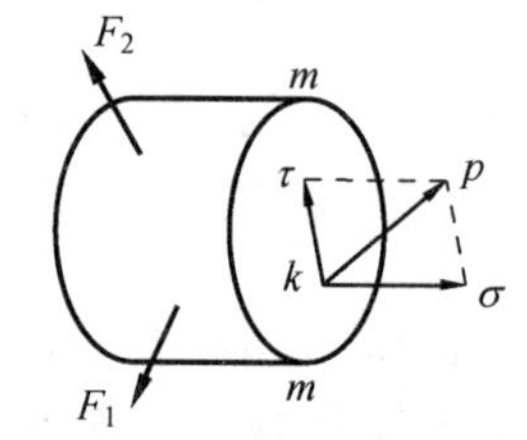

（b）m-m截面上k点的应力

图1-11 截面上一点处的平均应力与应力的概念

显然，应力$\boldsymbol{p}$的方向即$\Delta \boldsymbol{F}$的极限方向。为了分析方便，通常将应力$\boldsymbol{p}$沿截面法向与切向分解为两个分量，如图1-11(b)所示。沿截面法向的应力分量称为**正应力**，并用σ表示；沿截面切向的应力分量称为**切应力**，并用τ表示。显然有

$$p^2=\sigma^2+\tau^2 \tag{1-4}$$

【说明】 ① 在描述应力时，应明确是哪个截面上的哪个点处的正应力或切应力。或者说，在构件的同一截面上，不同点处的应力一般是不同的；同时，在过同一点的不同方位截面上的应力一般也是不同的。② 内力是截面上所有点处的应力在包含该点的微小面积上形成的微内力简化合成的结果。

在我国法定计量单位中，力与面积的基本单位分别为N与m^2，应力的单位Pa（帕[斯卡]），1 Pa=1 $\mathrm{N/m^2}$。在材料力学中，应力的常用单位为MPa（兆帕），其值为

$$1\ \mathrm{MPa}=10^6\ \mathrm{N/m^2}=1\ \mathrm{N/mm^2} \tag{1-5}$$

由式(1-5)可知，如果力的单位用N，长度的单位用mm，则得到的应力的单位就是MPa，不必再转换单位，为数值计算带来方便。本书在后续章节中，将根据问题的性质采用MPa-

N－mm或 Pa－N－m 的单位系统，请注意识别。

【说明】 在大型有限元软件(如 ANSYS)中，各个物理量一般是不输入单位的，单位需要使用者自己转换。如果力用 N，长度用 mm，则应力就是 MPa，不用再转换。

2. 单向应力、纯剪切与切应力互等定理

如前所述，受力构件中一点的应力不仅与该点的空间位置有关，而且和该点所在的截面有关。由于过一点可以截出无穷多个截面，所以一点的应力实际上有无穷多个。构件中一点在所有截面上应力的集合称为该点的**应力状态**。研究表明，只要知道一点在一些特定截面上的应力，其他任意截面上的应力可以由此通过计算得到。具体计算过程，将在第七章进一步阐述。

在图 1－12(a)所示的直角坐标系(x, y, z)下，为考察构件中任意一点 k 处的应力状态，选取过 k 点的三个特殊截面，它们的外法线分别与 x 轴、y 轴和 z 轴的标准单位矢量 $\boldsymbol{i}$、$\boldsymbol{j}$、$\boldsymbol{k}$ 的正向相同，可称为**正 x 面**、**正 y 面**和**正 z 面**。若三个特殊截面上的全应力矢量分别为 $\boldsymbol{p}_x$、$\boldsymbol{p}_y$ 和 $\boldsymbol{p}_z$。将 $\boldsymbol{p}_x$、$\boldsymbol{p}_y$ 和 $\boldsymbol{p}_z$ 分别在 x 轴、y 轴和 z 轴上分解，得到图 1－12(b)所示的九个应力分量：σ_{xx}，τ_{xy}，τ_{xz}；σ_{yy}，τ_{yx}，τ_{yz}；σ_{zz}，τ_{zx}，τ_{zy}。其中，第一个下标表示截面的法线方向，第二个下标表示该应力的方向。为了简洁，通常将 σ_{xx}、σ_{yy} 和 σ_{zz} 分别写为 σ_x、σ_y 和 σ_z。

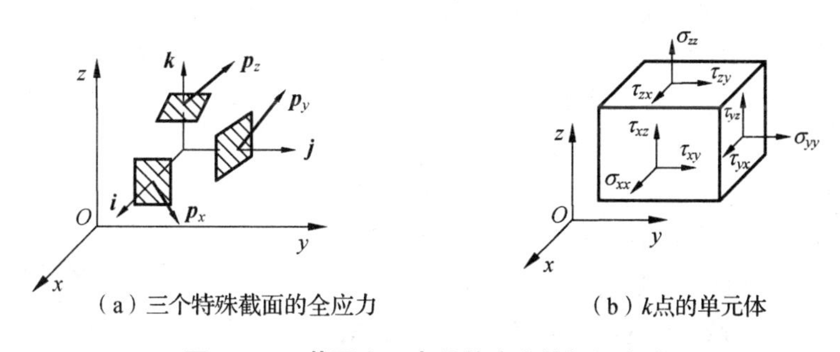

图 1－12 截面上一点处的应力的标记方法

图 1－12(b)中是将三个特殊截面(即正 x 面、正 y 面和正 z 面)再加上三个负面，即负 x 面(外法线与 x 轴负向相同的面)、负 y 面(外法线与 y 轴负向相同的面)、负 z 面(外法线与 z 轴负向相同的面)，围成一个正六面体，可以理解为是从构件中截出的包含 k 点的单元体，该单元体表面上的应力就代表了 k 点的应力状态。图 1－12(b)给出的是最复杂的应力情况，九个应力分量全不为零。而材料力学研究的问题中，往往只有少数几个应力分量不为零，其余应力分量均为零，所以相对要简单一些。

【说明】 由于单元体一般认为是从物体内一点处通过间距微小的平行截面截取的正六面体，所以可以认为截面上的应力分布均为均匀分布，通常只画出一个代表该面上的正应力或切应力。

单元体受力最基本、最简单的状态有两种，一种是**单向受力**或**单向应力**状态，如图 1－13(a)所示；另一种是**纯剪切**状态，如图 1－13(b)所示。在单向应力状态下，单元体只在一对互相平行的截面上承受正应力，当 σ 为拉应力时，称为**单向拉伸应力状态**；当 σ 为压应力时，称为**单向压缩应力状态**。纯剪切应力状态只承受切应力的作用。

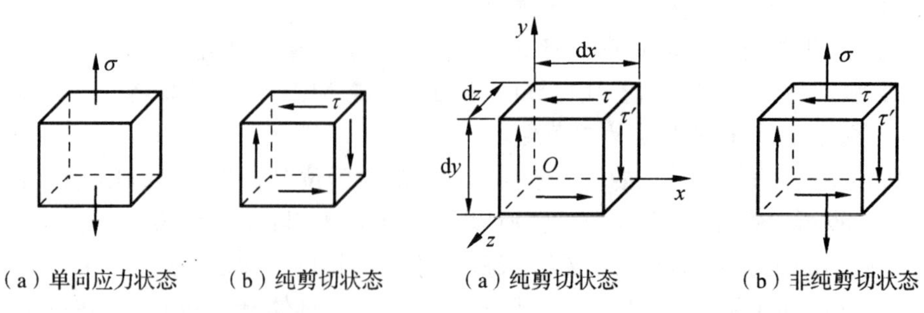

（a）单向应力状态　（b）纯剪切状态

图 1-13　两种典型应力状态

（a）纯剪切状态　（b）非纯剪切状态

图 1-14　切应力互等的证明图

切应力具有独特的性质。图 1-14(a)中，设单元体的三个边长分别为 $\mathrm{d}x$、$\mathrm{d}y$ 和 $\mathrm{d}z$，并假设单元体顶面和底面的切应力为 τ，左右侧面上的切应力为 τ'。根据静力平衡关系，有

$$\sum M_z(F_i)=0,\tau\mathrm{d}x\mathrm{d}z\cdot\mathrm{d}y-\tau'\mathrm{d}y\mathrm{d}z\cdot\mathrm{d}x=0$$

$$\tau=\tau' \tag{1-6}$$

式(1-6)表明在两个互相垂直的截面上，垂直于截面交线方向的切应力大小相等、方向均指向或离开该交线。这种关系称为**切应力互等定理**。即使在截面上存在正应力[图 1-14(b)]，切应力互等定理仍然成立，因为存在的正应力对 z 轴之矩的代数和为零。

【说明】 切应力互等定理在固体力学中普遍存在，在以后的章节中会多次出现。

3. 应力与内力分量之间的一般关系

应力可视为截面上分布内力在一点的集度，自然与截面的内力分量之间存在着密切的关系。为了得到这种关系，依据横截面及其形心 C 建立图 1-15 所示的坐标系 $Cxyz$，并考察作用在横截面的微元面积 $\mathrm{d}A$ 上的正应力 σ 和切应力 τ_{xy}、τ_{xz}，将它们分别乘以微元面积，得到作用在微元面积 $\mathrm{d}A$ 上的微内力 $\sigma\mathrm{d}A$、$\tau_{xy}\mathrm{d}A$ 和 $\tau_{xz}\mathrm{d}A$。将这些微内力分别对 $Cxyz$ 坐标系中的 x、y 和 z 轴投影及取矩，再沿整个横截面积分，即可得到应力与六个内力分量之间的关系式：

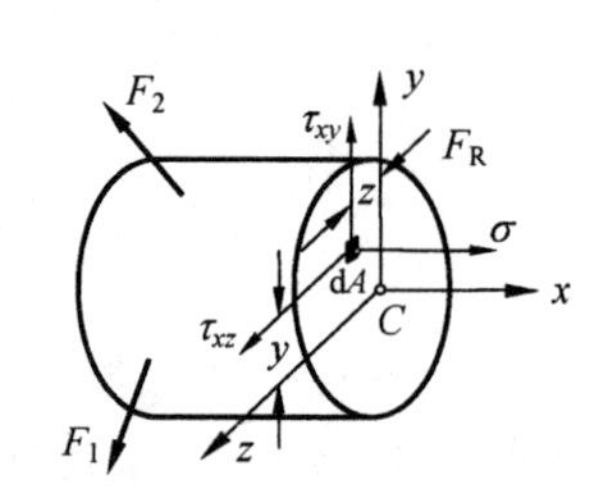

图 1-15　应力及其与内力分量之间的关系

$$\left.\begin{aligned}
&\int_A\sigma\mathrm{d}A=F_{\mathrm{N}}\\
&\int_A z\cdot\sigma\mathrm{d}A=M_y\\
&\int_A y\cdot\sigma\mathrm{d}A=M_z\\
&\int_A\tau_{xy}\mathrm{d}A=F_{\mathrm{S}y}\\
&\int_A\tau_{xz}\mathrm{d}A=F_{\mathrm{S}z}\\
&\int_A(y\cdot\tau_{xz}\mathrm{d}A-z\cdot\tau_{xy}\mathrm{d}A)=M_x
\end{aligned}\right\} \tag{1-7}$$

【说明】 式(1-7)是构件在任意荷载作用下应力与内力均应满足的一般关系。在对构件

基本变形的讨论中，这些关系均应满足。这是获得相关应力计算公式及有关结论的依据。

【例1-1】 已知圆截面杆件的直径为d，若横截面上的正应力在图示坐标系下的分布规律为$\sigma=A_0\rho\cos\theta+B_0\rho\sin\theta+C_0$，试求该截面上的内力分量与常数$A_0$、$B_0$、$C_0$之间的关系。

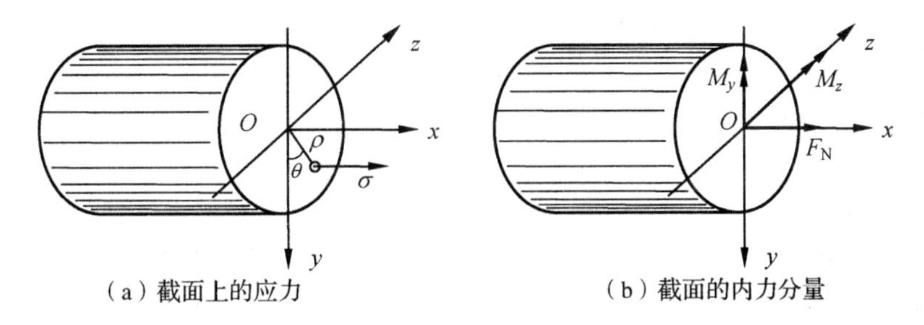

图1-16　例1-1图

【解】 由于截面上正应力沿x轴方向，故在yz轴上的投影为零，对x轴的矩也为零。即

$$F_{Sy}=F_{Sz}=0, M_x=0$$

根据式(1-7)，并用坐标变换：$y=\rho\cos\theta$，$z=\rho\sin\theta$，$dA=\rho d\rho d\theta$，则有

$$\begin{aligned}F_N &= \int_0^{\frac{d}{2}}\int_0^{2\pi}(A_0\rho\cos\theta+B_0\rho\sin\theta+C_0)\rho d\rho d\theta \\ &= \int_0^{\frac{d}{2}}\rho^2 d\rho\int_0^{2\pi}(A_0\cos\theta+B_0\sin\theta)d\theta+\int_0^{\frac{d}{2}}\rho d\rho\int_0^{2\pi}C_0 d\theta=\frac{\pi d^2}{4}C_0=AC_0\end{aligned}$$

其中，$A=\frac{\pi d^2}{4}$为杆的横截面面积，从而有：$C_0=\frac{F_N}{A}$。

$$M_y=\int_0^{\frac{d}{2}}\int_0^{2\pi}\rho\sin\theta(A_0\rho\cos\theta+B_0\rho\sin\theta+C_0)\rho d\rho d\theta=\frac{\pi d^4}{64}B_0=IB_0$$

$$M_z=\int_0^{\frac{d}{2}}\int_0^{2\pi}\rho\cos\theta(A_0\rho\cos\theta+B_0\rho\sin\theta+C_0)\rho d\rho d\theta=\frac{\pi d^4}{64}A_0=IA_0$$

其中，$I=\frac{\pi d^4}{64}$，从而有：$B_0=\frac{M_y}{I}$，$A_0=\frac{M_z}{I}$。

1.4.2　应变

在外力作用下，构件发生变形，同时在构件内部产生应力，而且应力的大小与变形程度密切相关。为了研究构件的变形和应力分布，需要对变形进行定量研究。

1. 位移与变形

位移是指位置的改变，即构件或结构在外力作用下发生变形后，构件或结构中各质点及各截面在空间位置的改变。位移可分为**线位移**和**角位移**。在图1-17中，构件上的A点变形后到了A'点，A与A'连线AA'称为A点的线位移。构件截面变形后所转过的角度称为角位移。如图1-17中的右端面$m—m$变形后移到了$m'—m'$的位置，其转过的角度θ就是截面$m—m$的角位

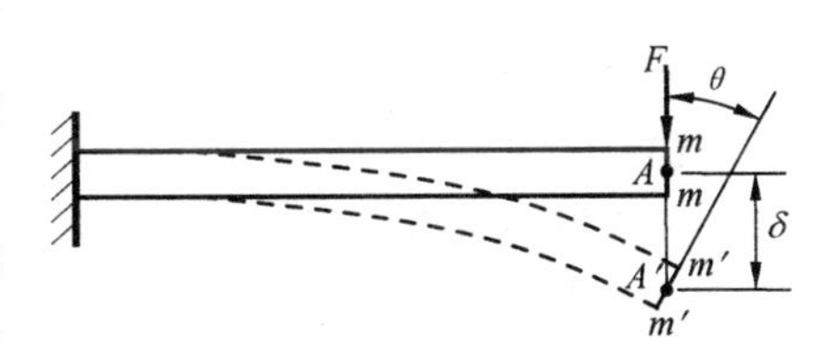

图1-17　位移与变形

移(也称转角)。

不同点的线位移及不同截面的角位移一般都是不相同的,由于变形的连续性,它们都是位置坐标的连续函数。

构件变形时一定有位移发生;反之,有位移发生不一定就有变形,如刚体位移情况。可见,虽然位移在某些情况下可以用来度量构件的变形程度,但位移并不能完全描述构件的变形情况。尤其当我们想知道构件上某一点的变形程度时,位移就无法给出精确描述。因此,需要引入新的概念,即应变。

2. 应变

考虑图 1-18(a)所示的变形体,为研究 A 点的变形,变形前在 A 点选取两条相互垂直的微小线段 AB 和 AC,长度分别为 Δy 和 Δx。若变形后,A、B、C 三点分别变为 A'、B'、C'。

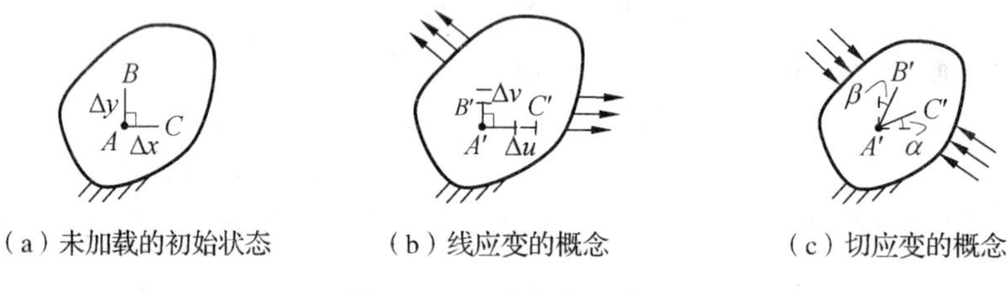

(a)未加载的初始状态 (b)线应变的概念 (c)切应变的概念

图 1-18 应变的概念

现在研究变形后可能出现的两种特殊情况,分别如图 1-18(b)和图 1-18(c)所示。

假设图 1-18(b)中,线段 AB 缩短了 $\Delta v(=\overline{A'B'}-\overline{AB})$,$AC$ 伸长了 $\Delta u(=\overline{A'C'}-\overline{AC})$,但两线段在变形后仍然保持垂直,即过 A 点的线段只发生了尺寸改变而形状保持不变。A 点在 AC、AB 方位上尺寸的改变程度可用下式定义的量来度量。

$$\left.\begin{aligned}\varepsilon_{\mathrm{m},AC}&=\frac{\Delta u}{\Delta x}\\ \varepsilon_{\mathrm{m},AB}&=\frac{\Delta v}{\Delta y}\end{aligned}\right\}\tag{1-8}$$

$\varepsilon_{\mathrm{m},AC}$和$\varepsilon_{\mathrm{m},AB}$分别称为线段 AC 和 AB 的**平均线应变**或**平均正应变**。注意到变形后线段 AC 伸长、AB 缩短,所以计算出的 $\varepsilon_{\mathrm{m},AC}$ 为正值,而 $\varepsilon_{\mathrm{m},AB}$ 为负值。

若将线段 AC 和 AB 无限缩短,则下列极限值可以度量 A 点的变形情况。

$$\left.\begin{aligned}\varepsilon_{AC}&=\lim_{\Delta x\to 0}\frac{\Delta u}{\Delta x}=\frac{\mathrm{d}u}{\mathrm{d}x}\\ \varepsilon_{AB}&=\lim_{\Delta y\to 0}\frac{\Delta v}{\Delta y}=\frac{\mathrm{d}v}{\mathrm{d}y}\end{aligned}\right\}\tag{1-9}$$

ε_{AC}和ε_{AB}分别称为 A 点在 AC 方位和 AB 方位上的**线应变**或**正应变**。

【说明】 ① A 点的线应变与所取的线段 AB、AC 的方位有关,当方位改变时,得到的 A 点的线应变也不同,所以在描述线应变时,需要明确哪一点、哪个方位的线应变。② 线应变是两个线段的比值,因此是量纲为 1 的物理量。③ 工程中,常用 $\mu\varepsilon$ 表示线应变,$1\mu\varepsilon$ 表示线应变大小为10^{-6},$\mu\varepsilon$ 并不是线应变的单位。例如:一点处沿 x 方向的线应变为 $200\mu\varepsilon$,表示该点沿 x 方向的线应变大小为 200×10^{-6}。

图 1-18(c)中,线段 AC 和 AB 变形后长度没有发生变化,但不再保持垂直关系,AC、AB

线段分别旋转了 α 和 β 的角度。表明 A 点处的尺寸没发生变化，但形状发生了改变。形状改变的程度可以用 AC 和 AB 的直角角度改变量 γ 来表示。

$$\gamma=\alpha+\beta \tag{1-10}$$

γ 称为 A 点处的**切应变**或**角应变**，其单位为弧度(rad)。

图 1-18(b)、(c)讨论的是两种特殊变形情况，只有线应变或者只有切应变。一般情况下，构件上点的变形既有线应变也有切应变，即尺寸改变和形状改变往往是同时发生的。

【例 1-2】　为考察构件上一点 A 处的变形，变形前在 A 点绘制图 1-19 所示的正方形 $ABCD$，变形后其形状如图中虚线所示。试求 A 点在 x、y 两个方向上的线应变和 A 点处的切应变。

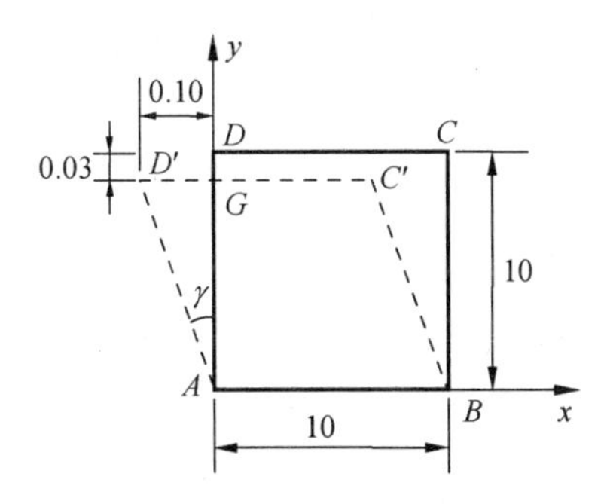

图 1-19　例 1-2 图　(尺寸单位:mm)

【解】　线段 AB 的长度不变，说明 A 点在 x 方向没有发生尺寸改变，故其平均线应变为零，即 $\varepsilon_{m,AB}=0$。而线段 AD 变形前后的长度改变量为 $\Delta v=\overline{AD'}-\overline{AD}=\sqrt{(10\text{ mm}-0.03\text{ mm})^2+(0.1\text{ mm})^2}-10\text{ mm}=-0.0295\text{ mm}$

所以，A 点在 y 方向的平均线应变为：

$$\varepsilon_{m,AD}=\frac{\Delta v}{\overline{AD}}=\frac{-0.0295\text{ mm}}{10\text{ mm}}=-2.95\times10^{-3}$$

负号表示在该方向为缩短变形。

A 点处的切应变等于直角 BAD 变形前后的改变量，其大小 γ 为：

$$\gamma=\arctan\left(\frac{\overline{D'G}}{\overline{AG}}\right)=\arctan\left(\frac{0.1\text{ mm}}{10\text{ mm}-0.03\text{ mm}}\right)=\arctan(0.01003)\approx0.01003\text{rad}$$

在小变形情况下，线应变和切应变的计算可以采用简单的近似计算方法。变形后直线 AD' 的长度与该直线在 y 轴上的投影 AG 的长度差别很小，因此，在计算线应变 ε_y 时，通常以投影 AG 的长度代替直线 AD' 的长度，于是有

$$\varepsilon_{m,AD}=\frac{\overline{AG}-\overline{AD}}{\overline{AD}}=\frac{(10\text{ mm}-0.03\text{ mm})-10\text{ mm}}{10\text{ mm}}=-3\times10^{-3}$$

该值与前面计算结果的相对误差只有 1.7%。

类似地，角度 γ 也很小，所以

$$\gamma\approx\tan\gamma=\frac{\overline{D'G}}{\overline{AG}}=\frac{0.1\text{ mm}}{10\text{ mm}-0.03\text{ mm}}=0.01003\text{rad}$$

与前面的计算值相同。

【说明】 线应变和切应变反映了构件的尺寸和几何形状的变化。这种应变虽然很微小但对研究杆件的内力在截面上的分布规律却起着决定性作用，要研究内力在截面上的分布规律需先研究构件中各点处的应变。

1.4.3 胡克定律

如上所述，应力有两种形式：正应力与切应力，而应变也有两种形式：线应变与切应变。在外力作用下，构件发生变形，构件中的点或单元体在应力作用下产生应变。应力和应变之间是什么关系呢？这个问题显然与构件的材料有关。一般来说，对于理想固体的弹性材料而言，作用在单元体上的正应力只引起线应变，切应力只引起切应变，两者互不干扰。因此，为简单起见，本节研究单向应力状态[图 1-20(a)]和纯剪切应力状态[图 1-20(b)]时材料的应力、应变关系。

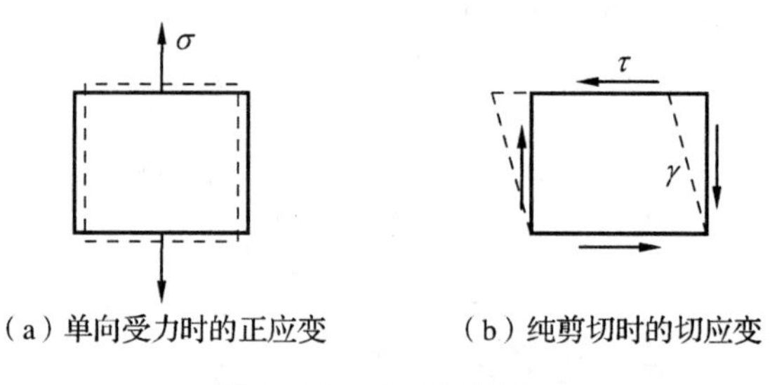

(a) 单向受力时的正应变　　(b) 纯剪切时的切应变

图 1-20　应变的概念

图 1-20(a)所示单元体在单向应力 σ 作用下，在应力作用方向会产生线应变 ε。英国科学家胡克(Robert Hooke，1635—1703 年)经过大量实验发现，对于许多材料，当正应力小于某一特定值时，材料的线应变与正应力成正比，即

$$\sigma = E\varepsilon \tag{1-11}$$

上述关系称为**胡克定律**。式中 E 为材料的比例常数，称为材料的**弹性模量**。

图 1-20(b)所示的单元体，在切应力 τ 作用下发生切应变 γ，当切应力 τ 小于一定值时，切应变和切应力之间也成正比，即

$$\tau = G\gamma \tag{1-12}$$

上式称为**剪切胡克定律**。比例常数 G 称为材料的**切变模量**或**剪切弹性模量**。

胡克定律和剪切胡克定律适用于绝大多数工程材料，是材料力学中描述材料物性关系的主要定律。

由式(1-11)与式(1-12)可以看出，弹性模量与剪切弹性模量与应力具有相同的量纲。弹性模量与剪切弹性模量常用单位是 GPa(吉帕)，其值为

$$1\ \text{GPa} = 10^3\ \text{MPa} = 10^9\ \text{Pa} \tag{1-13}$$

材料的弹性模量 E 和剪切弹性模量 G 是材料重要的力学性能参数，通常由实验测定。例如，钢与合金钢的弹性模量 $E_{st}=190\sim220$ GPa，切变模量 $G_{st}=70\sim80$ GPa；铝与铝合金的弹性模量 $E_{al}=70\sim72$ GPa，切变模量 $G_{al}=26\sim33$ GPa。

【注意】 作为物理量的切变模量 G 与作为数字 10^9 的缩略符号 G 有本质不同，不要将它

们混淆。一般作为物理量的切变模量 G 用斜体表示，而缩略符号的 G 用正体表示。

【例1-3】 图1-21所示单元体 $ABCD$ 边长分别为 a 和 b，在切应力 τ 作用下发生图示小变形，A 点向左移动了 $\Delta u=b/1\,000$，假设材料的切变模量 $G=40$ GPa，试计算直角 ADC 的切应变和作用在该单元体上的切应力 τ。

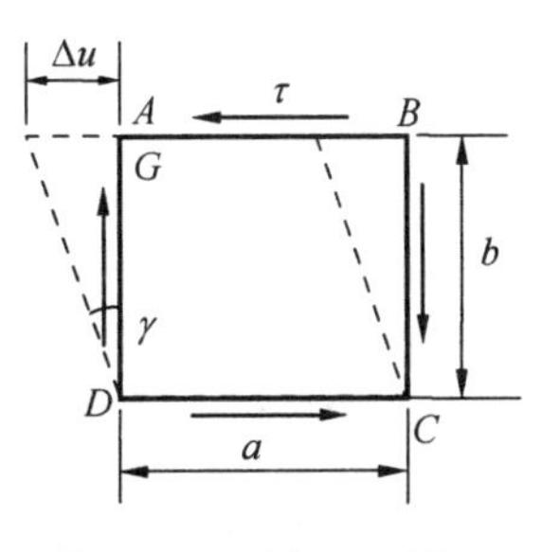

图1-21　例1-3图

【解】 小变形情况下，直角 ADC 的切应变

$$\gamma \approx \tan\gamma = \frac{\Delta u}{b} = 1.0 \times 10^{-3}\,\text{rad}$$

根据剪切胡克定律可得，作用在单元体上的切应力为

$$\tau = G\gamma = (40 \times 10^{3}\ \text{MPa}) \times (1.0 \times 10^{-3}) = 40\ \text{MPa}$$

【说明】 上述计算表明，切应变虽然很小，但由于切变模量较大，切应力并不小。

1.5　杆件的基本变形与材料力学方法

1.5.1　杆件的基本变形

在各种不同形式的外力作用下，杆件的变形形式各不相同。但是复杂的变形，可以分解为几种基本变形形式的组合。杆件的基本变形形式有下面四种：

1. 轴向拉伸与压缩变形

在一对大小相等、方向相反、作用线与杆件轴线重合的外力作用下，杆件的长度发生伸长或缩短。这种变形称为**轴向拉伸**(**压缩**)变形，如图1-22(a)、(b)所示。拉、压杆件常常直接称为杆，有时对于在竖直方向承受压缩荷载的杆件也称为**柱**。起吊重物的钢索、桁架中的杆件等的变形都属于轴向拉伸或压缩的变形。

2. 剪切变形

在一对大小相等、方向相反、作用线相距很近且垂直于杆件轴线的外力作用下，杆件的横截面沿外力作用方向发生错动。这种变形称为**剪切变形**，如图1-22(c)所示。机械及土木结构中常见的联结件，如铆钉、螺栓等受力时常发生剪切变形。

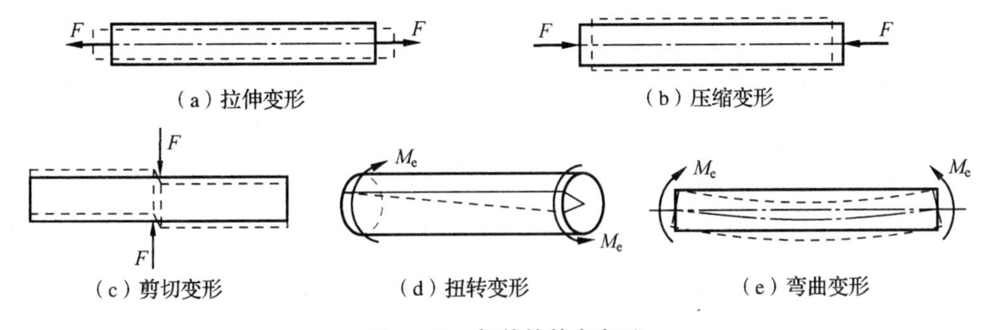

图1-22　杆件的基本变形

3. 扭转变形

在一对大小相等、转向相反、位于垂直于杆轴线的两平面内的力矩作用下，杆件的任意两

个横截面发生绕轴线的相对转动。这种变形称为**扭转变形**，如图 1－22(d)所示。机械工程中的传动轴等的变形即是扭转变形。通常将以扭转为主要变形形式的杆件称为**轴**。

4. 弯曲变形

在一对大小相等、转向相反、位于杆件纵向平面内的力偶作用下，杆件的轴线由直线变为曲线。这种变形称为**弯曲变形**，如图 1－22(e)所示。通常将以弯曲为主要变形形式的杆件称为**梁**。

受弯杆件是工程中最常见的构件之一。吊车梁、火车轮轴等的变形都是弯曲变形。

1.5.2 材料力学方法

在讨论每一种基本变形时，按照材料力学的研究方法，即：以实验现象观察为基础寻找变形规律，从而由表及里提出假设，利用假设求出物体变形时变形量(例如纵向纤维的伸长量、纵向线应变等)之间的几何关系，然后利用应力-应变之间的物理关系和截面法所建立力的平衡关系，求出作用在截面上的应力分量与外力之间的关系。

实际工程中，有一些杆件可能同时具有多种基本变形形式，这种复杂的变形形式常见的有拉伸与弯曲的组合变形、弯曲与扭转的组合变形等，这种基本变形的组合称为**组合变形**。在材料处于线弹性的前提下，杆件组合变形的分析建立在杆件基本变形分析结论的基础之上。在分析时，首先将杆件的复杂受力分解为上述几种基本变形的标准形式，并对每一种基本变形进行相应的分析讨论，并将分析结果进行相应的组合来获得对杆件组合变形的解答。

材料力学问题的思维框图大致如图 1－23 所示。

要学好材料力学，应注意将材料力学的理论与工程实践相结合。由于材料力学往往是各类工业产品设计和生产的技术基础，因此周围的许多事物都在某些方面体现着材料力学的概念、原理和方法。即使是大自然的东西，如常见的植物、动物，由于千百万年的自然淘汰，它们的许多方面都体现出材料力学的合理性，甚至一些方面还值得人们借鉴。上述这些都需要我们认真体会、总结和学习。将学到的理论应用到实际问题中，可以促使我们更深入地理解材料力学的概念、原理和方法，激发学习的兴趣；另一方面，随着新技术、新材料、特大特高建设工程的出现，涌现出许多尚未解决的力学问题。所以，在学习材料力学的过程中，应该更加细致地观察周围的事物，把课程知识与观察现象联系起来，从中提出一些问题，努力用材料力学课程的知识进行分析，这样就会深切地体会到材料力学的精髓。

随着计算机技术，特别是大型专业软件的快速发展，引起了计算能力的一场革命，计算机数值模拟已经大量应用到工程分析和设计之中。钱学森 1997 年曾写到“随着力学计算能力的提高，用力学理论解决设计问题成为主要途径……”，“展望 21 世纪，力学加电子计算机将成为工程新设计的主要手段……”。这说明材料力学的研究方法除理论分析和实验研究之外，应用先进的计算技术将成为主要手段之一。所以在学习材料力学的基本理论并演算大量习题的基础上，还需要熟悉各类计算机有关分析软件的作用和使用方法。在本书的附录Ⅰ中简单介绍了材料力学课程学习软件 MDSolids，可用来解决材料力学的一些问题。需要说明，市面上还有很多力学软件，例如常用的有限元软件 ANSYS、ABAQUS 等，这些大型软件功能强大，可以有效模拟各类复杂工程在各种工况下的力学行为。这些软件除需要材料力学知识外，还需要更深入的力学理论作为基础，例如弹性力学等。

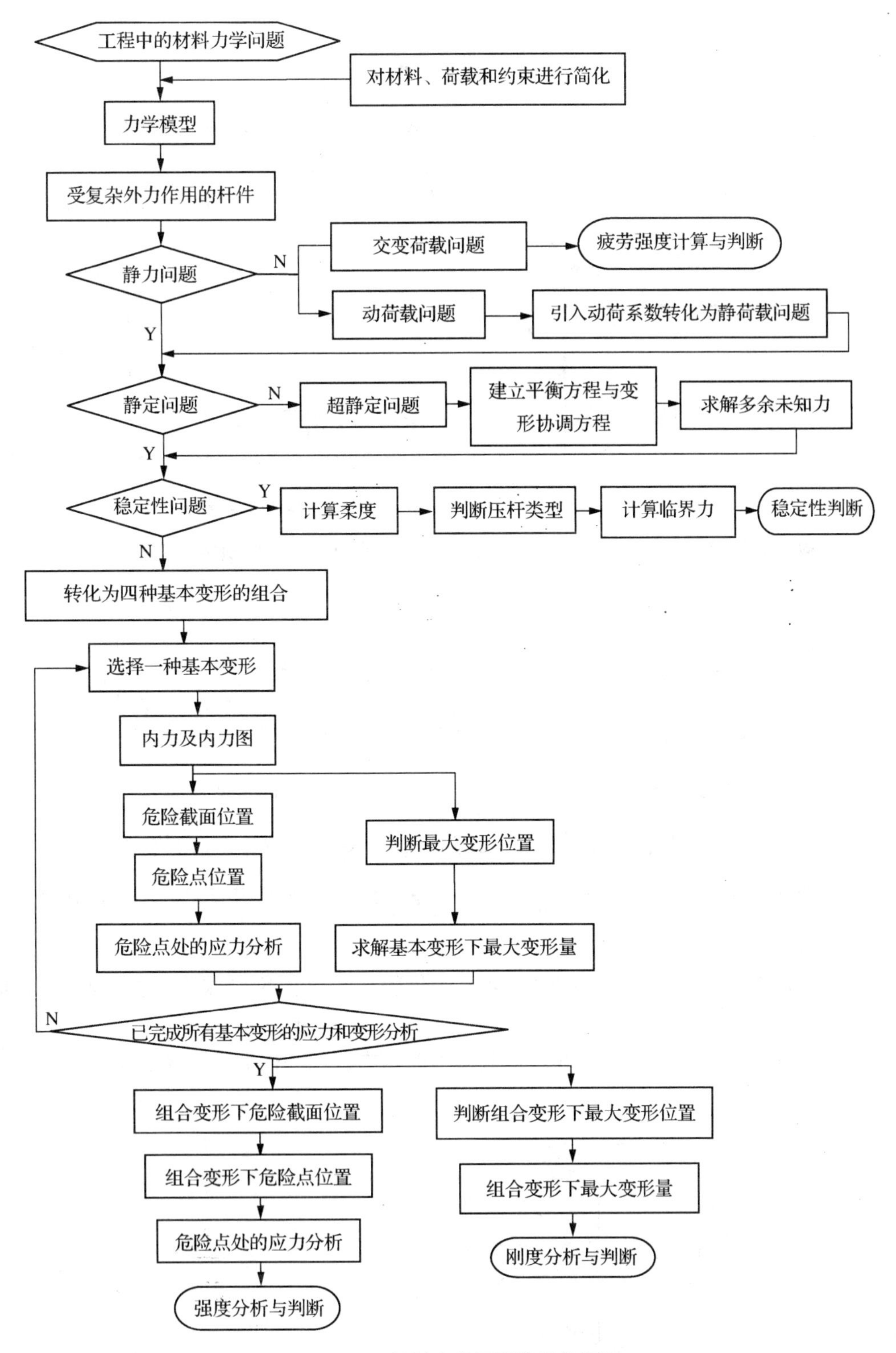

图 1 - 23　材料力学问题的思维框图

习　题

1－1　如图所示，直角折杆 $ABCD$ 在 CD 段承受均布载荷 q，求 AB 段上内力偶矩为零的横截面的位置。

1－2　求图示结构横截面 1—1 和 2—2 上的内力，并指出杆 AB 和 BC 的变形形式。

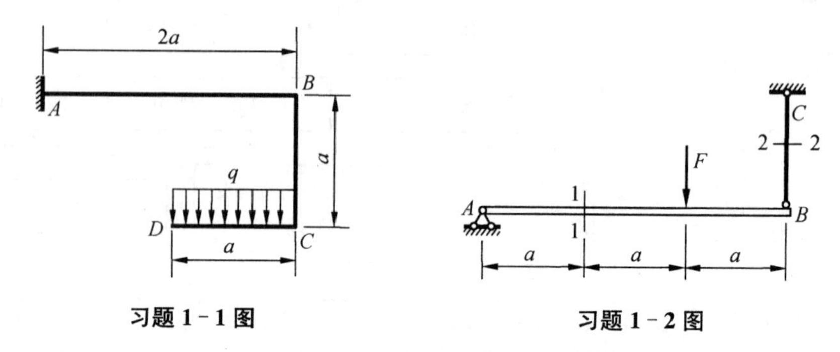

习题 1－1 图　　　　习题 1－2 图

1－3　已知图示杆件斜截面 m—m 上点 k 处的全应力 $p=80$ MPa，试求该点处的正应力和切应力。

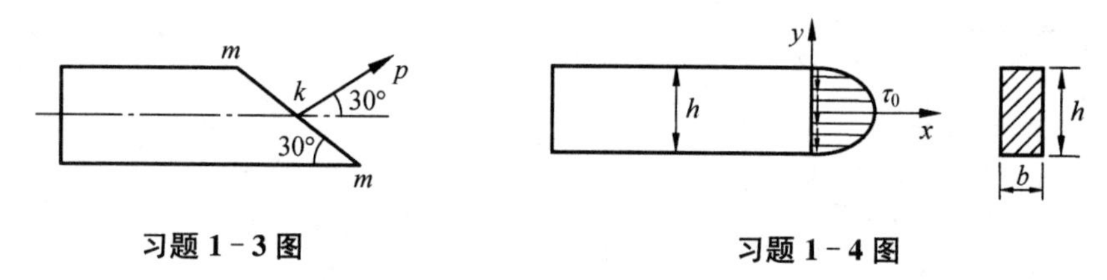

习题 1－3 图　　　　习题 1－4 图

1－4　已知图示矩形截面杆横截面上切应力的大小沿截面宽度方向均匀分布，而沿截面高度方向分布规律为 $\tau(y)=\tau_0\left(1-4\dfrac{y^2}{h^2}\right)$。式中，$\tau_0$ 为 $y=0$ 处的切应力。试问该切应力对应何种形式的内力？该内力的大小是多少？

1－5　图示矩形截面杆件，C 为截面形心，坐标轴 y 与 z 分别沿截面铅垂与水平对称轴。横截面上的正应力若呈线性分布，其表达式为：$\sigma=a+ky+cz$，其中：$a=120$ MPa，$k=500$ MPa/m，$c=1\ 000$ MPa/m。试确定横截面上的内力。已知横截面的宽度 $b=40$ mm，高度 $h=80$ mm。

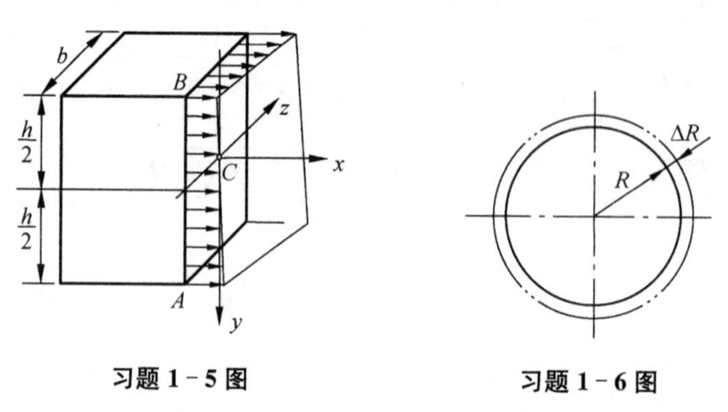

习题 1－5 图　　　　习题 1－6 图

1－6　如图所示半径为 R 的薄圆环，变形后 R 的增量为 ΔR。若 $R=100$ mm，$\Delta R=1\times$

10^5。试求沿半径方向的线应变 ε_r 和圆周方向的线应变 ε_θ。

1－7　方板的变形如图中虚线所示，试求直角 DAB 的切应变。图中长度尺寸单位为 mm。

1－8　构件上一点 O 及其两个相互垂直线段 OA（长度 $\mathrm{d}x$）和 OB（长度 $\mathrm{d}y$），变形后分别变为 $O'B'$ 和 $O'A'$，如图所示。已知 O' 点在 x 和 y 方向的位移分别为 u 和 v，A' 点在 x 方向的位移为 $u+\frac{\partial u}{\partial x}\mathrm{d}x$，$y$ 方向的位移为 $v+\frac{\partial v}{\partial x}\mathrm{d}x$；$B'$ 点在 x 方向的位移为 $u+\frac{\partial u}{\partial y}\mathrm{d}y$，$y$ 方向的位移为 $v+\frac{\partial v}{\partial y}\mathrm{d}y$。试计算 O 点在 x 和 y 方向的线应变和切应变。

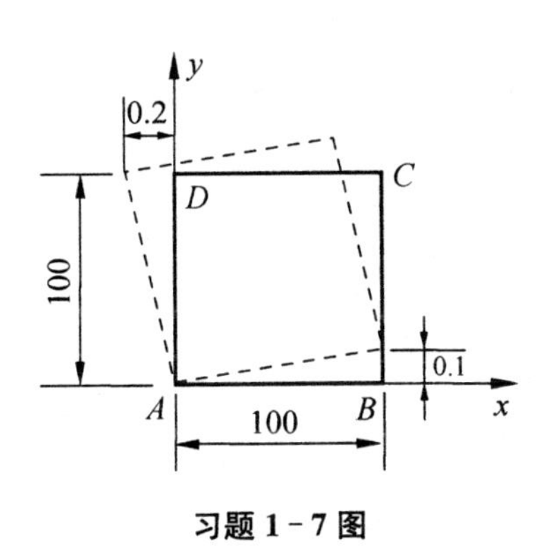

习题 1－7 图

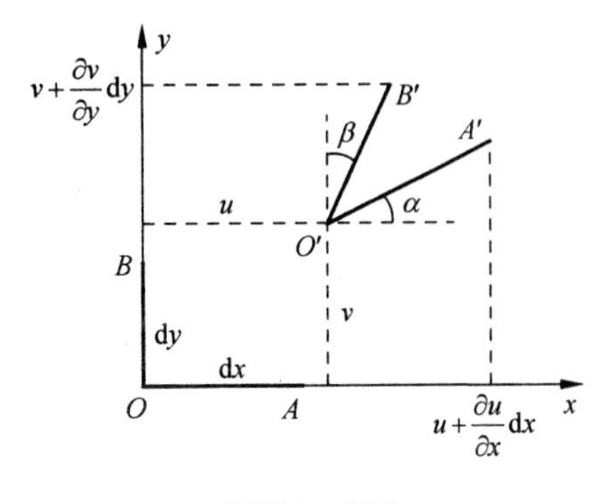

习题 1－8 图

第 2 章　轴向拉伸与压缩

2.1　拉、压杆件的内力

2.1.1　轴向拉伸与压缩的工程实例

轴向拉伸与压缩的变形是杆件的基本变形之一。轴向拉伸或压缩变形的受力特点：杆件受一对平衡力 F 的作用(图 2－1)，它们的作用线与杆件的轴线重合。若作用力 F 为拉力[图 2－1(a)]，则为**轴向拉伸**，此时杆将拉长[图 2－1(a)中虚线]；若作用力 F 为压力[图 2－1(b)]，则为**轴向压缩**，此时杆将缩短[图 2－1(b)中虚线]。轴向拉伸或压缩也称为**简单拉伸**或**简单压缩**，或简称为**拉伸**或**压缩**。

受轴向拉伸或压缩的杆件在工程中很常见，如三角支架 ABC[图 2－2(a)]在结点 B 受力 F 作用时，杆 AB 将受到拉伸[图 2－2(b)]，杆 BC 将受到压缩[图 2－2(c)]。

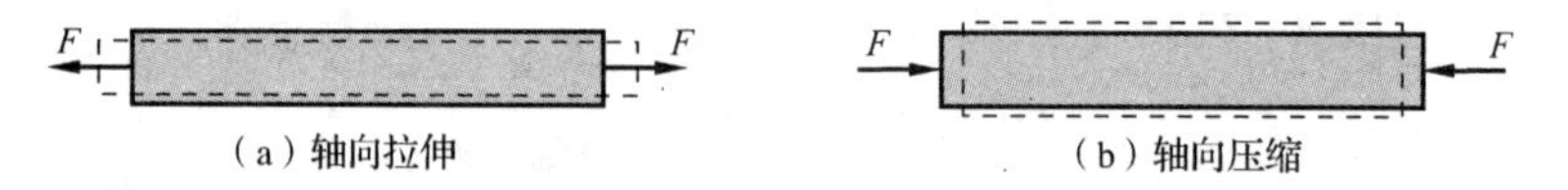

(a) 轴向拉伸　(b) 轴向压缩

图 2－1　轴向拉伸与压缩杆件

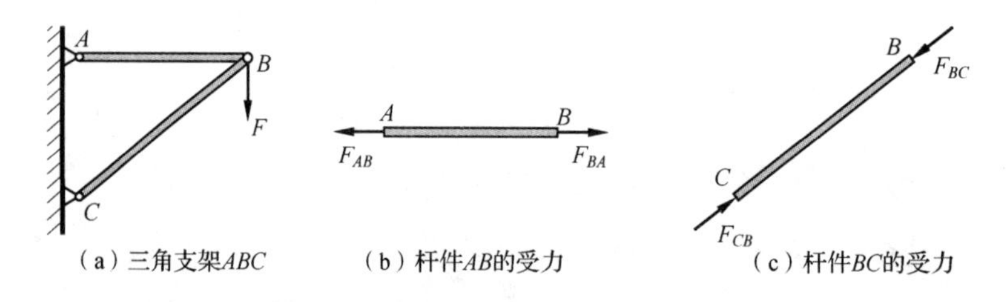

(a) 三角支架ABC　(b) 杆件AB的受力　(c) 杆件BC的受力

图 2－2　三角支架及其各杆的受力 ABC

2.1.2　拉、压杆件的轴力与轴力图

当所有外力均沿杆件的轴线方向作用时，杆件的横截面上只有轴力一种内力分量。如图 2－3(a)所示承受轴向外力 F 作用的等直杆，横截面 $m—m$ 上的唯一非零内力分量为轴力 F_N，其作用线垂直于横截面并通过横截面形心，如图 2－3(b)所示。利用截面法可以确定 F_N 的大小。利用平衡方程可得：$F_N = F$。

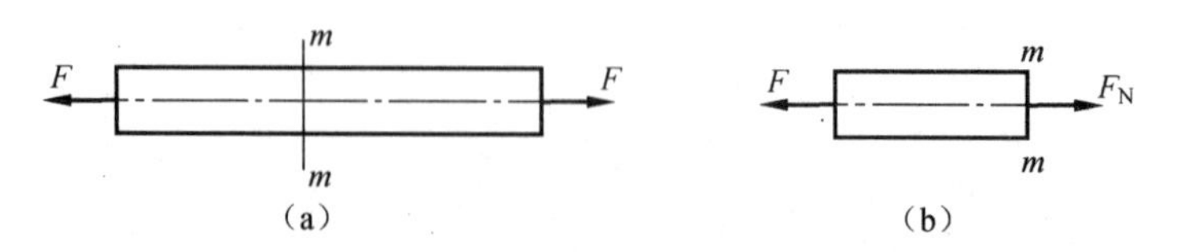

(a)　(b)

图 2－3　轴向受拉直杆横截面的轴力

表示轴力沿杆件轴线方向变化的图形，称为**轴力图**。

为了绘制轴力图，杆件上同一处的两侧截面上的轴力必须具有相同的正负号。因此通常规定轴力 F_N 使杆件受拉时为正，受压时为负。计算时通常先假设所求轴力为拉力（即假设内力为正值），实际受拉还是受压，由计算结果的正负号确定。

【说明】 (1) 轴力的正负号规则是为了交流方便人为规定的，所以在建立平衡方程时，还要严格按照静平衡的做法列出。(2) 其他内力一样有正、负号规则，在建立平衡方程时，也是如此。不再说明。

【例 2-1】 图 2-4(a)所示杆件，承受三个轴向集中荷载，试绘制其轴力图。

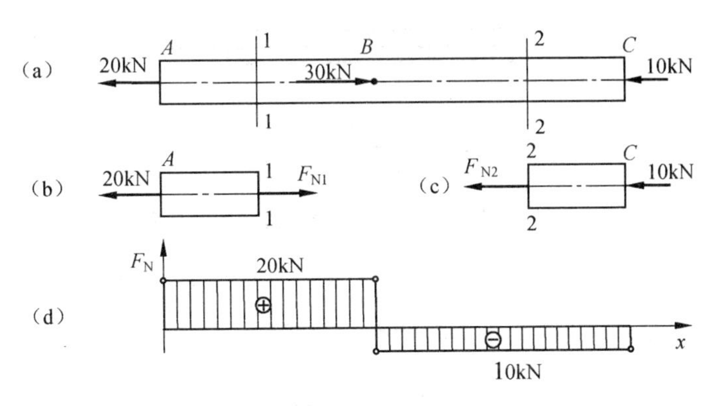

图 2-4　例 2-1 图

【解】 由于在横截面 B 处作用有外力，杆件 AB 与 BC 段的轴力将不相同，故需分段讨论。

对于 AB 段，利用截面法，在 AB 段内任一横截面 1-1 处将杆切开，并选切开后的左段为研究对象[图 2-4(b)]，由平衡方程 $\sum F_{ix}=0$ 可得

$$F_{N1}-20\ \text{kN}=0$$

AB 段的轴力为：$F_{N1}=20\ \text{kN}$。

对于 BC 段，仍用截面法，在 BC 段内任一横截面 2-2 处将其切开，并为计算简单，选右段为研究对象[图 2-4(c)]，由平衡方程 $\sum F_{ix}=0$ 可得

$$F+10\ \text{kN}=0$$

BC 段的轴力：$F_{N2}=-10\ \text{kN}$。

建立坐标系 F_N-x，并按照上面所求得的 AB 段和 BC 段轴力，绘制轴力图，如图 2-4(d)所示。

【说明】 ① 由图 2-4 可知，随着中间 30 kN 集中力的作用点水平移动，轴力图也会发生改变。这说明在讨论构件内力时，外力不能沿其作用线在构件内任意移动，力的可传性在这里不再成立。② 同时还需要注意，如果外荷载仅在杆件上一个局部范围之内移动，则不会改变该局部范围之外的内力分布。这一结论在静力等效的前提下，对其他变形一样成立。

【讨论】 ① 由图 2-4(d)容易看出，在集中力作用的截面 B 处，轴力图产生了跳跃，试分析其原因，并找出其规律。② 找出的规律，是否适合 A、C 处的集中力情况？

【思考】 如果构件受到的轴向外力比较多，且分布范围较广，任意一个截面的轴力与这些

外力有什么关系？能否由直杆的轴向荷载图直接绘制轴力图？

2.1.3 轴向分布力与轴力的关系

如图 2-5 所示，杆件沿其轴线受到轴向连续分布力 $f(x)$ 作用，规定与 x 轴正向相反时 $f(x)$ 为正。沿轴线取出长度为 $\mathrm{d}x$ 的微段作为隔离体，假设 x 截面上的轴力为 $F_N(x)$，由于此时轴力 $F_N(x)$ 是 x 的连续函数，故 $x+\mathrm{d}x$ 的截面上轴力可表示为：$F_N(x)+\mathrm{d}F_N(x)$。列该微段 x 方向的平衡方程可得

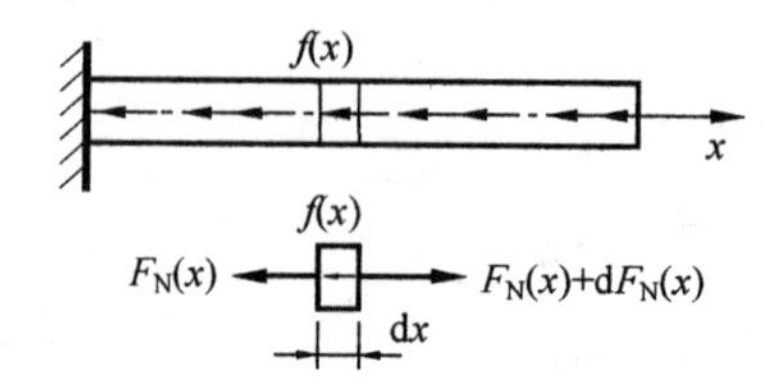

图 2-5 受轴向连续分布力作用的杆件

$$F_N(x)+\mathrm{d}F_N(x)-f(x)\cdot \mathrm{d}x-F_N(x)=0$$

由此，可以得到轴力与轴向分布力间的微分关系为

$$\frac{\mathrm{d}F_N(x)}{\mathrm{d}x}=f(x) \tag{2-1}$$

在分布力作用区间(例如$[a, b]$)，对式(2-1)进行积分，可得

$$F_N(x) = F_N(a) + \int_a^x f(x)\mathrm{d}x, a \leqslant x \leqslant b \tag{2-2}$$

若已知端部截面轴力 $F_N(a)$，则可以确定该作用区间内任意 x 截面上的轴力 $F_N(x)$。对于没有轴向分布荷载作用的区段，也可视为 $f(x)=0$ 的情况。由此可得：在没有轴向分布荷载作用的区段，其轴力图为水平线。

【说明】 ① 式(2-2)中分布力 f 的指向与 x 轴正向相反，若一致则取负值。② 在应用式(2-2)时，区间$[a, b]$内原则上不能有轴向集中力存在，因为集中力的存在使得集中力作用位置处的左、右侧的轴力发生跳跃，轴力图不再连续，从而集中力作用位置左、右侧的轴力差不再是微量。③ 若存在轴向集中力，则需要进一步分段讨论。

【例 2-2】 图 2-6(a)所示杆件，承受集中荷载及均布荷载 f。试绘制其轴力图。

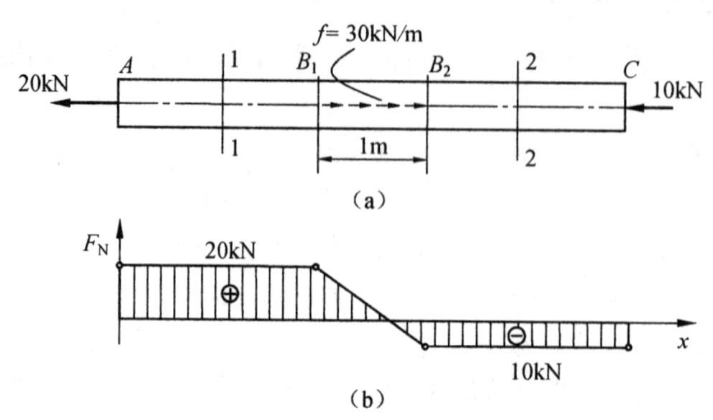

图 2-6 例题 2-2 图

【解】 该题与例2-1相比，差别在于中间部分的作用不是一个集中力，而是作用在B_1B_2段内的轴向均布荷载。故杆件AB_1与B_2C段的轴力与例2-1的对应部分相同，只需讨论B_1B_2段的轴力即可。

由于$F_N(B_1)=2F$。若取x轴向右为正，由公式(2-2)可得B_1B_2段内任一x横截面的轴力为

$$F_N(x)=F_N(B_1)-\int_{x_{B_1}}^{x}f(x)\mathrm{d}x=20\ \mathrm{kN}-30\ \mathrm{kN/m}\times(x-x_{B_1}),0\leqslant x-x_{B_1}\leqslant 1\ \mathrm{m}$$

显然，$F_N(x)$在B_1B_2段内为x的线性连续函数。当$x-x_{B_1}=0$(即$x=x_{B_1}$)时，$F_N(x_{B_1})=20\ \mathrm{kN}$；当$x-x_{B_1}=1\ \mathrm{m}$(即$x=x_{B_2}$)时，$F_N(x_{B_2})=-10\ \mathrm{kN}$。将两点连线即得$B_1B_2$段的轴力图，如图2-6(b)所示。

【思考】 如果轴向均布荷载的荷载集度为x的一次函数，轴力图是什么形状？

【说明】 ① 由图2-6(b)可以看出，在轴向分布力的作用下，杆件的轴力图保持连续。② 由于集中力是分布力的简化，当图2-6(a)中的分布荷载的作用范围越来越小，且保持合力不变时，轴力图2-6(b)中的斜线部分越来越逼近于图2-6(a)中B截面处的跳跃。这说明真实构件上的轴力是连续的，只是当人们将作用在构件上的轴向分布力视为集中力时，构件的轴力才产生了跳跃。③ 当分布荷载作用的范围相比构件的尺寸很小时，用集中力代替分布力可以反映构件内力的轮廓图。④ 若引入狄拉克δ函数[满足$\delta(x)=0,(x\neq 0)$；$\int_{-\infty}^{\infty}\delta(x)=1$]，也可以利用式(2-2)讨论集中力的作用。例如，例2-1中作用在B截面的集中力F(30 kN)右侧截面的轴力$F_{N,B-}$与左侧截面的轴力$F_{N,B+}$之间的关系为：$F_{N,B+}=F_{N,B-}-\int_{x_{B-}}^{x+}f(x)\mathrm{d}x=20\ \mathrm{kN}-\int_{x_{B-}}^{x+}30\ \mathrm{kN}\times\delta(x-x_B)\mathrm{d}x=20\ \mathrm{kN}-30\ \mathrm{kN}\times\int_{x_{B-}}^{x+}\delta(x-x_B)\mathrm{d}x=-10\ \mathrm{kN}$。⑤ 可以类似理解后面章节中介绍的其他内力图中出现的跳跃现象，如扭矩图、剪力图和弯矩图，后面将不再重复。

2.2　拉、压杆件的应力

2.2.1　拉、压杆件横截面上的应力

首先研究拉、压杆件横截面上的应力分布，即确定横截面上各点处的应力。图2-7(a)所示为一等截面直杆，为观察杆的变形，试验前在杆表面画两条垂直于杆轴的横直线1-1与2-2，然后，在杆两端施加一对大小相等、方向相反的轴向荷载F。从试验中观察到：横线1-1与2-2仍为直线，且仍垂直于杆件轴线，只是间距增大，分别平移至图示$1'-1'$与$2'-2'$位置。

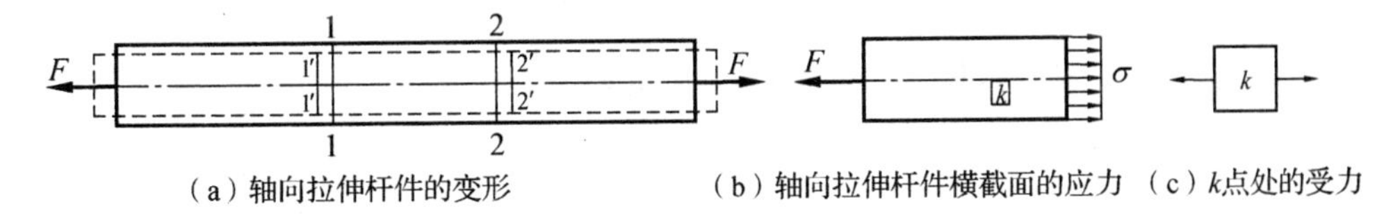

图2-7　轴向拉伸杆件的变形和应力

根据上述现象，对杆内变形作如下假设：变形后，横截面仍保持平面，且仍与杆轴垂直，只是横截面间沿杆轴相对平移。此假设称为**拉伸(压缩)杆件的平面假设**。

如果设想杆件是由无数根纵向“纤维”所组成，则由上述假设可知，任意两横截面间的所有纤维的变形均相同。对于均匀性材料，如果变形相同，则受力也相同。由此可见，横截面上各点处仅存在正应力，并沿截面均匀分布，如图 2-7(b)所示。杆中任意点 k 处的应力状态为图 2-7(c)所示的单向应力状态。

设杆件横截面的面积为 A，轴力为 F_N，则根据上述假设可知，横截面上各点处的正应力均为

$$\sigma=\frac{F_N}{A} \tag{2-3}$$

式(2-3)已为试验所证实，适用于横截面为任意形状的等截面拉压直杆。

由式(2-3)可知，正应力与轴力具有相同的正负符号，即拉应力为正，压应力为负。

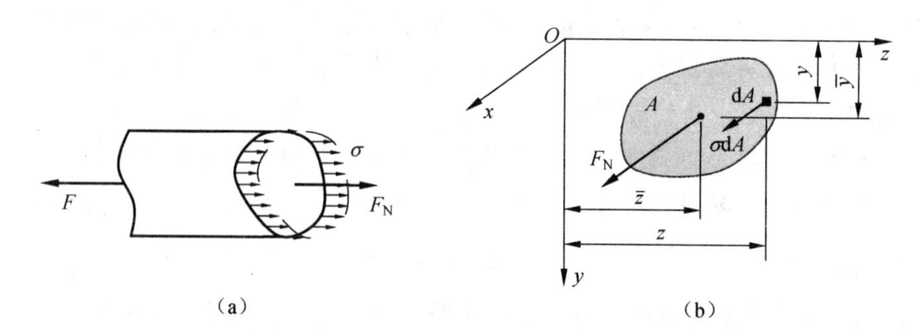

图 2-8　横截面上的应力与轴力

从力平衡的宏观角度讲，横截面上的应力在微小面积上形成的微小内力的合力一定与轴向外力平衡，故轴力 F_N 一定通过截面的形心，如图 2-8(a)所示。从微观角度讲，如图 2-8(b)所示，在微小面积 dA 上形成的微小内力 $\sigma\cdot dA$ 分别对 y 轴和 z 轴的矩为

$$M_y=\int z\sigma\mathrm{d}A,\ M_z=-\int y\sigma\mathrm{d}A$$

而作为其合力的轴力 F_N 分别对 y 轴和 z 轴的矩为

$$M_y=F_N\bar{z}=\sigma A\,\bar{z},\ M_z=-F_N\bar{y}=-\sigma A\,\bar{y}$$

由合力矩定理可知：$M_y=\int z\sigma\mathrm{d}A=\sigma A\bar{z}, M_z=-\int y\sigma\mathrm{d}A=-\sigma A\,\bar{y}$。即轴力 F_N 的坐标必须分别满足：

$$\bar{z}=\frac{\int z\mathrm{d}A}{A},\ \bar{y}=\frac{\int y\mathrm{d}A}{A}$$

由截面的形心公式可知，轴力 F_N 通过截面 A 的形心。

【例 2-3】　设一等直杆为实心圆截面，直径 $d=20$ mm，其最大轴力为 35 kN。试求此杆的最大工作正应力。

【解】 对于给定荷载的等直杆，最大工作正应力位于最大轴力 $F_{N,max}$ 所在的横截面上。从而利用公式(2-3)得到最大工作正应力为：

$$\sigma_{\max}=\frac{F_{\mathrm{N,max}}}{A}=\frac{4}{\pi d^2}F_{\mathrm{N,max}}=\frac{4\times35\times10^3\ \mathrm{N}}{\pi\times(20\ \mathrm{mm})^2}=111.4\ \mathrm{MPa}$$

【说明】 在研究拉(压)杆的强度问题时，最大工作正应力是起控制作用的，通常就把最大工作正应力所在的横截面称为拉(压)杆的**危险截面**。显然，等直杆的危险截面，就是最大轴力所在的横截面。

【例 2-4】 长度为 l、直径为 d 的钢杆吊起一个重为 W 的物体，如图 2-9 所示。若 $W=1.5\ \mathrm{kN}$，$l=50\ \mathrm{m}$，$d=8\ \mathrm{mm}$。试求杆件中最大的应力。已知钢材的重度为 $\gamma=77.0\ \mathrm{kN/m^3}$。

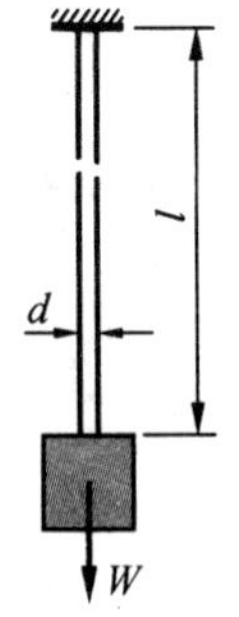

【解】 显然杆件中最大的轴力发生在杆件的上端，由于杆件的重量为 $W_0=\gamma V=\gamma Al$。所以杆件中最大的轴力 $F_{\mathrm{N,max}}=W_0+W=\gamma Al+W$。于是，杆件中最大的应力为

$$\sigma_{\max}=\frac{F_{\mathrm{N,max}}}{A}=\frac{\gamma Al+W}{A}=\gamma l+\frac{W}{A}=\gamma l+\frac{4W}{\pi d^2}$$

图 2-9　例 2-4 图

即

$$\sigma_{\max}=\frac{77.0\times10^3\ \mathrm{N}}{(10^3\mathrm{mm})^3}\times50\times10^3\ \mathrm{mm}+\frac{4\times1.5\times10^3\ \mathrm{N}}{\pi\times(8\ \mathrm{mm})^2}$$
$$=3.85\ \mathrm{MPa}+29.84\ \mathrm{MPa}=33.69\ \mathrm{MPa}$$

【说明】 在例 2-4 中，杆件的重量引起的应力在最大应力起到了明显的作用，故不应被忽略。

【例 2-5】 长为 b、内径 $d=200\ \mathrm{mm}$、壁厚 $\delta=5\ \mathrm{mm}$ 的薄壁圆环 $\left(\delta\leqslant\frac{d}{10}\right)$，承受 $p=2\ \mathrm{MPa}$ 的内压力作用，如图 2-10(a)所示。试求圆环径向截面上的拉应力。

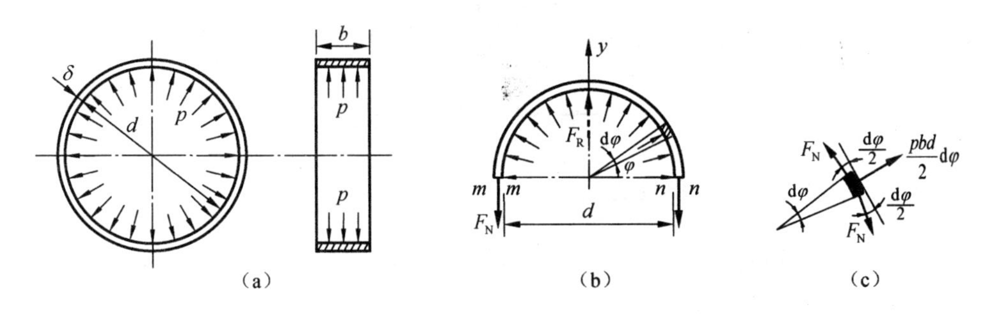

图 2-10　例 2-5 图

【解】 薄壁圆环在内压力作用下要均匀胀大，故在包含圆环轴线的任何径向截面上，作用有相同的法向拉力 F_{N}。为求该拉力，可假想地用一直径平面将圆环截分为二，并研究留下的半环(图 b)的平衡。半环上的内压力沿 y 方向的合力为：

$$F_{\mathrm{R}}=\int_0^{\pi}\left(pb\cdot\frac{d}{2}\mathrm{d}\varphi\right)\sin\varphi=\frac{pbd}{2}\int_0^{\pi}\sin\varphi\mathrm{d}\varphi=pbd \tag{a}$$

由对称性可知其作用线与 y 轴重合。

因薄壁圆环壁厚 δ 远小于内径 d，故可近似地认为在环的每一个横截面 m—m 或 n—n 上各点处的正应力相等(如果 $\delta\leqslant d/20$，这种近似足够精确)。由对称关系可知，此两横截面上的

正应力必分别组成数值相等的合力 F_N。由平衡方程 $\sum F_{iy}=0$，求得

$$F_N=\frac{F_R}{2}=\frac{pbd}{2} \tag{b}$$

横截面上的正应力为

$$\sigma=\frac{F_N}{A}=\frac{pbd}{2b\delta}=\frac{pd}{2\delta}=\frac{2\ \text{MPa}\times 200\ \text{mm}}{2\times 5\ \text{mm}}=40\ \text{MPa}$$

【思考】 ① 若不通过积分运算，可否获得例 2－5 中的式(a)？② 若将图 2－10(b)中的微段取隔离体，受力如图 2－10(c)所示，可否利用平衡方程直接得到 F_N 的表达式？

2.2.2 拉、压杆件斜截面上的应力

以上研究了拉、压杆横截面上的应力，为了更全面地了解杆内的应力情况，现在研究斜截面上的应力。

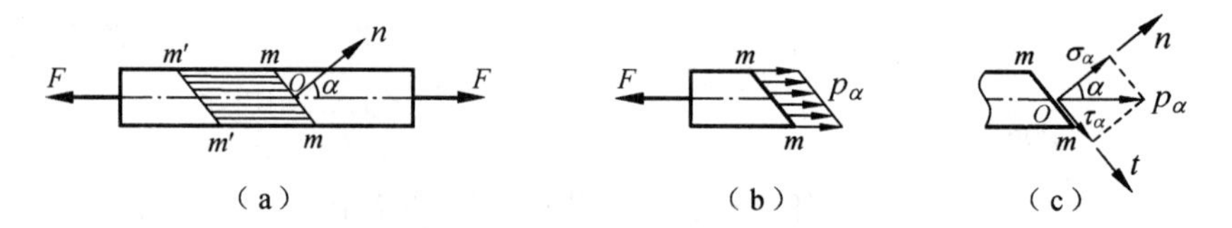

图 2－11 轴向拉压斜截面上的应力

考虑图 2－11(a)所示拉、压杆，利用截面法，沿任一斜截面 mm 将杆切开，该截面的方位以其外法线 On 与 x 轴的夹角 α 表示。由前述分析可知，杆内各纵向纤维的变形相同，因此，在相互平行的截面 mm 与 $m'm'$ 之间，各纤维的变形也相同。因此，斜截面 mm 上的应力 p_α 沿截面均匀分布，如图 2－11(b)所示。

设杆件横截面的面积为 A，则由杆左段的平衡方程 $\sum F_{ix}=0$ 可得

$$p_\alpha\frac{A}{\cos\alpha}-F=0$$

由此可得 α 截面上各点处的应力为

$$p_\alpha=\frac{F}{A}\cos\alpha=\sigma_0\cos\alpha$$

其中，$\sigma_0=\dfrac{F}{A}$，代表杆件横截面($\alpha=0°$)上的正应力。

将应力 p_α 沿截面法向与切向分解，如图 2－11(c)所示，可得斜截面上的正应力与切应力分别为

$$\sigma_\alpha=p_\alpha\cos\alpha=\sigma_0\cos^2\alpha \tag{2-4}$$

$$\tau_\alpha=p_\alpha\sin\alpha=\frac{\sigma_0}{2}\sin 2\alpha \tag{2-5}$$

可见，在拉、压杆的任一斜截面上，不仅存在正应力，而且存在切应力，其大小均随截面方位变化。

由式(2-4)可知,当 $\alpha=0°$时,正应力最大,其值为:$\sigma_{\max}=\sigma_0$。即拉、压杆的最大正应力发生在横截面上,其值为 σ_0。由式(2-5)可知,当 $\alpha=45°$时,切应力最大,其值为:$\tau_{\max}=\frac{\sigma_0}{2}$。即拉、压杆的最大切应力发生在与杆轴成 45°的斜截面上,其值为$\frac{\sigma_0}{2}$。

为便于应用上述公式,现对方位角的正、负符号作如下规定:以 x 轴为始边,逆时针旋转到截面法线指向的方位角 α 为正;反之,为负。切应力的正、负符号作如下规定:对保留部分中截面附近一点形成顺时针力矩的切应力 τ_α 为正;反之,为负。按此规定,图 2-11(c)所示的 α 与 τ_α 均为正。

【说明】 ① 由式(2-4)、(2-5)可知,当 $\alpha=90°$时,切应力和正应力均为零。这说明,纵向纤维之间没有拉压和剪切作用,这对于理解一些结论是有益的。② 取 $\beta=90°+\alpha$,并代入式(2-5)可得:$\tau_\beta=-\frac{\sigma_0}{2}\sin 2\alpha=-\tau_\alpha$。联系到上述关于切应力的符号规则,可见绪论中给出的切应力互等定理的有效性。

【例 2-6】 图 2-12(a)所示钢板由两块由斜焊缝焊接而成,受拉力 F 作用。已知:$F=20$ kN,$b=200$ mm,$t=10$ mm,$\alpha=30°$。试求焊缝内的应力,并绘制该斜焊缝上一点 k 处的应力状态。

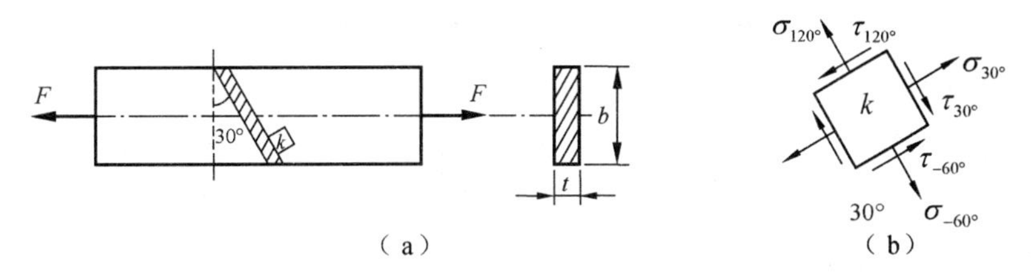

图 2-12　例 2-6 图

【解】 (1) 实际上是求板(视为杆)的斜截面($\alpha=30°$)上的正应力和切应力。可应用式(2-4)和式(2-5),但需先求出横截面上的正应力。由式(2-3),横截面上的正应力为

$$\sigma=\frac{F}{bt}=\frac{20\times10^3\ \text{N}}{200\ \text{mm}\times10\ \text{mm}}=10\ \text{MPa}$$

由式(2-4)、(2-5)可得

$$\sigma_{30°}=\sigma\cos^2\alpha=10\ \text{MPa}\times\cos^2 30°=7.5\ \text{MPa}$$

$$\tau_{30°}=\frac{\sigma}{2}\sin 2\alpha=\frac{10\ \text{MPa}}{2}\times\sin(2\times30°)=4.33\ \text{MPa}$$

(2) 为画出 k 点的应力单元体,需要计算与斜面垂直的单元体另一面上的正应力

$$\sigma_{120°}=\sigma\cos^2 120°=10\ \text{MPa}\times\cos^2 120°=2.5\ \text{MPa}$$

$$\tau_{120°}=\frac{\sigma}{2}\sin 2\alpha=\frac{10\ \text{MPa}}{2}\times\sin(2\times120°)=-4.33\ \text{MPa}$$

该面上的切应力的大小和方向也可根据切应力互等定理确定,最后画出 k 点的单元体如图 2-12(b)所示。

【小制作】 请绘制该杆件内一点处0°、15°、30°、45°、60°、75°、90°、105°、120°、135°、150°、165°斜截面上的应力状态，并制作一幅动画观察并分析其变化过程。

2.2.3 圣维南原理

对于拉伸和压缩时的正应力公式(2-3)，只有在杆件沿轴线方向的变形均匀时，横截面上正应力均匀分布才是正确的。因此，该公式对杆件端部的加载方式有一定的要求。

当杆端承受集中荷载或其他非均匀分布的荷载时，杆件并非所有横截面都能保持平面，从而产生均匀的轴向变形。这时，公式(2-3)不是对杆件上的所有横截面都适用。

考察图2-13(a)中所示的橡胶拉、压杆模型，为观察各处的变形大小，加载前在杆表面画上小方格。当集中力通过刚性平板施加于杆件时，若平板与杆端面的摩擦极小，这时杆的各横截面均发生均匀轴向变形，如图2-13(b)所示。若直接将集中荷载施加于杆端，则在加力点附近区域的变形是不均匀的：一是横截面不再保持平面；二是越接近加力点的小方格，其变形越大，如图2-13(c)所示。但距加力点稍远处，轴向变形依然是均匀的，因此在这些区域，正应力公式仍然成立。

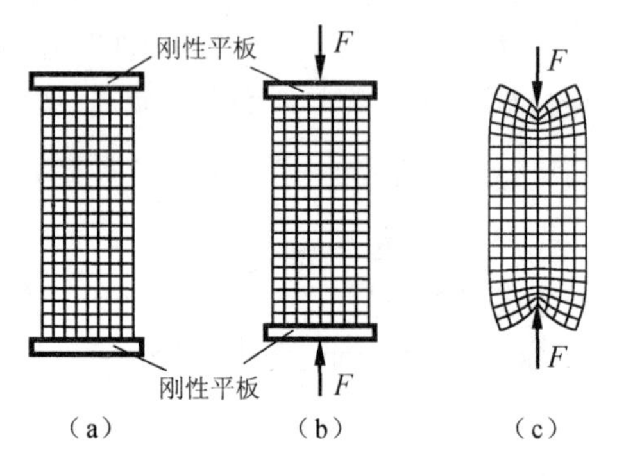

图2-13 加力点附近局部变形的不均匀性

上述分析表明：如果杆端两种外加荷载静力学等效，则距离加力点稍远处，静力学等效对应力分布的影响很小，可以忽略不计。这一思想最早是由法国科学家圣维南(Saint-Venant A. J. C. B. de, 1797—1886)于1855—1856年研究弹性力学问题时提出的。即：力作用于杆端的分布方式，只影响杆端局部范围的应力分布，影响区的轴向范围约离杆端1～2倍杆的横向尺寸。1885年布辛奈斯克(Boussinesq J. V.，1842—1929)将这一重要思想推广，并称之为**圣维南原理**。圣维南原理又称**局部影响原理**，已为大量试验与计算所证实。

例如，图2-14(a)所示承受集中力F作用的直杆，其截面宽度为b，在$x=b/4$与$x=b/2$的横截面上，应力为非均匀分布，如图2-14(b)、(c)所示；但在$x=b$的横截面上，应力则趋向均匀，如图2-14(d)。因此，只要外力合力的作用线沿杆件轴线，在离外力作用面稍远处，横截面上的应力分布均可视为均匀的。或者说，杆端有不同的外力作用时，只要它们静力等效，则对离开杆端稍远截面上的应力分布几乎没有影响。至于施加荷载处附近的应力分布，情况比较复杂，须另行讨论。

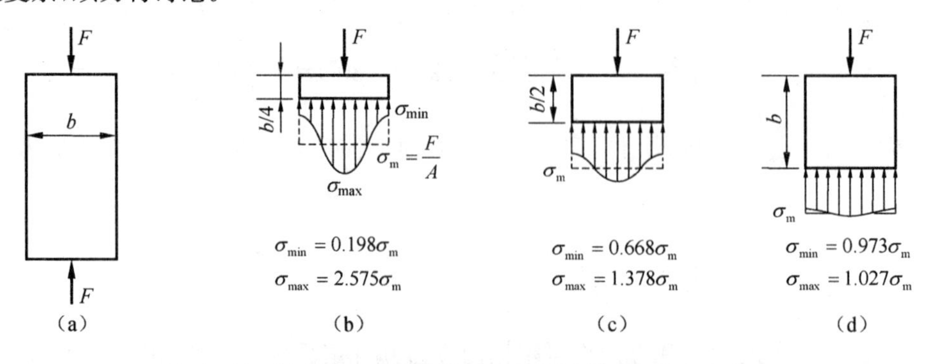

图2-14 轴向受集中力作用时杆端不同截面上的应力分布

【说明】 圣维南原理虽被许多实验和具体计算所证实，但没有经过严格的理论证明，也没有确切的数学表达式，因此不具有普适性。例如对于薄壁杆件，如工字钢、槽钢、Z 字形钢，在一些加载工况下，圣维南原理可能会失效，所以对这些截面的杆件在应用圣维南原理时要特别谨慎。

2.3　拉、压杆件的变形

2.3.1　轴向变形和胡克定律

如图 2-15 所示，假设等截面直杆的原始长度为 l，在轴向拉伸或压缩下，杆的长度变为 l'，则直杆的绝对伸长(或缩短)量 $\Delta l(=l'-l)$ 称为直杆的轴向变形。该杆在轴向的平均正应变为

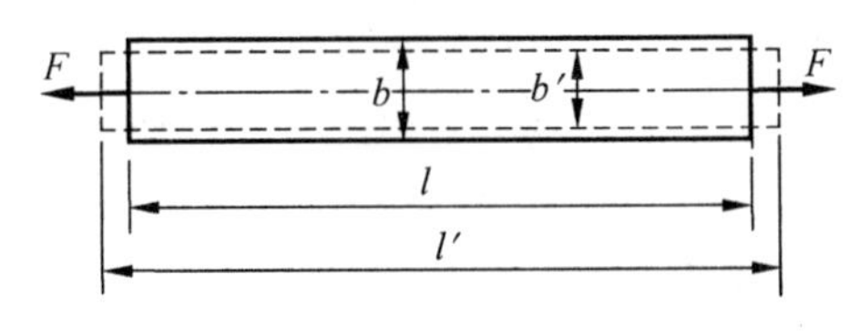

图 2-15　等截面直杆的轴向拉伸

$$\varepsilon=\frac{\Delta l}{l} \tag{2-6}$$

如果杆内的应力不超过材料的比例极限，胡克定律成立，有

$$\varepsilon=\frac{\sigma}{E}=\frac{F_{\mathrm{N}}}{EA}$$

将其代入式(2-6)，可得杆件的轴向变形量

$$\Delta l=\frac{F_{\mathrm{N}}l}{EA} \tag{2-7}$$

式(2-7)为计算等截面直杆常轴力情况下变形量的基本公式，也称为**拉伸(压缩)杆件的胡克定律**。式(2-7)中，EA 称为杆件的**拉压刚度**，表征拉、压杆件的材料和横截面面积对变形的影响。拉压刚度越大，在同样外力作用下的变形量越小。

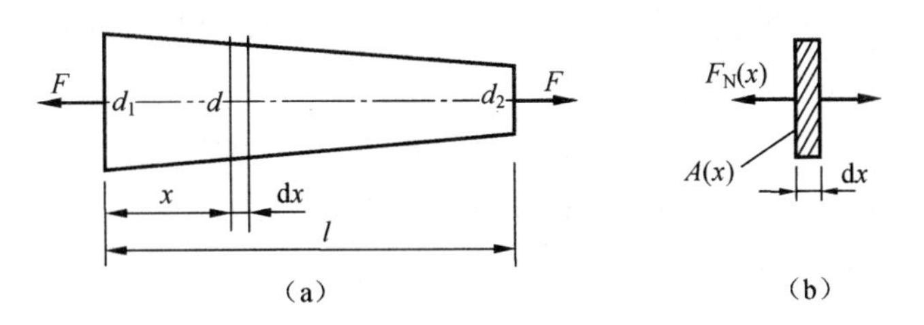

图 2-16　非等截面直杆的轴向拉伸

对于非等截面或轴力沿轴线变化的拉、压杆件，如图 2-16 所示，可利用连续性假设将胡克定律用于微段杆，将该微段视为等截面，以 $\mathrm{d}(\Delta l)$ 表示微段的变形，由式(2-7)，可得

$$\mathrm{d}(\Delta l)=\frac{F_{\mathrm{N}}(x)\cdot \mathrm{d}x}{E\cdot A(x)}$$

式中，$F_{\mathrm{N}}(x)$ 和 $A(x)$ 分别表示轴力和横截面面积，它们都是 x 的函数。积分上式得杆件的伸长为

$$\Delta l=\int\frac{F_{\mathrm{N}}(x)}{EA(x)}\mathrm{d}x \tag{2-8}$$

对于内力、横截面面积或弹性模量沿杆轴逐段变化的拉、压杆，其轴向总变形则为

$$\Delta l=\sum_{i}\Delta l_i=\sum_{i=1}^{n}\frac{F_{\mathrm{N}i}l_i}{E_iA_i} \tag{2-9}$$

式中，$F_{\mathrm{N}i}$、l_i、E_i和 A_i分别代表杆件第 i 段的轴力、长度、弹性模量与横截面面积；n 为杆件的段数。

【说明】 ① 式(2-8)只适应于横截面沿轴线变化平缓的情况，对于变化剧烈的情况，则截面上不仅有正应力，而且也存在不能忽略的切应力，从而轴向拉伸时的平面假设就不再成立，由此所得出的公式也失去了成立的基础。② 进一步(弹性力学)分析表明，受拉伸的楔形板，板中央的应力当侧边与轴线的夹角 $\theta=10°$时，超出平均应力 2.0%；$\theta=20°$时，超出平均应力 7.9%；$\theta=30°$时，则超出平均应力 20.7%。可见，侧边与轴线的夹角越大，应力分布越不均匀，计算误差会越大。

2.3.2 横向变形和泊松比

实验表明，当杆件沿轴线方向将发生伸长或缩短时，杆件在横向(与杆件轴线相垂直的方向)亦必然同时发生缩短或伸长，如图 2-15 所示。设杆件的原宽度为 b，在轴向拉力作用下，杆件宽度变为 b'，则杆的横向变形为 $\Delta b=b'-b$，故横向线应变

$$\varepsilon'=\frac{\Delta b}{b}=\frac{b'-b}{b} \tag{2-10}$$

法国科学家泊松(S. D. Poisson，1781—1840)发现，在弹性变形范围内，横向应变 ε'与轴向应变 ε 之间存在以下关系

$$\varepsilon'=-\nu\varepsilon \tag{2-11}$$

式中比例系数 ν 为与材料有关的常数，称为**泊松比**。负号表示横向应变与轴向应变方向相反，即当轴向是拉伸变形时，杆的横向尺寸减小；当轴向是压缩变形时，杆的横向尺寸增大。在比例极限内，泊松比 ν 是一个常数，其值可由试验测定。对于绝大多数各向同性材料，泊松比 ν 的取值范围为：$0\leqslant\nu\leqslant0.5$。几种常用材料的弹性模量 E 与泊松比 ν 之值如表 2-1 所示。

表 2-1 材料的弹性模量与泊松比

	钢与合金钢	铝合金	铜	铸铁	木(顺纹)
E/GPa	200～220	70～72	100～120	80～160	8～12
ν	0.25～0.30	0.26～0.34	0.33～0.35	0.23～0.27	

各向同性材料的弹性模量 E、切变模量 G 与泊松比 ν 之间存在以下的关系

$$G=\frac{E}{2(1+\nu)} \tag{2-12}$$

【思考】 一个轴向拉伸的构件，其体积在拉伸过程中是否保持不变？为什么？(不考虑杆端作用力的局部影响)

【例 2-7】 一阶梯形钢杆如图 2-17 所示。AB 段的横截面面积 $A_1=400\ \mathrm{mm}^2$，BC 段的

横截面面积 $A_2=300\ \text{mm}^2$，钢的弹性模量 $E=210$ GPa。试求：AB、BC 段的伸长量和杆的总伸长量；C 截面相对 B 截面的位移和 C 截面的绝对位移。

【解】 物体受力作用发生尺寸和形状的改变，称为**变形**。阶梯形杆受拉力 F 作用发生变形后的形状如图中虚线所示。杆件的纵向变形用 Δl 描述。由于各段轴力均为 $F_N=F$，得到 AB 段的伸长量 Δl_1 和 BC 段的伸长量 Δl_2 分别是

$$\Delta l_1=\frac{F_N l_1}{EA_1}=\frac{50\times10^3\ \text{N}\times300\ \text{mm}}{210\times10^3\ \text{MPa}\times400\ \text{mm}^2}=0.179\ \text{mm}$$

$$\Delta l_2=\frac{F_N l_2}{EA_2}=\frac{50\times10^3\ \text{N}\cdot200\ \text{mm}}{210\times10^3\ \text{MPa}\times300\ \text{mm}^2}=0.159\ \text{mm}$$

AC 杆的总伸长量为

$$\Delta l=\Delta l_1+\Delta l_2=0.179\ \text{mm}+0.159\ \text{mm}=0.338\ \text{mm}$$

位移是指物体上的一些点、线或面在空间位置上的改变。例如，由于 F 力的作用，杆件发生伸长变形，使 B、C 截面分别移到了 B' 和 C' 的位置，它们的位移（有时称为**绝对位移**）分别是 Δ_B 和 Δ_C。

显然，两个截面的**相对位移**，在数值上等于两个截面之间那段杆的伸长（或缩短）。因此，C 截面与 B 截面间的相对位移是

$$\Delta_{BC}=\Delta l_2=0.159\ \text{mm}\ (\updownarrow)$$

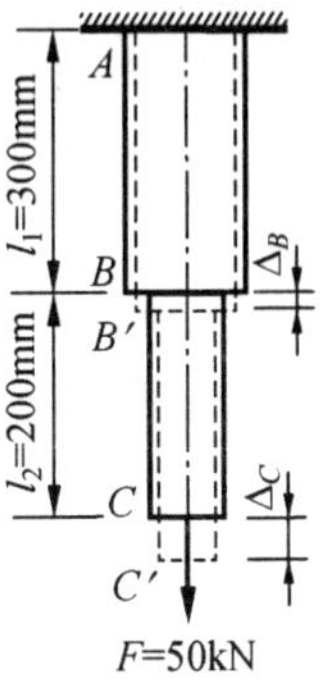

结果为正，表示两截面相对位移的方向是相对离开。

图 2-17　例题 2-7 图

在 A 截面固定不动的条件下，C 截面的位移是由于 AC 杆的伸长引起的，数值上就等于 AC 杆的伸长量，位移方向竖直向下，即

$$\Delta_C=\Delta l=0.295\ \text{mm}\ (\downarrow)$$

【说明】 变形和位移是两个不同的概念，但是它们在数值上有密切的联系。位移在数值上取决于杆件的变形量和杆件受到的外部约束或杆件之间的相互约束。

【例 2-8】 图 2-18(a)所示为受轴向拉伸的空心正方形截面薄壁杆件，试求该杆件在轴向拉力 F 的作用下，横截面上 A、B 两点的相对位移。材料的弹性常数 E、ν 为已知。

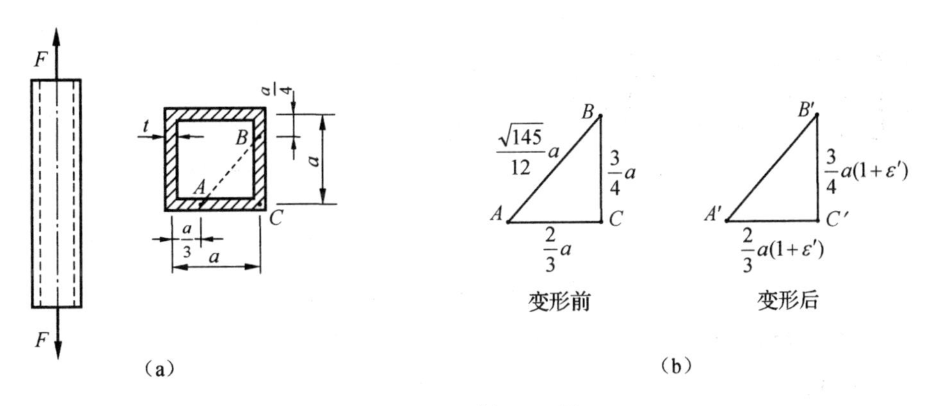

图 2-18　例 2-8 图

【解】 因是薄壁截面杆，其横截面面积可认为等于 $4at$，于是得横截面上的正应力为 $\sigma=\frac{F}{4at}$，杆的纵向线应变为 $\varepsilon=\frac{\sigma}{E}=\frac{F}{4atE}$，横向线应变 $\varepsilon'=-\nu\varepsilon=-\frac{\nu F}{4atE}$。

则图 2－18(a)中 A、C 两点的相对位移，由图 2－18(b)可知为

$$\Delta_{AC}=\overline{A'C'}-\overline{AC}=\frac{2}{3}a(1+\varepsilon')-\frac{2}{3}a=\frac{2}{3}a\varepsilon'$$

同理，

$$\Delta_{BC}=\overline{B'C'}-\overline{BC}=\frac{3}{4}a\varepsilon'$$

因为在均匀拉伸的情况下，这个正方形空心截面相邻边之间的夹角(直角)显然不会改变，杆件变形后原 A、B 两点间的距离$\overline{A'B'}$仍可由勾股弦定理求出。从而有

$$\begin{aligned}\Delta_{AB}&=\overline{A'B'}-\overline{AB}\\&=\sqrt{\left[\frac{3}{4}a(1+\varepsilon')\right]^2+\left[\frac{2}{3}a(1+\varepsilon')\right]^2}-\sqrt{\left(\frac{3}{4}a\right)^2+\left(\frac{2}{3}a\right)^2}\\&=\sqrt{\left(\frac{3}{4}a\right)^2+\left(\frac{2}{3}a\right)^2}\cdot\varepsilon'=\overline{AB}\cdot\varepsilon'=\frac{\sqrt{145}a}{12}\cdot\left(-\nu\cdot\frac{F}{4atE}\right)\\&=-\frac{\sqrt{145}}{48}\cdot\frac{\nu F}{tE}\end{aligned}$$

【说明】 ① 由例 2－8 的计算过程可知，即使所求相对位移的两个点 A 和 B 的连线不在杆壁上，其相对位移的计算结果与其连线在杆壁上是一样的。② 由上述推导过程可知，$\Delta_{AB}=\overline{AB}\cdot\varepsilon'$。事实上，轴向拉伸(压缩)杆件即使横截面是中空的，其同一横截面上任意两点的相对位移均可将横向线应变 ε'乘以两点间原来的距离求得。

【思考】 从受力的角度如何理解上述例题的结论？

【例 2－9】 如图 2－19(a)所示，截面缓慢变化的圆形直杆 AB，在 A 端固定，B 端自由，杆件长为 l，截面 A、B 的直径分别为 d_A 和 d_B。试求当在自由端 B 截面形心处施加一集中荷载 F 时，杆件的伸长量。

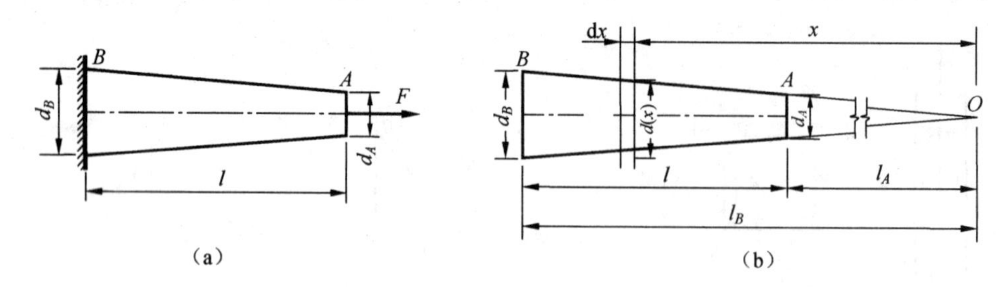

图 2－19　例 2－9 图

【解】 为便于描述截面的位置，以图 2－19(b)所示的将截面延伸后的交点 O 为坐标原点，并假设截面 A、B 与 O 点的距离分别为 l_A 和 l_B，则有

$$\frac{l_A}{l_B}=\frac{d_A}{d_B} \tag{a}$$

任取 AB 段中，在与 O 点距离为 x 的截面处截取微段 $\mathrm{d}x$，并假设 x 处截面的直径为 $d(x)$，则有

$$\frac{d(x)}{d_A}=\frac{x}{l_A}$$

$$d(x)=\frac{d_A}{l_A}x$$

故 x 处截面的面积为

$$A(x)=\frac{\pi}{4}d^2(x)=\frac{\pi}{4}\left(\frac{d_A}{l_A}\right)^2x^2$$

该 $\mathrm{d}x$ 微段可以视为等截面，该微段的变形量可以利用式(2-7)给出。继而，由式(2-8)可知，杆件的伸长量为

$$\Delta l=\int\frac{F_N(x)\mathrm{d}x}{EA(x)}=\int_{l_A}^{l_B}\frac{4Fl_A^2}{E\pi d_A^2x^2}\mathrm{d}x=\frac{4Fl_A^2}{E\pi d_A^2}\int_{l_A}^{l_B}\frac{1}{x^2}\mathrm{d}x=\frac{4Fl_A^2}{\pi Ed_A^2}\left(\frac{1}{l_A}-\frac{1}{l_B}\right)$$

由于

$$\left(\frac{1}{l_A}-\frac{1}{l_B}\right)=\frac{l_B-l_A}{l_Al_B}=\frac{l}{l_Al_B}$$

从而有

$$\Delta l=\frac{4Fl_A^2}{\pi Ed_A^2}\cdot\frac{l}{l_Al_B}=\frac{4Fl}{\pi Ed_A^2}\cdot\frac{l_A}{l_B}$$

由式(a)可得杆件的伸长量为

$$\Delta l=\frac{4Fl}{\pi Ed_A^2}\cdot\frac{l_A}{l_B}=\frac{4Fl}{\pi Ed_Ad_B}\tag{b}$$

【评注】 ① 直观上，可能会认为杆件的伸长量与直径为 $\frac{d_A+d_B}{2}$ 的等截面直杆的伸长量相等，但由上式(b)可知，这种认识是错误的，并且很容易知道，这种等截面直杆的伸长量要小于变截面杆件的伸长量。② 若令式(b)中的 $d_A=d_B=d$，则所得的伸长量的表达式即为：$\Delta l=\frac{Fl}{EA}$，这样与前面的结论是一致的。③ 在讨论具体问题时，如果能将得到结论中的一些变量特殊化后，验证结论的正确性，可以使我们更大程度地相信一般结论的正确性；而如果将得到结论中的一些变量特殊化后，经验证结论不正确性，则一般结论肯定是错误的。在没有正确结论时这是常用的一种检验方法。

2.3.3　简单桁架结点的位移计算

对于工程中常见的桁架结构，通常很关注其结点的位移。由于杆件之间存在相互约束，变形微小，下面以图 2-20 所示结构为例说明简单桁架结构结点位移的计算方法。

【例 2-10】 图 2-20(a)所示三角架，AB 杆为圆截面钢杆，直径 $d=30$ mm，弹性模量 $E_1=200$ GPa；BC 杆为正方形截面木杆，其边长 $a=150$ mm，弹性模量 $E_2=10$ GPa。荷载 $F=30$ kN，$\overline{AC}=0.5$ m。试求结点 B 的位移。

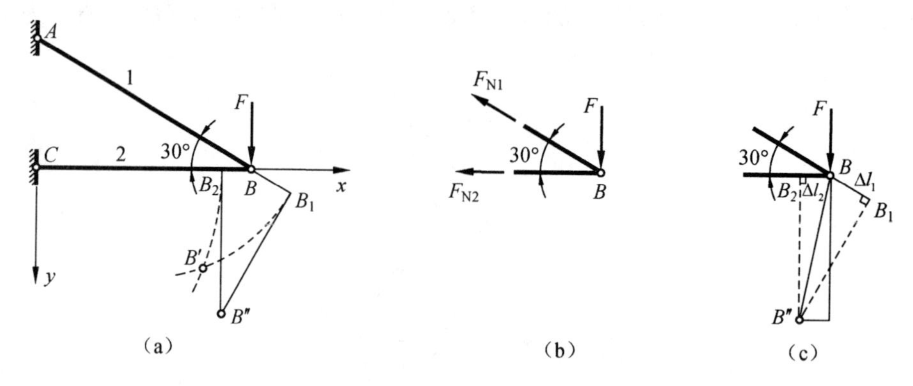

图 2-20 例 2-10 图

【解】 为了求出结点 B 的位移,必须知道各杆的变形量。因此,第一步应求各杆的轴力。画出结点 B 的受力图,如图 2-20(b)所示,由平衡方程易得

$$F_{N1}=60\ \text{kN}(\text{拉力}),F_{N_2}=52\ \text{kN}(\text{压力})$$

从而求得各杆的变形量为

$$\Delta l_1=\frac{F_{N1}l_1}{E_1A_1}=\frac{4\times(60\times10^3\ \text{N})\times(0.5\times2\times10^3\ \text{mm})}{(200\times10^3\ \text{MPa})\times[\pi\times(30\ \text{mm})^2]}=0.42\ \text{mm}(\text{伸长})$$

$$\Delta l_2=\frac{F_{N_2}l_2}{E_2A_2}=\frac{(52\times10^3\ \text{N})\times(0.5\times2\times10^3\times0.866\ \text{mm})}{(10\times10^3\ \text{MPa})\times(150\ \text{mm})^2}=0.20\ \text{mm}(\text{缩短})$$

现利用几何作图的方法,来求各杆变形后结点 B 的位置。设想解除结点 B 的约束,以 A 为圆心,$AB_1=l_1+\Delta l_1$ 为半径画一圆弧,如图 2-20(a)所示;再以点 C 为圆心,$CB_2=l_2-\Delta l_2$ 为半径画一圆弧,两圆弧的交点 B' 即为该结点的新位置。根据小变形的假设,可近似地用垂线代替圆弧,得到交点 B'' 作为 B 点位移后的位置,如图 2-20(c)所示。从图 2-20(c)可得结点 B 的水平位移为

$$\Delta_x=\Delta l_2=0.20\ \text{mm}(\leftarrow)$$

铅垂位移为

$$\Delta_y=\frac{\Delta l_1}{\sin30^\circ}+\Delta l_2\tan60^\circ=\frac{0.42\ \text{mm}}{\sin30^\circ}+0.20\ \text{mm}\times\tan60^\circ=1.19\ \text{mm}(\downarrow)$$

从而结点 B 的总位移为

$$\Delta=\sqrt{\Delta_x^2+\Delta_y^2}=\sqrt{(0.20\ \text{mm})^2+(1.19\ \text{mm})^2}=1.21\ \text{mm}$$

总位移的方向为图 2-20(c)中矢量 $\overrightarrow{BB''}$ 的方向。

为了求结点 B 的位移的精确值,建立 xy 坐标系如图 2-20(a)所示。所作两段圆弧的方程分别为

$$\begin{cases}x^2+(y+500)^2=(l_1+\Delta l_1)^2\\x^2+y^2=(l_2-\Delta l_2)^2\end{cases}$$

将 $\Delta l_1=0.42$ mm 及 $\Delta l_2=0.20$ mm 代入以上方程组,得

$$\begin{cases}x^2+(y+500)^2=1\ 000\ 840\\ x^2+y^2=749\ 654\end{cases}$$

解此方程组，得到结点 B' 的坐标

$$x=865.824\ 6\ \text{mm},y=1.186\ 5\ \text{mm}$$

结点 B 的位移是

$$\Delta_x'=l_1\cos30°-x=1\ 000\ \text{mm}\times\cos30°-865.824\ 6\ \text{m}=0.200\ 8\ \text{mm}\ (\leftarrow)$$

$$\Delta_y'=y=1.186\ 5\ \text{mm}(\downarrow)$$

【说明】 ① 在绘制变形图时，一定要保证与杆件的受力一致，即受拉的杆件要伸长，受压的杆件要缩短，否则最后的结果会有误。② 由上述结果可知，在小变形的情况下，近似解与精确解的误差是十分小的。这说明用切线代替弧线建立变形之间的关系的方法是合理的。③ 本题利用了原始尺寸原理，即在求解约束反力或构件内力时，用物体系统未受力时的原来位置代替受力平衡之后的位置，而不考虑构件变形的影响。严格来说系统是在变形之后的位置处于平衡；但这样处理就出现了一种循环，即：欲求解变形量，需要计算内力，而计算内力又需要计算变形量。但由于土建工程及其他工程中的绝大部分问题都是小变形问题，故使用原始尺寸原理来建立内力与外力之间的平衡方程带来的误差很小，可以满足工程精度的要求。④ 小变形是一个重要概念，在小变形条件下，通常可按原始尺寸原理，使用结构原几何尺寸计算支反力和内力，并可采用切线代圆弧的方法确定简单桁架结点位移和杆的转角，以简化问题的分析。可以证明，对于线弹性、小变形问题，由此而带来的误差是高阶微量。

【例 2-11】 图 2-21(a)所示结构中，1、2、3 三杆的材料和横截面面积均相同，其弹性模量 $E=200$ GPa，横截面面积 $A=1\ 000\ \text{mm}^2$，AB 为刚性杆。若 $F=80$ kN，试求 A、B 两点的位移。

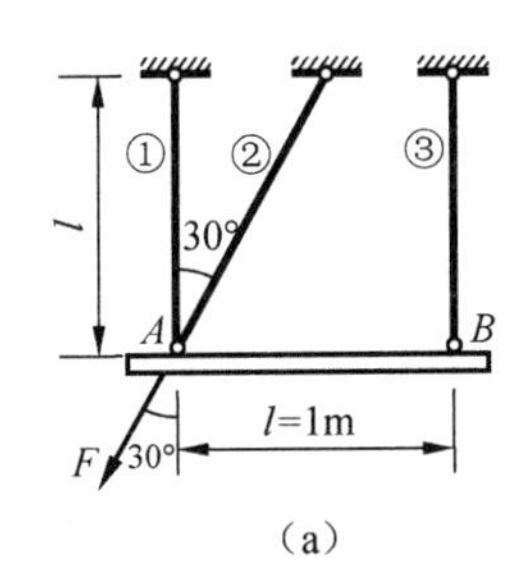

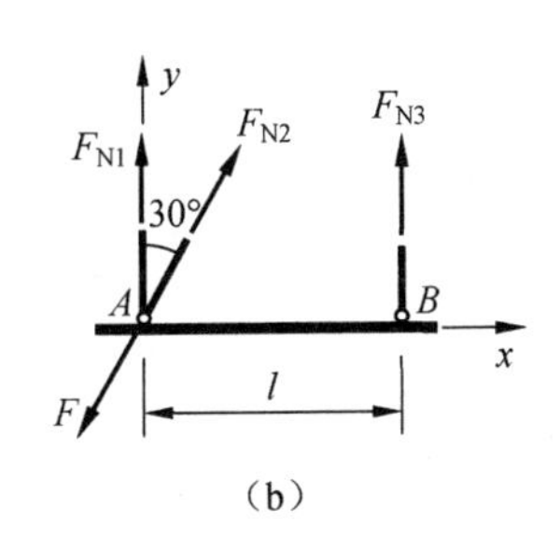

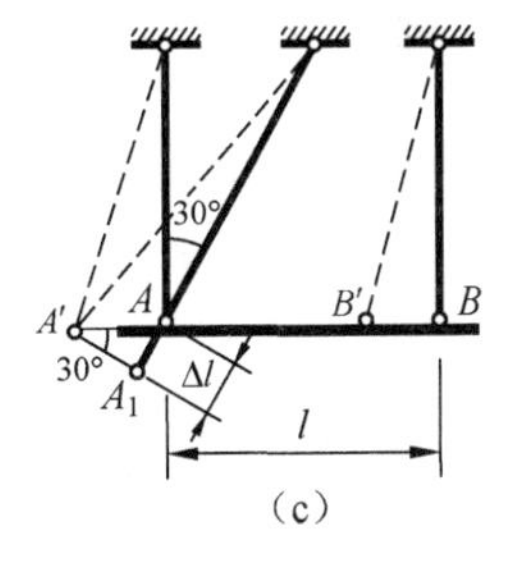

图 2-21　例 2-11 图

【解】 以 AB 杆为研究对象，其受力图如图 2-21(b)所示，由平衡方程

$$\sum M_A=0,F_{N3}l=0$$

$$\sum F_{ix}=0,F_{N2}\sin30°-F\sin30°=0$$

$$\sum F_{iy}=0,F_{N1}+F_{N2}\cos30°+F_{N3}-F\cos30°=0$$

解得：$F_{N1}=F_{N3}=0;F_{N2}=F=80\ \text{kN}$。

杆②的伸长量为

$$\Delta l_2=\frac{F_{N2}l_2}{EA_2}=\frac{(80\times10^3\ \text{N})\times(1\ 000\ \text{mm}/\cos30°)}{(200\times10^3\ \text{MPa})\times(1\ 000\ \text{mm}^2)}=0.461\ \text{mm}$$

因为 $F_{N1}=F_{N3}=0$，所以 1 杆和 3 杆不会产生变形。设想解除 2 杆 A 点处的约束，由于 2 杆产生伸长量 Δl_2，A 点移至 A_1 点，过 A 点和 A_1 点分别作 1 杆和 2 杆的垂线，两垂线相交于 A' 点，A' 点即为变形后 A 点的位置。由于 AB 杆为刚性杆，B 点将向左水平移至 B' 点，且 $\overline{BB'}=\overline{AA'}$，结构变形后的位置如图 2-21(c)所示。

由图 2-21(c)可得，A、B 两点的水平和竖直位移分别为

$$\Delta_{Ax}=\Delta_{Bx}=\frac{\Delta l_2}{\sin30°}=\frac{0.461\ \text{mm}}{0.5}=0.922\ \text{mm}(\leftarrow)$$

$$\Delta_{Ay}=\Delta_{By}=0$$

【说明】 虽然杆件 1、3 的内力和变形为零，却限制了系统的位移。

2.4 拉、压杆件的应变能

弹性杆件在外力作用下产生变形，外力作用点也随之发生位移，这时外力便做了功，称为**外力功**，用 W 表示。外力在弹性体上所做的功以弹性体变形的形式将能量在弹性杆件内部存储起来，卸载外力时，这部分能量会被释放出来做功。弹性体在荷载作用下因变形而储存的能量称为**应变能**，用 V_ε 表示，单位为焦耳(J)。

如果忽略弹性体变形过程中的能量损失，那么外力功 W 全部转化为弹性体应变能 V_ε，即 $W=V_\varepsilon$，这个原理常称为**功能原理**。

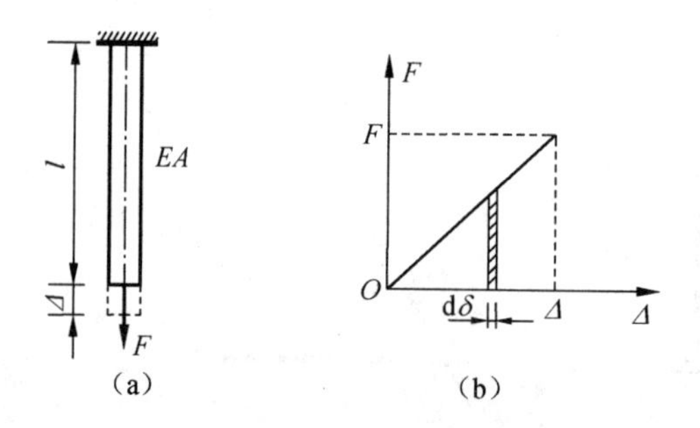

图 2-22　轴向外力作用下直杆的伸长及外力所做的功

图 2-22(a)所示拉杆在线弹性范围内的拉伸图如图 2-22(b)所示。外力由零开始逐渐增大到 F，杆端位移由零逐渐增大至 Δ，在加载过程中外力做功为

$$W=\int_0^\Delta F\mathrm{d}\delta=\frac{1}{2}F\Delta \tag{2-13}$$

该式积分等于 $F-\Delta$ 图下方面积。

【说明】 ① 式(2-13)前面的系数$\frac{1}{2}$是因为 F 在整个加载过程中不是常量，而是从零线性增加的变量。② 如果拉杆不在线弹性范围内工作，则在加载过程中外力做功应为 $F-\Delta$ 图下方面积，此时一般情况下就没有前面的系数$\frac{1}{2}$，相关结论与 $F-\Delta$ 图有关。

在弹性状态下，由功能原理和胡克定律可知，拉、压杆件的应变能为

$$V_{\varepsilon}=W=\frac{1}{2}F\Delta=\frac{F_{N}^{2}l}{2EA} \tag{2-14}$$

由上式可见，应变能是内力的二次函数，因此不能用叠加法计算应变能，即两个力共同作用下杆件的应变能并不等于两个力单独作用时杆件应变能的代数和。应变能的数值总是正的。

式(2-14)中的 V_{ε} 表示的是整个杆件在线弹性状态下存储的应变能。用杆件的体积除 V_{ε}，可得杆件的**应变能密度**为

$$v_{\varepsilon}=\frac{V_{\varepsilon}}{Al}=\frac{F\Delta}{2Al}=\frac{1}{2}\times\frac{F}{A}\times\frac{\Delta}{l}=\frac{1}{2}\sigma\varepsilon \tag{2-15a}$$

或表示为

$$v_{\varepsilon}=\frac{\sigma^{2}}{2E}=\frac{E}{2}\varepsilon^{2} \tag{2-15b}$$

【例 2-12】 试用应变能的概念计算例 2-10 中结点 B 的铅垂位移。

【解】 与例 2-10 的解一样，可以求得各杆的轴力分别为

$$F_{N1}=60\ \text{kN}(拉力),F_{N2}=52\ \text{kN}(压力)$$

从而可求得两杆的总应变能，即系统的应变能为

$$\begin{aligned}V&=\frac{F_{N1}^{2}l_{1}}{2E_{1}A_{1}}+\frac{F_{N2}^{2}l_{2}}{2E_{2}A_{2}}\\&=\frac{(60\times10^{3}\ \text{N})^{2}\times(0.5\ \text{m}\times2)}{2\times(200\times10^{9}\ \text{Pa})\times[\pi\times(0.03\ \text{m})^{2}/4]}+\frac{(52\times10^{3}\ \text{N})^{2}\times(0.5\ \text{m}\times\sqrt{3})}{2\times(10\times10^{9}\ \text{Pa})\times(0.150\ \text{m})^{2}}\\&=17.93\ \text{J}\end{aligned}$$

由功能原理可知：$W=\frac{1}{2}F\Delta_{By}=V_{\varepsilon}$，故有

$$\Delta_{By}=\frac{2V_{\varepsilon}}{F}=\frac{2\times17.93\ \text{J}}{30\times10^{3}\ \text{N}}=0.001\ 196\ \text{m}=1.19\ \text{mm}(向下)$$

【说明】 ① 用应变能的概念计算位移只需计算内力和应变能，所以过程简单。② 如果长度单位用 mm，力用 N，应力用 MPa，则计算所得的应变能单位为 N·mm，并不是 J。但计算位移，并不一定需要转换，也可直接计算。请读者验证。

【思考】 用应变能的概念能否计算例 2-10 中结点 B 的水平位移？

2.5　材料的力学性能

构件的强度、刚度和稳定性，不仅与构件的形状、尺寸及所受外力有关，而且与材料的力学性能有关。本节研究材料的力学性能，主要研究材料在拉伸与压缩时的力学性能，并简单讨论温度及加载速率对力学性能的影响。

2.5.1 拉伸试验与应力-应变图

材料的力学性能由试验测定。拉伸试验是研究材料力学性能最基本、最常用的试验。标准拉伸试样如图 2-23 所示，标记 m 与 n 之间的杆段为试验段，其长度 l 称为标距。对于试验段直径为 d 的圆截面试样，如图 2-23(a)所示，通常规定见《金属材料室温拉伸试验方法》(GB/T 228.1—2010)。

$$l=10d \quad \text{或} \quad l=5d$$

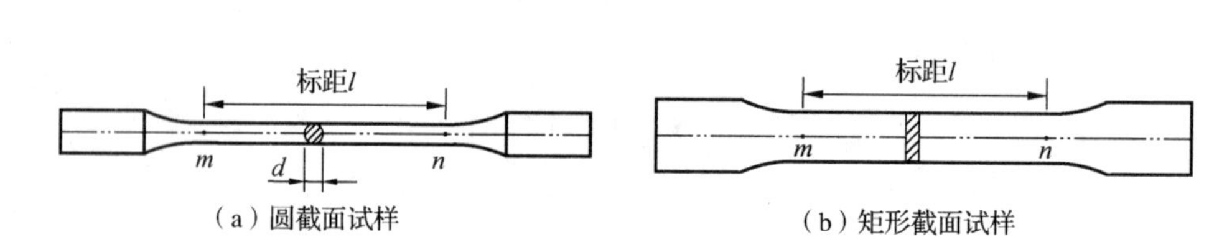

(a) 圆截面试样　　(b) 矩形截面试样

图 2-23　标准拉伸试样图

而对于试验段横截面面积为 A 的矩形截面试样，如图 2-23(b)所示，则规定

$$l=11.3\sqrt{A} \quad \text{或} \quad l=5.65\sqrt{A}$$

试验时，首先将试样安装在材料试验机的上、下夹头内[图 2-24(a)]，并在标记 m 与 n 处安装测量轴向变形的仪器。然后开动机器，缓慢加载。随着荷载 F 的增大，试样逐渐被拉长，试验段的拉伸变形用 Δl 表示。拉力 F 与 Δl 变形间的关系曲线如图 2-24(b)所示，称为试样的**拉力-伸长量曲线**或**拉伸图**。试验一直进行到试样断裂为止。

拉伸图不仅与试样的材料有关，而且与试样的横截面尺寸及标距的大小有关。例如，试验段的横截面面积越大，将其拉断所需的拉力也越大；在相同拉力作用下，标距越大，拉伸变形 Δl 也越大。因此，不宜用试样的拉伸图表征材料的力学性能。

将拉伸图的纵坐标 F 除以试样横截面的原面积 A，将其横坐标 Δl 除以试验段的原长 l（即标距），由此所得应力、应变的关系曲线，称为材料的**应力-应变图**。

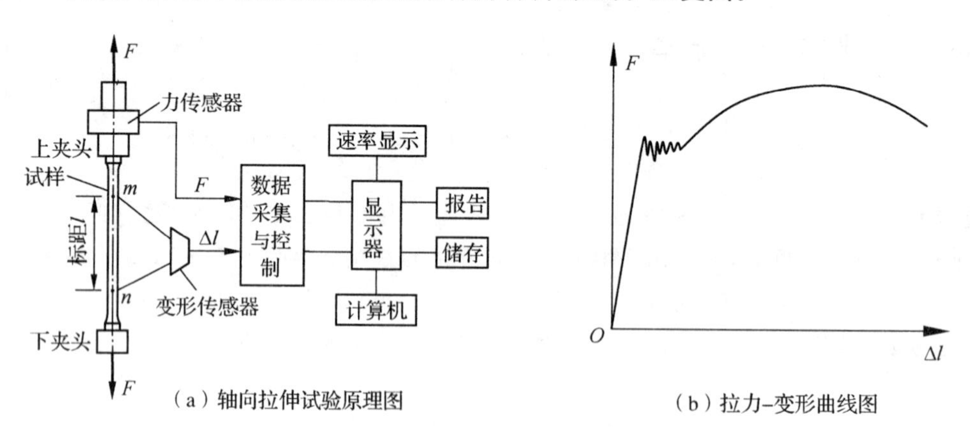

(a) 轴向拉伸试验原理图　　(b) 拉力-变形曲线图

图 2-24　轴向拉伸试验的原理图及拉力-变形曲线

2.5.2 低碳钢拉伸的力学性能

低碳钢是指含碳量在 0.3%以下的碳素钢。这类钢材在拉伸试验中表现出的力学性能最

为典型，是工程中广泛应用的一类金属材料。图 2-25 所示为低碳钢 Q235 的应力-应变图，现以该曲线为基础，并结合试验过程中所观察到的现象，介绍低碳钢的力学性质。

1. 弹性阶段

在拉伸的初始阶段，应力-应变曲线为一直线（图中 Oa' 段），说明在此阶段内，正应力与线应变成正比，即 $\sigma=E\varepsilon$。线性阶段最高点 a' 所对应的正应力，称为材料的**比例极限**，并用 σ_p 表示。直线 Oa' 的斜率在数值上等于材料的弹性模量 E。低碳钢 Q235 的比例极限 $\sigma_p\approx$ 200 MPa，弹性模量 $E=200$ GPa。

超过比例极限后，从点 a' 点到 a，σ 与 ε 之间的关系不再是直线，但卸除拉力后变形仍可完全消失，这种变形称为**非线性弹性变形**。a 点所对应的应力 σ_e 是材料只出现弹性变形的极限值，称为**弹性极限**。由于弹性极限与比例极限非常接近，所以工程上对弹性极限和比例极限并不严格区分。

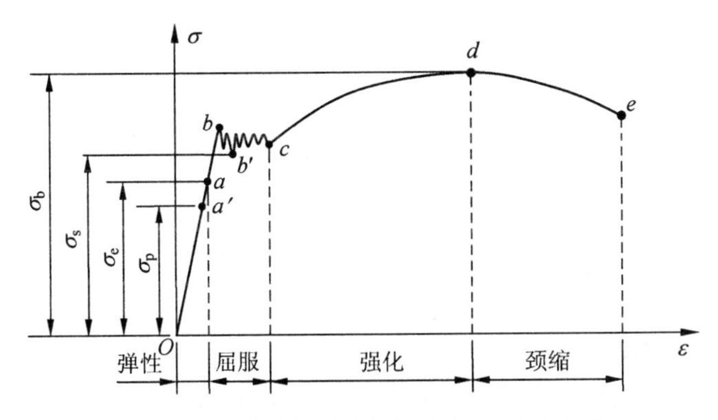

图 2-25　低碳钢试件拉伸的应力-应变曲线

2. 屈服阶段

超过比例极限之后，应力与应变之间不再保持正比关系。当应力增加至某一定值时，应力-应变曲线呈现水平方向的微小波动状态。在此阶段内，应力几乎不变，而变形却急剧增长，材料失去抵抗继续变形的能力。当应力达到一定值时，应力虽不增加（或在微小范围内波动），而变形却急剧增长的现象，称为**屈服**。

在屈服阶段内的最高应力和最低应力分别称为**上屈服极限**和**下屈服极限**。上屈服极限的值与试样形状、加载速度等因素有关，一般是不稳定的；而下屈服极限有比较稳定的值，能够反映材料的性能。通常就把下屈服极限称为**屈服极限**，并用 σ_s 表示。低碳钢 Q235 的屈服应力 $\sigma_s\approx235$ MPa。

如果试样表面光滑，则当材料屈服时，试样表面将出现与轴线约成 45°的线纹（图 2-26）。如前所述，在杆件的 45°斜截面上，作用有最大切应力，可见屈服现象的出现与最大切应力有关。上述线纹可能是材料沿该截面产生滑移所造成。材料屈服时试样表面出现的线纹，通常称为**滑移线**。

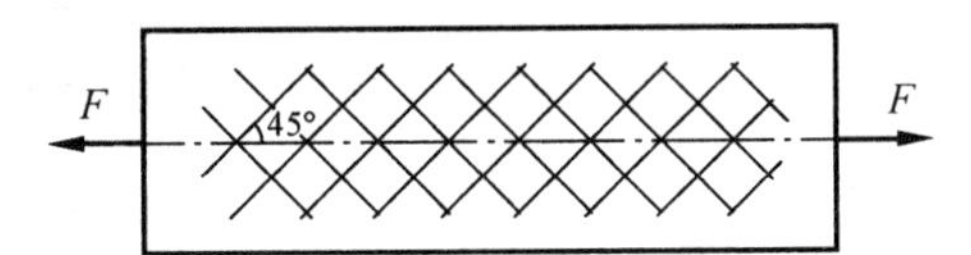

图 2-26　低碳钢试件拉伸时表面的线纹

由于材料内部相对滑移而材料屈服表现为显著的塑性变形，而某些构件的塑性变形将影响构件的正常工作，所以屈服极限 σ_s 是衡量材料强度的重要指标。

3．强化阶段

经过屈服阶段之后，材料又增强了抵抗变形的能力。这时，要使材料继续变形需要增大应力。经过屈服滑移之后，材料重新呈现抵抗继续变形的能力，称为**应变强化**或**应变硬化**。强化阶段的最高点 d 所对应的正应力，称为材料的**强度极限**，并用 σ_b 表示，它是衡量材料强度的另一重要指标。低碳钢 Q235 的强度极限 $\sigma_b \approx 380$ MPa。在强化阶段中，试样的横向尺寸有明显的缩小。

4．颈缩阶段

当应力增长至最大值 σ_b 之后，试样的某一局部显著收缩(图 2－27)，产生所谓缩颈。缩颈出现后，使试件继续变形所需之拉力减小，应力-应变曲线相应呈现下降，最后导致试样在缩颈处断裂。

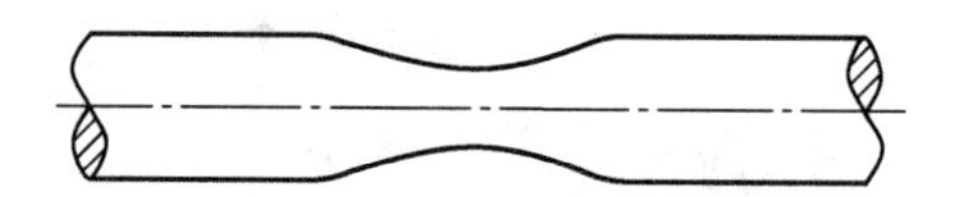

图 2－27　低碳钢试件的颈缩现象

综上所述，在整个拉伸过程中，材料经历了弹性、屈服、强化与缩颈四个阶段，并存在三个特征点，相应的应力依次为弹性极限、屈服极限与强度极限。

5．卸载定律与冷作硬化

试验表明，如果当应力小于弹性极限时停止加载，并将荷载逐渐减小至零，即卸去荷载，则可以看到，在卸载过程中应力-应变曲线将沿着原路径 aO 回到 O 点(图 2－28)，变形完全消失。

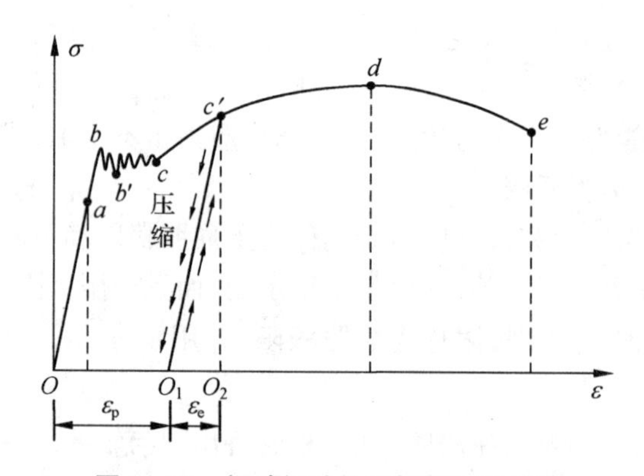

图 2－28　低碳钢试件的卸载与再加载

在超过弹性极限之后，例如在硬化阶段某一点 c' 逐渐减小荷载，则卸载过程中的应力-应变曲线如图中的 $c'O_1$ 所示，该直线与 Oa 几乎平行。线段 O_1O_2 代表随卸载而消失的应变即**弹性应变** ε_e；而线段 OO_1 则代表应力减小至零时残留的应变，即**塑性应变**或**残余应变** ε_p。由此可见，当应力超过弹性极限后，材料的应变包括弹性应变 ε_e 与塑性应变 ε_p，但在卸载过程中，应力与应变之间仍保持线性关系。即

$$\Delta\sigma = E\Delta\varepsilon$$

这称为**卸载定律**。

试验中还发现，如果卸载至O_1点后立即重新加载，则加载时的应力-应变关系基本上沿卸载时的直线O_1c'变化，过c'点后仍沿原曲线$c'de$变化，并至e点断裂。因此，如果将卸载后已有塑性变形的试样当作新试样重新进行拉伸试验，其比例极限或弹性极限将得到提高，而断裂时的残余变形则减小。由于预加塑性变形，而在常温下使材料的比例极限或弹性极限提高的现象，称为**冷作硬化**。工程中常利用冷作硬化，以提高某些构件(例如钢筋与链条等)在弹性范围内的承载能力。

若在第一次卸载后让试件"休息"几天，再重新加载，这时的应力-应变曲线将沿线段O_1c'向上继续发展，从而获得了更高的强度指标。这种现象称为**冷拉时效**。在土建工程中对于钢筋的冷拉，就是利用了这个现象。如果在卸载后对材料加以温和的热处理，还可以大大缩短强度提高的时间，而并不需要再"休息"。

【说明】 钢筋冷拉后其抗压强度指标并未提高，所以在钢筋混凝土构件中，受压钢筋不需要经过冷拉处理。钢筋冷拉后塑性下降，脆性增加，这对于承受冲击荷载和振动荷载的构件是不利的。因此，对于水泵基础、吊车梁等钢筋混凝土构件，一般不宜用冷拉钢筋。

6. 材料的塑性

试样断裂时的残余变形最大。材料能经受较大塑性变形而不破坏的能力，称为材料的**塑性**或**延性**。材料的塑性用延伸率或断面收缩率度量。

设断裂时试验段的残余变形为Δl_0，则残余变形Δl_0与试验段原长l的比值，即

$$\delta=\frac{\Delta l_0}{l}\times 100\%=\frac{l_1-l}{l}\times 100\% \qquad (2-16)$$

称为材料的**伸长率**或**延伸率**。式中l为标距的原长，l_1为拉断后的标距长度。工作段的塑性伸长量由两部分组成：一是屈服、强化阶段，工作段的均匀塑性伸长，用$\Delta l'$表示；二是颈缩阶段局部的塑性伸长，用$\Delta l''$表示。则伸长率可表示为

$$\delta=\left(\frac{\Delta l'}{l}+\frac{\Delta l''}{l}\right)\times 100\%$$

上式中的第一项与试样的标距、横截面尺寸均无关；但第二项$\Delta l''/l$取决于横截面尺寸与标距长度的比值。考虑到这一因素，国标规定了工作段长度与横截面尺寸的比值。δ_5和δ_{10}分别表示$l/d=5$和$l/d=10$的标准试样的伸长率。有时将伸长率δ_{10}的下标略去，写成δ。

如果受拉试件试验段横截面的原面积为A，断裂后断口的横截面面积为A_1，所谓**断面收缩率**即为

$$\psi=\frac{A-A_1}{A}\times 100\% \qquad (2-17)$$

低碳钢Q235的伸长率δ为25%～30%，断面收缩率ψ约为60%。

塑性好的材料，在轧制或冷压成型时不易断裂，并能承受较大的冲击荷载。在工程中，通常将伸长率$\delta\geqslant 5\%$的材料称为**塑性**或**延性材料**；伸长率$\delta<5\%$的材料称为**脆性材料**。结构钢与硬铝等为塑性材料；而工具钢、灰口铸铁与陶瓷等则属于脆性材料。

2.5.3　其他材料的拉伸力学性能

图2-29所示为铬锰硅钢和硬铝等金属材料的应力-应变图。可以看出，它们与低碳钢一

样断裂时均具有较大的残余变形，即均属于塑性材料。不同的是，有些材料不存在明显的屈服阶段。

对于不存在明显屈服阶段的塑性材料，工程中通常以卸载后产生数值为 0.2% 的残余应变的应力作为屈服应力，称为**条件屈服应力**或**名义屈服应力**，并用 $\sigma_{0.2}$ 或 $\sigma_{p0.2}$ 表示。如图 2-30 所示，在横坐标轴上取 $OC=0.2\%$，自 C 点作直线平行于 OA，并与应力-应变曲线相交于 D 点，与 D 点对应的正应力即为名义屈服极限。至于脆性材料，如灰口铸铁与陶瓷等，从开始受力直至断裂，变形始终很小，既不存在屈服阶段，也无缩颈现象。图 2-31 所示为灰口铸铁拉伸时的应力-应变曲线，断裂时的应变仅为 0.4%～0.5%，断口则垂直于试样轴线，即断裂发生在最大拉应力作用面。

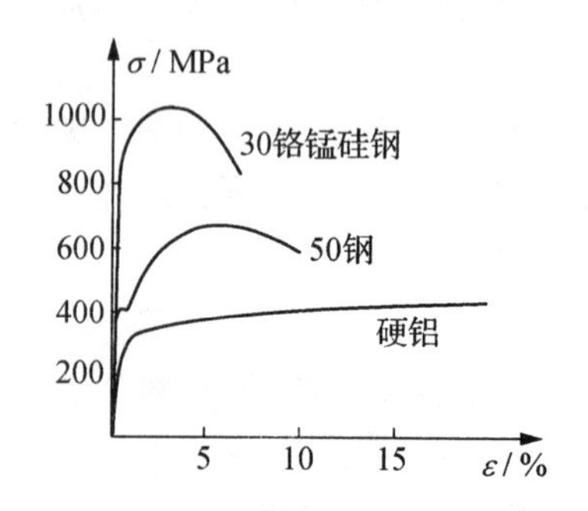

图 2-29　铬锰硅钢与硬铝等金属材料的应力-应变曲线

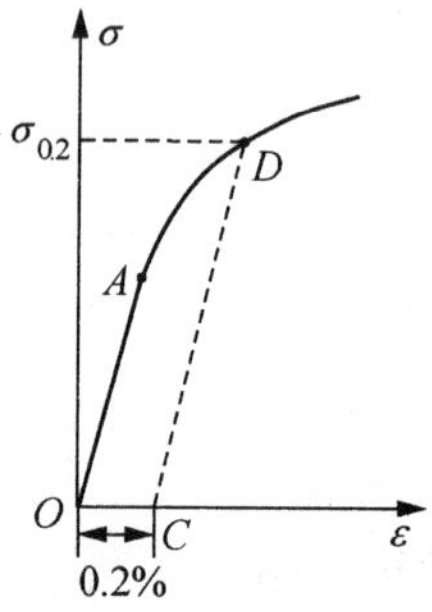

图 2-30　条件屈服应力

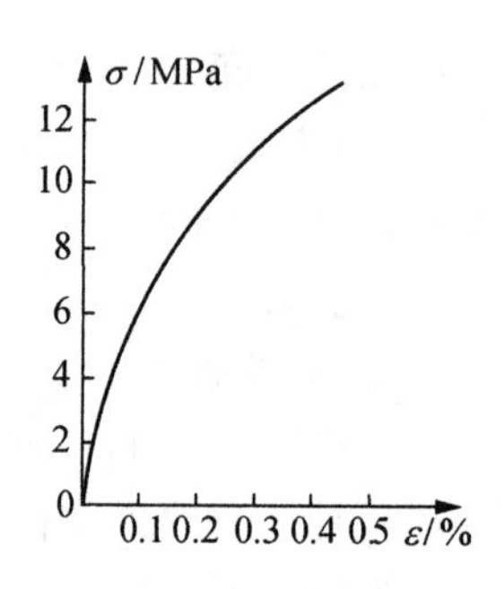

图 2-31　灰口铸铁拉伸的应力-应变曲线

【例 2-13】　图 2-32(a)所示铝制圆截面杆件受 $F=10$ kN 的轴向拉力作用，若材料的应力-应变曲线如图 2-32(b)所示，试求杆件的伸长量。如果将荷载卸载，则杆件的残余变形是多少？已知材料的弹性模量 $E=70$ GPa，$l_1=600$ mm，$l_2=400$ mm，$d_1=20$ mm，$d_2=15$ mm。

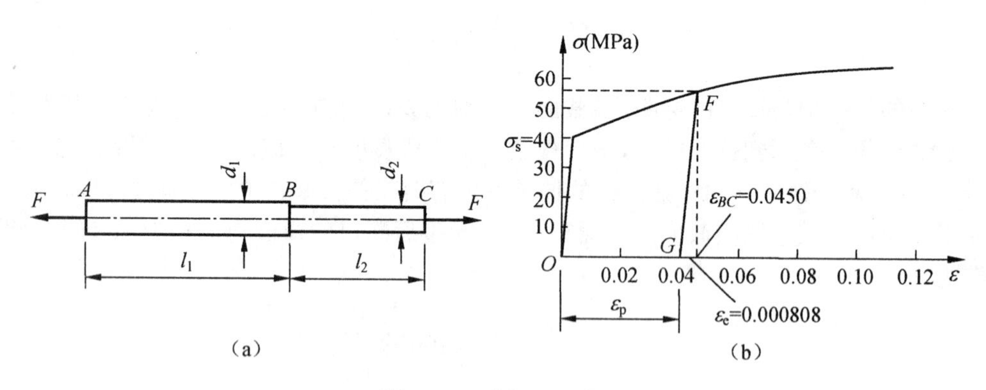

图 2-32　例 2-13 图

【解】　(1) 为求杆件的变形量，需要计算应变。而这必须首先计算出应力，然后利用应力-应变关系曲线才能求出应变。AB、BC 两段的应力分别为

$$\sigma_{AB}=\frac{F}{A_1}=\frac{4F}{\pi d_1^2}=\frac{4\times 10\times 10^3\ \mathrm{N}}{\pi\times(20\ \mathrm{mm})^2}=31.83\ \mathrm{MPa}$$

$$\sigma_{BC}=\frac{F}{A_2}=\frac{4F}{\pi d_2^2}=\frac{4\times 10\times 10^3\ \mathrm{N}}{\pi\times(15\ \mathrm{mm})^2}=56.59\ \mathrm{MPa}$$

由应力-应变关系曲线易知，由于 $\sigma_s=40\ \text{MPa}>31.83\ \text{MPa}$，$AB$ 段处在线弹性状态，由胡克定律知

$$\varepsilon_{AB}=\frac{\sigma_{AB}}{E}=\frac{31.83\ \text{MPa}}{70\times10^3\ \text{MPa}}=4.547\times10^{-4}$$

而 BC 段，$\sigma_s=40\ \text{MPa}<56.59\ \text{MPa}$，故处在塑性状态。根据应力-应变关系曲线可知，与 $\sigma_{BC}=56.59\ \text{MPa}$ 对应的应变 $\varepsilon_{BC}\approx0.045$。故在 $F=10\ \text{kN}$ 的轴向拉力作用下，杆件的总伸长量为

$$\Delta l=\sum\varepsilon_i l_i=4.547\times10^{-4}\times600\ \text{mm}+0.045\times400\ \text{mm}\approx18.3\ \text{mm}$$

(2) 由于 AB 段受力后处于线弹性状态，故卸载后杆件恢复原长，弹性变形消失。而由于 BC 段处于塑性状态，由卸载定律可知，卸载时的应力-应变关系沿着图 2 - 32(b)所示的直线 FG，且其斜率等于弹性模量 E。从而可知恢复的弹性应变为

$$\varepsilon_e=\frac{\sigma_{BC}}{E}=\frac{56.59\ \text{MPa}}{70\times10^3\ \text{MPa}}=8.08\times10^{-4}$$

从而 BC 段的残余应变和残余变形分别为

$$\varepsilon_p=0.0450-8.08\times10^{-4}=0.0442$$

$$\Delta'=\varepsilon_p\times l_{BC}=0.0442\times400\ \text{mm}=17.7\ \text{mm}$$

2.5.4　材料在压缩时的力学性能

材料受压时的力学性能由压缩试验测定。一般细长试样压缩时容易产生失稳现象，因此在金属压缩试验中，常采用短粗圆柱形试样。

图 2 - 33(a)所示为低碳钢压缩时的应力-应变曲线。作为对比，图中同时画出了其拉伸时的应力-应变曲线。比较发现，在屈服之前，拉伸与压缩的应力-应变曲线基本重合，所以，低碳钢在压缩时的比例极限、屈服极限以及弹性模量都与拉伸时基本相同。但是，在经过屈服阶段以后，由于试样越压越扁，如图 2 - 33(b)所示，横截面面积不断增大，应力-应变曲线不断上升，试样不会发生破坏，因此无法测出其压缩时的强度极限。由于低碳钢压缩时的主要力学性能与拉伸时的力学性能基本一致，所以，可以用拉伸时的屈服极限代替其压缩时的屈服极限，因而通常只做拉伸试验，而不需要另做压缩试验。

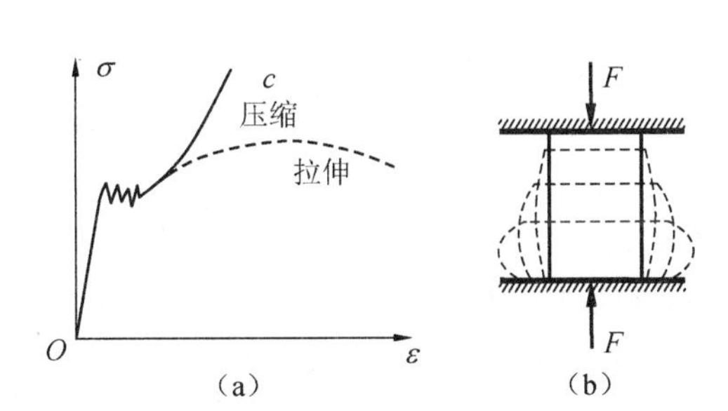

图 2 - 33　低碳钢压缩时的应力-应变曲线

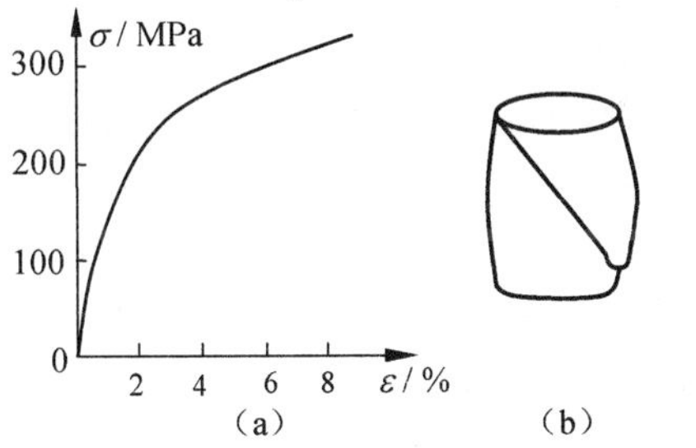

图 2 - 34　灰口铸铁压缩时的应力-应变曲线

灰口铸铁试件压缩时的应力-应变曲线如图 2 - 34(a)所示。从图中可见，其压缩性能与

拉伸性能有较大的区别，压缩时的延伸率 δ 要比拉伸时的大，压缩的强度极限远高于拉伸强度极限(约为 2～4 倍)。一般脆性材料的抗压能力显著高于其抗拉能力。灰口铸铁试样破坏时无明显的塑性变形，破坏断面的法线与轴线大致成 45°～55°倾角，这表明试样沿斜截面因剪切错动而破坏。对灰口铸铁材料来说，抗压能力最好，抗剪切能力次之，抗拉能力最差。

其他脆性材料的压缩性能大致与灰口铸铁相似，因此，脆性材料适宜做受压构件。如混凝土，其压缩试样是采用边长为 150 mm 的立方体混凝土试块。混凝土强度等级是按立方体的压缩强度标准值确定的，例如强度等级 C20 表示混凝土立方体试块的抗压强度标准值为 20 MPa。

2.5.5 温度对材料力学性能的影响

温度变化是影响材料性质的一种因素，即使没有外荷载作用，由于材料自身的膨胀或收缩也会产生应变，这种应变称为热应变。例如在温度为 T_0 时长度为 l 的直杆，在温度变化到 T 时，杆件的自由伸缩量 Δl 可用下式计算：

$$\Delta l=\alpha(T-T_0)l \tag{2-18}$$

其中 α 称为**线膨胀系数**，对于不同的材料有不同的 α 值。在弹性范围内，当温度变化不大时可认为其为定值。

当膨胀或收缩完全自由进行时，不会产生应力。如因某种原因约束了材料的自由膨胀或收缩，则在内部会产生抵抗热应变的应力，这种应力称为**热应力**。如图 2-35 所示的两端固定的构件，热应变在两端完全受到阻碍，当温度由 T_0 逐渐均匀升至 T 时，在杆件内部会产生相应的热压应力。

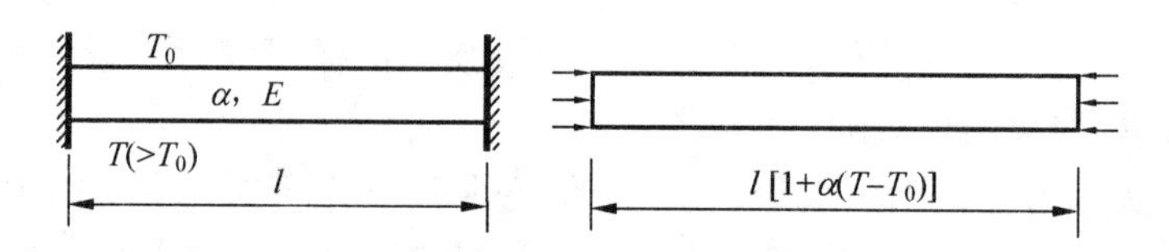

图 2-35 直杆的热变形与热应力

某些情况下，即使外部没有阻碍热自由变形的情况，在物体内部也会产生热应力。例如在相同材料组成的一个物体内或在一个结构物上，如果温度分布不同，温度高的地方比温度低的部分膨胀大，温度变化时，也同样产生热应力。在大体积的混凝土工程中，由于聚集在制品内部的水化热不容易散出，常使制品内部的水化热达到 50～60℃，由此产生的温度应力常使水泥产生膨胀性的裂缝而埋下工程隐患。

温度变化剧烈时热应力会很大，特别是在短时间内温度急剧变化时，在物体的外部和内部产生相当大的温差，容易产生很大的热应力。这种情况由于具有冲击性效果，物体易破坏，所以称为**热冲击**。

试验表明，温度对材料的力学性能存在很大的影响。图 2-36(a)所示为中碳钢的屈服应力与强度极限随温度 T 变化的曲线，总的趋势是：材料的强度随温度升高而降低。图 2-36(b)所示为某铝合金的弹性模量 E 与切变模量 G 随温度变化的曲线，可以看出，随着温度的升高，材料的弹性常数 E 与 G 均降低。

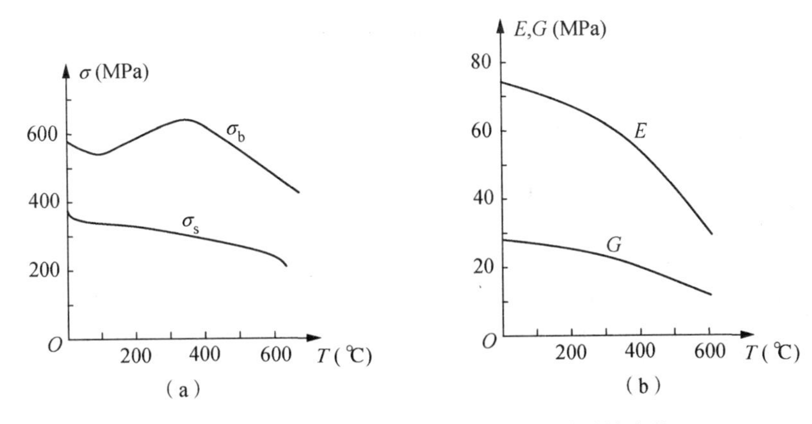

图 2－36　高温下中碳钢和铝合金力学性质的变化

2.6　拉、压杆件的强度条件

2.6.1　失效与许用应力

由于各种原因使结构丧失其正常工作能力的现象，称为失效。上节试验表明，对塑性材料，当横截面上的正应力达到屈服极限 σ_s 时，出现屈服现象，产生较大的塑性变形，当应力达到强度极限 σ_b 时，试样断裂；对脆性材料，当横截面上的正应力达到强度极限 σ_b 时，试样断裂，断裂前试样塑性变形较小。在工程中，构件工作时一般不容许断裂，同时，如果构件产生较大的塑性变形，也将严重影响整个结构的正常工作，因此也是不容许的。所以，从强度方面考虑，断裂和屈服都是构件的失效形式。

通常将材料失效时的应力称为材料的**极限应力**，用 σ_u 表示。对于塑性材料，以屈服应力 σ_s 作为极限应力；对于脆性材料，以强度极限 σ_b 作为极限应力。

在对构件进行强度计算时，考虑力学模型与实际情况的差异及必须有适当的强度安全储备等因素，对于由一定材料制成的具体构件，需要规定一个工作应力的最大容许值，这个最大容许值称为材料的**许用应力**，用$[\sigma]$表示，即

$$[\sigma]=\frac{\sigma_u}{n} \tag{2-19}$$

式中，n 为大于 1 的系数，称为**安全因数**。

对于塑性材料，

$$[\sigma]=\frac{\sigma_s}{n_s} \tag{2-20}$$

对于脆性材料，

$$[\sigma]=\frac{\sigma_b}{n_b} \tag{2-21}$$

式中，n_s、n_b分别为对应于塑性材料和脆性材料的安全因数。脆性材料的许用拉应力与许用压应力不同，故许用拉应力常用$[\sigma_t]$表示，许用压应力常用$[\sigma_c]$表示。

安全因数的取值受到力学模型、实际结构、材料差异、构件的重要程度和经济等多方面因

素的影响，一般情况下可从有关规范或设计手册中查到。在静强度计算中，安全因素的取值范围如下：对于塑性材料，n_s通常取 1.25～2.5；对于脆性材料，n_b通常取 2.5～5.0，甚至更大。

2.6.2 强度条件

根据上述分析可知，为了保证受拉(压)杆在工作时不发生失效，强度条件为

$$\sigma_{max} \leqslant [\sigma] \tag{2-22}$$

式中，σ_{max}为构件内的最大工作应力。

对于等截面拉(压)杆，强度条件为

$$\sigma_{max} = \frac{F_{N,max}}{A} \leqslant [\sigma] \tag{2-23}$$

根据强度条件对拉(压)杆进行强度计算时，可做以下三方面的计算。

1. 强度校核

在已知拉(压)杆的材料、截面尺寸和所受荷载时，检验强度条件是否满足式(2-22)或式(2-23)，称为强度校核。

2. 截面设计

在已知拉(压)杆的材料和所受荷载时，根据强度条件确定该杆横截面面积或尺寸的计算，称为截面设计。对于等截面拉(压)杆，由式(2-23)得

$$A \geqslant \frac{F_{N,max}}{[\sigma]} \tag{2-24}$$

3. 确定许用荷载

在已知拉(压)杆的材料和截面尺寸时，根据强度条件确定该杆或结构所能承受的最大荷载的计算，称为确定许用荷载$[F_N]$。按式(2-23)，杆件所能承受的最大荷载应满足

$$F_{N,max} \leqslant [F_N] = A[\sigma] \tag{2-25}$$

需要指出，当拉(压)杆的最大工作应力σ_{max}超过许用应力$[\sigma]$，而偏差不大于许用应力的5%时，在工程中是允许的。

【说明】 在以后讨论的各种强度条件，均可用来计算上述三类问题。

【例 2-14】 如图 2-37(a)所示，三角托架在结点 A 受铅垂荷载 F 作用，其中钢拉杆 AC 由两根型号为 6.3(边厚为 6 mm)的等边角钢组成，杆 AB 由两根 10 号工字钢组成。材料为 Q235 钢，许用拉应力$[\sigma_t]$=160 MPa，许用压应力$[\sigma_c]$=90 MPa，试确定许用荷载$[F]$。

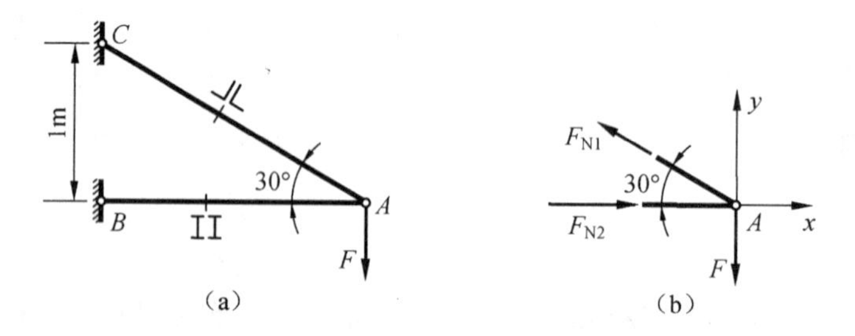

图 2-37 例 2-14 图

【解】 (1) 取结点 A 为研究对象,受力如图 2-37(b)所示。由平衡条件可求出两杆内力与荷载 F 的关系。

$$\sum F_{ix}=0, F_{N2}-F_{N1}\times\cos30^\circ=0$$

$$\sum F_{iy}=0, F_{N1}\times\sin30^\circ-F=0$$

解得:$F_{N1}=2F$(拉),$F_{N2}=\sqrt{3}F$(压)。

(2) 确定许用荷载。由型钢表(附录Ⅲ)得两杆的横截面面积分别为

$$A_1=2\times728.8\ \text{mm}^2=1\ 457.6\ \text{mm}^2$$

$$A_2=2\times1\ 430\ \text{mm}^2=2\ 860\ \text{mm}^2$$

由两杆的强度条件分别解得

$$\sigma_1=\frac{F_{N1}}{A_1}=\frac{2F}{A_1}\leqslant[\sigma_t],$$

$$F\leqslant F_1=\frac{1}{2}A_1[\sigma_t]=\frac{1}{2}\times1\ 457.6\ \text{mm}^2\times160\ \text{MPa}=116\ 608\ \text{N}\approx116.6\ \text{kN};$$

$$\sigma_2=\frac{F_{N2}}{A_2}=\frac{\sqrt{3}F}{A_2}\leqslant[\sigma_c],$$

$$F\leqslant F_2=\frac{1}{\sqrt{3}}A_2[\sigma_c]=\frac{1}{\sqrt{3}}\times2\ 860\ \text{mm}^2\times90\ \text{MPa}=148\ 614\ \text{N}\approx148.6\ \text{kN}。$$

因此,三角托架的许用荷载应取为

$$[F]=\min\{F_1,F_2\}=\min\{116.6\ \text{kN},148.6\ \text{kN}\}=116.6\ \text{kN}$$

【说明】 本题中,材料的许用拉应力和许用压应力差别较大,是考虑到受压杆件的稳定性,有关压杆的稳定性将在压杆稳定一章中讨论。

【例 2-15】 如图 2-38(a)所示结构,AB 为刚体,1 杆和 2 杆为弹性体。已知两杆的材料相同$[\sigma]_1=[\sigma]_2=[\sigma]=160$ MPa,面积分别为 $A_1=400\ \text{mm}^2$,$A_2=300\ \text{mm}^2$,试确定:(1) 该结构的许用荷载。(2) 如果允许力 F 的作用点改变,试问当 F 作用在何处时,结构所承担的荷载最大?并求此时的荷载值。

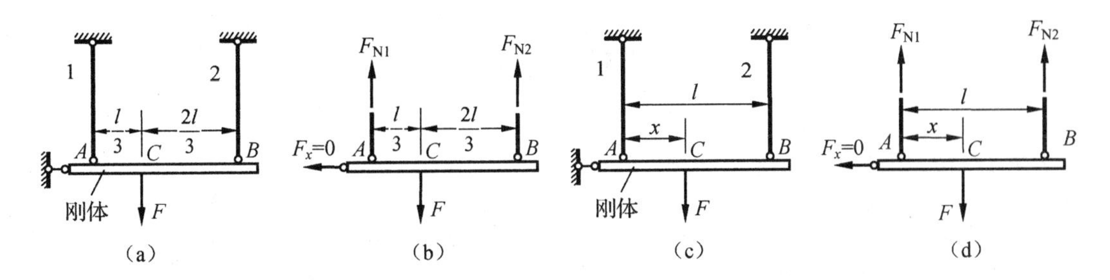

图 2-38　例 2-15

【解】 (1) 以刚体 AB 为研究对象,受力如图 2-38(b)所示。由平衡条件可以确定各杆的轴力与荷载之间的关系式为 $F_{N1}=\frac{2}{3}F$,$F_{N2}=\frac{1}{3}F$。

由杆 1 的强度条件确定结构的许用荷载。由 强度条件代入 F_{N1}，易得

$$F_1=\frac{3}{2}F_{N1,max}\leqslant\frac{3}{2}A_1\ [\sigma]_1=\frac{3}{2}\times400\ mm^2\times160\ MPa=96\ 000\ N=96\ kN$$

由杆②的强度条件确定结构的许用荷载 。由 强度条件代入 F_{N2}，易得

$$F_2=3F_{N2}=3A_2\ [\sigma]_2=3\times300\ mm^2\times160\ MPa=144\ 000\ N=144\ kN$$

为使结构安全可靠，应取二者的较小值作为结构的许用荷载，即

$$[F]=\min\{F_1,F_2\}=\min\{96\ kN,144\ kN\}=96\ kN$$

(2) 为求结构所承担的荷载最大值，设荷载 F 作用在图(c)所示的 x 处，则 1 杆和 2 杆的轴力分别为 $F_{N1}=\frac{l-x}{l}F,F_{N2}=\frac{x}{l}F$。

欲使结构能承受最大荷载 F_{max}，须使 1 杆和 2 杆均受到最大的拉力。分别利用杆 1 和杆 2 的强度条件，可得

$$F_{N1}=\frac{l-x}{l}F_{max}=[F_{N1}]=A_1[\sigma_1]$$

$$F_{N2}=\frac{x}{l}F_{max}=[F_{N2}]=A_2[\sigma_2]$$

即

$$(l-x)F_{max}=lA_1[\sigma]$$

$$xF_{max}=lA_2[\sigma]$$

求解可得 $x=\frac{3}{7}l$，从而最大荷载为 $F_{max}=112\ kN$。

【说明】 ① 对于第 1 个问题，$[F]=F_1=96\ kN$，说明杆 1 首先达到许用应力，而此时杆 2 并没有达到许用应力。② 对于第 2 个问题，易得$[F]=A_1[\sigma]+A_2[\sigma]=112\ kN$，这说明此时杆 1 和 2 均受到最大的拉力。③ 结构图 2－38(c)，在调整了荷载的作用点之后，杆件 1 和 2 已做到**等强度**，此时计算的最大荷载，不仅满足两杆的强度条件，而且也满足了平面力系所有的有效平衡方程。与问题(1)相比，最大荷载提高了 16.7%，这就是**合理设计**或**优化设计**。

2.7 拉、压杆件的超静定问题

2.7.1 拉、压杆系的超静定问题

如图 2－39 所示的简单杆系，在力 F 作用下两杆轴力由静力平衡方程即可求得，这类问题称为**静定问题**。为提高图 2－41 所示结构的强度和刚度，可在中间增加一杆，组成如图 2－40(a)所示的结构。这时，有三个未知轴力，而此结构的结点处受的力是平面汇交力系，只有两个独立平衡方程，这就是我们在本章中所谓的超静定问题。所有未知力的个数与所建立的独立平衡方程个数的差称为**超静定结构的次数**。图2－40(a)所示

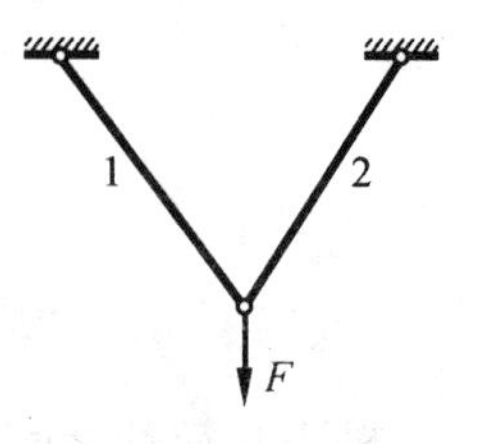

图 2－39 静定杆系

的系统即为一次超静定。从几何组成分析的角度讲，超静定结构为具有多余约束的结构。

【例 2-16】 设图 2-40(a)中 1、2 为两根完全相同的杆件，即 $l_1=l_2$，$A_1=A_2$，$E_1=E_2$，3 杆的长度为 l，横截面面积为 A_3，弹性模量为 E_3，试求在 F 作用下三根杆的轴力。

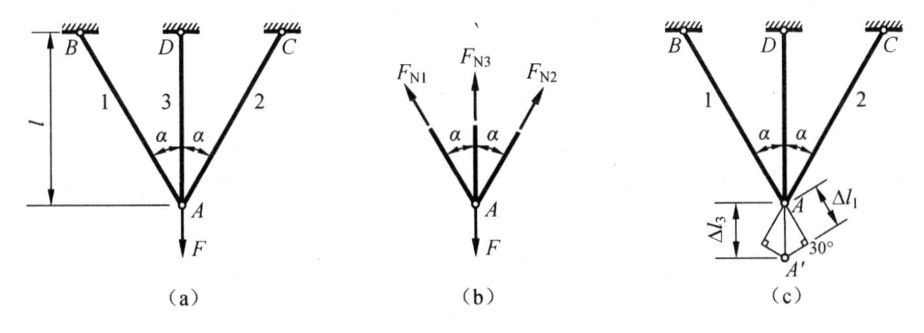

图 2-40　例 2-16 图

【解】 设 F_{N1}，F_{N2}，F_{N3} 为三根杆的轴力。在结点 A 附近截出隔离体，受力如图 2-40(b)所示。由平衡条件易得

$$\sum F_{ix}=0, F_{N2}\sin\alpha - F_{N1}\sin\alpha = 0 \tag{a}$$

$$\sum F_{iy}=0, F_{N1}\cos\alpha + F_{N2}\cos\alpha + F_{N3} - F = 0 \tag{b}$$

在力 F 的作用下，三根杆的伸长量之间必定保持互相协调的几何关系。在图 2-40(c)中，三根杆受力之后，由于 1、2 两杆拉伸(或压缩)刚度相同，且左、右对称，故 A 点必沿铅垂方向移到 A' 点，则 AA' 即 3 杆的伸长 Δl_3。从 A' 作 BA 的垂线交 BA 的延长线于 H，如前所述，在小变形条件下，垂线 $A'H$ 可代替以 B 为圆心，以 BH 为半径所画的圆弧。这样，AH 即为 1 杆的伸长量 Δl_1。同理，亦可定出 2 杆的伸长量 Δl_2。于是，根据变形协调关系，得到下面的变形几何方程：

$$\Delta l_1 = \Delta l_3 \cos\alpha \tag{c}$$

另一方面，杆件的伸长与轴力之间存在着对应的物理关系，根据式(2-7)有

$$\Delta l_1 = \frac{F_{N1} l_1}{E_1 A_1}, \Delta l_3 = \frac{F_{N3} l_3}{E_3 A_3} = \frac{F_{N3} l_1 \cos\alpha}{E_3 A_3} \tag{d}$$

将式(d)代入式(c)，即得到所需的补充方程

$$F_{N1} = \frac{E_1 A_1}{E_3 A_3}\cos^2\alpha \cdot F_{N3} \tag{e}$$

将式(a)、式(b)和式(e)联立求解，得

$$F_{N1} = F_{N2} = \frac{F\cos^2\alpha}{\dfrac{E_3 A_3}{E_1 A_1} + 2\cos^3\alpha}, \quad F_{N3} = \frac{F}{1 + 2\dfrac{E_1 A_1}{E_3 A_3}\cos^3\alpha} \tag{f}$$

【说明】 ① 结果均为正号，说明假设三杆轴力为拉力是正确的。② 从式(f)可以看出，在超静定杆系中，各杆轴力的大小和该杆的拉伸(压缩)刚度与其他杆的拉伸(压缩)刚度的比值有关。③ 一般来说，若增大或减少 1、2 两杆的拉伸刚度，则它们的轴力也将随之增大或减少；

超静定杆系中任一杆的拉伸(压缩)刚度的改变都将引起杆系各轴力的重新分配。这些特点在静定杆系中是不存在的。④ 如果将杆件 3 视为两根面积分别为 $A_3/2$ 的杆件并列，则整个结构相对其中间线对称(结构对称不仅仅要求几何形状对称，还要求材料和所受到的约束分别均相同)。⑤ 如果将荷载 F 视为两个大小分别为 $F/2$ 的竖向向下作用，则这两个荷载相对中间线也对称。⑥ 对称荷载作用在对称结构上，会有很好的性质。如从例 2-16 所示的结果中可知，对称结构在对称荷载作用下，其内力和变形均对称。

【思考】 ① 如果杆 1 和杆 2 的长度、弹性模量或截面面积不等(即结构不再对称)，A 点还会沿铅垂方向移动吗？这时又该如何求解？② 如果图 2-40(a)所示的集中荷载 F 是水平方向作用，如何计算三根杆的轴力？此时结构的受力与变形又有什么特点？试分析并推广你的结论。

上述求解方法适用于一般的超静定问题，其解题步骤可归纳如下：

(1) 根据静力学平衡条件列出应有的平衡方程；

(2) 根据变形协调条件列出变形几何方程；

(3) 根据力与变形间的物理关系将变形几何方程改写成所需的补充方程；

(4) 联立求解平衡方程与补充方程，可得超静定问题的解。

综上所述，求解超静定问题时，必须综合考虑静力学、几何与物理三方面。后面的章节中，在涉及超静定问题时还将采用这一分析思路。

【例 2-17】 图 2-41(a)所示为一平行杆系，三杆的横截面面积、长度和弹性模量均分别相同，用 A、l、E 表示。设 AC 为一刚性横梁，试求在荷载 F 作用下各杆的轴力。

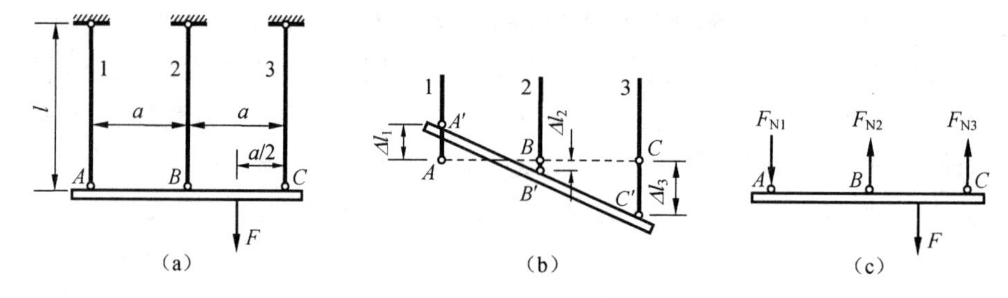

图 2-41 例 2-17 图

【解】 在荷载 F 作用下，假设横梁变动到 $A'C'$ 位置，如图 2-41(b)所示，则杆 1 缩短了 Δl_1，杆 2 和杆 3 分别伸长了 Δl_2 和 Δl_3。与杆的变形相对应，横梁的受力图如图 2-41(c)所示，由于为平行力系，平衡方程只能建立两个独立的平衡方程，即：

$$\sum F_{iy}=0,\ -F_{N1}+F_{N2}+F_{N3}-F=0 \tag{a}$$

$$\sum M_D(F_i)=0,\ 1.5aF_{N1}-0.5aF_{N2}+0.5aF_{N3}=0 \tag{b}$$

而未知的轴力却有三个，是一次超静定问题，因此必须考虑变形几何关系。

由于 AC 横梁设为刚性，三杆变形后，A、B、C 三点仍保持在一条直线上，这就是本题的变形协调条件。由图 2-41(b)得到变形几何方程

$$2(\Delta l_1+\Delta l_2)=\Delta l_1+\Delta l_3 \tag{c}$$

由胡克定律

$$\Delta l_1=\frac{F_{N1}l}{EA},\Delta l_2=\frac{F_{N2}l}{EA},\Delta l_3=\frac{F_{N3}l}{EA} \tag{d}$$

将式(d)代入式(c)中,得到补充方程

$$F_{N1}+2F_{N2}=F_{N3} \tag{e}$$

联立求解(a)、(b)、(e),得到各杆轴力

$$F_{N1}=-\frac{1}{12}F, F_{N2}=\frac{1}{3}F, F_{N3}=\frac{7}{12}F \tag{f}$$

所得轴力 F_{N1} 为负,说明该杆的轴力与所设方向相反,即杆 1 的轴力应是拉力,对应的变形应是伸长变形。

【说明】 解题时应注意将结构的受力图与变形图相对应。若在受力图中假设某杆的内力为拉力,则在变形图中,该杆的变形必须是伸长;反之亦然。

【例 2 - 18】 如图 2 - 42(a)所示的钢筋混凝土柱子内对称放置 4 根截面面积均为 900 mm^2 的钢筋。若钢材的弹性模量 $E_{st}=200$ GPa,混凝土的弹性模量 $E_c=14$ GPa,试计算在轴向压力 $F=1\ 000$ kN 的作用下:(1) 钢筋和混凝土中的应力;(2) 柱子长度总的缩短量 δ,假设柱子的原长为 3 m。

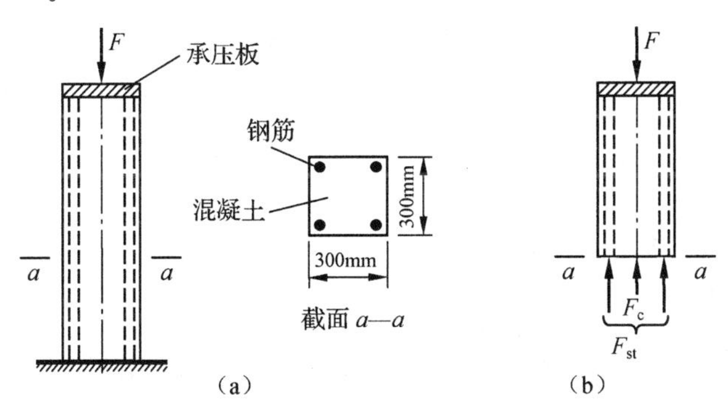

图 2 - 42　例 2 - 18 图

【解】　解法一

取 a—a 截面的柱子上部为研究对象,受力分析如图 2 - 42(b)所示,其中 F_c 表示混凝土受到的总压力,F_{st}表示钢筋受到的总压力。由平衡方程可得

$$F_{st}+F_c-F=0 \tag{a}$$

根据变形的协调条件可知,两种材料在轴向有相等的收缩变形,从而有

$$\Delta l_{st}=\Delta l_c \tag{b}$$

代入物理方程

$$\Delta l_{st}=\frac{F_{st}l}{E_{st}A_{st}}$$

$$\Delta l_c=\frac{F_c l}{E_c A_c}$$

可得补充方程为

$$\frac{F_{st}l}{E_{st}A_{st}}=\frac{F_c l}{E_c A_c} \tag{c}$$

其中 A_c 表示混凝土的横截面面积,A_{st} 表示钢筋的横截面面积。

由式(a)和(c)可得

$$F_{st}=\frac{E_{st}A_{st}}{E_{st}A_{st}+E_cA_c}F \tag{d}$$

$$F_c=\frac{E_cA_c}{E_{st}A_{st}+E_cA_c}F \tag{e}$$

从而有

$$\sigma_{st}=\frac{F_{st}}{A_{st}}=\frac{E_{st}}{E_{st}A_{st}+E_cA_c}F \tag{f}$$

$$\sigma_c=\frac{F_c}{A_c}=\frac{E_c}{E_{st}A_{st}+E_cA_c}F \tag{g}$$

由于

$$A_{st}=4\times 900\ \text{mm}^2=3\ 600\ \text{mm}^2$$

$$A_c=300\ \text{mm}\times 300\ \text{mm}-4\times 900\ \text{mm}^2=86\ 400\ \text{mm}^2$$

故有

$$\begin{aligned}\sigma_{st}&=\frac{F_{st}}{A_{st}}=\frac{E_{st}}{E_{st}A_{st}+E_cA_c}F\\&=\frac{200\times 10^3\ \text{MPa}}{200\times 10^3\ \text{MPa}\times 3\ 600\ \text{mm}^2+14\times 10^3\ \text{MPa}\times 86\ 400\ \text{mm}^2}\times 1\ 000\times 10^3\ \text{N}\\&=103.65\ \text{MPa}\end{aligned}$$

$$\begin{aligned}\sigma_{st}&=\frac{F_c}{A_c}=\frac{E_c}{E_{st}A_{st}+E_cA_c}F\\&=\frac{14\times 10^3\ \text{MPa}}{200\times 10^3\ \text{MPa}\times 3\ 600\ \text{mm}^2+14\times 10^3\ \text{MPa}\times 86\ 400\ \text{mm}^2}\times 1\ 000\times 10^3\ \text{N}\\&=7.26\ \text{MPa}\end{aligned}$$

而柱子总缩短量为

$$\delta=\varepsilon_{st}l=\varepsilon_c l=\frac{F_{st}\cdot l}{E_{st}A_{st}}=\frac{F_c\cdot l}{E_cA_c}=\frac{Fl}{E_{st}A_{st}+E_cA_c}=\frac{1}{\frac{E_{st}A_{st}}{l}+\frac{E_cA_c}{l}}F$$

即

$$\begin{aligned}\delta&=\frac{1}{\frac{200\times 10^3\ \text{MPa}\times 3\ 600\ \text{mm}^2}{3\times 10^3\ \text{mm}}+\frac{14\times 10^3\ \text{MPa}\times 86\ 400\ \text{mm}^2}{3\times 10^3\ \text{mm}}}\times 1\ 000\times 10^3\ \text{N}\\&=1.55\ \text{mm}\end{aligned}$$

解法二

假设柱子总的缩短量 δ,则柱子中的混凝土和钢筋分别承担的轴力为

$$F_{st}=\sigma_{st}A_{st}=E_{st}\cdot\varepsilon_{st}\cdot A_{st}=\frac{\delta E_{st}A_{st}}{l} \tag{h}$$

$$F_c=\frac{\delta E_cA_c}{l} \tag{i}$$

与解法一一样，由 $a—a$ 截面柱子上部的平衡方程可得式(a)，从而可得

$$\delta=\frac{1}{\dfrac{E_{st}A_{st}}{l}+\dfrac{E_cA_c}{l}}F \tag{j}$$

应力也容易由式(h)和式(i)推出与解法一相同的结果。

【讨论】 ① 解法一中将力作为未知量求解，故称为**力法**，解法二则将位移视为未知量，故称为**位移法**。② 由式(f)和式(g)可得$\dfrac{\sigma_{st}}{\sigma_c}=\dfrac{E_{st}}{E_c}$，这表明在由多种材料组合而成的构件中，弹性模量大的部分应力也大。③ 比较式(2-7)和 $\delta=\dfrac{Fl}{E_{st}A_{st}+E_cA_c}$，可以发现在计算类似的多种材料组合而成的拉、压杆的变形量时，只需将式(2-7)中的拉压刚度换成各部分的拉压刚度之和即可。④ 若定义$\dfrac{EA}{l}$为材料的**线刚度**，则由式(j)可知，杆件的变形量等于外力的大小除以对应材料线刚度的代数和。这就好比将各种材料视为不同弹簧的并联，整个构件的线刚度为各种材料线刚度之和。⑤ 未知力越多，使用位移法的优点就越突出。

2.7.2　装配应力

杆的实际长度尺寸与设计尺寸间允许有偏差。如图 2-43 所示的静定杆系(实线)，如果 2 杆的长度比设计尺寸短了 δ，装配后仅是几何形状略有变化(虚线)，两杆内均不会因装配而产生应力。但在超静定杆系中，由于多余约束的存在，长度尺寸上的误差使得装配发生困难，装配后将使杆内产生应力。

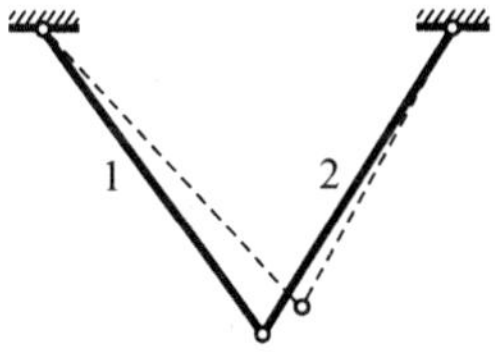

图 2-43

这种由于装配而引起的应力，称为**装配应力**。装配应力在荷载作用之前已存在于构件内部，是一种**初应力**。由于制造误差产生的装配应力往往是有害的。因此，应该尽量提高构件的加工精度，以避免有害的装配应力。另一方面，人们又设法利用装配应力来达到预期的目的。例如土建工程中的预应力钢筋混凝土构件等，便是这方面应用的实例。

装配应力的计算属于超静定问题，求解的关键仍然是根据变形协调条件建立变形几何方程。

【例 2-19】 图 2-44(a)所示杆系中，各杆的材料均为 Q235 钢，弹性模量 $E=200$ GPa，各杆横截面面积均为 A，角 $\alpha=30°$。若 3 杆的长度比设计长度 l 短了 $\delta=l/1\ 000$，试计算 3 杆的装配应力。

【解】 由于对称性，物体系统装配后节点 A'的位置应该在系统未装配前杆件 3 的下端点与节点 A 点之间。假设杆件 3 与杆件 1 和 2 装配后 A'的位置如图 2-44(a)所示，杆件 3 发生伸长变形，其轴力为拉力；杆件 1 和 2 发生缩短变形，相应的轴力均为压力。由图(b)结点 A 的平衡条件，列出平衡方程

$$\sum F_{ix}=0, F_{N1}\sin\alpha - F_{N2}\sin\alpha = 0 \tag{a}$$

$$\sum F_{iy}=0, F_{N3} - F_{N1}\cos\alpha - F_{N2}\cos\alpha = 0 \tag{b}$$

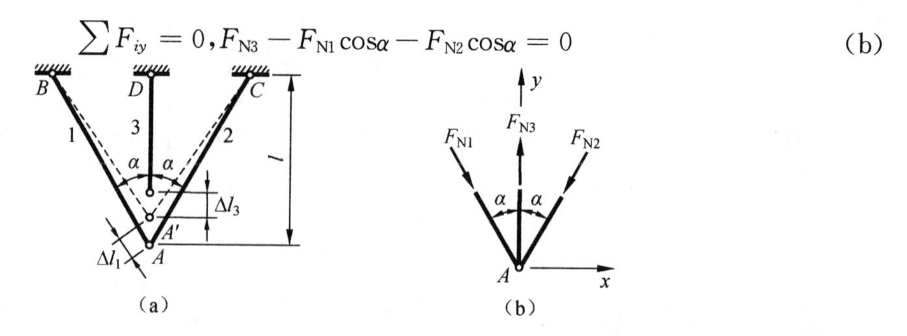

图 2-44　例 2-19 图

杆系的变形协调条件是杆 3 装配后铰接于 A'，由此得变形几何方程

$$\frac{\Delta l_1}{\cos\alpha}+\Delta l_3=\delta \tag{c}$$

式中，Δl_1 是杆 1(或杆 2)的缩短量，Δl_3 是杆 3 的伸长量。又由胡克定律知

$$\left.\begin{aligned}\Delta l_1&=\frac{F_{N1}l}{EA\cos\alpha}\\ \Delta l_3&=\frac{F_{N3}l}{EA}\end{aligned}\right\} \tag{d}$$

将(d)式代入(c)式，得到补充方程

$$\frac{F_{N1}l}{EA\cos^2\alpha}+\frac{F_{N3}l}{EA}=\delta \tag{e}$$

联立解式(a)、(b)、(e)，得到

$$F_{N1}=F_{N2}=\frac{\delta}{l}\cdot\frac{EA\cos^2\alpha}{1+2\cos^3\alpha}\ (\text{压力})$$

$$F_{N3}=\frac{\delta}{l}\cdot\frac{2EA\cos^3\alpha}{1+2\cos^3\alpha}\ (\text{拉力})$$

各杆的装配应力为

$$\sigma_1=\sigma_2=\frac{\delta}{l}\cdot\frac{E\cos^2\alpha}{1+2\cos^3\alpha}=0.001\times\frac{200\times10^3\ \text{MPa}\times\cos^2 30^\circ}{1+2\cos^3 30^\circ}=65.2\ \text{MPa}(\text{压应力})$$

$$\sigma_3=\frac{\delta}{l}\cdot\frac{2E\cos^3\alpha}{1+2\cos^3\alpha}=0.001\times\frac{2\times200\times10^3\ \text{MPa}\times\cos^3 30^\circ}{1+2\cos^3 30^\circ}=113.0\ \text{MPa}(\text{拉应力})$$

【说明】 ① 计算结果表明，虽然制造误差很小，装配应力却很大，这有可能使杆系承受外荷载的能力大为下降。② 这种结构加载前就存在于结构中的应力称为**初应力**。在工程中，可以通过施加与外荷载产生的应力相反的初应力，来达到提高结构承载能力的目的，有时这类方法称为**预应力法**。③ 在土建工程中，在常规设计方法无法满足要求时采用预应力设计是值得考虑的一个选项。

【思考】 如果图 2-44(a)中杆件 1 和 2 的弹性模量不同，分别为 E_1 和 E_2，其他条件不变，如何求解例 2 - 19?

2.7.3　温度应力

当环境温度发生改变，杆件各部分温度也随之发生均匀变化时，杆件将发生纵向伸长或缩短(当然还伴随横向的收缩或膨胀)。在超静定杆系中，由于多余约束的存在，各杆因温度改变而引起的纵向变形要受到相互制约，在杆内就要产生应力，这种应力称为**温度应力**或**热应力**。求解温度应力的方法与装配应力的解法是很相似的。

【例 2 - 20】　如图 2 - 45(a)所示装在两个刚性支承间的等截面直杆 AB，求当温度升高 30℃时在杆件内部产生的温度应力的大小。已知杆件的线膨胀系数 $\alpha=12.5\times10^{-6}$/℃，$E=200$ GPa，温度均匀变化。

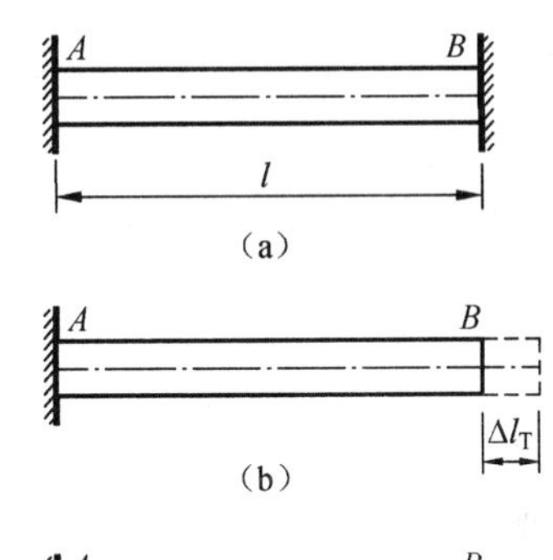

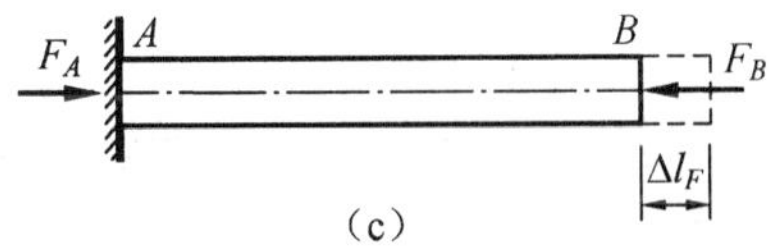

图 2 - 45　例 2 - 20 图

【解】　不妨假设该杆只在 A 端固定，而另一端 B 为自由端，如图 2 - 45(b)所示。当温度升高 ΔT 度时，杆将伸长 Δl_{T}。实际上杆的 B 端也是固定的，杆件并不自由伸长，这就相当于在 B 处的约束反力 F_B 将杆再压缩回原长，如图 2 - 45(c)所示，缩短量为 Δl_F。

根据平衡条件，只能写出一个独立的平衡方程：

$$F_A-F_B=0 \tag{a}$$

由此得到 $F_A=F_B=F$，但其值未知，属于一次超静定问题。

与两端刚性支承相适应的变形协调条件是杆的总长保持不变。由此得到变形几何方程为

$$\Delta l_{\mathrm{T}}-\Delta l_F=0 \tag{b}$$

利用物理方程和胡克定律分别得到

$$\Delta l_{\mathrm{T}}=\alpha l\Delta T \tag{c}$$

$$\Delta l_F=\frac{Fl}{EA} \tag{d}$$

将式(c)和式(d)代入式(b)，得轴向压力为

$$F=\alpha\Delta T\cdot EA \tag{e}$$

故温度应力为

$$\sigma=\frac{F}{A}=\alpha\cdot\Delta T\cdot E(\text{压应力}) \tag{f}$$

结果为正，表明假设杆受压是正确的。代入数值，可得温度应力为

$$\sigma=\alpha\cdot\Delta T\cdot E=(12.5\times10^{-6}/℃)\times30℃\times200\times10^3\ \text{MPa}=75\ \text{MPa}$$

【说明】　① 从上述计算结果可知，温度应力有时是很大的，不能忽略。在工程实践中，为了避免过大的温度应力，常采取一些工程措施。如在输气管道工程中采用伸缩节，在建筑结构中间设置伸缩缝，在钢轨各段之间设置伸缩缝等。② 由式(e)和式(f)可知，约束力 $F_A=F_B=$

$F=\alpha \cdot \Delta T \cdot E \cdot A$与杆件的长度无关，应力则与杆件的长度及截面面积均无关；如果仅作数值计算，这是不容易观察到的。③ 由式(c)可知杆件是各向同性的，且在杆件的体积内由于温度变化引起的伸长是相同的；由式(d)可知，材料处在线弹性状态。在应用上述结论时，应注意这些前提条件。④ 上述问题具有零轴向位移的特征，不仅两端没有纵向位移，而且任意横截面均没有轴向位移。因而，杆中没有轴向应变，这是杆件有轴向应力但没有轴向应变的特殊情形。当然，由于温度和轴向压力的作用，杆件有横向应变。

【例 2-21】 图 2-46(a)所示重 $W=12$ kN 的刚性直杆 ABC 水平悬挂在三根对称放置、不计质量的杆件 1、2 和 3 之下。这些杆件在没有悬挂重物前下端处于同一水平位置。试确定当悬挂刚体 ABC 且所有杆件的温度均升高 60℃后杆件的应力。已知圆钢杆 1 和 3 完全相同，其杆件长度、截面直径、弹性模量和线膨胀系数分别为：$l_{st}=1\ 000$ mm、$d_{st}=25$ mm、$E_{st}=200$ GPa 和 $\alpha_{st}=1.5\times10^{-5}$/℃；杆件 2 为圆铜杆，其杆件长度、截面直径、弹性模量和线膨胀系数分别为：$l_{br}=1\ 500$ mm、$d_{br}=35$ mm、$E_{br}=100$ GPa 和 $\alpha_{br}=1.8\times10^{-5}$/℃。

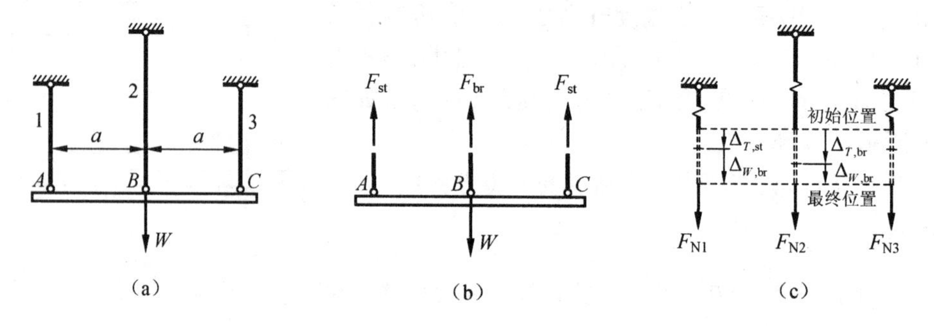

图 2-46　例 2-21 图

【解】 以刚性杆 ABC 为研究对象，受力分析如图 2-46(b)所示，其中 F_{st}、F_{br}分别表示杆件 1(杆件 3)和杆件 2 的轴力，假设其单位为 N。由平衡方程易得

$$2F_{st}+F_{br}=12\ 000 \tag{a}$$

若不悬挂刚性杆 ABC，仅将温度升高 60℃，则杆件 1、2 和 3 将自由伸长。不妨假设杆件 1 和 3 自由伸长 $\delta_{T,st}$，杆件 2 自由伸长 $\delta_{T,br}$。如果悬挂上刚性杆 ABC，则在其重力作用下，杆件 1、3 和杆件 2 又会产生附加变形量，分别记为 $\delta_{W,st}$和 $\delta_{W,br}$，假设变形均为伸长。由对称性可知，变形后刚性杆 ABC 仍保持水平，如图 2-46(c)所示。从而可得变形协调方程为

$$\delta_{T,st}+\delta_{W,st}=\delta_{T,br}+\delta_{W,br}$$

代入物理方程可得

$$\alpha_{st}\cdot\Delta T\cdot l_{st}+\frac{F_{st}l_{st}}{E_{st}A_{st}}=\alpha_{br}\cdot\Delta T\cdot l_{br}+\frac{F_{br}l_{br}}{E_{br}A_{br}}$$

代入具体数字有

$$1.5\times10^{-5}/℃\times60℃\times1\ 000\ \text{mm}+\frac{4\cdot F_{st}\times1\ 000\ \text{mm}}{200\times10^{3}\ \text{MPa}\cdot\pi\times(25\ \text{mm})^{2}}=$$
$$1.8\times10^{-5}/℃\times60℃\times1\ 500\ \text{mm}+\frac{4\cdot F_{br}\times1\ 500\ \text{mm}}{100\times10^{3}\ \text{MPa}\cdot\pi\times(35\ \text{mm})^{2}}$$

化简可得

$$1.019F_{st}-1.559F_{br}=72\ 000 \tag{b}$$

求解方程组(a)、(b)可得

$$F_{st}=21\ 926\ \text{N}(拉),F_{br}=-31\ 852\ \text{N}(压)$$

杆件 1、3 和杆件 2 的应力分别为

$$\sigma_1=\sigma_3=\sigma_{st}=\frac{F_{st}}{A_{st}}=\frac{4F_{st}}{\pi d_{st}^2}=\frac{4\times 21\ 926\ \text{N}}{\pi\times(25\ \text{mm})^2}=44.67\ \text{MPa}$$

$$\sigma_2=\sigma_{br}=\frac{F_{br}}{A_{br}}=\frac{4F_{st}}{\pi d_{br}^2}=\frac{-4\times 31\ 825\ \text{N}}{\pi\times(35\ \text{mm})^2}=-33.08\ \text{MPa}$$

2.8　应力集中的概念

由于构造与使用等方面的需要，许多构件常常带有沟槽(如螺纹)、孔和圆角(构件由粗到细的过渡圆角)等。在外力作用下，构件中邻近沟槽、孔或圆角的局部范围内，由于截面形状和尺寸发生突变，应力会急剧增大，这一现象，称为**应力集中**。

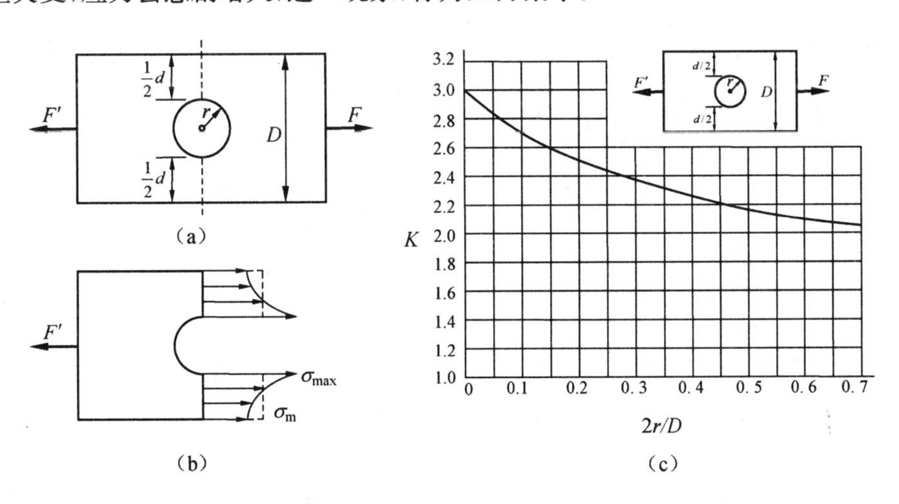

图 2-47　受拉薄板圆孔处截面上的应力分布及应力集中因数

图 2-47(a)所示的受拉薄板，由于存在直径为 d 的圆孔，板横截面 $A—A$ 上的应力不再是均匀分布，而是在孔边缘处的应力最大，如图 2-47(b)所示。设板的厚度为 t，孔边缘到板边的最小距离为$\frac{d}{2}$，则截面 $A—A$ 上的平均应力为$\sigma_m=\frac{F}{td}$。将最大应力 σ_{max}与平均应力 σ_m 的比值称为**应力集中因数**，记为 K，即

$$K=\frac{\sigma_{max}}{\sigma_m} \tag{2-26}$$

如果已知应力集中因数 K，即可计算出孔边的最大应力。应力集中因数一般由理论分析、实验或数值计算方法得到。对于工程中常见的应力集中结构，有关的设计手册已给出其应力集中因数。图 2-47(c)给出的是对应于图 2-47(a)的带圆孔薄板处的应力集中因数。

从图 2-47(c)看出，当板宽 D 为无限大时，$\frac{2r}{D}$趋近于零，这时的应力集中系数为 3，该值是

弹性理论的精确解。对于阶梯形拉、压杆件，在截面突变处会产生极大的应力集中(应力集中因数会趋于无穷大)。在因此，在设计构件时，应尽量避免尺寸突变；如果避免不了，必须采取措施(如倒角)降低应力集中因数。

对不同的材料和荷载，应力集中对构件强度的影响是不同的。一般来说，静荷载作用下，应力集中对脆性材料构件的影响较大，而对塑性材料构件的影响较小；在动荷载作用下，无论是塑性材料构件或脆性材料构件，应力集中的影响都不可忽视。

习　题

2-1　求图示各杆 1—1、2—2、3—3 截面的轴力，并作出各杆轴力图。

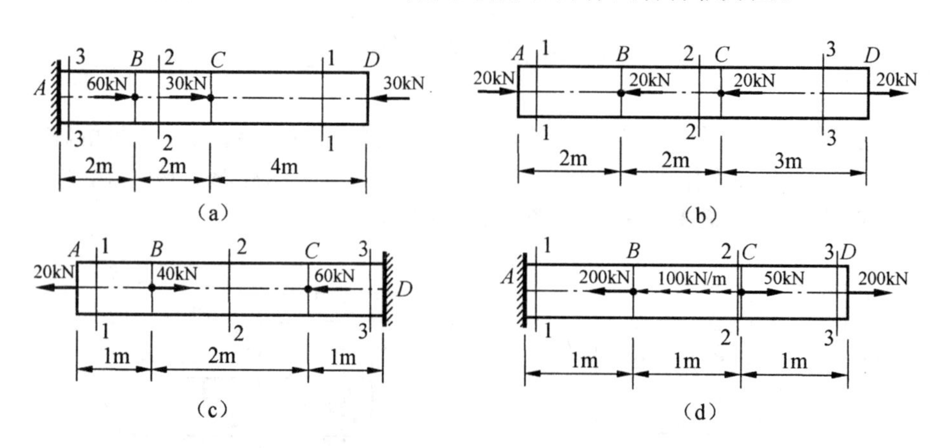

题 2-1 图

2-2　一空心圆截面杆，内径 $d=30$ mm，外径 $D=40$ mm，承受轴向拉力 $F=40$ kN 作用。试求横截面上的正应力。

2-3　图示阶梯形圆截面杆，承受轴向荷载 $F_1=50$ kN 与 F_2作用，AB 与 BC 段的直径分别为 $d_1=20$ mm 与 $d_2=30$ mm。如欲使 AB 与 BC 段横截面上的正应力相同，试求荷载 F_2之值。

2-4　题 2-3 图所示圆截面杆，已知荷载 $F_1=200$ kN，$F_2=100$ kN，AB 段的直径 $d_1=40$ mm。如欲使 BC 段与 AB 段横截面上的正应力相同，试求 BC 段的直径。

2-5　图示木杆，承受轴向荷载 $F=10$ kN 作用，杆的横截面面积 $A=1\,000$ mm^2，粘接面的方位角 $\theta=45°$。试计算该截面上的正应力与切应力，并画出应力的方向。

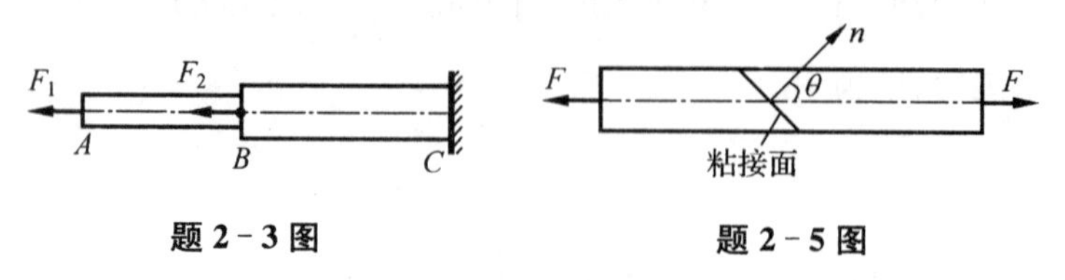

题 2-3 图　　**题 2-5 图**

2-6　直径 $d=25$ mm 的圆杆，横截面上的正应力 $\sigma=240$ MPa，若材料的弹性模量 $E=210$ GPa，泊松比 $\nu=0.3$，试求其直径改变 Δd。

2-7　已知 AC 杆为钢杆，弹性模量 $E_1=200$ GPa，横截面面积 $A_1=600$ mm^2；CB 杆为木杆，弹性模量 $E_2=10$ GPa，横截面面积 $A_2=2.4\times10^4$ mm^2，荷载 $F=72$ kN，试求 C 点水平位

移和铅垂位移。

2-8　图示结构中，抗拉(压)刚度为 EA 的两水平杆在竖直力 F 的作用下，C 点下移到 C_1 点，试求 δ 与 F 的关系式，假设 $\delta << l$(即 α 为小角)。

2-9　图示结构长为 l，两底宽分别为 b_1、b_2，厚为 t 的梯形板受力 F 拉伸，试求其伸长量 Δl(不计自重)。

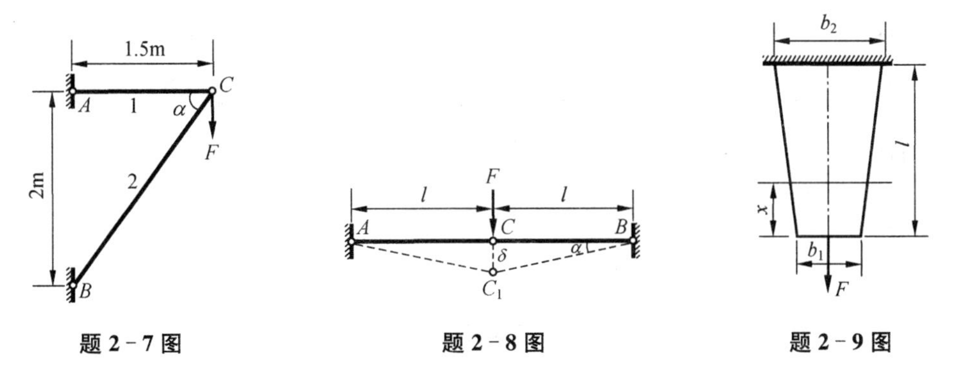

题 2-7 图　　题 2-8 图　　题 2-9 图

2-10　图示两圆截面杆，直径 $d_1 = 12$ mm，$d_2 = 15$ mm，材料的 $E = 210$ GPa，$F = 35$ kN，试求 A 点的位移及其倾斜方向。

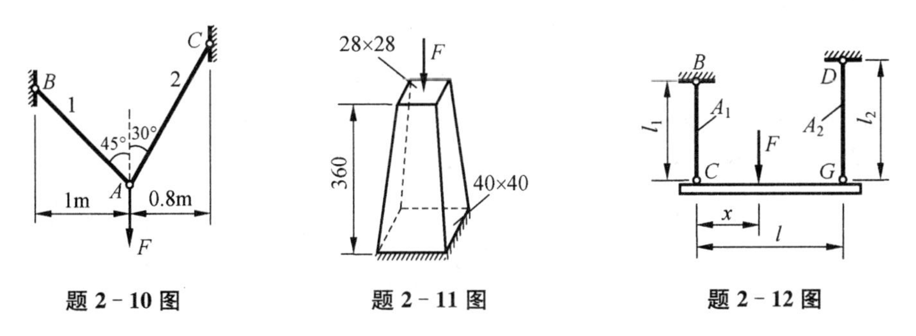

题 2-10 图　　题 2-11 图　　题 2-12 图

2-11　铸铁柱尺寸如图所示，轴向压力 $F = 30$ kN，若不计自重，设 $E = 120$ GPa，试求柱的变形。

2-12　设 CG 为刚体(即 CG 的弯曲变形可以省略)，BC 为铜杆，DG 为钢杆，两杆的横截面面积分别为 A_1 和 A_2，弹性模量分别为 E_1 和 E_2。如要求 CG 在 F 作用下始终保持水平位置，试求 x。

2-13　横梁 $ABCD$ 为刚体。横截面面积为 76.36 mm^2 的钢索绕过无摩擦的滑轮，钢索的 $E = 177$ GPa。设 $F = 18$ kN，试求钢索内的应力和 C 点的垂直位移。

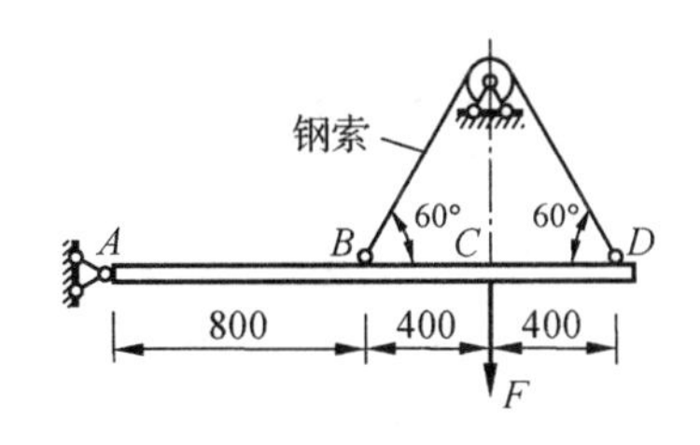

题 2-13 图

2-14　钢制受拉杆件如图所示，横截面面积 $A = 200$ mm^2，$l = 5$ m，密度为 7.8×10^3 kg/

m^2，E=200 GPa。如不计自重，试计算杆件的变形能 V_ε 和应变能密度 v_ε；如考虑自重影响，试计算杆件的变形能，并求应变能密度的最大值。

2-15　在图示简单杆系中，设 AB 和 AC 分别为直径是 20 mm 和 24 mm 的圆截面杆，E=200 GPa，F=5 kN。试求 A 点的铅垂位移。

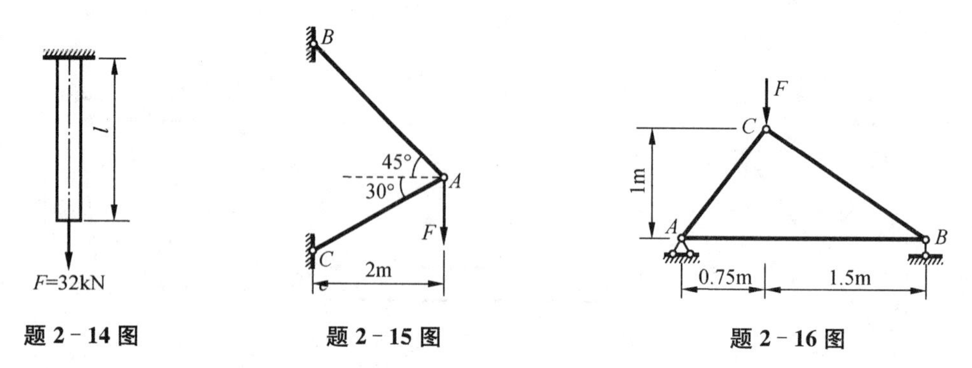

题 2-14 图　　题 2-15 图　　题 2-16 图

2-16　简单桁架的三根杆件均由钢材制成，横截面面积均为 300 mm^2，E=200 GPa。若 F=5 kN，试求 C 点的铅垂位移。

2-17　(1) 试证明受轴向拉伸(压缩)的圆截面杆横截面沿圆周方向的线应变 ε_s 等于直径方向的线应变 ε_d。

(2) 一根直径为 d=10 mm 的圆截面杆，在轴向拉力 F 作用下，直径减小 0.002 5 mm。如材料的弹性模量 E=210 GPa，泊松比 v=0.3。试求轴向拉力 F。

(3) 空心圆截面钢杆，外直径 D=120 mm，内直径 d=60 mm，材料的泊松比 v=0.3。当其受轴向拉伸时，已知纵向线应变 ε=0.001，试求其变形后的壁厚 δ。

2-18　一内半径为 r，厚度为 $\delta\left(\delta\leqslant\frac{r}{10}\right)$，宽度为 b 的薄壁圆环。在圆环的内表面承受均匀分布的压力 p(如图)，试求：(1) 由内压力引起的圆环径向截面上的应力；(2) 由内压力引起的圆环半径的伸长。

2-19　水平刚性杆 AB 由三根钢杆 BC、BD 和 ED 支承，如图所示。在杆的 A 端承受铅垂荷载 F=20 kN，三根钢杆的横截面面积分别为 A_1=12 mm^2，A_2=6 mm^2，A_9=9 mm^2，钢的弹性模量 E=210 GPa，试求：(1) A 端的水平和铅垂位移；(2) 应用功能原理，核算端点 A 的铅垂位移。

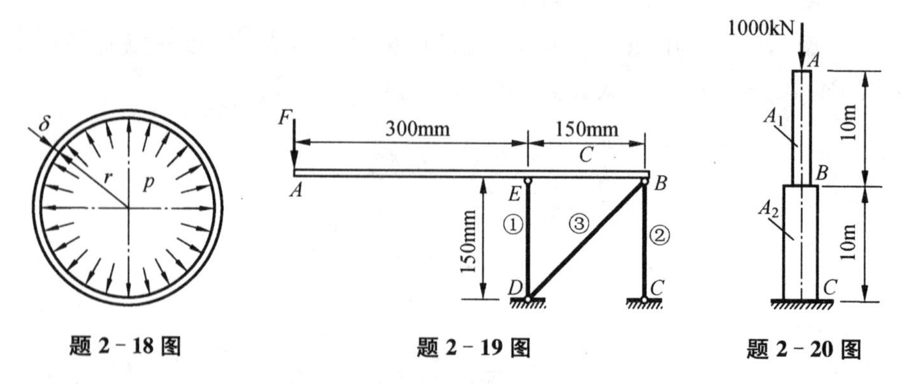

题 2-18 图　　题 2-19 图　　题 2-20 图

2-20　图示混凝土立柱，容重 γ=22 kN/m^3，$[\sigma]$ = 2 MPa，E=72.00×10^4 MPa，试按强度条件设计截面面积 A_1、A_2，并求 A 截面竖直位移。

2-21　一桁架受力如图所示。各杆都由两个等边角钢组成。已知材料的许用应力$[\sigma]=170$ MPa,试选择杆 AC 和 CD 的角钢型号。

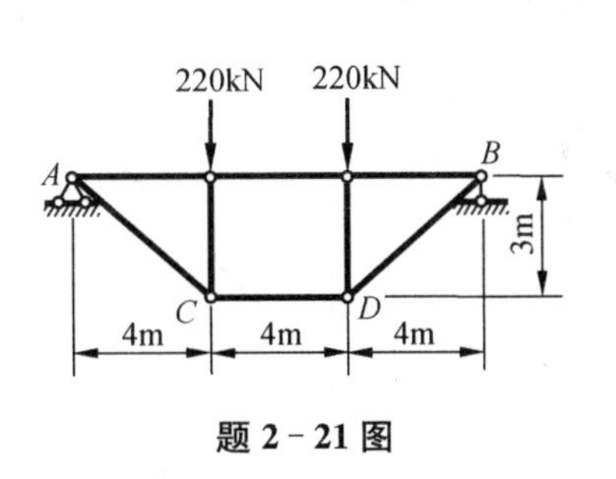

题 2-21 图

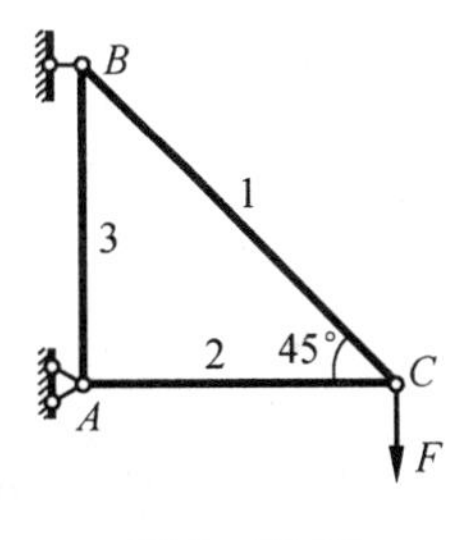

题 2-22 图

2-22　图示桁架,承受荷载 F 作用。试计算该荷载的许用值$[F]$。设各杆的横截面面积均为 A,许用应力均为$[\sigma]$。

2-23　图示结构中,已知 AC 杆的许用应力$[\sigma]_1=100$ MPa,BC 杆的许用应力$[\sigma]_2=160$ MPa,两杆的横截面面积均为 $A=200\ \text{mm}^2$,求许用荷载$[F]$。

2-24　图示杆系中,杆 AB 为圆钢杆,直径 $d=20$ mm,$[\sigma_{AB}]=160$ MPa,杆 BC 为方形木杆,尺寸为 60 mm×60 mm,许用应力$[\sigma_{BC}]=12$ MPa,DE 绳绕在滑轮上。试求许用拉力$[F]$。

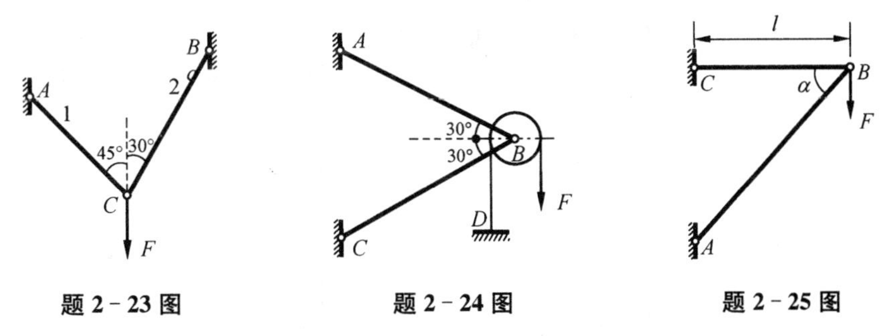

题 2-23 图　　题 2-24 图　　题 2-25 图

2-25　图示桁架,承受铅垂荷载 F 作用。已知杆的许用应力为$[\sigma]$。试问在结点 B 与 C 的位置保持不变的条件下,欲使结构重量最轻,α 应取何值(即确定结点 A 的最佳位置)。

2-26　图示桁架,杆 1 与杆 2 的横截面面积与材料均相同,在结点 A 处承受荷载 F 作用。从试验中测得杆 1 与杆 2 的纵向正应变分别为 $\varepsilon_1=4.0\times10^{-4}$ 与 $\varepsilon_2=2.0\times10^{-4}$。试确定荷载 F 及其方位角 θ 值。已知:$A_1=A_2=200\ \text{mm}^2$, $E_1=E_2=200$ GPa。

2-27　图示结构,梁 BD 为刚体,杆 1、杆 2 与杆 3 的材料与横截面面积相同,在梁 BD 的中点 C,承受铅垂荷载 F 作用。试计算 C 点的水平与铅垂位移。已知荷载 $F=20$ kN,各杆的横截面面积 $A=100\ \text{mm}^2$,弹性模量 $E=200$ GPa,梁长 $l=1\ 000$ mm。

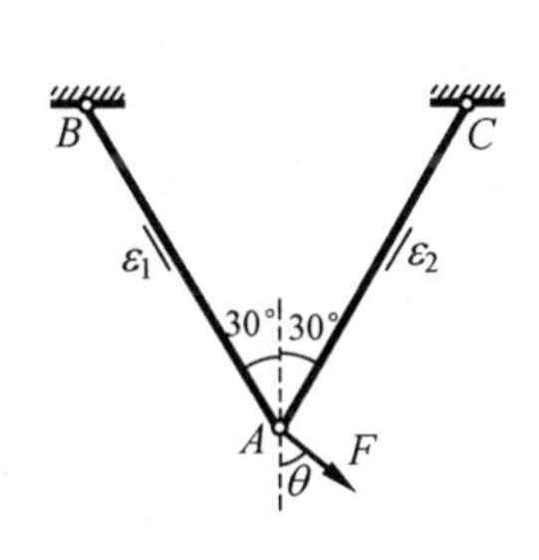

题 2-26 图

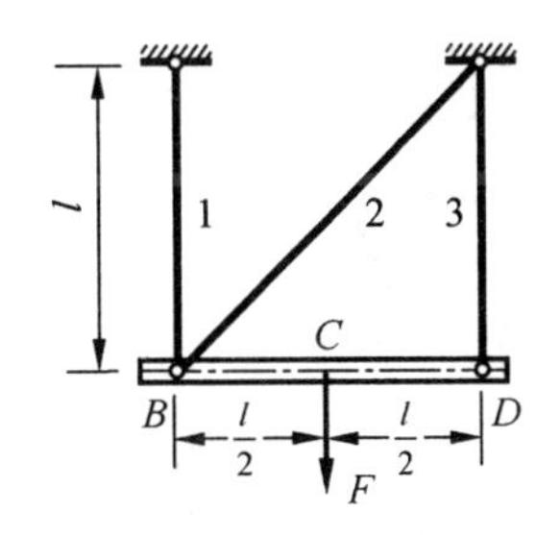

题 2-27 图

2-28　图示桁架,承受荷载 F 作用,试计算结点 B 与 C 间的相对位移 $\Delta_{B/C}$。设各杆各截面的拉压刚度均为 EA。

2-29　试计算图示桁架结点 A 的水平与铅垂位移。设各杆各截面的拉压刚度均为 EA。

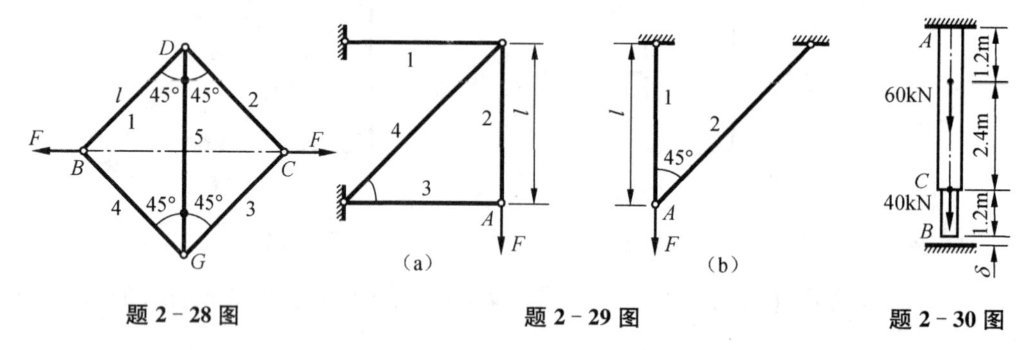

题 2-28 图　　题 2-29 图　　题 2-30 图

2-30　图示阶梯状杆,上端固定,下端与支座距离 $\delta=1$ mm。已知上、下两段杆的横截面面积分别为 600 mm^2 和 300 mm^2,材料的弹性模量 $E=210$ GPa。试作图示荷载作用下杆的轴力图。

2-31　如图所示两端固定的阶梯状杆。已知 AC 段和 BD 段的横截面面积为 A,CD 段的横截面面积为 $2A$;杆材料的弹性模量为 $E=210$ GPa,线膨胀系数 $\alpha_1=12\times10^{-6}$/℃。试求当温度升高 30℃后,该杆各部分横截面上的应力。

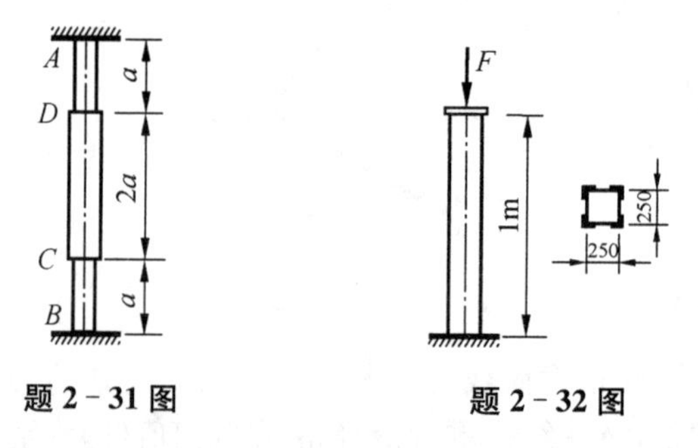

题 2-31 图　　题 2-32 图

2-32　木制短柱的四角用四个 40 mm×40 mm×4 mm 的等边角钢加固。已知角钢的许用应力$[\sigma]_钢=160$ MPa,$E_钢=200$ GPa。木材的许用应力$[\sigma]_木=12$ MPa,$E_木=10$ GPa。试求许可载荷 F。

2-33　在如图所示两端固定的杆件的截面 C 上,沿轴线作用 F 力。试求两端的反力。

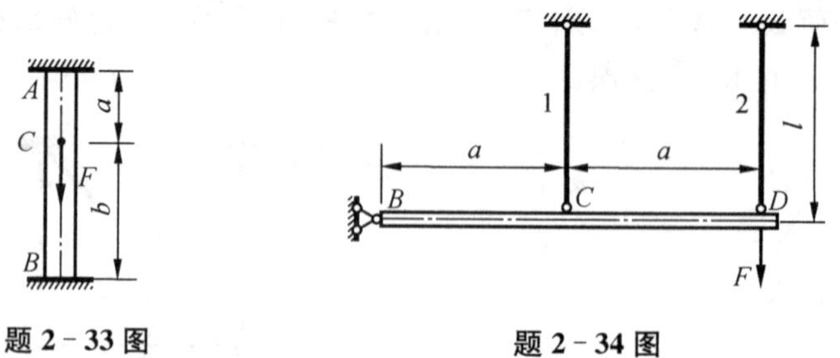

题 2-33 图　　题 2-34 图

2-34　图示结构,梁 BD 为刚体,杆 1 与杆 2 用同一种材料制成,横截面面积均为 $A=300$ mm^2,许用应力$[\sigma]=160$ MPa,荷载 $F=50$ kN。试校核杆的强度。

2-35　图示结构,杆 1 与杆 2 的弹性模量均为 E,横截面面积均为 A,梁 BD 为刚体,试在下列两种情况下，画变形图，建立补充方程。(1) 若杆 2 的实际尺寸比设计尺寸稍短，误差为 δ；(2) 若杆 1 的温度升高 ΔT，材料的热膨胀系数为 α。

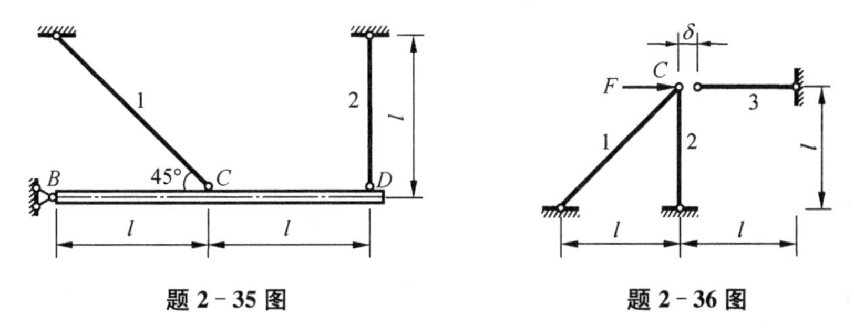

题 2－35 图　　　　题 2－36 图

2－36　为了将图示桁架中杆件 3(长为 $l-\delta$，$\delta<<l$)的自由端与铰 C 相连。试确定：(1) 需要在铰 C 处作用多大的水平荷载 F？(2) 如果连接成功，并将水平荷载 F 卸载之后，杆件的内力分别为多大？

2－37　在图示结构中，假设 AC 梁为刚杆，杆 1、2、3 的横截面面积相等，材料相同。试求三杆的轴力。

2－38　图示支架中的三根杆件的材料相同，杆 1 的横截面面积为 200 mm^2，杆 2 为 300 mm^2，杆 3 为 400 mm^2。若 $F=30$ kN，试求各杆横截面上的应力。

2－39　图示杆系的两杆同为钢杆，$E=200$ GPa，$\alpha_l=12.5\times10^{-6}$/℃。两杆的横截面面积同为 $A=1\ 000\ \text{mm}^2$。若 BC 杆的温度降低 20℃，而 BD 杆的温度不变，试求两杆横截面上的应力。

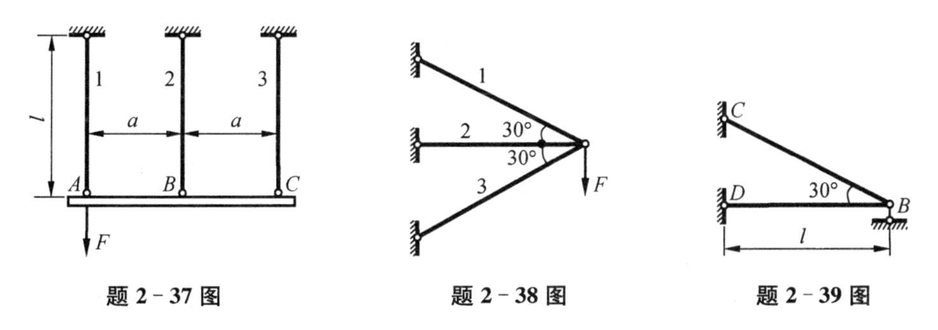

题 2－37 图　　　　题 2－38 图　　　　题 2－39 图

2－40　图示杆系的杆 6 比名义长度略短，误差为 δ，各杆的刚度同为 EA，试求装配后各杆的轴力。

2－41　在图示杆系中，AB 杆比名义长度略短，误差为 δ。若各杆材料相同，横截面面积相等，试求装配后各扦的轴力。

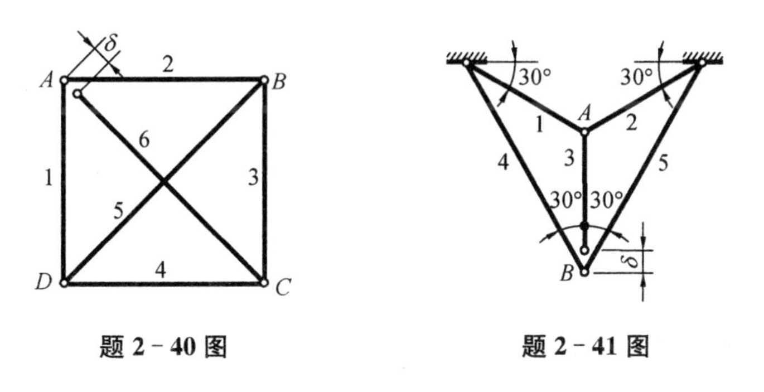

题 2－40 图　　　　题 2－41 图

2-42　刚性横梁AB悬挂于三根平行杆上。$l=2$ m，$F=40$ kN，$a=1.5$ m，$b=1$ m，$c=0.25$ m。1杆由黄铜制成，$A_1=200$ mm^2，$E_1=100$ GPa，$\alpha_1=16.5\times10^{-6}$/℃。2杆和3杆由碳钢制成，$A_2=100$ mm^2，$A_3=300$ mm^2，$E_2=E_3=200$ GPa，$\alpha_2=\alpha_3=12.5\times10^{-6}$/℃。设温度升高20℃，试求各杆横截面上的应力。

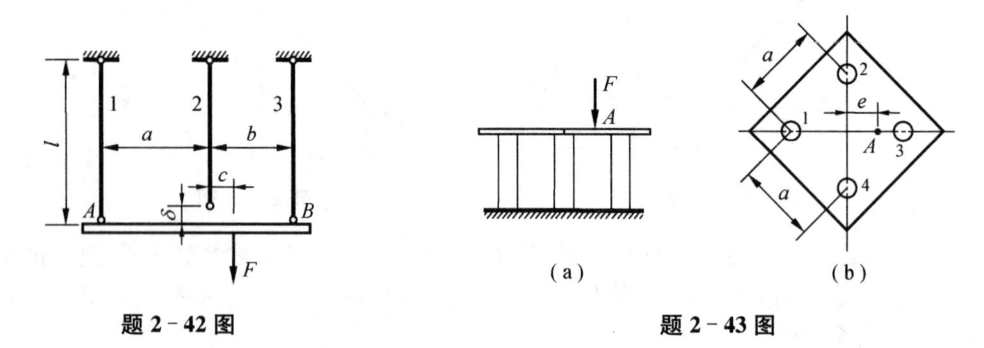

题2-42图　　　　题2-43图

2-43　一刚性板由四根支柱支撑，四根支柱的长度和截面都相同，如图所示。如果荷载F作用在A点，试求四根支柱的轴力。

第 3 章　扭转与剪切

3.1　受扭杆件的内力

3.1.1　扭转的工程实例

扭转是构件中常见的受力形式。例如转动轴、汽车后轮的驱动轴、地质勘探的钻头等都是构件受扭的工程实例，甚至建筑结构的柱子在一些情况下也会因受到扭转作用而破坏。以图 3－1(a)所示驾驶盘轴为例，在轮盘边缘作用一个由一对反向切向力 F 构成的力偶，其力偶矩为 $M=FD$，式中，D 为力偶臂。根据平衡条件可知，在轴的下端，必存在一反作用力偶，其矩 $M'=M$。在上述力偶作用下，轴 AB 的变形如图 3－1(b)所示。

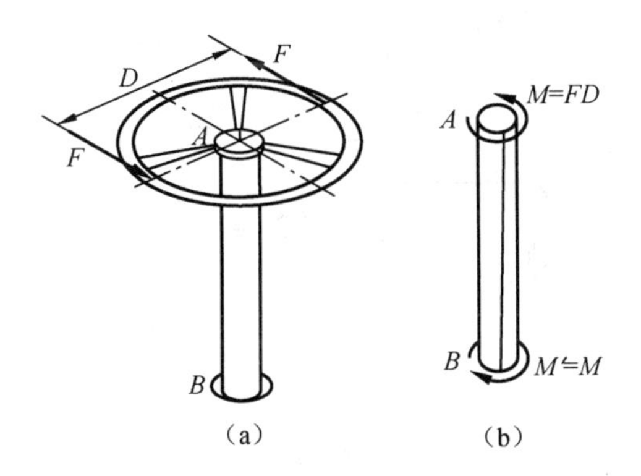

图 3－1　驾驶盘轴的受力和变形

又如，图 3－2(a)所示传动轴，在其两端垂直于杆件轴线的平面内，作用一对转向相反、力偶矩均为 M 的力偶。在上述力偶作用下，传动轴及各横截面产生图 3－2(b)所示的变形。

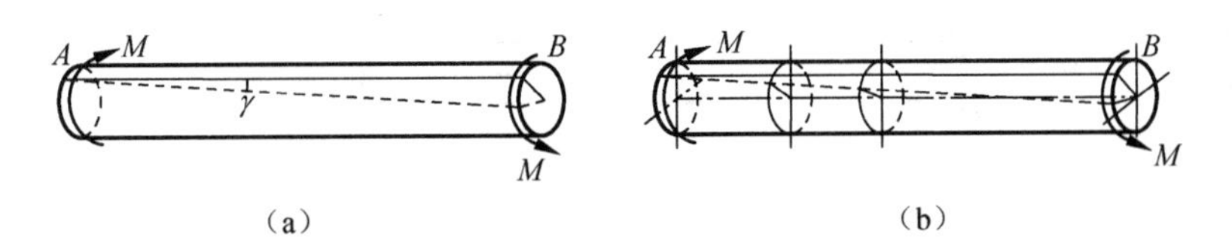

图 3－2　传动轴的受力和变形

可以看出，这些构件的共同特点是：构件为直杆，并在垂直于杆件轴线的平面内作用有力偶。在这种情况下，杆件各横截面绕轴线相对转动。以横截面绕轴线作相对旋转为主要特征的变形形式，称为**扭转**。凡是以扭转变形为主要变形的直杆称为**轴**，轴的变形以横截面间绕轴线的相对角位移即扭转角表示。

工程中最常见的轴为圆截面轴，它们或为实心，或为空心。

3.1.2 功率、转速与扭力偶矩之间的关系

作用在轴上的扭力偶矩，一般可通过力的平移，并利用平衡条件确定。但是，对于传动轴等转动构件，通常只知道它们的转速与所传递的功率。因此，在分析传动轴等转动类构件的内力之前，首先需要根据转速与功率计算轴所承受的扭力偶矩。

由理论力学可知，力偶在单位时间内所做的功即功率 P，等于该力偶矩 M 与相应角速度 ω 的乘积，即 $P=M\omega$。

在工程实际中，功率 P 的常用单位为 kW，力偶矩 M 和转速 n 的常用单位分别为 N·m 与 r/min（转/分），由 $P=M\omega$，可得

$$P\times 10^3=M\times\frac{2\pi n}{60}$$

$$\{M\}_{\mathrm{N\cdot m}}=9\ 549\times\frac{\{P\}_{\mathrm{kW}}}{\{n\}_{\mathrm{r/min}}} \tag{3-1}$$

例如，图 3-3 所示轴 AB，由电动机带动，已知轴的转速 $n=1\ 450$ r/min，由电动机输入的功率 $P=10$ kW，则由式(3-1)可知，电动机通过联轴器作用在轴 AB 上的扭力偶矩为

$$M=\left(9\ 549\times\frac{10}{1\ 450}\right)\mathrm{N\cdot m}=65.9\ \mathrm{N\cdot m}$$

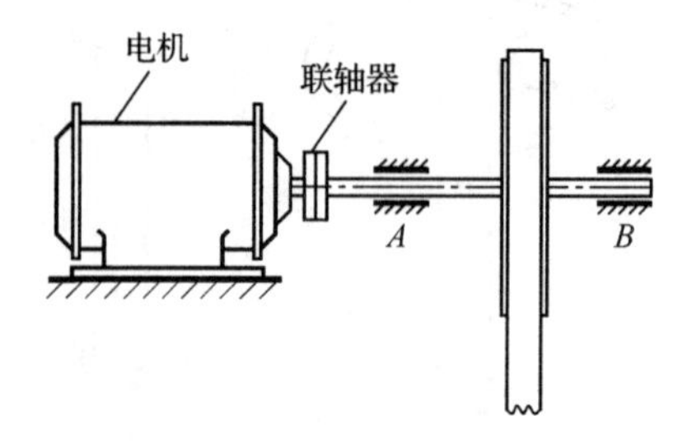

图 3-3 电动机通过联轴器带动轴转动

3.1.3 扭矩与扭矩图

作用在轴上的外力偶矩确定后，现在研究轴的内力。

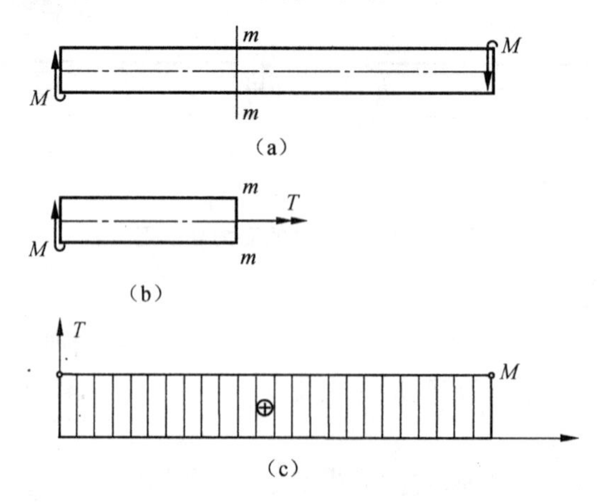

图 3-4 轴的内力

考虑图3-4(a)所示轴，在其两端作用一对方向相反、大小均为M的扭力偶。为了分析轴的内力，利用截面法，在轴的任一横截面$m—m$处将其切开，并任选一段，例如左段[图3-4(b)]，作为研究对象。可以看出，为了保持该段轴的平衡，横截面$m—m$上的分布内力必构成一力偶，且其矢量方向垂直于截面$m—m$。矢量方向垂直于所切横截面的内力偶矩，即前述扭矩，用T表示。通常规定：按右手螺旋法则将扭矩用矢量表示，若矢量方向与横截面的外法线方向一致，则该扭矩为正，反之为负。按此规定，图3-4(b)所示扭矩为正，其值则为

$$T=M$$

在一般情况下，轴内各横截面或各轴段的扭矩不尽相同。为了形象地表示扭矩沿轴线的变化情况，通常采用图线表示。作图时，以平行于轴线的坐标表示横截面的位置，垂直于轴线的另一坐标表示扭矩。

表示扭矩沿轴线变化情况的图线，称为**扭矩图**。例如，图3-4(a)所示轴的扭矩图如图3-4(c)所示。

【例3-1】 图3-5(a)所示传动轴，转速$n=500$ r/min，轮B为主动轮，输入功率$P_B=10$ kW，轮A与轮C均为从动轮，输出功率分别为$P_A=4$ kW与$P_C=6$ kW。试计算轴的扭矩，画扭矩图，并确定最大扭矩。

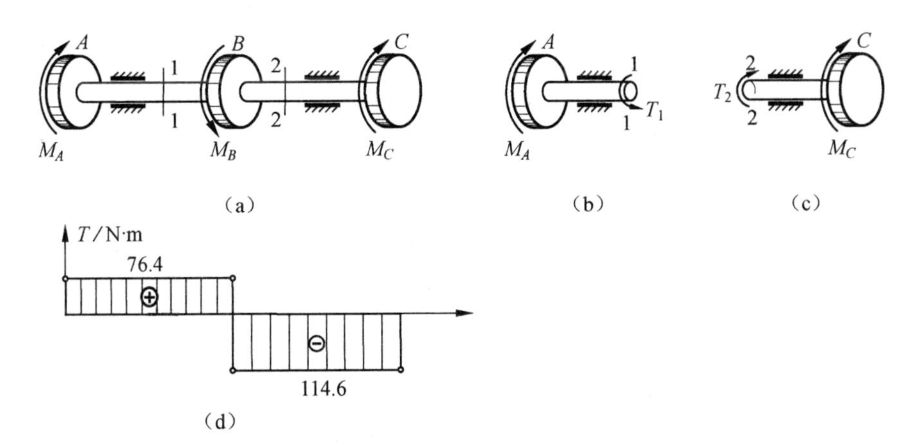

图3-5　例3-1图

【解】 (1) 扭力偶矩计算

由式(3-1)可知，作用在轮A、轮B与轮C上的扭力偶矩分别为

$$M_A=9\ 549\times\frac{P_A}{n}=\left(9\ 549\times\frac{4}{500}\right)\text{N}\cdot\text{m}=76.4\ \text{N}\cdot\text{m}$$

$$M_B=9\ 549\times\frac{P_B}{n}=\left(9\ 549\times\frac{10}{500}\right)\text{N}\cdot\text{m}=191\ \text{N}\cdot\text{m}$$

$$M_C=9\ 549\times\frac{P_C}{n}=\left(9\ 549\times\frac{6}{500}\right)\text{N}\cdot\text{m}=114.6\ \text{N}\cdot\text{m}$$

(2) 扭矩计算

设AB与BC段的扭矩均为正，并分别用T_1和T_2表示，则利用截面法，由图3-5(b)与(c)可得

$$T_1=M_A=76.4\ \text{N}\cdot\text{m},\ T_2=-M_C=-114.6\ \text{N}\cdot\text{m}$$

(3) 画扭矩图

根据上述分析,作扭矩图如图 3-5(d)所示,扭矩的最大绝对值为

$$|T|=|T_2|=114.6\ \text{N}\cdot\text{m}$$

【思考】 如果把 A、B 两轮交换位置,其他不变,扭矩图有什么变化?从扭矩的角度看这种改变有合理性吗?

3.1.4 扭矩与扭转分布力偶间的关系

如图 3-6(a)所示,杆件沿其轴线受到扭转分布力偶 $m(x)$ 作用,规定按右手法则 $m(x)$ 的矢量方向与 x 轴负向一致为正。沿轴线在 x 截面处取长度为 $\mathrm{d}x$ 的微段作为隔离体,其横截面上的内力如图 3-6(b)所示。根据对 x 轴的力矩平衡方程

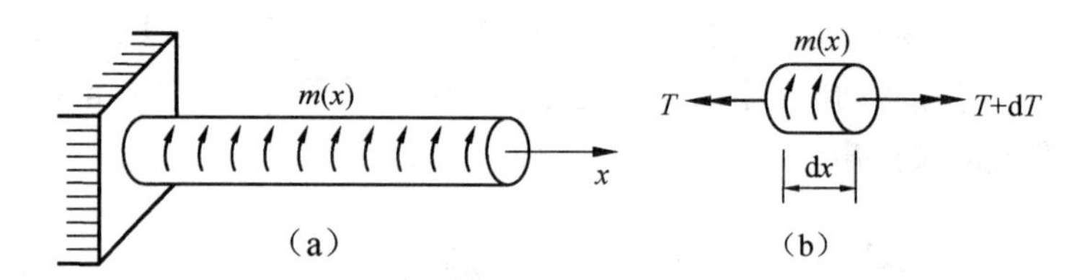

图 3-6 受扭转分布力偶作用的杆件的内力

$$T(x)+\mathrm{d}T(x)-m(x)\cdot\mathrm{d}x-T(x)=0$$

得到扭矩与分布力偶间的微分关系为

$$\frac{\mathrm{d}T(x)}{\mathrm{d}x}=m(x) \tag{3-2}$$

在分布力偶作用区间(例如$[a,\ b]$),对式(3-2)进行积分,可得

$$T(x)=T(a)+\int_a^x m(x)\mathrm{d}x,a\leqslant x\leqslant b \tag{3-3}$$

若已知端部截面扭矩 $T(a)$,则可以确定该作用区间内任意 x 截面上的扭矩 $T(x)$。对于没有分布力偶作用的区段,也可视为 $m(x)=0$ 的情况。由此可得:在没有分布力偶作用的区段,其扭矩图为水平线。

【说明】 ① 在应用式(3-3)时,原则上区间$[a,\ b]$内不能有集中外力偶存在,若存在集中外力偶,则应进一步分段讨论。② 当然也可以类似轴力,用狄拉克的函数讨论集中力偶作用处左右侧截面上的扭矩。

【例 3-2】 如图 3-7(a)所示圆杆,A 端固定,在 B 处受到集中扭转外力偶 $3M$ 作用,CD 段受到均布扭转外力偶 $m=\dfrac{M}{l}$作用。试画出其扭矩图。

【解】 因为 A 端固定,并且杆件受到的均为绕 x 轴的力偶,故取杆件 AD 为隔离体,并由平衡方程可得杆件在 A 截面处受到的约束力偶为 $2M$,如图 3-7(b)所示。

利用截面法,易得 AB 段任一截面 1—1 的扭矩为 $2M$,BC 段任一截面 2—2 的扭矩为 $-M$。

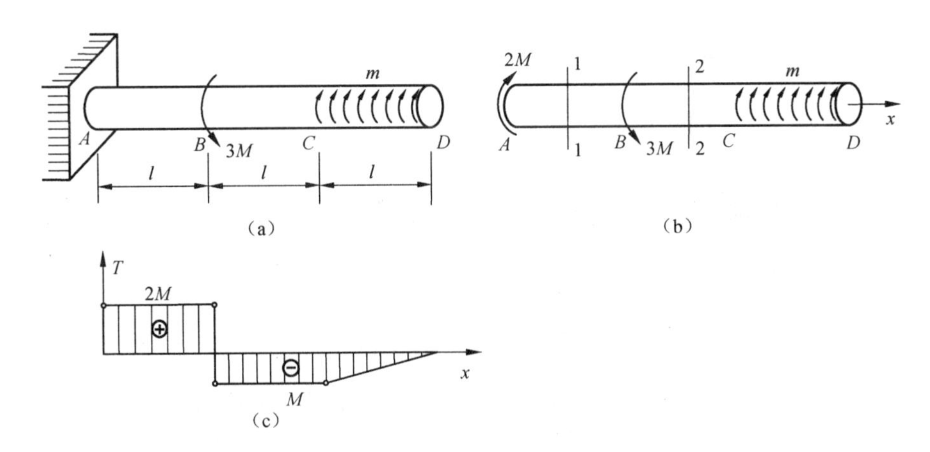

图 3－7　例 3－2 图

由式(3－3)可得，圆杆 CD 段受均布扭转外力偶 m 作用时任一 x 截面的扭矩为

$$T(x)=T(x_C)+\int_{x_C}^{x}\left(\frac{M}{l}\right)\mathrm{d}x=-M+\frac{M}{l}\cdot(x-x_C),0\leqslant x-x_C\leqslant l$$

所以 CD 段的扭矩为线性变化，并且 $T(x_C)=-M,T(x_D)=0$。

由此作出扭矩图如图 3－7(c)所示。

【说明】 由图 3－7(c)可以看出扭转分布力偶作用下，杆件的扭矩图保持连续。而在集中力偶作用的 A、B 截面处，扭矩图产生跳跃。

【思考】 如果分布扭转外力偶按 x 的一次或二次函数规律变化，扭矩图的大致形状是什么？

3.2　圆轴的扭转切应力

为求受扭圆轴横截面上一点的切应力，与轴向拉压杆件的正应力一样，需根据受扭圆轴的变形特点，综合研究其几何、物理和静力学三方面的关系，来建立圆轴扭转时的切应力公式。

3.2.1　圆轴扭转的变形特点

取一等截面实心圆轴，先在圆轴表面用圆周线和纵向线画成方格，如图 3－8(a)所示，然后在其两端施加一对等值、反向的外力偶，使其产生扭转变形，如图 3－8(b)所示。试验结果表明，各圆周线的大小和形状均未改变，相邻圆周线的间距也未发生变化，各圆周线绕轴线作相对旋转，各纵向线倾斜了同一个角度，所有矩形网格均变为大小相同的平行四边形。由表及里可作如下假设：在圆轴扭转变形过程中，横截面变形后仍保持为平面，其形状和大小均不变，半径仍保持为直线，相邻两横截面间的距离不变。这就是**圆轴扭转的平面假设**。按照这一假设，扭转变形中，圆轴的横截面如同刚性平面，绕圆轴的轴线旋转了一个角度。

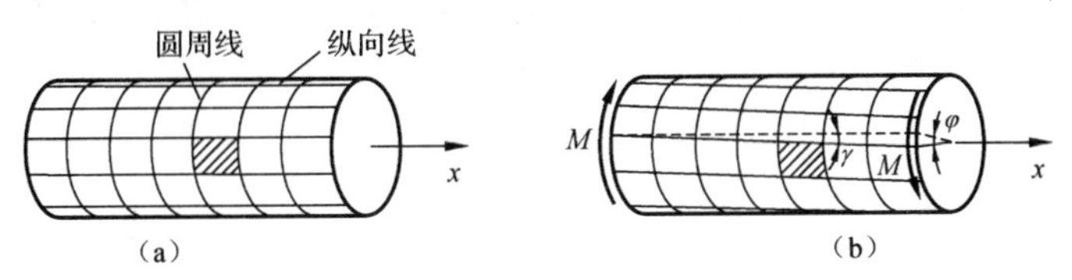

图 3－8　受扭圆轴的变形

3.2.2 圆轴扭转的切应力

1. 圆轴扭转的几何、物理、静力学关系

(1) 几何关系

上述假设说明了圆轴变形的总体情况。为了确定横截面上各点处的应力，需要了解轴内各点处的变形。为此，用相距 $\mathrm{d}x$ 的两个横截面以及夹角无限小的两个径向纵截面，如图 3-9(a)所示，从轴内切取一楔形体 O_1ABCDO_2 来分析。

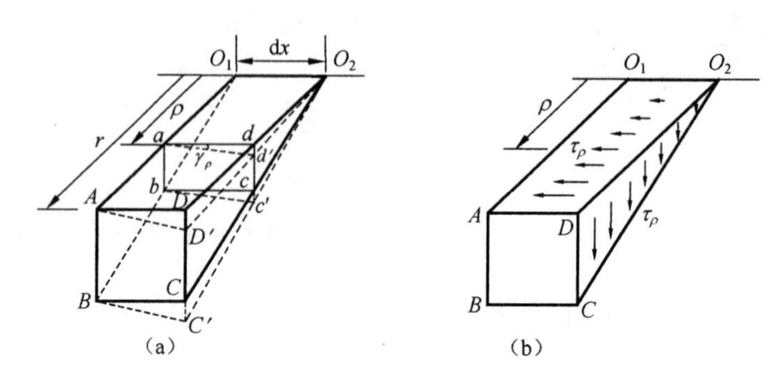

图 3-9 圆轴扭转时横截面的变形与切应力的分布

根据上述假设，楔形体的变形如图 3-9 中虚线所示，轴表面的矩形 $ABCD$ 变为平行四边形 $ABC'D'$，距轴线 ρ 处的任一矩形 $abcd$ 变为平行四边形 $abc'd'$，即均在垂直于半径的平面内产生剪切变形。

设上述楔形体左、右两端横截面间的相对转角即扭转角为 $\mathrm{d}\varphi$，矩形 $abcd$ 的切应变为 γ_ρ，则由图 3-9(a)可知

$$\gamma_\rho \approx \tan\gamma_\rho = \frac{\overline{dd'}}{\overline{ad}} = \frac{\rho\mathrm{d}\varphi}{\mathrm{d}x}$$

由此得

$$\gamma_\rho = \rho\frac{\mathrm{d}\varphi}{\mathrm{d}x} \tag{a}$$

(2) 物理方面

由剪切胡克定律[式(1-12)]可知，在剪切比例极限内，切应力与切应变成正比，所以，横截面上 ρ 处的切应力为

$$\tau_\rho = G\rho\frac{\mathrm{d}\varphi}{\mathrm{d}x} \tag{b}$$

而其方向则垂直于该点处的半径，如图 3-9(b)所示。

上式表明：扭转切应力沿截面径向线性变化，实心与空心圆轴的扭转切应力分布分别如图 3-10(a)与(b)所示。

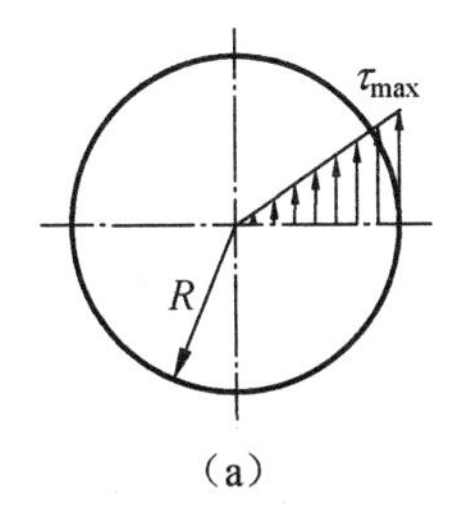

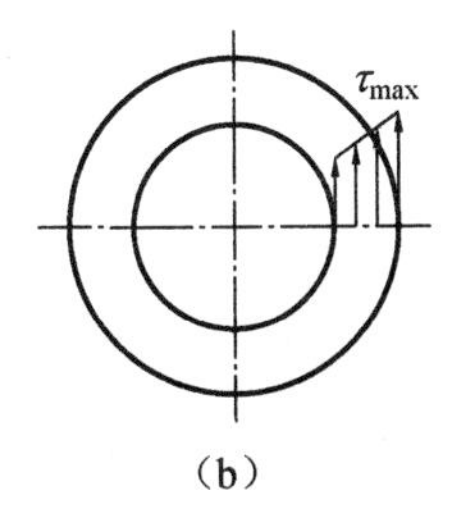

图 3-10　实心与空心圆轴横截面上切应力的分布

图 3-11　微内力及其对轴心的矩

(3) 静力学方面

如图 3-11 所示，在距圆心 ρ 处的微面积 $\mathrm{d}A$ 上，作用有微剪力 $\tau_\rho \mathrm{d}A$，它对圆心 O 的力矩为 $\rho\tau_\rho \mathrm{d}A$。在整个横截面上，所有微力矩之和应等于该截面的扭矩，即

$$\int_A \rho\tau_\rho \mathrm{d}A = T$$

将式(b)代入上式，得

$$G\frac{\mathrm{d}\varphi}{\mathrm{d}x}\int_A \rho^2 \mathrm{d}A = T$$

上式中的积分 $\int_A \rho^2 \mathrm{d}A$ 仅与截面尺寸有关，称为截面的**极惯性矩**，并用 I_p 表示，即

$$I_p = \int_A \rho^2 \mathrm{d}A \tag{3-4}$$

于是得

$$\frac{\mathrm{d}\varphi}{\mathrm{d}x} = \frac{T}{GI_p} \tag{3-5}$$

即为圆轴扭转变形的基本公式。

最后，将式(3-5)代入式(b)，于是得

$$\tau_\rho = \frac{T\rho}{I_p} \tag{3-6}$$

即为圆轴扭转切应力的一般公式。

2. *最大扭转切应力*

由式(3-6)可知，在 $\rho = r$ 即圆截面边缘各点处，切应力最大，其值为

$$\tau_{max} = \frac{Tr}{I_p} = \frac{T}{I_p/r}$$

式中，比值 $\frac{I_p}{r}$ 也是一个仅与截面尺寸有关的量，称为**扭转截面系数**，并用 W_p 表示，即

$$W_p = \frac{I_p}{r} \tag{3-7}$$

于是，圆轴扭转的最大切应力即为

$$\tau_{max}=\frac{T}{W_p} \tag{3-8}$$

可见，最大扭转切应力与扭矩成正比，与扭转截面系数成反比。

圆轴扭转应力公式(3-6)与(3-8)，及描述圆轴扭转变形的式(3-5)，是线弹性材料在扭转的平面假设基础上建立的。试验表明，碳钢圆轴在扭转时的应力-应变关系图与轴向拉伸时应力-应变曲线图的形状大致一致，也存在扭转切应力的比例极限 τ_p、屈服极限 τ_s 及强度极限 τ_b。只要最大扭转切应力不超过比例极限 τ_p，上述公式的计算结果，与试验结果一致。这说明，本节所述基于平面假设的圆轴扭转理论是正确的。

【说明】 式(3-6)与(3-8)是基于实心圆轴建立的，但对于空心以及薄壁截面$\left(\text{即壁厚}\,\delta\,\text{远小于平均半径}\,r_0\text{，一般要求满足}\,\delta\leqslant\frac{r_0}{10}\right)$圆轴一样成立。

3. 极惯性矩、扭转截面系数与最大切应力

现在研究圆截面的极惯性矩与扭转截面系数的计算公式。

(1) 空心圆截面

如图3-12所示，对于内径为 d、外径为 D 的空心圆截面，若以径向尺寸为 $d\rho$ 的圆环形面积为微面积，即取

$$dA=2\pi\rho d\rho$$

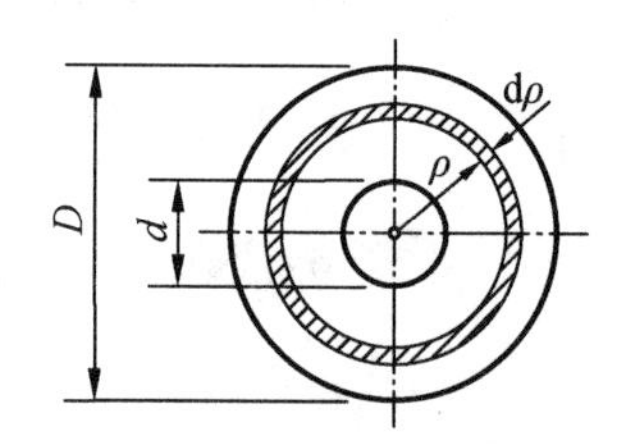

图 3-12 空心圆截面

则由式(3-4)可知，空心圆截面的极惯性矩为

$$I_p=\int_{d/2}^{D/2}\rho^2\cdot 2\pi\rho d\rho=\frac{\pi}{32}(D^4-d^4)=\frac{\pi D^4}{32}(1-\alpha^4) \tag{3-9}$$

而由式(3-7)可知，其扭转截面系数则为

$$W_p=\frac{I_p}{D/2}=\frac{\pi D^3}{16}(1-\alpha^4) \tag{3-10}$$

式中，$\alpha=d/D$，代表内、外径的比值。

将式(3-10)代入式(3-8)可得，空心圆截面的最大扭转切应力为

$$\tau_{max}=\frac{T_{max}}{W_p}=\frac{16T_{max}}{\pi D^3(1-\alpha^4)} \tag{3-11}$$

(2) 实心圆截面

对于直径为 d 的圆截面，可以取 $\alpha=0$，由空心圆截面的表达式得到实心圆截面的极惯性矩为

$$I_p=\frac{\pi d^4}{32} \tag{3-12}$$

而其相应的扭转截面系数为

$$W_p=\frac{\pi d^3}{16} \tag{3-13}$$

由式(3-8)、(3-13)或式(3-11)可得，实心圆截面的最大扭转切应力为

$$\tau_{\max}=\frac{T_{\max}}{W_{p}}=\frac{16T_{\max}}{\pi d^{3}} \tag{3-14}$$

(3) 薄壁圆截面

对于薄壁圆截面，由于其内、外径的差值很小，式(3-4)中的 ρ 可用平均半径 r_0 代替，即

$$I_{p}=\int_{A}\rho^{2}\mathrm{d}A\approx r_{0}^{2}\int_{A}\mathrm{d}A=Ar_{0}^{2}$$

由此得薄壁圆截面的极惯性矩为

$$I_{p}=2\pi r_{0}^{3}\delta \tag{3-15}$$

而其扭转截面系数则为

$$W_{p}=\frac{2\pi r_{0}^{3}\delta}{r_{0}}=2\pi r_{0}^{2}\delta \tag{3-16}$$

从而对于薄壁截面圆轴，其横截面上的切应力(因为薄壁，可近似认为横截面上各点的切应力大小相同)为

$$\tau=\frac{T}{W_{p}}=\frac{T}{2(\pi r_{0}^{2})\delta}=\frac{T}{2A_{0}\delta} \tag{3-17}$$

其中，A_0 为由平均半径围成的圆的面积。式(3-17)即薄壁圆筒扭转切应力的计算公式。精确分析表明，在线弹性的前提下，当 $\delta\leqslant r_0/10$ 时，该公式足够精确，最大误差不超过4.53%。

【说明】 式(3-17)不仅简单，而且应用范围广泛。适用于弹性与非弹性、各向同性与各向异性的情况。

【例3-3】 图3-13(a)所示轴，左段 AB 为实心圆截面，直径为 $d=20$ mm，右段 BC 为空心圆截面，内、外径分别为 $d=15$ mm 与 $D=25$ mm。轴承受扭力偶矩 M_A、M_B 与 M_C 作用，且 $M_A=M_B=100$ N·m，$M_C=200$ N·m。试计算轴内的最大扭转切应力。

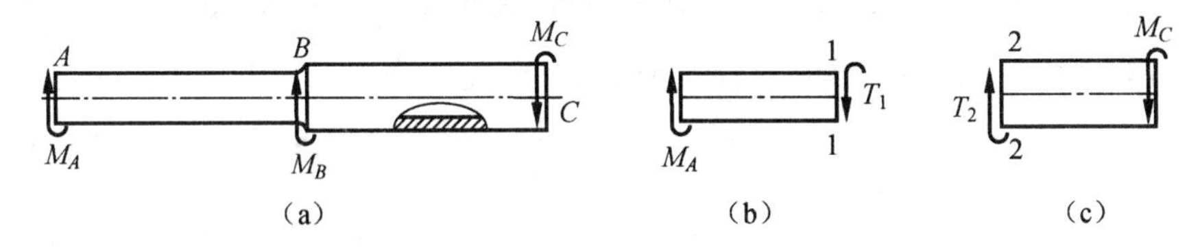

图3-13　例3-3图

【解】 (1) 内力分析

设 AB 与 BC 段的扭矩均为正，并分别用 T_1 与 T_2 表示，则由图3-13(b)与(c)可知

$$T_{1}=M_{A}=100\ \text{N}\cdot\text{m}\qquad T_{2}=M_{C}=200\ \text{N}\cdot\text{m}$$

(2) 应力分析

由式(3-14)可知，AB 段内的最大扭转切应力为

$$\tau_{1,\max}=\frac{16T_{1}}{\pi d^{3}}=\frac{16\times100\times10^{3}\ \text{N}\cdot\text{mm}}{\pi\times(20\ \text{mm})^{3}}=63.7\ \text{MPa}$$

根据式(3-11)，得 BC 段内的最大扭转切应力为

$$\tau_{2,\max}=\frac{16T_2}{\pi D^3(1-\alpha^4)}=\frac{16\times200\times10^3\ \mathrm{N\cdot mm}}{\pi\times(25\ \mathrm{mm})^3\times\left[1-\left(\frac{15\ \mathrm{mm}}{25\ \mathrm{mm}}\right)^4\right]}=74.9\ \mathrm{MPa}$$

3.3 圆轴扭转的强度与刚度条件

3.3.1 圆轴扭转的强度条件

通过轴的内力分析可作出扭矩图并求出最大扭矩 $T_{\max}$，最大扭矩所在截面称为轴的危险截面。由此可得圆轴扭转的强度条件为

$$\tau_{\max}=\frac{T_{\max}}{W_p}\leqslant[\tau] \tag{3-18}$$

式中$[\tau]$为材料的**许用切应力**。不同材料的许用切应力$[\tau]$各不相同，通常由扭转试验测得各种材料的**扭转极限应力** τ_u，并除以适当的安全因数 n 得到，即

$$[\tau]=\frac{\tau_u}{n} \tag{3-19}$$

塑性材料和脆性材料，在进行扭转试验时，其破坏形式不完全相同。塑性材料试件在外力偶作用下，先出现屈服，最后沿横截面被剪断，如图 3-14(a)所示；脆性材料试件受扭时，变形很小，最后沿与轴线约 45°方向的螺旋面断裂，如图 3-14(b)所示。塑性材料的扭转屈服极限 τ_s 与脆性材料的扭转强度极限 τ_b，统称为材料的扭转极限应力，用 τ_u 表示。

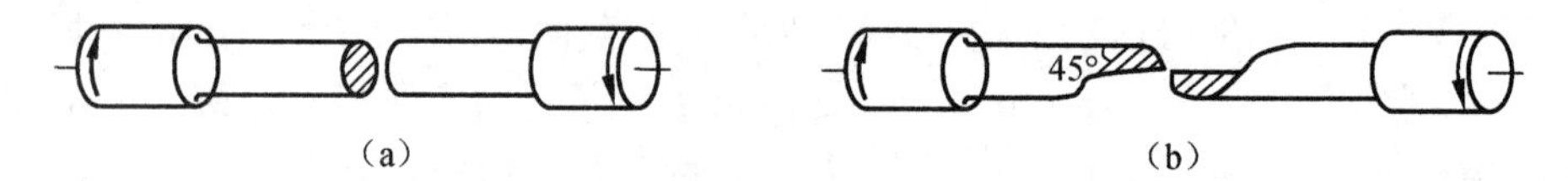

图 3-14 塑性材料与脆性材料圆轴受扭破坏的断裂面形状

【例 3-4】 图 3-15(a)所示阶梯状圆轴，AB 段直径 $d_1=120$ mm，BC 段直径 $d_2=100$ mm。外力偶矩为 $M_A=22$ kN·m，$M_B=36$ kN·m，$M_C=14$ kN·m。已知材料的许用切应力$[\tau]=80$ MPa，试校核该轴的强度。

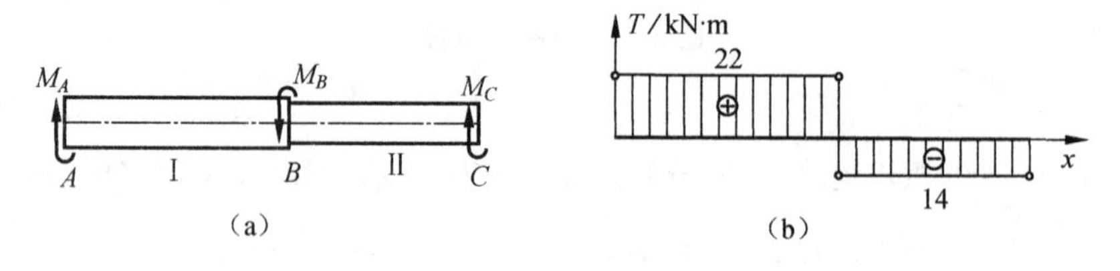

图 3-15 例 3-4 图

【解】 用截面法求得 AB，BC 段的扭矩分别为 $T_1=22$ kN·m，$T_2=-14$ kN·m。据此绘出扭矩图如图 3-15(b)所示。

由扭矩图可见，AB 段的扭矩比 BC 段的扭矩大，但因两段轴的直径不同，因此，需要分别校核两段轴的强度。由式(3-18)可得

AB 段：　$\tau_{1,\max}=\dfrac{T_1}{W_{p1}}=\dfrac{16T_1}{\pi\times d_1^3}=\dfrac{16\times22\times10^6\ \text{N}\cdot\text{mm}}{\pi\times(120\ \text{mm})^3}=64.8\ \text{MPa}\leqslant[\tau]$

BC 段：　$\tau_{2,\max}=\dfrac{T_2}{W_{p2}}=\dfrac{16T_2}{\pi\times d_2^3}=\dfrac{16\times14\times10^6\ \text{N}\cdot\text{mm}}{\pi\times(100\ \text{mm})^3}=71.3\ \text{MPa}\leqslant[\tau]$

因此，该轴满足强度条件的要求。

【例 3-5】 某传动轴，承受 $M_e=2.0\ \text{kN}\cdot\text{m}$ 外力偶作用，轴材料的许用切应力为 $[\tau]=60\ \text{MPa}$。试分别按(1) 横截面为实心圆截面；(2) 横截面为 $\alpha=0.8$ 的空心圆截面确定轴的截面尺寸，并比较其重量。

【解】 (1) 横截面为实心圆截面。设轴的直径为 d，由式(3-16)得

$$W_p=\frac{\pi d^3}{16}\geqslant\frac{T}{[\tau]}=\frac{M_e}{[\tau]}$$

所以有

$$d\geqslant\sqrt[3]{\frac{16M_e}{\pi[\tau]}}=\sqrt[3]{\frac{16\times2.0\times10^6\ \text{N}\cdot\text{mm}}{\pi\times60\ \text{MPa}}}=55.4\ \text{mm}$$

取 $d=56$ mm。

(2) 横截面为空心圆截面。设横截面的外径为 D，由式(3-11)、(3-16)可得

$$W_p=\frac{\pi D^3}{16}(1-\alpha^4)\geqslant\frac{M_e}{[\tau]}$$

所以有

$$D\geqslant\sqrt[3]{\frac{16M_e}{\pi(1-\alpha^4)[\tau]}}=\sqrt[3]{\frac{16\times2.0\times10^6\ \text{N}\cdot\text{mm}}{\pi\times(1-0.8^4)\times60\ \text{MPa}}}=66.0\ \text{mm}$$

取 $D=66$ mm。

(3) 重量比较。由于两根轴的材料和长度相同，其重量之比就等于两者的横截面面积之比，利用以上计算结果得

$$\text{重量比}=\frac{A_1}{A}=\frac{D^2-d_1^2}{d^2}=\frac{66^2-(66\times0.8)^2}{56^2}=0.5$$

结果表明，在满足强度的条件下，空心圆轴的重量约为实心圆轴重量的一半。

【思考】 试分析为什么承受相同外力偶，空心圆轴的重量要比实心圆轴重量的轻？

3.3.2 圆轴扭转的变形

如前所述，轴的扭转变形，用横截面间绕轴线的相对角位移即扭转角 φ 表示。由式(3-5)可知，微段 dx 的扭转变形为 $d\varphi=\dfrac{T}{GI_p}dx$。因此，相距 l 的两横截面间的扭转角为

$$\varphi=\int_l\frac{T}{GI_p}dx \tag{3-20}$$

由此可见，对于长为 l、扭矩 T 为常数的等截面圆轴，其两端横截面间的相对转角即扭转角为

$$\varphi=\frac{Tl}{GI_p} \tag{3-21}$$

上式表明，相对扭转角 φ 与扭矩 T、轴长 l 成正比，与 GI_p 成反比。乘积 GI_p 称为圆轴截面的**扭转刚度**，简称为扭转刚度。

对于截面之间的扭矩、横截面面积或切变模量沿杆轴逐段变化的圆截面轴，两端截面间的相对转角则为

$$\varphi=\sum_{i=1}^{n}\frac{T_i l_i}{G_i I_{pi}} \tag{3-22}$$

式中：T_i、l_i、G_i 与 I_{pi} 分别表示对应于第 i 段圆轴的扭矩、长度、切变模量与极惯性矩；n 为杆件的总段数。

【例 3－6】 图 3－16 所示圆截面轴 AC，承受扭力偶矩 M_A，M_B 与 M_C 作用。已知 $M_A=180\ \text{N}\cdot\text{m}$，$M_B=320\ \text{N}\cdot\text{m}$，$M_C=140\ \text{N}\cdot\text{m}$，$I_p=3.0\times10^5\ \text{mm}^4$，$l=2\ \text{m}$，$G=80\ \text{GPa}$。试计算截面 C 对截面 A 的相对转角。

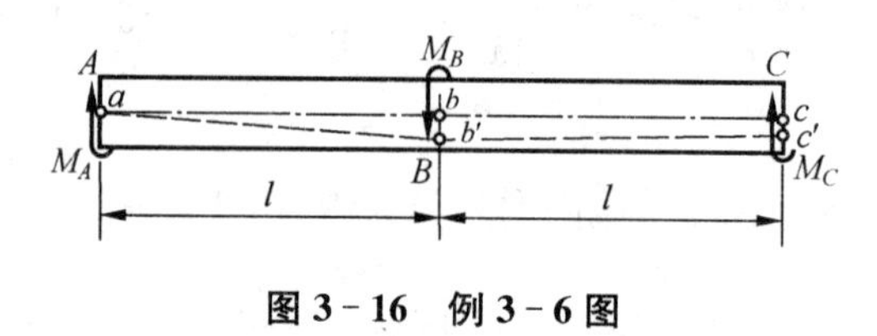

图 3－16　例 3－6 图

【解】 利用截面法，易得 AB 段与 BC 段的扭矩分别为

$$T_1=180\ \text{N}\cdot\text{m} \qquad T_2=-140\ \text{N}\cdot\text{m}$$

设截面 B 相对截面 A 的扭转角为 φ_{BA}，截面 C 相对截面 B 的扭转角为与 φ_{CB}，则有

$$\varphi_{BA}=\frac{T_1 l}{GI_p}=\frac{(180\times10^3\ \text{N}\cdot\text{mm})\times(2\times10^3\ \text{mm})}{(80\times10^3\ \text{MPa})\times(3.0\times10^5\ \text{mm}^4)}=1.50\times10^{-2}\ \text{rad}$$

$$\varphi_{CB}=\frac{T_2 l}{GI_p}=\frac{(-140\times10^3\ \text{N}\cdot\text{mm})\times(2\times10^3\ \text{mm})}{(80\times10^3\ \text{MPa})\times(3.0\times10^5\ \text{m}^4)}=-1.17\times10^{-2}\ \text{rad}$$

由此得截面 C 对截面 A 的相对转角为

$$\varphi_{CA}=\varphi_{BA}+\varphi_{CB}=1.50\times10^{-2}\ \text{rad}-1.17\times10^{-2}\ \text{rad}=0.33\times10^{-2}\ \text{rad}$$

【说明】 由本例可以看出各段扭转角的转向，由相应扭矩的转向来确定。在图 3－16 中，同时画出了扭转时母线 abc 的位移情况，它由直线 abc 变为折线 $ab'c'$，由此可更清晰地显示该轴的扭转变形。

【例 3－7】 图 3－17 所示圆锥形轴，两端承受扭力偶矩 M 作用。设轴长为 l，左、右端的直径分别为 d_1 和 d_2，切变模量为 G，试计算轴的总扭转角 φ。

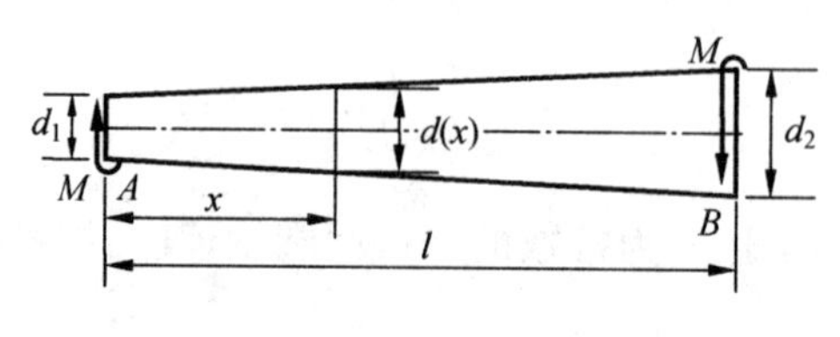

图 3－17　例 3－7 图

【解】 设任一 x 截面的直径为 $d(x)$，由题意可得

$$d(x)=d_1+\frac{d_2-d_1}{l}x$$

所以，该截面的极惯性矩为

$$I_p(x)=\frac{\pi d^4(x)}{32}=\frac{\pi}{32}\left(d_1+\frac{d_2-d_1}{l}x\right)^4 \tag{a}$$

由于 x 截面的扭矩为：$T=M$。将式(a)与上式代入式(3-18)，可得

$$\varphi=\frac{32M}{G\pi}\int_0^l\frac{1}{\left(d_1+\dfrac{d_2-d_1}{l}x\right)^4}\mathrm{d}x$$

利用积分公式：$\int\frac{1}{(a+bx)^4}\mathrm{d}x=-\frac{1}{3b(a+bx)^3}$，可得该轴的总扭转角为

$$\varphi=\frac{32M}{G\pi}\int_0^l\frac{1}{\left(d_1+\dfrac{d_2-d_1}{l}x\right)^4}\mathrm{d}(x)=\frac{32Ml}{3G\pi(d_2-d_1)}\left(\frac{1}{d_1^3}-\frac{1}{d_2^3}\right)$$

若令 $\alpha=\frac{d_2}{d_1}$，则上述结果可以改写为

$$\varphi=\frac{Ml}{GI_{p,A}}\cdot\frac{\alpha^2+\alpha+1}{3\alpha^3}$$

其中，$I_{p,A}=\frac{\pi d_1^4}{32}$为截面 A 的极惯性矩。

【说明】 ① 若该轴为等截面圆轴，则 $\alpha=1$，结论显然成立。② 由题意知 $\alpha>1$，$\frac{\alpha^2+\alpha+1}{3\alpha^3}<1$，从而该轴的总扭转角 φ 小于直径为 d_1 的等截面圆轴在相同外力偶作用下产生的扭转角，并且 α 越大，该轴的总扭转角 φ 相对越小。这是因为更大的 d_2 使得靠近 B 截面的轴具有更大的扭转刚度。

【思考】 如果 $d_2=2d_1$，这时圆轴的总扭转角与直径为 1.5 d_1 的等截面圆轴的扭转角一样吗？为什么？

【例3-8】 如图3-18所示的薄壁圆轴 AC，承受集度为 m 的均布扭力偶与矩为 $M=ml$ 的集中扭力偶作用，若该轴的平均半径为 r_0，厚度为 δ，切变模量为 G。试计算该圆轴截面 C 相对截面 A 的扭转角 φ_{CA}。

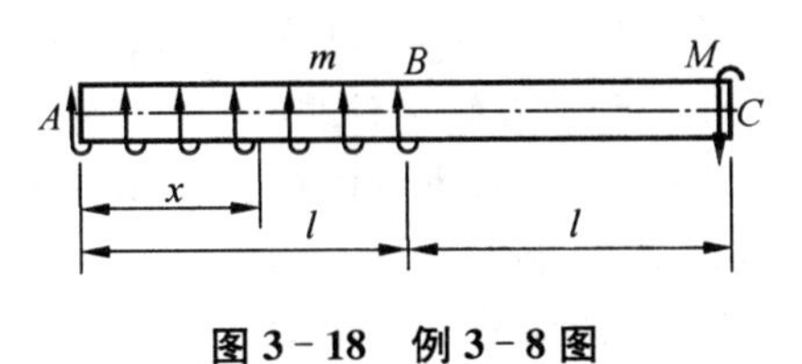

图3-18　例3-8图

【解】 由截面法易得，该轴 AB 段任意 x 截面的扭矩为

$$T_1=mx,0\leqslant x\leqslant l$$

而 BC 段任一截面的扭矩分别为

$$T_2=M=ml$$

根据式(3-20),可得截面 B 相对截面 A 的扭转角为

$$\varphi_{BA}=\int_0^l \frac{T_1}{GI_p}\mathrm{d}x=\int_0^l \frac{T_1}{2G\pi r_0^3\delta}\mathrm{d}x=\frac{m}{2G\pi r_0^3\delta}\int_0^l x\mathrm{d}x=\frac{ml^2}{4G\pi r_0^3\delta}$$

而截面 C 相对截面 B 的扭转角为

$$\varphi_{CB}=\frac{T_2 l}{GI_p}=\frac{T_2 l}{2G\pi r_0^3\delta}=\frac{ml^2}{2G\pi r_0^3\delta}$$

截面 C 相对截面 A 的扭转角为

$$\varphi_{CA}=\varphi_{BA}+\varphi_{CB}=\frac{ml^2}{4G\pi r_0^3\delta}+\frac{ml^2}{2G\pi r_0^3\delta}=\frac{3ml^2}{4G\pi r_0^3\delta}$$

3.3.3 圆轴扭转的刚度条件

在实际工程中,多数情况下不仅对受扭圆轴的强度有所要求,而且对变形也有要求,即要满足扭转刚度条件。由于实际中的轴长度不同,因此通常将轴的扭转角变化率 $\mathrm{d}\varphi/\mathrm{d}x$ 或单位长度内的扭转角作为扭转变形指标,要求它不超过规定的许用值$[\varphi']$。由式(3-5)知,扭转角的变化率为

$$\varphi'=\frac{\mathrm{d}\varphi}{\mathrm{d}x}=\frac{T}{GI_p}(\mathrm{rad/m})$$

所以,圆轴扭转的刚度条件为

$$\varphi'_{max}=\left(\frac{\mathrm{d}\varphi}{\mathrm{d}x}\right)_{max}\leqslant[\varphi'] \quad (\mathrm{rad/m}) \tag{3-23}$$

对于等截面圆轴,其刚度条件为

$$\varphi'_{max}=\frac{T_{max}}{GI_p}\leqslant[\varphi'] \quad (\mathrm{rad/m},\mathrm{rad/mm}) \tag{3-24}$$

或

$$\varphi'_{max}=\frac{T_{max}}{GI_p}\times\frac{180°}{\pi}\leqslant[\varphi'] \quad (°/\mathrm{m},°/\mathrm{mm}) \tag{3-25}$$

【说明】 ① 如果所给$[\varphi']$的单位为 rad/m,则在计算 φ'_{max}时应使用式(3-24),其中力的单位用 N,长度为 m,应力用 Pa;也可以力的单位用 N,长度为 mm,应力用 MPa,但所得$[\varphi']$的单位为 rad/mm,需要将其转换为 rad/m,才能比较。② 如果所给$[\varphi']$的单位为°/m,则在计算 φ'_{max}时应使用式(3-25),上述单位的使用方法一致。

【例 3-9】 设某实心传动轴,其传递的最大扭矩 $T_{max}=114.6$ kN·m,材料的许用切应力$[\tau]=50$ MPa,切变模量 $G=80$ GPa,许用单位长度扭转角$[\varphi']=0.3$ °/m,试设计该轴的直径 d。

【解】 根据强度条件式(3-18)得出

$$d \geqslant \sqrt[3]{\frac{16T_{\max}}{\pi[\tau]}}=\sqrt[3]{\frac{16\times114.6\times10^3\ \text{N}\cdot\text{mm}}{\pi\times50\ \text{MPa}}}=22.7\ \text{mm}$$

再根据刚度条件设计直径，将已知的 $[\varphi']$、$T_{\max}$、G 等值代入刚度条件式(3-25)。并注意：若运算中力、长度的量以 N、mm 作为单位，则可将 $[\varphi']$ 值乘以 10^{-3}，单位化为°/mm 进行计算，于是

$$d \geqslant \sqrt[4]{\frac{32T_{\max}}{\pi G[\varphi']}\times\frac{180^\circ}{\pi}}=\sqrt[4]{\frac{32\times114.6\times10^3\ \text{N}\cdot\text{mm}}{\pi\times80\times10^3\ \text{MPa}\times0.3^\circ/(10^3\ \text{mm})}\times\frac{180^\circ}{\pi}}=40.9\ \text{mm}$$

两个直径中应选较大者，即实心轴直径 $d\geqslant40.9$ mm，可选取 $d=41$ mm。

【说明】 由例 3-9 求解的结果可以看出在该传动轴的设计中，刚度条件是决定性因素。

3.4　圆轴扭转时的应变能

当圆杆受到外力偶矩作用发生扭转变形时，杆内将积蓄应变能。下面从纯剪切单元体的变形入手，推导扭转应变能的计算公式。

图 3-19 所示是从构件取出的受纯剪切的单元体，假设单元体左侧面固定，右侧面上的剪力为 $\tau\text{d}y\text{d}z$，因有剪切变形，右侧面向下错动的距离为 $\gamma\text{d}x$。现给切应力一个增量 $\text{d}\tau$，相应切应变的增量则为 $\text{d}\gamma$，右侧面向下的位移增量便为 $\text{d}\gamma\text{d}x$。因此剪力 $\tau\text{d}y\text{d}z$ 在位移 $\text{d}\gamma\text{d}x$ 上所做的功为 $\tau\text{d}y\text{d}z\cdot\text{d}\gamma\text{d}x$。其总功应为

$$\text{d}W=\int_0^\gamma \tau\text{d}y\text{d}z\cdot\text{d}\gamma\text{d}x$$

根据功能原理，单元体内所积蓄的应变能 $\text{d}V_\varepsilon$ 数值上等于 $\text{d}W$，故

$$\text{d}V_\varepsilon=\text{d}W=\int_0^\gamma \tau\text{d}y\text{d}z\cdot\text{d}\gamma\text{d}x=\left(\int_0^\gamma \tau d\gamma\right)dV$$

式中 $\text{d}V=\text{d}x\text{d}y\text{d}z$ 为单元体的体积。因此单位体积内的应变能(应变能密度)v_ε 为

$$v_\varepsilon=\frac{\text{d}V_\varepsilon}{\text{d}V}=\int_0^\gamma \tau\text{d}\gamma$$

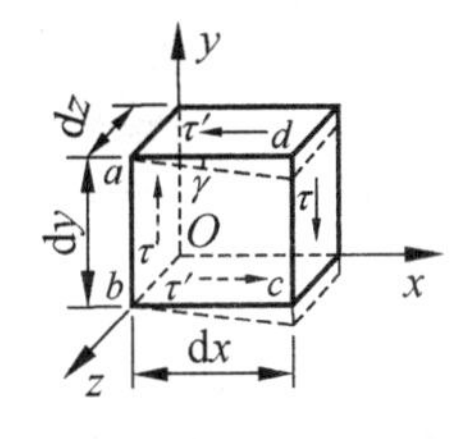

图 3-19　纯剪切的单元体

这表明，v_ε 等于 $\tau-\gamma$ 曲线下的面积。当 $\tau\leqslant\tau_p$ 时，τ 与 γ 呈线性关系，于是有

$$v_\varepsilon=\frac{1}{2}\tau\gamma \tag{3-26}$$

因 $\tau=G\gamma$，上式也可写成

$$v_\varepsilon=\frac{\tau^2}{2G}=\frac{G}{2}\gamma^2 \tag{3-27}$$

求得杆件任一点处的应变能密度 v_ε 后，整个杆件的应变能 V_ε 即可由积分进行计算：

$$V_\varepsilon=\int_V v_\varepsilon\text{d}V=\int_l\int_A v_\varepsilon\text{d}A\text{d}x$$

式中，V 为杆件的体积；A 为杆件的面积；l 为杆长。

当 T、I_p 为常数时，将 $\tau=\dfrac{T\rho}{I_\text{p}}$ 及式(3-27)代入上式，可得杆内的应变能为

$$V_\varepsilon = \int_l \int_A \frac{\tau^2}{2G} \mathrm{d}A\mathrm{d}x = \frac{l}{2G}\left(\frac{T}{I_\mathrm{p}}\right)^2 \int_A \rho^2 \mathrm{d}A = \frac{T^2 l}{2GI_\mathrm{p}} \tag{3-28}$$

以上应变能表达式也可利用外力功与应变能数值上相等的关系，直接从作用在杆端的外力偶 M_e 在圆轴扭转过程中所做的功 W 算得。当杆在线弹性范围内工作时，在加载过程中，截面 B 相对于截面 A 的相对扭转角 φ 与外力偶矩 M_e 呈线性关系，如图 3-20 所示。仿照轴向拉压应变能公式的推导方法，即可导出以上应变能表达式。

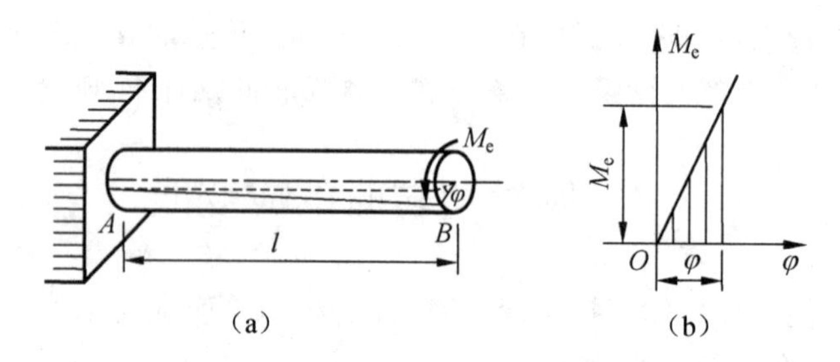

图 3-20 扭转外力偶作用下圆轴的变形及外力偶所做的功

【例 3-10】 如图 3-21(a)所示为工程中常用来起缓冲、减振或控制作用的圆柱形密圈螺旋弹簧，承受轴向压(拉)力的作用。设弹簧的平均半径为 R，簧杆的直径为 d，弹簧的有效圈数(即除去两端与平面接触的部分后的圈数)为 n，簧杆材料的剪变模量为 G，需用切应力为 $[\tau]$。试在簧杆的斜度 α 小于 5°，且簧圈的平均直径 D 比簧杆直径 d 大得多的情况下，推导弹簧的应力校核和变形计算的公式。

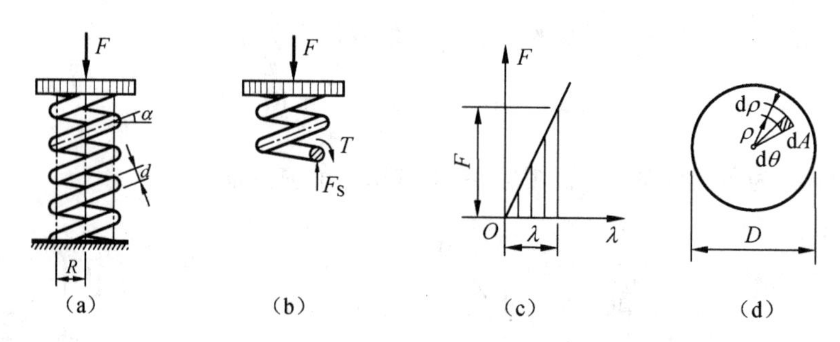

图 3-21 例 3-10 图

【解】 (1) 计算应力。假想用截面法沿簧杆的任一横截面截开，并取其上半部分为研究对象，其受力如图 3-21(b)所示。因 $\alpha<5°$，为研究方便，可视为 0°。于是簧杆的截面就在包含弹簧截面轴线(即外力 F 的作用线)的纵向平面内。由平衡方程便可求得截面上的内力分量，通过截面形心的剪力及扭矩分别为 $F_S=F$，$T=FR$。

与剪力相对应的切应力，可近似认为在横截面上均匀分布，即

$$\tau_{F_S} = \frac{F_S}{A} = \frac{F}{\frac{\pi d^2}{4}} = \frac{4F}{\pi d^2}$$

与扭矩相对应的切应力，由式(3-8)便可求得簧杆横截面上的最大扭转切应力 $\tau_{\max}$ 为

$$\tau_{T,\max} = \frac{T}{W_\mathrm{p}} = \frac{FR}{\frac{\pi d^3}{16}} = \frac{16FR}{\pi d^3}$$

而横截面上总的切应力为上述两种切应力的矢量和，只有当这两种应力的方向一致时，总切应力才取到最大值，且为

$$\tau_{\max}=\tau_{T,\max}+\tau_{F_S}=\frac{16FR}{\pi d^3}+\frac{4F}{\pi d^2}=\frac{16FR}{\pi d^3}\left(1+\frac{d}{4R}\right) \tag{a}$$

从而，由式(a)可得相应的切应力的强度条件为

$$\frac{16FR}{\pi d^3}\left(1+\frac{d}{4R}\right)\leqslant[\tau] \tag{b}$$

当簧圈的平均直径 $D=2R$ 比簧杆直径 d 大得多的情况下，则$\frac{d}{4R}$与 1 相比可以忽略不计，从而切应力的强度条件为

$$\frac{16FR}{\pi d^3}\leqslant[\tau] \tag{c}$$

(2) 计算变形。试验表明，在弹性范围内，压力 F 与变形 λ(压缩量)成正比，即 F 与 λ 的关系是一条斜直线，如图 3－21(c)所示，由此可得外力所做功为

$$W=\frac{1}{2}F\lambda \tag{d}$$

现计算弹簧内的应变能。如图 3－21(b)所示，在簧丝横截面上任意一点的切应力为

$$\tau_\rho=\frac{T\rho}{I_p}=\frac{\frac{FD}{2}\cdot\rho}{\frac{\pi d^4}{32}}=\frac{16FD\rho}{\pi d^4}$$

由式(3－27)可得，单位体积的剪切应变能为

$$v_\varepsilon=\frac{\tau_\rho^2}{2G}=\frac{128F^2D^2\rho^2}{G\pi^2d^8} \tag{e}$$

因此弹簧的应变能为

$$V_\varepsilon=\int_V v_\varepsilon \mathrm{d}V \tag{f}$$

式中 V 为弹簧的体积。若以 $\mathrm{d}A$ 表示簧丝横截面的微面积，$\mathrm{d}s$ 是簧丝轴线的微长度，则 $\mathrm{d}V=\mathrm{d}A\cdot\mathrm{d}s=\rho\,\mathrm{d}\rho\,\mathrm{d}\theta\mathrm{d}s$，将式(e)代入式(f)，于是有

$$V_\varepsilon=\int_V v_\varepsilon \mathrm{d}V=\frac{128F^2D^2}{G\pi^2d^8}\int_0^{2\pi}\int_0^{d/2}\rho^3\mathrm{d}\rho\mathrm{d}\theta\int_0^{n\pi D}\mathrm{d}s=\frac{4F^2D^3n}{Gd^4} \tag{g}$$

由功能原理可知

$$\frac{1}{2}F\lambda=\frac{4F^2D^3n}{Gd^4}$$

由此得弹簧的变形为

$$\lambda=\frac{8FD^3n}{Gd^4}=\frac{64FR^3n}{Gd^4} \tag{h}$$

令 $k=\dfrac{Gd^4}{8D^3 n}$,则式(h)可以写成

$$\lambda=\frac{F}{k} \tag{i}$$

可见,k 代表弹簧抵抗变形的能力,称为弹簧的**刚度**,又称**劲度系数**。

【说明】 ① 圆柱形密圈螺簧是一种易变形的构件,常用于起缓冲减震作用或连接、控制机构的机械运动等。由于簧杆的轴线是一条空间曲线,其应力和变形非常复杂,所以本题给出的是一种近似分析方法。② 式(a)给出的最大切应力是偏低的近似值。进一步的分析表明,当考虑到簧杆的曲率对扭转切应力的影响以及剪力引起的切应力在横截面上非均匀分布的影响后,簧杆横截面上的最大切应力可表示为:$\tau_{\max}=\dfrac{16FR}{\pi d^3}\left(\dfrac{4m-1}{4m-4}+\dfrac{0.615}{m}\right)=C\cdot\dfrac{16FR}{\pi d^3}$。其中,$C=\dfrac{4m-1}{4m-4}+\dfrac{0.615}{m}$,称为**曲度因数**;$m=\dfrac{2R}{d}$,称为**弹簧指数**。

3.5 圆轴扭转的超静定问题

前面研究的轴,其约束力偶矩和扭矩仅用平衡条件即可确定,这类轴称为**静定轴**。而对于图 3-19 所示的轴,其两端截面均固定,此时约束力偶矩增为两个,但有效平衡方程只有一个,不能确定它们的值,这类轴称为**超静定轴**,或**静不定轴**,有时统称为**超静定问题**。

未知力偶矩数减去有效平衡方程数等于超静定的次数,也等于多余约束数,显然,图4-17所示的轴为一次超静定。与求解拉压杆的静不定问题相似,除平衡方程外,还须借助协调条件和物理方程联合求解。

【例 3-11】 两端固定的实心圆杆 AB,AC 段直径为 d_1、长度为 l_1;BC 段直径为 d_2、长度为 l_2。在截面 C 处承受扭转外力偶矩 M_e,如图 3-22(a)所示。试求杆两端的约束力偶矩。

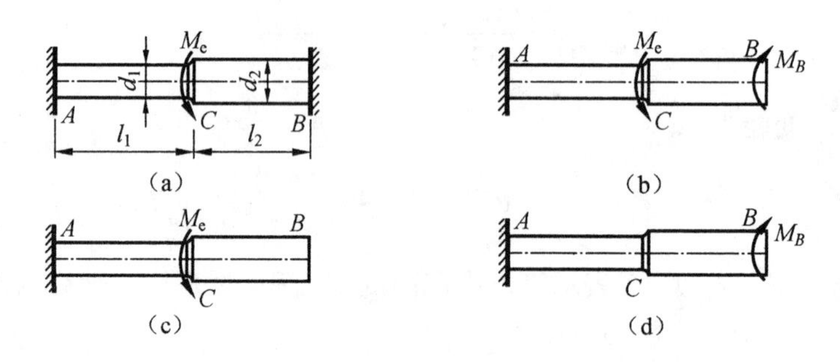

图 3-22 例 3-11 图

【解】 显然杆两端的约束力偶矩的转向应与外力偶矩 M_e的转向相反。为求两端的约束力偶矩,可将 B 端的约束解除,形成一个静定结构,如图 3-22(b)所示。

欲使解除 B 端约束后的静定系统与原来的超静定系统相当,需加上力偶 M_B,并使 B 端满足变形条件:$\varphi_B=0$。在此条件下,求得的力偶矩 M_B与 M_A 可以认为就是原超静定系统中两端的约束力偶矩。

在线弹性条件下 φ_B 的大小,满足叠加原理,即:

$$\varphi_B=\varphi_{B,M_e}+\varphi_{B,M_B}=0 \tag{a}$$

其中，φ_{B,M_e} 为在 M_e 单独作用下引起的 B 端转角[图 3-22(c)]，φ_{B,M_B} 为在 M_B 单独作用下引起的 B 端转角[图 3-22(d)]。

由前面的讨论可知

$$\varphi_{B,M_e}=\frac{M_e l_1}{GI_{p1}}=\frac{32M_e l_1}{G\pi d_1^4}$$

$$\varphi_{B,M_B}=-\frac{32M_B l_1}{G\pi d_1^4}-\frac{32M_B l_2}{G\pi d_2^4}$$

将以上两式代入式(a)，并加以简化可得：

$$M_e\frac{l_1}{d_1^4}-M_B\left(\frac{l_1}{d_1^4}+\frac{l_2}{d_2^4}\right)=0$$

从而可以求得 $M_B=\dfrac{l_1 d_2^4}{l_1 d_2^4+l_2 d_1^4}M_e$。

利用 $M_A+M_B=M_e$，可得 $M_A=\dfrac{l_2 d_1^4}{l_1 d_2^4+l_2 d_1^4}M_e$。

【说明】 (1) 当 $d_1=d_2$ 时，显然可得 $M_A=\dfrac{l_2}{l_1+l_2}M_e$，$M_B=\dfrac{l_1}{l_1+l_2}M_e$。这是一个简单而有用的结论。(2)题目的结论具有可替代性，即：将下标 1 换为 2，下标 2 换为 1，则所得到的结果也互换，并且这是必需的。

【例 3-12】 一空心圆管 A 套在实心圆轴 B 的一端，如图 3-20 所示。管和轴在同一横截面处各有一直径相同的贯穿孔，两孔轴线之间的夹角为 β。现在圆轴 B 上施加外力偶使圆轴 B 扭转。对准两孔，并穿过孔装上销钉。然后卸除施加在圆轴 B 上的外力偶。试问此时管和轴上的扭矩分别为多少？已知套管 A 和圆轴 B 的极惯性矩分别为 I_{pA} 和 I_{pB}，管和轴材料相同，切变模量为 G。

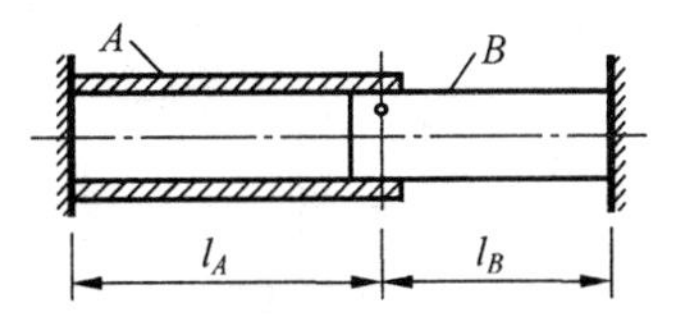

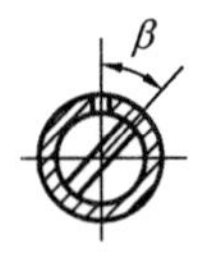

图 3-23　例 3-12 图

【解】 套管 A 和圆轴 B 安装后在连接处有一相互作用力偶矩 T，在此力偶矩作用下套管 A 转过一角度 φ_A，圆轴 B 反方向转过的角度为 φ_B，由套管 A、圆轴 B 连接处的变形协调条件可知

$$\varphi_A+\varphi_B=\beta \tag{a}$$

由物理关系知

$$\varphi_A=\frac{Tl_A}{GI_{pA}} \tag{b}$$

$$\varphi_B=\frac{Tl_B}{GI_{pB}} \tag{c}$$

将式(b)、式(c)同时代入式(a)，可得

$$\frac{Tl_A}{GI_{pA}}+\frac{Tl_B}{GI_{pB}}=\beta$$

$$T=\frac{\beta}{\dfrac{l_A}{GI_{pA}}+\dfrac{l_B}{GI_{pB}}}=\frac{\beta GI_{pA}I_{pB}}{l_A I_{pB}+l_B I_{pA}}$$

扭矩 T 是圆轴 B 对套管 A 的作用力，也是套管 A 对圆轴 B 的反作用力，所以套管 A、圆轴 B 的扭矩相同，大小均为 T。

【思考】 如何计算套管 A 和圆轴 B 的转角？

*3.6 非圆截面杆的扭转

受扭转的轴除圆形截面外，还有其他形状的截面，如矩形与椭圆形截面。下面简要介绍矩形截面扭转。

3.6.1 约束扭转和自由扭转

已知圆轴受扭后横截面仍保持为平面。而非圆截面杆受扭后，横截面由原来的平面变为曲面，如图 3-21 所示，这一现象称为**截面翘曲**。对于非圆截面杆的扭转，平面假设已不成立。因此，圆轴扭转时的应力、变形公式对非圆截面杆均不适用。非圆截面杆的扭转可分为**自由扭转**(或纯扭转)和**约束扭转**。自由扭转是指整个杆的各横截面的翘曲不受任何约束(横截面可以自由凹凸)，任意两相邻横截面的翘曲情况将完全相同，纵向纤维的长度不变。因此，横截面上只产生切应力而没有正应力。如果不符合上述情况，就属于约束扭转，约束扭转因横截面的凹凸受到约束限制，各横截面翘曲情况不同。因此，横截面上除有切应力外，还有正应力。由于实心截面杆约束扭转产生的正应力很小，常可略去不计，但薄壁杆件约束扭转引起的正应力则不能忽略。

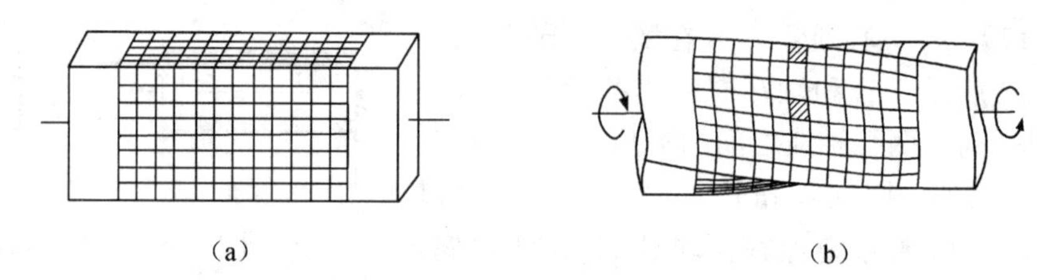

(a) (b)

图 3-24 非圆截面杆受扭后的截面翘曲现象

3.6.2 矩形截面杆的扭转

如图 3-25(a)所示，对于矩形截面杆的扭转问题，根据切应力互等定理以及弹性理论的分析结果可以得出，横截面上切应力的分布具有下述特点。

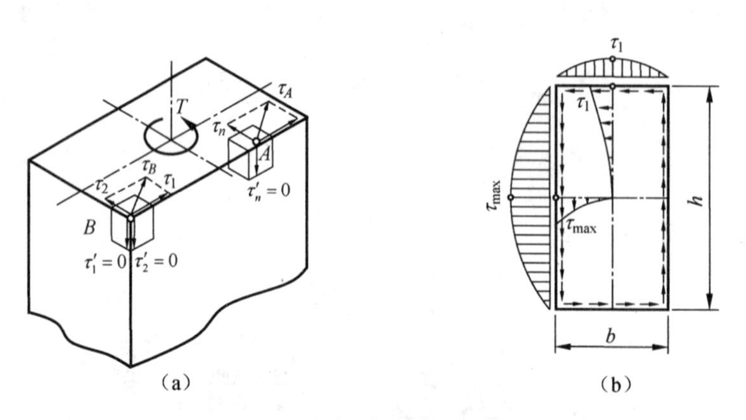

(a) (b)

图 3-25 矩形截面杆受扭后截面上的切应力及其分布

（1）截面周边各点处的切应力方向一定与周边平行（或相切）。设截面周边上某点 A 处的切应力为 τ_A，如其方向与周边不平行，则必有与周边垂直的分量 τ_n，因 $\tau'_n=0$，故 $\tau_n=0$，所以截面周边上的切应力一定与周边平行。

（2）截面凸角（B 点）处的切应力一定为零，其道理同上。

在图3－22(b)所示的矩形截面（设 $h>b$）上，画出了沿周边的切应力分布，最大切应力发生在长边中点。最大切应力 $\tau_{\max}$、单位长度扭转角 φ' 及短边中点的切应力 τ_1 按下列公式计算：

$$\left.\begin{aligned}\tau_{\max}&=\frac{T}{\alpha hb^2}=\frac{T}{W_t}\\ \varphi'&=\frac{T}{G\beta hb^3}=\frac{T}{GI_t}\\ \tau_1&=\xi\tau_{\max}\end{aligned}\right\}\tag{3-29}$$

式中，T 为截面扭矩，G 为材料的切变模量，I_t 和 W_t 分别称为矩形截面的相当极惯性矩和扭转截面系数。α、β、ξ 是和边长比 h/b 有关的系数，其值如表3－1所示。

表3－1　矩形截面扭转的有关系数 α、β、ξ（用于矩形截面扭转）

h/b	1.00	1.20	1.50	1.75	2.00	2.50	3.0	4.0	5.0	6.0	8.0	10.0	∞
α	0.208	0.219	0.231	0.239	0.246	0.258	0.267	0.282	0.291	0.299	0.307	0.313	0.333
β	0.141	0.166	0.196	0.214	0.229	0.249	0.263	0.281	0.291	0.299	0.307	0.313	0.333
ξ	1.00	0.93	0.86	0.82	0.80	0.77	0.75	0.74	0.74	0.74	0.74	0.74	0.74

由表3－1可知，当 $h/b>10$（即狭窄矩形）时，$\alpha=\beta\approx1/3$，$\xi=0.74$。现以 δ 表示狭长矩形短边的长度（图3–23），并将 $\alpha=\beta\approx1/3$ 代入式（3－27）的前两式，得狭长矩形截面的最大切应力 $\tau_{\max}$ 与单位长度扭转角 φ' 为

$$\left.\begin{aligned}\tau_{\max}&=\frac{3T}{h\delta^2}\\ \varphi'&=\frac{3T}{Gh\delta^3}\end{aligned}\right\}\tag{3-30}$$

图3－23所示为沿狭长截面的长边与短边切应力分布情况。狭长截面长边各点，除了靠近两端的很小部分以外，切应力与长边中点 A 处的最大切应力相等。

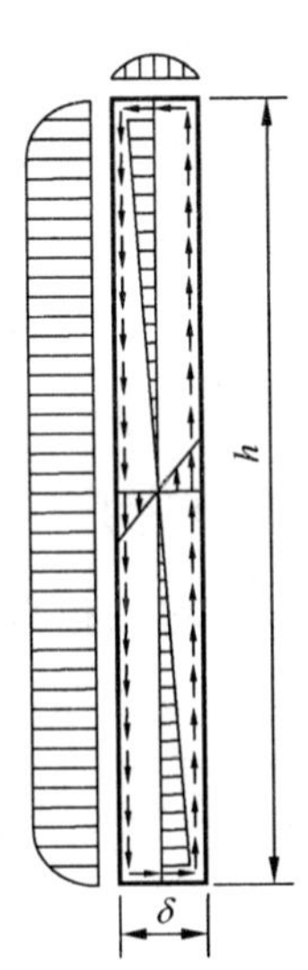

图3－26　狭窄矩形截面切应力分布

【例3－13】　两端自由的一矩形截面杆，高 $h=90$ mm，宽 $b=60$ mm，承受的扭矩 $T=2\ 500$ N·m，试计算杆的最大切应力 $\tau_{\max}$，如把截面做成圆形，使其面积相等，试比较两种情况下的 $\tau_{\max}$。

【解】　由于 $\dfrac{h}{b}=\dfrac{90\text{ mm}}{60\text{ mm}}=1.5$。查表3－1，可得：$\alpha=0.231$。由式（3－29）知，最大切应力为

$$\tau_{\max}=\frac{T}{\alpha b^2h}=\frac{2\ 500\times10^3\text{ N}\cdot\text{mm}}{0.231\times(60\text{ mm})^2\times(90\text{ mm})}=33.4\text{ MPa}$$

矩形截面面积 $A=60\text{ mm}\times90\text{ mm}=5\ 400\text{ mm}^2$，相

等的圆截面面积 $A=\frac{\pi D^2}{4}=5\ 400\ \text{mm}^2$，故对应的圆截面直径 $D=83$ mm，其扭转截面系数 $W_p=\frac{\pi D^3}{16}=112\ 000\ \text{mm}^3$。对应的圆截面上的最大切应力为

$$\tau_{\max}=\frac{T}{W_p}=\frac{2\ 500\times10^3\ \text{N}\cdot\text{mm}}{112\ 000\ \text{mm}^3}=22.3\ \text{MPa}$$

可见在同样面积、承受相同扭矩的情况下，矩形截面所产生的最大切应力 $\tau_{\max}$ 要比圆形截面的大。

3.6.3 开口薄壁截面杆的扭转

在土建工程中，常采用一些薄壁截面的构件。若薄壁截面的壁厚中线是一条不封闭的折线或曲线，这种截面称为**开口薄壁截面**，如各种轧制型钢(工字钢、槽钢、角钢等)或工字形、槽形、T 形截面(图 3-27)等。在外力作用下，这类截面的杆件常会发生扭转变形，本小节只讨论开口薄壁截面杆在自由扭转时应力和变形的近似计算。

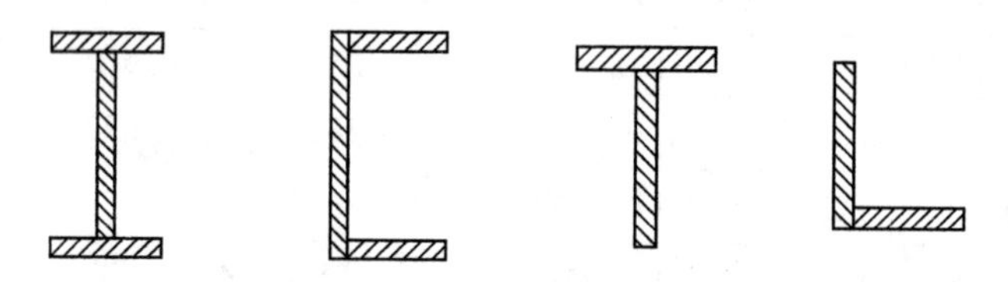

图 3-27 常见轧制型刚截面

对于某些开口薄壁截面杆，例如各种轧制型钢，其横截面可以看作由若干狭长矩形所组成的组合截面(图 3-24)。根据杆在自由扭转时横截面的变形情况，可作出如下假设：杆扭转后，横截面周线虽然在杆表面上变成曲线，但在其变形前平面上的投影形状仍保持不变。当开口薄壁杆沿杆长每隔一定距离有加劲板时，上述假设基本上与实际变形情况相符。由假设得知，在杆扭转后，组合截面的各组成部分所转动的单位长度扭转角与整个截面的单位长度扭转角 φ' 相同，于是，有以下变形相容条件：

$$\varphi_1'=\varphi_2'=\cdots=\varphi_n'=\varphi' \tag{a}$$

式中，$\varphi_i'(i=1,2,\cdots,n)$ 代表组合截面中第 i 组成部分的单位长度扭转角。由式(3-30)和式(a)，可得补充方程

$$\frac{T_1}{GI_{t1}}=\frac{T_2}{GI_{t2}}=\cdots=\frac{T_n}{GI_{tn}}=\frac{T}{GI_t} \tag{b}$$

式中，$I_{ti}=\frac{1}{3}h\delta^3(i=1,2,\cdots,n)$，$T_i$ 为组合截面中组成部分 i 上分担的扭矩，而 I_t 和 T 则分别代表整个组合截面的相当极惯性矩和扭矩。由合力矩和分力矩的静力关系，可得

$$T=T_1+T_2+\cdots+T_n \tag{c}$$

联立式(b)和(c)，消去 T,G 后，即得整个截面的相当极惯性矩为

$$I_t=\sum_{i=1}^{n}I_{ti} \tag{d}$$

对于开口薄壁截面，当其每一组成部分 i 的狭长矩形厚度 δ_i 与宽度 h_i 之比很小时，可将式(d)改写为

$$I_t = \sum_{i=1}^{n} I_{ti} = \frac{1}{3}\sum_{i=1}^{n} h_i\delta_i^3 \tag{3-31}$$

为了求得整个截面上的最大切应力 τ_{max}，须先研究其每一组成部分 i 上的最大切应力 τ_{max}。利用狭长矩形截面的 $W_{ti}=\frac{1}{3}h_i\delta_i^2=\frac{I_{ti}}{\delta_i}$ 和式(b)的关系，矩形截面杆在扭转时的最大切应力为

$$\tau_{max,i}=\frac{T_i}{W_{ti}}=\frac{T_i}{I_{ti}}\delta_i=\frac{T}{I_t}\delta_i \tag{e}$$

由式(e)可见，该组合截面上的最大切应力将发生在厚度为 δ_{max} 的组成部分的长边处，其值为

$$\tau_{max} = \frac{T}{I_t}\delta_{max} = \frac{T\delta_{max}}{\frac{1}{3}\sum_{i=1}^{n} h_i\delta_i^3} \tag{3-32}$$

式中，δ_{max} 为组合截面所有组成部分中厚度的最大值。

在计算由型钢制成的等直杆的扭转变形时，由于实际型钢截面的翼缘部分是变厚度的，且在连接处有过渡圆角，这就增加了杆的刚度，故应对 I_t 的表达式作如下修正，并将修正后的 I_t 改写为 I'_t：

$$I'_t = \eta\times\frac{1}{3}\sum_{i=1}^{n} h_i\delta_i^3 \tag{3-33}$$

式中，η 为修正因数。对于角钢截面，可以取 $\eta=1.00$；槽钢截面 $\eta=1.12$；T 形钢截面 $\eta=1.15$；工字钢截面 $\eta=1.20$。在计算单位长度扭转角时，仍采用式(3-28)的第二式，并以 I'_t 代替式中的 I_t。

【例 3-14】　一长度为 l、厚度为 δ 的薄钢板，卷成平均直径为 D 的圆筒，材料的切变模量为 G，在其两端承受扭矩外力偶矩 M_e，试求：(1) 在板边为自由的情况下，如图 3-25(a)，薄壁筒横截面上的切应力分布规律，以及其最大切应力和最大相对扭转角；(2) 当板边焊接后，如图 3-25(b)，薄壁筒横截面上的切应力分布规律，以及其最大切应力和最大相对扭转角。

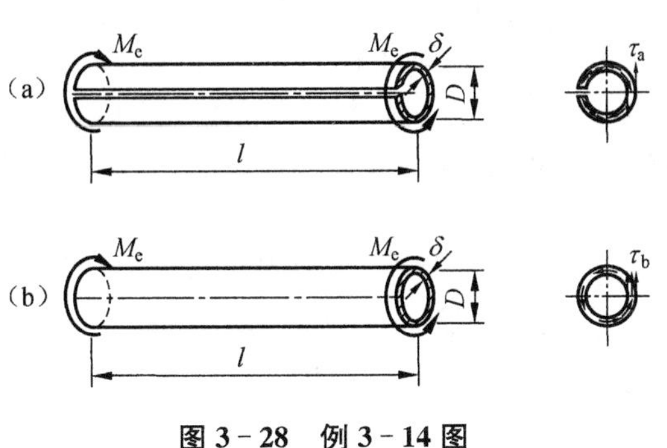

图 3-28　例 3-14 图

【解】 （1）开口薄壁圆筒的应力和变形

在板边为自由的情况下，可将开口环形截面展直，视为狭长矩形截面。其横截面上的切应力沿壁厚呈线性变化，如图 3-28(a)所示。最大切应力发生在开口薄壁圆筒的内、外周边处。对于薄壁杆，$\frac{\pi D}{\delta}\left(即\frac{h}{b}\right)>10$，由表 3-1，得 $\alpha=\beta=\frac{1}{3}$。于是，最大切应力和最大相对扭转角分别为

$$\tau_a=\frac{T}{\alpha hb^2}=\frac{3M_e}{\pi D\delta^2}$$

$$\varphi_a=\varphi_a' l=\frac{Tl}{G\beta hb^3}=\frac{3M_e l}{G\pi D\delta^3}$$

（2）闭口薄壁圆筒的应力和变形

当板边焊接后，则成闭口薄壁圆筒，其横截面上的切应力沿壁厚为均匀分布，如图 3-28(b)所示。切应力和最大相对扭转角分别为

$$\tau_b=\frac{T}{2A_0\delta}=\frac{2M_e}{\pi D^2\delta}$$

$$\varphi_b=\frac{Tl}{GI_p}\approx\frac{Tl}{G(\pi D\delta)(D/2)^2}=\frac{4M_e l}{G\pi D^3\delta}$$

开口薄壁圆筒与闭口薄壁圆筒相比较：

最大切应力$\frac{\tau_a}{\tau_b}=\frac{3D}{2\delta}$

最大相对扭转角$\frac{\varphi_a}{\varphi_b}=\frac{3}{4}\left(\frac{D}{\delta}\right)^2$

【说明】 若 $D=20\delta$，则 $\tau_a=30\tau_b$、$\varphi_a=300\varphi_b$。可见，开口薄壁圆筒的最大切应力和最大相对扭转角均远大于闭口薄壁圆筒。

3.6.4 闭口薄壁截面杆的扭转

在工程中有一类薄壁截面的壁厚中线是一条封闭的折线或曲线，这类截面称为**闭口薄壁截面**，如环形薄壁截面和箱形薄壁截面。在桥梁中经常采用箱形截面梁，在外力作用下也可能出现扭转变形。本小节只讨论这类杆件在自由扭转时的应力和变形计算。

设一横截面为任意形状、变厚度的闭口薄壁截面等直杆，在两自由端承受一对扭转外力偶作用，如图 3-29(a)所示。由于杆横截面上的内力为扭矩，因此，其横截面上将只有切应力。又因是闭口薄壁截面，故可假设切应力沿壁厚无变化，且其方向与壁厚的中线相切，如图 3-29(b)所示。在杆的壁厚远小于其横截面尺寸时，由假设所引起的误差在工程计算中是允许的。

取长为 dx 的杆段，用两个与壁厚中线正交的纵截面从杆壁中取出小块 $ABCD$，如图 3-29(c)所示。设横截面上 C 和 D 两点处的切应力分别为 τ_1 和 τ_2，而壁厚则分别为 δ_1 和 δ_2。根据切应力互等定理，其上、下两纵截面上应分别有切应力 τ_2 和 τ_1。由平衡方程

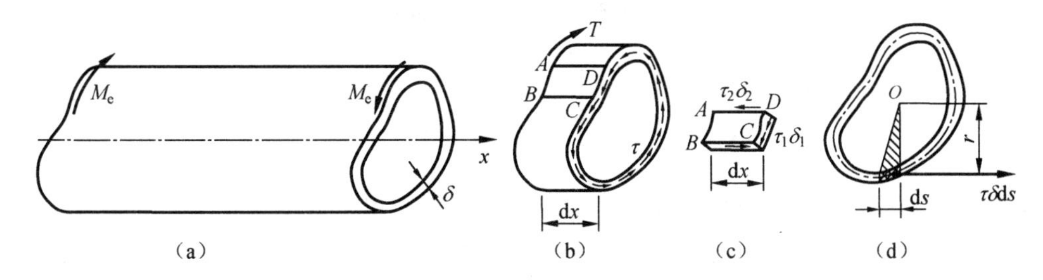

图 3－29

$$\sum F_{ix}=0, \tau_1\delta_1 \mathrm{d}x=\tau_2\delta_2 \mathrm{d}x$$

可得

$$\tau_1\delta_1=\tau_2\delta_2 \tag{a}$$

由于所取的两纵截面是任意选择的，故上式表明，横截面沿其周边任一点处的切应力 τ 与该点处的壁厚 δ 之乘积为一常数，即

$$\tau\delta=\text{常数} \tag{b}$$

为找出横截面上的切应力 τ 与扭矩 T 之间的关系，沿壁厚中线取出长为 ds 的一段，该段上的内力元素为 $\tau\delta\mathrm{d}s$，如图 3－29(d)所示，其方向与壁厚中线相切。其对横截面平面内任一点 O 的矩为

$$\mathrm{d}T=\tau\delta\mathrm{d}s\cdot r$$

式中，r 是从矩心 O 到内力元素 $\tau\delta\mathrm{d}s$ 作用线的垂直距离。由力矩合成原理可知，截面上的扭矩应为 dT 沿壁厚中线全长 s 的积分。注意到式(b)，即得

$$T=\int_s \mathrm{d}T=\int_s \tau\delta r\,\mathrm{d}s=\tau\delta\int_s r\,\mathrm{d}s$$

由图 3－29(d)可知，$r\mathrm{d}s$ 为图中阴影线三角形面积的 2 倍，故其沿壁厚中线全长 s 的积分应是该中线所围面积 A_0 的 2 倍。于是，可得

$$T=\tau\delta\times 2A_0$$

或

$$\tau=\frac{T}{2A_0\delta} \tag{3-34}$$

上式即为闭合薄壁截面等直杆在自由扭转时横截面上一点处切应力的计算公式。上式与式(3－17)在形式上相同，但在应用上则具有普遍性。

由式(b)可知，壁厚 δ 最薄处横截面上的切应力 τ 为最大。于是，由式(3－34)可得杆横截面上的最大切应力为

$$\tau_{\max}=\frac{T}{2A_0\delta_{\min}} \tag{3-35}$$

式中，$\delta_{\min}$ 为薄壁截面的最小壁厚。

闭口薄壁截面等直杆的单位长度扭转角 φ' 可按功能原理来求得。

由纯剪切应力状态下的应变能密度 v_ε 的表达式，可得杆内任一点处的应变能密度为

$$v_\varepsilon=\frac{\tau^2}{2G}=\frac{1}{2G}\left(\frac{T}{2A_0\delta}\right)^2=\frac{T^2}{8GA_0^2\delta^2} \tag{c}$$

又根据应变能密度 v_ε 计算扭转时杆内的应变能，可得单位长度杆内的应变能为

$$V_\varepsilon=\int_V v_\varepsilon \mathrm{d}V=\frac{T^2}{8GA_0^2}\int_V \frac{1}{\delta^2}\mathrm{d}V$$

式中，V 为单位长度杆壁的体积，$\mathrm{d}V=1\times\delta\times\mathrm{d}s=\delta\mathrm{d}s$。将 $\mathrm{d}V$ 代入上式，并沿壁厚中线的全长 s 积分，即得

$$V_\varepsilon=\frac{T^2}{8GA_0^2}\int_V \frac{1}{\delta}\mathrm{d}s \tag{d}$$

然后，计算单位长度杆两端截面上的扭矩对杆段的相对扭转角 φ' 所做的功。由于杆在线弹性范围内工作，因此，所做的功 $W=\frac{1}{2}T\varphi'$。由功能原理可知，V_ε 和 W 在数值上相等，从而解得

$$\varphi'=\frac{T}{4GA_0^2}\int_s \frac{1}{\delta}\mathrm{d}s \tag{3-36}$$

即得所要求的单位长度扭转角。式中的积分取决于杆的壁厚 δ 沿壁厚中线 s 的变化规律。当壁厚 δ 为常数时，则得

$$\varphi'=\frac{Ts}{4GA_0^2\delta} \tag{3-37}$$

式中，s 为壁厚中线的全长。

【例 3-15】 横截面面积 A、壁厚 δ、长度 l 和材料的切变模量均相同，而截面形状不同的三根闭口薄壁杆，分别如图 3-30(a)、(b)和(c)所示。若分别在杆的两端承受相同的扭转外力偶矩 M_e，试求三杆横截面上的切应力之比和单位长度扭转角之比。

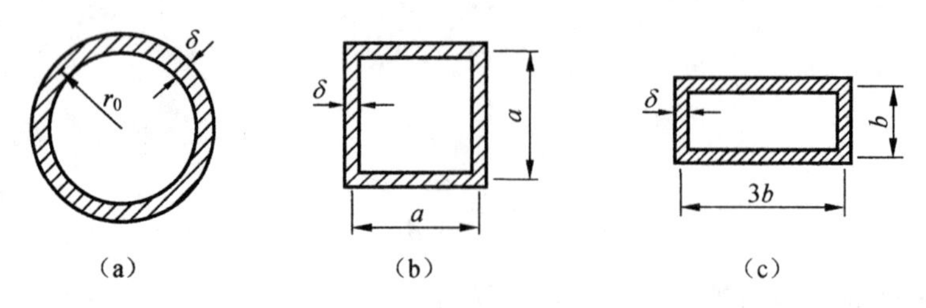

图 3-30 例 3-15 图

【解】 (1) 薄壁圆截面[图 3-30(a)]，由于

$$A=2\pi r_0\delta$$

$$r_0=\frac{A}{2\pi\delta}$$

$$A_0=\pi r_0^2=\frac{1}{4\pi}\cdot\left(\frac{A}{\delta}\right)^2$$

可得 $\tau_a=\frac{T}{2A_0\delta}=\frac{M_e\cdot 2\pi\delta}{A^2}$。

薄壁正方形截面[图 3-30(b)]，由于

$$A=4a\delta$$

$$a=\frac{A}{4\delta}$$

$$A_0=a^2=\frac{1}{16}\times\left(\frac{A}{\delta}\right)^2$$

可得 $\tau_b=\frac{T}{2A_0\delta}=\frac{8M_e\delta}{A^2}$。

薄壁矩形截面[图 3-30(c)]，由于

$$A=2(b+3b)\delta=8b\delta$$

$$b=\frac{A}{8\delta}$$

$$A_0=3b\times b=\frac{3}{64}\times\left(\frac{A}{\delta}\right)^2$$

可得 $\tau_c=\frac{T}{2A_0\delta}=\frac{32M_e\delta}{3A^2}$。

可见，三杆截面的扭转切应力之比为

$$\tau_a:\tau_b:\tau_c=2\pi:8:\frac{32}{3}=1:1.27:1.70$$

(2) 由于三杆的单位长度扭转角分别为

$$\varphi_a'=\frac{Ts}{4GA_0^2\delta}=4\pi^2\ \frac{M_e\delta^2}{GA^3}$$

$$\varphi_b'=\frac{T}{2A_0\delta}=\frac{64M_e\delta^2}{GA^3}$$

$$\varphi_c'=\frac{1\ 024}{9}\times\frac{M_e\delta^2}{GA^3}$$

故三杆扭转角之比为：$\varphi_a':\varphi_b':\varphi_c'=1:1.62:2.88$。

【说明】 上述计算表明，对于同一材料、相同截面面积，无论是强度或是刚度，都是薄壁圆截面最佳，薄壁矩形截面最差。这是因为薄壁圆截面壁厚中线所围的面积 A_0 为最大，而薄壁箱形截面在其内角处还将引起应力集中。

3.7 剪切与挤压的实用计算

在工程实际中，构件与构件之间通常采用销钉、铆钉、螺栓、键等相连接，以实现力和运动的传递。例如图 3-31 所示用铆钉连接的情况。这些连接件的受力与变形一般比较复杂，精确分析、计算比较困难，工程中通常采用实用的计算方法，或

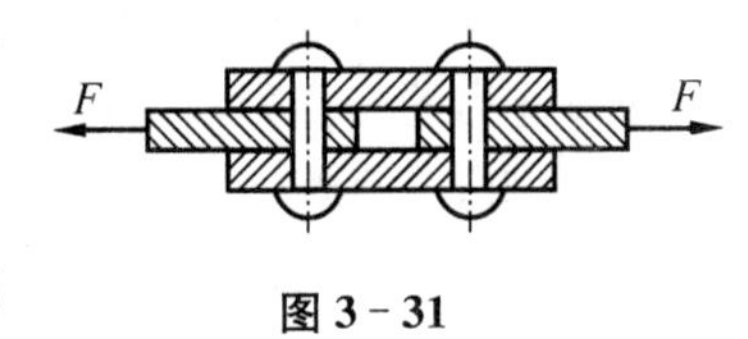

图 3-31

称为“假定计算法”。这种方法有两方面的含义:一方面假设在受力面上应力均匀分布,并按此假设计算出相应的“名义应力”,它实际上是受力面上的平均应力;另一方面,对同类连接件进行破坏试验,用同样的计算方法由破坏荷载确定材料的极限应力,并将此极限应力除以适当的安全因数,就得到该材料的许用应力,从而可对连接件建立强度条件,进行强度计算。

分析图 3-32 所示连接件的强度,通常有 3 种可能的破坏形式:铆钉沿受剪面,m—m 和 n—n 被剪坏,如图 3-32(a)所示;板铆钉孔边缘或铆钉本身被挤压而发生显著的塑性变形,如图3-32(b)所示;板在被铆钉孔削弱的截面被拉断,如图 3-32(c)所示。下面分别介绍剪切和挤压的实用计算。

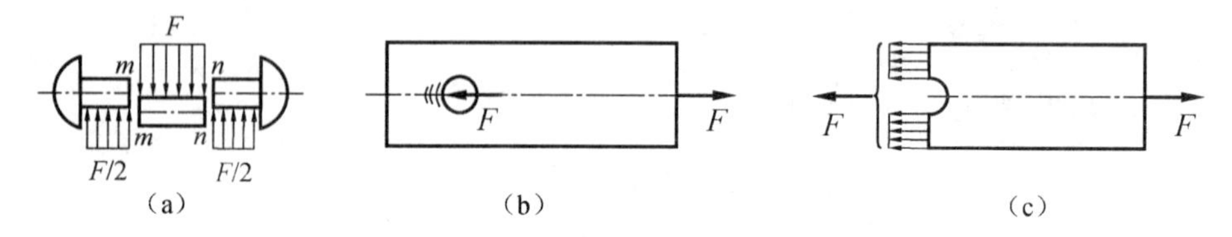

图 3-32　连接件的破坏形式

3.7.1　剪切的实用计算

以图 3-30 所示铆钉为例,其受力如图 3-30(a)所示。在铆钉的两侧面上受到分布外力系的作用,这种外力系可简化成大小相等、方向相反、作用线很近的一组力,在这样的外力作用下,铆钉发生的是剪切变形。当外力过大时,铆钉将沿横截面 m—m 和 n—n 被剪断[图 3-33(b)],横截面 mm 和 nn 被称为**剪切面**。为了分析铆钉的剪切强度,先利用截面法求出剪切面上的内力,如图 3-33(c)所示,在剪切面上,分布内力的合力为剪力,用 F_S 表示。

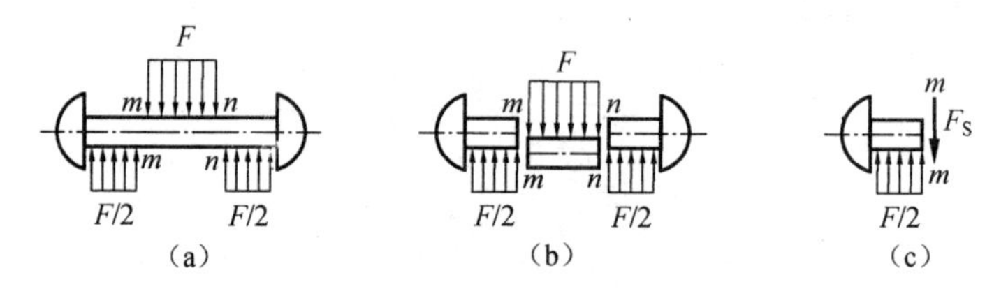

图 3-33　铆钉的剪切

在剪切面上,切应力的分布较复杂,工程中常采用实用计算,假设在剪切面上切应力均匀分布,则剪切面上的名义切应力为

$$\tau=\frac{F_S}{A_S} \tag{3-38}$$

式中,A_S 为剪切面面积。从而得出剪切强度条件为

$$\tau=\frac{F_S}{A_S}\leqslant[\tau] \tag{3-39}$$

式中,$[\tau]$为许用切应力,其值为连接件材料的剪切破坏荷载,可用式(3-36)计算的强度极限 τ_b 除以适当的安全因数得到。

【说明】 按式(3-38)计算的名义切应力,是剪切面上的平均切应力,不是实际的最大切应力值,但由于用低碳钢等塑性材料制成的连接件,当剪切变形较大时,剪切面上的切应力将趋于均匀。同时，当连接件的剪切强度满足式(3－39)时，连接件将不发生剪切破坏，从而满足工程实用的要求。

3.7.2　挤压的实用计算

如图3－31中，在铆钉与板相互接触的侧面上，将发生彼此之间的局部承压现象，称为**挤压**。相互接触面称为**挤压面**，挤压面上承受的压力称为**挤压力**，用F_{bs}表示。挤压面上的应力称为**挤压应力**，用σ_{bs}表示。如果挤压力过大，将使挤压面产生显著的塑性变形，从而导致连接松动，影响正常工作，甚至导致结构失效。挤压应力在挤压面上分布比较复杂，工程实际中采用实用计算，名义挤压应力的计算公式为

$$\sigma_{bs}=\frac{F_{bs}}{A_{bs}} \tag{3-40}$$

式中，A_{bs}为**计算挤压面面积**。

当挤压面为圆柱面(例如铆钉与板连接)时，由理论分析、计算可知，理论挤压应力沿圆柱面的变化规律如图3－34(b)所示，最大理论挤压应力约等于挤压力除以$d\delta$[图3－34(a)中阴影部分]，即

$$\sigma_{bs,max}\approx\frac{F_{bs}}{d\delta}$$

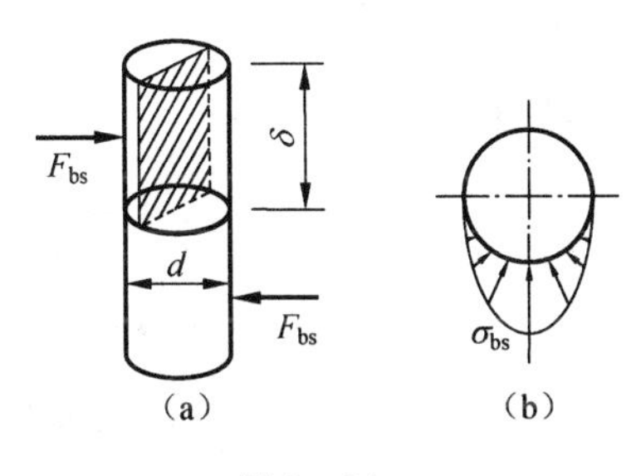

图3－34

故按式(3－40)计算名义挤压应力时，计算挤压面面积取实际挤压面在直径平面上的投影面积。当挤压面为平面(例如键与轴的连接)时，计算挤压面面积取实际挤压面面积。

挤压强度条件式为

$$\sigma_{bs}=\frac{F_{bs}}{A_{bs}}\leqslant[\sigma_{bs}] \tag{3-41}$$

式中$[\sigma_{bs}]$为许用挤压应力，其值是通过破坏试验得到极限挤压力，用名义挤压应力公式计算出材料的极限挤压应力，并除以适当的安全因数得到。

【例3－16】　图3－35所示铆钉接头，两块钢板用6个铆钉连接，钢板的厚度$\delta=8$ mm，宽度$b=160$ mm，铆钉的直径$d=16$ mm，承受$F=150$ kN的荷载作用。已知铆钉的许用切应力$[\tau]=140$ MPa，许用挤压应力$[\sigma_{bs}]=330$ MPa，钢板的许用应力$[\sigma]=170$ MPa。试校核接头的强度。

【解】　(1) 铆钉的剪切强度校核。

对铆钉群，当各铆钉的材料与直径相同，外力作用线通过铆钉群剪切面的形心时，各铆钉剪切面上所受的剪力相同。因此，各铆钉剪切面上的剪力为$F_S=\frac{F}{6}=25$ kN。从而名义切应力为

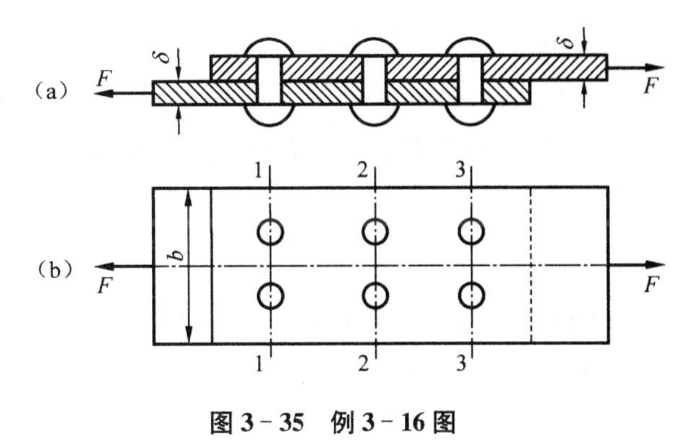

图3－35　例3－16图

$$\tau=\frac{F_S}{A_S}=\frac{4F_S}{\pi d^2}=\frac{4\times 25\times 10^3\ \text{N}}{\pi\times 16^2\text{mm}^2}=124.4\ \text{MPa}<[\tau]$$

(2) 铆钉的挤压强度。

由分析可知,铆钉所受的挤压力等于剪切面上剪力,因此挤压应力为

$$\sigma_{bs}=\frac{F_{bs}}{A_{bs}}=\frac{F}{6d\delta}=\frac{150\times 10^3\ \text{N}}{6\times 16\times 8\ \text{mm}^2}=195.3\ \text{MPa}\leqslant[\sigma_{bs}]$$

(3) 板的拉伸强度校核。

取上面板作受力分析,受力图如图 3-36(a)所示,为了得到板的轴力图,将板的受力简化如图 3-36(b)所示。利用截面法求各截面的轴力,轴力图如图 3-36(c)所示。由于 1—1,2—2 和 3—3 的 3 个截面的削弱程度相同,而 3—3 截面的轴力最大,故只需校核 3—3 截面的拉伸强度。3—3 截面上的拉应力为

$$\sigma_{3-3}=\frac{F_{N3}}{A_3}=\frac{F}{b\delta-2d\delta}=\frac{150\times 10^3\ \text{N}}{(160-2\times 16)\times 8\times\text{mm}^2}$$
$$=146.5\ \text{MPa}\leqslant[\sigma]$$

由以上讨论可知,该接头的强度足够。

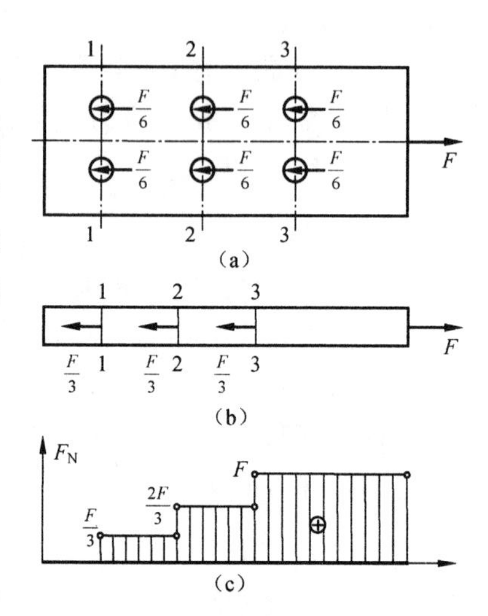

图 3-36 例题 3-16 图

【例 3-17】 图 3-34(a)表示齿轮用平键与轴连接(图中未画出齿轮,只画了轴与键)。已知轴的直径 $d=70$ mm,键的尺寸为 $b\times h\times l=20\ \text{mm}\times 12\ \text{mm}\times 100\ \text{mm}$,键的许用切应力$[\tau]=60$ MPa,许用挤压应力$[\sigma_{bs}]=100$ MPa。试求轴所能承受的最大力偶矩 M_e。

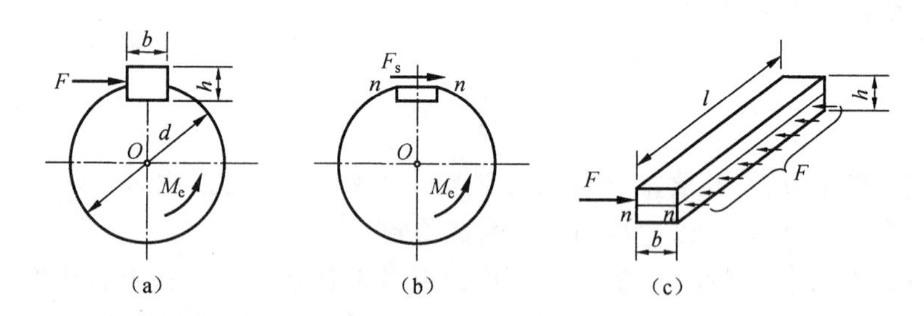

图 3-37 例题 3-17 图

【解】 (1) 受力分析

假想将平键沿 nn 截面分成两部分,截面以下平键部分和轴看成一个整体,如图 3-37(b)所示。设 n—n 截面上的剪力为 F_S,则由平衡条件得

$$\sum_i M_O(F_i)=0, F_S\times\frac{d}{2}-M_e=0, F_S=\frac{2M_e}{d}$$

(2) 键的剪切强度分析

按剪切强度条件

$$\tau=\frac{F_S}{A_S}=\frac{2M_e}{dbl}\leqslant[\tau]$$

解得

$$M_e \leqslant \frac{1}{2}bdl[\tau]=\frac{20\times70\times100\ \text{mm}^3\times60\ \text{MPa}}{2}=4\ 200\ 000\ \text{N}\cdot\text{mm}=4.2\ \text{kN}\cdot\text{m}$$

(3) 键的挤压强度分析

由图 3 - 34(c)可以得到挤压力为

$$F_{bs}=F_S=\frac{2M_e}{d}$$

由挤压强度条件

$$\sigma_{bs}=\frac{F_{bs}}{A_{bs}}=\frac{2M_e}{d}\cdot\frac{2}{hl}=\frac{4M_e}{dhl}\leqslant[\sigma_{bs}]$$

可得

$$M_e \leqslant \frac{1}{4}dhl\cdot[\sigma_{bs}]=\frac{70\times12\times100\ \text{mm}^3\times100\ \text{MPa}}{4}=2\ 100\ 000\ \text{N}\cdot\text{mm}=2.1\ \text{kN}\cdot\text{m}$$

综合以上分析结果,可得轴所能承受的最大力偶矩为 $M_{e,max}=2.1\ \text{kN}\cdot\text{m}$

【评注】 求解连接件强度方面的题目时,要特别注意以下几个问题:① 连接件受力分析,当有多个连接件(如铆钉、螺栓、键等)时,若外力通过这些连接件截面的形心,则认为各连接件上所受的力相等;② 剪切面和挤压面的计算,要判断清楚哪个面是剪切面,哪个面是挤压面,特别当挤压面为圆柱面时,要注意“计算挤压面”面积并非实际接触面面积;③ 当被连接件的材料、厚度不同时,切应力、挤压应力要取最大值进行计算;④ 在计算连接件剪切强度、挤压强度的同时,要考虑被连接件由于断面被削弱,其抗拉(压)强度是否满足要求。总之,解这类题目时,应细心、全面考虑,将题目所给的条件用上。

【例 3 - 18】 图示一广告牌由螺栓固定在立柱上。已知广告牌的自重为 35 kN,几何尺寸如图所示(尺寸单位为 mm),螺栓的直径为 20 mm, 试求螺栓剪切面上的最大切应力值。

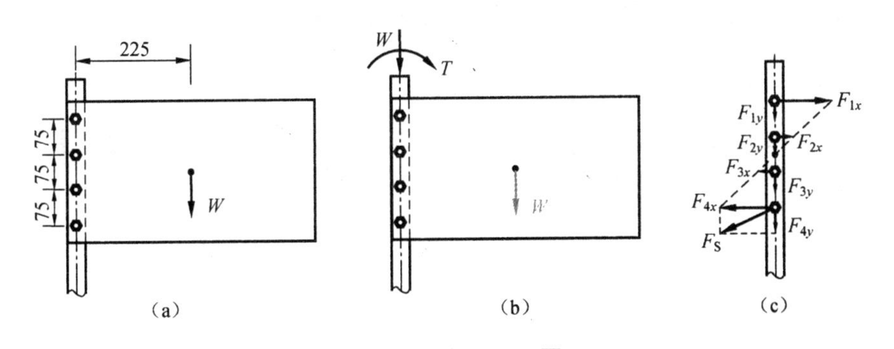

图 3 - 38　例 3 - 18 图

【解】 对螺栓群进行受力,可以应用力的平移定理,将 W 往螺栓群的中心连线平移,得到一个附加力偶矩,这个附加力偶矩即为使螺栓群受扭的扭矩 T,如图 3 - 38(b)所示。对于 W 的作用,根据对称性,可以认为每一个螺栓受到的力相等,即

$$F_{1y}=F_{2y}=F_{3y}=F_{4y}=W/4=35\ 000\ \text{N}/4=8\ 750\ \text{N}$$

而对于扭矩 T,则为作用在每一个螺栓上的水平分力 F_{ix} 对螺栓群的中心 C 的矩的代数和,且不妨假设水平分力的大小与该螺栓到螺栓群中心 C 的距离成正比,如图 3 - 38(c)所示。

则螺栓组承担的扭矩为

$$T=35\times10^{3}\ \text{N}\times225\ \text{mm}=7.875\times10^{6}\ \text{N}\cdot\text{mm}$$

由上述分析，且根据对称性，可建立如下关系（取各水平分力 F_{ix} 的单位为 N）

$$2\times F_{1x}\times\left(75+\frac{75}{2}\right)\text{mm}+2\times F_{2x}\times\frac{75}{2}\text{mm}=T$$

$$F_{1x}:F_{2x}=\left(75+\frac{75}{2}\right):\frac{75}{2}=3:1$$

由此可计算出螺栓的水平分力分别为

$$F_{1x}=F_{4x}=31\ 500\ \text{N},F_{2x}=F_{3x}=10\ 500\ \text{N}$$

螺栓群中承担的最大剪力为

$$F_{\text{S,max}}=\sqrt{(31\ 500\ \text{N})^{2}+(8\ 750\ \text{N})^{2}}=32\ 693\ \text{N}$$

故螺栓内的最大切应力

$$\tau_{\max}=\frac{F_{\text{S,max}}}{A_{\text{S}}}=\frac{4F_{\text{S,max}}}{\pi d^{2}}=\frac{4\times32\ 693\ \text{N}}{\pi\times(20\ \text{mm})^{2}}=104\ \text{MPa}$$

切应力的方向与剪力的方向一致，若记其与水平轴夹角为 β，则有

$$\tan\beta=\frac{F_{1y}}{F_{1x}}=\frac{8\ 750\ \text{N}}{31\ 500\ \text{N}}=0.277\ 8,\beta=15.9°。$$

【例 3-19】 一开口薄壁圆管，承受矩为 M 的扭力偶作用。为提高该管的扭转强度与刚度，在开口处用盖板与铆钉连接成闭口圆管，如图 3-39(a)所示。管的平均半径为 r_0，壁厚为 δ，长度为 l，切变模量为 G；铆钉的横截面面积为 A，其许用切应力为$[\tau]$。(1) 试计算闭口薄壁圆管的扭转应力和变形。(2) 试求铆钉总数 n 至少应为多少？

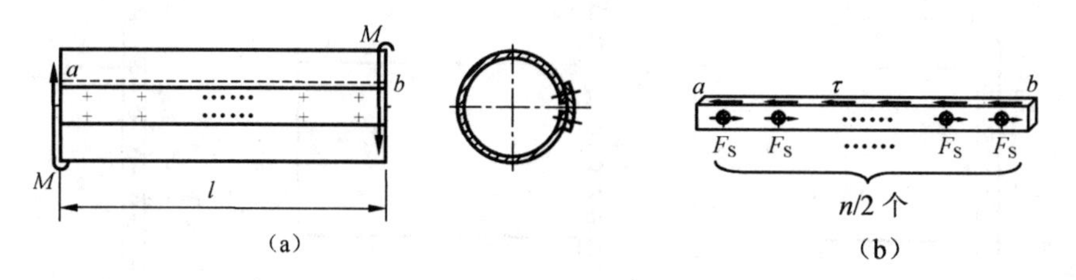

图 3-39　例 3-19 图

【解】 (1) 扭转应力与变形计算

根据式(3-17)与式(3-21)，闭口薄壁圆管的最大扭转切应力与扭转变形分别为

$$\tau=\frac{M}{2\pi r_0^{2}\delta}$$

$$\varphi=\frac{Ml}{2G\pi r_0^{3}\delta}$$

(2) 铆钉受力分析

利用截面法，用径向纵截面 ab 切开圆管，同时，用半径等于管外径的圆柱面（即沿剪切面）

将铆钉切断，得条形单元体如图3－39(b)所示。加盖板后，圆管横截面上的扭转切应力为

$$\tau=\frac{M}{2\pi r_0^2\delta}$$

因此，作用在纵截面ab上的剪力为

$$F=\tau\delta l=\frac{Ml}{2\pi r_0^2}$$

设铆钉剪切面上的剪力F_S，则由条形单元体的轴向平衡方程

$$\sum F_{ix}=0, F-\frac{n}{2}F_S=0$$

求得铆钉剪切面上的剪力为

$$F_S=\frac{2F}{n}=\frac{Ml}{n\pi r_0^2}$$

由铆钉的剪切强度条件有

$$\tau=\frac{F_S}{A}=\frac{Ml}{n\pi A r_0^2}\leqslant[\tau]$$

从而可得铆钉总数n应满足$n\geqslant\frac{Ml}{\pi[\tau]Ar_0^2}$，即铆钉总数$n$应取大于或等于$\frac{Ml}{\pi[\tau]Ar_0^2}$的偶数。

习　题

3－1　试求如下图所示各轴的扭矩，并指出其最大值。

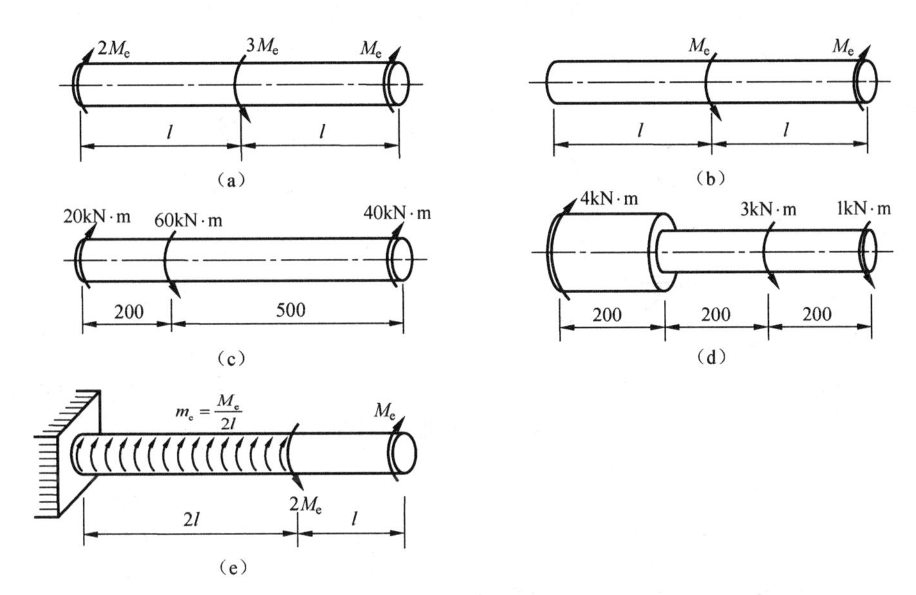

题3－1图

3－2　如图所示某传动轴，转速$n=500$ r/min，轮A为主动轮，输入功率$P_A=70$ kW，轮

B、轮 C 与轮 D 为从动轮，输出功率分别为 $P_B=10$ kW，$P_C=P_D=30$ kW。

(1) 试求轴内的最大扭矩；

(2) 若将轮 A 与轮 C 的位置对调，试分析对轴的受力是否有利。

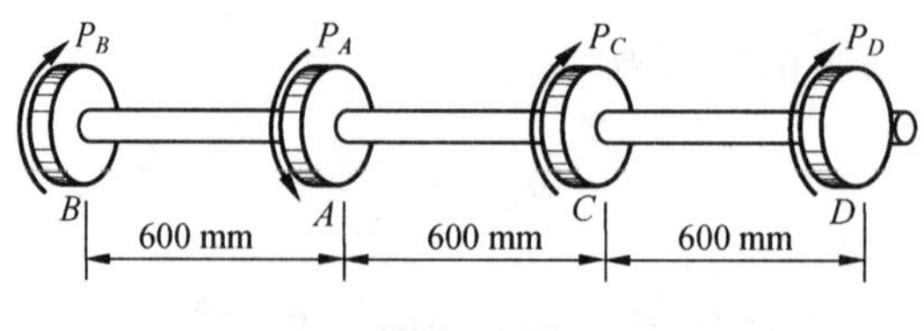

题 3-2 图

3-3　如图所示，轴 AD 支承在轴承 A，D 内，在 B，C 处装有皮带轮，轮 B 的直径为 16 cm，轮 C 的直径为 24 cm。该轴在转速为 1 750 r/min 时的功率为 25 kW，调节皮带的拉力使得 $\frac{F_1}{F_2}=\frac{F_3}{F_4}=3$。试画出轴 AD 的剪力图、弯矩图和扭矩图，标出危险截面的内力值。

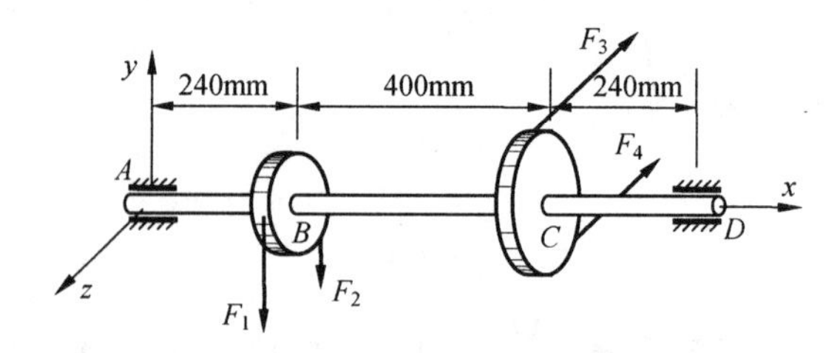

题 3-3 图

3-4　如图所示，实心轴的直径 $d=100$ mm，$l=1$ m，其两端所受外力偶矩 $M_e=14$ kN·m，材料的切变模量 $G=80$ GPa。求：(1) 最大剪应力及两端截面间的相对扭转角；(2) 图示截面 A、B、C 三点处剪应力的大小和方向。

3-5　图示传动轴的直径 $d=100$ mm，材料的切变模量 $G=80$ GPa。(1) 求 τ_{max} 值，并指出发生在何处？(2) 求 C、D 二截面间的扭转角 φ_{CD} 与 A、D 两截面间的扭转角 φ_{AD}。

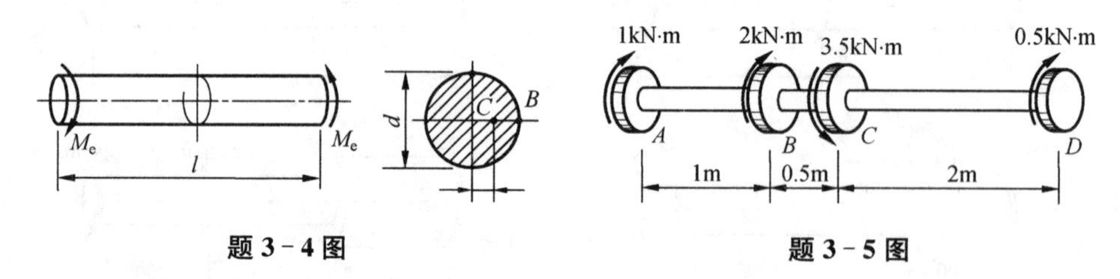

题 3-4 图　　**题 3-5 图**

3-6　一钢制圆轴受力如图所示，其直径 $D=100$ mm。AC 段为实心轴，CD 段为空心轴，内径 $d=50$ mm。两段的材料相同，其切变模量 $G=80$ GPa，试求：(1) 实心轴的最大切应力和空心轴的最大、最小切应力；(2) D 截面相对于 A 截面的扭转角 φ_{AD}。

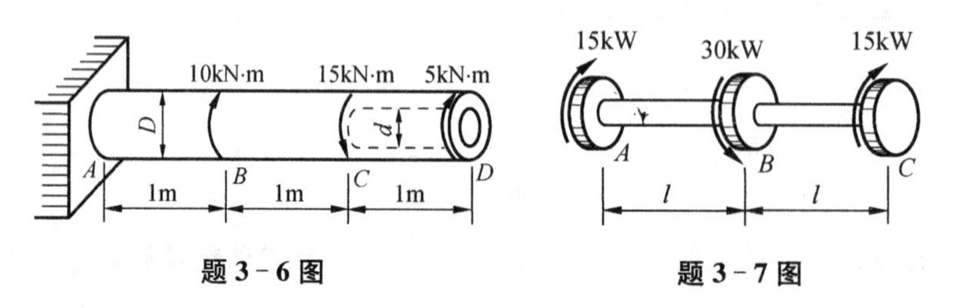

题 3-6 图　　**题 3-7 图**

3-7　等截面圆轴输入与输出的功率如图示，转速 $n=900\ \mathrm{r/min}$，$[\tau]=40\ \mathrm{MPa}$，$[\varphi']=0.3°/\mathrm{m}$，$G=80\ \mathrm{GPa}$。试设计轴的直径。

3-8　图示实心轴与空心轴通过离合器相连，已知轴的转速 $n=96\ \mathrm{r/min}$，传递功率 $P=7.5\ \mathrm{kW}$，许用切应力 $[\tau]=40\ \mathrm{MPa}$，空心轴的 $d_2/D_2=1/2$。试选择实心轴直径 d_1 和空心轴外径 D_2，并比较两轴的截面面积。

3-9　图示受扭轴，承受扭力偶矩 M_1 与 M_2 作用。轴由薄壁圆管 AB、实心圆轴 CD 并用环形圆盘 BC 连接所组成。设圆管 AB 的外径 $D=33\ \mathrm{mm}$，内径 $d=30\ \mathrm{mm}$，管长 $l_1=200\ \mathrm{mm}$，圆轴 CD 的直径 $d_2=20\ \mathrm{mm}$，轴长 $l_2=200\ \mathrm{mm}$，圆盘 BC 的厚度 $\delta=3\ \mathrm{mm}$，扭力偶矩 $M_1=M_2=90\ \mathrm{N\cdot m}$，许用切应力 $[\tau]=80\ \mathrm{MPa}$，切变模量 $G=80\ \mathrm{GPa}$，试校核轴的强度，并计算轴端截面 D 的扭转角。

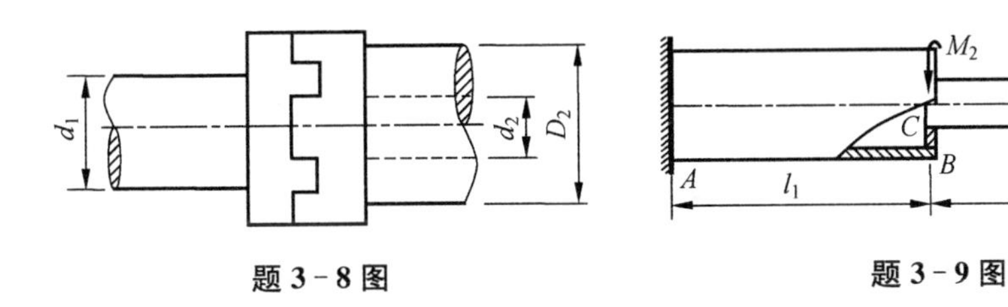

题 3-8 图　　　　题 3-9 图

3-10　图示左端固支的空心轴，外径 $D=60\ \mathrm{mm}$，内径 $d=50\ \mathrm{mm}$，在均布力偶 $t=0.2\ \mathrm{kN\cdot m/m}$ 作用下受到扭转。轴的许用切应力 $[\tau]=40\ \mathrm{MPa}$，$G=80\ \mathrm{GPa}$，$[\varphi']=0.3°/\mathrm{m}$。轴的长度 $l=4\ \mathrm{m}$。试校核轴的强度与刚度。

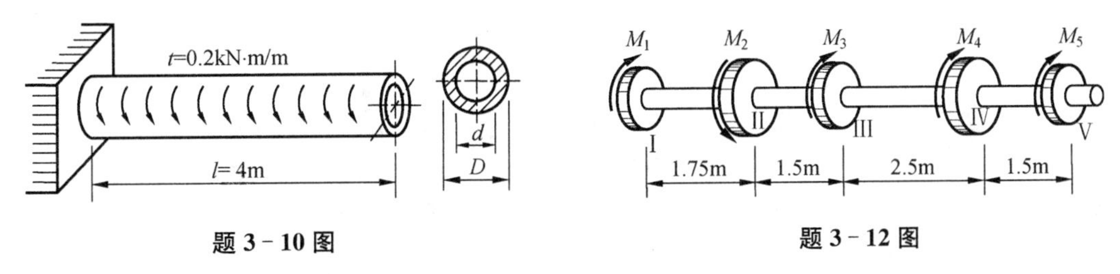

题 3-10 图　　　　题 3-12 图

3-11　已知实心圆轴的转速 $n=300\ \mathrm{r/min}$，传递的功率 $P=330\ \mathrm{kW}$，轴材料的许用切应力 $[\tau]=60\ \mathrm{MPa}$，切变模量 $G=80\ \mathrm{MPa}$。若要求在 2 m 长度的相对扭转角不超过 1°，试求该轴所需的直径。

3-12　图示传动轴做匀速转动，转速 $n=200\ \mathrm{r/min}$，轴上装有五个轮子，主动轮Ⅱ输入功率为 60 kW，从动轮Ⅰ、Ⅲ、Ⅳ、Ⅴ依次输出 18 kW，12 kW，22 kW 和 8 kW。若许用切应力 $[\tau]=20\ \mathrm{MPa}$，切变模量 $G=80\ \mathrm{GPa}$，许用单位长度扭转角 $[\varphi']=0.25\ °/\mathrm{m}$。试按强度及刚度条件选择圆轴的直径。

3-13　阶梯形圆杆，AE 段为空心，外直径 $D=140\ \mathrm{mm}$，内直径 $d=100\ \mathrm{mm}$；BC 段为实心，直径 $d=100\ \mathrm{mm}$。外力偶矩 $M_A=18\ \mathrm{kN\cdot m}$，$M_B=32\ \mathrm{kN\cdot m}$，$M_C=14\ \mathrm{kN\cdot m}$。已知：$[\tau]=80\ \mathrm{MPa}$，$[\varphi']=1.2°/\mathrm{m}$，$G=80\ \mathrm{GPa}$。试校核该轴的强度和刚度。

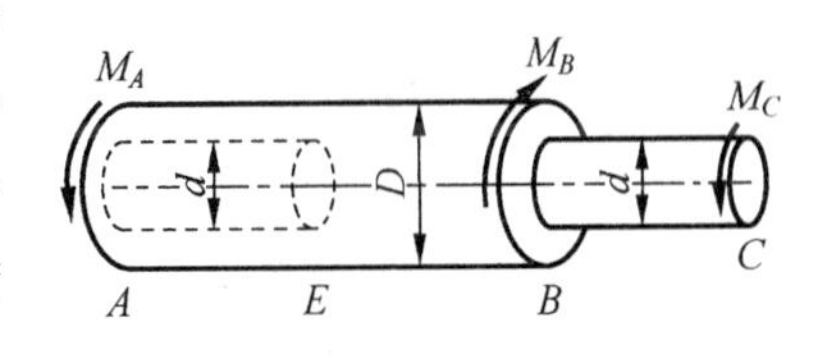

题 3-13 图

3－14　有一壁厚$\delta=250$ mm、内直径$d=250$ mm的空心薄壁圆管，其长度为$l=1$ m，作用在轴两端面内的外力偶矩为$M_e=180$ kN·m。材料的切变模量$G=80$ MPa。试确定管中的最大切应力，并求管内的应变能。

3－15　一端固定的圆截面杆AB，承受集度为m的均布外力偶作用，如图所示。材料的切变模量为G。试求杆内积蓄的应变能。

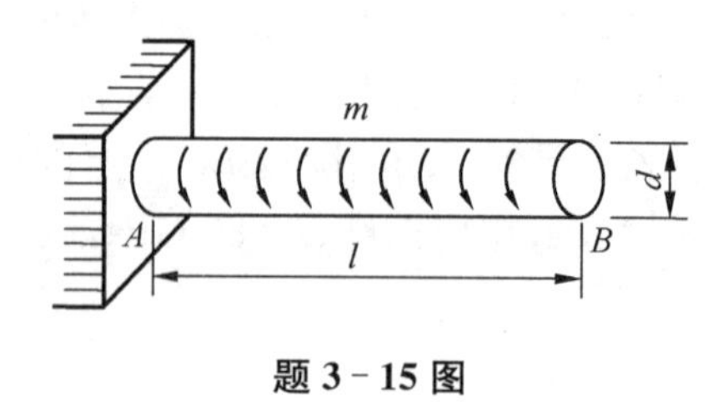

题3－15图

3－16　簧杆直径$d=18$ mm的圆柱形密圈螺旋弹簧，受拉力$F=0.5$ kN作用，弹簧的平均直径为$D=125$ mm，材料的切变模量$G=80$ MPa。试求：(1) 簧杆内的最大切应力；(2) 为使其伸长量等于6 mm所需的弹簧有效圈数。

3－17　两端固支的圆轴，在B截面处受力偶矩M_e作用，如图所示，试求固支端处约束力偶矩。

3－18　图示直径为d的两端固定圆截面杆，在它的三分点处各作用方向相反的转矩M_e。(1) 试求A、B端约束力偶矩。(2) 若$a=800$ mm，$M_e=10$ kN·m，材料的许用应力$[\tau]=40$ MPa，试求杆的直径。如切变模量$G=80$ GPa，试求杆的最大扭转角，并指出发生在哪个截面。

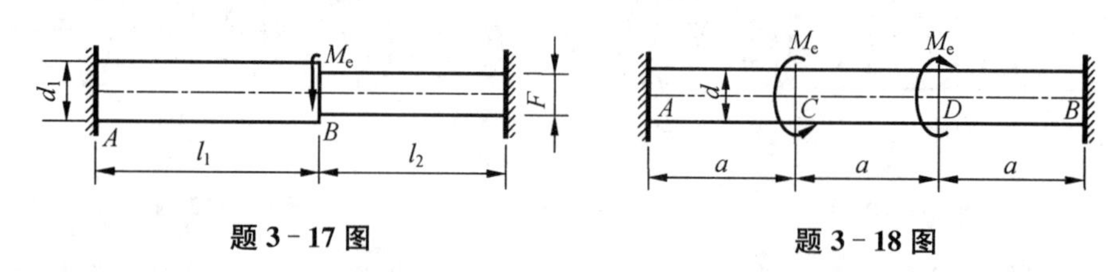

题3－17图　　题3－18图

3－19　两端固定的圆截面杆如图所示。在截面B上作用扭转力偶M_e，在截面C上有抗扭弹簧刚度为k(N·m/rad)的弹簧。试求两端的反作用力偶之矩。

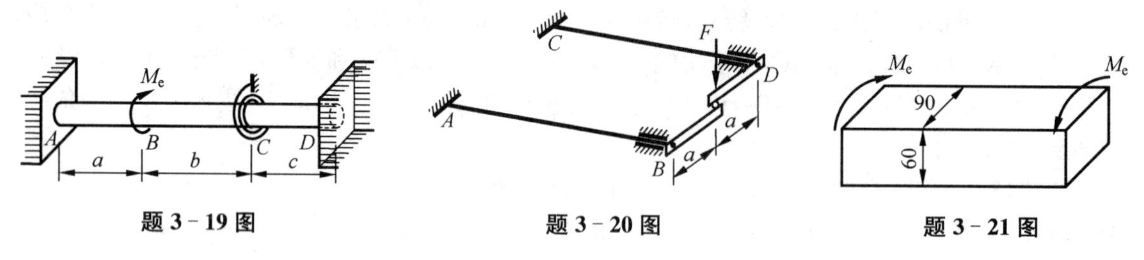

题3－19图　　题3－20图　　题3－21图

3－20　图示钢杆AB和铝杆CD的尺寸相同，两种材料的切变模量之比为3∶1。若不计BE和ED两杆的变形，试问F力将以怎样的比例分配于AB和CD两杆？

3－21　图示矩形截面钢杆承受一对外力偶矩$M_e=3$ kN·m。已知材料的切变模量$G=80$ MPa，试求：(1) 杆内最大切应力的大小、位置和方向；(2) 横截面短边中点处的切应力；(3) 杆的单位长度扭转角。

3-22 一长度为 l、边长为 a 的正方形截面轴，承受扭转外力偶矩 M_e，如图所示。材料的切变模量为 G。试求：(1) 轴内最大正应力的作用点、截面方位和数值；(2) 轴的最大相对扭转角。

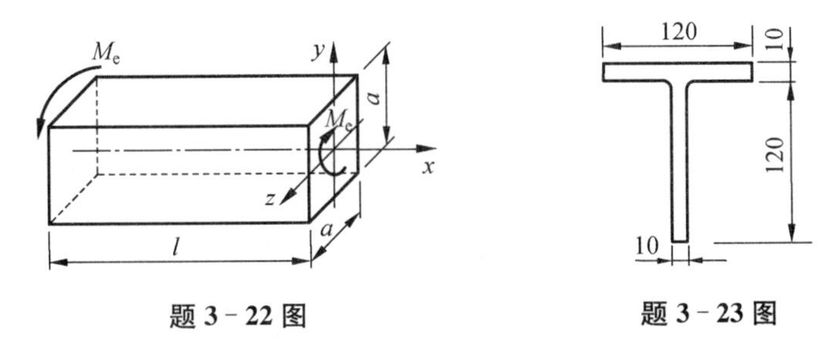

题 3-22 图　　题 3-23 图

3-23 图示 T 形薄壁截面杆的长度 $l=2$ m，在两端受扭转力偶矩作用，材料的切变模量 $G=80$ MPa，杆的横截面上的扭矩为 $T=0.2$ kN·m。试求杆在纯扭转时的最大切应力及单位长度扭转角。

3-24 图示为一闭口薄壁截面杆的横截面，杆在两端承受一对外力偶矩 M_e。材料的许用切应力 $[\tau]=60$ MPa。试求：(1) 按强度条件确定其许用扭转力偶矩 $[M_e]$；(2) 若在杆上沿母线切开一条缝，则其许用扭转力偶矩 $[M_e]$ 将减至多少？

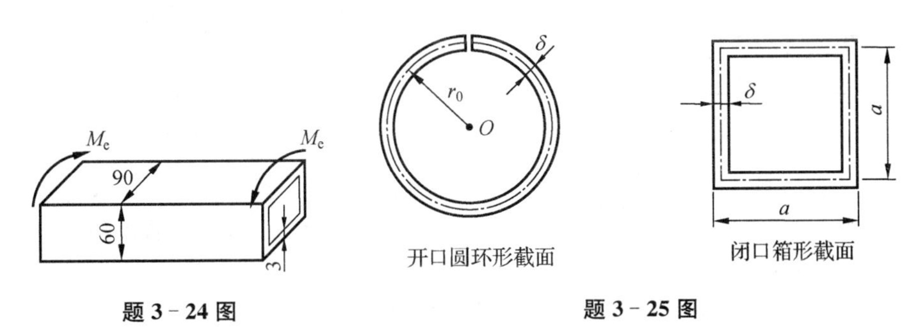

题 3-24 图　　题 3-25 图

3-25 图示为薄壁杆的两种不同形状的横截面，其壁厚及管壁中线的周长均相同。两杆的长度和材料也相同。当在两端承受相同的一对扭转外力偶矩时，试求：(1) 最大切应力之比；(2) 相对扭转角之比。

3-26 图示木榫接头，$F=50$ kN，试求接头的剪切与挤压应力。图中尺寸单位：mm。

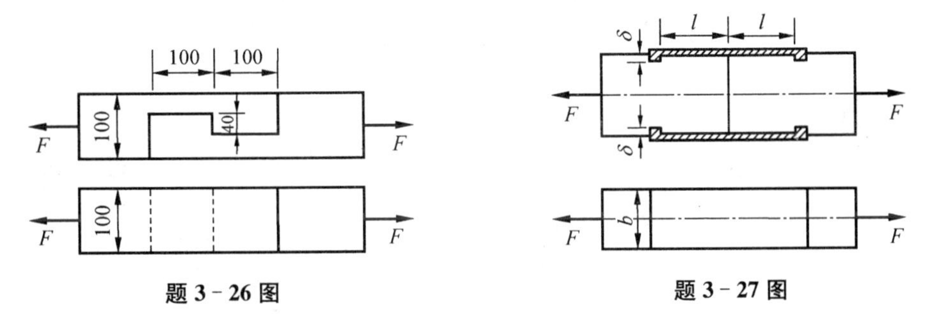

题 3-26 图　　题 3-27 图

3-27 图示两根矩形截面木杆，用两块钢板连接在一起，承受轴向荷载 $F=45$ kN 作用。已知木杆的截面宽度 $b=250$ mm，沿木材的顺纹方向，许用拉应力 $[\sigma]=6$ MPa，许用挤压应力 $[\sigma_{bs}]=10$ MPa，许用切应力 $[\tau]=1$ MPa。试确定钢板尺寸 δ 与 l，以及木杆高度 h。

3-28　图示销钉连接，$F=18$ kN，板厚 $\delta_1=8$ mm，$\delta_2=5$ mm，销钉与板的材料相同，许用切应力$[\tau]=60$ MPa，许用挤压应力$[\sigma_{bs}]=200$ MPa，销钉直径 $d=16$ mm，试校核销钉的强度。

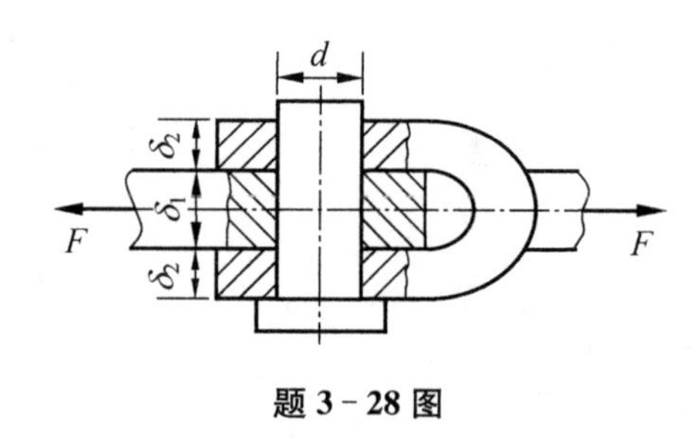

题 3-28 图

3-29　一铆接结构用四个铆钉铆接。铆钉直径 $d=17$ mm，许用切应力$[\tau]=80$ MPa，许用挤压应力$[\sigma_{bs}]=200$ MPa，板厚 $\delta_1=7$ mm，$\delta=10$ mm，板宽 $b=160$ mm，钢板的许用拉应力$[\sigma]=120$ MPa。假设每个铆钉受力均相同，试求许用荷载$[F]$。

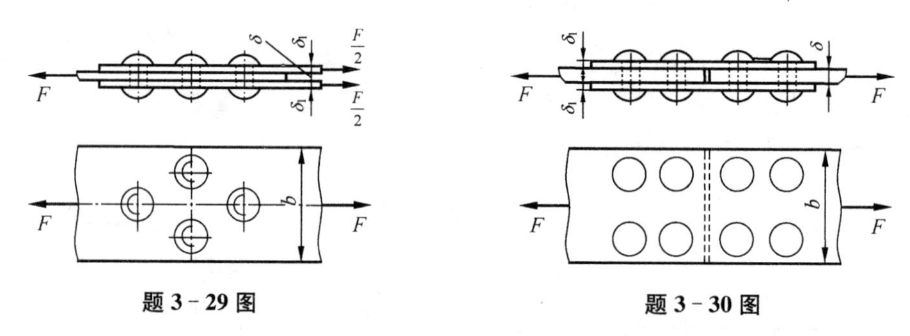

题 3-29 图　　**题 3-30 图**

3-30　图示一铆钉接头，$F=130$ kN，$b=140$ mm，$\delta=10$ mm，$\delta_1=6$ mm，铆钉直径 $d=20$ mm，许用切应力$[\tau]=120$ MPa，许用挤压应力$[\sigma_{bs}]=200$ MPa，钢板许用应力$[\sigma]=160$ MPa，校核接头的强度。

3-31　一带肩吊钩如图所示。已知肩部尺寸 $D=200$ mm，厚度 $\delta=35$ mm，吊钩直径 $d=100$ mm。若吊钩材料的许用应力$[\tau]=100$ MPa，$[\sigma_{bs}]=320$ MPa，被连接件材料的许用应力$[\sigma]=160$ MPa。试求吊钩能够承担的最大荷载$[F]$。

3-32　图示截面为 200 mm×200 mm 的正方形截面混凝土柱，浇筑在混凝土基础上。基础分两层，厚均为 δ，上层水平截面为 300 mm×300 mm 的正方形，下层水平截面为 800 mm×800 mm 的正方形。已知 $F=200$ kN，假设地基对混凝土板的反力均匀分布，混凝土的许用切应力$[\tau]=1.5$ MPa。试计算为使基础不被剪坏所需板的厚度值 δ。

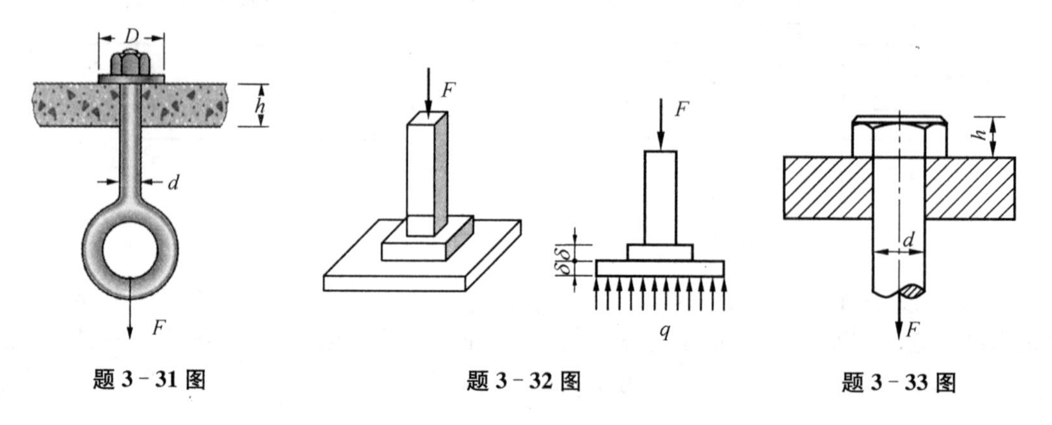

题 3-31 图　　**题 3-32 图**　　**题 3-33 图**

3－33　图示螺钉承受拉力 F，已知材料的许用切应力$[\tau]$与许用拉应力$[\sigma]$的关系为$[\tau]=0.7[\sigma]$，试按剪切强度和抗拉强度求螺杆直径 d 与螺帽高度 h 之间的合理比值。

3－34　如图所示焊接结构，焊缝的高度为 6 mm。已知钢板的许用正应力$[\sigma]=160$ MPa，焊缝的许用剪切应力$[\tau]=120$ MPa。试求此连接结构的许用拉力$[F]$。

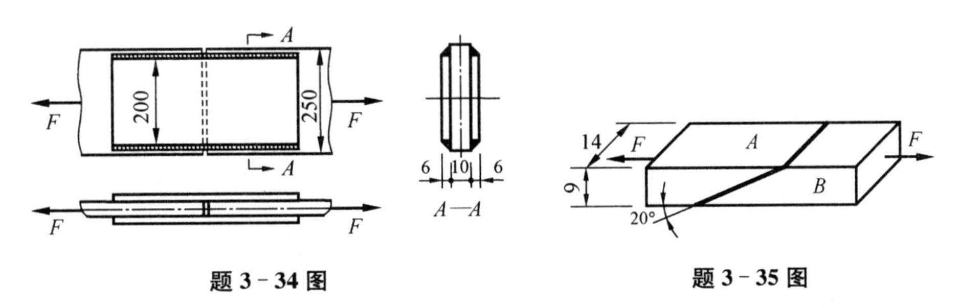

题 3－34 图　　**题 3－35 图**

3－35　木杆由 A、B 两部分用斜面胶接而成，如图所示。已知胶粘接缝的许用剪切应力$[\tau]=517$ kPa，许用拉应力$[\sigma]=850$ kPa。求许用荷载$[F]$。

第4章　弯曲内力

4.1　概述

4.1.1　平面弯曲的基本概念

当杆件受到垂直于杆轴线的外力(通常称为横向力)或外力偶(外力偶的向量垂直于杆轴)作用时,杆件将主要发生**弯曲变形**。弯曲变形的特点是:(1) 直杆的轴线变弯;(2) 任意两横截面绕垂直于杆轴的轴作相对转动。如桥式吊车大梁(图4-1)可以简化为两端铰支的简支梁。在重物的重量及大梁的自重作用下,大梁产生如图4-1(b)所示的弯曲变形。在风荷载的作用下,高耸结构物[图4-2(a)]可以视为悬臂梁,并产生如图4-2(b)所示的弯曲变形。凡以弯曲为其主要变形的杆件通常均称为**梁**。

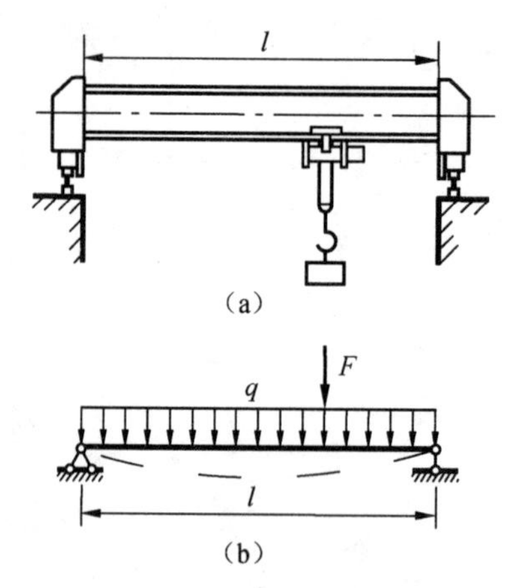

图4-1　桥式吊车大梁及其受力

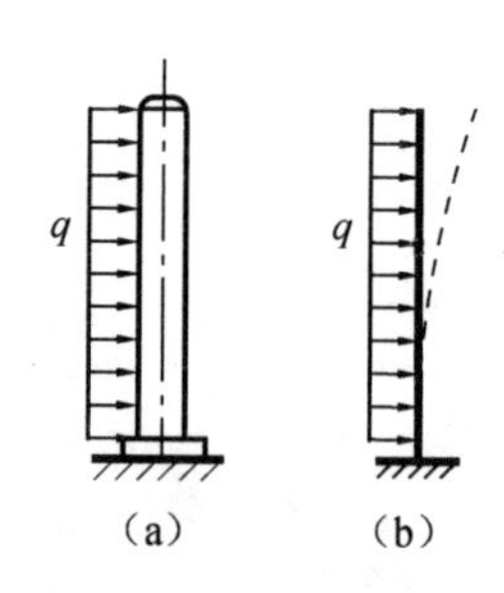

图4-2　高耸结构物及其受力

工程中常用的梁,其横截面一般都具有一个对称轴(图4-3),例如矩形、圆形、工字形、T形等,因而梁就有一个通过轴线的纵向对称平面。当所有的横向力和外力偶都作用在此纵向对称平面内时,梁的轴线也将在该纵向对称平面内弯曲成一条平面曲线。梁变形后的轴线所在平面与外力所在平面相重合的这种弯曲称为**平面弯曲**,也称为**对称弯曲**。它是工程中最常见也是最基本的弯曲问题。

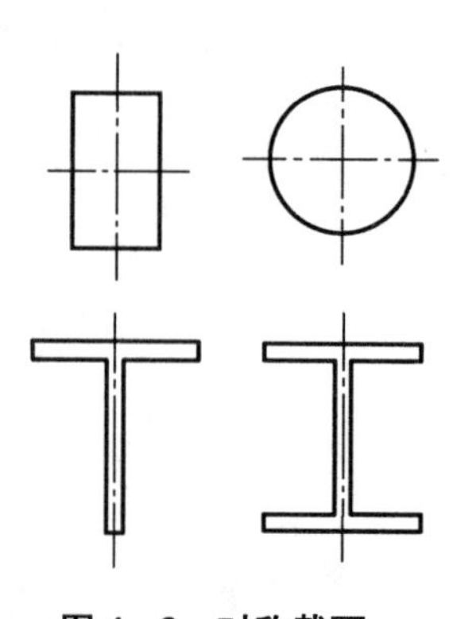

图4-3　对称截面

梁是土木工程与机械工程中最常见的构件。在分析计算时,通常用轴线代表梁,例如图4-4(a)所示的梁,其计算简图即如图4-4(b)所示。

本章研究梁的外力与内力,为简单起见,主要研究所有外力均作用在同一平面内的梁，实际上，这也是最常见的梁。

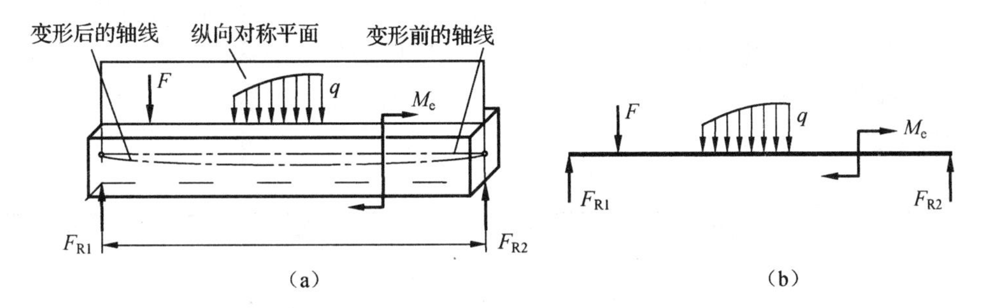

图 4－4　平面弯曲的梁及其计算简图

4.1.2　梁的约束及类型

为计算梁的内力，首先要知道作用在梁上的外力。外力包括荷载及支座反力(简称支反力)，其中的支反力与梁的支座形式及梁的长度有关，为此，应该先对实际的梁进行简化，得到梁的计算简图。在计算简图中，不计梁的截面形状如何，均以梁的轴线代表梁。根据支座对梁的不同约束情况可简化为 3 种典型支座，即**固定铰支座**[图 4－5(a)]、**可动铰支座**[图 4－5(b)]和**固定端支座**[图 4－5(c)]。梁在固定铰支座处，可以转动，但不能移动，其支反力通过铰心，常分解为竖向支反力和水平支反力。梁在可动铰支座处，可以转动和水平移动，但不能竖向移动，因此只有一个竖向支反力。梁在固定端处，既不能转动，也不能移动，其约束反力为 3 个，即竖向支反力、水平支反力和约束力偶。

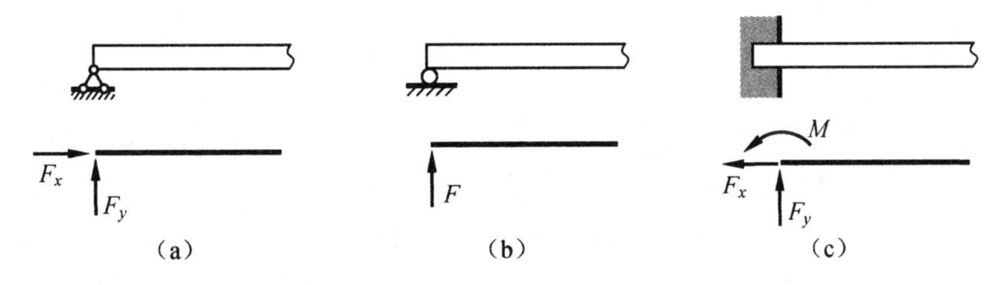

图 4－5　常见支座的形式及约束力

下面简单说明实际的梁是怎样简化为计算简图的。

楼板梁的两端虽然嵌入墙内，如图 4－6(a)所示，但因嵌入长度很小，梁受力后端部可能产生微小转动，这样两端不应视为固定端，而应简化为铰支座。又因为梁的整体不能水平移动，而弯曲变形时又可以引起端部微小的伸缩，所以应简化成一端为固定铰支座，另一端为可动铰支座的梁，如图 4－6(b)所示。

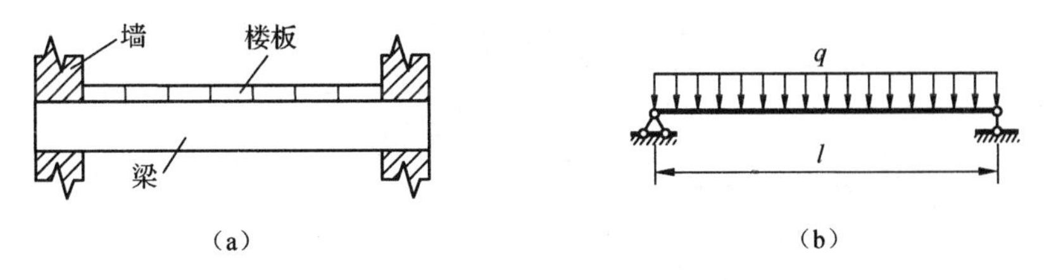

图 4－6　梁的简化

工程中,简单而常见的梁的计算简图有下列 3 种形式:

(1) **悬臂梁**——梁的一端为固定端,另一端为自由端,如图 4-7(a)所示;

(2) **简支梁**——梁的一端为固定铰支座,另一端为可动铰支座,如图 4-7(b)所示;

(3) **外伸梁**——梁由铰支座支承,但是梁的一端或两端伸出支座之外,如图 4-7(c)和图 4-7(d)所示。

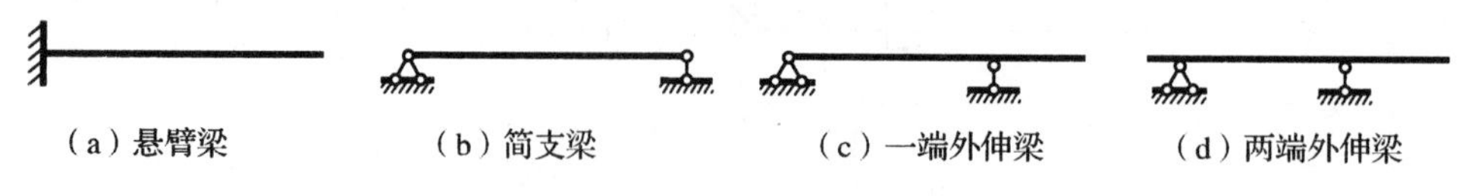

图 4-7 常见梁的计算简图

上述三种梁的支反力均可利用平衡条件求出,这三种梁均为**静定梁**。

4.2 剪力和弯矩

设所有的横向力和外力偶都作用在梁的纵向对称平面内,在求得约束反力(或称支反力)之后,利用截面法,由隔离体的平衡条件,即可求得梁任一横截面上的内力。

现以图 4-8(a)所示的简支梁为例来说明求梁横截面上内力的方法。梁在荷载和支反力的共同作用下是处于平衡状态的,因而由整个梁的平衡条件,可求得支反力为

$$F_A = \frac{b}{l}F$$

$$F_B = \frac{a}{l}F$$

当研究任一横截面 m—m 上的内力时,可假想地沿 m—m 截面将梁截开,任选一段梁为研究对象。若以左段梁为隔离体来分析[图 4-8(b)],由于整个梁处于平衡状态,故该隔离体也应保持平衡。可见在 m—m 横截面上必定有一个作用线与 F_A 平行,而指向与 F_A 相反的切向内力 F_S 存在。F_A 与 F_S 形成力偶矩 $F_A x$,使该隔离体有顺时针转动的趋势,故该横截面上必定还有一个位于纵向对称平面内的逆时针转动的内力偶矩 M 存在。也就是说,在移去右段梁

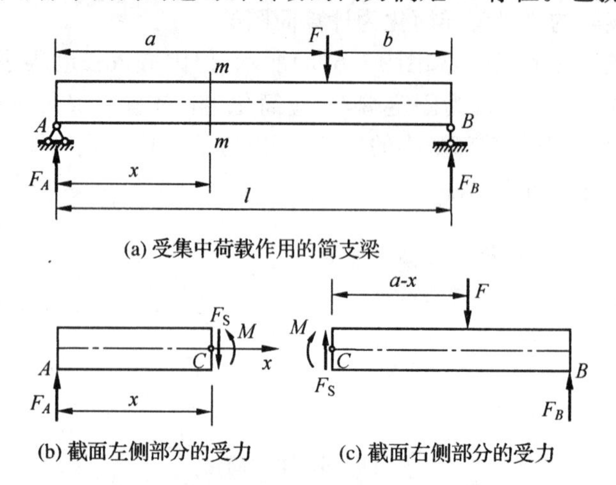

图 4-8 受集中力作用的简支梁横截面上的内力

之后，它对左段梁的作用，可以用截开面上的内力F_S和内力偶矩 M 来替代。它们的大小，根据隔离体的平衡条件，由下列两个平衡方程求出，即

$$\sum F_{iy}=0, F_A-F_S=0,\ F_S=F_A$$

$$\sum M_C(F_i)=0, M-F_Ax=0,\ M=F_Ax$$

F_S 即为 $m—m$ 横截面上的剪力，它实际上是该截面上切向分布内力的合力；M 即为 $m—m$ 横截面上的弯矩，它实际上是该截面上法向分布内力的合力偶矩。形象地说，该梁在弯曲变形后，梁下部的纵向纤维伸长而上部的纵向纤维缩短，因而横截面上的法向分布内力将合成一个拉力和一个与之等值的压力，它们就构成了弯矩 M。

也可取右段梁为隔离体[图 4－8(c)]来计算 $m—m$ 横截面上的内力，所得剪力和弯矩的大小必与上述结果分别相等，但剪力 F_S 的指向和弯矩 M 的转向则与取左段梁为隔离体时相反[图 4－8(b)、(c)]，因为它们是作用力与反作用力的关系。为了使得无论取左段或右端为隔离体，所得同一横截面上的内力，不仅大小相等，而且正负号也一致，就有必要根据变形情况来规定剪力与弯矩的正负号。为此，在该横截面处截取微段梁 dx，规定使该微段梁发生左边向上、右边向下的相对错动时的剪力为正[图 4－9(a)]，反之为负[图 4－9(b)]；使该微段梁发生上凹下凸的弯曲变形，亦即梁的上部纵向纤维受压，下部纵向纤维受拉时，其弯矩为正[图 4－9(c)]，反之为负[图 4－9(d)]。则按此规定，图 4－8 中 $m—m$ 横截面上的剪力和弯矩都为正值。

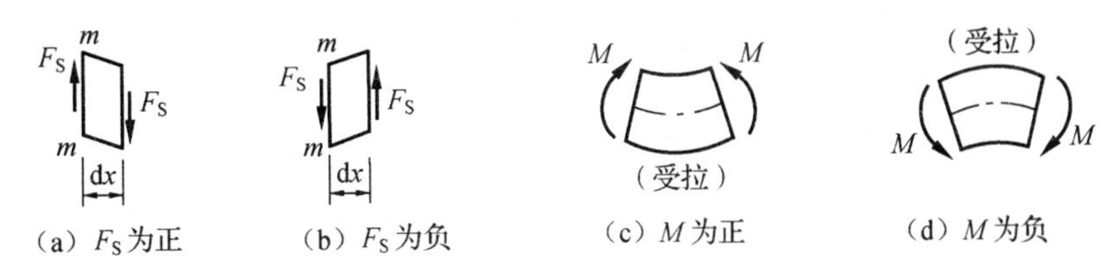

图 4－9　梁的内力及其正负号

【例 4－1】　求图 4－10(a)所示外伸梁在 1—1、2—2、3—3 和 4—4 横截面上的剪力和弯矩。已知：$M=3Fa$。

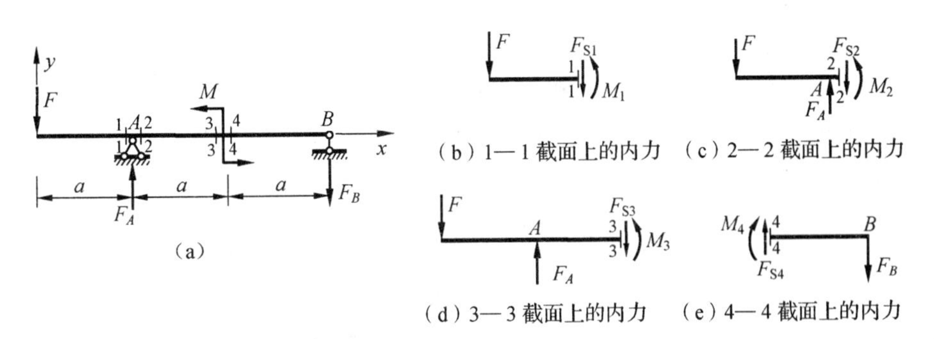

图 4－10　例 4－1 图

【解】　(1) 求支反力。

首先取整个梁为研究对象，由平衡条件 $\sum M_A(F_i)=0$ 和 $\sum F_{iy}=0$ 求得支反力

$$F_B=2F, F_A=3F$$

求出支反力后,可用 $\sum M_B(F_i)=0$ 是否得到满足来进行校核。

(2) 求 1—1 横截面上的剪力 F_{S1} 和弯矩 M_1。

欲求横截面 1—1 上的内力,假想将梁沿该截面截开。现取左段梁为隔离体,并假设该截面上的 F_{S1} 和 M_1 均为正,如图 4-10(b)所示。根据隔离体的平衡条件,由平衡方程

$$\sum F_{iy}=0, -F-F_{S1}=0$$

$$\sum M_{C_1}(F_i)=0, M_1+Fa=0$$

可解得 $F_{S1}=-F, M_1=-Fa$。

式中,C_1 为截面 1—1 的形心,下文中其他截面类推。F_{S1} 和 M_1 均为负值,说明 1—1 横截面上实际的剪力指向和弯矩转向均与所设的相反。即该截面上的内力应是负剪力和负弯矩。

(3) 求 2—2 横截面上的剪力 F_{S2} 和弯矩 M_2。

沿 2—2 截面将梁截开,仍取左段梁为隔离体,并设 F_{S2} 和 M_2 均为正[图 4-10(c)],

$$\sum F_{iy}=0, F_A-F-F_{S2}=0$$

$$\sum M_{C_2}(F_i)=0, M_2+Fa=0$$

求解可得 $F_{S2}=F_A-F=2F, M_2=-Fa$。

所得结果 F_{S2} 为正,说明原先假定的剪力指向是正确的,即该剪力是正值;而弯矩 M_2 为负,说明它的实际转向与假定的相反,即应是负弯矩。

(4) 求 3—3 横截面上的剪力 F_{S3} 和弯矩 M_3。

仍取 3—3 截面以左的一段梁为隔离体,并设 F_{S3} 和 M_3 均为正,如图 4-10(d)所示。由平衡方程

$$\sum F_{iy}=0, F_A-F-F_{S3}=0$$

$$\sum M_{C_3}(F_i)=0, M_3+F\times 2a-F_A\times a=0$$

求解可得 $F_{S3}=F_A-F=2F$, $M_3=F_A\times a-F\times 2a=Fa$。

(5) 求 4—4 横截面上的剪力 F_{S4} 和弯矩 M_4。

为计算简便,取 4—4 截面以右的一段梁为隔离体,设 F_{S4} 和 M_4 均为正,如图 4-10(e)所示。由平衡方程可得

$$F_{S4}=F_B=2F$$

$$M_4=-F_B\times a=-2Fa$$

【说明】 ① 在求梁横截面上的内力时,可直接由该横截面任一边梁上的外力来计算,即:梁任一横截面上的剪力在数值上等于该截面左边(或右边)梁上所有外力的代数和,左边梁上向上的外力(或右边梁上向下的外力)引起正剪力;反之,引起负剪力。② 梁任一横截面上的弯矩在数值上等于该截面左边(或右边)梁上所有外力对该截面形心的力矩之代数和。左边梁上向上的外力及顺时针转向的外力偶(或右边梁上向上的外力及逆时针转向的外力偶)引起正

弯矩;反之,引起负弯矩。③ 比较 F_{S1} 和 F_{S2} 的值可知,在集中力 F_A 作用处的两侧,横截面上的剪力值发生突变,且突变值就等于该集中力的大小。④ 比较 M_3 和 M_4 的值可知,在集中力偶 M 作用处的两侧,横截面上的弯矩值发生突变,且突变值就等于该集中力偶的力偶矩。⑤ 以上这些“规律”,其实都是平衡条件所要求的,所以要注意从平衡的角度来理解这些规律。

【例4-2】 图4-11所示简支梁受到三角形分布荷载的作用,最大荷载集度为 q_0,试求 C 横截面上的内力。

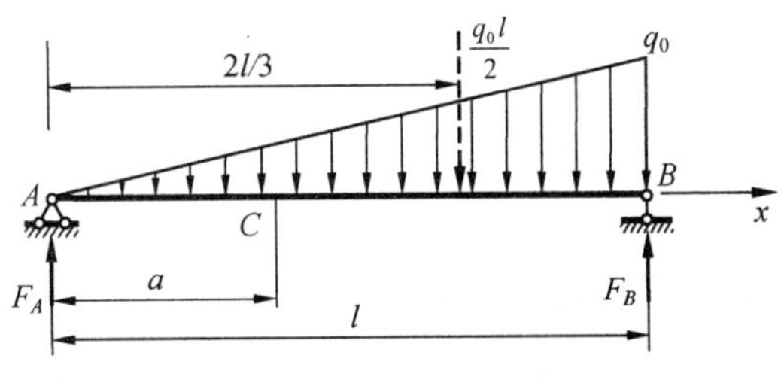

图4-11　例4-2图

【解】 (1) 求支反力

在求支反力时,可将梁上的分布荷载以其合力 $q_0l/2$ 代替,合力作用线到梁的 A、B 两端的距离分别为 $2l/3$ 和 $l/3$,由平衡方程

$$\sum M_A(F_i)=0, F_Bl-\frac{q_0l}{2}\times\frac{2l}{3}=0$$

$$\sum M_B(F_i)=0, \frac{q_0l}{2}\times\frac{l}{3}-F_Al=0$$

解得 $F_A=\frac{q_0l}{6}$, $F_B=\frac{q_0l}{3}$。

可以验证,所求的支反力与外荷载能满足 $\sum F_{iy}=0$ 的平衡条件。

(2) 求 C 横截面上的内力 $F_{S,C}$ 和 M_C

现直接由 C 横截面左边梁上的外力来计算该截面上的内力。C 点处梁上的荷载集度为 $\frac{q_0a}{l}$,故有

$$F_{S,C}=F_A-\frac{1}{2}a\times\frac{q_0a}{l}=\frac{q_0l}{6}-\frac{q_0a^2}{2l}=\frac{q_0(l^2-3a^2)}{6l}$$

$$M_C=F_A\times a-\left(\frac{1}{2}a\times\frac{q_0a}{l}\right)\times\frac{a}{3}=\frac{q_0l}{6}a-\frac{q_0a^3}{6l}=\frac{q_0a(l^2-a^2)}{6l}$$

【评注】 ① 在求截面 C 上的内力时,不能预先将作用在梁上的全部分布荷载用其合力来代替,否则,将得到错误的结果,因为这样的替代就改变了该截面任一侧梁上的荷载。② 求内力时并不是所有的分布荷载都不能静力等效,如果所求内力的截面不在等效荷载所覆盖的范围内,则用分布荷载或其等效荷载,所求的内力是相同的。③ 对于超静定结构,即使是求支座反力,也不能应用静力等效力系来代替原来的力系,因为静力等效后会引起变形量的改变。④ 由于弯曲内力的存在,所以不能随意在梁中间截面处被切开,如果需要在一中间截面处截开,则需要遵照截面法求内力的方法,施加上该截面相应的内力,才能与原来的结构(在受力或变形上)等效。

4.3 剪力方程和弯矩方程 剪力图和弯矩图

从上节的例题可以看出，一般情况下，梁横截面上的剪力和弯矩随横截面位置而变化。若沿梁轴方向选取坐标 x 表示横截面的位置，则梁的各横截面上的剪力和弯矩可以表示为 x 的函数，即

$$F_S=F_S(x)$$

$$M=M(x)$$

上述两个函数表达式，分别称为梁的**剪力方程**和**弯矩方程**。

为能一目了然地看出梁各横截面上的剪力和弯矩随截面位置变化的情况，可仿照轴力图和扭矩图的作法，绘出**剪力图**和**弯矩图**。绘图时，以 x 为横坐标，表示各横截面的位置，以 F_S 或 M 为纵坐标，表示相应横截面上的剪力值或弯矩值。

下面举例说明列剪力方程和弯矩方程以及绘制剪力图和弯矩图的方法。

【例题 4-3】 图 4-12(a)为在自由端受集中力 F 作用的悬臂梁，试列出该梁的剪力方程和弯矩方程，并作出剪力图和弯矩图。

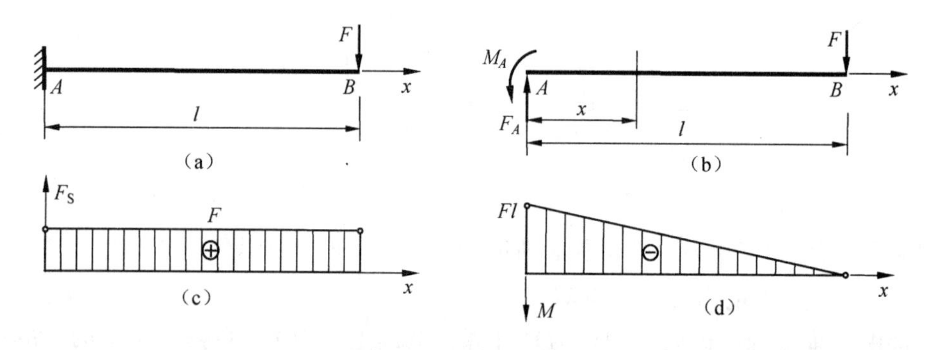

图 4-12 例 4-2 图

【解】 取梁的轴线为 x 轴，并以梁的左端为坐标原点，变量 x 表示任意横截面的位置，如图 4-12(b)所示。在写梁的剪力方程和弯矩方程时，若取 x 截面左边一段梁为隔离体，则需先求支反力。由平衡条件 $\sum F_{iy}=0$ 及 $\sum M_A(F_i)=0$，可求得固定端的支反力为

$$F_A=F$$

$$M_A=Fl$$

根据 x 截面左边梁段上的外力直接求得该截面上的剪力和弯矩分别为

$$F_S=F_A=F \qquad (0<x<l) \tag{a}$$

$$M(x)=F_Ax-M_A=Fx-Fl \qquad (0<x\leqslant l) \tag{b}$$

这就是适用于全梁的剪力方程和弯矩方程。

(a)式表明梁各横截面上的剪力均相同，其值为 F，所以剪力图是一条在 x 轴上方且平行于 x 轴的直线，如图 4-12(c)所示。

由(b)式可知，$M(x)$为x的线性函数，因而弯矩图为一斜直线。只需确定直线上的两个点，例如

$$x=0, M(0)=-Fl$$

$$x=l, M(l)=0$$

即可绘出弯矩图如图4－12(d)所示。我们将弯矩图的纵坐标取向下为正，为的是使弯矩图始终位于梁的受拉一侧，即正值的弯矩(梁的下部受拉)画在横坐标的下方，而负值的弯矩画在上方。由图可见，在固定端处右侧横截面上的弯矩值最大，$|M|_{max}=Fl$，而剪力值在各横截面上均相同。

也可取x截面右边一段梁为隔离体，这样，则不必求支反力，据此所求得的F_S、M方程与前面相同，读者可自行验证。一般来说，取外力较少的一段梁为研究对象，较为简便。

【说明】 ① 剪力和弯矩的正、负号，仅表明梁的变形情况，并无一般代数符号的含义。② 在机械类或近机类专业的力学课程中，弯矩图常规定向上为正，或者说，弯矩画在纵向纤维受压的一侧。无论画在哪一侧，力学上的本质含义是一样的，只是需要理解并保持一致即可。③ 附录Ⅰ中介绍的MDSolids软件中弯矩画在受压一侧，使用时请注意。

【例4－4】 图4－13(a)所示简支梁，受向下均布荷载q作用，试列出该梁的剪力方程和弯矩方程，并作出剪力图和弯矩图。

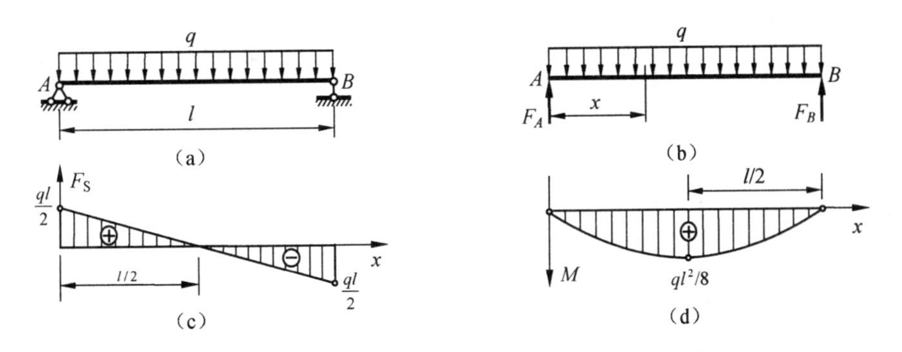

图4－13　例4－4图

【解】 由对称关系可知此梁的支反力为$F_A=F_B=\dfrac{ql}{2}$。

取距左端(横坐标的原点)为x的任意横截面，如图4－13(b)所示，按该截面左边梁段上的外力直接计算此截面上的剪力和弯矩，即得梁的剪力方程和弯矩方程分别为

$$F_S(x)=F_A-qx=\frac{ql}{2}-qx \qquad (0<x<l) \tag{a}$$

$$M(x)=F_Ax-qx\times\frac{x}{2}=\frac{ql}{2}x-\frac{qx^2}{2} \qquad (0\leqslant x\leqslant l) \tag{b}$$

由(a)式知$F_S(x)$是x的线性函数，因而剪力图为一斜直线，只需确定其上两点，$\left(\text{例如取 } F_S(0)=\dfrac{ql}{2}, F_S(l)=-\dfrac{ql}{2}\right)$，便可绘出剪力图，如图4－13(c)所示。

由(b)式知$M(x)$是x的二次函数，弯矩图为二次抛物线，要绘出此曲线，至少需确定曲线上的三个点。对于梁的两端有$M(0)=0$及$M(l)=0$，因为外力对称于跨度的中点，故抛物线

的顶点必在跨中，该横截面上的弯矩 $M\left(\frac{l}{2}\right)=\frac{ql^2}{8}$。据此即可绘出弯矩图，如图 4－13(d)所示。

由内力图可见，跨中横截面上的弯矩值为最大，$M_{max}=\frac{ql^2}{8}$，而在该截面上，剪力 $F_S=0$；两支座内侧横截面上剪力值为最大，$F_{S,max}=\frac{ql}{2}$。

【说明】 ① 对于水平放置的简支梁受到铅垂荷载作用，简支梁可以视为相对于跨中截面的对称结构。② 由例 4－4 可见，在对称荷载作用下，简支梁的剪力图是反对称的，而弯矩图是对称的。这一结论具有一定的普适性。

【思考】 若具有对称结构的梁在反对称荷载作用下，其剪力图和弯矩图的对称性如何？

【例 4－5】 图 4－14(a)所示简支梁，在 C 点处受集中力 F 作用，试列出此梁的剪力方程和弯矩方程，并作出剪力图和弯矩图。

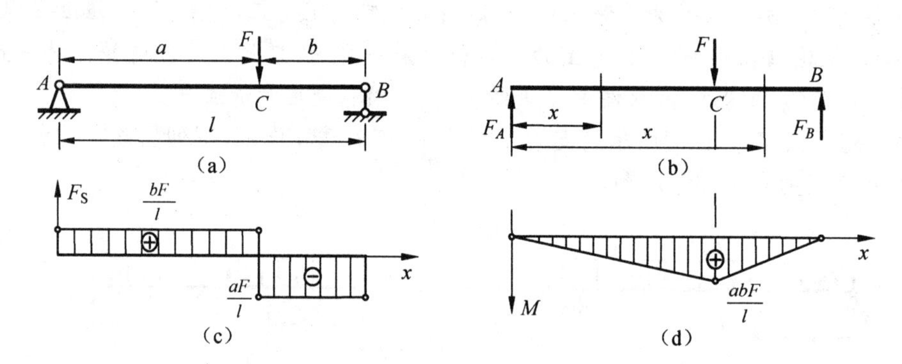

图 4－14 例 4－5 图

【解】 由 $\sum M_B(F_i)=0$ 及 $\sum M_A(F_i)=0$ 的平衡条件求得支反力[图 4－14(b)]为

$$F_A=\frac{b}{l}F$$

$$F_B=\frac{a}{l}F$$

由于集中力 F 将梁分为 AC 和 CB 两段，在 AC 段内任意横截面左侧的外力只有支反力 F_A，而在 CB 段内任意横截面左侧的外力有支反力 F_A 和集中力 F，所以两段梁的内力方程不会相同，应将它们分段写出。

AC 段：

$$F_S(x)=F_A=\frac{Fb}{l} \qquad (0<x<a) \tag{a}$$

$$M(x)=F_Ax=\frac{Fb}{l}x \qquad (0\leqslant x\leqslant a) \tag{b}$$

CB 段：

$$F_S(x)=F_A-F=-\frac{Fa}{l} \qquad (a<x<l) \tag{c}$$

$$M(x)=F_Ax-F(x-a)=\frac{Fb}{l}x-F(x-a) \qquad (a\leqslant x\leqslant l) \tag{d}$$

根据式(a)、(c)作剪力图，AC 和 CB 段的剪力图各是一条平行于 x 轴的直线，如图 4-14(c)所示。当 $a>b$ 时，在 CB 段内的剪力值取最大，$|F_S|_{max}=\frac{Fa}{l}$。

根据(b)式、(d)式作弯矩图，两段梁的弯矩图各是一条斜直线，如图 4-14(d)所示。在集中力 F 作用处的横截面上弯矩值取最大，$M_{max}=\frac{Fab}{l}$。

【说明】 ① 如果 $a=b=\frac{1}{2}l$，即集中荷载 F 作用在梁的跨中时，则最大弯矩发生在梁的跨中截面，其值为 $M_{max}=\frac{1}{4}Fl$。② 此时，若将集中荷载视为两个大小为 $\frac{1}{2}F$ 的力对称作用在跨中截面的两侧，则荷载相对于跨中截面对称，按照前面所说的对称性，就有剪力图反对称，而弯矩图对称。这个结论与在 $a=b$ 情况下的剪力图与弯矩图一致。

【思考】 如果简支梁在跨中作用一个集中力偶，这种荷载相对于跨中截面是对称，或是反对称？如何理解？

【例 4-6】 试绘出图 4-15 所示简支梁的剪力图和弯矩图。

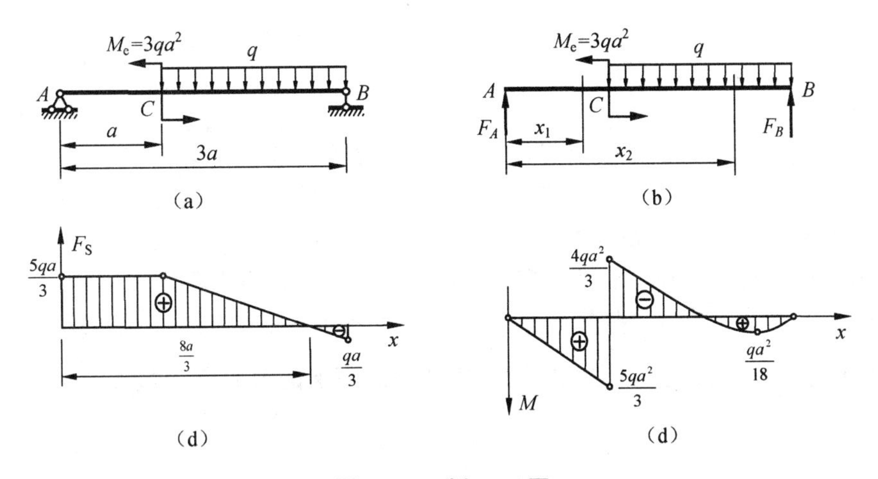

图 4-15　例 4-6 图

【解】 首先求支反力，由

$$\sum M_B(F_i)=0, 3qa^2+q\times 2a\times a-F_A\times 3a=0$$

$$\sum M_A(F_i)=0, F_B\times 3a+3qa^2-q\times 2a\times 2a=0$$

解得 $F_A=\frac{5qa}{3}$，$F_B=\frac{qa}{3}$。

梁上的外力将梁分成为两段，故需分段列出剪力方程和弯矩方程。

AC 段：

$$F_S(x_1)=F_A=\frac{5}{3}qa \qquad (0<x_1\leqslant a)$$

$$M(x_1)=F_A x_1=\frac{5}{3}qax_1 \qquad (0\leqslant x_1<a)$$

CB 段：

$$F_S(x_2)=F_A-q(x_2-a)=\frac{5}{3}qa-q(x_2-a) \qquad (a\leqslant x_2<3a)$$

$$M(x_2)=F_A x_2-M_e-q\frac{(x_2-a)^2}{2}=\frac{5}{3}qax_2-3qa^3-\frac{q}{2}(x_2-a)^2(a<x_2\leqslant 3a)$$

AC 段的剪力为常量，该段剪力图是一条水平直线；CB 段的剪力是 x 的线性函数，该段剪力图为一条斜直线，如图 4-15(c)所示。

AC 段的弯矩是 x 的线性函数，该段弯矩图为一斜直线；CB 段的弯矩是 x 的二次函数，该段弯矩图为二次抛物线，需确定三个截面的弯矩值。对于该段内的截面 C、B 有 $M(a)=-\frac{4qa^2}{3}$ 及 $M(3a)=0$。此外，尚需考察该段内弯矩有无极值，为此，求 $M(x_2)$对 x 的一阶导数，并令其为零：

$$\frac{\mathrm{d}M(x_2)}{\mathrm{d}x}=\frac{5}{3}qa-\frac{q}{2}\times 2(x_2-a)=0$$

得 $x_2=\frac{8}{3}a$。

弯矩的极值在距左端$\frac{8}{3}a$ 的截面上，其值为

$$M_{极值}=\frac{5}{3}qa\left(\frac{8}{3}a\right)-3qa^2-\frac{q}{2}\left(\frac{8}{3}a-a\right)^2=\frac{qa^2}{18}$$

故有弯矩图如图 4-15(d)所示。

从剪力图和弯矩图可以看出，在集中力偶作用处，其左、右两侧横截面上的剪力相同，而弯矩则发生突变，突变量等于该力偶矩的数值。发生突变的原因，类似于上例对集中力作用处剪力发生突变的分析。由图得知，在 AC 段内任一横截面上的剪力值为最大，$F_{S,max}=\frac{5qa}{3}$。在 AC 段内的 C 截面上弯矩值为最大，$M_{max}=\frac{5qa^2}{3}$。

事实上，在集中力和集中力偶作用处，剪力图和弯矩图之所以分别产生突变，其实就是平衡方程的要求。如图 4-16 和图 4-17 所示。

假若在集中力或集中力偶作用处两侧对称取一长为 Δ 的微段，由于作用截面处内力不一定连续，故以“$-$”和“$+$”作为下标分别表示该点的左侧和右侧所对应的物理量。

如图 4-16(a)所示，对于指向向下的集中力作用处，列平衡方程：

$$\sum F_{iy}=0, F_+ + F - F_- = 0,\ F_+ = F_- - F$$

即指向向下的集中力 F 作用处，右侧截面剪力比左侧截面剪力小 F。

$$\sum M(F_i)=0, M_+ + F\cdot\frac{\Delta}{2}-F_-\cdot\Delta-M_-=0, M_+=M_-\ (\Delta\to 0)$$

即只有集中力作用处的弯矩图连续。

如图 4-16(b)所示，对于指向向上的集中力作用处，也可得出对应的结论。

如图 4－17(a)所示，对于顺时针集中力偶作用处，列平衡方程

$$\sum F_{iy}=0, F_{+}-F_{-}=0,\ F_{+}=F_{-}$$

即在集中力偶作用处剪力图连续。

$$\sum M(F_i)=0, M_{+}-M_{e}-F_{-}\cdot\Delta-M_{-}=0, M_{+}=M_{-}+M_{e}(\Delta\rightarrow 0)$$

即弯矩图有突变，顺时针作用的外力偶 M_e，其右侧截面的弯矩比左侧截面大 M_e。

对于逆时针作用的集中力偶，如图 4－17(b)所示，也可得出对应的结论。

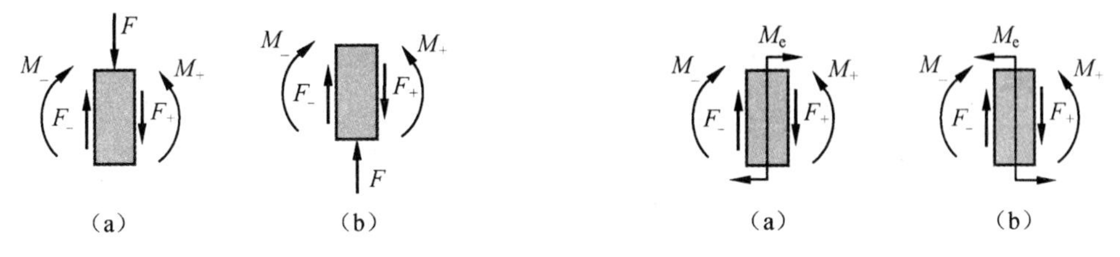

图 4－16　集中力作用的左右侧截面的内力　　**图 4－17　集中力偶作用的左右侧截面的内力**

根据上述平衡方程，可以得出以下结论：

(1) 对于集中力作用处的剪力图，左、右两侧会产生突变，以剪力向上为正，自左向右绘制时，则向下作用的外力，右侧的剪力相对左侧要向下突变；向上作用的外力，右侧的剪力相对左侧要向上突变（即沿外力作用的方向产生外力大小的突变）。但对于只有集中力作用而没有集中力偶作用处的弯矩图保持连续。

(2) 对于集中力偶作用处的弯矩图，左、右两侧会产生突变，以弯矩向下为正，自左向右绘制时，则逆时针作用的外力偶，其右侧截面的弯矩相对左侧要向上突变（即弯矩减小）；顺时针作用的外力偶，右侧的弯矩相对左侧要向下突变（即弯矩增加）。但对于只有集中力偶作用而没有集中力作用处的剪力图则保持连续。

【评注】 ① 对于图 4－17 中集中力偶作用处右侧截面的弯矩相对于左侧截面是增加或者减小，也可以通过考察作用处右边下侧的纵向纤维是拉伸或压缩来判断，如图 4－17(a)所示，M_e使右边下侧纵向纤维拉伸，故右侧截面的弯矩相对于左侧截面增加。反之，如图 4－17(b)，其中的 M_e则使右边下侧的纵向纤维受压，右边截面的弯矩相对于左侧截面的弯矩减小。② 从平衡的角度理解并熟练掌握上述基本关系，便可快速绘制剪力图和弯矩图。

4.4　弯矩、剪力与荷载集度之间的关系及其应用

4.4.1　弯矩、剪力与荷载集度之间的关系

从例 4－4 的内力方程 $F_S(x)=\frac{1}{2}ql-qx$ 和 $M(x)=\frac{1}{2}qlx-\frac{1}{2}qx^2$ 中可以看到，如将 $M(x)$对 x 求一阶导数，得$\frac{dM(x)}{dx}=\frac{1}{2}ql-qx$，这恰好是剪力方程等号右边的各项，也就是说 $\frac{dM(x)}{dx}=F_S(x)$，如果再将 $F_S(x)$对 x 求一阶导数，得$\frac{dF_S(x)}{dx}=-q$，即剪力对 x 求一阶导数等

于荷载集度。这种关系在例 4-5 和例 4-6 中同样成立。事实上,这些关系在直梁中是普遍存在的。下面就从一般情况来证明这些关系式。

图 4-18(a)表示受横向力及外力偶矩作用的梁。坐标原点取在梁的左端,分布荷载集度 $q(x)$是 x 的连续函数,并规定**以向上为正**。现用两个横截面从梁中取出长为 dx 的微段来研究,如图 4-18(b)所示。设距坐标原点为 x 的截面上的内力为 $F_S(x)$和 $M(x)$,该处的荷载集度为 $q(x)$,而距原点为 $x+dx$ 的截面上的内力将为 $F_S(x)+dF_S(x)$和 $M(x)+dM(x)$。以上各内力均设为正的,由于 dx 非常小,故可略去 $q(x)$在 dx 长度上的改变量。在上述各力作用下,该微段梁应保持平衡。

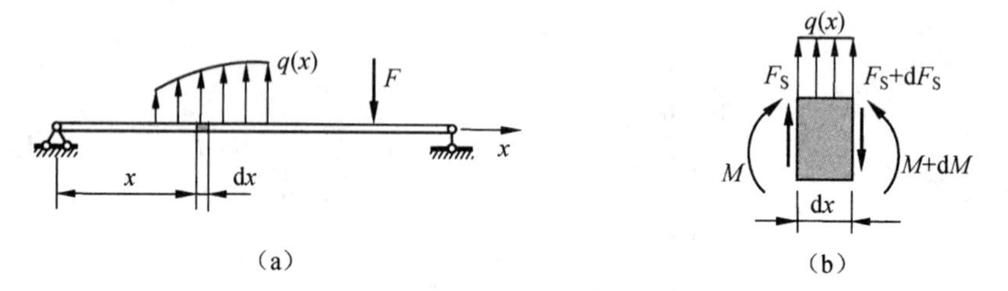

图 4-18 梁的受力与微段的平衡

根据平衡方程(记微段右侧截面的形心为 C)

$$\sum F_{iy}=0, F_S(x)-[F_S(x)+dF_S(x)]+q(x)dx=0 \tag{a}$$

$$\sum M_C(F_i)=0, [M(x)+dM(x)]-M(x)-F_S(x)dx-q(x)dx\cdot\frac{dx}{2}=0 \tag{b}$$

由式(a)得

$$\frac{dF_S(x)}{dx}=q(x) \tag{4-1}$$

由式(b),并略去二阶微量$[q(x)/2](dx)^2$ 后,可得

$$\frac{dM(x)}{dx}=F_S(x) \tag{4-2}$$

若将式(4-2)代入式(4-1),则得

$$\frac{d^2M(x)}{dx^2}=q(x) \tag{4-3}$$

以上三式就是弯矩 $M(x)$、剪力 $F_S(x)$和荷载集度 $q(x)$三函数间的关系式。

【说明】 ① 在推导式(4-1)～(4-3)时,x 轴以指向右为正,若将 x 轴的原点取在梁的右端,即 x 以指向左为正时,则式(4-1)和(4-2)在等号的右边应加一个负号。式(4-3)则不会因坐标原点的改动而影响其正负号。② 在推导式(4-1)～(4-3)时,微段内没有集中力和集中力偶作用。如果有集中作用的话,由于此时内力方程可能不是连续函数,式(4-1)～(4-3)原则上不再成立。这时应在集中荷载作用处分段,内力图在集中荷载作用处的变化按照图 4-16或图 4-17 中对应的关系处理;或者利用狄拉克函数来处理。

上述三式反映了弯矩、剪力与荷载集度之间的内在联系。对弯矩图和剪力图来说,这些关系式的几何意义如下:式(4-1)表明,剪力图上某点处的切线斜率等于该点处荷载集度的大小;式(4-2)表明,弯矩图上某点处的切线斜率等于该点处剪力的大小。利用这些关系式有利于绘制或校核剪力图和弯矩图。下面结合常见的荷载情况,并结合上述例题,对 F_S、M 图的某些几何特征做一些说明。

(1) 若梁上某区段内无分布荷载,即 $q(x)=0$,则该区段内的剪力图为水平直线(或该区段内剪力均为零),弯矩图为倾斜直线(或为水平直线)。可从例4-3、例4-5、例4-6的剪力图和弯矩图中看出。

(2) 若梁上某区段内有向下的均布荷载作用,即 $q(x)$=负常量,则该区段内的剪力图为向右下方倾斜的直线,弯矩图为向下凸的二次抛物线,如图4-19(a)所示。当 $q(x)$ 为正的常量时,剪力图为向右上方倾斜的直线,弯矩图为向上凸的二次抛物线,如图4-19(b)所示。在剪力等于零的截面处,弯矩有极值,此处弯矩图切线的斜率为零。这些可从例4-4、例4-6的剪力图和弯矩图中看出。

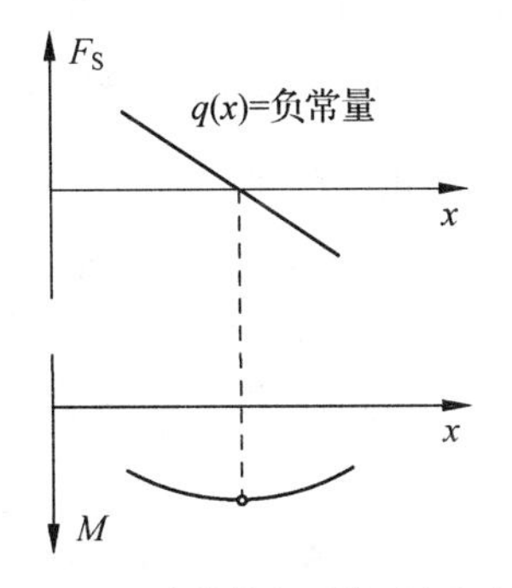

(a) 均布荷载向下作用的内力图

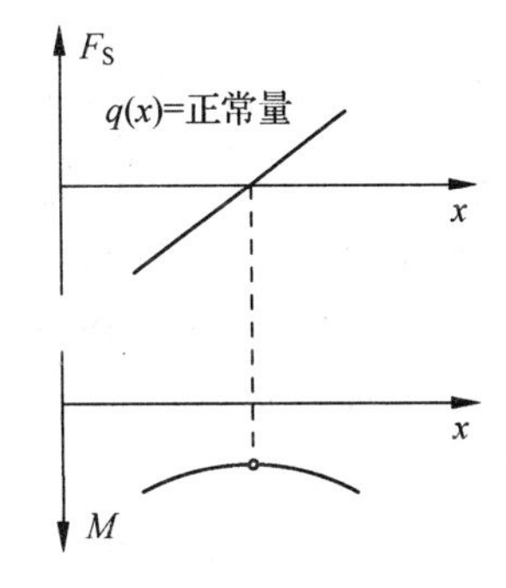

(b) 均布荷载向上作用的内力图

图4-19　均布荷载作用区段的内力趋势图

(3) 若梁上的外力具有对称性时,则弯矩图为正对称,而剪力图为反对称。这可从例4-4的剪力图和弯矩图中看出。

(4) 在集中力作用处,剪力图有突变,突变量等于该集中力的大小,弯矩图有尖角;在集中力偶作用处,弯矩图有突变,突变量等于该力偶矩的数值。这些可从例4-5、例4-6的剪力图和弯矩图中看出。

【思考】 ① 在推导关系式(4-1)～(4-3)中,如果作用在梁上的荷载除横向分布荷载 $q(x)$ 之外,还有矢量方向垂直于 xOy 平面的分布外力偶 $m_1(x)$ 时,微分关系式(4-1)～(4-3)有没有变化?具体形式如何?② 如果存在轴向分布外荷载,或者矢量方向平行于 x 轴的分布外力偶 $m_2(x)$ 时,情况又会怎样?

若将式(4-1)和(4-2)改写成微分形式

$$\mathrm{d}F_S(x)=q(x)\mathrm{d}x$$

$$\mathrm{d}M(x)=F_S(x)\mathrm{d}x$$

并在 $x=a$ 到 $x=b$ 的区间(该区间内无集中力和集中力偶作用)积分得

$$\int_a^b \mathrm{d}F_S(x)=\int_a^b q(x)\mathrm{d}x$$

$$\int_a^b \mathrm{d}M(x)=\int_a^b F_S(x)\mathrm{d}x.$$

可写为

$$F_{S,b}-F_{S,a}=\int_a^b q(x)\mathrm{d}x$$

$$M_b-M_a=\int_a^b F_S(x)\mathrm{d}x.$$

或

$$F_{S,b}=F_{S,a}+\int_a^b q(x)\mathrm{d}x \tag{4-4}$$

$$M_b=M_a+\int_a^b F_S(x)\mathrm{d}x \tag{4-5}$$

式中，$F_{S,a}$和$F_{S,b}$分别为$x=a$和$x=b$处两个横截面上的剪力；M_a和M_b则分别为这两个截面上的弯矩；积分项$\int_a^b q(x)\mathrm{d}x$和$\int_a^b F_S(x)\mathrm{d}x$分别为这两个截面间的分布荷载图之面积和剪力图之面积，因为$q(x)$和$F_S(x)$是有正负的，所以在这两个面积的前面也应带有相应的正负号。

利用荷载集度、剪力和弯矩三个函数之间的微分关系来判断每一区段剪力图和弯矩图的规律，然后算出（可以利用平衡方程或利用积分关系）某些控制截面的剪力和弯矩值，即可作出梁的剪力图和弯矩图，而不必写出剪力方程和弯矩方程，从而使作图过程简化；也可以利用这些关系校核内力图的正确性。

【评注】 利用积分关系，可以不用列方程，而是利用荷载图以及剪力图就可以计算一些截面上的剪力和弯矩，有助于快速绘制剪力图和弯矩图。

4.4.2 利用微分关系绘制静定梁的剪力图和弯矩图

【例4-7】 利用M、F_S和q间的关系校核图4-20(a)所示简支梁的F_S、M图。

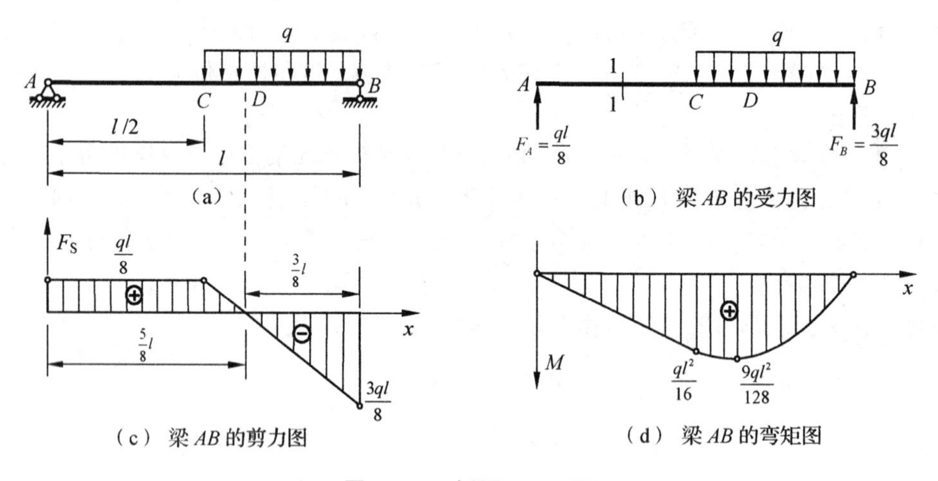

图4-20 例题2-11图

【解】 (1) 求解并校核支反力

梁AB的受力如图4-20(b)所示。由平衡方程$\sum M_A(F_i)=0$及$\sum M_B(F_i)=0$，可求得支反力，经校核可知图4-20(b)所示的支反力大小及指向均无误。读者可自行验证。

(2) 校核 F_S 图

AC 段梁上 $q(x)=0$，F_S 图为水平直线，故只需知道该段梁任一截面上的剪力。例如对 1—1 截面，用左边梁上的外力来计算，可得

$$F_{S1}=F_A=\frac{ql}{8}$$

CB 段梁上有向下的均布荷载，故 F_S 图为向右下方倾斜的直线，再计算 C、B 两截面的剪力得

$$F_{S,C}=F_A=\frac{ql}{8}$$

$$F_{S,B}=-F_B=-\frac{3ql}{8}$$

由以上的定性分析及三个控制截面上的剪力值，表明所作的剪力图是正确的。

(3) 校核 M 图

AC 段内 F_S 等于正的常量，所以 M 图为向右下方倾斜的直线。

CB 段上 $q(x)$ 等于负常量，由(2-8)式可知，M 图为向下凸的二次抛物线，在 $F_S=0$ 的 D 截面处，M 有极值。D 截面的位置可由剪力图上两相似三角形的关系求出，设 D 截面到 B 截面的距离为 a，则由 $\frac{a}{3ql/8}=\frac{(l/2)-a}{ql/8}$，可求得 $a=\frac{3}{8}l$。

再来校核控制截面的弯矩值，对于 C 截面，用左边梁上的外力来计算，可得 $M_C=F_A\times\frac{l}{2}=\frac{ql^2}{16}$，或者用剪力图左侧的面积求得 $\frac{ql}{8}\times\frac{l}{2}=\frac{1}{16}ql^2$。对于 D 截面，若用右边梁上的外力计算得 $M_D=F_B\times\frac{3l}{8}-q\times\frac{3l}{8}\times\frac{3l}{16}=\frac{9}{128}ql^2$，或者用剪力图左侧的面积求得 $\frac{ql}{8}\times\frac{l}{2}+\frac{1}{2}\times\frac{ql}{8}\times\frac{l}{8}=\frac{9}{128}ql^2$。可见所作的弯矩图也是正确的。

【例 4-8】 利用 M、F_S 和 q 间的关系作图 4-21(a)所示外伸梁的 F_S 图、M 图。

【解】 由平衡条件 $\sum M_B(F_i)=0$ 及 $\sum M_A(F_i)=0$，可求得支反力为 $F_A=10$ kN，$F_B=15$ kN。

由于梁上外荷载将梁分为三段，故需分段绘制剪力图和弯矩图。

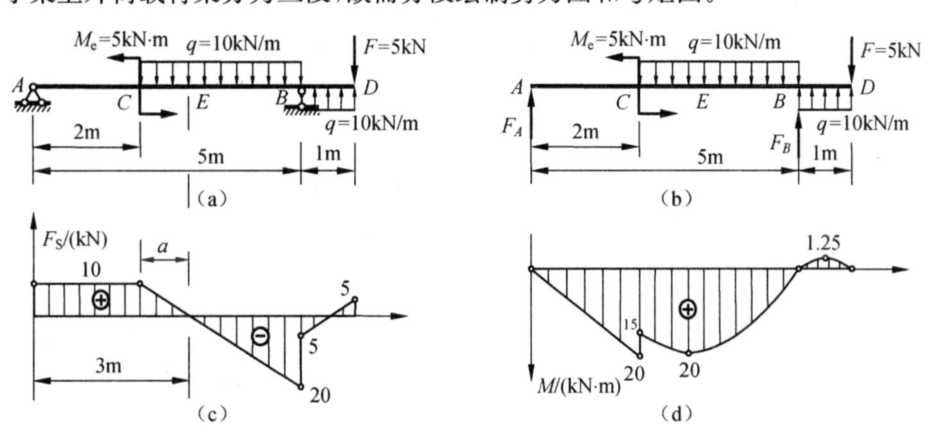

图 4-21　例 4-8 图

***AC* 段：**

因该段梁上 $q(x)=0$，故 F_S 图为一水平直线，且 $F_{S,A+}=F_A=10\ \text{kN}$。$M$ 图为向右下方倾斜的直线，且 $M_{C-}=F_A\times 2\ \text{m}=20\ \text{kN}\cdot\text{m}$。该段的 F_S 图、M 图如图 4-21(c)、4-21(d)所示。

***CB* 段：**

因该段梁上 $q(x)$ 等于负常量，F_S 图为向右下方倾斜的直线。因 C 处没有集中力，故 $F_{S,C}=F_{S,A}=10\ \text{kN}$，而 B 处左侧截面上的剪力为 $F_{S,B-}=F_A-q\times 3\ \text{m}=-20\ \text{kN}$。该段梁的 F_S 图如图 4-21(c)所示。

由式(4-3)可知，M 图为向下凸的二次抛物线。因 C 处有集中力偶作用，C 处右侧截面上的弯矩不等于左侧截面上的弯矩，而是有跳跃。由于 $M_{C-}=M_A+10\ \text{kN}\times 2\ \text{m}=20\ \text{kN}\cdot\text{m}$。故 C 处右侧截面上的弯矩为

$$M_{C+}=M_{C-}-M_e=20\ \text{kN}\cdot\text{m}-5\ \text{kN}\cdot\text{m}=15\ \text{kN}\cdot\text{m}$$

在 $F_S=0$ 的 E 截面处弯矩有极值，设此截面的位置距 C 截面为 a，则由

$$\frac{a}{10}=\frac{3-a}{20}$$

可得 $a=1\ \text{m}$。于是

$$M_E=M_{C+}+\frac{10\ \text{kN}\cdot\text{m}\times(1\ \text{m})}{2}=15\ \text{kN}\cdot\text{m}+5\ \text{kN}\cdot\text{m}=20\ \text{kN}\cdot\text{m}$$

类似可得 B 截面的弯矩为 $M_B=M_E-\dfrac{20\ \text{kN}\times 2\ \text{m}}{2}=0$。

该段梁的 M 图如图 4-21(d)所示。

***BD* 段：**

因该段梁上 $q(x)$ 等于正的常量，F_s 图为向右上方倾斜的直线。B 处右侧截面上的剪力按右边梁上的荷载计算较方便，即

$$F_{S,B+}=F-q\times 1\ \text{m}=5\ \text{kN}-10\ \text{kN/m}\times 1\ \text{m}=-5\ \text{kN}$$

而 $F_{S,D-}=F=5\ \text{kN}$。该段 F_s 图如图 4-21(c)所示。

M 图为向上凸的二次抛物线，由 F_S 图可知，距 D 截面 0.5 m 处弯矩有极值，按右边梁上的荷载计算

$$M_{极值}=-F\times 0.5\ \text{m}+\frac{q\times(0.5\ \text{m})^2}{2}=-5\ \text{kN}\times 0.5\ \text{m}+\frac{10\ \text{kN/m}\times(0.5\ \text{m})^2}{2}=-1.25\ \text{kN}\cdot\text{m}$$

该段的 M 图如图 4-21(d)所示。

由图可见，梁的最大剪力在 B 点左侧截面上，其值为 $|F_S|=20\ \text{kN}$。最大弯矩在 C 点左侧截面和 E 截面上，其值均为 $M_{max}=M_{极值}=20\ \text{kN}\cdot\text{m}$。

在例 4-8 中，$F_{S,B-}$ 和 M_B 的计算也可以利用积分关系式(4-4)、(4-5)求得：

$$F_{S,B-}=F_{S,C}-q\times 3\ \text{m}=10\ \text{kN}-10\ \text{kN/m}\times 3\ \text{m}=-20\ \text{kN}$$

$$M_B=M_{C+}+\frac{1}{2}\times 1\ \text{m}\times 10\ \text{kN}-\frac{1}{2}\times 2\ \text{m}\times 20\ \text{kN}=15\ \text{kN}\cdot\text{m}+5\ \text{kN}\cdot\text{m}-20\ \text{kN}\cdot\text{m}=0$$

【说明】 由剪力图的绘制过程可见，从左端的轴线处出发，按照外力的作用方向和大小绘

制。遇到集中力，按照外力的作用方向和大小跳跃；遇到均布荷载，按照均布荷载的作用方向倾斜，而总的改变量即为均布荷载的合力的大小。到杆件右端其剪力图又回到轴线上来。(为什么?)

4.5　用叠加法作弯矩图

如在第一章所述，处于线弹性状态下的梁受荷载作用，产生变形极其微小，在求梁的支反力和内力(剪力和弯矩)时，利用原始尺寸原理可按其原始尺寸进行计算，从而所得到的支反力与内力均与梁上的荷载呈线性关系。在这种情况下，当梁上受几种荷载共同作用时，某一横截面上的内力(如弯矩)就等于该梁在各个荷载单独作用下同一横截面上的同一内力(如弯矩)的代数和。这一方法称为**叠加原理**。于是可先分别画出每一种荷载单独作用下的弯矩图，然后将各弯矩图叠加起来就得到总弯矩图。

【说明】 叠加原理在线弹性和小变形的前提下，不仅对于求解构件内力适用，对于求解截面的位移、应力等力学量也适用。叠加原理在材料力学中起着非常重要的作用，但需要注意该原理的前提条件。

【例4-9】 试用叠加法作图4-22(a)所示简支梁在均布荷载q和集中力偶M_e作用下的弯矩图。设$M_e=\frac{1}{8}ql^2$。

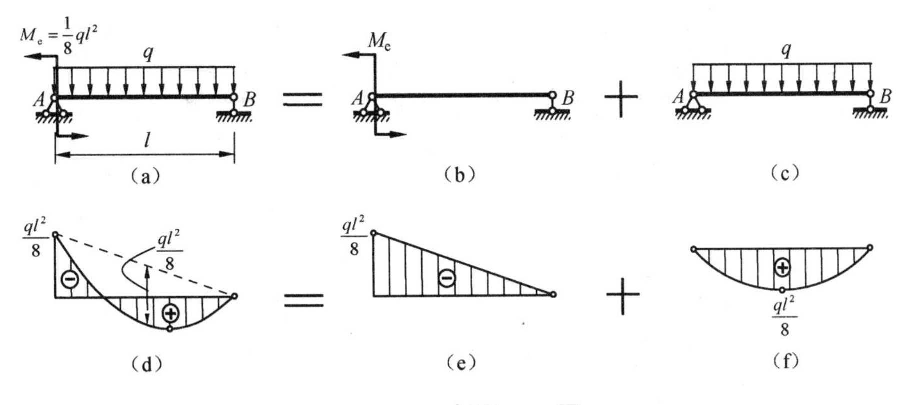

图4-22　例题4-9图

【解】 (1) 先考虑梁上只有集中力偶M_e作用[图4-22(b)]，画出弯矩图如图4-22(e)所示。

(2) 再考虑梁上只有均布荷载q作用[图4-22(c)]，画出弯矩图如图4-22(f)所示。

(3) 将以上两个弯矩图中相同截面上的弯矩值相加，便得到总的弯矩图如图4-22(d)所示。

在叠加弯矩图时，也可以图4-22(e)的斜直线[即图4-22(d)中的虚线]为基线，画出均布荷载q作用下的弯矩图。于是两图的共同部分正负抵消，剩下的即为叠加后的弯矩图。

【说明】 ① 用叠加法画弯矩图，一般要求梁在荷载单独作用下的弯矩图能够比较方便地画出，且梁受的荷载也不太复杂。② 在分布荷载作用的范围内，用叠加法有时不易直接求出弯矩的极值(如果弯矩存在极值的话)，如需求出弯矩极值，仍需求出剪力为零的位置后，再计算确定。③ 对于多跨静定梁(或超静定梁)，如果将每一跨视为简支梁，将支座处的弯矩视为外力偶矩，则可如图 4－22(d)那样做出两端的截面弯矩竖标后，将两个竖标的顶点以虚线相连，然后暂以此虚线为基线，将相应简支梁在均布荷载(或集中荷载)作用下的弯矩图叠加上去，则最后所得的图线与原定基线之间所包含的图形即为该段实际的弯矩图，这样每一段都如此执行，可得梁的弯矩图。由于它是把梁分段后，再在某一区段上进行叠加，所以将此方法称为**区段叠加法**，又称**拟简支梁法**。这种作弯矩图的叠加方法，不仅作图方便，而且也便于利用弯矩图计算梁的位移。分段叠加法在结构力学中常用。

【例 4－10】 试绘制图 4－23(a)所示的多跨静定梁的内力图。

【解】 由于水平方向没有外部荷载作用，故支座 A 以及中间铰 C、E 处的水平约束力均为零。分别以梁 EF、CDE 和 AC 为研究对象，受力如图 4－23(b)、(c)、(d)所示。

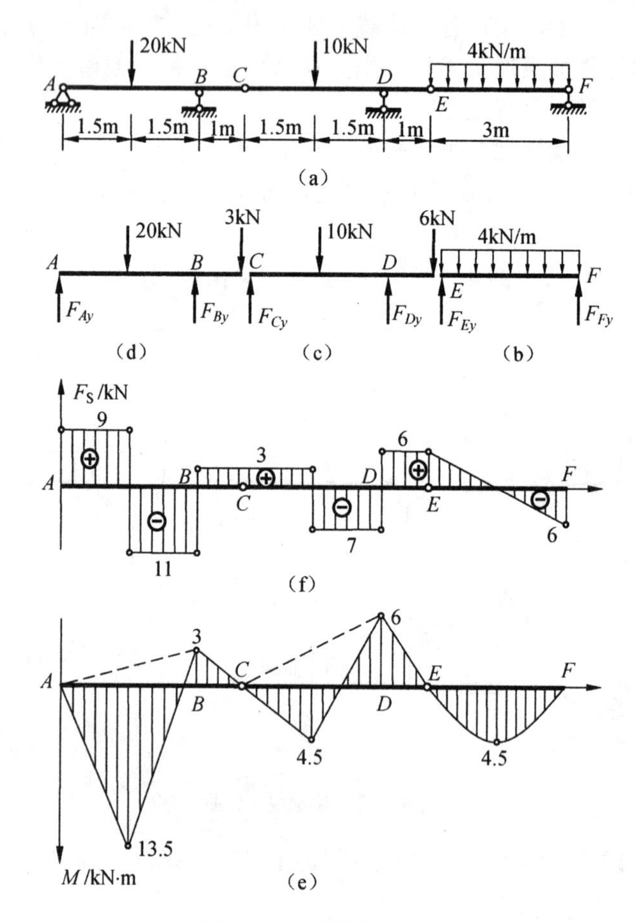

图 4－23 例题 4－10 图

对于梁 EF，由对称性易得 E、F 处约束反力为

$$F_{Ey}=F_{Fy}=\frac{1}{2}\times4\times3\ \text{kN}=6\ \text{kN}(\uparrow)$$

对于梁 CDE，可由平衡方程求出 C、D 处的约束反力。

$$\sum M_C(F_i)=0, F_{Dy}\times3\ \text{m}-10\times1.5\ \text{kN}\cdot\text{m}-6\times4\ \text{kN}\cdot\text{m}=0, F_{Dy}=13\ \text{kN}$$

$$\sum F_{iy}=0, F_{Cy}+F_{Dy}-10\ \text{kN}-6\ \text{kN}=0, F_{Cy}=3\ \text{kN}$$

对于梁 ABC，可由平衡方程求出 A、B 处约束反力。

$$\sum M_A(F_i)=0, F_{By}\times 3\ \text{m}-20\times 1.5\ \text{kN}\cdot\text{m}-3\times 4\ \text{kN}\cdot\text{m}=0, F_{By}=14\ \text{kN}$$

$$\sum F_{iy}=0, F_{Ay}+F_{By}-20\ \text{kN}-3\ \text{kN}=0, F_{Ay}=9\ \text{kN}$$

根据所求的约束力的大小和指向，可以绘制出多跨静定梁的 F_S 图，如图 4-23(e)所示。

每一跨的 M 图，可按照前面所述方法区段叠加法作出。例如梁 ABC，截面 A、C 处的弯矩均为零，截面 B 处的弯矩为 $M_B=-3\ \text{kN}\times 1\ \text{m}=-3\ \text{kN}\cdot\text{m}$，截面上侧纵向纤维上侧受拉。而 AB 段中点的弯矩为

$$\frac{1}{4}\times 20\ \text{kN}\times 3\ \text{m}-\frac{1}{2}M_B=15\ \text{kN}\cdot\text{m}-1.5\ \text{kN}\cdot\text{m}=13.5\ \text{kN}\cdot\text{m}$$

又由于梁 ABC 中没有分布荷载作用，故在集中力之间的梁段的弯矩图服从线性变化规律，从而可得梁 ABC 的弯矩图。以此类推，可得整个多跨静定梁的 M 图，如图 4-23(f)所示。

【说明】 ① 由于中间铰不能承受弯矩，故中间铰处的弯矩一定为零。② 中间铰可以承受力，所以一般情况下，中间铰处的剪力不为零。如果没有外部荷载作用在中间铰处，则在中间铰两侧的剪力相等，即在中间铰处剪力图保持连续。如果有外部荷载作用在中间铰处，则在中间铰处剪力图有突变，规律与前述的相应规律一致。③ 集中力作用在中间铰的左侧、右侧或者中间铰的销钉上，对剪力图没有影响；但集中力偶作用在中间铰的左侧或右侧，对应的弯矩图是不同的。

4.6　静定平面刚架和曲杆的内力

在土木工程中，刚架的使用十分普遍，静定平面刚架是刚架中最基本的一类，是研究非静定(即超静定)刚架的基础。静定平面刚架是由同一平面内的若干根杆件组成的结构。通常把水平的杆件称为梁，竖向的杆件称为柱，其特点是具有刚结点(全部或部分)。刚结点的特征是各杆端不能相对移动也不能相对转动，可以传递力也能传递力矩(从而刚架体系可以形成较大的跨度)。静定平面刚架的内力通常包含轴力、剪力和弯矩，其计算方法原则上和静定梁相同，通常需要先求出支座反力，然后计算各组成构件的内力，最后绘制内力图。对于梁的内力图，依照前面所讨论的结果进行绘制即可，而对于柱的剪力图和弯矩图，可以将柱旋转成水平方向放置的梁，然后按照梁的剪力图和弯矩图的绘制方法绘制。

为了不使内力符号发生混淆，规定在内力符号的右下角用两个脚标：前一个下标表示该内力所属杆端，后一个下标表示该杆段的另一端。如 AB 杆的 A 端截面弯矩用 M_{AB} 表示，B 端截面弯矩用 M_{BA} 表示。剪力和轴力也采用同样的方法。

在刚架中，剪力与轴力的正负号规定与梁和受拉压的杆件内力的符号规则相同。剪力图和轴力图可画在杆件的任一侧，但必须标明正负号。横截面的弯矩方向可以任意假设，但规定弯矩图画在杆件的受拉纤维一侧(与梁的弯矩图画法一致)，但图中可不标正负号。

曲杆横截面上的内力计算及其内力图的绘制方法与刚架的相类似。

【例 4-11】 试绘制图 4-24(a)所示平面刚架的内力图。

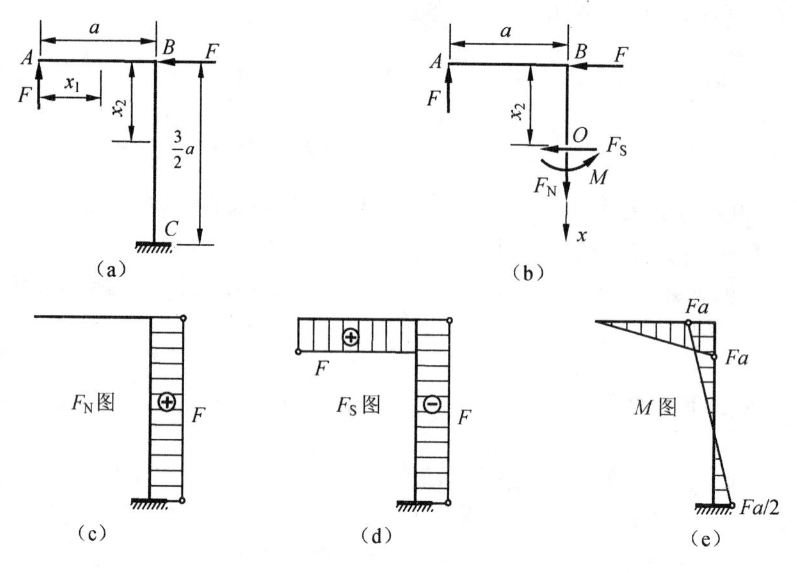

图 4-24　例 4-10 图

【解】 在计算内力之前，一般应先计算约束力，但此例有一个自由端，亦可由此处开始计算。

对于 AB 段，显然和悬臂梁的情况相似，在任意截面 x_1 处，该截面的内力可由平衡方程求得

$$F_N(x_1)=0, F_S(x_1)=F, M(x_1)=Fx_1 \tag{a}$$

对于 BC 段，在截面 x_2 处，取截面上方的部分结构为研究对象，并假设该截面的内力，如图 4-24(b)所示，写出平衡方程：

$$\sum F_{ix}=0, F-F_N=0 \tag{b}$$

$$\sum F_{iy}=0, F+F_S=0 \tag{c}$$

$$\sum M_O(F_i)=0, M+Fx_2-Fa=0 \tag{d}$$

由以上三式可解出

$$F_N=F, F_S=-F, M=Fa-Fx_2 \tag{e}$$

根据上列各式可画出平面刚架的内力图，如图 4-24(c)、(d)、(e)所示。

【评注】 对于刚结点 B 而言，可以得出：$M_{BA}=M_{BC}=Fa$。从而在弯矩图中表现为，如果刚结点处没有集中力偶作用，则刚结点所连接的两个杆件在该结点处的弯矩大小相等，且弯矩图应同时位于刚架的外侧(或内侧)。这是由平衡规律所决定的。

【思考】 ① 是否可以不写内力表达式，直接用微分、积分关系画内力图？② 是否可以先绘制弯矩图，再绘制剪力图和轴力图？

【例 4-12】 试绘制图 4-25(a)所示平面刚架的内力图。

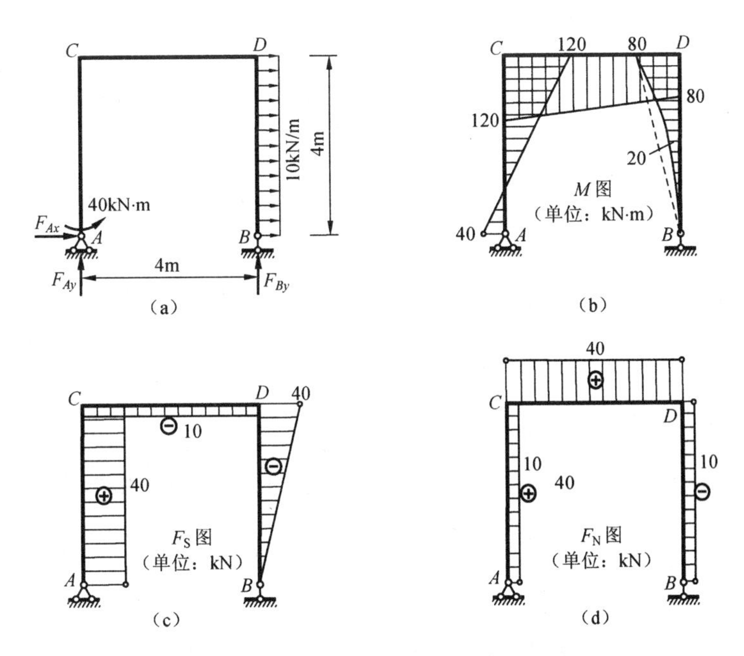

图 4-25　例 4-12 图

【解】 (1) 求支座反力

以平面刚架 $ABCD$ 为研究对象，受力分析如图 4-25(a)所示。

$$\sum M_A(F_i)=0, F_{By}\times 4\ \mathrm{m}+40\ \mathrm{kN\cdot m}-\frac{1}{2}\times 10\times 4^2\ \mathrm{kN\cdot m}=0, F_{By}=10\ \mathrm{kN}$$

$$\sum F_{ix}=0, F_{Ax}+10\times 4\ \mathrm{kN}=0, F_{Ax}=-40\ \mathrm{kN}(\leftarrow)$$

$$\sum F_{iy}=0, F_{Ay}+F_{By}=0, F_{Ay}=-10\ \mathrm{kN}(\downarrow)$$

(2) 求各杆杆杆端内力

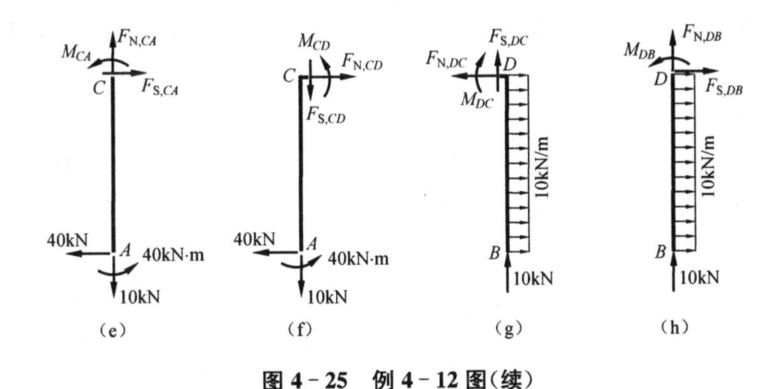

图 4-25　例 4-12 图(续)

根据各杆所受的荷载及约束力，并假设各杆杆端的轴力和剪力均为正，绘制如图 4-25(e)～(h)所示各隔离体的受力图，则利用平衡条件可以求出各杆杆端的内力。由图 4-25(e)可得

$$M_{CA}=40\ \mathrm{kN}\times 4\ \mathrm{m}-40\ \mathrm{kN\cdot m}=120\ \mathrm{kN\cdot m}(\text{右侧受拉})$$

$$F_{S,CD}=-10\ \mathrm{kN}\quad F_{N,CD}=40\ \mathrm{kN}$$

由图 4-25(f)可得

$$M_{CD}=40\ \text{kN}\times4\ \text{m}-40\ \text{kN}\cdot\text{m}=120\ \text{kN}\cdot\text{m}(\text{下侧受拉})$$

$$F_{S,CA}=40\ \text{kN}\qquad F_{N,CA}=10\ \text{kN}$$

由图 4-25(g)可得

$$M_{DC}=\frac{1}{2}\times10\times4^2\ \text{kN}\cdot\text{m}=80\ \text{kN}\cdot\text{m}(\text{下侧受拉})$$

$$F_{S,DC}=-10\ \text{kN}\qquad F_{N,DC}=10\times4\ \text{kN}=40\ \text{kN}$$

由图 4-25(h)可得

$$M_{DB}=-\frac{1}{2}\times10\times4^2\ \text{kN}\cdot\text{m}=-80\ \text{kN}\cdot\text{m}(\text{左侧受拉})$$

$$F_{S,DB}=-10\times4\ \text{kN}=-40\ \text{kN}\qquad F_{N,DB}=-10\ \text{kN}$$

(3) 作内力图

按照前述方法绘制 M 图,如果中间有荷载作用,也可以按照区段叠加法绘制,如图 4-25(b)所示。其中 AC 段的 A 端为铰接,但在铰的上侧作用有集中力偶,故 M 图在该端的数值即为此力偶矩值,即 40 kN·m(左侧受拉)。DB 段实际相当于一根竖放的悬臂梁,上端固定,承受向右的均布荷载,故 M 图为二次抛物线,左侧受拉;这一段的 M 图也可按区段叠加法作出,及先将 D 端的弯矩竖标顶点与点 B 用虚线相连,再以此虚线为基线将相应简支梁在均布荷载下的弯矩图叠加上去,这样 BD 中点处截面的弯矩值为 $\frac{1}{2}\times80\ \text{kN}\cdot\text{m}-\frac{1}{8}\times10\ \text{kN/m}\times(4\ \text{m})^2=20\ \text{kN}\cdot\text{m}$,左侧受拉。

F_S 图和 F_N 图分别如图 4-25(c)、(d)所示。

【说明】 ① 可以将每一根组成刚架的直杆经过旋转变成一根水平梁,按照前面讨论梁的内力的画法进行绘制对应部分剪力图和弯矩图,然后再转回原来的位置。② 对于杆件端部的外力偶或弯矩,在判断哪一侧受拉时,可以认为表示外力偶或弯矩的旋转箭头起点一侧受拉,在判断时直接在箭头起点一侧绘制弯矩图即可。③ 可根据弯矩图的特点及受力和约束情况,先画出弯矩图,再绘制剪力图等。

【例 4-13】 图 4-26(a)所示一端固定的圆弧曲杆,半径为 R,自由端在其轴线平面内承受集中荷载 F 作用。试作该曲杆的弯矩图。

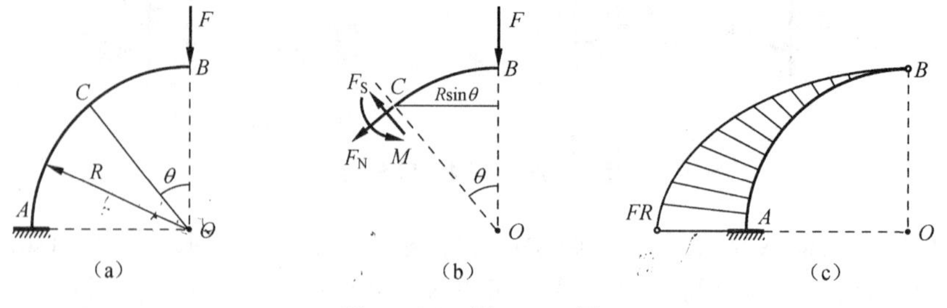

图 4-26 例 4-13 图

【解】 (1) 弯矩方程

对于环状曲杆,可用极坐标讨论。取环的中心点 O 为极点,以 OB 为极坐标轴,并用 θ 表

示横截面的位置，如图 4－26(b)所示。则可列出弯矩方程为

$$M(\theta)=FR\sin\theta,\quad 0\leqslant\theta\leqslant\frac{\pi}{2}$$

(2) 弯矩图

在弯矩方程的适用范围内，对 θ 取不同值，算出各相应横截面上的弯矩。以曲杆的轴线为基线，将算出的弯矩分别标在与横截面相应的径向线上，连接这些点的光滑曲线即得曲杆的弯矩图，如图 4－26(c)所示。最大弯矩在固定端的横截面处，其值为 $M_{max}=FR$。

【思考】 试绘制例 4－13 中曲杆的剪力图和轴力图。

4－1　试列出图示各梁的剪力方程和弯矩方程，作剪力图及弯矩图，并求出具有特征性的值(包括 $|F_S|_{max}$ 及 $|M|_{max}$)。

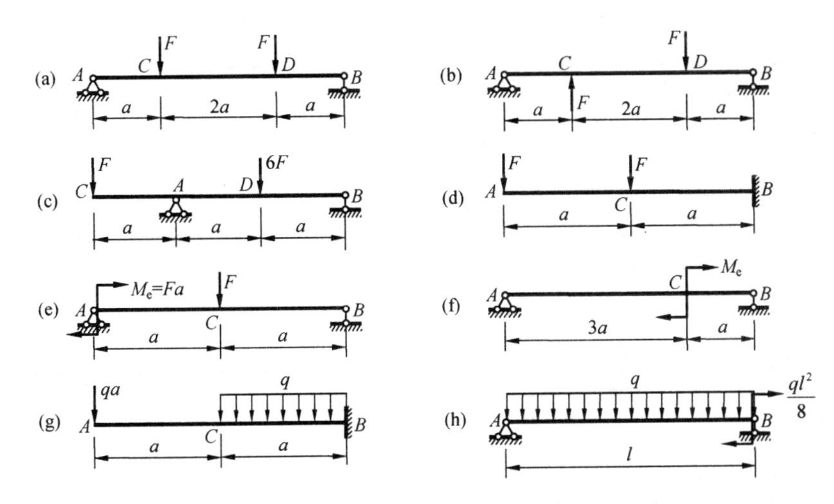

题 4－1 图

4－2　试列出图示各梁的剪力方程和弯矩方程，作剪力图及弯矩图，并求出具有特征性的值(包括 $|F_S|_{max}$ 及 $|M|_{max}$)。

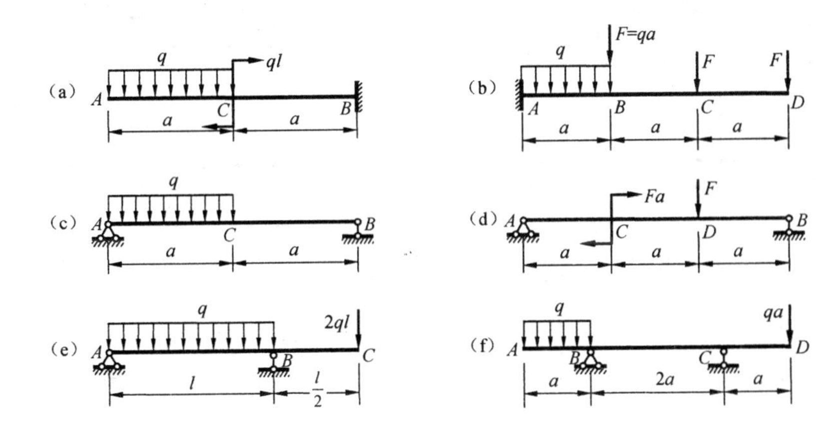

题 4－2 图

4－3　试绘出图示各梁的剪力图和弯矩图，求出具有特征性的值（包括 $|F_S|_{max}$ 及 $|M|_{max}$），并用内力的突变及微分、积分关系对图形进行校核。

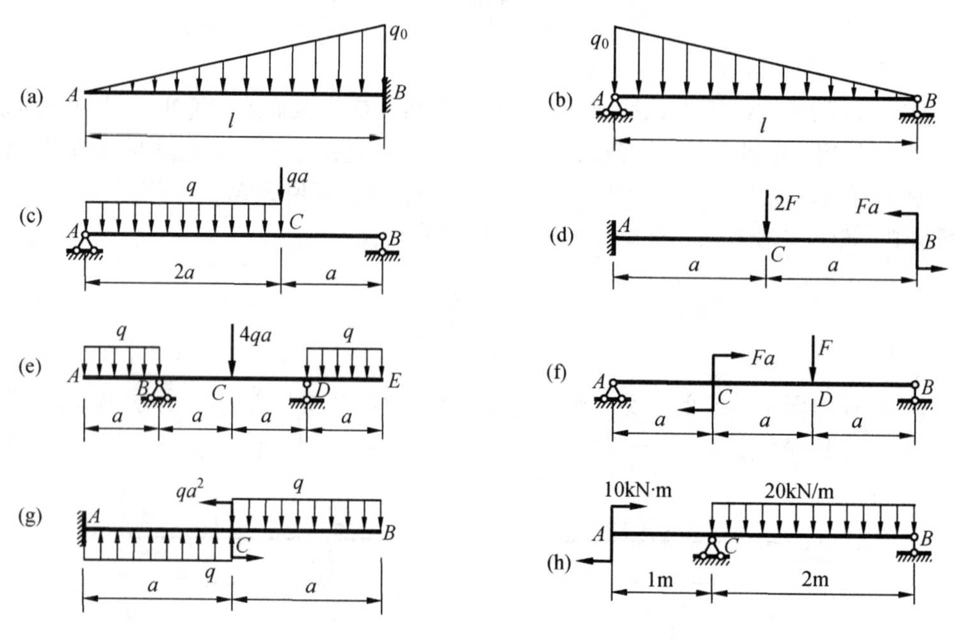

题 4－3 图

4－4　试利用 q、F_S、M 之间的微分、积分关系绘制图示各梁的剪力图、弯矩图。

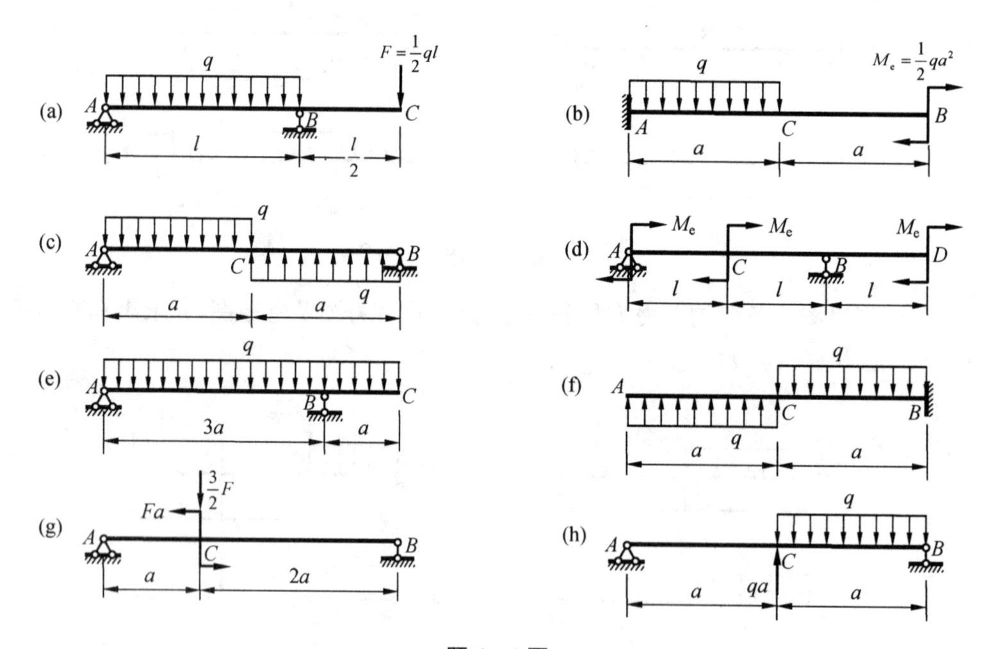

题 4－4 图

4－5　如图所示，长度为 l 的书架横梁由一块对称放置在两个支架上的木板构成。设书的重量可视为均布荷载 q，为使木板内的最大弯矩最小，试求两支架的间距 a。

4－6　如图所示悬臂梁上表面承受均匀分布力 f 作用，试作该梁的内力图。

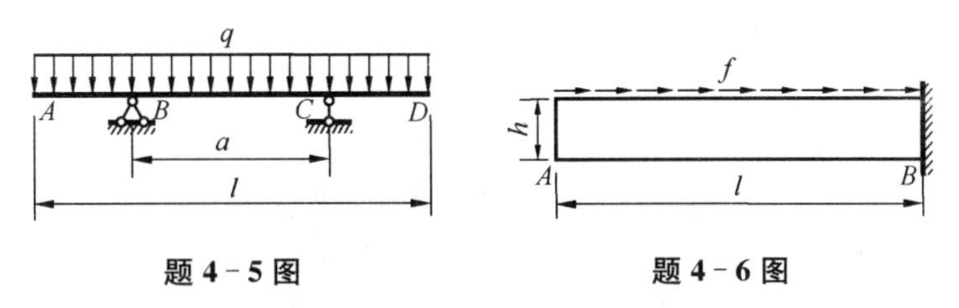

题 4-5 图　　　　题 4-6 图

4-7　如图所示，高度为 h、总长为 $2l$ 的梁中，右端下方有移动铰，中截面下方有固定铰；上表面作用有均布切向荷载 q。画出其内力图。

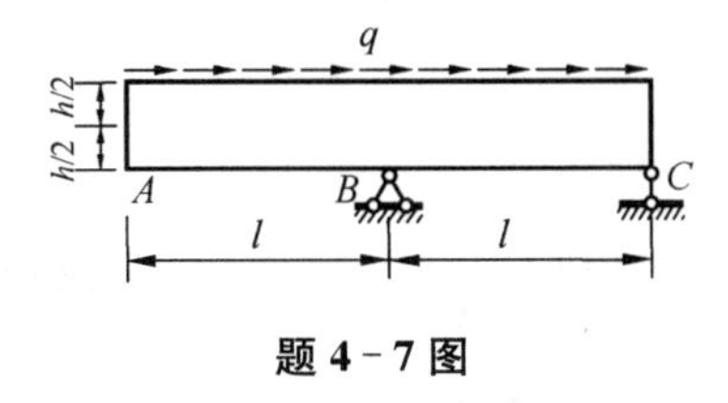

题 4-7 图

4-8　如图所示独轮车过跳板，车重为 W。若跳板的 B 端由固定铰支座支撑，试从弯矩方面考虑活动铰支座 A 在什么位置时，跳板的受力最合理。

4-9　如图所示工人在木板中点工作，为了使木板中的弯矩最小，把砖块堆放在板的两端，试问这种做法是否正确？若两端堆放同等重量的砖块，试问砖堆重量 W 为多少时，板中的最大弯矩为最小？

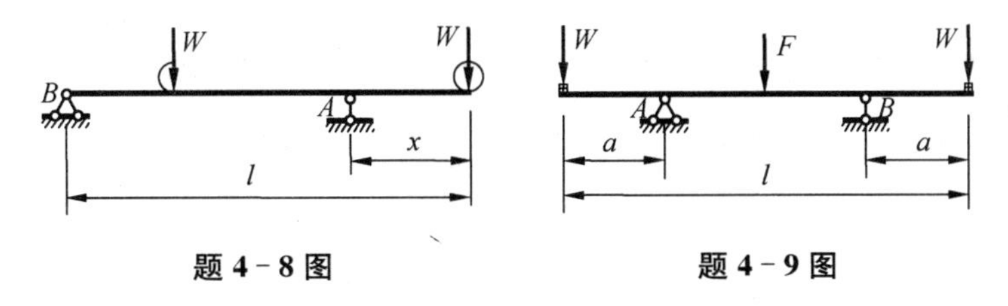

题 4-8 图　　　　题 4-9 图

4-10　试作图示各梁的剪力图、弯矩图。

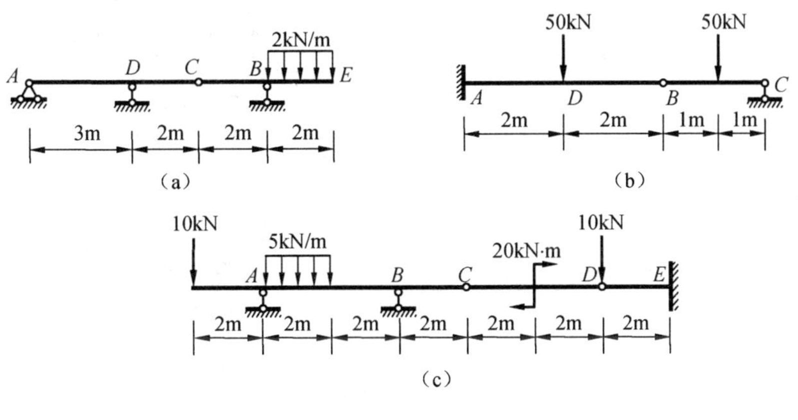

题 4-10 图

4-11　如图所示，简支梁上作用有 n 个间距相等、大小为 $\frac{F}{n}$ 的集中力，梁的跨度为 l，荷载的间距为$\frac{l}{n+1}$。试求梁中的最大弯矩。

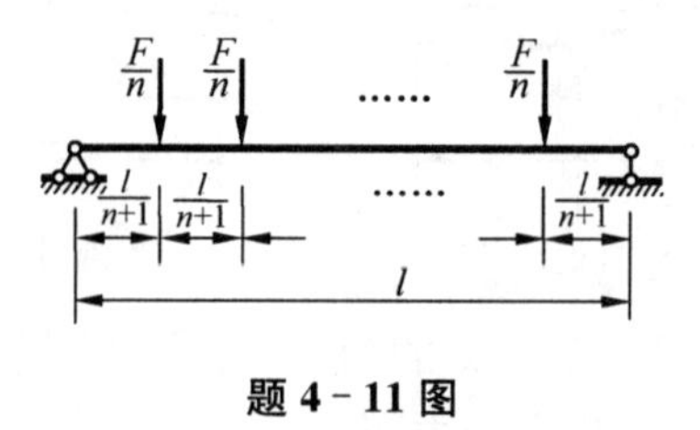

题 4-11 图

4-12　试利用q、F_S、M之间的微分、积分关系，判断并改正所示各梁的剪力图和弯矩图中的错误。

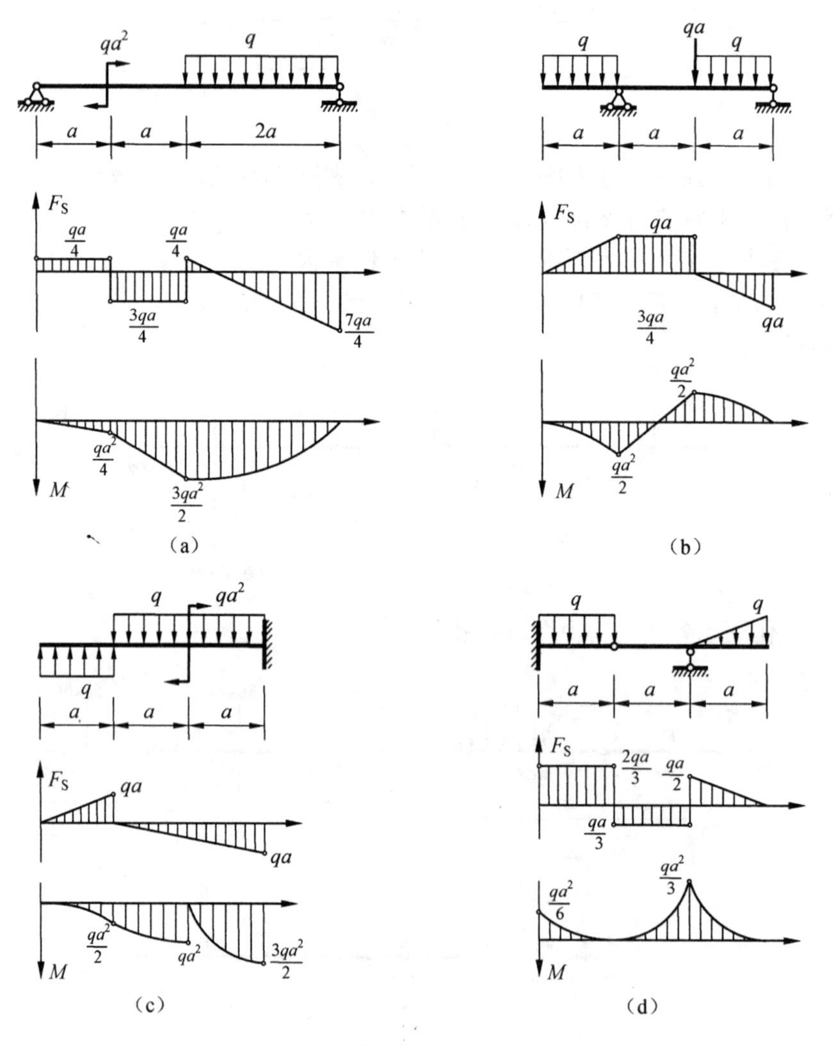

题 4-12 图

4-13　已知梁的剪力图如图所示，试作梁的弯矩图及荷载图。已知梁上没有集中力偶作用。

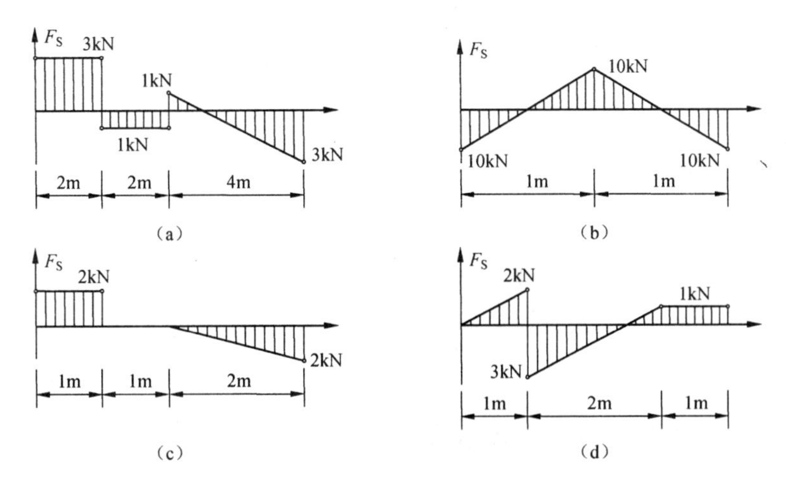

题 4－13 图

4－14　已知梁的弯矩图如图所示，试作梁的荷载图及剪力图。

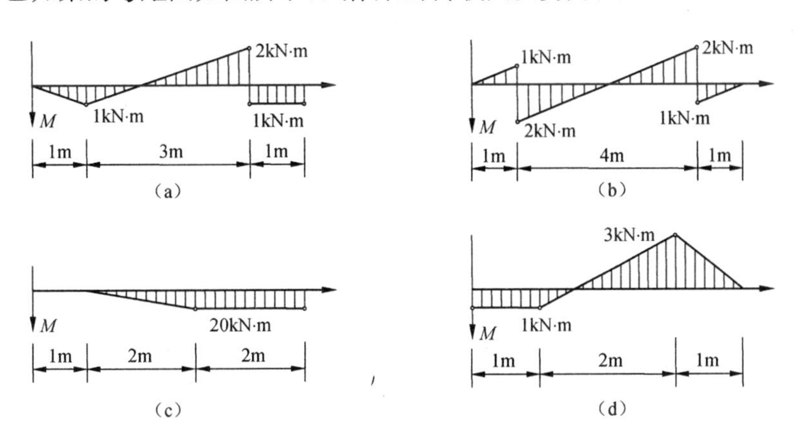

题 4－14 图

4－15　试用叠加法绘制题 4－2 图所示梁的剪力图和弯矩图。

4－16　试绘制图示刚架的内力图，并指出绝对值最大的轴力、剪力和弯矩。

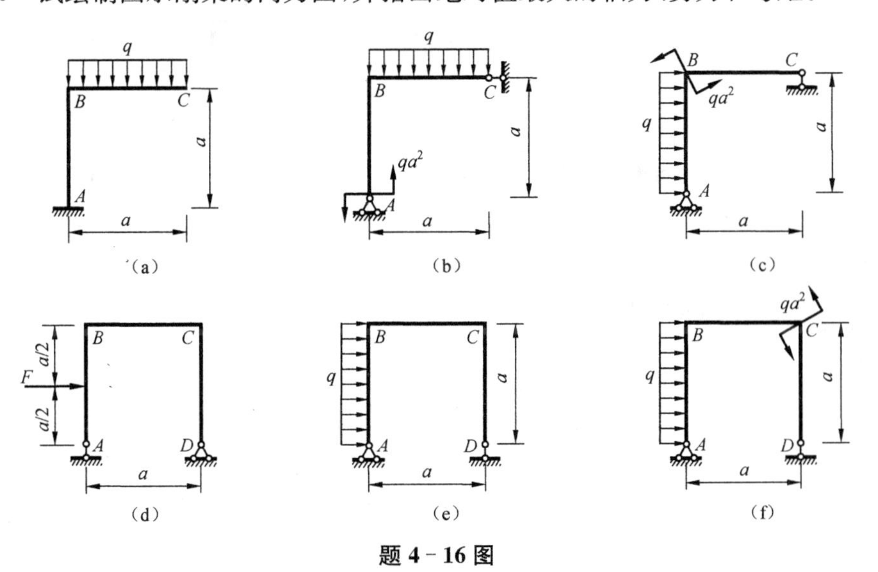

题 4－16 图

4－17　试绘出图示结构的内力图，并指出绝对值最大的轴力、剪力和弯矩。

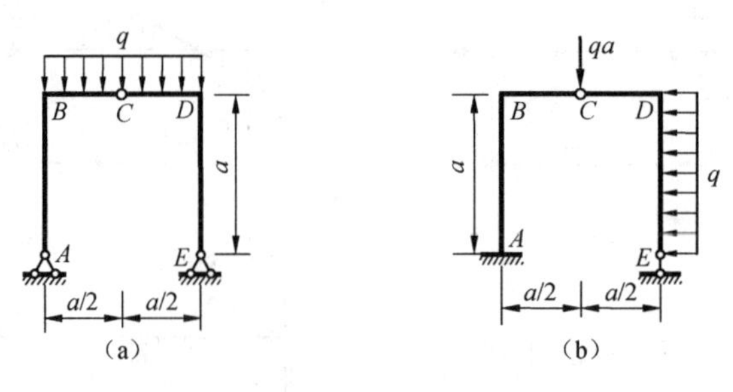

题 4－17 图

4－18　下列圆杆半径均为 R，以图示的 θ 为自变量建立内力方程。

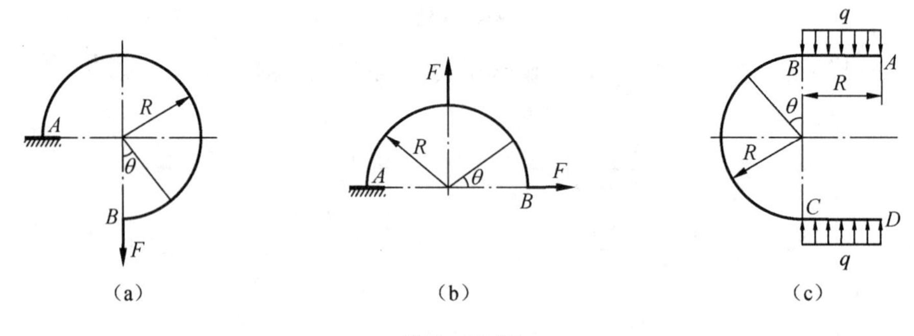

题 4－18 图

4－19　半径为 R 的四分之一圆的曲杆位于水平平面内，一端固定，一端自由。作用力方向是竖直向下的，求杆内的剪力、弯矩和扭矩。

4－20　图示吊车梁，吊车的每个轮子对梁的压力都是 F。

(1) 吊车在什么位置时，梁内的弯矩最大？最大弯矩为多少？

(2) 吊车在什么位置时，梁的支反力最大？最大支反力和最大剪力各等于多少？

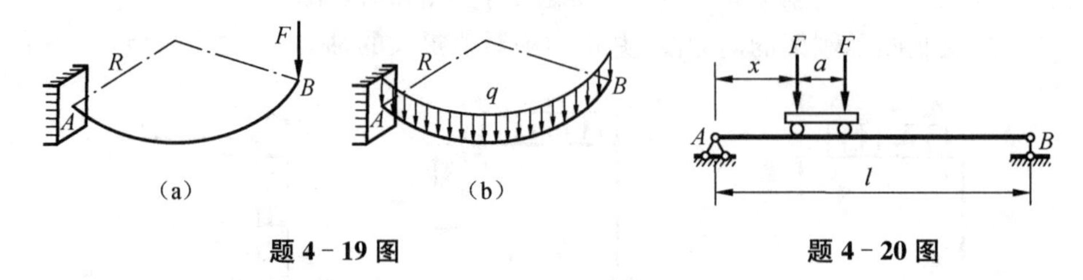

题 4－19 图　　题 4－20 图

4－21　图示悬臂梁承受均布力 q 的作用，由于弯矩最大绝对值过大，可在其自由端加上一个向上的集中力 F。要使梁中弯矩最大绝对值为最小，F 应为多大？加上了这样的 F 后，梁中弯矩最大绝对值减小的百分数为多少？

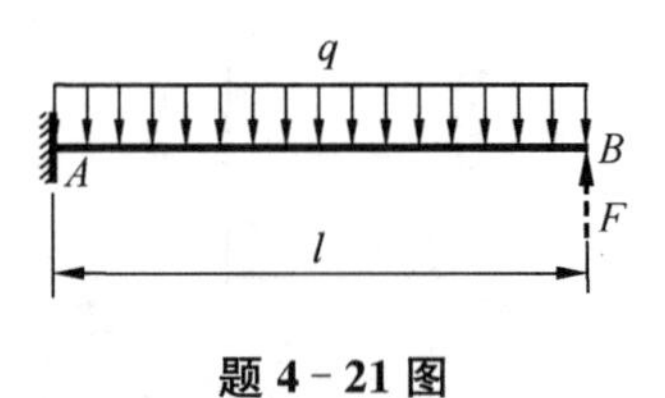

题 4－21 图

第 5 章　弯曲应力

5.1　概述

在第 4 章中，主要讨论的是弯曲内力，即弯曲内力与外部荷载之间的关系及规律。在绪论中曾经讲过，内力是截面内的应力在微小面积上形成的微内力简化合成的结果，本章就在第 4 章的基础上，讨论与弯曲内力对应的弯曲应力，即如何确定弯曲应力的大小及其服从的分布规律。当梁横截面上只有弯矩而剪力为零时，梁的弯曲只与弯矩有关，称为**纯弯曲**。例如悬臂梁在纵向对称平面内的自由端处作用一集中力偶时，梁内任意截面上的剪力为零，但弯矩不等于零，故此时整个梁就发生纯弯曲。但梁的内力分析表明，在一般情况下，梁横截面上同时存在弯矩和剪力，梁的弯曲不仅与弯矩有关，还与剪力有关，梁除了弯曲变形外，还有剪切变形，称梁的这种弯曲为**横力弯曲**。例如图 5－1 所示简支梁，在两个对称集中荷载作用下，其剪力图和弯矩图如图 5－1(b)、(c)所示，则该梁的 AC 和 DB 段的剪力和弯矩均不等于零，故发生的是横力弯曲，而 CD 段的剪力为零，弯矩不等于零，故发生的是纯弯曲。结合静力学关系可知，弯矩是横截面上法向分布内力系的合力偶矩，剪力是横截面上切向分布内力系的合力。所以，梁纯弯曲时，横截面上只有正应力，没有切应力；梁横力弯曲时，其横截面上同时存在正应力和切应力。通常将梁弯曲时横截面上的正应力与切应力分别称为弯曲正应力与弯曲切应力。

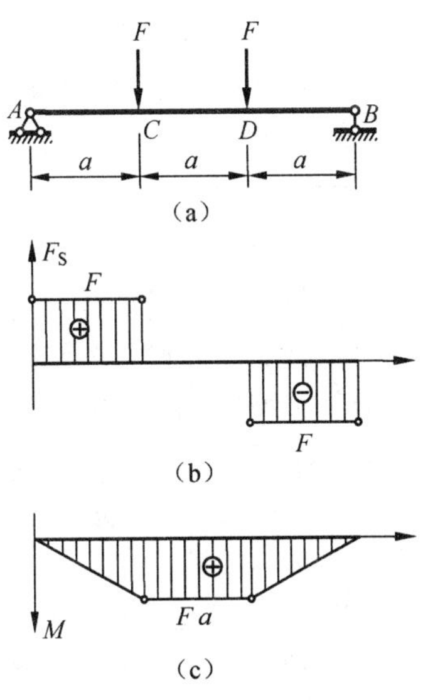

图 5－1　纯弯曲与横力弯曲

5.2　纯弯曲时横截面上的正应力

工程实际表明，梁强度的主要控制因素是与弯矩有关的弯曲正应力。所以，对梁弯曲正应力的研究是本章的主要内容之一。为此，首先讨论梁在纯弯曲情况下正应力的计算。

与圆轴扭转问题相似，要取得梁弯曲正应力的计算公式，必须综合考虑几何、物理和静力学三方面的关系。

1. 几何关系

首先观察梁的变形情况。取一根具有纵向对称面的等截面直梁，加载前，在其表面画上与轴线平行的纵向线 ab 和 cd，以及垂直于纵向线的横向线 mm 和 nn，如图 5－2(a)所示，然后，在梁的纵向对称面内施加一对大小相等、方向相反的力偶，如图 5－2(b)所示，使梁处于纯弯曲的情况。由此可观察到：

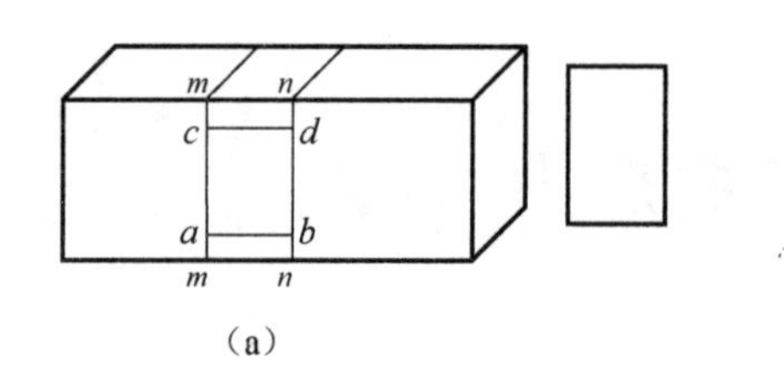

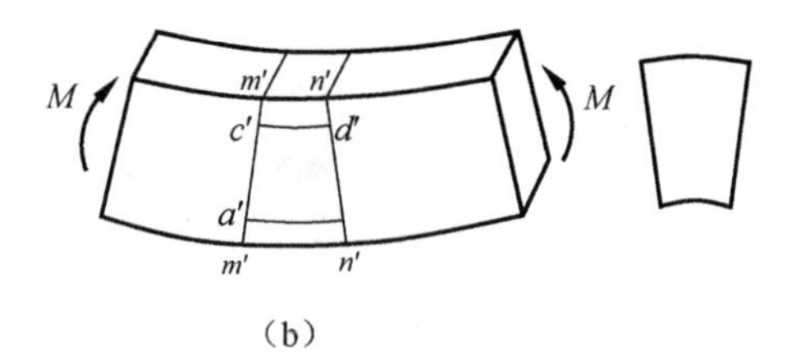

图 5-2　梁的纯弯曲

(1) 梁表面的横向线变形后仍为直线,仍与纵线正交,只是转动了一个小角度。

(2) 梁表面的纵向线变形后均成为曲线,但仍与转动后的横向线保持垂直,且靠近凹边的纵向线缩短,而靠近凸边的纵向线伸长。

(3) 纵线伸长区,截面宽度减小;纵线缩短区,截面宽度增大。

根据梁表面的上述变形现象,考虑到材料的连续性、均匀性,以及从梁的表面到其内部并无使其变形突变的作用因素,可以由表及里对梁的变形作如下假设:① 平面假设:即变形前为平面的横截面,变形后仍为平面,且仍与弯曲了的纵向线保持垂直,只是绕横截面内某根轴转了一个角度。② 单向受力假设:即将梁设想成由众多平行于梁轴线的纵向纤维所组成,梁内各纵向纤维之间无挤压,仅承受拉应力或压应力。

【说明】 不计自重的细长梁,在纯弯曲情况下,在弹性力学中可证明上述假设是成立的,即这些假设是真实存在。

根据上述假设,梁弯曲时,一部分纤维伸长,另一部分纤维缩短,而梁本身的结构和受力相对于纵向对称面对称,故在梁的上、下纤维之间必存在一既不伸长也不缩短的过渡层,称为中性层。中性层与横截面的交线称为中性轴,如图 5-3 所示。由前述关于梁变形的平面假设可知,梁弯曲时,横截面即绕其中性轴转动,且中性轴必垂直于纵向对称面。

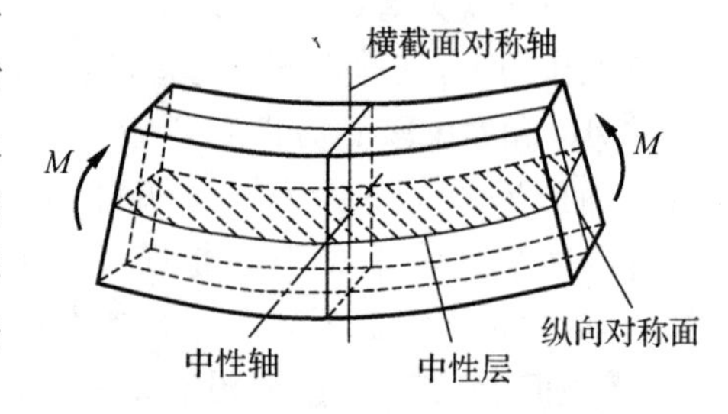

图 5-3　中性层位置的确定

上面对梁的变形作了定性分析,为了取得弯曲正应力的计算公式,还需对与弯曲正应力有关的纵向线应变作定量分析。为此,沿横截面的法线方向取 x 轴,如图 5-4(a)所示,用相距 dx 的左、右两个横截面 m—m' 与 n—n',从梁中取出一微段,并在微段梁的横截面上,取荷载作用面与横截面的交线为 y 轴(横截面的对称轴),取中性轴为 z 轴。由于中性轴垂直于荷载作用面,故 z 轴垂直于 y 轴,如图 5-4(b)所示。

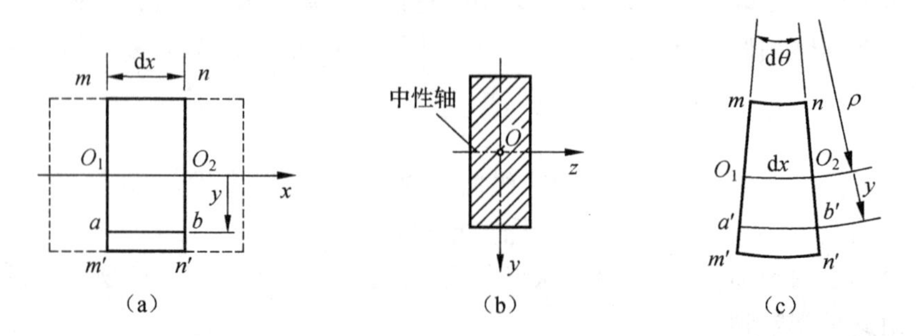

图 5-4　平面假设及横截面上任一点的纵向线应变

根据平面假设，微段梁变形后，其左、右横截面 $m—m$ 与 $n—n$ 仍保持平面，只是相对转动了一个角度 $\mathrm{d}\theta$，如图5-4(c)所示。设微段梁变形后中性层 O_1O_2 的曲率半径为 ρ，由单向受力假设可知，平行于中性层的同一层上各纵向纤维的伸长量或缩短量相同。故距中性层 O_1O_2 为 y 的各点处的纵向线应变均相等，并且可以用纵向线 ab 的纵向线应变来度量，即

$$\varepsilon=\frac{\overset{\frown}{ab}-\overline{ab}}{ab}=\frac{(\rho+y)\mathrm{d}\theta-\rho\mathrm{d}\theta}{\rho\mathrm{d}\theta}=\frac{y}{\rho} \tag{5-1}$$

对任一指定横截面，ρ 为常量，因此，式(5-1)表明，横截面上任一点处的纵向线应变与该点到中性轴的距离 y 成正比，中性轴上各点处的线应变为零。

应当指出，式(5-1)是根据平面假设，由梁的变形几何关系导出的，与梁材料的力学性质无关，故不论材料的应力、应变关系如何，只要满足平面假设，式(5-1)都是适用的。

2. 物理关系

根据单向受力假设，梁上各点皆处于单向应力状态。在应力不超过材料的比例极限即材料为线弹性，以及材料在拉(压)时弹性模量相同的条件下，由胡克定律，得

$$\sigma=E\varepsilon=E\cdot\frac{y}{\rho} \tag{5-2}$$

对任一指定的横截面，E、ρ 为不变量，因此式(5-2)表明，横截面上任一点处的弯曲正应力与该点到中性轴的距离 y 成正比，即弯曲正应力沿截面高度按线性分布，中性轴上各点处的弯曲正应力为零。据此可绘出梁横截面上正应力沿高度的分布规律图如图5-5所示。图中，$\sigma_{c,\max}$ 和 $\sigma_{t,\max}$ 分别表示最大的压应力和最大的拉应力。

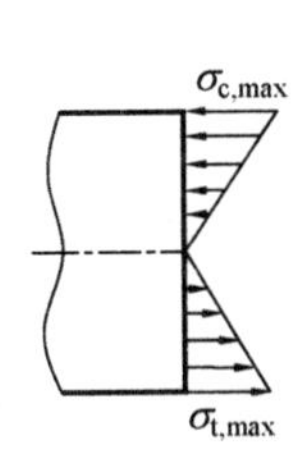

图5-5　梁横截面上正应力的分布规律

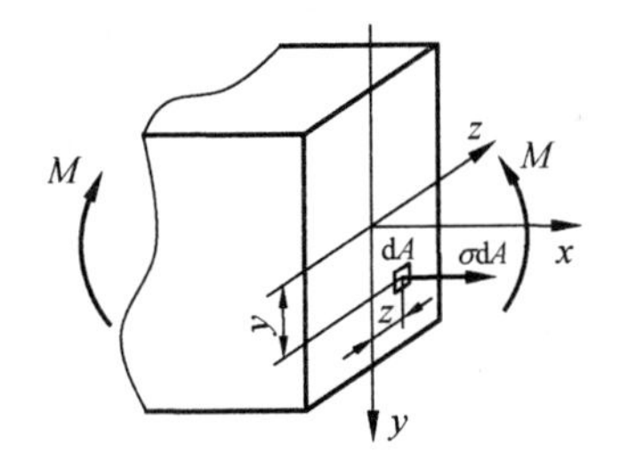

图5-6　梁的内力与应力

【说明】　式(5-2)还不能直接用于计算弯曲正应力，这是因为尚未确定中性轴 z 轴的位置以及中性层的曲率半径 ρ。

3. 静力学关系

如图5-6所示，横截面上各点处的法向微内力 $\mathrm{d}A$ 组成一空间平行力系，而且由于弯曲时，横截面上没有轴力，仅有位于 xy 面内的弯矩 M，故按静力学关系，有

$$\int_A \sigma\,\mathrm{d}A=0 \tag{5-3}$$

$$\int_A z\sigma\mathrm{d}A=0 \tag{5-4}$$

$$\int_A y\sigma\,\mathrm{d}A=M \tag{5-5}$$

将式(5-2)代入式(5-3)得

$$\int_A E\frac{y}{\rho}\mathrm{d}A=\frac{E}{\rho}\int_A y\mathrm{d}A=\frac{E}{\rho}S_z=0$$

式中，$S_z=\int_A y\mathrm{d}A$，为截面 A 对中性轴 z 的静矩。由于 $E/\rho\neq 0$,故必有

$$S_z=0 \tag{5-6}$$

式(5－6)表明,中性轴 z 为横截面的形心轴。

将式(5－2)代入式(5－4),得

$$\int_A \sigma z\mathrm{d}A=\frac{E}{\rho}\int_A yz\mathrm{d}A=\frac{E}{\rho}I_{yz}=0$$

式中，$I_{yz}=\int_A yz\mathrm{d}A$，为横截面 A 对 y,z 轴的惯性积。由于 $E/\rho\neq 0$,故必须有

$$I_{yz}=0 \tag{5-7}$$

式(5－7)表明,y,z 轴为横截面上一对相互垂直的主轴。由于 y 轴为横截面的对称轴,对称轴必为主轴,而 z 轴又通过横截面形心,所以 y,z 轴为形心主轴。

综合式(5－6)和(5－7),并结合关于平面弯曲的概念,可以得出关于平面弯曲与中性轴位置的重要结论:① 中性轴垂直于荷载作用面的弯曲即为平面弯曲;② 梁平面弯曲时,若材料处于线弹性阶段,拉伸和压缩的弹性模量相同,则中性轴为横截面上垂直于纵向对称面的形心主轴。

至此,x 轴的位置亦可确定,即 x 轴沿梁轴线方向。

将式(5－2)代入式(5－5),得

$$\int_A \sigma y\mathrm{d}A=\frac{E}{\rho}\int_A y^2\mathrm{d}A=\frac{E}{\rho}I_z=M$$

式中，$I_z=\int_A y^2\mathrm{d}A$，为横截面 A 对中性轴 z 的惯性矩。由此得

$$\frac{1}{\rho}=\frac{M}{EI_z} \tag{5-8}$$

式(5－8)即用曲率 $1/\rho$ 表示的梁弯曲变形的计算公式。它表明,梁的 EI_z 越大,曲率 $1/\rho$ 越小,故将乘积 EI_z 称为梁的**弯曲刚度**,它表示梁抵抗弯曲变形的能力。

将式(5－8)代入式(5－2),得

$$\sigma=\frac{My}{I_z} \tag{5-9}$$

式(5－9)即为直梁纯弯曲时横截面上的正应力计算公式。M 为横截面上的弯矩。

当弯矩为正值时,以中性层为界,梁的下部纵向纤维伸长,上部纵向纤维缩短,故该横截面上中性轴以下各点均为拉应力,而以上各点均为压应力。当弯矩为负值时,则与上述情况相反。因此,横截面上任一点的弯曲正应力 σ 的正负号与该截面上的弯矩 M 及该点坐标 y 的正、负号有关。在具体计算时,可以采取两种方法:① 同时考虑弯矩 M 及坐标 y 的正负号,最后结果为正就是拉应力;否则,就是压应力。② 将弯矩 M 和坐标 y 均代以绝对值代入计算公式,所求点的正应力是拉应力还是压应力,可根据该截面弯矩的正负及点的位置或梁的变形情

况直接判定。

【说明】 ① 在推导式(5-8)、(5-9)时，曾限定梁的横截面具有一个对称轴，外力偶就作用在该对称轴所构成的纵向对称平面内。在图中，虽将梁的横截面画成矩形，但在推导中并未涉及矩形的特殊几何性质。因此，凡具备上述条件的纯弯曲梁，其横截面上各点正应力均可应用这两个公式，并且 y、z 轴均是横截面的形心主轴。② 当横截面没有对称轴时，只要外力偶作用在形心主轴之一(例如 y 轴)所构成的纵向平面内，公式(5-8)和(5-9)仍然适用。③ 在以上公式的推导过程中，应用了单向应力状态时的胡克定律，并假定材料在拉伸和压缩时的弹性模量相等。因此，对用铸铁、木材以及混凝土等材料制成的梁，在应用这些公式时，存在一定的近似性。④ 从(5-8)可以看出，变形(曲率)与材料的性质(弹性模量 E)有关，而从(5-9)可以看出，应力与材料的性质无关；这一结论具有普遍意义。

5.3　横力弯曲时横截面上的正应力 正应力强度条件

5.3.1　横力弯曲时横截面上的正应力

工程中的梁大都属于横力弯曲的情况。纯弯曲的情况也只有在不考虑梁自重的影响时才有可能发生。对于横力弯曲的梁，由于剪力及切应力的存在，梁的横截面将不再保持平面而产生翘曲。此外，由于横向力的作用，在梁的纵向截面上还将产生挤压应力。但弹性理论分析表明，对于一般的细长梁$\left(\text{梁的跨度 } l \text{ 与横截面高度 } h \text{ 之比} \dfrac{l}{h}>5\right)$，横截面上的正应力分布规律与纯弯曲时几乎相同(例如，对均布荷载作用下的矩形截面简支梁，当其跨度与截面高度之比 $\dfrac{l}{h}>5$ 时，按式(5-9)所得的最大弯曲正应力的误差不超过1%)，即切应力和挤压应力对正应力的影响很小，可以忽略不计。所以，纯弯曲的公式(5-8)、(5-9)可以推广应用于横力弯曲时的细长梁。

【注意】 横力弯曲时梁上各横截面的弯矩是不相同的，故式中的弯矩应代以所求横截面上的弯矩。

对一指定截面而言，弯矩 M、惯性矩 I_z 为常量，y 值越大，则正应力越大，所以最大正应力发生在距离中性轴最远处，其值为

$$\sigma_{\max}=\frac{M\cdot y_{\max}}{I_z} \tag{5-10}$$

若令 $W_z=\dfrac{I_z}{y_{\max}}$，称为**弯曲截面系数**，则有

$$\sigma_{\max}=\frac{M}{W_z} \tag{5-11}$$

根据 W_z 的定义，对于直径为 d 的圆形截面，对过形心的任一 z 轴，均有

$$W_z=\frac{I_z}{d/2}=\frac{\pi d^3}{32}$$

对截面为 $b\times h$ 的矩形截面，如图 5-7(a)所示，则有

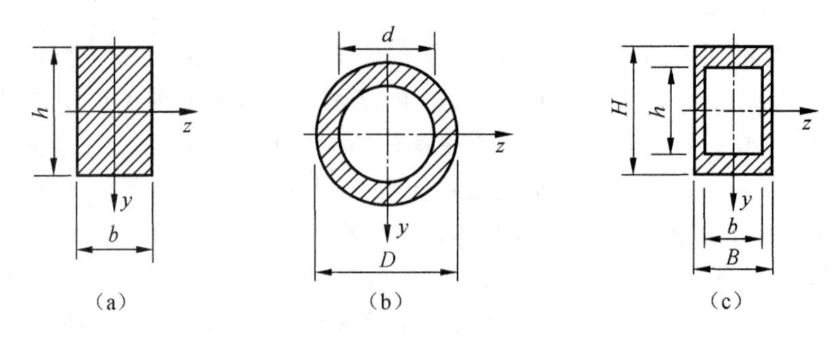

图 5-7 部分常见截面形状

$$W_z=\frac{I_z}{h/2}=\frac{bh^2}{6},\quad W_y=\frac{I_y}{b/2}=\frac{hb^2}{6}$$

【思考】 对于图 5-7(b)、(c)所示的空心截面，其 W_y、W_z 应如何计算？

5.3.2 梁的正应力强度条件

梁内最大弯矩所在的截面距中性轴最远的点处弯曲正应力取到最大，由于该点为单向应力状态，可仿照轴向拉(压)杆的强度条件形式，建立梁的正应力强度条件，即

$$\sigma_{\max}\leqslant[\sigma] \tag{5-12}$$

对于等截面梁，可以表示为

$$\frac{M_{\max}}{W_z}\leqslant[\sigma] \tag{5-13}$$

由以上强度条件可知，当梁上危险截面危险点处的最大正应力超过材料的极限应力时，梁将处于危险状态。因此，根据强度条件可校核梁的强度，选择截面或计算许用荷载。

【注意】 由于脆性材料的许用拉应力远小于许用压应力，故由脆性材料(如铸铁)制成的梁横截面通常不采用有双对称轴的截面，使横截面上最大拉应力降低。从而在计算时要保证梁的最大拉应力和最大压应力(二者的位置常常不在同一截面上)分别不超过材料的许用拉应力和许用压应力。

【说明】 许用弯曲正应力的确定，一般以材料的许用拉应力作为其许用弯曲正应力。但由于弯曲与轴向拉压时杆件截面上的正应力分布是不同的，所以材料在弯曲与轴向拉、压时的强度并不相同，例如在设计时一些规范规定许用弯曲正应力略高于许用拉应力。

【例 5-1】 宽为 30 mm、厚为 4 mm 的钢带，绕装在一个半径为 R 的圆筒上，如图 5-8 所示。已知钢带的弹性模量 $E=200$ GPa，比例极限 $\sigma_p=400$ MPa，若要求钢带在绕装过程中应力不超过 σ_p，试问圆筒的最小半径 R 应为多少？

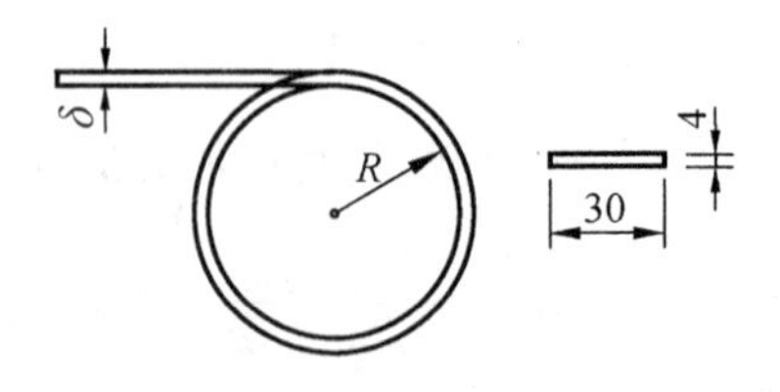

图 5-8 例 5-1 图

【解】　钢带在绕装过程中，轴线由直线变成半径近似为 R 的圆弧($R>>\delta$)，由式(5－1)得

$$\varepsilon_{max}=\frac{y_{max}}{\rho}=\frac{\delta}{2}/R=\frac{\delta}{2R}$$

又由式(5－2)得，$\sigma_{max}=E\varepsilon_{max}=\frac{E\delta}{2R}\leqslant\sigma_p$。所以有

$$R\geqslant\frac{E\delta}{2\sigma_p}=\frac{200\times10^3\ \text{MPa}\times4\ \text{mm}}{2\times400\ \text{MPa}}=1\times10^3\ \text{mm}=1\ \text{m}$$

即应力不超过比例极限时的圆筒最小半径为 1 m。

【例 5－2】　工字形截面梁的尺寸及荷载情况如图 5－9(a)，(b)所示。若许用拉应力$[\sigma_t]=40$ MPa，许用压应力$[\sigma_c]=80$ MPa。试求：(1) 截面 B 及截面 C 上 a，b 两点处的正应力；(2) 作出截面 B、截面 C 上正应力沿高度的分布规律图；(3) 求梁的最大拉应力和最大压应力；(4) 校核梁的强度。截面尺寸单位：mm。

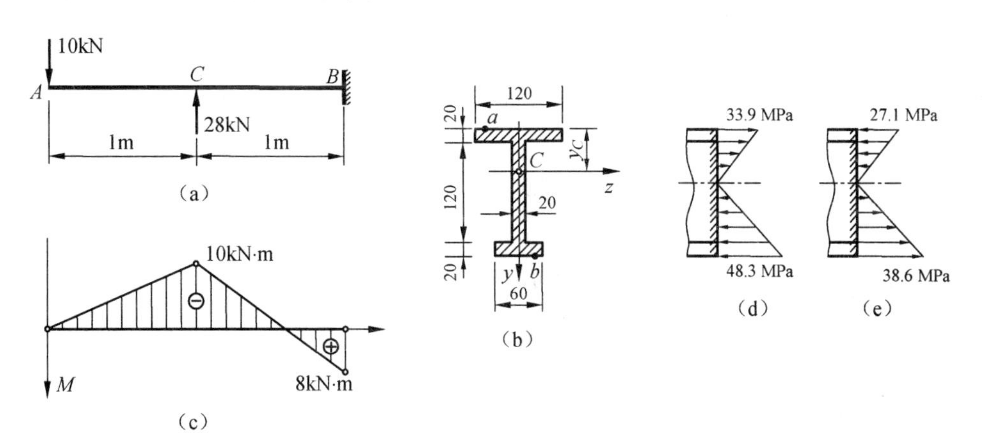

图 5－9　例 5－2 图

【解】　(1) 求截面 B、截面 C 上 a，b 两点处的正应力

① 分别求梁截面 B 和 C 上的弯矩。作梁的弯矩图，如图 5－9(c)所示，可见，截面 C 为最大负弯矩所在截面，其弯矩(绝对值)为 $M_C=10$ kN · m；截面 B 即为最大正弯矩所在截面，其弯矩为 $M_B=8$ kN · m。

② 确定中性轴的位置并计算截面对中性轴的惯性矩。

如图 5－9(b)所示，由于

$$y_C=\frac{\sum A_i y_i}{\sum A_i}=\frac{(120\times20\times10+120\times20\times80+60\times20\times150)\ \text{mm}^3}{(120\times20+120\times20+60\times20)\ \text{mm}^2}=66\ \text{mm}$$

利用惯性矩的平行移轴公式，可计算得该截面对中性轴的惯性矩为

$$I_z=\left(\frac{120\times20^3}{12}+120\times20\times56^2+\frac{20\times120^3}{12}\right)\text{mm}^4$$
$$+\left(20\times120\times14^2+\frac{60\times20^3}{12}+60\times20\times84^2\right)\ \text{mm}^4=19.46\times10^6\ \text{mm}^4$$

③ 分别计算截面 C，B 上 a，b 两点处的正应力。由弯矩图 5－9(c)图可见 M_C 为负，由弯

矩的正负号规定可知，截面 C 中性轴以上各点受拉，中性轴以下各点受压。显然 a 点位于受拉区，所以 a 点处的正应力为拉应力；b 点位于受压区，所以 b 点处的正应力为压应力。

由图 5－9(b)可见，a，b 两点到中性轴的距离分别为 $y_a=66\ \text{mm}$，$y_b=94\ \text{mm}$。

将 M_C，y_a，I_z 代入弯曲正应力公式(5－9)，得截面 C 上 a 点处的正应力为

$$\sigma_{C,a}=\frac{M_C y_a}{I_z}=\frac{(10\times10^6\ \text{N}\cdot\text{mm})\times(66\ \text{mm})}{19.46\times10^6\ \text{mm}^4}=33.9\ \text{MPa(拉应力)}$$

将 M_C，y_b，I_z 代入弯曲正应力公式，得截面 C 上 b 点处的正应力为

$$\sigma_{C,b}=\frac{M_C y_b}{I_z}=\frac{(10\times10^6\ \text{N}\cdot\text{mm})\times(94\ \text{mm})}{19.46\times10^6\text{mm}^4}=48.3\ \text{MPa(压应力)}$$

由弯矩图 5－9(c)图可见 M_B 为正，联系弯矩的正负号规定可知，B 截面中性轴以下各点受拉，中性轴以上各点受压。显然 a 点位于受压区，所以 a 点处的正应力为压应力；b 点位于受拉区，所以 b 点处的正应力为拉应力。

将 M_B、y_a、I_z 代入弯曲正应力公式，可得截面 B 上 a 点处的正应力为

$$\sigma_{B,a}=\frac{M_B y_a}{I_z}=\frac{(8\times10^6\ \text{N}\cdot\text{mm})\times(66\ \text{mm})}{19.46\times10^6\ \text{mm}^4}=27.1\ \text{MPa(压应力)}$$

将 M_B、y_b、I_z 代入弯曲正应力公式，得截面 B 上 a 点处的正应力为

$$\sigma_{B,b}=\frac{M_B y}{I_z}=\frac{(8\times10^6\ \text{N}\cdot\text{mm})\times(94\ \text{mm})}{19.46\times10^6\text{mm}^4}=38.6\ \text{MPa(拉应力)}$$

(2) 绘制截面 B、截面 C 上正应力沿高度的分布规律图。由式(5－9)可知弯曲正应力沿截面高度线性分布，故根据上述计算和分析的结论绘出截面 C、截面 B 上正应力沿高度的分布规律分别如图 5－9(d)、(e)所示。

(3) 求梁的最大拉应力和最大压应力。此梁横截面关于中性轴不是对称的，所以同一截面上最大拉应力和最大压应力的数值并不相等。再结合梁的弯矩图有正负最大弯矩的情况可知，梁的最大拉应力和最大压应力只可能发生在正负弯矩所在截面的上、下边缘处。

将上述正负最大弯矩所在截面(即截面 B、截面 C)的上边缘及下边缘处的正应力计算结果加以比较，可知梁的最大拉应力发生在截面 B 的下边缘处，梁的最大压应力发生在截面 C 的下边缘处，其值分别为

$$\sigma_{\text{t,max}}=\sigma_{B,b}=38.6\ \text{MPa}$$

$$\sigma_{\text{c,max}}=\sigma_{C,b}=48.3\ \text{MPa}$$

(4) 校核梁的强度。

由于

$$\sigma_{\text{t,max}}=38.6\ \text{MPa}<[\sigma_\text{t}]=40\ \text{MPa}$$

$$\sigma_{\text{c,max}}=48.3\ \text{MPa}<[\sigma_\text{c}]=80\ \text{MPa}$$

故该梁的强度足够。

【说明】 ① 若梁的横截面关于中性轴对称，则同一截面上最大的拉应力与最大压应力的数值相等。所以，对中性轴是截面对称轴的梁，其绝对值最大的正应力必定发生在绝对值最大

的弯矩所在截面的上、下边缘处。② 对于中性轴不是对称轴的截面，在计算弯曲正应力前必须确定中性轴的位置，进而计算截面对中性轴的惯性矩 I_z 及上、下边缘离中性轴的距离 y。③ 对于截面关于中性轴不对称且有正负最大弯矩的梁，不能简单断定梁的最大拉、压应力必然发生在梁弯矩绝对值最大的截面上。例如，在例 5-2 中，虽然截面 B 的弯矩值绝对值较截面 C 的小，但由于截面 B 的弯矩是正值，该截面最大拉应力发生在截面的下边缘各点，而这些点到中性轴的距离比较远，其值有可能大于截面 C 的最大拉应力，因而需要将正负最大弯矩所在截面(即截面 B、截面 C)的上、下边缘处的正应力分别进行计算并加以比较，才能得出正确的结论。④ 对于等截面梁，考虑到 I_z 相同，也可以综合比较 My 来确定最大拉(压)应力所在截面的位置。

【例 5-3】 如图 5-10(a)所示，长度 $l=3$ m 的外伸梁，其外伸部分长 1 m，梁上作用均布荷载 $q=20$ kN/m，许用应力$[\sigma]=140$ MPa，试选工字钢型号。

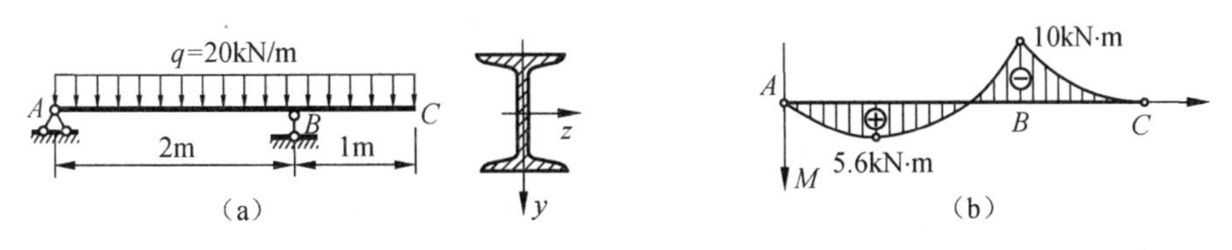

图 5-10　例 5-3 图

【解】 作梁的弯矩图，如图 5-10(b)所示。梁横截面上最大弯矩值的绝对值为 $M_{max}=10$ kN·m。根据强度条件，截面的弯曲截面系数应满足

$$W_z \geqslant \frac{M_{max}}{[\sigma]}=\frac{10\times10^6\ \text{N}\cdot\text{mm}}{140\ \text{MPa}}=71\ 428.6\ \text{mm}^3$$

根据 W_z 值在型钢表上查得型号为 12.6 工字钢的 $W_z=77.5\ \text{cm}^3=77\ 500\ \text{mm}^3$ 与 71 428.6 mm^3 相近，故选工字钢型号为 12.6。

【说明】 ① 梁的强度设计中，最大弯矩所在截面(即危险截面)以及该截面上危险点的确定常常是问题的关键，应综合考虑梁的各极值弯矩、横截面形状和尺寸，以及材料的力学性质等因素。② 若梁的情况比较复杂，而不能直接判断危险截面、危险点的确切位置时，应对各个可能的危险截面、危险点逐一进行计算，以保证梁的安全。

5.4　梁的弯曲切应力及强度条件

如前所述，梁横力弯曲时，横截面上既有与弯矩有关的弯曲正应力，又有与剪力有关的弯曲切应力。工程实际表明，对一般的实心截面或非薄壁截面的细长梁，弯曲正应力对其强度的影响是主要的，而弯曲切应力的影响较小，一般可以不予考虑。但对非细长梁或支座附近作用有较大的横向荷载(在这种情况下，梁中的弯矩较小，而剪力却可能很大)，或对抗剪能力差的梁(如木梁、焊接或铆接的薄壁截面梁等)，其弯曲切应力对梁强度的影响一般不能忽视。因此，本节将首先讨论梁弯曲切应力的计算，然后建立梁的弯曲切应力强度条件。

5.4.1　弯曲切应力

一般而言，横截面上弯曲切应力的分布情况比弯曲正应力的分布情况要复杂得多。因此对

由剪力引起的弯曲切应力,不再用几何、物理和静力学关系进行推导,而是在确定弯曲正应力公式(5-9)仍然适用的基础上,假设切应力在横截面上的分布规律,然后根据平衡条件得出弯曲切应力的近似计算公式。下面按梁截面的形状分几种情况介绍梁的弯曲切应力的计算方法。

1. 矩形截面梁

图 5-11 所示高度为 h、宽度为 b 的矩形截面梁,在其纵向对称面 xy 内作用有横向荷载。于是,由梁的内力分析可知,在任一横截面上,剪力 F_S的作用线皆与对称轴 y 重合。在 h 大于 b 时,对弯曲切应力沿横截面的分布规律,如图 5-11(c)所示,作如下假设:

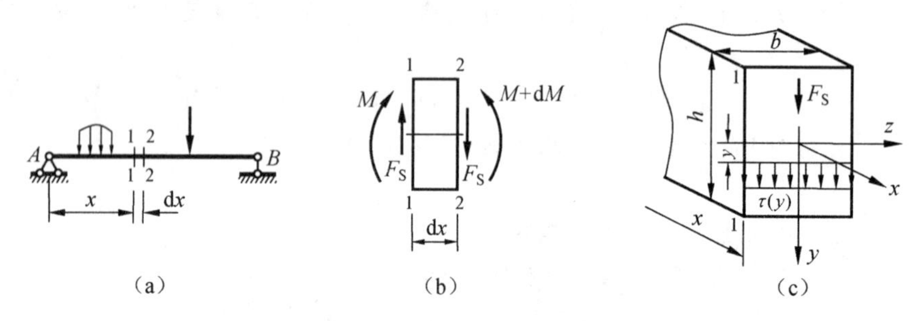

图 5-11　矩形截面梁横截面上各点的切应力

(1) 横截面上各点处的切应力皆平行于剪力 F_S 或截面侧边。

(2) 切应力沿截面宽度均匀分布,即离中性轴等远的各点处的切应力相等。

进一步的精确分析证明,上述两个假设对于高度 h 大于宽度 b 的矩形截面梁是成立的。

现用相距 dx 的两个横截面 1—1 与 2—2 从梁中截取一微段并放大,如图 5-11(b)所示。由于微段梁上无荷载,故在其左、右两横截面上,剪力大小相等,均为 F_S,而弯矩不等,分别为 M 和 $M+dM$。因此,在微段梁左、右横截面上距中性轴等高的对应点处,切应力大小相等,以 $\tau(y)$表示,而正应力不等,分别用 σ_1 与 σ_2 表示,如图 5-12(a)所示。为得到横截面上距中性轴为 y 的各点处的切应力 $\tau(y)$,再用一距中性层为 y 的纵向截面 m—n 将此微段梁截开,取其下部的微块作为研究对象,如图 5-12(b)所示。设微块横截面 m—1 与横截面 n—2 的面积为 A^*,则在横截面 m—1 上作用着由法向微内力 $\sigma_1 dA$[见图 5-12(c)]所组成的合力 F_1^*(其方向平行于 x 轴),如图 5-12(d)所示,其值为

$$F_1^* = \int_{A^*} \sigma_1 dA = \int_{A^*} \frac{M \cdot y^*}{I_z} dA = \frac{M}{I_z}\int_{A^*} y^* dA = \frac{M}{I_z}S_z^* \tag{a}$$

式中, $S_z^* = \int_{A^*} y^* dA$ 为微块横截面 $A*$ 对中性轴 z 轴的静矩。

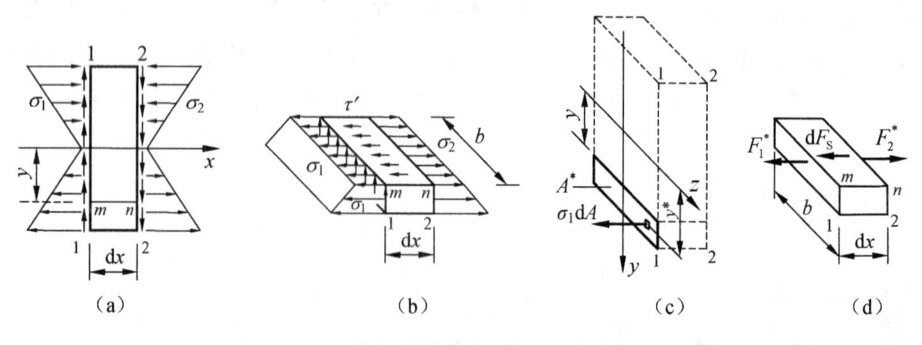

图 5-12　矩形截面梁横截面上一点处切应力的计算

同理，在微块的横截面 $n—2$ 上也作用着由微内力 $\sigma_2 \mathrm{d}A$ 所组成的合力 F_2^*（其方向平行于 x 轴），其值为

$$F_2^* = \frac{M+\mathrm{d}M}{I_z} S_z^* \tag{b}$$

此外，根据切应力互等定律，并结合上述两个假设，以及微段梁上无荷载，因而任一横截面上剪力相同的情况可知，在微块的纵向截面 $m—n$ 上作用着均匀分布且与 $\tau(y)$ 大小相等的切应力 τ'，如图 5-12(b)所示。故该截面上切向内力系的合力为

$$\mathrm{d}F_S = \tau(y) b \mathrm{d}x \tag{c}$$

F_1^*，F_2^* 及 $\mathrm{d}F_S$ 的方向都平行于 x 轴，如图 5-12(d)所示。由平衡条件 $\sum F_{ix} = 0$，可得

$$F_2^* - F_1^* - \mathrm{d}F_S = 0 \tag{d}$$

将式(a)、(b)、(c)代入式(d)，并利用剪力与弯矩的微分关系式，得

$$\tau(y) = \frac{F_S \cdot S_z^*}{b \cdot I_z} \tag{5-14}$$

式(5-14)即为矩形截面上任一点的弯曲切应力的计算公式。式中，F_S 为横截面上的剪力；b 为所求点处截面宽度；I_z 为整个横截面对中性轴的惯性矩；S_z^* 为所求点坐标 y 处截面宽度一侧的部分截面对中性轴的静矩。

对于矩形截面，由图 5-13(a)，有

$$S_z^* = A^* \cdot y_C^* = b\left(\frac{h}{2} - y\right) \times \frac{1}{2}\left(\frac{h}{2} + y\right) = \frac{b}{2}\left(\frac{h^2}{4} - y^2\right) \tag{e}$$

其值随所求点距中性轴的距离 y 的不同而改变。

将式(e)及 $I_z = \frac{1}{12} bh^3$ 代入式(5-14)，得

$$\tau(y) = \frac{3F_S}{2bh}\left(1 - \frac{4y^2}{h^2}\right) \tag{5-15}$$

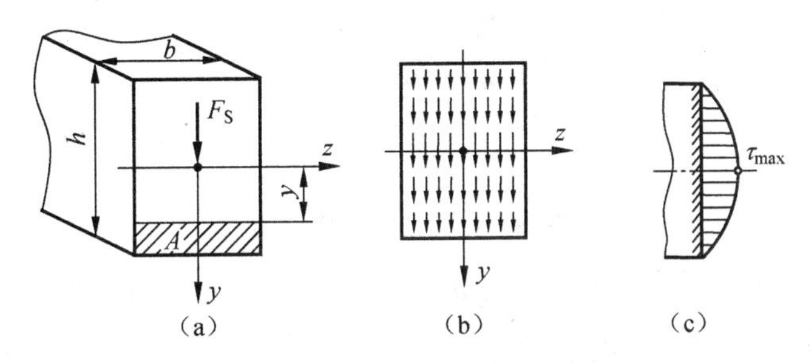

图 5-13　矩形截面梁横截面上各点切应力的分布图

这表明，在矩形截面上，弯曲切应力沿截面高度按二次抛物线分布，如图 5-13(b)、(c)所示。在横截面上下边缘各点即 $y = \pm\frac{h}{2}$ 处，弯曲切应力为零，在中性轴上各点处($y=0$)，弯曲切应力最大，其值为

$$\tau_{max}=\frac{3F_S}{2bh}=\frac{3}{2}\cdot\frac{F_S}{A} \tag{5-16}$$

其中，$A=bh$ 为矩形截面面积。由式(5－16)可知，矩形截面上最大弯曲切应力为其在横截面上平均切应力$\frac{F_S}{A}$的 1.5 倍。

【说明】 ① 对比精确分析的计算结果可知，对于 h 比 b 大得多的矩形截面，式(5－16)的计算结果是足够精确的。例如，当 $h=2b$ 时，所得的 τ_{max} 值略偏小，误差约为 3%；当 $h=b$ 时，误差将达 13%；而当 $h\leqslant\frac{b}{2}$时，τ_{max}值过小，误差超过为 40%，但在这种情形下切应力的实际数值本身将是很小的(正应力值一般很大)，对梁的强度影响不大。② 以上分析表明，矩形截面梁弯曲切应力沿截面高度的分布是非均匀的。根据剪切胡克定律可知，切应变 $\gamma=\tau/G$ 沿截面高度的分布也是非均匀的。在中性轴上各点处，γ 最大；在截面的上、下边缘各点处，$\gamma=0$(图 5－14)。因此，存在剪力的横截面将发生翘曲，不再保持平面，而且一般情况下，各个横截面的剪力不同，因而各横截面的这种翘曲程度也是不同的。但是，精确分析表明这种翘曲对弯曲正应力的影响很小，可以忽略不计。

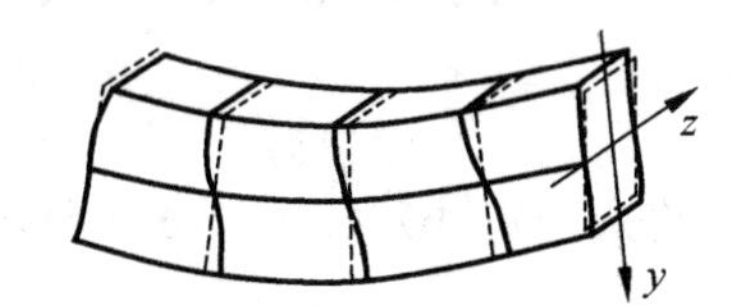

图 5－14　矩形截面梁横力弯曲时各横截面的翘曲

2. 工字形等截面梁

对工字形、T 形、箱形等截面，由于腹板(即截面的竖直部分)为狭长矩形，关于矩形截面上的切应力分布规律的假设依然成立，因此可用式(5－14)计算腹板上各点处的弯曲切应力，并且截面上最大弯曲切应力均发生在中性轴上各点处。下面结合图 5－15(a)所示工字形截面说明腹板上弯曲切应力的分布规律。

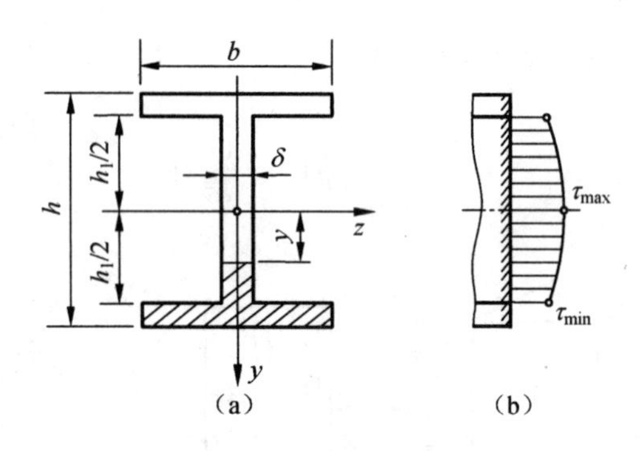

图 5－15　工字形横截面

注意到，在应用式(5－14)计算腹板截面上距中性轴为 y 处的弯曲切应力时，式中的 I_z 应为整个截面对中性轴的惯性矩，式中 b 为所求点处腹板的宽(厚)度，这里用 δ 表示，而 S_z^* 则为图 5－15(a)中画阴影线部分的面积对中性轴的静距，其值为

$$S_z^*=\frac{b}{2}\left(\frac{h^2}{4}-\frac{{h_1}^2}{4}\right)+\frac{\delta}{2}\left(\frac{{h_1}^2}{4}-y^2\right)$$

于是有

$$\tau(y)=\frac{F_S\cdot S_z^*}{\delta\cdot I_z}=\frac{F_S}{8I_z\delta}\left[b(h^2-h_1^2)+\delta(h_1^2-4y^2)\right] \tag{5-17}$$

式(5-17)表明，腹板上的弯曲切应力沿腹板高度也按二次抛物线分布，如图5-15(b)所示。在中性轴上各点处($y=0$)的切应力最大，其值为

$$\tau_{\max}=\frac{F_S\cdot S_{z,\max}}{I_z\delta}=\frac{F_S}{8I_z\delta}\left[bh^2-(b-\delta)h_1^2\right]$$

式中，$S_{z,\max}$是中性轴一侧的半个横截面面积对中性轴的静矩。对于轧制的工字型钢，可在型钢表中查用$\frac{I_x}{S_{x,\max}}$的值，也就是这里的$\frac{I_z}{S_{z,\max}}$之值。

在腹板与翼缘的交界处$\left(y=\frac{h}{2}\right)$，切应力最小，其值为

$$\tau_{\min}=\frac{bF_S}{8I_z\delta}(h^2-h_1^2)$$

比较$\tau_{\max}$与$\tau_{\min}$可见，当$\delta<<b$时，最大切应力与最小切应力的差值很小，可以将腹板上切应力视为均匀分布。若以图5-15(b)中应力分布图的面积乘以腹板厚度，即得腹板上的总剪力。计算结果表明，横截面上的剪力F_S几乎全部为腹板所承担，所以，也可用剪力除以腹板面积来近似计算腹板的切应力，即

$$\tau\approx\frac{F_S}{h_1\delta} \tag{5-18}$$

由于几乎全部剪力均为腹板所承担，所以翼缘上平行于F_S的切应力分量比较复杂且值很小，通常并不计算，故强度设计时一般不予考虑。

【说明】 ① 如上所述，横力弯曲时，横截面上与剪力相应的弯曲切应力沿高度非均匀分布。并且，除了宽度在中性轴处显著增大的截面或某些特殊情况如正方形截面沿对角线加载，以及菱形、三角形截面外，横截面上的最大切应力总是发生在中性轴上各点处。② 计算横截面上的弯曲切应力时，可以不考虑式(5-14)及式(5-17)中各项的正负号，以绝对值计算，而弯曲切应力的方向由该截面上的剪力方向确定，二者方向相同。③ 上述弯曲切应力公式均是在确定弯曲正应力式(5-9)适用的基础上导出的，故它们的应用条件与式(5-9)的相同。④ 顺便指出，工字形梁等翼缘的全部面积都集中在离中性轴较远处，其上的法向内力所组成的内力偶矩在弯矩M中占有的比例必定相当大，因而可以说腹板的主要功能之一是抗剪，而翼缘的主要功能之一是抗弯。

虽然翼缘上与剪力F_S平行的切应力分量非常小，然而翼缘上还有水平方向(与翼缘长边平行的方向)的切应力，其分析方法是与前面相类似。不妨从dx微段中的下翼缘的后半部分取出一个隔离体，如图5-16(a)所示。图中的η是从下翼缘的最外端向里度量。因为隔离体的左、右两个侧面上的法向内力F_1^*与F_2^*不等，纵截面上一定有切向内力dF'_H才能维持平衡，因而该面上就有切应力τ'_1。在纵截面的上、下边缘处，由切应力互等定理可知τ'_1必定与边缘相切，而翼缘的厚度很薄，可以假设纵截面上各点τ'_1处的方向均与边缘平行并沿壁厚均匀分布。根据切应力互等定理，在翼缘的横截面上距最外端为η处必有切应力τ_1，其值与τ'_1相等。由平衡条件可以求得与切应力计算公式类似的表达式

$$\tau_1=\frac{F_S S_z}{I_z\delta} \tag{5-19}$$

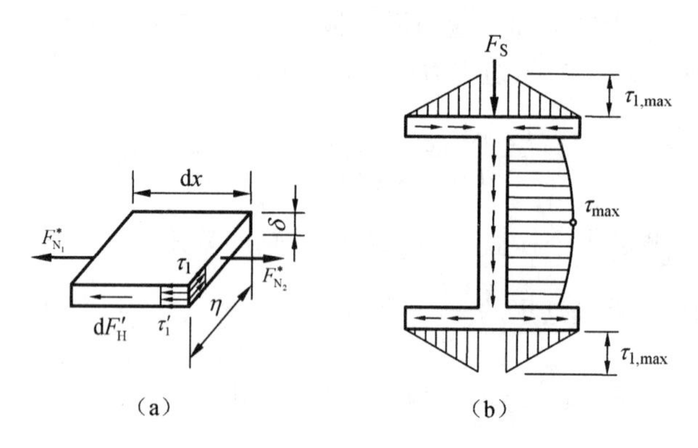

图 5-16　工字形横截面上各点的切应力分布

式中，δ 为翼缘的厚度；I_z 为横截面对中性轴的惯性矩；S_z 为翼缘的部分面积($\eta\delta$)对中性轴的静矩，即：$S_z=\eta\delta\left(\frac{h}{2}-\frac{\delta}{2}\right)$，$0\leqslant\eta\leqslant\left(\frac{b}{2}-\frac{d}{2}\right)$。可见 τ_1 的大小与 η 成正比。由于 dM 设为正，故隔离体上的 F_{N_2} 大于 F_{N_1}，从而下翼缘右边部分 τ_1 的指向向右，如图 5-16(b)所示。

当分析上翼缘右边部分的水平切应力时，若取与图 5-16(a)相类似的隔离体，所得结果自然与(5-19)式相同，只是此时隔离体上的 F_{N_1} 与 F_{N_2} 均为压力，τ_1 的指向也与下翼缘右边部分的相反。同理，可得翼缘左边部分 τ_1 的变化规律及其指向如图 5-16(b)所示。

从图 5-16(b)可见，横截面上弯曲切应力的指向，犹如源于上翼缘两端的两股水流，经由腹板，再分成两股流入下翼缘的两端。所有薄壁截面杆，其横截面上弯曲切应力的指向均具有这一特性，除非某点的切应力为零，否则不会在该点相向或相背而流。通常把具有这一特点的切应力称为**切应力流**。因此，可以根据横截面上剪力 F_S 的指向确定腹板上切应力的指向，再利用切应力流的概念，即可确定翼缘上切应力的指向。至于翼缘与腹板交界的局部区域，从切应力流可知在这里存在应力集中。轧制的型钢，在该处采用圆角，可以缓和应力集中现象。

τ_1 的最大值发生在翼缘接近与腹板交界处，但 $\tau_{1,max}$ 要比 τ_{max} 小得多，所以在梁的强度计算中一般并不需要求 $\tau_{1,max}$。但是，通过上面的分析，掌握开口薄壁截面梁弯曲切应力的分析方法，仍是很重要的。

对于 T 形、Π 形等开口薄壁截面梁，仿照上述方法对腹板和顶板的弯曲切应力进行分析，所得计算公式无论是形式或是各项含义均与上述工字钢相应的公式相同。读者可自行验证。

3. 圆形等截面梁

对于圆形、梯形等截面，由切应力互等定理可知，横截面周边上各点处弯曲切应力必与周边相切，故在横截面上除竖直对称轴及中性轴上各点外，其余各点处切应力的方向不再平行于剪力 F_S。对这类截面，不能照搬矩形截面梁对弯曲切应力所作的假设。但由对称性可知，距中性轴为 y 的弦线的端点和中点的切应力其方向线必交于一点，如图 5-17(a)所示。为此，对切应力在横截面上的分布规律作如下两个假设：(1) 距中性轴等距离各点处的切应力，其方向线均交于一点；(2) 距中性轴等距离各点切应力的竖直分量均相等。根据这两个假设所得到的切应力竖直分量 τ_y 的计算公式，形式与式(5-14)一致，只是对应的量 b 随着点的位置不断变化而已，且与弹性力学的解答相比具有良好的精确性。在此不再罗列。

研究表明，圆形截面梁横截面上的最大弯曲切应力仍发生在中性轴上，可以认为中性轴上，各点的切应力大小相等，方向平行于剪力 F_S，其值仍可用式(5－14)计算，只是 b 取为横截面在中性轴处的宽度；I_z 为整个横截面对中性轴的惯性矩；$S_z^* = S_{z,max}^*$ 为中性轴一侧的部分截面对中性轴的静矩。

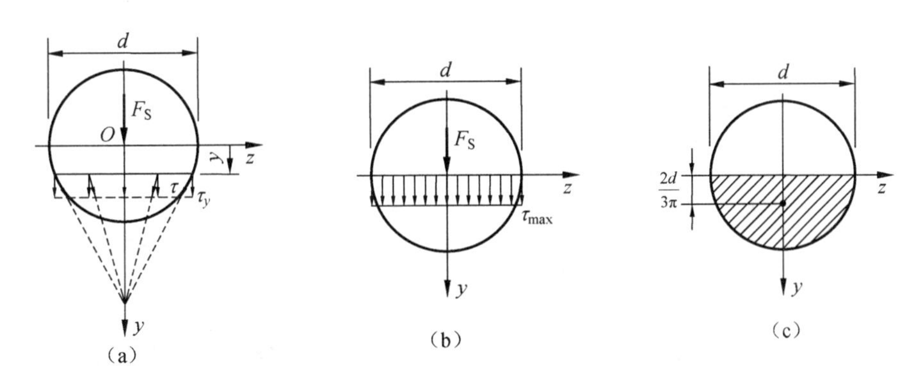

图 5－17　圆形截面上的切应力与最大切应力

对如图 5－17(b)所示的直径为 d 的圆形截面，按式(5－14)计算其最大弯曲切应力时，$b=d$，$I_z=\frac{\pi d^4}{64}$，$S_{z,max}^*$ 为图 5－17(c)中画阴影线的部分截面对中性轴的静矩，其值为 $S_{z,max}^*=\frac{\pi(d/2)^2}{2}\times\frac{2d}{3\pi}=\frac{d^3}{12}$，于是有

$$\tau_{max}=\frac{4}{3}\cdot\frac{F_S}{A} \tag{5-20}$$

式中，$A=\frac{\pi d^2}{4}$ 为圆截面面积。由此可见，圆形截面上的最大弯曲切应力为其平均切应力 $\frac{F_S}{A}$ 的 1.33 倍。与精确分析的结果相比较，这里得出的 τ_{max} 值略偏小，但误差不到 4%。

4. *薄壁圆环形截面梁*

当圆环的平均半径 R_0 大于壁厚 δ 的 10 倍以上，可认为是薄壁圆环，同样根据切应力互等定理知，位于横截面周边上各点的切应力必与周边相切。由于壁很薄，可假设切应力 τ 沿壁厚均匀分布而方向均与圆周的切线平行，如图 5－18 所示。由对称性可知，y 轴两侧各点处的切应力关于 y 轴对称，y 轴上各点处的切应力为零。据此，按连续性可知最大切应力必发生在中性轴上。

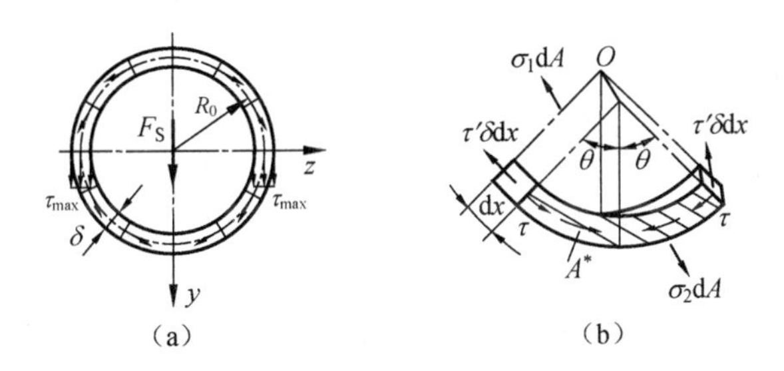

图 5－18　薄壁圆环形梁横截面上的切应力

注意到，在中性轴上各点处的切应力沿截面宽度均匀分布，且其方向与剪力方向一致，这

种应力情况符合矩形截面梁切应力分布的两个假设，故仍可用式(5－14)计算，只是式中的 S_z^* 为半个圆环形面积对中性轴 z 的静矩；I_z 为半个圆环形面积对中性轴的惯性矩；b 为中性轴上圆环截面的宽度，即 $b=2\delta$。

利用组合图形静矩与惯性矩的计算方法，即得

$$S_z^*=\frac{2}{3}\left(R_0+\frac{\delta}{2}\right)^3-\frac{2}{3}\left(R_0-\frac{\delta}{2}\right)^3\approx 2R_0^2\delta$$

$$I_z=\frac{\pi}{4}\left(R_0+\frac{\delta}{2}\right)^4-\frac{\pi}{4}\left(R_0-\frac{\delta}{2}\right)^4\approx \pi R_0^3\delta$$

从而截面上的最大切应力为

$$\tau_{\max}=\frac{F_S S_{z,\max}^*}{I_z b}\approx 2\times\frac{F_S}{2\pi R_0\delta}=2\cdot\frac{F_S}{A} \tag{5-21}$$

式中，$A=2\pi R_0\delta$ 为薄壁圆环形截面的面积。由此可见，薄壁圆环形截面上的最大弯曲切应力为平均切应力 $\frac{F_S}{A}$ 的两倍。

对于任意截面的切应力，一样可以仿照矩形截面的研究方法截取一段长度为 dx 的梁，再用与 y 轴夹角为 θ 的两个径向面对称截出一部分，如图 5－18(b)所示。由对称性，横截面上两径向边处切应力相等，均为 τ。由切应力互等定理可知，两径向面上的切应力 $\tau'=\tau$。根据微段轴向的平衡可得类似与式(5－14)的解 $\tau'=\frac{F_S S_z^*}{2\delta I_z}$。只是这里 S_z^* 为图 5－18(b)中阴影部分面积 A^* 对中性轴的静矩；I_z 为整个截面对中性轴的惯性矩，而 b 在这里就取 2δ。

【例 5－4】 图 5－19(a)所示矩形截面悬臂梁，设 q，l，b，h 为已知，试求梁中的最大正应力及最大切应力，并比较两者的大小。

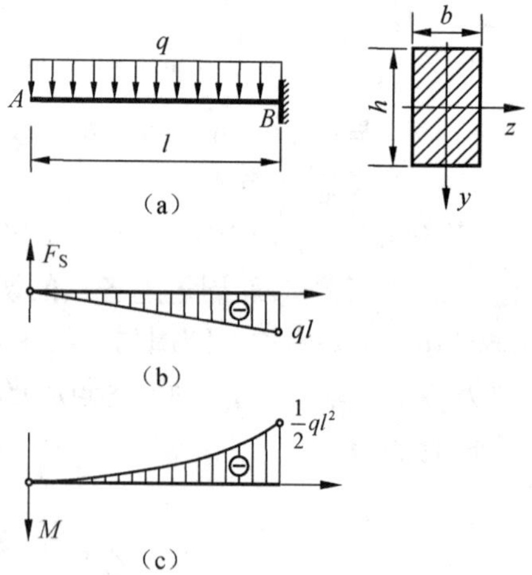

【解】 (1) 求梁的最大剪力和最大弯矩。作梁的剪力图和弯矩图，由图可见，该梁的危险截面在固定端处，其端截面上的内力值(绝对值)为 $M_{\max}=\frac{ql^2}{2}$，$F_{S,\max}=ql$。

(2) 梁中的最大正应力及最大切应力。按式(5－11)，可得梁的最大弯曲正应力为

$$\sigma_{\max}=\frac{M_{\max}}{W_z}=\frac{3ql^2}{bh^2}$$

按式(5－16)，可得梁的最大弯曲切应力为

$$\tau_{\max}=\frac{3}{2}\frac{F_{S,\max}}{A}=\frac{3ql}{2bh}$$

(3) 最大正应力及最大切应力之比为

$$\frac{\sigma_{\max}}{\tau_{\max}}=\frac{2l}{h}$$

图 5－19　例 5－4 图

【说明】 由此例可见，当 $l\geqslant 5$ h 时，$\sigma_{\max}=10\tau_{\max}$，即切应力值相对较小。进一步计算表明，对于非薄壁截面细长梁，弯曲切应力与弯曲正应力的比值的数量级约等于梁的高跨比。

【例5-5】 槽形截面简支梁的尺寸及荷载情况如图5-20(a)所示，已知截面对中性轴的惯性矩 $I_z=4.65\times10^7\,\mathrm{mm}^4$。试求：(1) 计算最大剪力所在截面上 a,b,c,d 各点的切应力；(2) 绘制出最大剪力所在截面的腹板上切应力沿腹板高度的分布规律图。图中截面尺寸单位：mm。

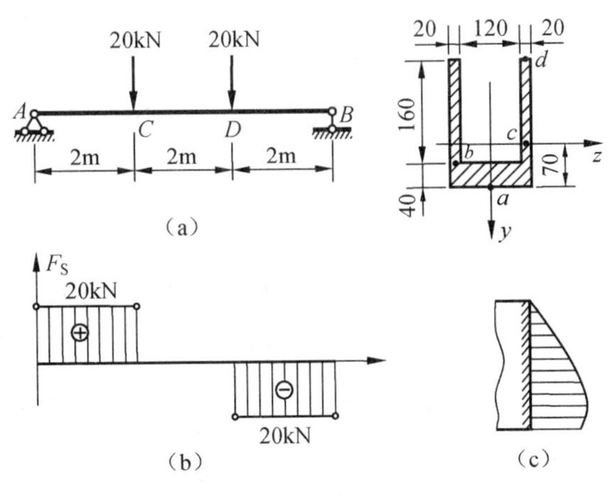

图5-20　例5-5图

【解】 (1) 求梁的最大剪力。作梁的剪力图如图5-20(b)所示，可见，最大剪力(绝对值)位于 A 端截面及 DB 端梁的任一横截面上，其值为 $F_{S,max}=20\ \mathrm{kN}$。

(2) 计算最大剪力所在截面上 a,b,c,d 各点处的切应力。a,d 点：由图5-20(a)可见，a，d 点分别位于横截面上、下边缘处，因其所在宽度的一侧截面[图5-20(a)]对中性轴的静矩为零，故有：$\tau_a=\tau_d=0$。

b 点：由图5-20(a)可见，该点位于腹板与翼缘交界处，其所在宽度为 $\delta=40\ \mathrm{mm}$；其所在宽度一侧的部分截面[图5-20(b)]对中性轴的静矩(绝对值)为

$$S_z^*=160\times40\times50=320\times10^3\,\mathrm{mm}^3$$

故 b 处的弯曲切应力为

$$\tau=\frac{F_S S_z^*}{I_z\delta}=\frac{20\times10^3\ \mathrm{N}\times320\times10^3\ \mathrm{mm}^3}{46.5\times10^7\ \mathrm{mm}^4\times40\times\mathrm{mm}}=3.44\ \mathrm{MPa}$$

c 点：由图5-20(a)可见，该点位于中性轴上，其所在宽度为 $\delta=40\ \mathrm{mm}$；其所在宽度的一侧截面[图5-20(c)]对中性轴的静矩(绝对值)为

$$S_{z,max}^*=2\times20\times130\times75=338\times10^3\,\mathrm{mm}^3$$

故 c 处的弯曲切应力为

$$\tau_c=\frac{F_S S_{z,max}^*}{I_z\delta}=\frac{20\times10^3\ \mathrm{N}\times338\times10^3\,\mathrm{mm}^3}{46.5\times10^7\,\mathrm{mm}^4\times40\ \mathrm{mm}}=3.63\ \mathrm{MPa}$$

其 b 点、c 点处弯曲切应力的方向均与该截面上剪力的方向相同。

(3) 绘制最大剪力所在截面的腹板上切应力沿腹板高度的分布规律图。由于弯曲切应力沿腹板高度按二次抛物线规律分布，在中性轴上弯曲切应力最大，故根据上面计算的结果，绘出 D 截面上切应力沿高度的分布规律如图5-20(c)所示。

【说明】 在应用式(5-14)计算由几个矩形组成的截面中腹板上各点处的切应力时要注意,若腹板只有一个,则式中 δ 为腹板宽度;若腹板不止一个,则 δ 为各腹板宽度之和。相应地,若腹板只有一个,则式中 S_z^* 为腹板宽度一侧截面对中性轴的静矩,若腹板不止一个,则式中 S_z^* 为各腹板宽度一侧所在截面对中性轴的静矩。这可以通过计算公式(5-14)的推导过程来体会。

从上述分析中可知,在横力弯曲时,弯曲切应力沿截面高度的分布是不均匀的。根据剪切胡克定律,切应变与切应力成比例,即 $\gamma=\frac{\tau}{G}$。以矩形截面为例,由式(5-15)可得

$$\gamma(y)=\frac{\tau(y)}{G}=\frac{3F_S}{2Gbh}\left(1-\frac{4y^2}{h^2}\right)$$

所以,沿截面高度各点的切应变也按抛物线规律变化。靠近顶面和底面的单元体,其 $\tau=0$,$\gamma=0$,无切应变。随着离开中性轴距离的减小,切应变逐渐增加,并在中性层上取到最大 $\gamma_{max}=\frac{\tau_{max}}{G}$。切应变的这种变化使得梁的横截面不在保持一个平面,而是产生翘曲,如图 5-21(a)、(b)所示。若梁的各横截面上的剪力相等,则各横截面的翘曲程度相同,相邻横截面之间的纵向纤维的长度并不会因为翘曲而改变,如图 5-21(c)所示。从而并不影响纵向纤维因弯矩所导致的伸长或缩短,自然也不会影响按照平面假设所推导出来的正应力分布规律。对于均布荷载作用下的梁,由于各横截面上的剪力不等,各横截面的翘曲程度也就不同,相邻横截面间纵向纤维的长度必然发生改变。但弹性力学的分析结果表明,对于细长梁,这种变化极其微小,故对弯曲正应力的影响可以忽略不计。

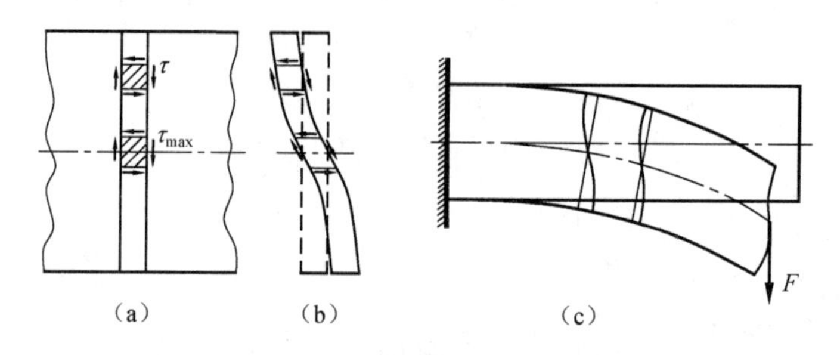

图 5-21　剪力引起的截面翘曲

【思考】 如果剪力的影响不能忽略,例如梁的跨度高度比 $\frac{l}{h}<5$,如何分析剪力对弯曲正应力的影响?

5.4.2　弯曲切应力强度条件

由上述分析可见,一般情况下,等直梁在横力弯曲时,最大弯曲切应力 τ_{max} 发生在最大剪力 $F_{S,max}$ 所在截面(称为危险截面)的中性轴上各点(称危险点)处,而中性轴上各点处的弯曲正应力为零,故最大弯曲切应力 τ_{max} 所在中性轴上各点均处于纯剪切应力状态,相应的强度条件为

$$\tau_{max}=\frac{F_{S,max}S_{z,max}^*}{I_z b}\leqslant[\tau] \tag{5-22}$$

即要求等直梁内最大弯曲切应力 τ_{max} 不超过材料的许用切应力$[\tau]$。

如前面曾指出的，在设计梁的强度时，对非薄壁截面的细长梁，可以不考虑弯曲切应力的影响，但对于薄壁截面梁与弯矩较小而剪力较大的梁（如短而粗的梁，集中力作用在支座附近的梁等），以及抗剪能力差的梁（如木梁，以及焊接或铆接的工字形等组合薄壁截面的钢梁等），则不仅应考虑弯曲正应力强度条件，而且还应考虑弯曲切应力强度条件。

【例5－6】 两根20a号工字钢用普通螺栓连在一起组成单根梁，如图5－22(a)所示。已知螺栓的间距 $a=90$ mm，直径 $d=22$ mm，其许用切应力$[\tau]=100$ MPa。若梁横截面上的剪力 $F_S=200$ kN，试校核螺栓的剪切强度（不计两工字钢之间的摩擦力）。

【解】 两根工字钢作为整体弯曲时，中性层即是两根工字钢的接触面，其上的切向力将由螺栓来承担。由于该段梁各横截面的剪力 F_S 均相等，且螺栓的直径及其间距又分别相同，故可假设各螺栓传递的切向力相等。

为求螺栓横截面上的剪力，可从梁中取出长为 a 的一段梁如图5－22(b)所示；再沿中性层将螺栓截开取出下面一块作为隔离体[图5－22(c)]。由于横力弯曲时两相邻横截面上的弯矩不等，故该隔离体左、右两个侧面上的法向力之差，将由两个螺栓横截面上的总剪力来平衡。即

$$F'_S=F_2^*-F_1^* \tag{a}$$

而 $F_1^*=\dfrac{M}{I_z}S_z^*$，$F_2^*=\dfrac{M+\Delta M}{I_z}S_z^*$。其中：$S_z^*$ 是 A_1 对中性轴的静矩，A_1 是一个工字钢的横截面面积。将 F_1^*，F_2^* 代入式(a)中，得

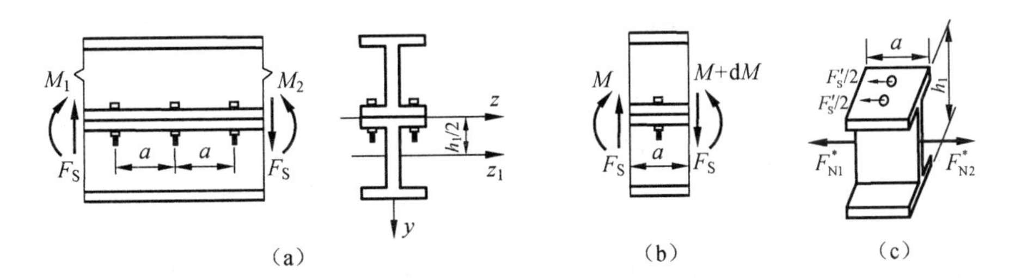

图5－22　例5－6图

$$F'_S=\frac{\Delta M}{I_z}S_z^* \tag{b}$$

由图5－22(b)所示微段梁的平衡条件，可得：$\Delta M=F_S a$。将它代入(b)式，可得

$$F'_S=\frac{F_S a}{I_z}S_z^*$$

而每个螺栓横截面上的剪力 F'_{S1} 为

$$F'_{S1}=\frac{F_S}{2}=\frac{F_S a}{2I_z}S_z^* \tag{c}$$

由型钢表查得20a号工字钢的截面高度 $h_1=200$ mm，面积 $A_1=3\ 550\ \text{mm}^2$，它对本身形心轴的惯性矩 $I_{z_1}=2\ 370\ \text{cm}^4=2\ 370\times10^4\ \text{mm}^4$。于是，可求出 A_1 对中性轴的静矩 S_z^* 以及整个横截面对中性轴的惯性矩 I_z 如下：

$$S_z^* = A_1 \times \frac{h_1}{2} = (3\ 550\ \text{mm}^2) \times \frac{200\ \text{mm}}{2} = 355 \times 10^3\ \text{mm}^3$$

$$I_z = 2\left[I_{z_1} + A_1 \times \left(\frac{h_1}{2}\right)^2\right] = 2\left[2\ 370 \times 10^4\ \text{mm}^4 + 3\ 550\ \text{mm}^2 \times \left(\frac{200\ \text{mm}}{2}\right)^2\right] = 1\ 184 \times 10^5\ \text{mm}^4$$

将 F_S、a、S_z^* 和 I_z 的值代入(c)式，得

$$F'_{S1} = \frac{F_S a}{2I_z} S_z^* = \frac{(200\ \text{kN}) \times (90\ \text{mm}) \times (355 \times 10^3\ \text{mm}^3)}{2 \times (1\ 184 \times 10^5\ \text{mm}^4)} = 27\ \text{kN}$$

由此可计算出螺栓横截面上的平均切应力并据此校核其剪切强度

$$\tau = \frac{F'_{S1}}{\pi d^2/4} = \frac{4 \times (27 \times 10^3\ \text{N})}{\pi \times (22\ \text{mm})^2} = 71\ \text{MPa} < [\tau]$$

故螺栓的剪切强度足够。

【说明】 本解的解题思路就是切应力公式的推导过程，所以正确理解切应力公式的推导是提高该类问题解题能力的一个很重要的方面。

【例 5－7】 图 5－23 所示外伸梁，荷载 F 可沿梁轴移动。若梁用 18 号工字钢制成，材料的许用弯曲正应力 $[\sigma]=170$ MPa，许用弯曲切应力 $[\tau]=60$ MPa。试校核此梁的强度。

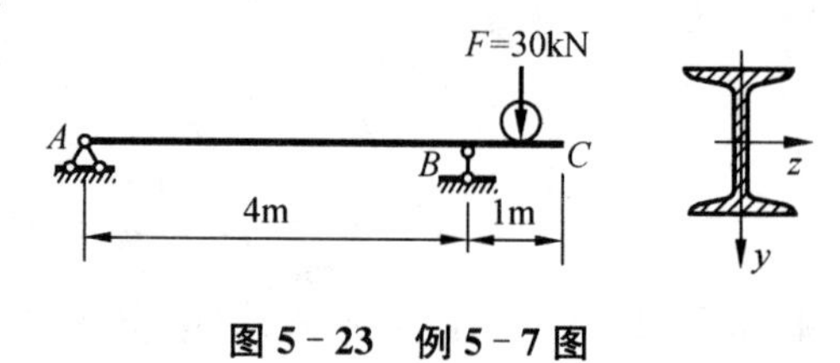

图 5－23 例 5－7 图

【解】 (1) 内力分析。由于荷载 F 是移动的，故须确定荷载的最不利位置。经计算不难得出，当荷载位于梁的跨中时，有峰值最大的弯矩，为

$$M_{\max} = 30\ \text{kN} \cdot \text{m}$$

当荷载在梁的外伸部分移动时，或者移动到支座附近时，有峰值最大的剪力，为

$$F_{S,\max} = F = 30\ \text{kN}$$

(2) 校核梁弯曲正应力强度。由型钢规格表查得 18 号工字钢的抗弯截面系数 $W_z = 185\ \text{cm}^3 = 185 \times 10^3 \text{mm}^3$。于是，将有关数据代入式(5－11)，得

$$\sigma_{\max} = \frac{M_{\max}}{W_z} = \frac{30 \times 10^6\ \text{N} \cdot \text{m}}{185 \times 10^3\ \text{mm}^3} = 162.2\ \text{MPa} < [\sigma] = 170\ \text{MPa}$$

(3) 校核梁的弯曲切应力强度。由型钢规格表查得 18 号工字钢 $\frac{I_z}{S_{z,\max}^*} = 154$ mm，$d = 6.5$ mm。于是，将有关数据代入式(5－14)，得

$$\tau_{\max} = \frac{F_{S,\max} S_{z,\max}^*}{I_z b} = \frac{30 \times 10^3\ \text{N}}{154\ \text{mm} \times 6.5\ \text{mm}} = 30\ \text{MPa} < [\tau] = 60\ \text{MPa}$$

由上可见，梁同时满足弯曲正应力和弯曲切应力强度条件。

综上所述，对梁进行强度计算时应同时满足弯曲正应力和弯曲切应力强度条件，其计算步骤如下：

(1) 绘制梁的剪力图与弯矩图，确定绝对值最大的剪力与绝对值最大的弯矩所在截面的位置，即确定危险截面的位置。

(2) 根据危险截面上正应力和切应力的分布规律，判断危险截面上 σ_{max} 和 τ_{max} 所处位置，即危险点的位置。

(3) 分别计算危险点的应力 σ_{max} 和 τ_{max}，并分别按式(5-13)、式(5-22)进行强度计算。

【注意】 剪力绝对值最大的危险截面与弯矩绝对值最大的危险截面不一定是同一截面，σ_{max} 和 τ_{max} 更不在同一点。

*5.5　非对称截面梁的平面弯曲　开口薄壁杆件的弯曲中心

5.5.1　非对称截面梁的平面弯曲

前面研究的是外力(包括外力偶和横向力)都是作用在梁的纵向对称平面内而发生平面弯曲的情形。现简单讨论横截面没有对称轴，而外力偶作用在**形心主惯性平面**(横截面的形心主轴与梁的轴线所构成的平面)内(或作用在与形心主惯性平面相平行的平面内)的弯曲问题。

设 C 为横截面的形心，y 和 z 轴为横截面的形心主轴。在杆的两端与形心主惯性平面 xy 相平行的平面内作用一对外力偶，图5-24(a)为取出的左段隔离体。对所取坐标系，可以得到与式(5-3)～(5-5)相同的三个静力学条件

$$F_N=\int_A \sigma \mathrm{d}A=0 \tag{a}$$

$$M_y=\int_A z\sigma \mathrm{d}A=0 \tag{b}$$

$$M_z=\int_A y\sigma \mathrm{d}A=M=M_e \tag{c}$$

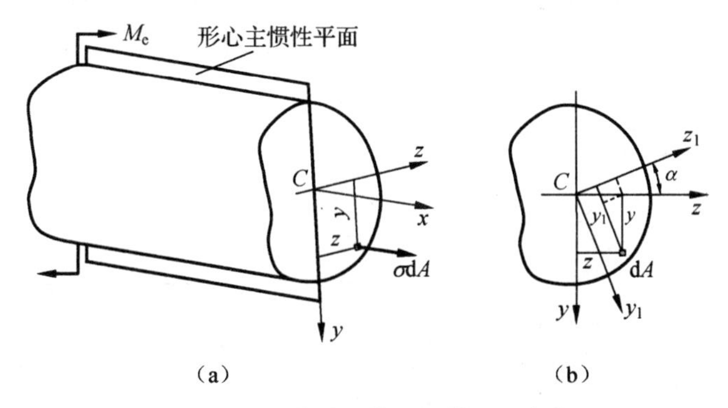

图5-24　非对称截面梁的平面弯曲

非对称截面梁在纯弯曲时平面假设依然成立。但由于不对称，故暂时不能确认中性轴与 y 轴正交。为此，设中性轴为 z_1 轴，如图5-24(b)所示。则横截面上任一点处的纵向线应变必与该点到 z_1 轴的距离 y_1 成正比。重复5.2节中对变形几何方程和物理方程的推导过程，同样可以得到一点处的应变和应力分别为

$$\varepsilon=\frac{y_1}{\rho} \tag{d}$$

$$\sigma=E\frac{y_1}{\rho} \tag{e}$$

将式(e)代入式(a),得到的结论仍是 z_1 轴必须通过形心。这样,z_1 轴与形心主轴(y、z 轴)相交于原点(形心)。另外,由于

$$y_1 = y\cos\alpha + z\sin\alpha$$

代入式(e),并利用式(b),可得

$$\frac{E}{\rho}\int_A z(y\cos\alpha + z\sin\alpha)\mathrm{d}A = \frac{E}{\rho}[I_{yz}\cos\alpha + I_y\sin\alpha] = 0$$

因为 $E/\rho \neq 0$,$I_{yz}=0$,而 I_y 为正值,故 $\sin\alpha=0$,即 $\alpha=0$。这就是说,即使是非对称截面梁,只要外力偶作用在与形心主惯性平面 xy 相平行的平面内(或作用在 xy 平面内),形心主轴 z 就是中性轴。

再利用(e)式和(c)式,得到的最后结果自然与公式(5-8)和公式(5-9)分别相同。而梁的轴线在此情况下将在形心主惯性平面 xy 内弯成一条平面曲线,它与外力偶的作用平面相重合或者相平行。这是纯弯曲中平面弯曲的一般情况。

【说明】 从以上分析可以看出,在纯弯曲时,满足静力学条件中的(b)式,乃是发生平面弯曲的条件,即 $M_y = \int_A z\sigma \mathrm{d}A = 0$。

5.5.2 开口薄壁截面的弯曲中心

由前面的讨论可知,对于截面有对称轴的杆件,当横向载荷作用在对称平面内时,才会使杆件发生平面弯曲。对于横截面无对称轴的杆件,也同样存在横向力在何处作用,方能使杆件发生平面弯曲的问题。以图5-25所示的槽钢悬臂梁为例,由试验证实,当外荷载 F 沿 y 方向通过形心 C 作用时,梁将同时产生弯曲与扭转变形。只有外力 F 通过某一点 A 时,梁才只发生弯曲变形,A 点称为截面的**弯曲中心**,简称**弯心**。由此可见,在横向荷载作用下,梁只发生平面弯曲变形的条件是外力平行于形心主惯性轴,且通过弯曲中心。

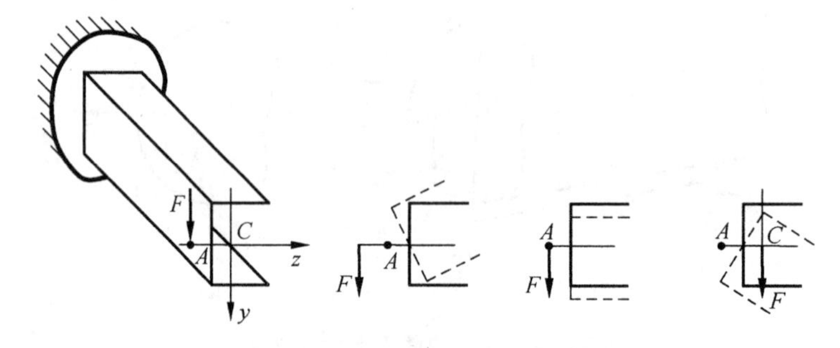

图5-25 悬臂槽钢截面的弯曲中心

由于开口薄壁杆件的扭转刚度较小,抵抗扭转的能力弱,较小的扭矩即可产生较大的扭转切应力,同时还因约束扭转引起附加正应力和切应力。而实体杆件和闭合薄壁杆件的扭转刚度较大,且弯曲中心通常在截面形心附近,所以当横向力通过形心时所产生的扭矩不大,扭转变形可以忽略。故这里主要讨论开口薄壁杆件及其弯曲中心的求解。

首先讨论开口薄壁杆弯曲切应力的计算。图5-26(a)是在横向荷载 F 作用下的开口薄壁杆。荷载 F 通过截面的弯曲中心 A,杆件只发生弯曲而无扭转,即截面上只有弯曲正应力和弯曲切应力,而无扭转切应力。根据切应力互等定理,考虑截面为薄壁的特点,弯曲切应力

与截面周边相切且沿壁厚均匀分布。设 y、z 轴为截面的形心主惯性轴，荷载 F 平行于 y 轴，z 轴为中性轴。从杆中截出 $\mathrm{d}x$ 长的一微块 $abcd$，如图 5－26(a)、(b)所示。则仿照弯曲切应力的推导过程，通过侧面 ab 和 cd 上的弯曲正应力的轴向合力、x 方向的力平衡方程以及切应力互等定理可得横截面上任一点 c 处的切应力为

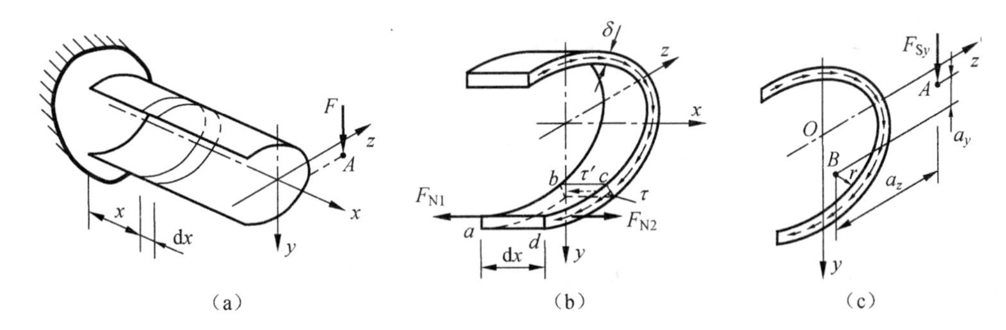

图 5－26　开口薄壁杆横截面上的切应力

$$\tau=\frac{F_{Sy}\cdot S_z^*}{\delta\cdot I_z}$$

τ 的指向如图 5－26(b)所示，据此可绘出横截面上切应力的分布。

下面讨论确定弯曲中心的基本方法。横截面上微内力 $\tau\mathrm{d}A$ 的合力为 F_{Sy}。为确定 F_{Sy} 作用线的位置，选取截面内任一点 B 为矩心，如图 5－26(c)所示。根据合力矩定理有

$$F_{Sy}a_z=\int_A r\tau\mathrm{d}A \tag{a}$$

式中 a_z 是 F_{Sy} 对 B 点的力臂。r 是微内力 $\tau\mathrm{d}A$ 对 B 点的力臂，解出 a_z 即可确定 F_{Sy} 的作用线位置。

同理，利用合力矩定理，可得 F_{Sz} 作用线的位置方程

$$F_{Sz}a_y=\int_A r\tau_1\mathrm{d}A \tag{b}$$

式中，τ_1 是 F_{Sz} 在横截面上产生的切应力，a_y 是 F_{Sz} 对 B 点的力臂。解出 a_y 即可确定 F_{Sz} 的作用线位置，如图 5－26(c)所示。因为 F_{Sy}、F_{Sz} 都通过弯曲中心，两者的交点就是弯曲中心 A。表 5－1 给出了工程中一些常用截面的弯曲中心位置。

表 5－1　几种常用截面的弯曲中心位置

截面形状	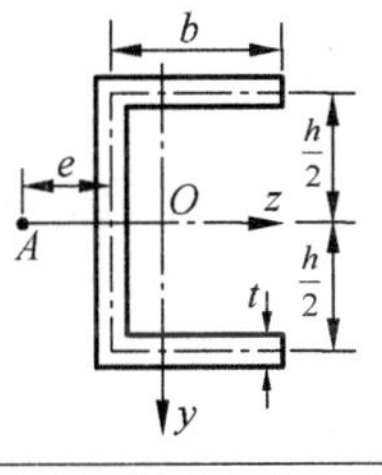	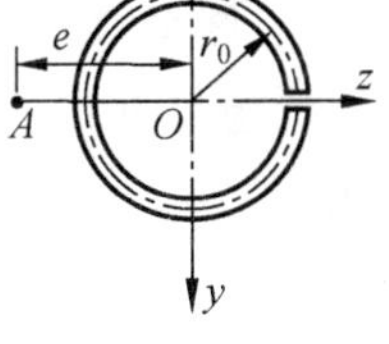	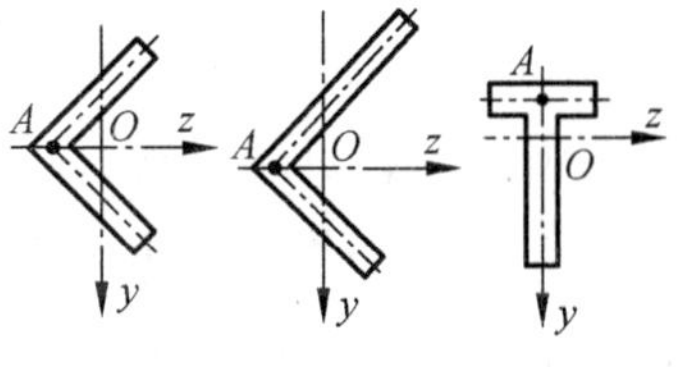	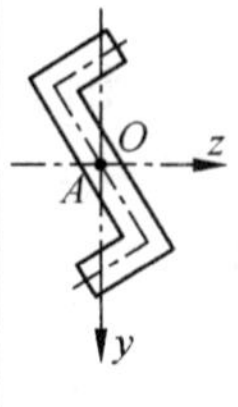
弯曲中心位置	$e=\dfrac{b^2h^2t}{4I_z}$	$e=2r_0$	两狭长矩形中线的交点	与形心重合

【例 5-8】 求图 5-27 所示槽形截面的弯曲中心位置。

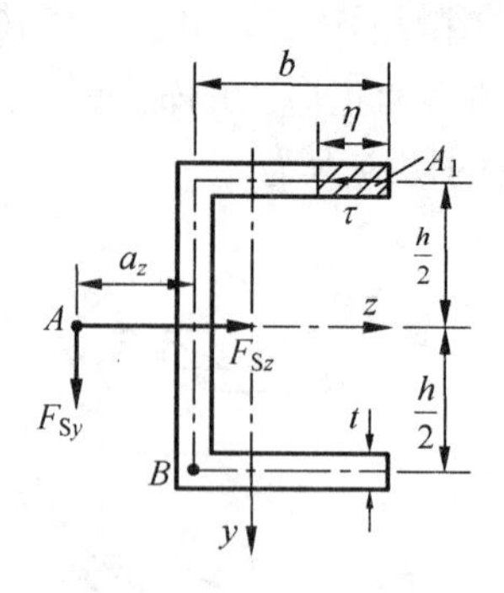

图 5-27 例 5-8 图

【解】 以截面的对称轴为 z 轴，则 y、z 轴为形心主惯性轴。当剪力 F_{Sy} 平行于 y 轴，且杆件无扭转变形时，上翼缘距边缘 η 处的切应力为

$$\tau=\frac{F_{Sy}\cdot S_z^*}{t\cdot I_z}=\frac{F_{Sy}}{tI_z}\left(\eta t\cdot\frac{h}{2}\right)=\frac{F_{Sy}\eta h}{2I_z}$$

切应力 τ 的指向如图 5-27 所示，S_z^* 为阴影部分面积对 z 轴的静矩。同样，可求得腹板和下翼缘的切应力。

为确定 F_{Sy} 的位置，选定下翼板中线与腹板中线交点 B 为矩心，由合力矩定理有

$$F_{Sy}a_z=\int_A h\tau\mathrm{d}A=\int_0^b h\frac{F_{Sy}\eta h}{2I_z}t\,\mathrm{d}\eta=\frac{F_{Sy}b^2h^2t}{4I_z}$$

于是可得 $a_z=\dfrac{b^2h^2t}{4I_z}$。

当剪力 F_{Sz} 沿对称轴 z 作用时，梁产生平面弯曲，弯曲中心在对称轴上。所以 F_{Sy} 与对称轴 z 的交点 A 即为弯曲中心。

【说明】 ① 从该例题可以看出，平面弯曲时剪力作用线的位置与横向力的大小无关，只与截面形式相关。这就是说，弯心的位置是横截面的几何特性之一。② 当横向力通过弯心但不与形心主轴平行时，可将横向力沿两个形心主轴方向分解成两个分力，它们将分别引起平面弯曲，而这两个平面弯曲的组合称为斜弯曲，将在第 7 章中讨论。

5.6 提高梁强度的措施

由前述分析可知，在一般情况下，设计梁的主要依据是弯曲正应力强度条件。从该条件可以看出，梁的弯曲强度与其所用材料、横截面的形状与尺寸以及由外力引起的弯矩有关。因此，为了合理进行梁的设计，可从以下几个方面考虑。

5.6.1 合理设计梁截面的形状

从弯曲强度考虑，比较合理的截面形状，是使用较小的截面面积 A，却能获得较大抗弯截面系数 W_z 的截面。

在一般截面中，抗弯截面系数与截面高度的平方成正比。因此，当截面面积一定时，宜将较多材料放置在远离中性轴的部位。由于弯曲正应力沿截面高度线性分布，当离中性轴最远

各点处的正应力达到许用应力值时，中性轴附近各点处的正应力仍很小。因此，在离中性轴较远的位置，配置较多的材料，必将提高材料的利用率。

根据上述原则，对于抗拉与抗压强度相同的塑性材料梁，宜采用对中性轴对称的截面，例如工字形与箱形等截面。而对于抗拉强度低于抗压强度的脆性材料梁，则最好采用中性轴偏于受拉一侧的截面，例如T字形与槽形等截面等(图5-28)。

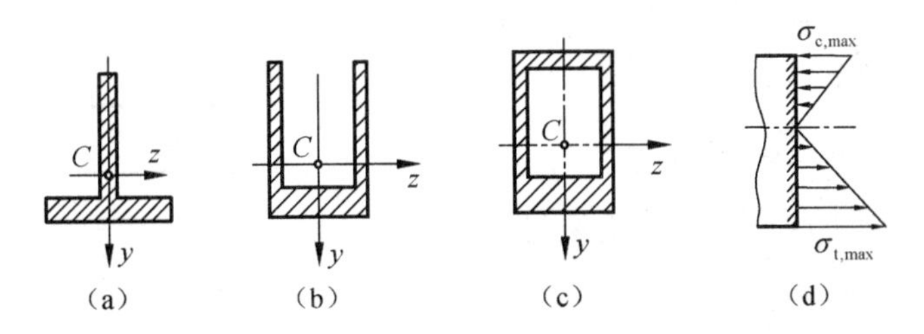

图5-28　脆性材料梁的一些截面形状及应力分布

为了比较梁截面的合理性，应使截面面积A保持不变的前提下，尽量使弯曲截面系数W_z最大化。故常用参数W_z/A来比较截面的合理性，W_z/A越大越合理、越经济。例如，

对矩形截面：
$$\frac{W_z}{A}=\frac{bh^2}{6bh}=0.167h$$

对圆形截面：
$$\frac{W_z}{A}=\frac{\pi d^2/32}{\pi d^2/4}=0.125d$$

几种常见截面的比值见表5-2。

表5-2　几种常见截面$\frac{W_z}{A}$的值

截面形状	矩形	圆形	圆环形($\alpha=0.8$)	槽钢	工字钢
$\frac{W_z}{A}$	$0.167h$	$0.125d$	$0.205D$	$(0.27\sim0.31)h$	$(0.27\sim0.31)h$

从表中可以看出，工字钢和槽钢比矩形截面经济合理，圆环形截面比圆形截面经济合理。实际上，由于弯曲正应力沿截面高度按直线规律分布，当离中性轴最远处的正应力达到许用应力时，中性轴附近各点处的正应力仍很小。所以，将较多的材料放置在远离中性轴的部位，必然会提高材料的利用率。所以桥式起重机的大梁以及其他钢结构中的抗弯构件，经常采用工字形、槽形和箱形截面，如图5-64所示。

图5-29　抗弯能力较大的几种截面形状

还应指出，在确定梁的截面形状与尺寸时，除应考虑弯曲正应力强度条件外，还应考虑弯曲切应力强度条件。因此，在设计工字形、箱形、T字形与槽形等薄壁截面梁时，也应注意使腹板具有一定厚度。

5.6.2　采用变截面梁与等强度梁

一般情况下，梁内不同横截面的弯矩不同。因此，在按最大弯矩所设计的等截面梁中，除最大弯矩所在截面外，其余截面的材料强度均未得到充分利用。于是，在工程实际中，常根据弯矩沿梁轴线的变化情况，将梁相应设计成变截面梁。

从弯曲强度方面考虑，理想的变截面梁是使所有横截面上的最大弯曲正应力均相同，并等于许用应力，即要求 $\sigma_{\max}=\dfrac{M(x)}{W(x)}=[\sigma]$。由此得

$$W(x)=\frac{M(x)}{[\sigma]} \tag{5-23}$$

例如，对于图 5-30 所示矩形截面悬臂梁，在集中荷载 F 作用时，弯矩方程为

$$M(x)=Fx$$

按照上述观点，如果截面宽度 b 沿梁轴保持不变，则由式(5-23)得截面高度为

$$h(x)=\sqrt{\frac{6Fx}{b[\sigma]}} \tag{5-24}$$

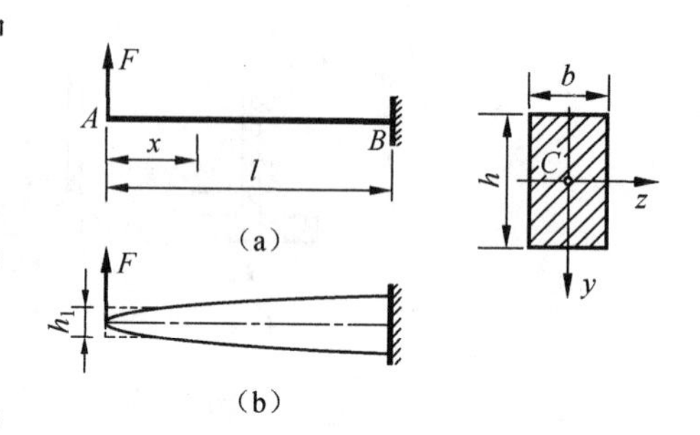

图 5-30　矩形截面的等强度梁

即沿梁轴按抛物线规律变化。

由式(5-24)可以看出，当 $x=0$ 时，$h=0$，即自由端的截面高度为零。但是，这显然不符合剪切强度要求，因而需要修改设计。设按剪切强度要求所需之最小截面高度为 h_1，则由弯曲切应力强度条件可知，$h_1=\dfrac{3F}{2b[\tau]}$。所以，梁端应设计成图 5-30(b)所示虚线形状。

各个横截面具有同样强度的梁，称为等强度梁，等强度梁是一种理想的变截面梁。但是，考虑到加工制造以及构造上的需要等，实际构件常设计成近似等强度梁。

5.6.3　改善梁的受力情况

提高梁强度的另一重要措施是合理安排梁的约束与加载方式。

例如，图 5-31(a)所示简支梁，承受集度为 q 的均布荷载作用，如果将梁两端的铰支座各向内移动少许，例如移动 0.2l，如图 5-31(b)所示，则后者的最大弯矩仅为前者的 1/5。

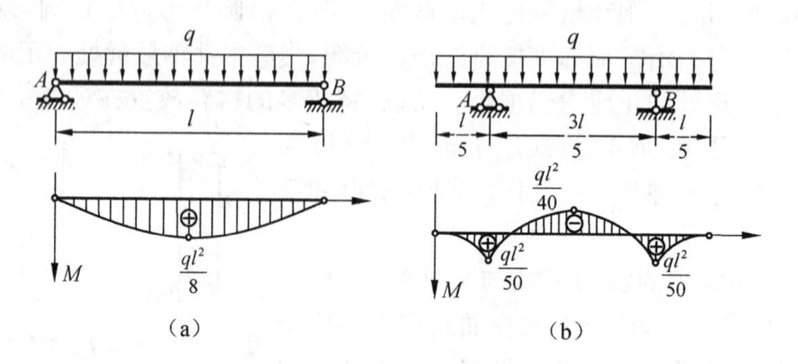

图 5-31　改变梁的支座位置对弯矩的影响

又如，图 5-32(a)所示简支梁 AB，在跨度中点承受集中荷载 F 作用，如果在梁的中部设置一长为 $l/2$ 的辅助梁 CD，如图 5-32(b)所示。这时，梁 AB 内的最大弯矩将减小一半。

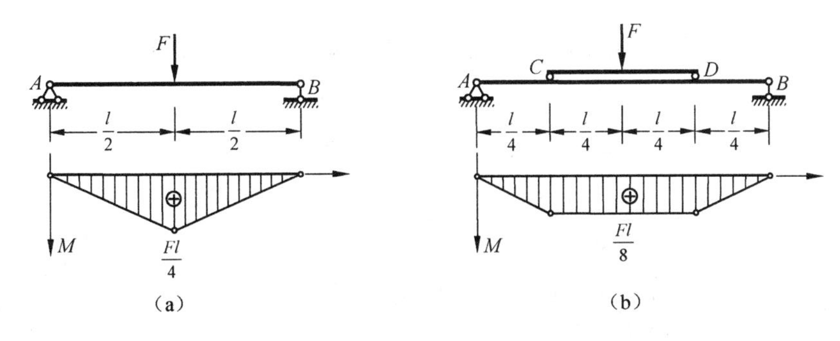

图 5-32 改变梁的受力方式对弯矩的影响

上述实例说明,合理安排约束和加载方式,可显著减小梁内的最大弯矩。

*5.7 组合梁

由不同材料组合成一体的梁称为组合梁,如木材、玻璃钢板与金属叠合的梁以及钢筋混凝土梁等。

5.7.1 组合梁的基本方程

图5-33所示的是由三种材料组成的对称截面组合梁,该梁在弯曲时,平截面假设仍成立,应变的大小仍与距中性轴(z轴)的距离成正比。设中性层的曲率半径为ρ,在距中性轴为y处的某纤维的应变和各部分的弯曲应力可由下式确定

$$\varepsilon=\frac{y}{\rho} \tag{a}$$

$$\sigma_i=E_i\varepsilon=E_i\frac{y}{\rho} \tag{b}$$

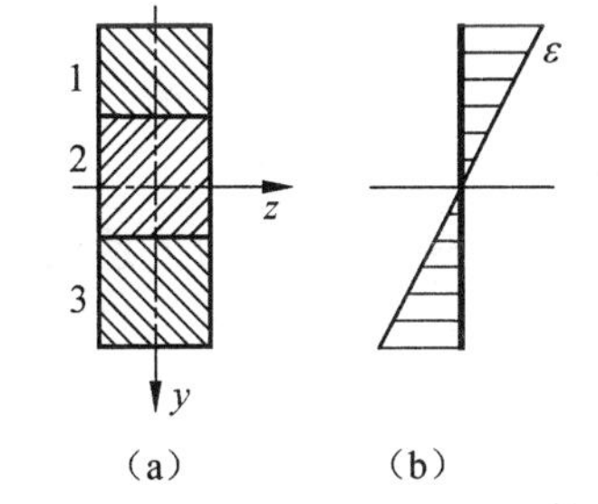

图 5-33 对称截面组合梁及其变形

式中,E_i是第i块截面材料的弹性模量,σ_i是第i块截面上产生的应力。可见,对于每一块截面,应力是连续的,但不同材料截面交界处的应力可能会发生突变。

设梁无轴向荷载作用,梁截面上的弯矩为M,则有

$$\sum_{i=1}^{n}\int_{A_i}\sigma_i\mathrm{d}A_i=0 \tag{c}$$

$$\sum_{i=1}^{n}\int_{A_i}\sigma_i y\mathrm{d}A_i=M \tag{d}$$

式中A_i是第i块截面的面积,积分是对各块截面的全面积进行的。

将式(b)分别代入式(c)、式(d),可得到

$$\frac{1}{\rho}\sum_{i=1}^{n}E_i\int_{A_i}y\mathrm{d}A_i=0 \tag{e}$$

$$\frac{1}{\rho}\sum_{i=1}^{n}E_i\int_{A_i}y^2\mathrm{d}A_i=\frac{1}{\rho}\sum_{i=1}^{n}E_iI_i=M \tag{f}$$

式中，$I_i=\int_{A_i} y^2 \mathrm{d}A_i$ 是第 i 块截面对中性轴 z 的惯性矩。由式(e)成为

$$\sum_{i=1}^{n} E_i \int_{A_i} y \mathrm{d}A_i = \sum_{i=1}^{n} E_i A_i y_{Ci} = 0 \tag{g}$$

式(g)可用来确定组合截面中性轴的位置。如图 5－34 所示，设组合截面中性轴为 z，任选参考坐标轴 z' 平行于 z 轴，设参考轴 z' 到中性轴 z 的距离为 y_0，截面上任一点对 z、z' 轴的坐标分别为 y、y'，则有 $y=y'-y_0$，将其代入式(g)中，有

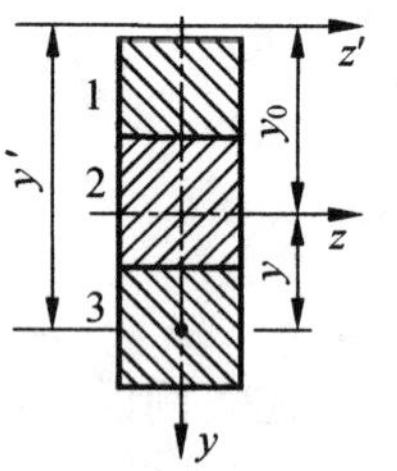

图 5－34　组合梁的中性轴

$$\begin{aligned}\sum_{i=1}^{n} E_i A_i y_{Ci} &= \sum_{i=1}^{n} E_i \int_{A_i} y \mathrm{d}A_i = \sum_{i=1}^{n} E_i \int_{A_i} (y'-y_0) \mathrm{d}A_i \\ &= \sum_{i=1}^{n} E_i \left(\int_{A_i} y' \mathrm{d}A_i - \int_{A_i} y_0 \mathrm{d}A_i \right) \\ &= \sum_{i=1}^{n} E_i \left(\int_{A_i} y' \mathrm{d}A_i - y_0 A_i \right) = 0\end{aligned}$$

由此可得中性轴的位置为

$$y_0 = \frac{\sum_{i=1}^{n} E_i A_i y'_{Ci}}{\sum_{i=1}^{n} E_i A_i} \tag{5-25}$$

若将 $\frac{1}{\rho}=-\frac{\mathrm{d}^2 y}{\mathrm{d}x^2}$ 的关系代入式(f)，得

$$\frac{\mathrm{d}^2 y}{\mathrm{d}x^2} = -\frac{M}{\sum_{i=1}^{n} E_i I_i} \tag{5-26}$$

式中，$\sum_{i=1}^{n} E_i I_i$ 为组合梁的等效抗弯刚度。式(5－26)即为组合梁的挠曲线方程。

若将式(f)中的 $\frac{1}{\rho}$ 代入式(b)，则得弯曲应力为

$$\sigma_i = \frac{My}{\frac{1}{E_i}\sum_{i=1}^{n} E_i I_i} \tag{5-27}$$

综上所述，解组合梁时，首先应按式(5－25)决定组合梁的中性轴位置，然后求各截面对中性轴的惯性矩 I_i，最后可使用式(5－27)求应力。

【例 5－9】 求图 5－35 所示的三块板重叠而成组合梁各板中的最大的应力。设上、下两块板具有同一厚度和弹性模量。

【解】 梁上、下对称，故中性层为整个截面的中间层，各板对中性轴的惯性矩分别为

$$I_1 = \frac{bh_1^3}{12}$$

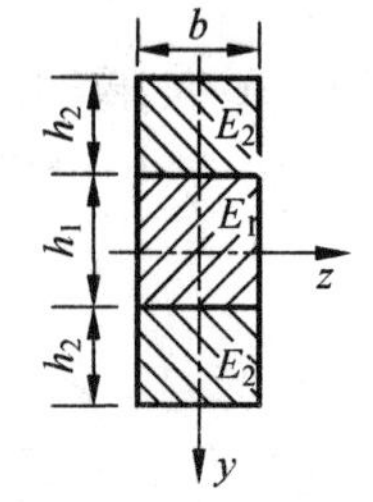

图 5－35　例 5－9 图

$$I_2=\frac{bh_2^3}{12}+h_2b\left(\frac{h_1+h_2}{2}\right)^2=\frac{bh_2}{12}(3h_1^2+6h_1h_2+4h_2^2)$$

若某一横截面上的弯矩为 M，则该横截面上各板中的最大弯曲正应力为

$$\sigma_1=\frac{E_1h_1M}{2(E_1I_1+2E_2I_2)}$$

$$\sigma_2=\frac{E_2(h_1+2h_2)M}{2(E_1I_1+2E_2I_2)}$$

5.7.2　转换截面法

转换截面法是以 5.7.1 节中式(f)和式(5－27)为依据，将多种材料构成的截面，转换为单一材料的等效截面，然后采用分析均质材料梁的方法进行求解。为简单，这里限于只有两种不同材料的情况。

首先令 $n=\frac{E_2}{E_1}$，$\bar{I}_z=I_1+nI_2$。其中，n 代表组成材料弹性模量之比值，称为**模量比**。于是，由 5.7.1 节中式(e)与(f)可得

$$\int_{A_1}y\mathrm{d}A_1+\int_{A_2}yn\mathrm{d}A_2=0$$

$$\frac{1}{\rho}=\frac{M}{E_1\bar{I}_z}$$

从而截面 1 与 2 上的弯曲正应力则分别为

$$\left.\begin{aligned}\sigma_1&=\frac{My}{\bar{I}_z}\\ \sigma_2&=n\frac{My}{\bar{I}_z}\end{aligned}\right\}\tag{5-28}$$

由此可知，如果将材料 1 所构成的截面 1 保持不变，而将截面 2 沿 z 轴方向的尺寸乘以 n，即将实际截面[图 5－36(a)]变换成仅由材料 1 所构成的截面[图 5－36(b)]，显然，该截面的水平形心轴与实际截面的中性轴重合，对中性轴 z 的惯性矩等于 $\bar{I}_z$，而其弯曲刚度则为 $E_1\bar{I}_z$。可见，在中性轴位置与弯曲刚度方面，图 5－36(b)所示截面与实际截面完全等效，因而称为实际截面的转换截面或等效截面。确定中性轴的位置与惯性矩 $\bar{I}_z$ 后，由式(5－28)即可求出截面 1、2 上的弯曲正应力。

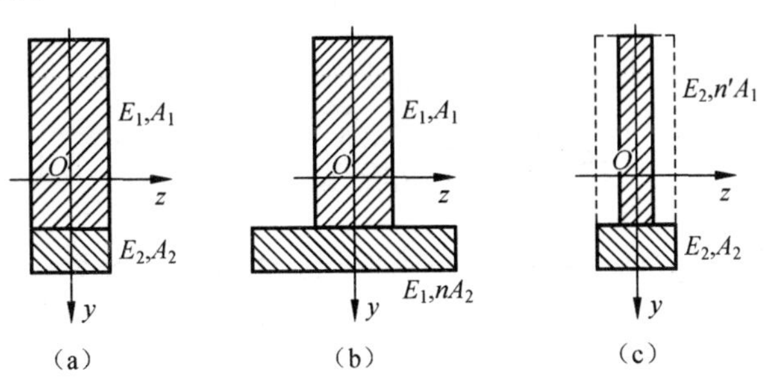

图 5－36　组合梁的转换截面法

以上的分析，是以材料 1 为基本材料，而将截面 2 进行转换。同理，也可选择材料 2 为基本材料，而将截面 1 进行转换[图 5－36(c)]，由此求得的弯曲正应力与弯曲变形与前述解答完全相同，请读者自己完成。

【例 5－10】 一复合梁的横截面如图 5－37(a)所示，其上部为木材，下部为钢板，二者牢固地连接在一起。若弯矩 $M=30\ \text{kN}\cdot\text{m}$，并作用在纵向对称面内，木与钢的弹性模量分别为 $E_w=10\ \text{GPa}$，$E_s=200\ \text{GPa}$，试画横截面上的弯曲正应力分布图，并计算木材与钢板横截面上的最大弯曲正应力。

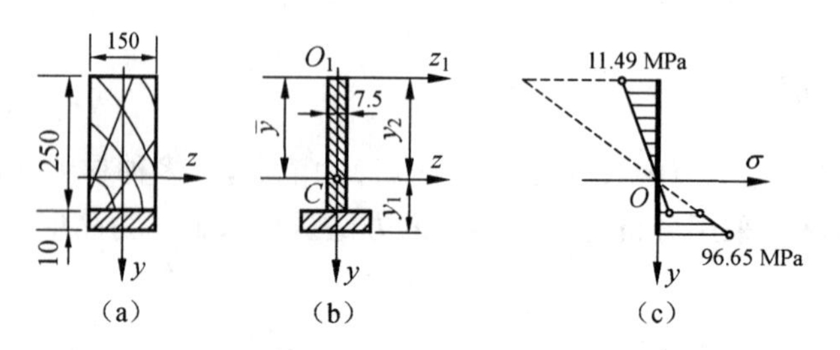

图 5－37 例 5－10 图

【解】 (1) 确定转换截面及其几何性质

设以钢为基本材料，将木材部分进行转换，则由于模量比为 $n=\dfrac{E_w}{E_s}=\dfrac{10\ \text{GPa}}{200\ \text{GPa}}=\dfrac{1}{20}$，可得转换截面如图 5－37(b)所示。

由该图可知，在 O_1yz_1 坐标系内，转换截面形心 C 的纵坐标为

$$y_C=\frac{7.5\ \text{mm}\times250\ \text{mm}\times125\ \text{mm}+150\ \text{mm}\times10\ \text{mm}\times255\ \text{mm}}{7.5\ \text{mm}\times250\ \text{mm}+150\ \text{mm}\times10\ \text{mm}}=183\ \text{mm}$$

该截面对中性轴 z 的惯性矩则为

$$\begin{aligned}\bar{I}_z&=\left[\frac{7.5\ \text{mm}\times(250\ \text{mm})^3}{12}+(7.5\ \text{mm}\times250\ \text{mm})\times(183\ \text{mm}-125\ \text{mm})^2+\right.\\&\quad\left.\frac{150\ \text{mm}\times(10\ \text{mm})^3}{12}+(150\ \text{mm}\times10\ \text{mm})\times(255\ \text{mm}-183\ \text{mm})^2\right]\\&=2.39\times10^7\ \text{mm}^4\end{aligned}$$

(2) 弯曲正应力分析

由式(5－28)可知，钢板内的最大弯曲正应力(即最大弯曲拉应力)为

$$\sigma_{\max}=\frac{My_1}{\bar{I}_z}=\frac{(30\times10^6\ \text{N}\cdot\text{mm})\times(260\ \text{mm}-183\ \text{mm})}{2.39\times10^7\ \text{mm}^4}=96.65\ \text{MPa}$$

而木材内的最大弯曲正应力(即最大弯曲压应力)则为

$$\sigma'_{\max}=\frac{nMy_2}{\bar{I}_z}=\frac{(30\times10^6\ \text{N}\cdot\text{mm})\times(183\ \text{mm})}{20\times2.39\times10^7\ \text{mm}^4}=11.49\ \text{MPa}$$

根据式(5－28)与上述数据，得复合梁的弯曲正应力分布如图 5－37(c)中的实线所示。

5.7.3 钢筋混凝土梁

混凝土工程中常在梁的受拉一侧埋入钢筋，以提高梁的抗拉性能力，由此形成钢筋混凝土

梁是最常见的一种**组合梁**，如图5-38(a)所示。这种组合梁，应变以中性层为分界成线性分布，如图5-38(b)所示。由于混凝土抗拉性能弱，考虑全部拉应力由钢筋负担，应力分布如图5-38(c)所示。

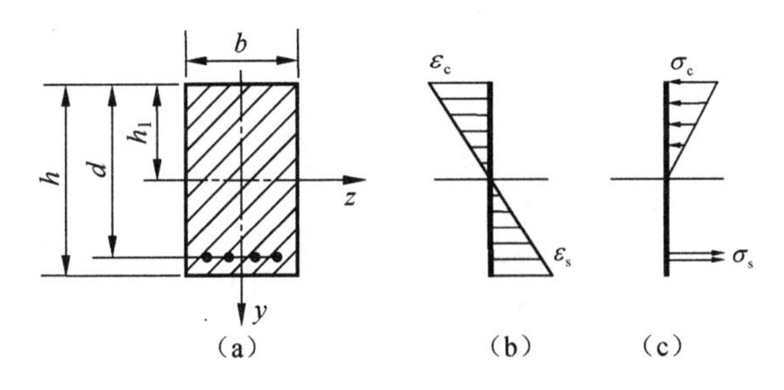

图5-38 钢筋混凝土梁的受力和变形

梁的高度、宽度、钢筋、中性层的位置如图5-38(a)所示。设中性层以曲率半径为ρ的圆弧弯曲，混凝土顶面及钢筋的应变ε_c、ε_s和应力σ_c、σ_s可用下式表示

$$\left.\begin{aligned}\varepsilon_c&=-\frac{h_1}{\rho}\\ \varepsilon_s&=\frac{d-h_1}{\rho}\\ \sigma_c&=-E_c\frac{h_1}{\rho}\\ \sigma_s&=E_s\frac{d-h_1}{\rho}\end{aligned}\right\}\tag{a}$$

式中，E_c、E_s分别为混凝土和钢筋的弹性模量。

设作用在混凝土和钢筋上的力的大小分别为F_c、F_s，则

$$\left.\begin{aligned}F_c&=\int_{-h_1}^{0}\left(-\sigma_c\frac{y}{h_1}\right)b\mathrm{d}y=-E_c\frac{bh_1^2}{2\rho}\\ F_s&=A_s\sigma_s=A_sE_s\frac{d-h_1}{\rho}\end{aligned}\right\}\tag{b}$$

式中，A_s为全部钢筋的截面积之和。

设在梁的横截面上只有弯矩M，轴向力为零，则有

$$F_c+F_s=0\tag{c}$$

而$M_c=\int_{-h_1}^{0}\left(-\sigma_c\frac{y}{h_1}\right)yb\mathrm{d}y=-E_c\frac{bh_1^3}{3\rho}=-F_c\frac{2h_1}{3}$，$M_s=F_s(d-h_1)$，故有

$$M=M_c+M_s=F_s\left(d-\frac{h_1}{3}\right)\tag{e}$$

若令$\frac{E_s}{E_c}=n$，将式(b)代入(c)，可求得中性轴位置h_1为应满足的方程为

$$bh_1^2+2A_snh_1-2A_snd=0$$

可解得

$$h_1=\frac{-A_s n+\sqrt{A_s^2 n^2+2A_s nbd}}{b}$$

从而可求得应力 σ_c、σ_s 分别为

$$\sigma_c=-E_c\frac{h_1}{\rho}=-E_c\frac{bh_1^2}{2\rho}\frac{2}{bh_1}=\frac{2F_c}{bh_1}=-\frac{6M}{bh_1(3d-h_1)}$$

$$\sigma_s=\frac{F_s}{A_s}=\frac{3M}{A_s(3d-h_1)}$$

*5.8 梁的弹塑性弯曲

5.8.1 极限弯矩

由于弯曲时梁横截面上的正应力是不均匀的，当应力值最大的点处屈服时，其他各点仍处于弹性状态，危险截面并没有进入极限状态，仍有进一步加载的可能。假设梁是由拉伸、压缩力学性能完全相同的**理想弹塑性材料**制成的，其应力-应变关系可简化为如图 5-39(a)所示。即当应变小于 ε_s 时，应力与应变成线弹性比例关系，当应变大于 ε_s 时，为理想塑性，应力保持不变。在较小弯矩的作用下，如前所述，正应力沿截面高度线性分布，中性轴处正应力为零，在远离中性轴较远的区域正应力较大。随着荷载的增加，截面内的弯矩也相应地增加，距离中性轴最远边缘处的正应力将首先达到材料的屈服极限 σ_s，出现塑性变形，此时的弯矩称为该截面的**初始屈服弯矩**，简称**屈服弯矩**，记作 M_s。根据弹性弯曲理论有

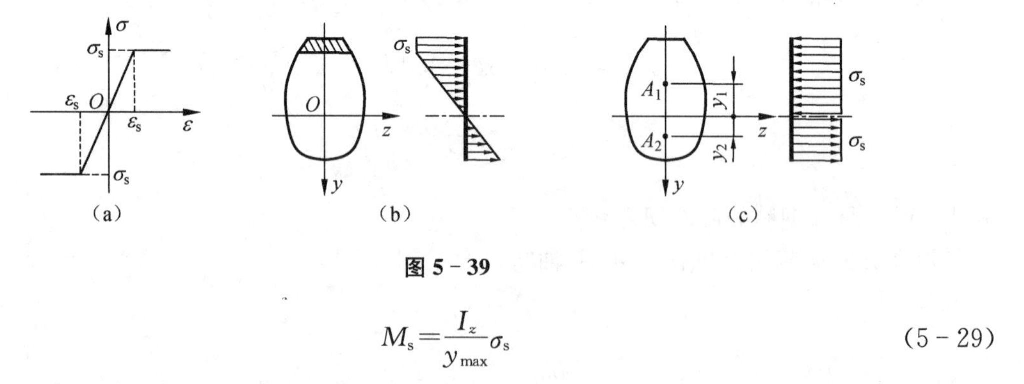

图 5-39

$$M_s=\frac{I_z}{y_{max}}\sigma_s \tag{5-29}$$

式中，I_z 为该截面对中性轴 z 的惯性矩，y_{max} 为截面边缘到中性轴的距离。

若上、下截面对称，塑性应变会在上、下边缘同时产生；若不对称，则首先出现在边缘距中性轴较远的一侧。如果荷载和弯矩进一步增大，塑性区的应力保持为 σ_s 不再变化，弹性区应力增加导致塑性区的范围不断地向中性轴扩展，如图 5-39(b)所示。最终，在理想的极限状态下，截面全部成为塑性区，如图 5-39(c)所示，此时拉、压应力区的应力数值均为屈限极限 σ_s。设拉、压应力区的面积各为 A_1 和 A_2，根据静力学条件，有 $A_1\sigma_s+A_2(-\sigma_s)=0$，即 $A_1=A_2$。

此时的中性轴(拉、压应力区的分界线)将横截面分为面积相等的两个部分，它可能不通过

截面的形心，也可能与弹性弯曲中性轴不重合。由此可知：对于没有水平对称轴的截面，如T形或槽形截面，弹性弯曲时中性轴过形心；最大正应力达到屈服极限后，中性轴开始偏离形心；随着塑性区的扩展，中性轴将移向截面面积的水平均分线。而对于具有水平对称轴的截面，弹性弯曲、弹塑性弯曲及塑性极限弯曲时，中性轴始终是重合的。

与截面理想塑性极限状态对应的弯矩称为**塑性极限弯矩**，简称**极限弯矩**，记作M_u。由静力学条件，有

$$M_u=\int_A y\sigma \mathrm{d}A=\sigma_s\left(\int_{A_1} y\mathrm{d}A+\int_{A_2} y\mathrm{d}A\right)=\frac{1}{2}A\sigma_s(y_1+y_2)$$

式中，A为横截面面积，y_1和y_2分别为A_1和A_2代表的图形的形心到中性轴的距离。

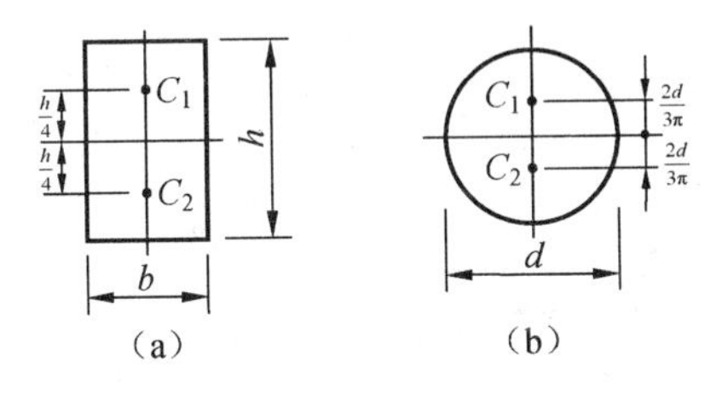

图5-40

对于图5-40(a)所示的矩形截面，面积$A=bh$，y_1+y_2为$\dfrac{h}{2}$，于是极限弯矩M_u、屈服弯矩M_s分别为

$$\left.\begin{aligned}M_u&=\frac{1}{4}bh^2\sigma_s\\M_s&=\frac{I_z}{y_{\max}}\sigma_s=\frac{bh^2}{6}\sigma_s\end{aligned}\right\}\tag{5-30}$$

极限弯矩M_u与屈服弯矩M_s之比为：$M_u/M_s=1.5$，即从出现塑性变形到塑性极限状态，弯矩增加了50%。

对于图5-40(b)所示的圆截面，面积$A=\dfrac{1}{4}\pi d^2$，$y_1+y_2=\dfrac{4d}{3\pi}$，同理，可计算极限弯矩M_u与屈服弯矩M_s之比，即$\dfrac{M_u}{M_s}=1.7$。从出现塑性变形到塑性极限状态，弯矩增加了70%。

5.8.2 塑性铰与极限荷载

图5-41(a)所示的悬臂梁，截面A的弯矩最大，截面上下边缘处的正应力最大，上侧受拉，下侧受压。随着力F的增加，截面A的上下边缘处最先达到屈服应力，若力F继续增加，屈服区域向截面的中性轴扩展，同时也向截面A右侧的区域扩展，如图5-41(b)所示。随着力F的增加，截面A上的弹性区域逐渐缩小，直至完全消失，此时A截面上下塑性区域连通，截面材料彻底失去了抵抗变形的能力，相当于截面A变成了一个铰链，这个铰链称为**塑性铰**。塑性铰与真实铰链的区别在于前者可承担一定数量的弯矩。下面以矩形截面简支梁受横力弯曲为例，说明塑性铰的分析和计算。

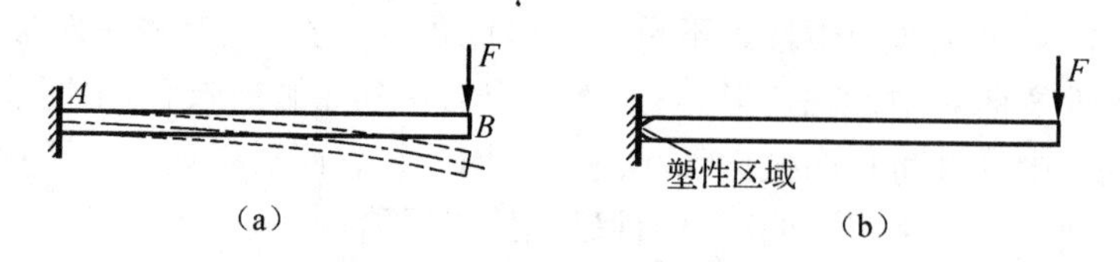

(a) (b)

图 5-41 悬臂梁的塑性铰与极限荷载

假设图 5-42(a)所示的梁由理想弹塑性材料制成，最大弯矩出现在截面 C 上，且 $M_{max}=\frac{1}{4}Fl$。当截面 C 处的 $\sigma_{max}=\sigma_s$ 时，该截面上首先出现塑性变形，此时的弯矩即为屈服弯矩 M_s，荷载为屈服荷载 F_s。由式(5-30)计算出屈服弯矩 M_s，进而得到屈服荷载

$$F_s=\frac{2bh^2\sigma_s}{3l}$$

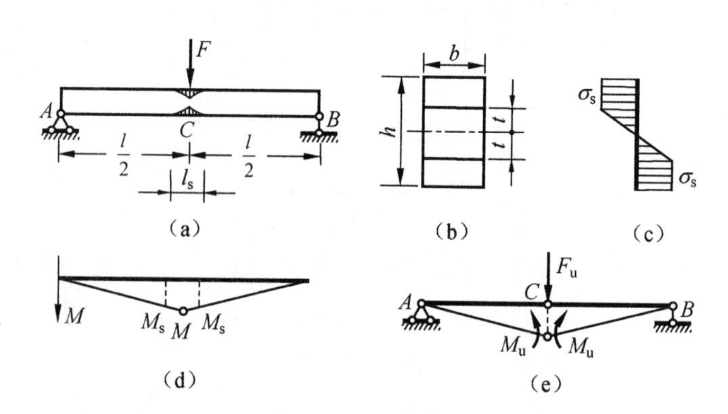

(a) (b) (c)

(d) (e)

图 5-42 简支梁的塑性铰与极限荷载

当荷载继续增加时，$\sigma_{max}=\sigma_s$ 的区域由 C 截面向左、右两侧扩展，同时由 C 截面的塑性区向中性轴处扩展，若弹性区的纵向尺寸为 $2t$，如图 5-42(b)、(c)所示，这时 C 截面的弯矩为

$$M=2\left[\int_0^t y\sigma_s\cdot\frac{y}{t}b\mathrm{d}y+\int_t^{h/2}y\sigma_s b\mathrm{d}y\right]=b\left(\frac{h^2}{4}-\frac{t^2}{3}\right)\sigma_s$$

当荷载 F 继续增加时，C 截面的上下两个塑性区逐步靠拢并最终连通。整个截面发生塑性变形，从而达到极限状态。此时 C 截面上的弯矩为极限弯矩 M_u，由式(5-30)计算出极限弯矩 M_u，进而得到**极限荷载**为 $F_u=\frac{bh^2\sigma_s}{l}$。

当 C 截面达到极限状态时，梁上、下表层塑性区的长度 l_s，如图 5-42(d)所示，则 l_s 应满足下式

$$\frac{1}{2}F_u\frac{1}{2}(l-l_s)=M_s=\frac{bh^2\sigma_s}{6}$$

解上式得

$$l_s=\frac{l}{3}$$

荷载 F 值为极限荷载 F_u 时，C 截面两侧部分将绕 C 截面转动形成塑性铰，如图 5-42(e)所示。这时的梁已丧失了承载能力。

习　题

5-1　将直径 $d=1$ mm 的钢丝绕在直径为 2 m 的卷筒上，设弹性模量 $E=200$ GPa。试计算该钢丝中产生的最大弯曲正应力。

5-2　图示简支梁受均布荷载作用，若分别采用横截面面积相等的实心和空心圆截面，且实心圆截面的直径为 40 mm，空心圆截面的内、外径之比为 3∶4，试分别计算梁中的最大弯曲正应力。

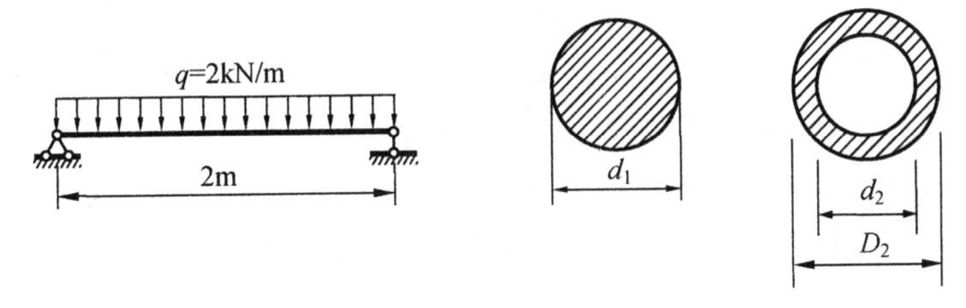

题 5-2 图

5-3　如图所示纯弯曲梁，作用的弯矩为 M，截面为矩形，宽为 b，高 $h=2b$。试求(1) 截面竖放和平放时的应力比；(2) 如截面竖放，且 h 增大到 $4h$ 时，应力是原来的多少倍？

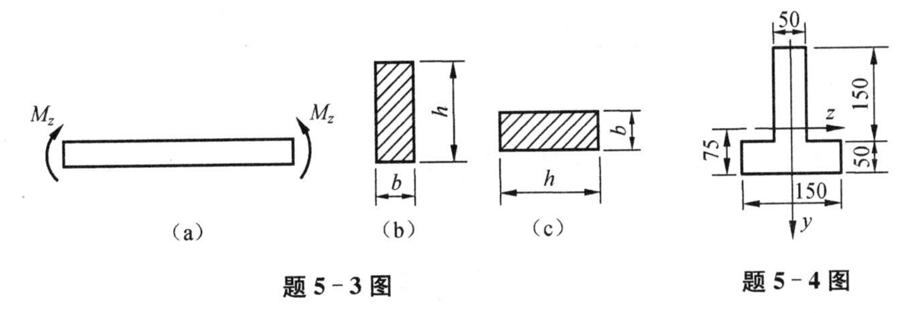

题 5-3 图　　题 5-4 图

5-4　T 形截面纯弯梁尺寸如图所示。若弯矩 $M=31$ kN·m，截面对中性轴 z 的惯性矩 $I_z=53.13\times10^6$ mm^4，试求：(1) 该梁的最大拉应力和最大压应力；(2) 证明横截面上法向内力的合力为零，而合力矩等于截面上的弯矩。截面尺寸单位：mm。

5-5　图示一根直径 $d=1$ mm 的直钢丝绕在直径 $D=600$ mm 的圆轴上，钢的弹性模量 $E=210$ GPa，试求钢丝由于弹性弯曲而产生的最大弯曲正应力。又材料的屈服极限 $\sigma_s=700$ MPa，求使钢丝不产生残余变形的轴径 D_1 应为多大。

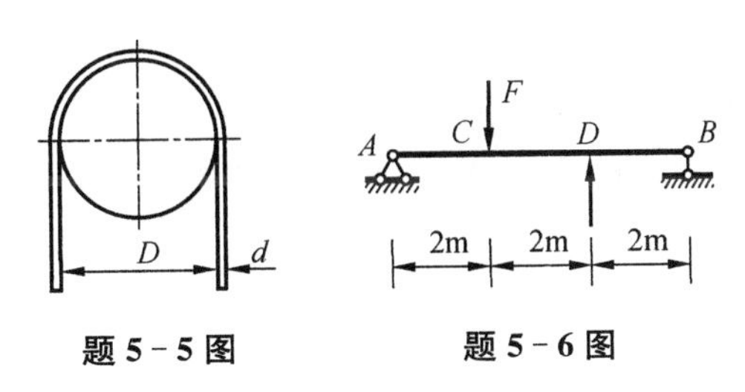

题 5-5 图　　题 5-6 图

5-6　如图所示为一 20a 工字钢梁的支承和受力情况。若$[\sigma]=165$ MPa，试求许用荷载 F 的大小。

5－7　图示为受均布载荷的简支梁，试计算：(1) 1—1 截面 A—A 线上 2、3 两点处的正应力；(2) 此截面的最大正应力；(3) 全梁最大正应力。截面尺寸单位：mm。

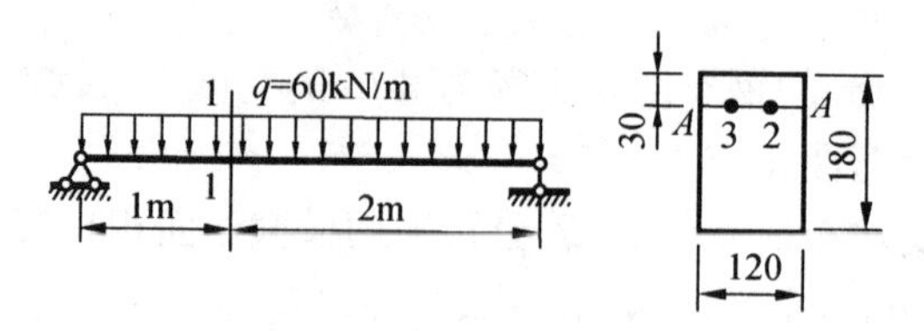

题 5－7 图

5－8　已知一跨度为 4 m 的简支梁，承受 $q=10$ kN/m 的均布荷载，试设计该梁截面。已知材料的$[\sigma]=160$ MPa。(1) 设计圆截面直径 d。(2) 设计 $b:h=1:2$ 的矩形截面。(3) 设计工字型截面。最后说明哪种截面最省材料。

5－9　矩形截面的悬臂梁受集中力和集中力偶作用，如图所示。试求截面 m—m 和固定端截面 n—n 上 A、B、C、D 四点处的正应力。截面尺寸单位：mm。

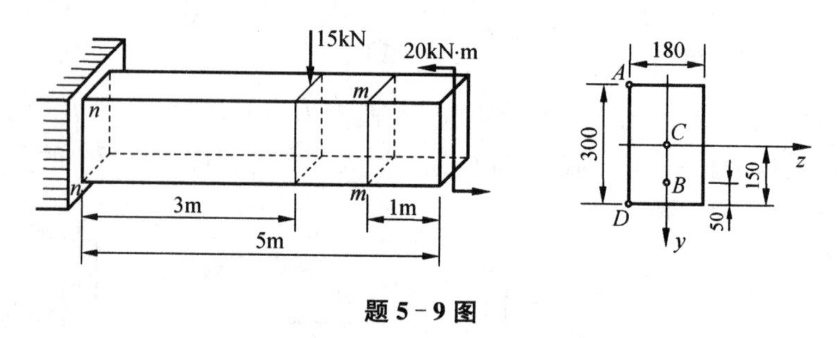

题 5－9 图

5－10　T 形截面外伸梁尺寸及荷载如图所示。求梁内最大拉应力和最大压应力。截面尺寸单位：mm。

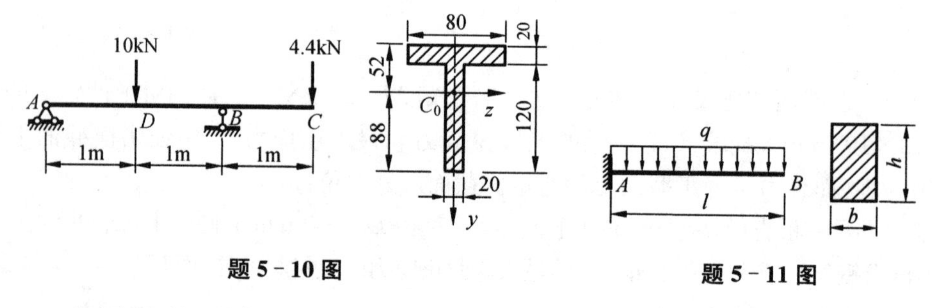

题 5－10 图　　**题 5－11 图**

5－11　如图所示矩形截面悬臂梁，$l=4$ m，$b/h=2/3$，$q=10$ kN/m，$[\sigma]=10$ MPa。试确定该梁的横截面尺寸。

5－12　如图所示⊥形截面铸铁悬臂梁，$h_1=9.64$ cm，截面对形心轴 z_C 的惯性矩 $I_{z_C}=10180\ \text{cm}^4$，材料的许用拉应力$[\sigma_t]=40$ MPa，许用压应力$[\sigma_c]=160$ MPa。试确定该梁的许可荷载$[F]$。图中长度单位：mm。

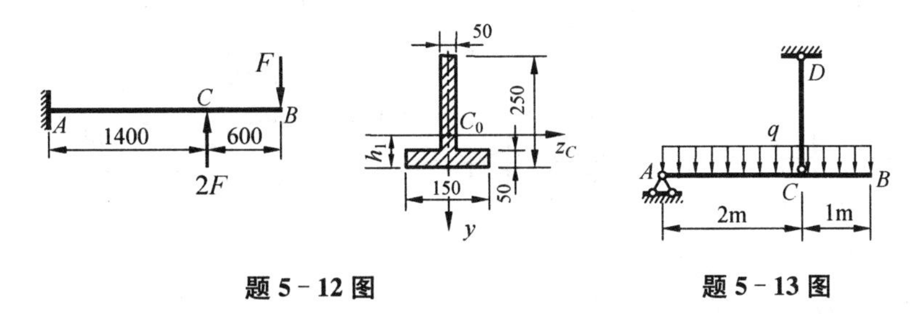

题 5－12 图　　　　题 5－13 图

5－13　如图所示结构，梁 AB 为 10 号工字钢，CD 杆直径 $d=15$ mm，梁与杆的许用应力均为$[\sigma]=160$ MPa。试按正应力强度条件确定许用分布荷载$[q]$。

5－14　我国晋朝的营造法式中，给出梁截面的高、宽比约为 3∶2，如图所示。试从理论上证明这是从直径为 d 的圆木中能锯出的强度最大的矩形截面梁的最佳比值，即证明所得截面的 W_z 必是极大值。

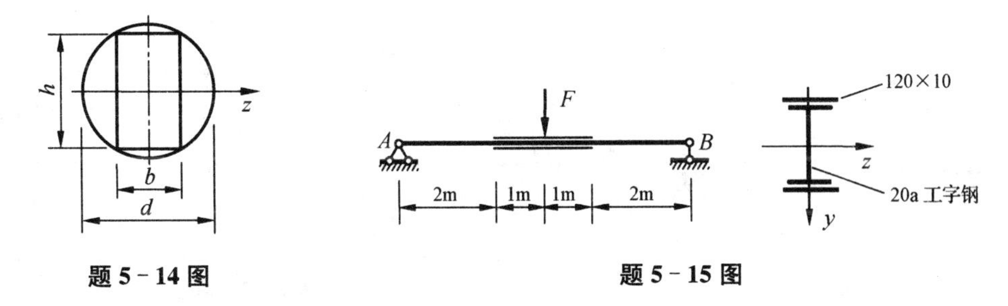

题 5－14 图　　　　题 5－15 图

5－15　图示简支梁中点 C 受集中荷载作用，该梁原用 20a 工字钢制造，跨度长 $l=6$ m。现欲提高其承载能力，在梁中间的上、下两面各焊上一块长 2 m、宽 120 mm、厚 10 mm 的钢板，如图所示。若钢板与工字钢的许用应力相同，问梁的承载能力提高多少？

5－16　图示为矩形截面悬臂梁，试求轴向 ac 纤维的伸长量。设材料的弹性模量为 E。

5－17　在图示工字梁截面 1—1 的底层，装置变形仪，其放大倍数 $k=1\ 000$，标距 $s=20$ mm。梁受力后，由变形仪读得 $\Delta s=8$ mm。已知 $l=1.5$ m，$a=1$ m，$E=210$ GPa，截面为 16 号工字钢，试求荷载 F 值。

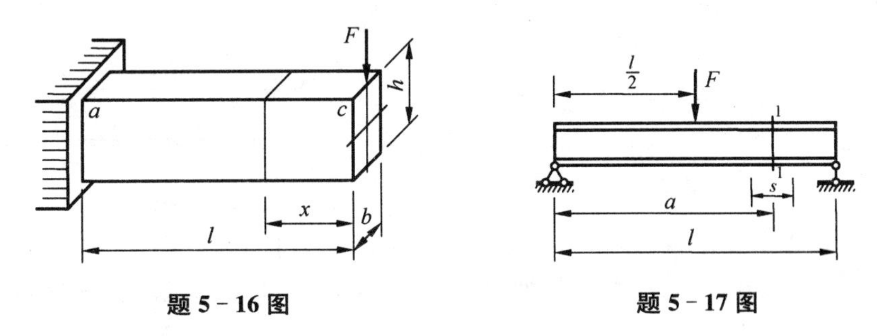

题 5－16 图　　　　题 5－17 图

5－18　图示为由材料相同，宽度相等，厚度 $h_1:h_2=1:2$ 的两块板制成的简支梁，其上承受均匀分布载荷 q。(1) 若两块板只是互相叠置在一起，变形后仍紧靠在一起，不计两板之间的摩擦，求两块板内最大正应力之比。(2) 若两块板胶合在一起，不互相滑动，问此时最大正应力比前一种情况减少多少？

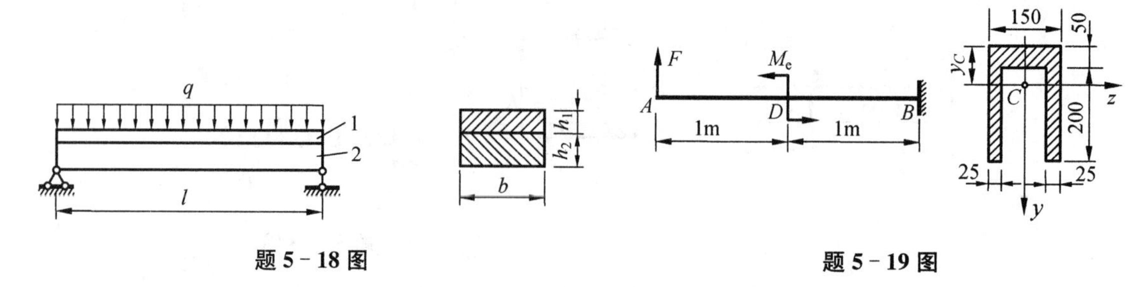

题 5 - 18 图　　　　　　　　题 5 - 19 图

5 - 19　图示槽形截面悬臂梁，C 为截面形心，惯性矩 $I_z = 101.7\times10^6\ \text{mm}^4$，载荷 $F=30\ \text{kN}$，$M_e=70\ \text{kN}\cdot\text{m}$。材料许用拉应力$[\sigma_t]=50\ \text{MPa}$，许用压应力$[\sigma_c]=120\ \text{MPa}$，许用切应力$[\tau]=30\ \text{MPa}$，试校核其强度。截面尺寸单位：mm。

5 - 20　木制悬臂梁受载如图所示。试求中性层上的最大切应力及此层水平方向的总切向力。截面尺寸单位：mm。

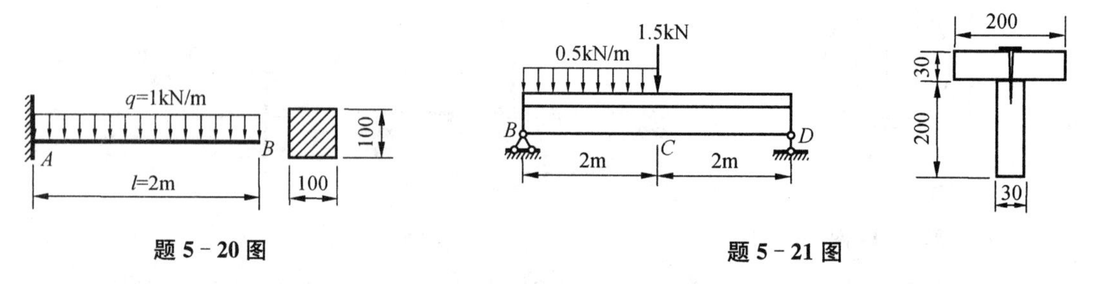

题 5 - 20 图　　　　　　　　题 5 - 21 图

5 - 21　由两根 200 mm×30 mm 木板组装成的 T 字形梁。若已知木材的许用弯曲正应力$[\sigma]=12\ \text{MPa}$，许用切应力$[\tau]=0.8\ \text{MPa}$。试校核该梁的强度。若每个钉子最大能承担 1.5 kN的剪力，则确定钉子间的最大距离。截面尺寸单位：mm。

5 - 22　在图示矩形截面简支梁中，若以虚线所示的纵向面和横向面从梁中截出一部分，如图(b)所示。试求在纵向面 $abcd$ 上由 $\tau\text{d}A$ 组成的内力系的合力，并说明它与什么力平衡。

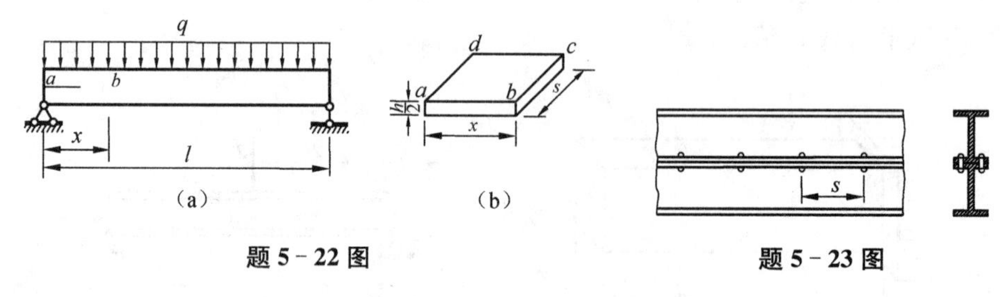

题 5 - 22 图　　　　　　　　题 5 - 23 图

5 - 23　图示梁由两根 36a 工字钢铆接而成。铆钉的间距为 $s=150\ \text{mm}$，直径 $d=20\ \text{mm}$，许用切应力$[\tau]=90\ \text{MPa}$。若横截面的剪力为常数，且 $F_S=40\ \text{kN}$。试校核铆钉的剪切强度。

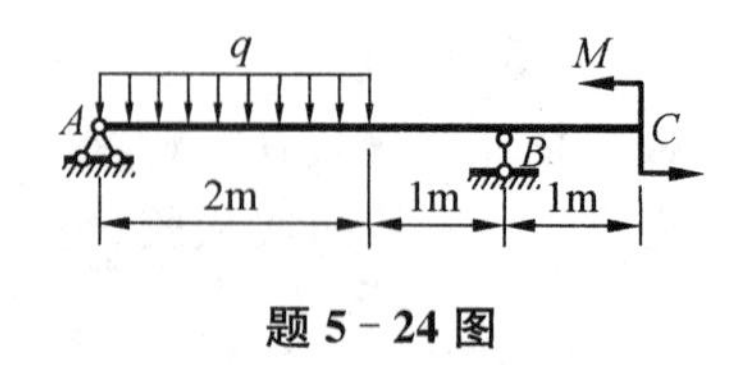

题 5 - 24 图

5 - 24　外伸梁 AC 承受荷载如图所示，$M=40\ \text{kN}\cdot\text{m}$，$q=20\ \text{kN/m}$。材料的许用弯曲正

应力$[\sigma]=170$ MPa,许用切应力$[\tau]=100$ MPa。试选择工字钢型号。

5-25　如图所示为一用螺钉将四块木板连接而成的箱形截面梁,若 $F=6$ kN。每块木板的横截面尺寸均为 150 mm×25 mm。设每个螺钉的许用剪力为 1.1 kN,试确定螺钉的间距 s。

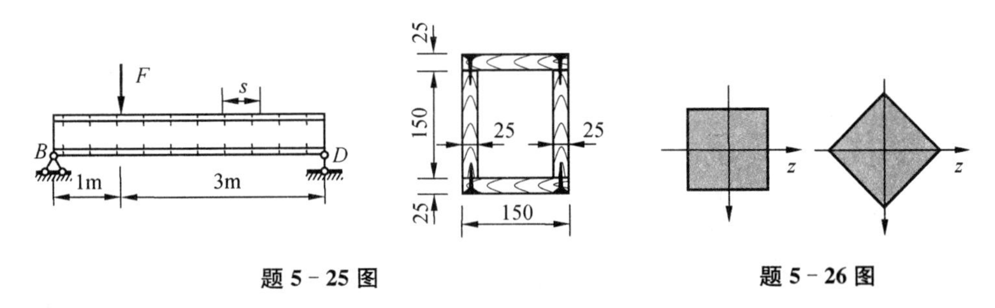

题 5-25 图　　　　题 5-26 图

5-26　若正方形截面梁按图示两种方法放置,已知正方形截面的边长为 a。试问哪种方法比较合理?

5-27　图示简支梁,采用 56a 号工字截面,已知材料的$[\sigma]=160$ MPa,$[\tau]=100$ MPa,试校核梁的强度,画出腹板上切应力分布图,并证明腹板承担的剪力 $F_{s,w}=0.97F_s$。

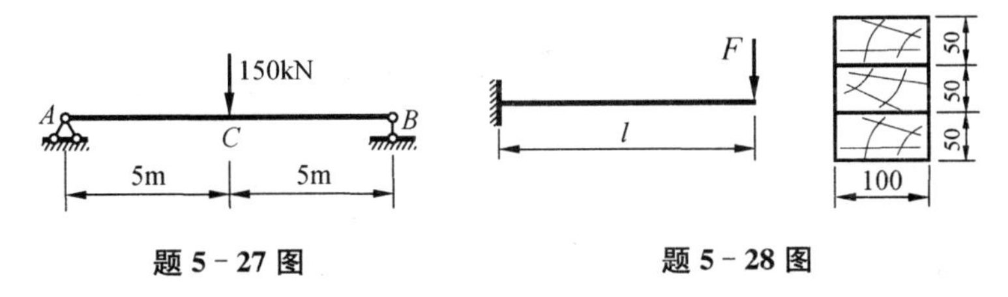

题 5-27 图　　　　题 5-28 图

5-28　由三根木条胶合而成的悬臂梁截面尺寸如图所示,跨长 $l=1$ m。若胶合面上的许用切应力$[\tau_{胶}]=0.34$ MPa,木材的许用弯曲正应力为$[\sigma]=10$ MPa,许用切应力为$[\tau]=1$ MPa,试求许可荷载 F。截面尺寸单位:mm。

5-29　试判断图示各截面的弯曲中心的大致位置。

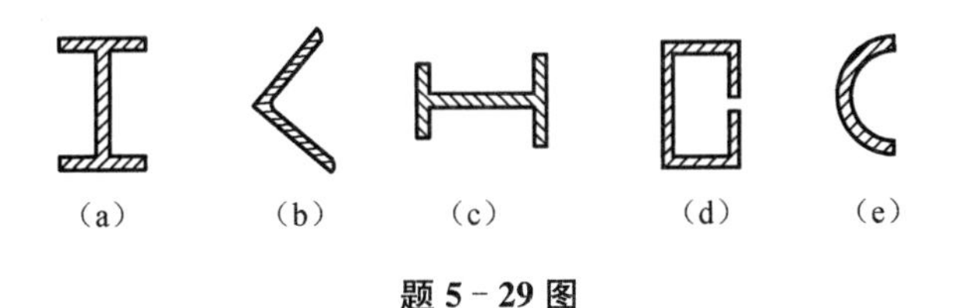

题 5-29 图

5-30　图示用钢板加固的木梁,承受荷载 $F=10$ kN 作用,钢与木的弹性模量分别为 $E_s=200$ GPa与 $E_w=10$ GPa,试求钢板与木梁横截面上的最大弯曲正应力。截面尺寸单位:mm。

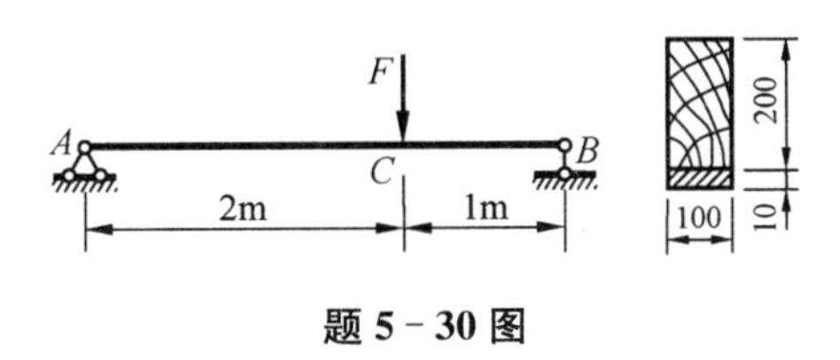

题 5-30 图

5－31　图示截面复合梁，在其纵向对称面内，承受正弯矩 $M=50\ \text{kN}\cdot\text{m}$ 作用。已知钢、铝与铜的弹性模量分别为 $E_{st}=210\ \text{GPa}$，$E_{al}=70\ \text{GPa}$ 与 $E_{co}=110\ \text{GPa}$，试求梁内各组成部分的最大弯曲正应力。截面尺寸单位：mm。

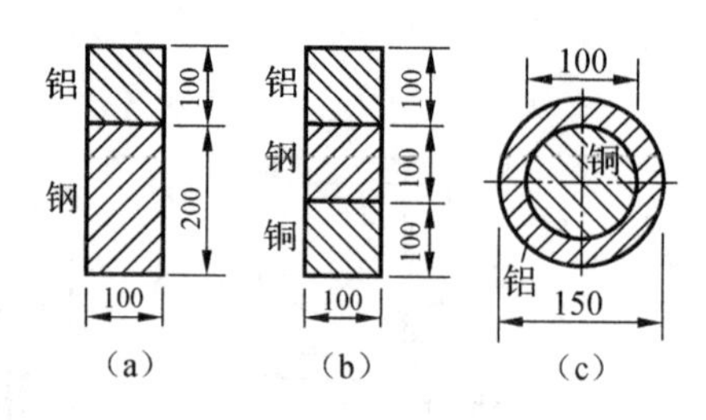

题 5－31 图

5－32　图示简支梁，承受均布荷载作用，该梁由木板与加强钢板组成。已知荷载集度$q=40\ \text{kN/m}$，钢与木的弹性模量分别为 $E_s=200\ \text{GPa}$ 与 $E_w=10\ \text{GPa}$，许用应力分别为$[\sigma_s]=160\ \text{MPa}$与$[\sigma_w]=10\ \text{MPa}$，试确定钢板厚度。截面尺寸单位：mm。

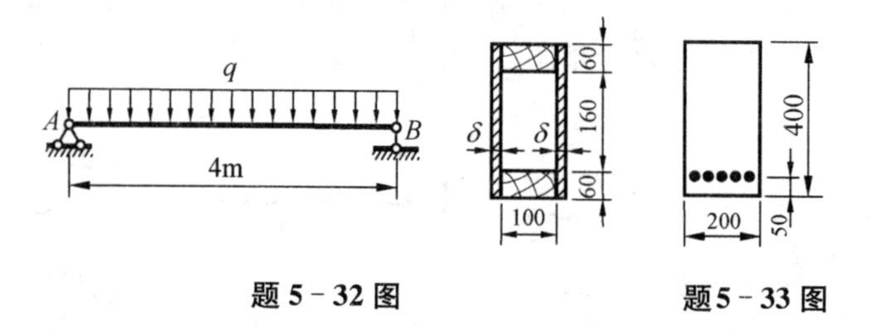

题 5－32 图　　**题 5－33 图**

5－33　一钢筋混凝土梁的横截面如图所示，并在铅垂对称面内承受正弯矩 $M=120\ \text{kN}\cdot\text{m}$ 作用。已知钢筋与混凝土的弹性模量分别为 $E_s=200\ \text{GPa}$ 与 $E_c=25\ \text{GPa}$，钢筋的直径为 $d=25\ \text{mm}$，试求钢筋横截面上的拉应力以及混凝土受压区的最大压应力。

第 6 章　弯曲变形

6.1　弯曲变形的基本概念

弯曲问题是工程实际中经常遇到的问题，也是构件设计时主要考虑的因素之一。直梁在平面弯曲时，其轴线将在形心主惯性平面内弯成一条连续光滑的平面曲线 AC_1B，如图 6-1 所示，该曲线称为梁的挠曲线。任一横截面的形心在垂直于原来轴线方向的线位移，称为该截面的**挠度**，用 w 来表示。工程中常用梁的挠度均远小于跨度，挠曲线是一条非常平缓的曲线，所以任一横截面的形心在轴线方向的位移分量都可略去，认为它仅有前述的线位移 w。任一横截面对其原方位的角位移，称为该截面的**转角**，用 θ 来表示。由于在一般细长梁中可忽略剪力对变形的影响，所以横截面在梁弯曲变形后仍垂直于挠曲线，这样，任一横截面的转角 θ 也就等于挠曲线在该截面处的切线与轴线的夹角。

为了表示挠度和转角随截面位置不同而变化的规律，取变形前的轴线为 x 轴，与轴线垂直向下的轴为 y 轴(图 6-1)，则**挠曲线的方程**(或称为**挠度方程**)可表示为

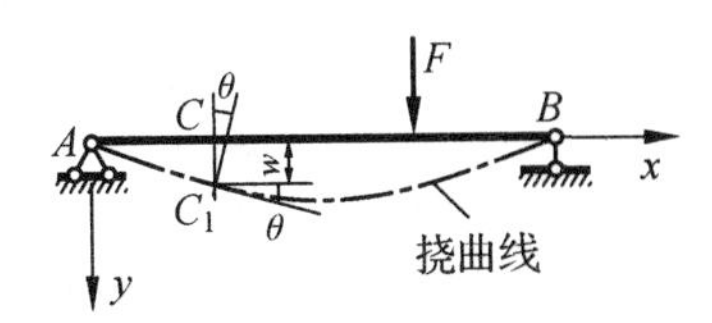

图 6-1　简支梁的挠度与转角

$$w=w(x)$$

因 θ 是非常小的角，故**转角方程**可表示为

$$\theta\approx\tan\theta=\frac{\mathrm{d}w(x)}{\mathrm{d}x}=w'(x) \tag{6-1}$$

即挠曲线上任一点处切线的斜率等于该点处横截面的转角。

挠度和转角是度量梁的位移的两个基本量，在图 6-1 所示的坐标系中，向下的挠度为正，向上的挠度为负；顺时针方向的转角为正，逆时针方向的转角为负。

如前所述，变形和位移是两个不同的概念，但又互相联系。例如有两根梁，其长度、材料、横截面的形状和尺寸以及受力情况等均相同，但一根为悬臂梁，另一根为简支梁，如图 6-2(a)、(b)所示。这两根梁的弯曲变形程度是相同的，因为它们的中性层曲率 $\frac{1}{\rho}=\frac{M}{EI_z}$ 相同，但其相应横截面的位移却明显不同。这是因为梁的弯曲变形仅与弯矩和梁的弯曲刚度有关，而各横截面的位移量不仅取决于弯矩和梁的弯曲刚度，还与梁的约束条件有关。

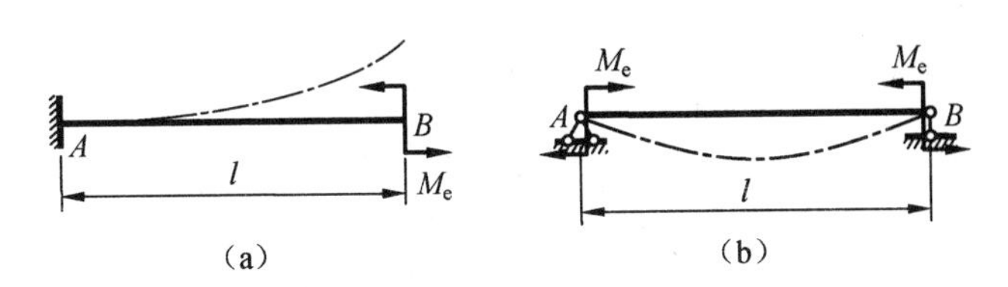

图 6-2　约束条件对位移的影响

研究梁的位移主要有两个目的:(1) 对梁作刚度校核,即检查梁弯曲时的最大挠度和转角是否超过按使用要求所规定的许用值;(2) 求解超静定梁。

6.2 梁的挠曲线近似微分方程及其积分

在推导纯弯曲梁的正应力公式时,曾导出梁弯曲后中性层曲率的表达式为$\frac{1}{\rho}=\frac{M}{EI_z}$。但应指出,该式中的曲率$\frac{1}{\rho}$是指绝对值,而实际上挠曲线的曲率是有正负的,它与坐标系的选取有关。在如图 6-3 所示的坐标系中,挠曲线向下凸出时的曲率为负,它与正值的弯矩相对应;而挠曲线向上凸出时的曲率为正,却与负值的弯矩相对应。故可将公式(5-8)重新写成如下形式

$$\frac{1}{\rho}=-\frac{M}{EI_z} \tag{a}$$

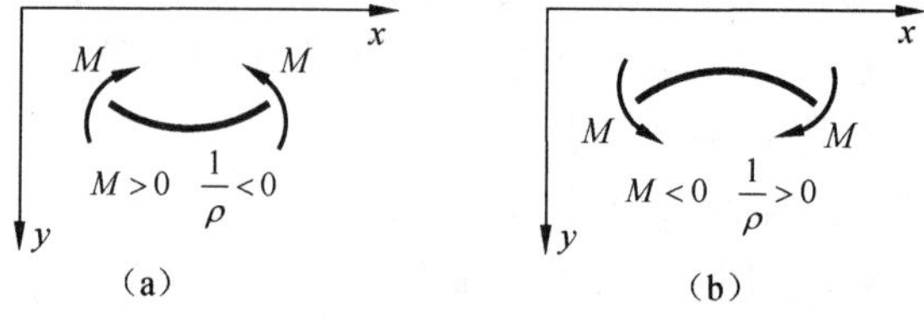

图 6-3 弯矩与曲率的关系

横力弯曲时,梁的横截面上除了有弯矩 M 之外,还有剪力 F_S,若梁的跨度远大于横截面高度时,剪力 F_S 对梁位移的影响很小,可忽略不计。所以式(a)仍可适用,不过这时各横截面上的弯矩和曲率都是截面位置 x 的函数,从而有

$$\frac{1}{\rho(x)}=-\frac{M(x)}{EI_z} \tag{b}$$

由高等数学可知,上式中平面曲线的曲率在直角坐标系中又可写成

$$\frac{1}{\rho(x)}=\frac{w''(x)}{[1+w'(x)^2]^{3/2}} \tag{c}$$

因为挠曲线通常是一条极其平坦的曲线,$w'(x)$的值很小,故 $w'(x)^2$ 与 1 相比可略去不计,于是式(c)可近似地写成

$$\frac{1}{\rho(x)}=w''(x) \tag{d}$$

将式(d)代入式(b),即得

$$w''(x)=-\frac{M(x)}{EI_z} \tag{6-2}$$

或

$$EI_z w''(x)=-M(x) \tag{6-3}$$

式(6-2)或(6-3)均称为梁的**挠曲线近似微分方程**。它略去了剪力 F_S对位移的影响,并略去了高阶微量 $w'(x)^2$。但由此方程求得的挠度和转角对土建或机械等工程实际来说一般已足够精确。

【说明】 ① 挠曲线近似微分方程式(6-2)或(6-3)的近似既包含物理近似,也包含了几何近似。如果不采用这些近似技术,微分方程将非常复杂,难于求解。② 通过近似处理,使问题得以简化,便于求解同时又保持了足够的精度,这是材料力学的特色,也是材料力学在实际工程中获得广泛应用的基础。③ 如果建立的坐标系 x 轴方向不变、y 轴向上为正,可以证明此时挠曲线近似微分方程为:$EI_zw''(x)=M(x)$,这时挠度向上为正,转角逆时针为正。这在机械类或近机类专业的材料力学或工程力学中常用。

对梁的挠曲线近似微分方程分别积分一次和两次,再由已知的位移条件来定出积分常数,这样便可得到梁的转角方程和挠度方程。这种计算梁的位移的方法,称为**积分法**。

对于等直梁,EI_z为常量(为方便起见下面用 I 表示 I_z)。如果荷载非常简单,不需分段列出弯矩方程时,将式(6-3)的两边乘以 dx,积分一次可得

$$EI_zw'(x)=-\int M(x)\mathrm{d}x+C_1$$

再积分一次,可得

$$EI_zw(x)=-\int\left[\int M(x)\mathrm{d}x\right]\mathrm{d}x+C_1x+C_2$$

式中,C_1、C_2为积分常数,它们可通过已知的位移条件来确定。例如固定端处的挠度和转角均应等于零;固定铰支座或可动铰支座处的挠度应等于零;若在端部有弹性约束,则该端部的挠度应等于弹性约束的变形。这种已知的位移条件,通常称为**位移边界条件**。而当梁的弯矩方程需要分段列出时,挠曲线的近似微分方程也应分段建立。分别积分两次之后,每一段均含有两个积分常数。此时除了要应用位移边界条件之外,还需利用分段处挠曲线的连续、光滑条件,即在分段处左右两段梁应具有相等的挠度和相等的转角。这种位移条件通常称为**位移连续条件**。

【说明】 ① 位移边界条件由对应的约束条件所决定。② 由于梁受力变形后的挠曲线一般都是具有高阶连续光滑性的样条曲线,所以对于梁跨度内的任一截面,其左、右侧的挠度和转角必然相等。③ 若多跨梁中存在中间铰,则中间铰连接的两个梁,在中间铰处的挠度一定相等,但两侧截面的转角一般不相等。

【例6-1】 求图6-4所示悬臂梁的转角方程和挠度方程,并确定其最大挠度 w_{max}和最大转角 θ_{max}。已知该梁的弯曲刚度 EI 为常量。

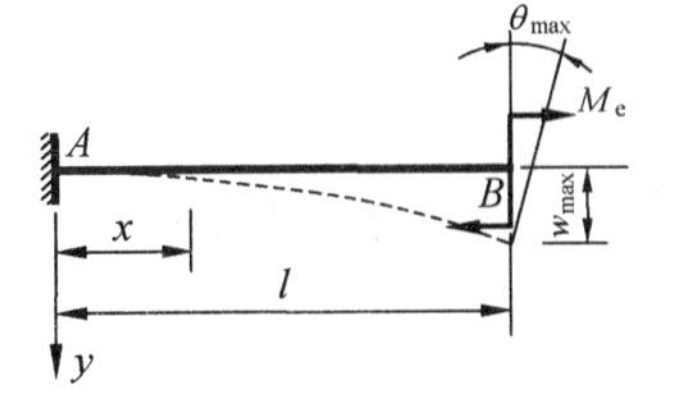

图6-4 例6-1图

【解】 首先建立图示坐标系。则弯矩方程为

$$M(x)=-M_e \quad (0<x<l)$$

由梁的挠曲线近似微分方程可得 $EI_zw''(x)=M_e$。

积分一次得

$$EIw'(x)=M_ex+C$$

再积分一次得

$$EIw(x)=\frac{1}{2}M_e x^2+Cx+D$$

由于该梁的位移边界条件是固定端 A 处的转角和挠度均为零，即

$$x=0\text{ 时},w'(0)=0$$

$$x=0\text{ 时},w(0)=0$$

将它们分别代入积分式，可得 $C=0,D=0$。从而梁的转角方程和挠度方程分别为

$$\theta(x)=w'(x)=\frac{M_e x}{EI}$$

$$w(x)=\frac{M_e x^2}{2EI}$$

根据梁的受力情况和边界条件，可画出挠曲线的大致形状如图所示。可知最大转角 θ_{max} 和最大挠度 w_{max} 均在自由端 B 处，故以 $x=l$ 代入 $\theta(x)$、$w(x)$ 的表达式，可得

$$\theta_{max}=w'(l)=\frac{M_e l}{EI}(\text{顺时针})$$

$$w_{max}=w(l)=\frac{M_e l^2}{2EI}(\downarrow)$$

【说明】 ① 显然该梁的变形为纯弯曲，按照式(5－8)可知：挠曲线为圆周的一部分，但按照这里的结论挠曲线为二次抛物线，这也再次说明挠曲线微分方程的近似性。② 从结果看，挠曲线近似微分方程的解其实是一种对真实变形轴线的多项式逼近。这一结论对于本章讨论的细长梁(Bernoulli-Euler 梁)的变形具有普适性。

【例 6－2】 求图 6－5 所示悬臂梁的转角方程和挠度方程，并确定其最大挠度 w_{max} 和最大转角 θ_{max}。已知该梁的弯曲刚度 EI 为常量。

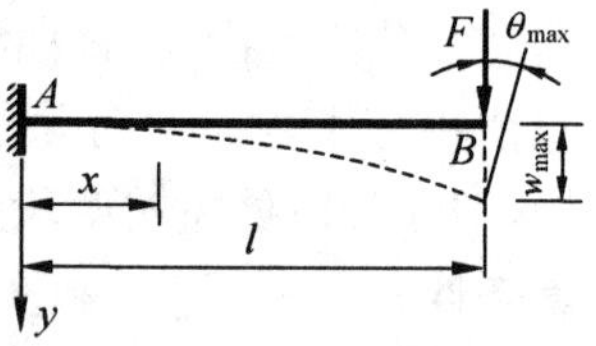

图 6－5 例 6－2 图

【解】 首先建立图示坐标系，则弯矩方程为

$$M(x)=-F(l-x)\quad(0<x\leqslant l)$$

由梁的挠曲线近似微分方程可得 $EI_z w''(x)=-M(x)=Fl-Fx$。

积分一次得

$$EI_z w'(x)=Flx-\frac{F}{2}x^2+C_1$$

再积分一次得

$$EI_z w(x)=\frac{Fl}{2}x^2-\frac{F}{6}x^3+C_1 x+C_2$$

由于该梁的位移边界条件是固定端 A 处的转角和挠度均为零，即

$$x=0\text{ 时},w'(0)=0$$

$$x=0\text{ 时},w(0)=0$$

将它们分别代入积分式，可得 $C_1=0, C_2=0$。从而梁的转角方程和挠度方程分别为

$$\theta(x)=w'(x)=\frac{1}{EI}\left(Flx-\frac{F}{2}x^2\right)$$

$$w(x)=\frac{1}{EI}\left(\frac{Fl}{2}x^2-\frac{F}{6}x^3\right)$$

根据梁的受力情况和边界条件，可画出挠曲线的大致形状如图所示。可知最大转角 θ_{max} 和最大挠度 w_{max} 均在自由端 B 处，故以 $x=l$ 代入 $\theta(x)$、$w(x)$ 的表达式，可得

$$\theta_{max}=w'(l)=\frac{Fl^2}{2EI}\text{（顺时针）}$$

$$w_{max}=w(l)=\frac{Fl^3}{3EI}(\downarrow)$$

【例6-3】 求图6-6所示悬臂梁在均布荷载 q 作用下的转角方程和挠度方程，并确定其最大挠度 w_{max} 和最大转角 θ_{max}。已知该梁的弯曲刚度 EI 为常量。

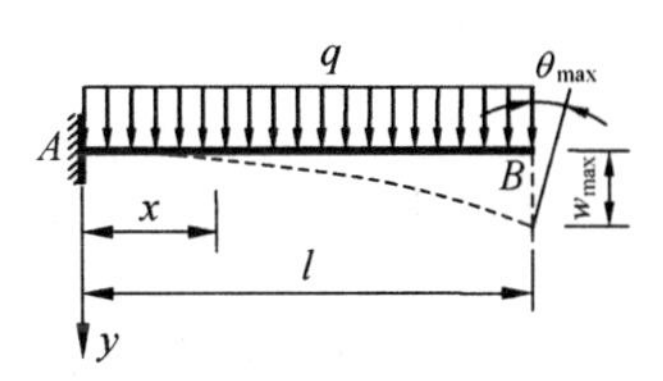

图6-6　例6-3图

【解】 首先建立图示坐标系，则弯矩方程为

$$M(x)=-\frac{1}{2}q\,(l-x)^2 \quad (0<x\leqslant l)$$

由梁的挠曲线近似微分方程可得 $EI_z w''(x)=\frac{1}{2}q\,(l-x)^2$。

积分一次得

$$EIw'(x)=-\frac{1}{6}q\,(l-x)^3+C \tag{a}$$

再积分一次得

$$EIw(x)=\frac{1}{24}q\,(l-x)^4-C(l-x)+D \tag{b}$$

代入梁的位移边界条件 $w'(0)=0, w(0)=0$ 分别代入积分式，可得 $C=\frac{1}{6EI}ql^3, D=\frac{1}{8EI}ql^4$。从而梁的转角方程和挠度方程分别为

$$\theta(x)=w'(x)=-\frac{1}{6}q\,(l-x)^3+\frac{1}{6EI}ql^3$$

$$w(x)=\frac{1}{24EI}q\,(l-x)^4-\frac{1}{6EI}ql^3(l-x)+\frac{1}{8EI}ql^4$$

根据梁的受力情况和边界条件，可画出挠曲线的大致形状如图所示。可知最大转角 θ_{max} 和最大挠度 w_{max} 均在自由端 B 处，故以 $x=l$ 代入 $\theta(x)$、$w(x)$ 的表达式，可得

$$\theta_{max}=w'(l)=\frac{1}{6EI}ql\text{（顺时针）}$$

$$w_{max}=w(l)=\frac{1}{8EI}ql^4(\downarrow)$$

【说明】 解题中积分时使用了变量代换 $u=l-x$，使得求解 $x=l$ 处的转角和挠度比较方便。建议读者将弯矩展开成 x 的多项式形式进行积分，并将所得结果与上述结果比较。

【例 6-4】 求图 6-7 所示简支梁的转角方程和挠度方程，并确定其最大挠度和最大转角。已知该梁的 EI 为常量，$a\geqslant b$。

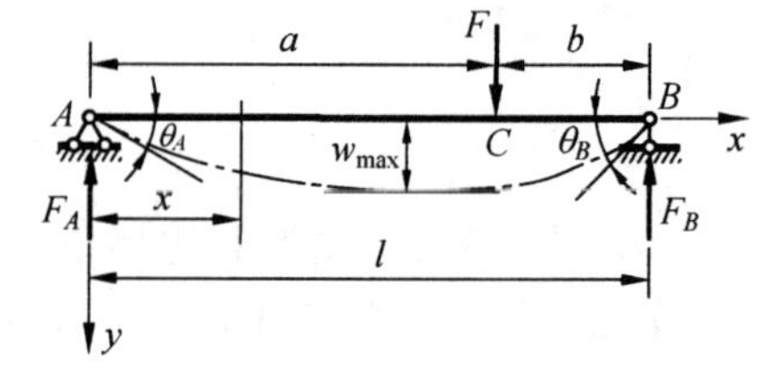

图 6-7　例 6-4 图

【解】 首先建立图示坐标系，则该梁的支反力分别为

$$F_A=\frac{b}{l}F$$

$$F_B=\frac{a}{l}F$$

根据选定的坐标系，可列出 AC 段和 CB 段的弯矩方程如下：

AC 段：$M_1(x)=\dfrac{Fb}{l}x\quad(0\leqslant x\leqslant a)$

CB 段：$M_2(x)=\dfrac{Fb}{l}x-F(l-a)\ (a\leqslant x\leqslant l)$

CB 段的弯矩方程是以左段梁为隔离体列出的，形式上虽比取右段梁为隔离体时稍繁些，但在后面对简化积分常数的求解是有利的。

由于 AC 和 CB 段的弯矩方程不同，挠曲线近似微分方程应分段建立，并分别进行积分。

AC 段$(0\leqslant x\leqslant a)$：

$$EIw''_1(x)=-M_1(x)=-\frac{Fb}{l}x \tag{a}$$

$$EIw'_1(x)=-\frac{Fb}{2l}x^2+C_1 \tag{b}$$

$$EIw_1(x)=-\frac{Fb}{6}x^3+C_1x+C_2 \tag{c}$$

CB 段$(a\leqslant x\leqslant l)$：

$$EIw''_2(x)=-M_2(x)=-\frac{Fb}{l}x+F(x-a) \tag{d}$$

$$EIw'_2(x)=-\frac{Fb}{2l}x^2+\frac{F}{2}(x-a)^2+D_1 \tag{e}$$

$$EIw_2(x)=-\frac{Fb}{6}x^3+\frac{F}{6}(x-a)^3+D_1x+D_2 \tag{f}$$

CB 段内凡含有$(x-a)$的项，积分时均以$(x-a)$作为自变量，这样可使确定积分常数的运算得到简化。

四个积分常数 C_1、C_2 和 D_1、D_2，可以利用四个位移条件来确定。

由于挠曲线的光滑连续性，C 点处的位移连续条件为 $w'_1(a)=w'_2(a)$，$w_1(a)=w_2(a)$。

将 $x=a$ 代入(b)、(c)、(e)、(f)诸式，并利用这两个条件得到 $C_1=D_1$，$C_2=D_2$。

再利用位移边界条件，即 $x=0$ 时，$w_1(a)=0$；$x=l$ 时，$w_2(l)=0$。将前一个条件代入式

(c)，得 $C_2=D_2=0$。将后一个条件代入式(f)，经化简后得到 $D_1=C_1=\frac{Fb}{6l}(l^2-b^2)$。

将四个积分常数的值代回式(b)、式(c)和式(e)、式(f)后，即可分别得到各段梁的转角方程和挠度方程。

AC 段($0\leqslant x\leqslant a$)：

转角方程：
$$\theta_1(x)=w_1'(x)=\frac{1}{EI}\left[-\frac{Fb}{2l}x^2+\frac{Fb}{6l}(l^2-b^2)\right]$$

挠度方程：
$$w_1(x)=\frac{1}{EI}\left[-\frac{Fb}{6l}x^3+\frac{Fb}{6l}(l^2-b^2)x\right]$$

CB 段($a\leqslant x\leqslant l$)：

转角方程：
$$\theta_2(x)=w_2'(x)=\frac{1}{EI}\left[-\frac{Fb}{2l}x^2+\frac{F}{2}(x-a)^2+\frac{Fb}{6l}(l^2-b^2)\right]$$

挠度方程：
$$w_2(x)=\frac{1}{EI}\left[-\frac{Fb}{6l}x^3+\frac{F}{6}(x-a)^3+\frac{Fb}{6l}(l^2-b^2)x\right]$$

由该梁挠曲线的大致形状可知，其最大转角(指绝对值)为 θ_A 或 θ_B，它们的值为

$$\theta_A=w_1'(0)=\frac{Fab}{6EIl}(l+b)\ (\text{顺时针})$$

$$\theta_B=w_2'(l)=\frac{Fab}{6EIl}(l+a)\ (\text{逆时针})$$

显然，当 $a>b$ 时

$$\theta_{\max}=|\theta_B|=\frac{Fab}{6EIl}(l+a)$$

简支梁最大挠度必定在转角为零处。设该截面的位置为 x_1，先研究 AC 段梁，令 $w_1'(x_1)=0$，即

$$-\frac{Fb}{2l}x_1^2+\frac{Fb}{6l}(l^2-b^2)=0$$

解得

$$x_1=\sqrt{\frac{l^2-b^2}{3}}=\sqrt{\frac{(a+2b)a}{3}} \tag{g}$$

当 $a>b$ 时，由式(g)可得 $x_1<a$，即表明转角为零的点确在 AC 段内，所以最大挠度在 AC 段中，从而有

$$w_{\max}=w_1(x)=\frac{Fb}{9\sqrt{3}EIl}\sqrt{(l^2-b^2)^3}(\downarrow) \tag{h}$$

若 $a=b=\frac{l}{2}$ 时，即集中荷载 F 作用于简支梁的跨中时，则由(g)式可知此时 $x_l=a=b=\frac{l}{2}$，这也可由挠曲线的对称性直接判断出来。将 $b=\frac{l}{2}$ 代入式(h)，得

$$w_{max}=w\left(\frac{l}{2}\right)=\frac{Fl^3}{48EI}(\downarrow)$$

在两端铰支座处有

$$\theta_{max}=\theta_A=|\theta_B|=\frac{Fl^2}{16EI}$$

现借此例，讨论对简支梁的最大挠度值作近似计算的问题。当集中荷载 F 离右支座非常近时，即当 b 值甚小，以致 b^2 与 l^2 相比可忽略不计时，则由式(g)得 $x_1=\sqrt{\frac{l^2}{3}}\approx0.577\ l$，可见，即使在这种极端情形下，最大挠度仍在跨中附近，其值由式(h)得

$$w_{max}\approx w_1\left(\frac{l}{\sqrt{3}}\right)=\frac{Fb}{9\sqrt{3}EIl}l^3=0.064\ 2\,\frac{Fbl^2}{EI}$$

跨中的挠度为

$$w\left(\frac{l}{2}\right)=w_1\left(\frac{l}{2}\right)=\frac{Fb}{48EI}(3l^2-4b^2)$$

在上述极端情况下，即略去 b^2 项，有

$$w\left(\frac{l}{2}\right)=\frac{Fbl^2}{16EI}=0.062\ 5\,\frac{Fbl^2}{EI}$$

这时若用 $w\left(\frac{l}{2}\right)$ 替代 w_{max}，误差也不超过最大挠度的 3%。所以，在工程中，只要简支梁的挠曲线上无拐点（例如简支梁承受同一方向的各种荷载作用时），就可用跨中挠度值来代替最大挠度值。

【说明】 ① 从结论可以看出，对于简支梁受一横向集中荷载的情况，集中荷载靠近的端部截面转角最大，而最大挠度发生在集中荷载与远端中间的一截面上，并且非常接近跨中。② 若有多个同向荷载作用在简支梁上，则最大挠度发生接近跨中处，一般可以直接用跨中处的挠度代替最大挠度。

【例 6－5】 画出图 6－8(a)所示悬臂梁的挠曲线的大致形状。

【解】 根据弯矩图便可确定挠曲线的弯向，所以先画出该梁的弯矩图，如图 6－8(b)所示。再考虑支座处的位移条件以及位移连续条件，即可画出挠曲线的大致形状。

AE 段的弯矩为负值，该段挠曲线应向上凸，而固定端处的挠度和转角均为零，所以该段挠曲线必位于轴线的下方。

ED 段的弯矩为正值，此段挠曲线应向下凸，E 截面的弯矩为零，故 E 点为挠曲线上的拐点（即反弯点），至于 D 截面的挠度值之正负，需要具体计算方能确定。

DB 段的弯矩为零，该段挠曲线保持为直线。

对于等截面梁，弯矩值大的地方挠曲线的曲率就大些，

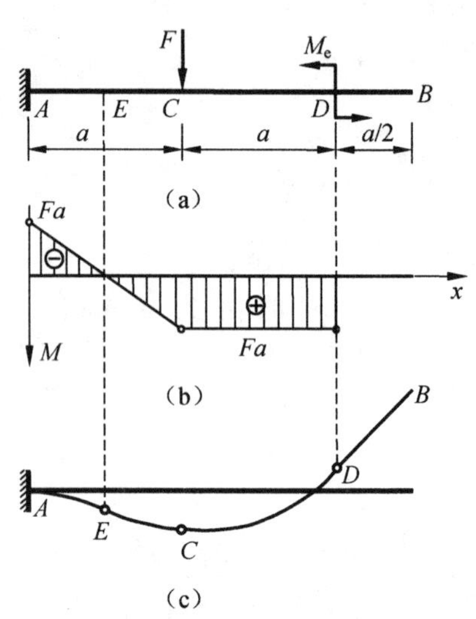

图 6－8　例 6－5 图

弯矩值小的地方挠曲线的曲率也就小些。该梁挠曲线的大致形状示于图6－8(c)中。

6.3　用叠加法求梁的位移　梁的刚度条件

6.3.1　叠加法基础

积分法是求梁位移的基本方法，但当梁上的荷载比较复杂，需要分成n段来列出弯矩方程时，就要确定$2n$个积分常数。虽然可以利用奇异函数等手段积分计算，但其运算过程仍是相当冗长。实际应用中，常常只需确定某些特定截面的位移值，因而可将梁在某些简单荷载作用下的位移值列成表格，见表6－1，一些复杂受力的情况列表于附录Ⅲ中。采用叠加法来求若干荷载同时作用下梁的位移值，应用撰写表格计算就比较简捷。其中又以悬臂梁的三种情况为基础，掌握这些梁的基本变形的有关结论，并灵活加以应用，对求解相关问题会带来很大方便，其他情况下的挠度和转角可以据此计算。

表6－1　等截面梁在简单荷载作用下的挠度和转角

序　号	梁的形式及荷载	转角和挠度
(1)	A, B, M_e, l, y	$\theta_B=\dfrac{M_e l}{EI}, w_B=\dfrac{M_e l^2}{2EI}$
(2)	F, A, B, l, y	$\theta_B=\dfrac{Fl^2}{2EI}, w_B=\dfrac{Fl^3}{3EI}$
(3)	q, A, B, l, y	$\theta_B=\dfrac{ql^3}{6EI}, w_B=\dfrac{ql^4}{8EI}$
(4)	M_e, A, B, l, y	$\theta_A=\dfrac{M_e l}{3EI}, \theta_B=-\dfrac{M_e l}{6EI}, w\|_{0.5l}=\dfrac{M_e l^2}{16EI}$
(5)	a, F, b, A, B, l, y	当$a=b$时：$\theta_A=-\theta_B=\dfrac{Fl^2}{16EI}, w\|_{0.5l}=\dfrac{Fl^3}{48EI}$ 当$a\geqslant b$时：$\theta_A=\dfrac{Fab(l+b)}{6EIl}, \theta_B=-\dfrac{Fab(l+a)}{6EIl}$， $w\|_{0.5l}=\dfrac{Fb(3l^2-4b^2)}{48EI}$
(6)	q, A, B, l, y	$\theta_A=-\theta_B=\dfrac{ql^3}{24EI}, w\|_{0.5l}=\dfrac{5ql^4}{384EI}$

用叠加法求梁位移的限制条件是：梁的位移很小且材料在线弹性范围内工作。这是因为

在这两个条件下才能得到方程(6-3),即 $EI_z w''(x) = -M(x)$ 。也是由于挠度远小于跨度,轴线上任一点沿轴线方向的位移可以略去不计,这样,在列弯矩方程时可使用原始尺寸原理。在这种情况下,由方程(6-3)所求得的挠度与转角均与荷载成正比,亦即每一荷载对位移的影响是各自独立的。所以当梁上同时有若干荷载作用时,可分别求出每一荷载单独作用时所引起的位移,然后进行叠加,即得这些荷载共同作用下的位移。

6.3.2 叠加法举例

【例6-6】 用叠加法求图示简支梁跨中截面的挠度 w_C 和两端截面的转角 θ_A、θ_B。已知 EI 为常量。

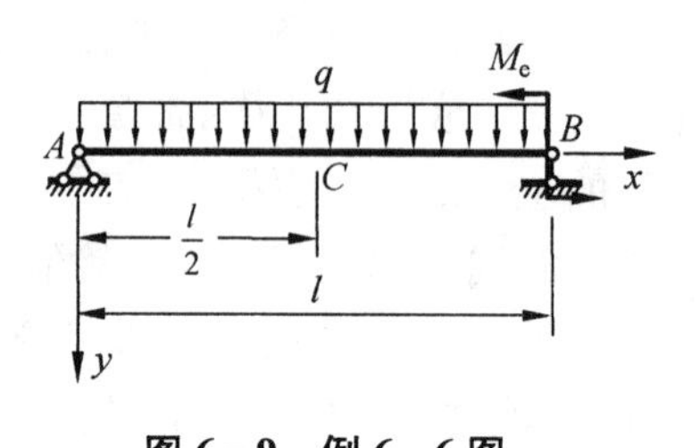

图6-9 例6-6图

【解】 在 q 单独作用下,由表6-1(6)查得

$$w_{C,q} = \frac{5ql^4}{384EI}$$

$$\theta_{A,q} = -\theta_{B,q} = \frac{ql^3}{24EI}$$

在 M_e 单独作用下,由表6-1(4)查得

$$w_{C,M_e} = \frac{M_e l^2}{16EI}$$

$$\theta_{A,M_e} = \frac{M_e l}{6EI}$$

$$\theta_{B,M_e} = -\frac{M_e l}{3EI}$$

将相应的位移值进行叠加,求出其代数和,即为所求的位移值

$$w_C = w_{C,q} + w_{C,M_e} = \frac{5ql^4}{384EI} + \frac{M_e l^2}{16EI} \quad (\downarrow)$$

$$\theta_A = \theta_{A,q} + \theta_{A,M_e} = \frac{ql^3}{24EI} + \frac{M_e l}{6EI} \quad (\text{顺时针})$$

$$\theta_B = \theta_{B,q} + \theta_{B,M_e} = -\frac{ql^3}{24EI} - \frac{M_e l}{3EI} \quad (\text{逆时针})$$

【说明】 这种先分别计算每一个荷载产生的变形,然后将每一段个荷载的影响叠加,求解变形的方法,简称**荷载分解法**,是求解变形的一种常用方法。

例6-7 用叠加法求图6-10(a)所示悬臂梁自由端截面的挠度 w_B 和转角 θ_B,EI 为常量。

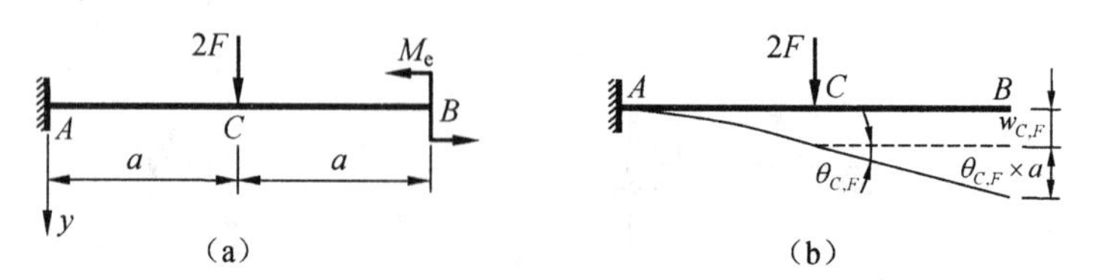

图6-10 例6-7图

【解】 在 M_e 单独作用下，由表 6-1(1)查得

$$w_{B,M_e}=-\frac{M_e(2a)^2}{2EI}=-\frac{2M_ea^2}{EI}$$

$$\theta_{B,M_e}=-\frac{M_e(2a)}{EI}=-\frac{2Fa^2}{EI}$$

在 $2F$ 单独作用下[图 6-10(b)]，由表 6-1(2)查得 C 点的位移为

$$w_{C,2F}=\frac{(2F)a^3}{3EI}=\frac{2Fa^3}{3EI}$$

$$\theta_{C,2F}=\frac{(2F)a^2}{2EI}=\frac{Fa^2}{EI}$$

此时 CB 段仍为直线，所以由 $2F$ 引起的 B 截面的转角 $\theta_{B,2F}=\theta_{C,2F}$；由于 $\theta_{C,2F}$ 是一个很小的角度，故由 $2F$ 引起的 B 截面的挠度可写为

$$w_{B,2F}=w_{C,2F}+\theta_{C,2F}\times a$$

将相应的位移值进行叠加，求出其代数和，即为所求的位移值

$$w_B=w_{B,M_e}+w_{B,2F}=-\frac{2Fa^3}{EI}+\frac{2Fa^3}{3EI}+\frac{Fa^3}{EI}\times a=-\frac{Fa^3}{3EI}\quad(\uparrow)$$

$$\theta_B=\theta_{B,M_e}+\theta_{B,2F}=-\frac{2Fa^2}{EI}+\frac{Fa^2}{EI}=-\frac{Fa^2}{EI}(\text{逆时针})$$

【例 6-8】 用叠加法求图 6-11(a)所示简支梁跨中截面的挠度 w_C 和两端截面的转角 θ_A、θ_B，已知 EI 为常量。

【解】 为了利用表 6-1 中的结果，可将原荷载视为正对称荷载和反对称荷载两种情况的叠加，如图 6-11(b)、(c)所示。

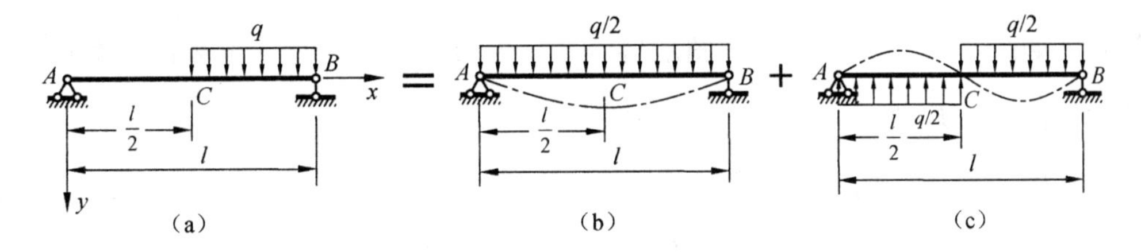

图 6-11　例 6-8 图

在正对称荷载作用下，由表 6-1(6)查得

$$w_{C_1}=\frac{5(q/2)l^4}{384EI}=\frac{5ql^4}{768EI}$$

$$\theta_{A_1}=-\theta_{B_1}=\frac{(q/2)l^3}{24EI}=\frac{ql^3}{48EI}$$

在反对称荷载作用下，挠曲线对跨中截面应是反对称的，故有 $w_{C_2,\text{左}}=-w_{C_2,\text{右}}$，根据连续性 $w_{C_2,\text{左}}=w_{C_2,\text{右}}$，从而有跨中截面的挠度 w_{C_2} 应等于零；由于 C 截面的挠度为零，而转角不等于零，且该截面上的弯矩又等于零，故可将 AC 段和 CB 段分别看作为受均布荷载作用的简支

梁(C截面的剪力可视为支反力),因此,由表6-1(6)查得

$$\theta_{A_2}=-\theta_{B2}=-\frac{\frac{q}{2}\cdot\left(\frac{l}{2}\right)^3}{24EI}=-\frac{ql^3}{384EI}$$

将相应的位移值进行叠加即得

$$w_C=w_{C_1}+w_{C_2}=\frac{5ql^4}{768EI}\quad(\downarrow)$$

$$\theta_A=\theta_{A_1}+\theta_{A_2}=\frac{ql^3}{48EI}-\frac{ql^3}{384EI}=\frac{7ql^3}{384EI}\quad(顺时针)$$

$$\theta_B=\theta_{B_1}+\theta_{B_2}=-\frac{ql^3}{48EI}-\frac{ql^3}{384EI}=-\frac{9ql^3}{384EI}\quad(逆时针)$$

【说明】 本题采用的是特殊的荷载分解法,或称**荷载组合法**。即:将作用在对称结构的荷载分解为对称荷载与反对称荷载的组合。利用对称结构在对称荷载与反对称荷载分别作用下的受力和变形特性进行计算,然后根据叠加法将对应位置处的变形量叠加来计算一截面处的挠度或转角。利用对称性可简化相关问题的计算,也是常用的一种技巧。

【例6-9】 试用表6-1中第1和第2种情况的结论计算简支梁在端部集中力偶作用下的两端转角和跨中挠度。

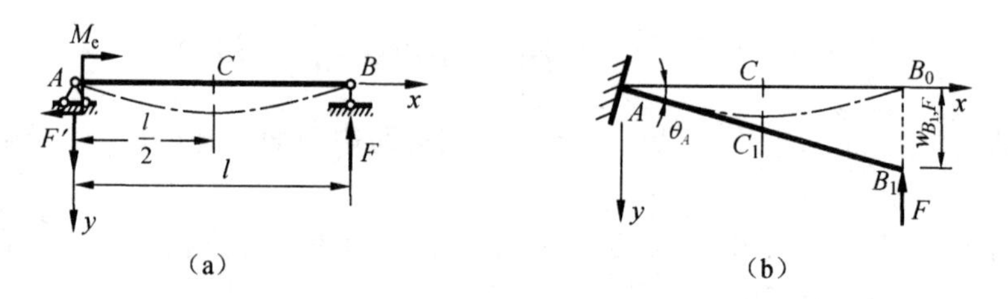

图6-12 例6-9图

【解】 如图6-12(a)所示,建立图示坐标系。在M_e的作用下,在支座B、A处的约束力应形成力偶与之平衡,即:$F=F'=\frac{M_e}{l}$。

为了利用表6-1中的第1种情况的结论,先将梁AB顺时针转动角度θ_A(未知),然后将A端固定,并释放B端,形成一个悬臂梁AB_1,同时在B端施加一个向上的集中力$F=\frac{M_e}{l}$,如图6-12(b)所示。由于角度θ_A很小(视为微量),则6-12图(a)中的简支梁所受到的力与图6-12(b)所示的悬臂梁一样,又因为图6-12(a)、(b)中的A端均转动了相同的角度,所以两个梁的变形也是相同的,从而在图6-12(b)中,B_1最终的位置B_0在与A同一水平线上。欲求图6-12(a)所求的变形量,只需求出图6-12(b)中的对应量即可。

由于$w_{B_1,F}=\frac{Fl^3}{3EI}=l\cdot\theta_A$,故有:$\theta_A=\frac{Fl^2}{3EI}$(顺时针)。

由于$\theta_B=\theta_A-\theta_{B_1,F}$,故有:$\theta_B=\frac{Fl^2}{3EI}-\frac{Fl^2}{2EI}=-\frac{Fl^2}{6EI}$(逆时针)。

由于$w_C=\frac{1}{2}w_{B_1,F}-w_{C_1,F}$,而$w_{C_1,F}=\frac{F}{3EI}\left(\frac{l}{2}\right)^3+\frac{1}{2EI}\left(F\cdot\frac{l}{2}\right)\cdot\left(\frac{l}{2}\right)^2=\frac{5Fl^3}{48EI}$。

故有 $w_C=\frac{1}{2}w_{B_1,F}-w_{C_1,F}=\frac{1}{2}\times\frac{Fl^3}{3EI}-\frac{5Fl^3}{48EI}=\frac{Fl^3}{16EI}$。

【说明】 (1) 本例题的求解是将简支梁转换成与之受力和变形一致的悬臂梁，并通过悬臂梁的已知结论来推求，本书称这种方法为**等效代替梁法**，简称**等代梁法**。(2) 在例 6-9 对等代梁施加的荷载中，没有力偶 M_e，只是因为在固定端，施加与不施加力偶对梁的变形没有影响，如果忽略主动力与约束力的区别，对梁的受力也没有影响。

【思考】 ① 如果固定 B 端，让 A 端自由，如何确定等代梁？试用这种方法计算，并与上述求解过程比较哪一种更好。② 试用等代梁法用表 6-1 中第 1～3 种情况的结论，推导第 4～6种情况的结论。

【例 6-10】 用叠加法求图 6-13(a)所示外伸梁在外伸端的挠度 w_D 和转角 θ_D 以及跨中挠度 w_C，已知 EI 为常量。

【解】 该梁可看作由简支梁 AB 及附着在截面 B 的悬臂梁 BD 所组成，其计算简图分别示于图 6-13(b)、(c)中。当研究简支梁 AB 的位移时，应将移去的 BD 部分对它的作用，由截面 B 上的剪力 $F_{S,B}$(等于 F)和弯矩 M_B(等于 Fa)来代替，如图 6-13(b)所示。这样，简支梁 AB 的受力情况就与外伸梁中 AB 段的受力情况相同，因此，按简支梁 AB 所求得的某一截面的位移值，也就是外伸梁同一截面的位移值。由于简支梁上的集中力 F 作用在支座 B 处，不会使 AB 段产生弯曲变形，而由 M_B 引起的位移可由表 6-1(4)查得

$$w_{C,M_B}=\frac{(Fa)(2a)^2}{16EI}=\frac{Fa^3}{4EI}\ (\uparrow)$$

$$\theta_{B,M_B}=\frac{(Fa)(2a)}{3EI}=\frac{2Fa^2}{3EI}\text{(顺时针)}$$

当把 BD 段视作悬臂梁时，如图(c)所示。由表 6-1(2)可得

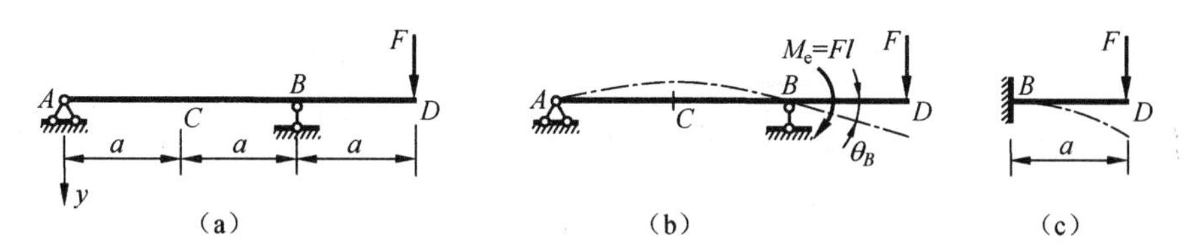

图 6-13　例 6-10 图

$$w_{D,F}=\frac{Fa^3}{3EI}(\downarrow)$$

$$\theta_{D,F}=\frac{Fa^2}{2EI}\text{(顺时针)}$$

由于其 B 端是附着在简支梁的截面 B 上的，该截面的转角为 θ_{B,M_B}，它将带动整个悬臂梁部分作刚性转动，从而使 D 截面产生了转角 θ_{B,M_B} 和挠度 $\theta_{B,M_B}\cdot a$，故有

$$w_D=w_{D,F}+\theta_{B,M_B}\cdot a=\frac{Fa^3}{3EI}+\frac{2Fa^2}{3EI}\times a=\frac{Fa^3}{EI}\ (\downarrow)$$

$$\theta_D=\theta_{D,F}+\theta_{B,M_B}=\frac{Fa^2}{2EI}+\frac{2Fa^2}{3EI}=\frac{7Fa^2}{6EI}\text{ (顺时针)}$$

$$w_C = w_{C,M_B} = -\frac{Fa^3}{4EI} \qquad (\uparrow)$$

【说明】 ① 这种先让一段产生变形,其他部分视为刚体而不变形,然后将每一段的影响叠加,求解变形的方法,称为**逐段变形叠加法**,简称**逐段变形法**,也有人称为**分段刚化法**。利用这种方法,可以很快求解复杂问题的解,是一种常用的技巧。② 逐段变形法的使用范围没有荷载分解法广,它只适用于线性静定结构的位移计算,对于超静定结构,可能会给出错误的结论,因为超静定结构中任一构件(或部分)的刚度变化,会带来所有构件内力的重分布。③ 逐段变形法可以使用能量法进行证明,在此不讨论其证明过程。

【例 6-11】 求图 6-14(a)所示阶梯状简支梁的跨中挠度 w_C,已知 $I_1=2I_2$。

【解】 由变形的对称性可以推知,跨中截面 C 的转角应为零,即挠曲线在点 C 的切线是水平的。这样,就可把阶梯状梁的 CB 部分(或 AC 部分)看作是悬臂梁,如图 6-14(b)所示,自由端 B 的挠度 $|w_B|$ 就等于原 AB 梁的跨中挠度 w_C,而 $|w_B|$ 又可用叠加法求得。

先把 DB 部分看作是在 D 截面固定的悬臂梁,如图 6-14(c)所示,由表 6-1(2)查得截面 B 的挠度 w_{B_1} 为

$$w_{B_1} = -\frac{(F/2)(l/4)^3}{3EI_2} = -\frac{Fl^3}{384EI_2}$$

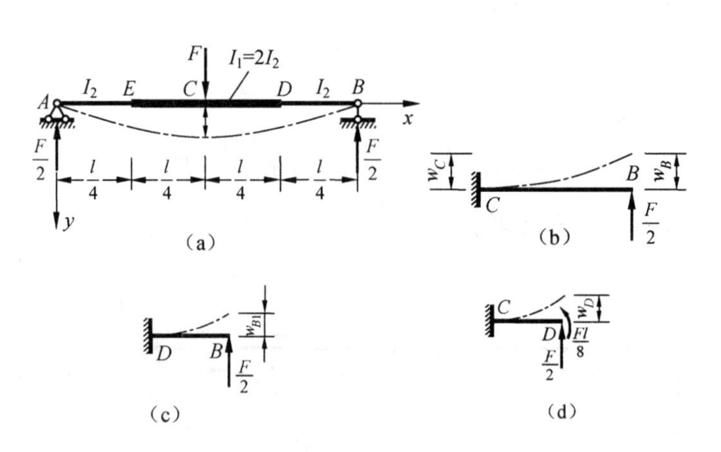

图 6-14 例 6-11 图

再研究悬臂梁 CD 的位移,如图 6-14(d)所示。截面 D 上的剪力 $F_{S,D}=F/2$ 和弯矩 $M_D=Fl/8$ 所引起的截面 D 的转角和挠度,可由表 6-1(1)、(2)查得

$$\theta_D = -\frac{(Fl/8)(l/4)}{EI_1} - \frac{(F/2)(l/4)^2}{EI_1} = -\frac{3Fl^2}{64EI_1}$$

$$w_{D_1} = -\frac{(Fl/8)(l/4)^2}{2EI_1} - \frac{(F/2)(l/4)^3}{3EI_1} = -\frac{5Fl^3}{768EI_1}$$

由于截面 D 的挠度和转角要带动悬臂梁 DB 作刚性移动和刚性转动,由此引起截面 B 的挠度 w_{B_2} 为

$$w_{B_2} = w_D + \theta_D \times \frac{l}{4} = -\frac{5Fl^3}{768EI_1} - \frac{3Fl^2}{64EI_1} \times \frac{l}{4} = -\frac{14Fl^3}{768EI_1}$$

叠加 w_{B_1} 和 w_{B_2},得到截面 B 的挠度为

$$w_B = w_{B_1} + w_{B_2} = -\frac{Fl^3}{384EI_2} - \frac{14Fl^3}{768EI_1} = -\frac{18Fl^3}{768EI_1} = -\frac{3Fl^3}{128EI_1}$$

最后得到截面 C 的挠度为 $w_C = |w_B| = \frac{3Fl^3}{128EI_1}(\downarrow)$。

【说明】 对于非等截面梁，不能使用叠加法。至于本例题中的分段等截面梁，可以按相等截面进行分段，然后按照表 6－1 中对应的情况进行分析讨论。

【例 6－12】 图 6－15(a)所示梁的弯曲刚度为 EI。试用叠加法求 D 截面的挠度 w_D 及转角 θ_D。

【解】 图 6－15(a)所示梁是由主梁 AB 和副梁 BD 在 B 处用铰链连接而成。由副梁 BD 的平衡方程求出 B 处的支反力 $F_B=F$，则主梁 AB 的 B 截面处将受到向上的集中力 F 作用，如图 6－15(b)所示。

查表 6－1，得主梁 B 截面的挠度为 $w_B = -\frac{Fa^3}{3EI}(\uparrow)$。

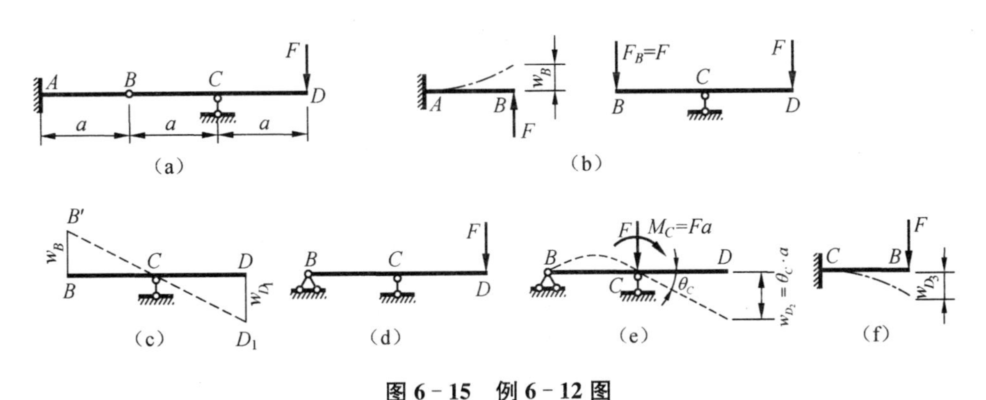

图 6－15　例 6－12 图

若不计副梁的变形(即把 BD 梁视为刚体)，则由于 B 截面的向上挠度 w_B，使 D 截面产生向下的挠度 w_{D_1}，如图 6－15(c)所示。由图(c)所示的几何关系可知，$w_{D_1}=w_B$，即 $w_{D_1}=\frac{Fa^3}{3EI}(\downarrow)$。

计算副梁在荷载作用下产生的 D 截面的位移时，取计算简图如图(d)所示，参照例 6－10，又可把图 6－15(d)分解为图 6－15(e)和(f)两种情况。在 $M_C=Fa$ 作用下，由表 6－1 查得 C 截面的转角为 $\theta_C=\frac{(Fa)a}{3EI}=\frac{Fa^2}{3EI}$(顺时针)。由 θ_C 产生的 D 截面的挠度为 $w_{D_2}=\theta_C \times a=\frac{Fa^3}{3EI}(\downarrow)$。由表 6－1 查得悬臂梁 CD 的 D 截面的挠度为 $w_{D_3}=\frac{Fa^3}{3EI}(\downarrow)$。

叠加 w_{D_1}、w_{D_2} 和 w_{D_3}，得 D 截面的挠度为

$$w_D = w_{D_1} + w_{D_2} + w_{D_3} = \frac{Fa^3}{3EI} + \frac{Fa^3}{3EI} + \frac{Fa^3}{3EI} = \frac{Fa^3}{EI}(\downarrow)$$

由以上的分析可知 D 截面的转角为

$$\theta_D = \frac{w_{D_1}}{a} + \theta_C + \frac{Fa^2}{2EI} = \frac{Fa^2}{3EI} + \frac{Fa^2}{3EI} + \frac{Fa^2}{2EI} = \frac{7Fa^3}{6EI} \quad (\text{顺时针})$$

式中，$\frac{w_{D_1}}{a}$ 为由 w_{D_1} 产生的 D 截面的转角，如图 6－15(c)所示；θ_C 是图 6－15(e)中 D 截面的转

角，等于C截面的转角；$\frac{Fa^2}{2EI}$是悬臂梁CD的D截面的转角。

6.4　梁的弯曲应变能

当梁弯曲时，梁内将积蓄应变能，梁在线弹性变形过程中，其弯曲应变能V_ε在数值上等于作用在梁上的外力功W。

如图6－16(a)所示，梁在纯弯曲时，各截面上的弯矩M为常数，并等于外力偶矩M_e。材料处于线弹性范围时，梁轴线在弯曲后将成一曲率为$\kappa=\frac{1}{\rho}=\frac{M}{EI}$的圆弧，其所对的圆心角为$\theta=\frac{l}{\rho}=\frac{Ml}{EI}$或$\theta=\frac{M_e l}{EI}$。

θ与M_e间呈线性关系，如图6－16(b)所示。直线下的三角形面积就代表外力偶所做的功W，即

$$W=\frac{1}{2}M_e\theta$$

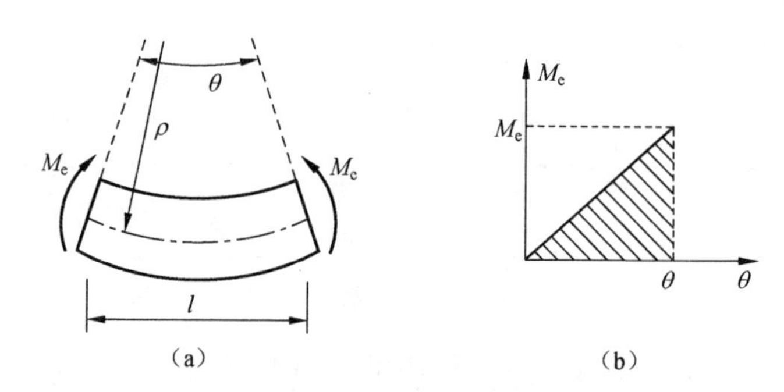

图6－16　纯弯曲时梁的变形与外力偶的功

从而得纯弯曲时梁的弯曲应变能为

$$V_\varepsilon=W=\frac{1}{2}M_e\theta$$

即得梁弯曲应变能的表达式

$$V_\varepsilon=\frac{M_e^2 l}{2EI}$$

由于$M=M_e$，故上式可改写为

$$V_\varepsilon=\frac{M^2 l}{2EI} \tag{6-4}$$

在横力弯曲时，梁内应变能包含两个部分：与弯曲变形相对应的弯曲应变能和与剪切变形相对应的剪切应变能。

为计算弯曲应变能，取长为dx的梁段（图6－17），其相邻两横截面上的弯矩应分别为$M(x)$和$M(x)+dM(x)$，在计算微段的应变能时，弯矩的增量为一阶无穷小，可略去不计，于是按式(6－4)计算其弯曲应变能为

$$dV_\varepsilon=\frac{M^2(x)}{2EI}dx$$

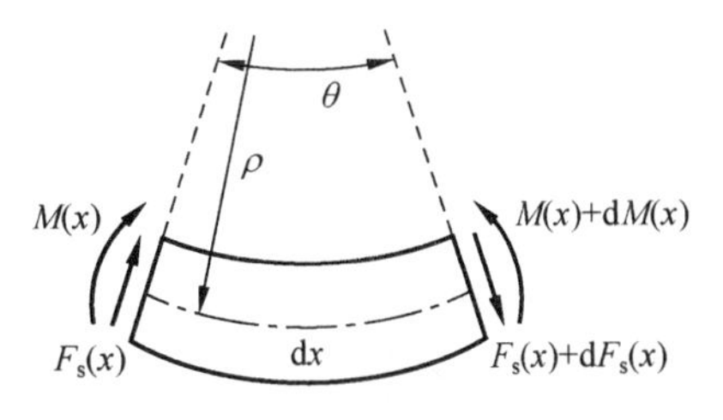

图6-17　梁横力弯曲时的内力与变形

积分可得全梁的弯曲应变能为

$$V_\varepsilon=\int_l \frac{M^2(x)}{2EI}dx \tag{6-5}$$

式中，$M(x)$为梁任意横截面上的弯矩表达式，当各梁段上的弯矩表达式不同时，积分需分段进行。

至于剪切应变能，由于工程中常用梁的跨度往往大于横截面高度的10倍，因而梁的剪切应变能远小于弯曲应变能，可略去不计。

由于$EIw''=-M(x)$，于是，式(6-5)又可写成

$$V_\varepsilon=\int_l \frac{(EIw'')^2}{2EI}dx=\frac{EI}{2}\int_l (w'')^2 dx \tag{6-6}$$

显然，以上各式仅适用于细长梁在线弹性范围内、小变形的条件下工作。

【例6-13】　图6-18所示简支梁，在C点处受集中力F作用，试用弯曲应变能的概念计算C处的挠度。不计剪力的影响。

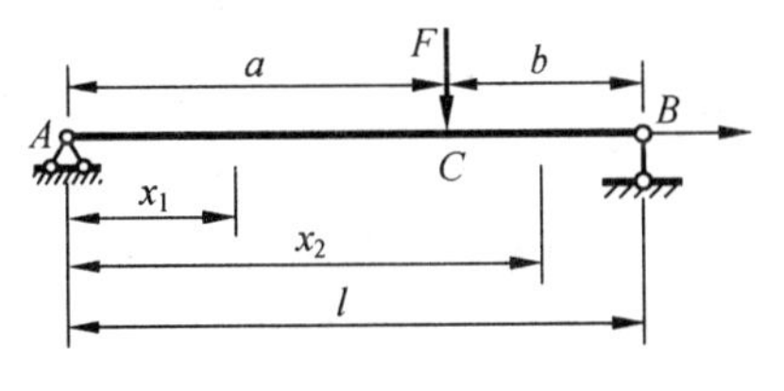

图6-18　例6-13图

【解】　曾在例4-5中计算过该梁的弯矩为

AC段：$M_1(x_1)=\frac{Fb}{l}x_1$

CB段：$M_2(x_2)=\frac{Fb}{l}x_2-F(x_2-a)$

故求弯曲变形能时应分段积分。分别将$M(x_1)$和$M(x_2)$代入式(6-5)并积分，可得

$$\begin{aligned}V_\varepsilon&=\int_l \frac{M^2(x)}{2EI}dx=\int_0^a \frac{M_1^2(x_1)}{2EI}dx_1+\int_a^l \frac{M_2^2(x_2)}{2EI}dx_2\\&=\frac{1}{2EI}\left[\int_0^a\left(\frac{Fb}{l}x_1\right)^2dx_1+\int_a^l\left(\frac{Fb}{l}x_2-Fx_2+Fa\right)^2dx_2\right]\\&=\frac{1}{2EI}\left[\frac{F^2b^2a^3}{3l^2}+\frac{(Fb-Fl+Fa)^3}{3\left(\frac{Fb}{l}-F\right)}-\frac{F^3b^3a^3}{3l^3\left(\frac{Fb}{l}-F\right)}\right]=\frac{F^2a^2b^2}{6EIl}\end{aligned}$$

另一方面，在变形中，集中力F与其作用点位移(挠度)的关系也是线性的，F完成的功应为$W=\frac{1}{2}Fw_C$，w_C为C点的挠度。由$W=V_\varepsilon$，可求得

$$w_C=\frac{Fa^2b^2}{3EIl}$$

【评注】　① 解题过程中，BC段的积分过程稍微麻烦。由于应变能是一个非负代数量，所以在计算BC段的应变能时可以将坐标原点取为B，x_2自右向左，这样用x_2表示的弯矩只有一项，求解过程会大为简化。② 用这里介绍的方法求变形有一定的局限性，例如原则上不能求F力作用点C以外的其他点的挠度，也不能用于梁上非集中载荷作用的情况等。③ 如果要计算F力作用点C以外的其他点的挠度，可以在此基础上再在对应位置沿欲求位移的方向作用

一个力，然后利用能量法讨论。有关问题请读者思考。

6.5 简单超静定梁

在工程实践中为了减小梁的挠度和应力，常给静定梁增加支承。这样，梁的支反力数目就超过了独立的平衡方程的数目，因而单靠平衡方程就不能求解，这种梁称为**超静定梁**。例如在简支梁中，由于跨中附近的挠度较大，可以在中间增加支座，但这样对于维持梁的平衡来说是多余的，因为它本来已经静定且稳定了。所以习惯上把维持梁的平衡并非必需的约束，称为**多余约束**，与之相应的未知力称为**多余未知力**，或称**冗余力**。显然，多余约束或多余未知力(冗余力)的数目就是超静定的次数。

与求解拉压超静定问题相似，关键是要根据多余约束所提供的位移条件来建立补充方程。现以图 6-19(a)所示的等截面超静定梁为例，来具体说明超静定梁的解法。设梁的弯曲刚度 EI 为常数。

显然，该梁有一个多余约束，是一次超静定梁，如取铰支座 B 为多余约束，那么相应的支反力 F_B 就是多余未知力。假想去掉这个多余约束使梁成为静定的悬臂梁(即所受到的约束力的个数等于独立平衡方程的个数，且几何形状不变)，解除多余约束后的静定梁称为原超静定梁的**基本系统**(或称**静定基本系统**，或简称**静定基**)如图 6-19(b)所示。

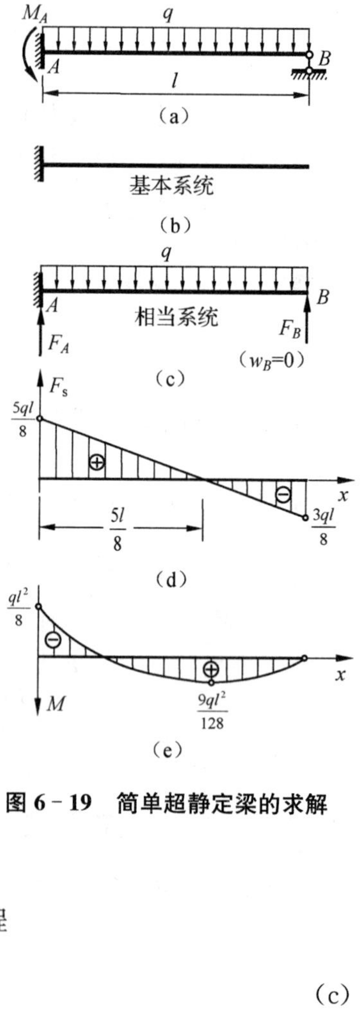

将梁上的原荷载 q 和多余未知力 F_B 作用在基本系统上，并保证在解除多余约束的截面处，能满足多余约束所提供的位移条件($w_B=0$)。那么，这样的静定梁其受力情况和位移情况就与原来的超静定梁完全相同，故称其为原超静定梁的相当系统，如图 6-19(c)所示。这样，根据相当系统应满足的位移条件，用叠加法可写成

$$w_B=w_{B,q}+w_{B,F_B}=0 \tag{a}$$

式中，$w_{B,q}$ 和 w_{B,F_B} 是指相当系统(悬臂梁)分别在 q 和 F_B 单独作用下引起的截面 B 的挠度。易知

$$w_{B,q}=\frac{ql^4}{8EI} \quad w_{B,F_B}=-\frac{F_Bl^3}{3EI} \tag{b}$$

图 6-19　简单超静定梁的求解

式(b)就是本问题中的物理关系，将它们代入(a)式即得补充方程

$$\frac{ql^4}{8EI}-\frac{F_Bl^3}{3EI}=0 \tag{c}$$

由此解得 $F_B=\frac{3}{8}ql$。所得 F_B 为正号，表示所设 F_B 的指向是正确的，即向上。

多余未知力 F_B 求出后，即可利用相当系统来完成对原超静定梁要进行的计算。譬如：利用平衡条件即可求得固定端的两个支反力[图 6-19(c)]为：

$$F_A=\frac{5}{8}ql \qquad M_A=\frac{1}{8}ql^2$$

并可绘出梁的 F_S 图、M 图，如图 6-19(d)、(e)所示。如果需要求位移，也可在相当系统上进行。例如求截面 B 的转角可利用叠加法求出。先求悬臂梁在 q 和 F_B 单独作用下截面 B 的转角分别为 $\theta_{B,q}=\dfrac{ql^3}{6EI}$，$\theta_{B,F_B}=-\dfrac{F_Bl^2}{2EI}$。从而可得

$$\theta_B=\theta_{B,q}+\theta_{B,F_B}=\frac{ql^3}{6EI}-\frac{3ql^2/8}{2EI}=-\frac{ql^3}{48EI}\text{（顺时针）}$$

所有以上这些结果，即为原超静定梁的解。

【思考】 ① 将未增加多余支座 B 时悬臂梁的剪力图和弯曲图与所绘制的超静定梁的图进行比较。求出最大弯矩与最大剪力的对应比值。这些比值能说明什么？② 试绘制挠曲线的大致形状，并求最大挠度与未增加多余支座 B 时悬臂梁的最大挠度比值。该比值又说明什么？

多余约束的选择是多种多样的，视方便而定。如果把固定端的转角约束作为多余约束，那么 A 端的反力偶矩 M_A 就是多余未知力，所选择的基本系统就是简支梁，其相当系统如图 6-20(a)所示。这时由位移条件 $\theta_A=0$，可得补充方程为

$$\theta_A=\theta_{A,q}+\theta_{A,M_A}=\frac{ql^3}{24EI}-\frac{M_Al}{3EI}=0 \tag{d}$$

由此解得 $M_A=\dfrac{1}{8}ql^2$。这与前面得到的结果完全相同。

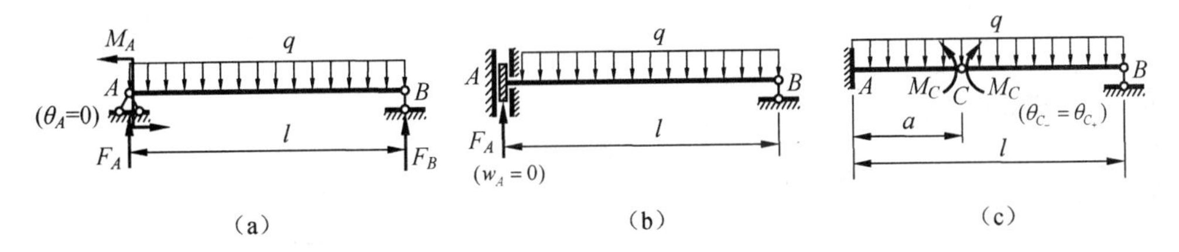

图 6-20　超静定结构多余约束的选取示例

此外，还可以把固定端 A 处对竖直位移的约束作为多余约束，那么 A 端的竖直反力 F_A 就是多余未知力，相应的位移条件应是 A 端的挠度 $w_A=0$，其相当系统如图 6-20(b)所示。也可以在 AB 梁上任意截面处加一中间铰，那么该截面的弯矩就是多余未知力，与此相应的位移条件是该处左右两侧截面的相对转角应为零，其相当系统如图 6-20(c)所示。

【说明】 多余约束虽然可以有多种选择，但并非任意一个约束都可以作为多余约束。例如，图 6-19(a)中的支座 A 的水平约束为必要约束，不能作为多余约束。

与静定梁不同，超静定梁由于各支座的相对沉陷或温度不均匀变化，梁都将发生弯曲，产生附加内力。现以图 6-21(a)所示的一次超静定梁为例来说明。设 AB 梁的弯曲刚度为 EI，并设支座 B 发生了沉陷，其沉陷量为 $\Delta(\Delta \ll l)$，如图 6-21(b)所示。

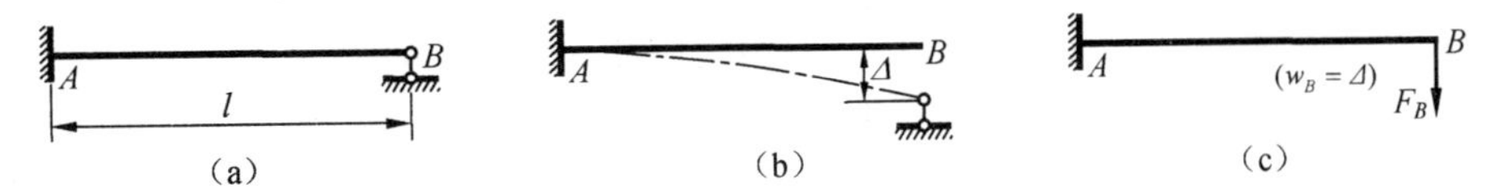

图 6-21　支座沉降引起超静定梁内力的计算

若将支座 B 处的约束作为多余约束，那么相应的支反力 F_B 就是多余未知力，基本系统为悬臂梁，其相当系统如图 6－21(c)所示，此时的位移条件为 $w_B=\Delta$。又，$w_B=\dfrac{F_Bl^3}{3EI}$，故可得补充方程为：$\dfrac{F_Bl^3}{3EI}=\Delta$。由此解得

$$F_B=\frac{3EI}{l^3}\Delta$$

【说明】 超静定结构会因为支座相对移动、温度变化(含均匀变化与不均匀变化)、改变任意一个构件的刚度等因素，都可能引起内力，从而产生应力。这是与静定结构本质的不同。

【例 6－14】 求图 6－22(a)所示超静定梁的支反力，并绘其剪力图和弯矩图。已知 EI 为常量。

【解】 图 6－22(a)所示为一次超静定梁。若取支座 B 处阻止其左、右两侧截面相对转动的约束为多余约束，则 B 截面的一对弯矩 M_B 为多余未知力，基本系统为简支梁 AB 和简支梁 BC，相当系统如图 6－22(b)所示。相应的位移条件是 B 处左、右两侧截面的相对转角等于零。设简支梁 AB 和 BC 的 B 截面的转角分别为 θ_{B-} 和 θ_{B+}，则位移条件为

$$\theta_{B-}-\theta_{B+}=0 \tag{a}$$

利用叠加法，可得

$$\theta_{B-}=-\frac{ql^3}{24EI}-\frac{M_Bl}{3EI}\qquad \theta_{B+}=\frac{Fl^2}{16EI}+\frac{M_Bl}{3EI} \tag{b}$$

将(b)式代入(a)式，可得补充方程为

$$-\frac{ql^3}{24EI}-\frac{M_Bl}{3EI}-\left(\frac{Fl^2}{16EI}+\frac{M_Bl}{3EI}\right)=0 \tag{c}$$

解得 $M_B=-\dfrac{5}{32}Fl$。

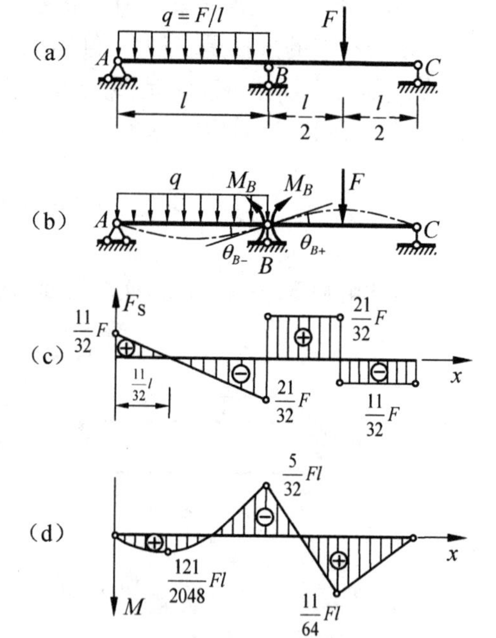

图 6－22　例 6－14 图

M_B 为负号，说明 M_B 的转向和图 6－22(b)中假设的转向相反，即 M_B 为负弯矩。由简支梁 AB 和 BC 的平衡方程，得其支反力分别为：$F_A=\dfrac{11}{32}F$，$F'_B=\dfrac{21}{32}F$；$F''_B=\dfrac{21}{32}F$，$F_C=\dfrac{11}{32}F$。支座 B 的总支反力为 $F_B=F'_B+F''_B=\dfrac{21}{16}F$。梁的剪力图和弯矩图分别如图 6－22(c)、(d)所示。

【思考】 例 6－14 为一两跨连续梁结构。若有一 $n(n>2)$ 跨的连续梁结构，如何选取相当系统求解才最简单？如何建立和求解方程组？

【例 6－15】 图 6－23(a)所示结构中，悬臂梁 AB 和 CD 的弯曲刚度均为 EI，BC 杆的拉伸刚度为 EA，B、C 处均为铰接。试求 C 点的铅垂位移 w_C。

【解】 该题是一次超静定问题。若把 ABC 部分作为悬臂梁 CD 的多余约束，则 BC 杆的轴力 F_N 为多余未知力，其受力图如图 6－23(b)所示，位移图如图 6－23(c)所示。相应的位移条件为

$$w_C = w_B + \Delta l \tag{a}$$

式中，w_C 为 CD 梁在 F 和 F_N 作用下 C 点的挠度；w_B 为 AB 梁在 F_N 作用下 B 点的挠度；Δl 为 BC 杆的伸长量。

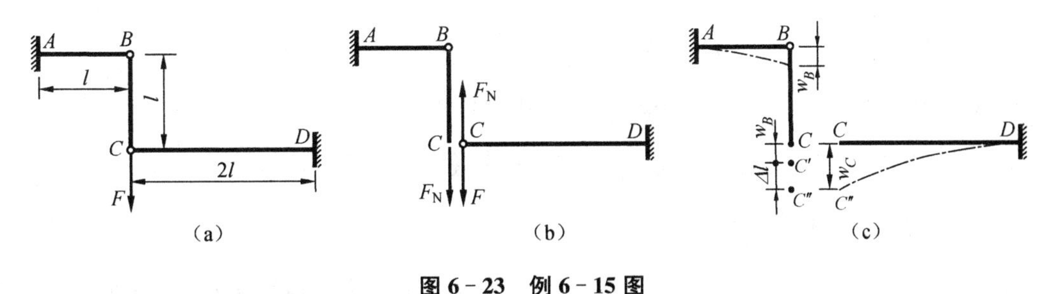

图 6-23　例 6-15 图

利用叠加原理和胡克定律，可得

$$w_C = \frac{(F-F_N)(2l)^2}{3EI} \quad w_B = \frac{F_N l^3}{3EI} \quad \Delta l = \frac{F_N l}{EA} \tag{b}$$

将式(b)代入(a)式，得补充方程为

$$\frac{8(F-F_N)l^3}{3EI} = \frac{F_N l^3}{3EI} + \frac{F_N l}{EA}$$

求解可得

$$F_N = \frac{8l^2 A}{2(3l^2 A + I)} F \tag{c}$$

F_N 为正号，说明 F_N 的方向和假设方向相同。将式(c)代入 w_C 的表达式，可得 C 点的铅垂位移为

$$w_C = \frac{8(l^2 A + 3I)l^3}{9EI(3l^2 A + I)} F \ (\downarrow)$$

6.6　梁的刚度条件与合理刚度设计

6.6.1　梁的刚度条件

要保证梁能正常地工作，不仅要求它有足够的强度，而且还要求具有足够的刚度，即要求梁的位移不能过大。例如，若车床主轴的位移过大，将影响齿轮的正常啮合，造成轴和轴承的严重磨损，必然影响加工精度。又如若铁路桥梁的挠度过大，当火车过桥时将出现爬坡现象，而且还会引起较大的振动。再如，若楼房的大梁挠度过大，抹面将易剥落。为此，需检查梁的位移是否超过按使用要求所规定的许用值。对于梁的挠度通常是限制挠度与跨度的比值。故刚度条件为

$$\frac{w_{max}}{l} \leqslant \left[\frac{w}{l}\right] \quad \theta_{max} \leqslant [\theta]$$

式中，$\left[\frac{w}{l}\right]$为挠度跨度比的许用值，$[\theta]$为转角的许用值。其值可从有关手册和规范中查得，例如

房建钢梁：$\left[\frac{w}{l}\right]=\frac{1}{400}\sim\frac{1}{250}$；

铁路钢桥：$\left[\frac{w}{l}\right]=\frac{1}{900}\sim\frac{1}{700}$；

一般用途的轴：$\left[\frac{w}{l}\right]=\frac{3}{10\ 000}\sim\frac{5}{10\ 000}$，$[\theta]=0.001\sim0.005\ \text{rad}$。

显然，对于梁的刚度校核，只需求出最大挠度或最大转角即可进行计算。

6.6.2 梁的合理刚度设计

如前所述，梁的弯曲变形与梁的受力、约束条件及截面的弯曲刚度 EI 有关。所以提高弯曲强度的某些措施，例如合理安排梁的约束、改善梁的受力情况等，对于提高梁的刚度仍然是有效的。但也如绪论中所言，提高梁的刚度与提高梁的强度，是属于两种不同性质的问题，因此，解决的办法也不尽相同。

1. 合理选择截面的形状

由式(5－11)可知，影响梁强度的截面几何性质是抗弯截面模量 W，而影响梁刚度的截面几何性质则是惯性矩，所以，从提高梁的刚度方面考虑，合理的截面形状，是用较小的截面面积获得较大惯性矩的截面。

2. 合理选择材料

影响梁强度的材料性能是极限应力，而影响梁刚度的材料性能则是弹性模量，所以，从提高梁的刚度方面考虑，应从弹性模量的高低来确定材料的选择。但需要注意的是，由于各种钢材(或各种铝合金)的极限应力虽然差别很大，但他们的弹性模量却很接近，所以用优质钢代替普碳钢随能有效提高弯曲强度，但不能有效提高其弯曲刚度。

3. 加强截面的合理设计

梁的最大弯曲正应力取决于危险截面的弯矩与弯曲截面系数，而梁的位移则与梁内所有微段的变形均有关。所以，对梁的危险区域采用局部加强的措施，虽可提高梁的强度，但欲提高梁的刚度，则必须在更大范围内加强梁的抗弯刚度。

4. 合理选取梁的跨度

由表(6－1)可以看出，在集中力作用下，梁的最大挠度与梁跨度 l 的三次方成正比。但是，最大弯曲正应力则只与跨度 l 成正比。这表明，梁跨度的微小改变，将引起弯曲变形的显著改变。例如，将跨度缩短 20%，最大挠度将相应减少 48.8%。所以，如果条件许可，应尽量缩短梁的跨度以减小梁的变形。

5. 合理采用梁的约束和加载方式

如前所述，图 5－31(a)所示承受集度为 q 的均布荷载简支梁，如果将梁两端的铰支座各向内移动 $0.2l$，如图 5－31(b)所示，后者的最大应力仅为前者的 20%；但对变形进行分析可知，后者跨中的挠度仅为前者的 6.048%。又如，对于跨中受集中荷载 F 作用的简支梁，如果将集中荷载改为均布荷载(合力大小不变)作用在同一简支梁上，则最大挠度将仅为前者的 62.5%。

此外，增加梁的约束即做成超静定梁，对于提高梁的刚度也是非常有效的。

习　题

6－1　用积分法求图示梁挠曲线方程时，要分几段积分？将出现几个积分常数？根据什么条件确定其积分常数？［(b)图中右端支于弹簧上，其弹簧系数为 k。］

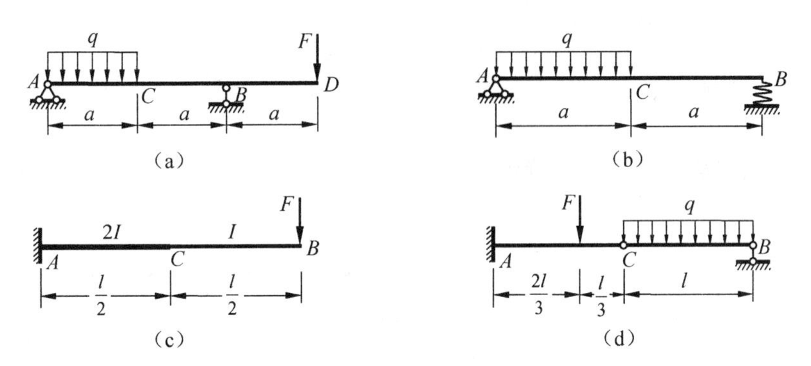

题 6－1 图

6－2　试用积分法求图示各梁的转角方程和挠度方程，并求 A 截面转角和 C 截面挠度。

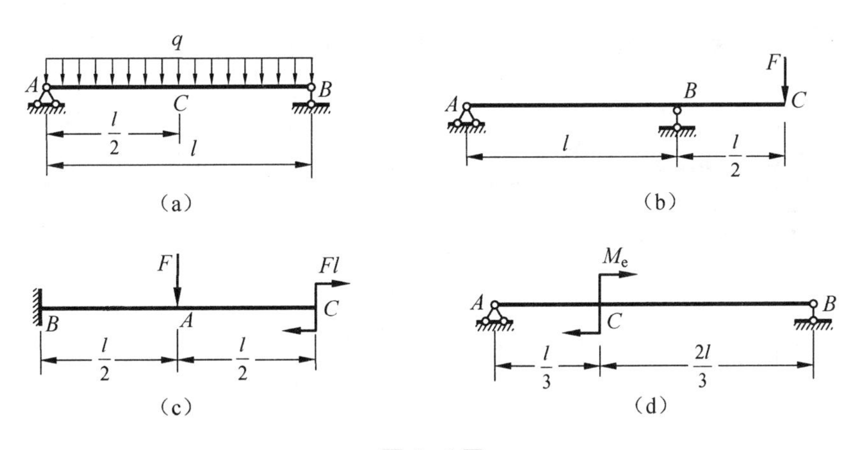

题 6－2 图

6－3　试画出图示各梁的挠曲线的大致形状。注意曲率正负号及支座约束条件。

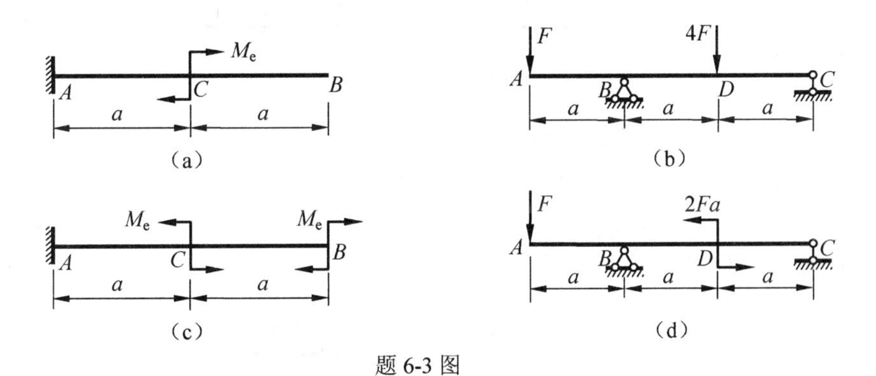

题 6－3 图

6-4　用叠加法求图示梁中 C、D 两点的挠度（EI 已知）。

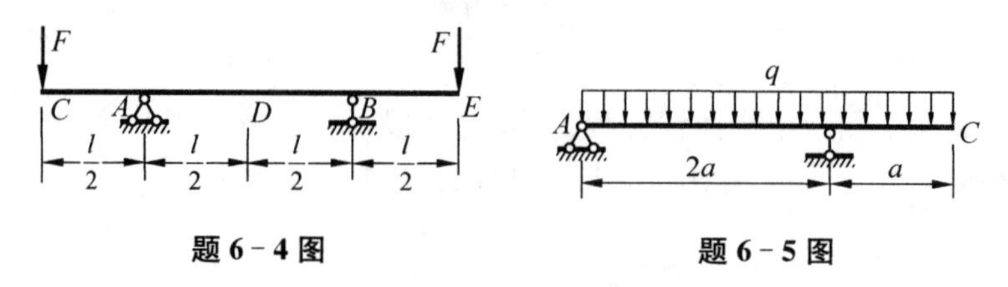

题 6-4 图　　　　题 6-5 图

6-5　用叠加法确定图示梁中 C 点挠度和 A、B 截面转角（EI 已知），并画出梁挠曲线的大致形状。

6-6　试用叠加法求图示梁的挠度 w_C 和 w_B。

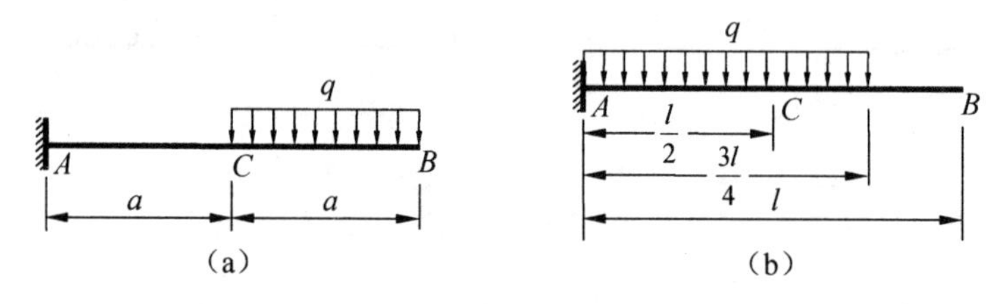

题 6-6 图

6-7　用叠加法求简支梁在图示荷载作用下跨度中点的挠度。设 EI 为常数。

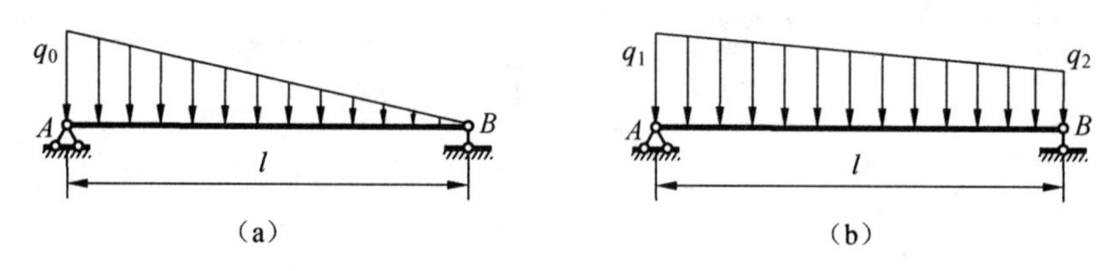

题 6-7 图

6-8　试确定图示梁在中间铰 B 处及 D 处的挠度 w_B。设 AB 和 BC 两梁的 EI 相同。

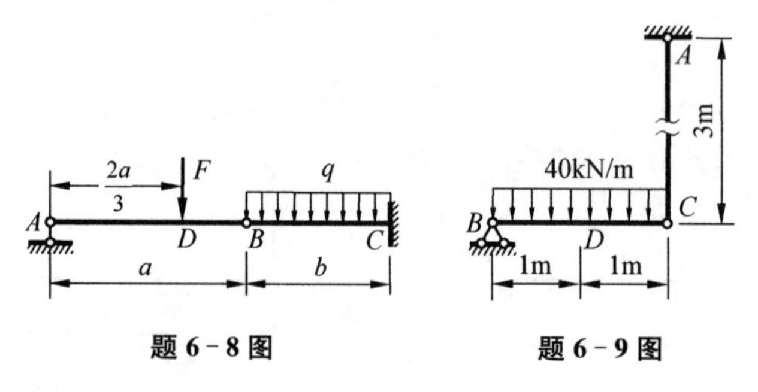

题 6-8 图　　　　题 6-9 图

6-9　图示梁右端 C 由拉杆吊起。已知梁的截面为 200 mm×200 mm 的正方形，其弹性模量 $E_1=10$ GPa。拉杆的横截面面积为 $A=2\ 500\ \text{mm}^2$，其弹性模量 $E_2=200$ GPa，试用叠加法求梁中间截面 D 的铅垂位移。

6-10　图示悬臂梁，许用应力$[\sigma]=160$ MP，许用挠度$[w]=\dfrac{l}{400}$，截面为两个槽钢组成，试选择槽钢的型号。设 $E=200$ GPa。

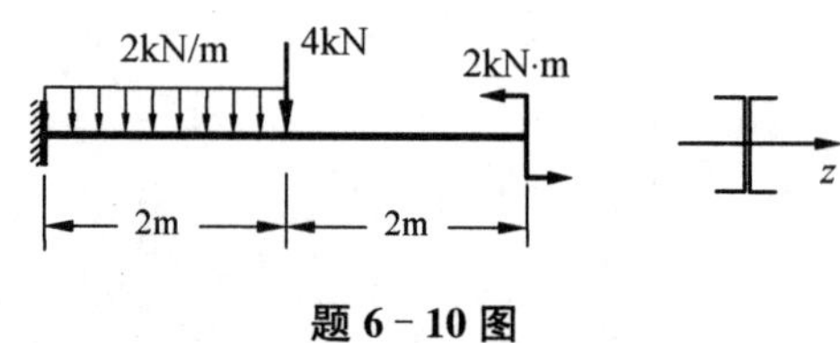

题 6-10 图

6－11　试用叠加法计算图示刚架由于弯曲引起的竖直位移 y_A 和水平位移 x_A。刚架各杆的 EI 都相同。

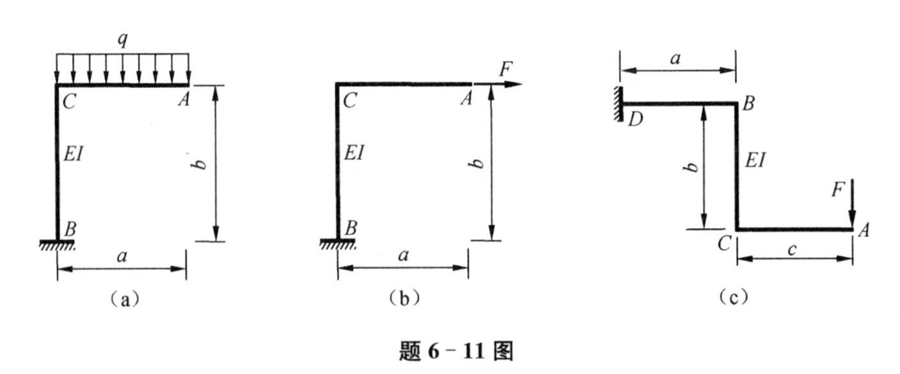

题 6－11 图

6－12　试用叠加法计算图示等截面刚架 B 处的铅垂位移。C 处为刚结点。此刚架的截面为圆形，抗弯刚度为 EI，抗扭刚度为 GI_p。

6－13　试求图示杆 CD 的轴力 F_N。已知梁 AC 的抗弯刚度为 EI，杆 CD 的抗拉（压）刚度为 EA。

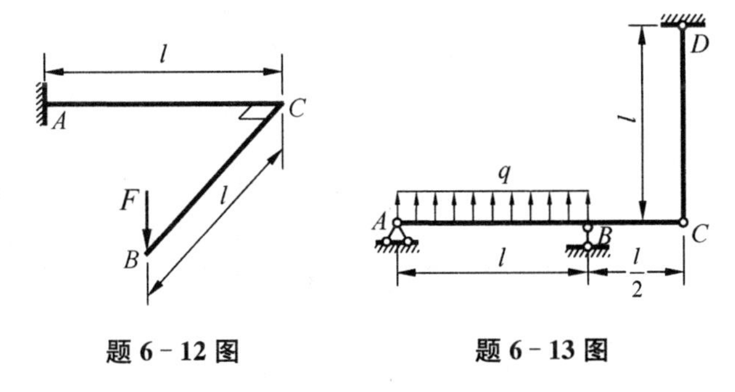

题 6－12 图　　**题 6－13 图**

6－14　位于水平面内的折杆 CAB，$\angle CAB=90°$，A 处为一轴承，允许 CA 杆的 A 端在轴承内自由转动，但不能上下移动。已知 $F=60$ N，$E=210$ GPa，$G=0.4E$，试用叠加法求截面 B 的竖直位移。长度尺寸单位：mm。

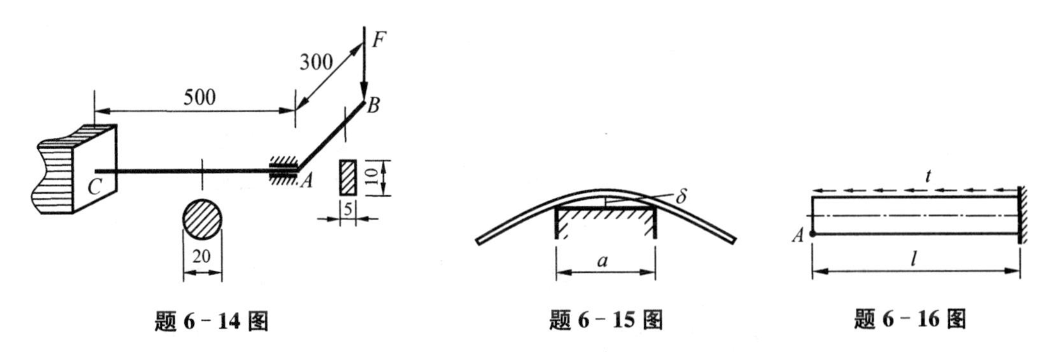

题 6－14 图　　**题 6－15 图**　　**题 6－16 图**

6－15　图示总重为 W、长度为 $3a$ 的钢筋，对称地放置于宽为 a 的刚性平台上。试求钢筋与平台间的最大间隙 δ。设 EI 为常量。

6－16　设在梁顶面上受到均布的切向荷载，其集度为 t，梁截面为 $b\times h$ 矩形，弹性模量 E 为已知。试求梁自由端 A 点的垂直位移及轴向位移。（提示：将荷载向轴线简化）

6－17　试问应将集中力 F 安置在离刚架上的 B 点多大的距离 x 处，才能使 B 点的位移等于零。各杆抗弯刚度均为 EI。

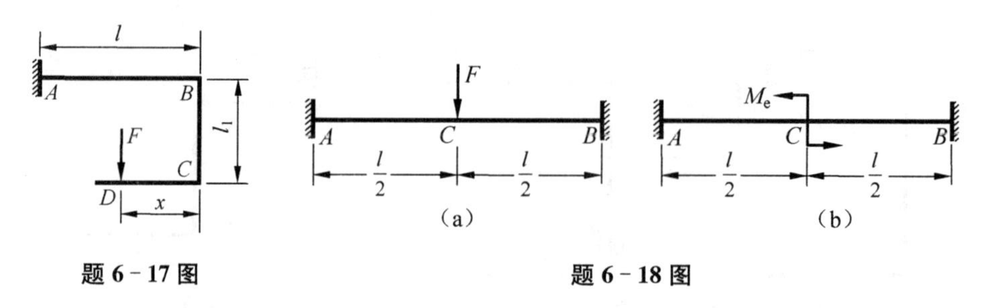

题 6－17 图　　**题 6－18 图**

6－18　试求图示各超静定梁的约束力。

6－19　梁 AB 因强度和刚度不足，用同一材料和同样截面的短梁 AC 加固如图所示。试求：(1) 两梁接触处的压力 F_C；(2) 加固后梁 AB 的最大弯矩和 B 点的挠度减小的百分数。

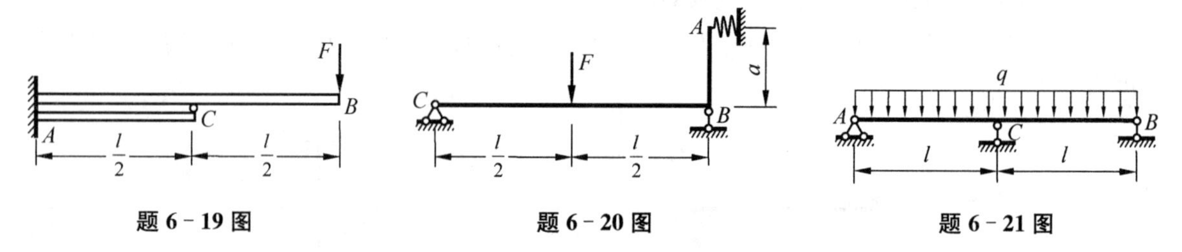

题 6－19 图　　**题 6－20 图**　　**题 6－21 图**

6－20　图示 BC 梁的右端通过竖杆 AB 与弹簧相连，弹簧刚度系数为 k。若连接处 B 为刚性节点，且 AB 杆可视为刚性杆，又梁的 E、I 为已知，试求梁的 B 截面上的弯矩。

6－21　房屋建筑中的某一等截面梁简化成均布荷载作用下的双跨梁（见图）。试作梁的剪力图和弯矩图。

6－22　图示结构中，1、2 两杆的抗拉刚度同为 EA。(1) 若将横梁 AB 视为刚体，试求 1 和 2 两杆的内力。(2) 若考虑横梁的变形，且抗弯刚度为 EI，试求 1 和 2 两杆的轴力。

6－23　图示结构中，梁为 16 号工字钢；拉杆的截面为圆形，$d=10$ mm。两者均为 Q235 钢，$E=200$ GPa。试求梁及拉杆内的最大正应力。

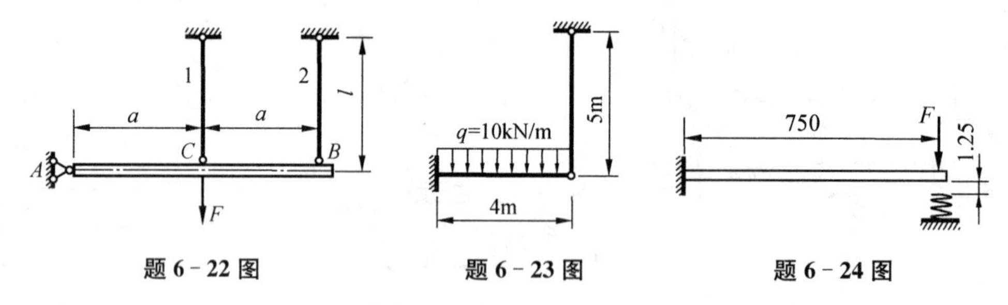

题 6－22 图　　**题 6－23 图**　　**题 6－24 图**

6－24　图示悬臂梁的抗弯刚度 $EI=30\times10^3\ \text{N}\cdot\text{m}^2$。弹簧的刚度为 185×10^3 N/m。若梁与弹簧间的空隙为 1.25 mm，当集中力 $F=450$ N 作用于梁的自由端时，试问弹簧将分担多大的力？

6－25　图示悬臂梁 AB 和 BE 的抗弯刚度同为 $EI=24\times10^6\ \text{N}\cdot\text{m}^2$，由钢杆 CD 相连接。CD 杆的 $l=5$ m，$A=3\times10^{-4}\ \text{m}^2$，$E=200$ GPa。若 $F=50$ kN，试求悬臂梁 AD 在 D 点的挠度。

6－26　图示悬臂梁的自由端恰好与光滑斜面接触。若温度升高 ΔT，试求梁内最大弯矩。设 E、A、I、α 已知，且梁的自重以及轴力对弯曲变形的影响皆可略去不计。

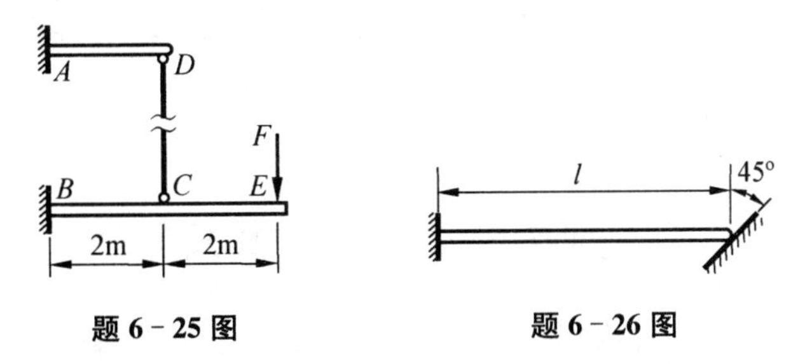

题 6－25 图　　题 6－26 图

6－27　利用弯曲应变能的概念试求题 6－11 中 A 截面形心的竖直位移 y_A。假设各杆弯曲刚度为 EI，杆 CD 的拉压刚度为无穷大。

6－28　试用应变能的概念试求题 6－12。

第7章　应力状态分析与强度理论

7.1　应力状态的概念及其分类

在轴向拉伸与压缩一章中曾分析了杆件任意斜截面上的应力，随着所取截面的方位不同，截面上的应力取值不同，其最大切应力发生在与轴线成45°的斜截面上。这能较好地解释低碳钢拉伸试样发生屈服时沿45°方向出现滑移线的现象。由后面的分析可知对于纯剪切时的应力状态，其斜截面上的应力，最大拉应力发生在135°的斜截面上(图7-1)，从而可以较好地解释铸铁圆杆扭转破坏的现象。

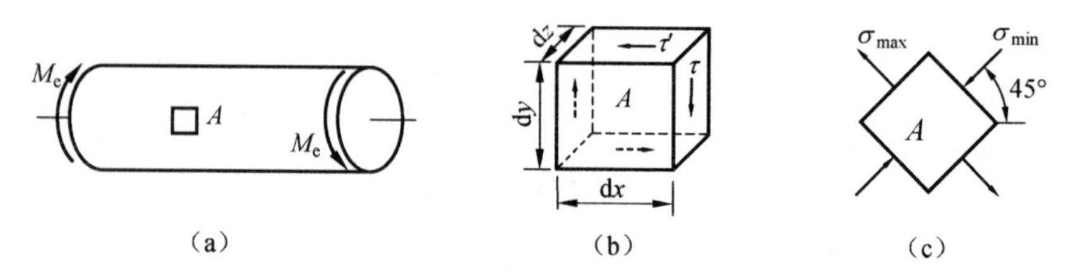

图7-1　圆轴受扭时表面一点处的应力

工程中的许多受力构件，其危险点处的应力要比上述两种情况复杂得多。因而有必要研究这些危险点处各个截面上的应力情况，才能对危险点处的材料可能发生什么形式的破坏做出正确的判断。而过构件内一点各截面上的应力情况，统称为该点处的**应力状态**。研究方法与前面曾使用过的方法一样，围绕受力构件内某点假想地取出一个各边长均为无限小的正六面体(单元体)。连续体内的应力一般说来是连续变化的，由于单元体边长取得无限小，因而可以认为每个面上的应力都是均匀分布的，并且认为每对互相平行的面上的应力，其大小和性质分别是相同的。这样，微小正六面体上只有三个互相垂直的面上的应力是独立的。当它们为已知时，就可以用截面法求出任一斜截面上的应力，并由此确定该点处的最大正应力和最大切应力及其所在截面方位，用以作为强度计算的依据。

图7-1(c)所示的单元体其六个面上的切应力均为零。像这种切应力等于零的截面称为该点处的**主平面**。主平面上的正应力称为该点处的**主应力**。弹性力学已证明：对受力构件内的任一点处一定可以找到三个互相垂直的主平面，即一定存在一个由主平面构成的单元体，并称为**主单元体**。因而一般说来每一点处都有三个主应力，通常用σ_1、σ_2、σ_3来表示，并按它们代数值的大小顺序排列，即$\sigma_1 \geqslant \sigma_2 \geqslant \sigma_3$。

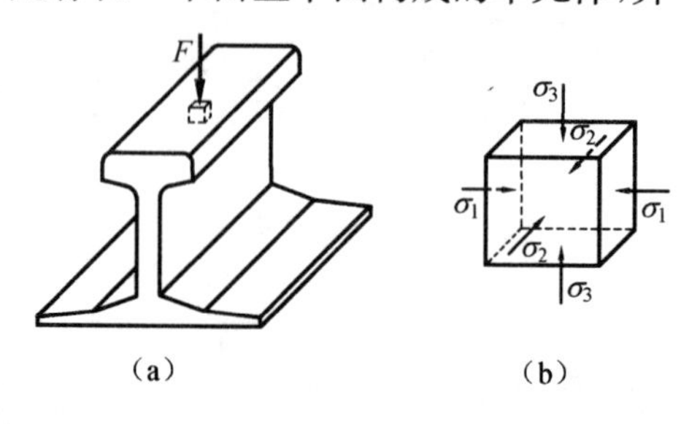

图7-2　轮轨接触处一点的应力

实际问题中，一点处的三个主应力有的可能等于零。按照不为零的主应力数目，将一点处的应力状态分为三类：只有一个主应力不等于零的称为**单向应力状态**，例如拉(压)杆和纯弯曲梁内各点处的应力状态就属于这一类；有两个主应力不等于零的称为**平面（二向）应力状态**，这是实际问题中最常见的一类，例如纯剪切应力状态就属于平面应力状态；三个主应力都不等于零的称为**空间（三向）应力状态**，例如车轮与钢轨接触处（图7-2），因横向变形受到周围材料的阻碍，故该处单元体的侧面上也将有压应力作用，即该单元体处于空间应力状态。单向应力状态又称**简单应力状态**，而平面和空间应力状态又统称为**复杂应力状态**。

7.2　平面应力状态分析

7.2.1　解析法

设从受力物体内某点处取出一单元体，如图7-3(a)所示。其前后两个面上的应力等于零，其他两对互相垂直的面上分别作用着已知的应力，即在 x 截面（外法线与 x 轴平行的截面）上作用着应力 σ_x、τ_{xy}，在 y 截面（外法线与 y 轴平行的截面）上作用着应力 σ_y、τ_{yx}。这些应力均与 xy 平面相平行。后面将证实，这种应力状态一般为**平面应力状态**，或者**二向应力状态**。为方便起见，将该单元体用平面图表示，如图7-3(b)所示。关于应力的符号规定仍与以前相同，即正应力以拉应力为正而压应力为负，切应力以对单元体内任一点顺时针转为正，反之为负。在图7-3中的 σ_x、σ_y 和 τ_{xy} 二皆为正值，而 τ_{yx} 则为负值，且根据切应力互等定理有 $\tau_{yx}=-\tau_{xy}$。

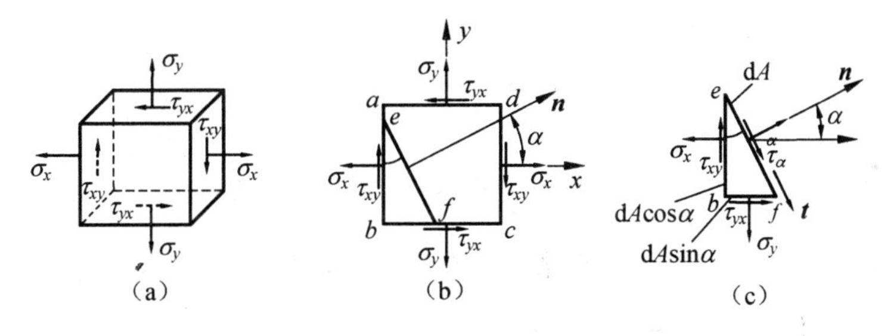

图7-3　平面应力状态任一斜截面上的应力

现在研究与单元体前后面垂直的斜截面 ef 上的应力如图7-3(b)所示。假设 ef 截面的外法线 n 和 x 轴的夹角为 α，以后就称此截面为 α **截面**，并规定角 α 由 x 轴逆时针转到截面法线 n 时为正，顺时针转到 n 时为负。设想用 ef 截面将单元体截开，并取 ebf 部分来研究其平衡，如图7-3(c)所示。α 截面上的正应力和切应力分别用 σ_α 和 τ_α 表示，并均设为正值。若 ef 截面的面积用 $\mathrm{d}A$ 表示，则 eb 和 bf 截面的面积分别为 $\mathrm{d}A\cos\alpha$ 和 $\mathrm{d}A\sin\alpha$。分别将各截面上的微力在图7-3(c)中的轴 n 和 t 上投影，可写出力的平衡方程为

$$\sum F_{in}=0,\sigma_\alpha \mathrm{d}A+(\tau_{xy}\mathrm{d}A\cos\alpha)\sin\alpha-(\sigma_x\mathrm{d}A\cos\alpha)\cos\alpha$$
$$+(\tau_{yx}\mathrm{d}A\sin\alpha)\cos\alpha-(\sigma_y\mathrm{d}A\sin\alpha)\sin\alpha=0$$

$$\sum F_{it}=0,\tau_\alpha \mathrm{d}A-(\tau_{xy}\mathrm{d}A\cos\alpha)\cos\alpha-(\sigma_x\mathrm{d}A\cos\alpha)\sin\alpha$$
$$+(\tau_{yx}\mathrm{d}A\sin\alpha)\sin\alpha+(\sigma_y\mathrm{d}A\sin\alpha)\cos\alpha=0$$

由此可得

$$\sigma_{\alpha}=\sigma_{x}\cos^{2}\alpha+\sigma_{y}\sin^{2}\alpha-(\tau_{xy}+\tau_{yx})\sin\alpha\cdot\cos\alpha \tag{a}$$

$$\tau_{\alpha}=(\sigma_{x}-\sigma_{y})\sin\alpha\cdot\cos\alpha+\tau_{xy}\cos^{2}\alpha-\tau_{yx}\sin^{2}\alpha \tag{b}$$

因为τ_{xy}和τ_{yx}的大小相等(它们的指向已表示在图7-3中),所以式中的τ_{yx}可用τ_{xy}代替。再利用三角公式

$$\cos^{2}\alpha=\frac{1+\cos2\alpha}{2}$$

$$\sin^{2}\alpha=\frac{1-\cos2\alpha}{2}$$

$$2\sin\alpha\cos\alpha=\sin2\alpha$$

可将(a)式和(b)式简化为

$$\sigma_{\alpha}=\frac{\sigma_{x}+\sigma_{y}}{2}+\frac{\sigma_{x}-\sigma_{y}}{2}\cos2\alpha-\tau_{xy}\sin2\alpha \tag{7-1}$$

$$\tau_{\alpha}=\frac{\sigma_{x}-\sigma_{y}}{2}\sin2\alpha+\tau_{xy}\cos2\alpha \tag{7-2}$$

由(7-1)式和(7-2)式可知,当σ_x、σ_y、τ_{xy}已知时,可由该两式求出σ_α和τ_α。这种方法称为**解析法**。

若求与截面ef垂直截面上的应力,只要将式(7-1)和(7-2)中的α用$\alpha+90°$代入,即可得到

$$\sigma_{\alpha+90^{\circ}}=\frac{\sigma_{x}+\sigma_{y}}{2}-\frac{\sigma_{x}-\sigma_{y}}{2}\cos2\alpha+2\tau_{xy}\sin2\alpha$$

$$\tau_{\alpha+90^{\circ}}=-\frac{\sigma_{x}-\sigma_{y}}{2}\sin2\alpha-2\tau_{xy}\cos2\alpha$$

由此可见,$\sigma_\alpha+\sigma_{\alpha+90^\circ}=\sigma_x+\sigma_y=$常数,即任意两个互相垂直方向面上的正应力之和为常数;$\tau_\alpha=-\tau_{\alpha+90^\circ}$,即切应力互等定理。

【说明】 ① 若将σ_x与I_y对应,σ_y与I_z对应,τ_{xy}与I_{yz}对应,则式(7-1)、(7-2)与附录Ⅰ中式(Ⅰ-11)、(Ⅰ-13)在形式上具有极强的相似性(并且对于惯性矩也可以仿照后面介绍的图解法中的应力圆法绘制其**惯性圆**,以了解截面惯性矩、惯性积的整体性质),这种相似性可以帮助初学者加深记忆。② 材料力学中还有不少这种情况。如基本变形中的应力、变形的计算公式及本章的应力分析与应变分析的对应公式等,初学者不妨多加总结。

【例7-1】 直径为$d=100$ mm的等直圆杆,受轴向拉力$F=500$ kN及外扭矩$M_e=7$ kN·m作用,如图7-4(a)所示。试求杆表面上C点处由横截面、径向截面和周向截面取出的单元体各面上的应力,如图(b)所示,并确定该点处$\alpha=-30°$截面上的应力$\alpha_{-30°}$和$\tau_{-30°}$。

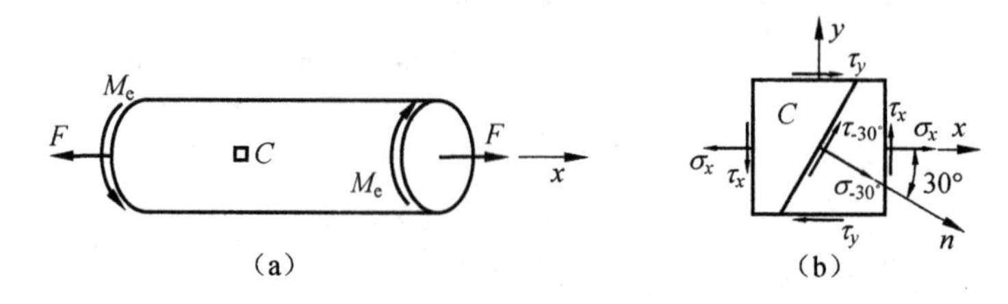

图7-4 例7-1图

【解】　该杆横截面上 C 点处的拉应力和切应力分别为

$$\sigma_x=\frac{F}{A}=\frac{4\times500\times10^3\ \text{N}}{\pi(100\ \text{mm})^2}=63.7\ \text{MPa}$$

$$\tau_{xy}=\frac{T}{W_\text{p}}=\frac{16\times(-7\times10^6\ \text{N}\cdot\text{mm})}{\pi(100\ \text{mm})^3}=-35.7\ \text{MPa}$$

由(7-1)式和(7-2)式可得 C 点处 $\alpha=-30°$ 的斜截面上应力为

$$\sigma_{-30°}=\frac{63.7\ \text{MPa}+0}{2}+\frac{63.7\ \text{MPa}-0}{2}\cos2(-30°)-(-35.7\ \text{MPa})\sin2(-30°)=16.9\ \text{MPa}$$

$$\tau_{-30°}=\frac{63.7\ \text{MPa}-0}{2}\sin2(-30°)+(-35.7\ \text{MPa})\cos2(-30°)=-45.4\ \text{MPa}$$

7.2.2　应力圆法(图解法)

平面应力状态下,除了用解析式(7-1)和(7-2)确定斜截面上的应力 σ_α 和 τ_α 之外,还可应用由解析式演变而来的图解法求解。

在式(7-1)和(7-2)中,σ_x、σ_y、τ_{xy} 为已知值,σ_α、τ_α 为变量,2α 为参数。可见这两个式子是圆的参数方程,消去参数 2α 之后即可得到圆的直角坐标方程。为此,先将(7-1)式和(7-2)式分别改写为

$$\sigma_\alpha-\frac{\sigma_x+\sigma_y}{2}=\frac{\sigma_x-\sigma_y}{2}\cos2\alpha-\tau_{xy}\sin2\alpha \tag{c}$$

$$\tau_\alpha=\frac{\sigma_x-\sigma_y}{2}\sin2\alpha+\tau_{xy}\cos2\alpha \tag{d}$$

再将式(c)和(d)各自平方然后相加,得

$$\left(\sigma_\alpha-\frac{\sigma_x+\sigma_y}{2}\right)^2+\tau_\alpha^2=\left(\frac{\sigma_x-\sigma_y}{2}\right)^2+\tau_{xy}^2 \tag{e}$$

可以看出,若以 σ 为横坐标,τ 为纵坐标,则式(e)就是所求的圆的直角坐标方程。圆心坐标为 $\left(\frac{\sigma_x+\sigma_y}{2},0\right)$,半径为 $\sqrt{\left(\frac{\sigma_x-\sigma_y}{2}\right)^2+\tau_{xy}^2}$,其图形如图7-5所示,此圆称为**应力圆**或**莫尔**(O. Mohr,1835—1918)**圆**。上述推导过程表明,应力圆圆周上某点的坐标值(σ_α,τ_α),就代表着单元体 α 截面上的应力。所以单元体任一截面上的正应力和切应力与应力圆上点的坐标存在一一对应的关系。

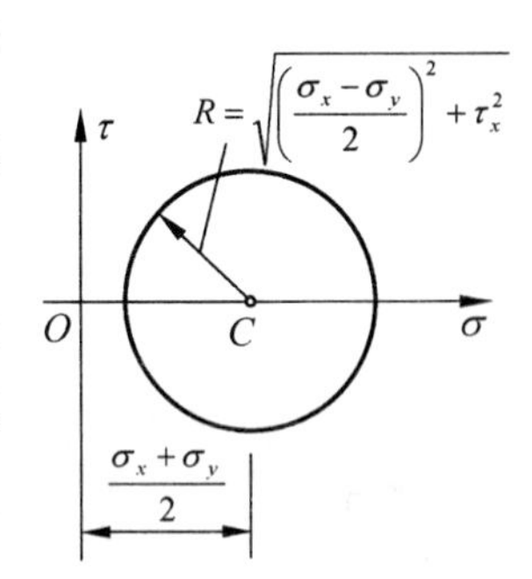

图7-5　应力圆

现在来研究应力圆的绘制方法及其应用。

由于应力圆圆心的坐标为 $\left(\frac{\sigma_x+\sigma_y}{2},0\right)$,即圆心一定在 σ 轴上,因此,一般只要知道应力圆上任意两点(即单元体上任意两个截面上的正应力和切应力),就可以作出应力圆。例如,图7-6(a)所示的单元体,已知 σ_x、τ_{xy} 和 σ_y,且 $\sigma_x>\sigma_y$,其作图步骤如下:

(1) 如图7-6(b)所示,在 $\sigma-\tau$ 的直角坐标系内,按照选定的比例尺,量取 $\overline{OB_1}=\sigma_x$、$\overline{B_1D_x}=\tau_{xy}$ 得 D_x 点,量取 $\overline{OB_2}=\sigma_y$、$\overline{B_2D_y}=\tau_{yx}$ 得 D_y 点;

(2) 连接 D_x、D_y 两点，其连线与 σ 轴交于 C 点；

(3) 以 C 点为圆心，$\overline{CD_x}$（或$\overline{CD_y}$）为半径画圆。

上面所画的圆就是所要作的应力圆。因为$\triangle CB_1D_x\cong\triangle CB_2D_y$，故有

$$\overline{OC}=\frac{1}{2}(\overline{OB_1}+\overline{OB_2})=\frac{1}{2}(\sigma_x+\sigma_y)$$

$$\overline{CB_1}=\frac{1}{2}(\overline{OB_1}-\overline{OB_2})=\frac{1}{2}(\sigma_x-\sigma_y)$$

$$\overline{CD_x}=R=\sqrt{\overline{CB_1}^2+\overline{B_1D_x}^2}=\sqrt{\left(\frac{\sigma_x-\sigma_y}{2}\right)^2+\tau_{xy}^2}$$

可见圆心的坐标及半径的大小均与式(e)所对应的圆相同。

在应力圆作出之后，如欲求图 7-6(a)所示单元体某 α 截面上的应力 σ_α、τ_α，在给定的 α 角为正值时，只需以 C 为圆心，将半径$\overline{CD_x}$沿逆时针转 2α 的圆心角到半径$\overline{CD_\alpha}$[图 7-6(b)]，则 D_α 点的纵坐标、横坐标就分别代表该 α 截面上的应力 τ_α 和 σ_α。按照比例尺量取 D_α 点的坐标值，即得所求的 σ_α 和 τ_α 值。

上述作图法的正确性可证明如下：设图 7-6(b)中的$\angle B_1CD_x=2\alpha_0$，则点 D_α 的横坐标为

$$\begin{aligned}\overline{OE}&=\overline{OC}+\overline{CE}=\overline{OC}+\overline{CD_\alpha}\cos(2\alpha+2\alpha_0)\\&=\overline{OC}+\overline{CD_\alpha}(\cos2\alpha_0\cos2\alpha-\sin2\alpha_0\sin2\alpha)\\&=\overline{OC}+(\overline{CD_x}\cos2\alpha_0)\cos2\alpha-(\overline{CD_x}\sin2\alpha_0)\sin2\alpha\\&=\frac{\sigma_x+\sigma_y}{2}+\frac{\sigma_x-\sigma_y}{2}\cos2\alpha-\tau_{xy}\sin2\alpha\end{aligned}$$

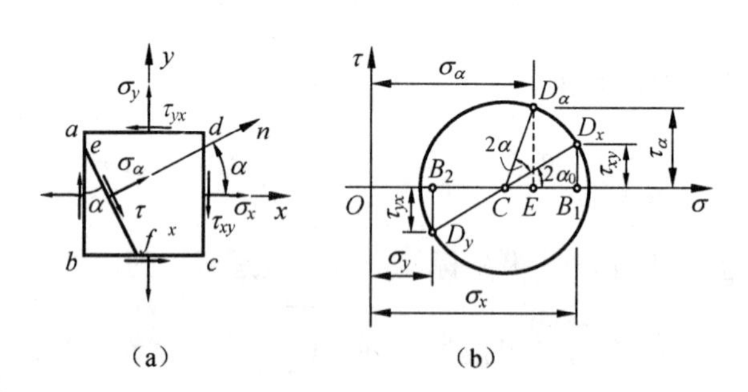

图 7-6 单元体与应力圆的对应关系

由(7-1)式可知$\overline{OE}=\sigma_\alpha$。同理可证 D_α 点的纵坐标$\overline{ED_\alpha}=\tau_\alpha$。

利用应力圆对平面应力状态作应力分析的方法，称为**图解法**。

【说明】 在应用应力圆时，应当注意应力圆上的点与平面应力状态的单元体任意斜截面上的应力有以下的对应关系：① 点、面对应，即应力圆上点的坐标与某一斜截面上的正应力和切应力的值对应；② 转向对应，即应力圆半径 CD_x 绕圆心 C 旋转的转向与单元体斜截面外法线的转向一致；③ 二倍角对应，即应力圆半径 CD_x 绕圆心 C 旋转的角度应等于斜截面外法线旋转角度的二倍。

【例 7-2】 利用应力圆求例 7-1 所示单元体的 $\alpha=-30°$斜截面上的应力。

【解】 在 $\sigma-\tau$ 坐标系中，按选定的比例尺，由坐标(63.7，−35.7)和(0，35.7)分别确定 D_x

和 D_y 两点，连接 D_x、D_y 两点的直线与 σ 轴交于 C 点，以 C 为圆心，$\overline{CD_x}$ 为半径画出应力圆，如图 7-7(b)所示。

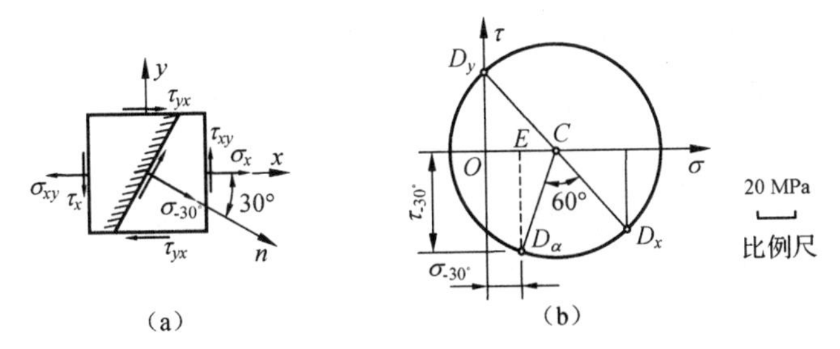

图 7-7　例 7-2 图

在应力圆上，将半径 $\overline{CD_x}$ 沿顺时针方向转动 60°至 $\overline{CD_\alpha}$，按比例尺分别量取 $\overline{OE}=17$ MPa，$\overline{D_\alpha E}=46$ MPa，即 $\sigma_{-30°}=17$ MPa，$\tau_{-30°}=-46$ MPa。

【说明】 ① 比较例 7-1 与例 7-2 可见，用应力圆求任意斜截面上的应力还是基本正确的，但需要在作图时保持一定的精度。② 一般在考试时计算斜截面上的应力，除非限制用图解法，一般均用解析法求解，因为解析法能保证精度。③ 图解法仍然具有重要的实际意义，特别是在理解相关公式的含义时，可以给出很多公式和物理量的几何解释，并方便对照记忆。

7.2.3　主平面和主应力

用应力圆确定主应力值及主平面方位比用解析法来得直观。现以图 7-8(a)所示的平面应力状态为例，相应的应力圆见图 7-8(b)，在应力圆上 A_1 及 A_2 两点的横坐标分别为最大及最小值，而纵坐标均为零。因此，这两点的横坐标就分别代表单元体两个主平面上的主应力。按比例尺量取这两点的横坐标值，即得主应力 σ_1 和 σ_2 的值。也可由应力圆导出主应力的计算公式如下：

$$\sigma_1=\sigma_{\max}=\overline{OA_1}=\overline{OC}+\overline{CA_1}$$

$$\sigma_2=\sigma_{\min}=\overline{OA_2}=\overline{OC}-\overline{A_2C}$$

式中，$\overline{OC}=\dfrac{1}{2}(\sigma_x+\sigma_y)$，$\overline{CA_1}=\overline{A_2C}=\overline{CD_x}=\sqrt{\left(\dfrac{\sigma_x-\sigma_y}{2}\right)^2+\tau_{xy}^2}$。

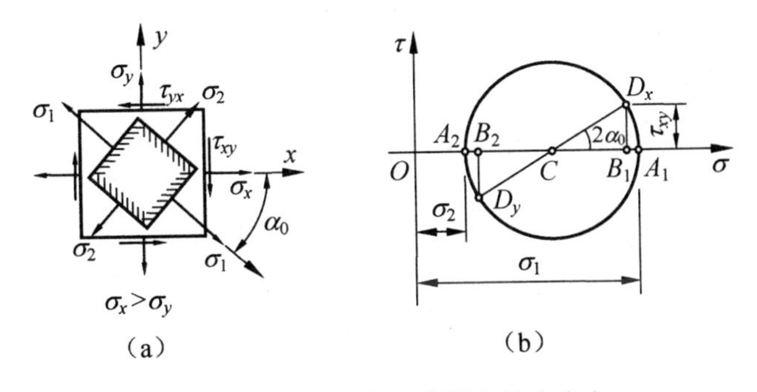

图 7-8　单元体与应力圆上的主应力

于是可得

$$\sigma_{\substack{\max\\ \min}}=\frac{1}{2}(\sigma_x+\sigma_y)\pm\sqrt{\left(\frac{\sigma_x-\sigma_y}{2}\right)^2+\tau_{xy}^2} \tag{7-3}$$

现在来确定主平面的方位。由于A_1、A_2两点位于应力圆同一直径的两端，因而在单元体上这两个主平面是互相垂直的。圆周上D_x点到A_1点所对的圆心角为顺时针的$2\alpha_0$，则在单元体上也应由x轴按顺时针量取α_0，就确定了σ_1所在主平面的外法线，而σ_2所在主平面的外法线则与之垂直[图7-8(a)]。也可以由应力圆导出α_0的计算公式。按照关于α的符号规定，上述顺时针转的$2\alpha_0$应是负值，故由图7-8(b)的直角三角形CB_1D_x可得

$$\tan(-2\alpha_0)=\frac{\overline{D_xB_1}}{\overline{CB_1}}=\frac{2\tau_{xy}}{\sigma_x-\sigma_y}$$

考虑到$2\alpha_0$为第四象限角，故可表示为

$$2\alpha_0=\arctan\left(\frac{-2\tau_{xy}}{\sigma_x-\sigma_y}\right) \tag{7-4}$$

由式(7-4)算出α_0值即可确定σ_1所在主平面的方位。

【思考】 公式(7-3)、(7-4)也可由式(7-1)和(7-2)用解析法导出，试推导之。

【说明】 ① 由式(7-4)算出α_0值确定σ_1所在主平面的方位时，可以通过$\arctan\left(\frac{-2\tau_{xy}}{\sigma_x-\sigma_y}\right)$中分子$(-2\tau_{xy})$与分母$(\sigma_x-\sigma_y)$的正负来判断$2\alpha_0$所在的象限，经过计算来确定大主应力$\sigma_1$所在平面的$\alpha_0$值。② 大主应力$\sigma_1$所在平面的大体位置可以通过切应力$\tau_{xy}$的方向判断，读者可以仔细观察。

【例7-3】 一焊接工字钢梁的受力和横截面如图7-9(a)、(b)所示，其剪力图和弯矩图如图7-9(c)、(d)所示，已知横截面对中性轴的惯性矩$I_z=8.8\times10^7\ \text{mm}^4$。试求截面$C$左侧上$a$、$b$两点处的主应力值及主平面方位。横截面尺寸单位：mm。

【解】 C偏左横截面上a点处的弯曲正应力及弯曲切应力分别为

$$\sigma_x=\frac{M_Cy_a}{I_z}=\frac{73.6\times10^6\ \text{N}\cdot\text{mm}\times135\cdot\text{mm}}{8.8\times10^7\text{mm}^4}=112.9\ \text{MPa}$$

$$\tau_{xy}=\frac{F_{S,C}\cdot S_z^*}{d\cdot I_z}=\frac{184\times10^3\ \text{N}\times120\times15\times(135+7.5)\ \text{mm}^3}{9\ \text{mm}\times8.8\times10^7\ \text{mm}^4}=59.6\ \text{MPa}$$

因此，围绕a点用两个相邻横截面和两个与中性层平行的相邻纵截面取出一个单元体，其x和y截面上的应力如图7-9(e)所示。

由式(7-3)、(7-4)可得主应力和主平面方位分别为

$$\sigma_{1,3}=\frac{1}{2}(\sigma_x+\sigma_y)\pm\sqrt{\left(\frac{\sigma_x-\sigma_y}{2}\right)^2+\tau_{xy}^2}=\frac{112.9\ \text{MPa}}{2}\pm\sqrt{\left(\frac{112.9}{2}\right)^2+59.6}\ \text{MPa}$$

$$=56.45\ \text{MPa}\pm82.09\ \text{MPa}=\begin{cases}138.54\ \text{MPa}\\ -25.64\ \text{MPa}\end{cases}$$

$$\alpha_0=\frac{1}{2}\arctan\left(\frac{-2\tau_{xy}}{\sigma_x-\sigma_y}\right)=\frac{1}{2}\arctan\left(\frac{-2\times59.6\ \text{MPa}}{112.9\ \text{MPa}}\right)=\frac{1}{2}\arctan(-1.0558)=-23.28^\circ$$

也可用图解法，在$\sigma-\tau$坐标系中，按选定的比例尺，由σ_x、τ_{xy}定出点D_x，根据$\sigma_y=0$及τ_{yx}

$=-\tau_{xy}$定出点D_y，以$\overline{D_xD_y}$为直径即可画出应力圆，如图7-9(f)所示。用比例尺在应力圆上分别量得$\sigma_1=\overline{OA_1}=138$ MPa，$\sigma_3=-\overline{OA_3}=-26$ MPa。

这里等于零的主应力为σ_2。从应力圆上量得$2\alpha_0=46.6°$。由于半径$\overline{CD_x}$至$\overline{CA_1}$为顺时针转向，故在单元体上从x轴按顺时针转向量取23.3°就确定了σ_1所在主平面的外法线，而σ_3所在主平面的外法线则与之相垂直，如图7-9(e)所示。

C偏左横截面上b点处的弯曲正应力为零，而弯曲切应力为

$$\tau_{xy}=\frac{F_{S,C}\cdot S_{z\max}^*}{d\cdot I_z}=\frac{184\times10^3\ \text{N}\times[120\times15\times(135+7.5)+9\times135\times67.5]\text{mm}^3}{9\ \text{mm}\times8.8\times10^7\text{mm}^4}=78.6\ \text{MPa}$$

由于为纯剪切的应力状态，故利用式(7-3)易得

$$\begin{cases}\sigma_1=\tau_{xy}=78.6\ \text{MPa}\\ \sigma_3=-\tau_{xy}=-78.6\ \text{MPa}\\ \alpha_0=-45°\end{cases}$$

据此可绘出b点处单元体的x和y截面上的应力如图7-9(g)所示。

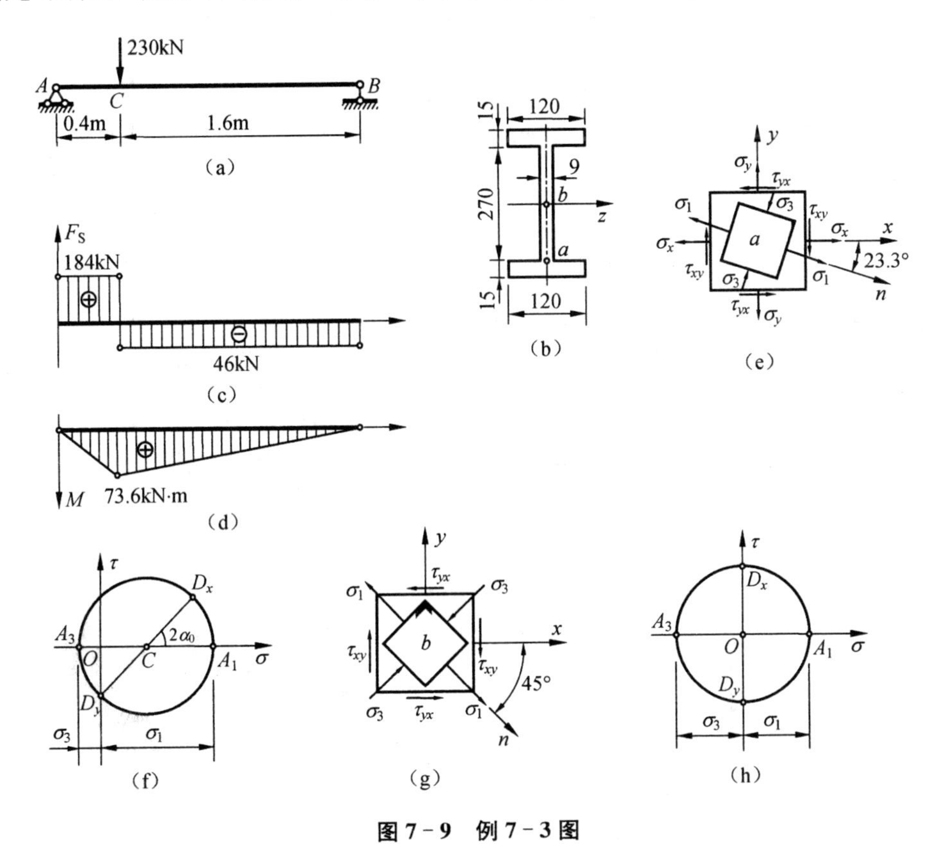

图7-9　例7-3图

也可用图解法。在$\sigma-\tau$坐标系中确定$D_x(0,\tau_{xy})$和$D_y(0,\tau_{yx})$两点，以$\overline{D_xD_y}$为直径作出应力圆，如图7-9(h)所示。可见b点处的主应力$\sigma_1=\overline{OA_1}=\tau_{xy}$，$\sigma_3=-\overline{OA_3}=-\tau_{xy}$，而另一个主应力$\sigma_2=0$。由于半径$\overline{OD_x}$至$\overline{OA_1}$顺时针转了90°，所以在单元体上从$x$轴按顺时针转45°就确定了$\sigma_1$所在主平面的外法线，如图7-9(g)所示。

【思考】　① 试用解析法求解例7-3；② 若欲求C截面右侧横截面上对应的a、b两点处

的主应力及主平面的方位，是否与左侧的结果相同？为什么？③ 请考察前面几个应力圆中的主平面转角 α_0 与切应力 τ_{xy} 的几何关系。

*7.3 平面应变状态分析

应力与应变是一对相互关联的力学量。与应力状态的概念一致，将物体内一点处各个方向的线应变及切应变总称为该点处的应变状态。下面对一点处各个方向的应变进行分析。

7.3.1 任意方向的应变

为了推导平面应力状态下一点处在该平面内沿任意方向线应变和切应变的表达式，设已知点 O 处坐标系 Oxy 内的线应变 ε_x、ε_y 和切应变 γ_{xy}，为求得该点处沿任意方向的应变 ε_α 和 γ_α，可将坐标系 Oxy 绕 O 点旋转一个 α 角，得到一新的坐标系 $Ox'y'$，并规定 α 角以逆时针转动为正[图 7-10(a)]。由于在点 O 处所取微段的长度为无穷小量，故可认为在点 O 处沿任意方向的微段内，应变是均匀的。此外，由于所研究的变形在弹性范围内都是微小的，于是，可先分别算出由各应变分量 ε_x、ε_y、γ_{xy} 单独发生时的线应变 ε_α 和切应变 γ_α，然后按叠加原理求得其同时发生时的 ε_α 和 γ_α。

首先，推导线应变 ε_α 的表达式。为此，可从 O 点沿 x' 方向取一微段 $\overline{OP}=\mathrm{d}x'$，并作为矩形 $OAPB$ 的对角线，如图 7-10(b)所示。该矩形的两边长分别为 $\mathrm{d}x$ 和 $\mathrm{d}y$。由图可见

$$\overline{OP}=\mathrm{d}x'=\mathrm{d}x/\cos\alpha=\mathrm{d}y/\sin\alpha \tag{a}$$

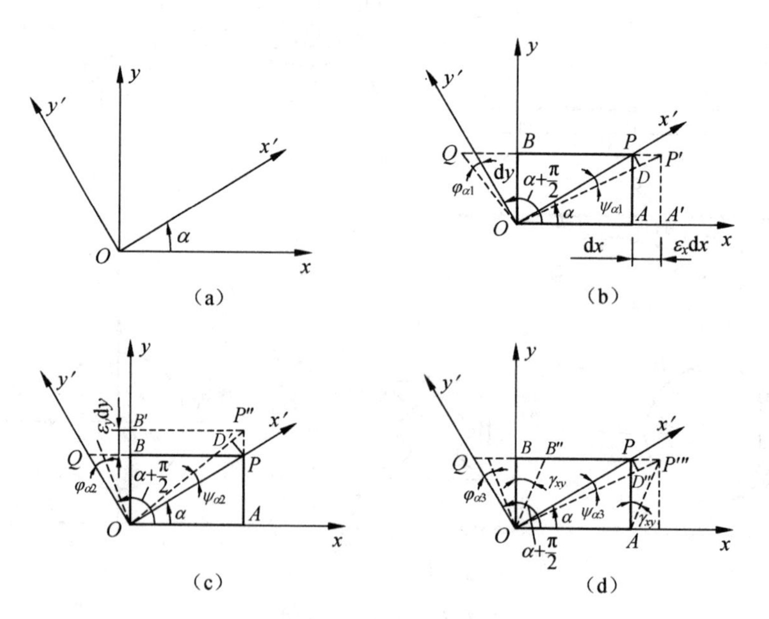

图 7-10 平面应变状态分布

在只有正值 ε_x 的情况下，假设边 OB 不动，矩形 $OAPB$ 在变形后将成为 $OA'P'B$，且 $\overline{AA'}=\overline{PP'}=\varepsilon_x\mathrm{d}x$。由于变形微小，$\overline{OP}$ 的伸长量 $\overline{P'D}$ 可看作为

$$\overline{P'D}\approx\overline{PP'}\cos\alpha=\varepsilon_x\mathrm{d}x\cos\alpha \tag{b}$$

由线应变的定义可得 O 点处沿 x' 方向的线应变 $\varepsilon_{\alpha 1}$ 为

$$\varepsilon_{\alpha 1}=\frac{\overline{P'D}}{\overline{OP}}=\frac{\varepsilon_x \mathrm{d}x\cos\alpha}{\mathrm{d}x/\cos\alpha}=\varepsilon_x \cos^2\alpha \tag{c}$$

与只有 ε_x 发生类似，若只有正值 ε_y 发生，假设边 OA 不动，矩形 $OAPB$ 在变形后将变为 $OAP''B'$，如图 7 - 10(c)所示。则有 $\overline{BB'}=\overline{PP''}=\varepsilon_y\mathrm{d}y$。同样由于变形微小，$\overline{OP}$ 的伸长量 $\overline{P''D'}$ 为

$$\overline{P''D'}\approx\overline{PP''}\sin\alpha=\varepsilon_y \mathrm{d}y\sin\alpha \tag{d}$$

由此，可得 O 点处沿 x' 方向的线应变 $\varepsilon_{\alpha 2}$ 为

$$\varepsilon_{\alpha 2}=\frac{\overline{P''D'}}{\overline{OP}}=\frac{\varepsilon_y \mathrm{d}y\sin\alpha}{\mathrm{d}y/\sin\alpha}=\varepsilon_y \sin^2\alpha \tag{e}$$

若只有正值切应变 γ_{xy} 发生，假设边 OA 不动，矩形 $OAPB$ 在变形后成为平行四边形 $OAP'''B''$，如图 7 - 10(d)所示。则有 $\overline{BB''}=\overline{PP'''}\approx\gamma_{xy}\mathrm{d}y$。于是，$\overline{OP}$ 的伸长量 $\overline{P'''D''}$ 为

$$\overline{P'''D''}\approx\overline{PP'''}\cos\alpha=\gamma_{xy}\mathrm{d}y\cos\alpha \tag{f}$$

由此，可得 O 点处沿 x' 方向的线应变 $\varepsilon_{\alpha 3}$ 为

$$\varepsilon_{\alpha 3}=\frac{\overline{P'''D''}}{\overline{OP}}=\frac{\gamma_{xy}\mathrm{d}y\cos\alpha}{\mathrm{d}y/\sin\alpha}=\gamma_{xy}\sin\alpha\cos\alpha \tag{g}$$

按叠加原理，在 ε_x、ε_y 和 γ_{xy} 同时发生时，点 O 处沿 x' 方向的线应变 ε_α 应等于式(c)、(e)、(g)的代数和，即

$$\varepsilon_\alpha=\varepsilon_{\alpha 1}+\varepsilon_{\alpha 2}+\varepsilon_{\alpha 3}=\varepsilon_x \cos^2\alpha+\varepsilon_y \sin^2\alpha+\gamma_{xy}\sin\alpha\cos\alpha$$

经三角函数关系变换后，得到

$$\varepsilon_\alpha=\frac{\varepsilon_x+\varepsilon_y}{2}+\frac{\varepsilon_x-\varepsilon_y}{2}\cos 2\alpha+\frac{\gamma_{xy}}{2}\sin 2\alpha \tag{7-5}$$

其次，推导切应变 γ_α 的表达式。其思路同前，但应注意，切应变 γ_α 是直角 $\angle x'Oy'$ 的变化，并规定以第一象限的直角减小时为正值。按前述推导方法，先分别求得在图 7 - 10(b)、(c)、(d)所示情况下，沿 x' 轴和 y' 轴的两边 OP 和 OQ 的转角。在以下的转角计算中，以顺时针转动为正，两边转角的代数和即等于切应变。

在只有正值 ε_x 的情况下，如图 7 - 10(b)所示。仍将 OB 边看作不动，则变形前矩形 $OAPB$ 的对角线 OP，即沿 x' 轴方向的微段，转到变形后的 OP' 位置，其转角 $\psi_{\alpha 1}$ 为

$$\psi_{\alpha 1}=\frac{\overline{PD}}{\overline{OP}}=\frac{\varepsilon_x \mathrm{d}x\sin\alpha}{\mathrm{d}x/\cos\alpha}=\varepsilon_x\sin\alpha\cos\alpha \tag{h}$$

类似地，在只有正值 ε_y 时，如图 7 - 10(c)所示。将 OA 边看作不动，则 OP 转到 OP'' 位置的转角 $\psi_{\alpha 2}$ 为

$$\psi_{\alpha 2}=\frac{\overline{PD'}}{\overline{OP}}=-\frac{\varepsilon_y \mathrm{d}y\cos\alpha}{\mathrm{d}y/\sin\alpha}=-\varepsilon_y\sin\alpha\cos\alpha \tag{i}$$

上式右边的负号表明转角为逆时针转动。

在只有正值 γ_{xy} 时，如图 7－10(d)所示。若将 OA 边看作不动，则 OP 转到 OP'' 位置的转角 $\psi_{\alpha2}$ 为

$$\psi_{\alpha3}=\frac{\overline{PD''}}{\overline{OP}}=\frac{\gamma_{xy}\mathrm{d}y\sin\alpha}{\mathrm{d}y/\sin\alpha}=\gamma_{xy}\sin^2\alpha \tag{j}$$

在 ε_x、ε_y、γ_{xy} 同时存在的情况下，按叠加原理可得

$$\psi_\alpha=\varepsilon_x\sin\alpha\cos\alpha-\varepsilon_y\sin\alpha\cos\alpha+\gamma_{xy}\sin^2\alpha \tag{k}$$

要得到沿 y' 轴方向的微段 OQ 在 ε_x、ε_y、γ_{xy} 同时存在的情况下的转角 φ_α，只需将式(k)中的 α 角代之以 $\left(\alpha+\frac{\pi}{2}\right)$ 角，即得

$$\varphi_\alpha=-\varepsilon_x\sin\alpha\cos\alpha+\varepsilon_y\sin\alpha\cos\alpha+\gamma_{xy}\cos^2\alpha \tag{l}$$

由于在以上计算转角 ψ_α 和 φ_α 时，都是按顺时针转动为正，而切应变却是以使原来的直角减小时为正值，因而

$$\begin{aligned}\gamma_\alpha=\varphi_\alpha-\psi_\alpha&=-2\varepsilon_x\sin\alpha\cos\alpha+2\varepsilon_y\sin\alpha\cos\alpha+\gamma_{xy}(\cos^2\alpha-\sin^2\alpha)\\&=-(\varepsilon_x-\varepsilon_y)\sin2\alpha+\gamma_{xy}\cos2\alpha\end{aligned}$$

经三角函数关系变换后，得到

$$-\frac{\gamma_\alpha}{2}=\frac{1}{2}(\varepsilon_x-\varepsilon_y)\sin2\alpha-\frac{1}{2}\gamma_{xy}\cos2\alpha \tag{7-6}$$

【说明】 (1) 若将 ε_x 与 σ_x 对应，ε_y 与 σ_y 对应，$-\frac{\gamma_{xy}}{2}$ 与 τ_{xy} 对应，则式(7－5)、(7－6)与式(7－1)、(7－2)在形式上具有极强的相似性，读者可以进行对照。(2) 本节后续公式也可以类似比较并记忆。

7.3.2 应变圆

式(7－5)和(7－6)与平面应力状态下斜截面应力的表达式(7－1)和(7－2)具有相似性$\left(\text{即}\ \sigma\ \text{对应于}\ \varepsilon,\tau\ \text{对应于}-\frac{\gamma}{2}\right)$，因此，只需将线应变 ε 作为横坐标，而将 $-\frac{\gamma}{2}$ 作为纵坐标，即将纵坐标的正向取为铅垂向下，如图 7－11 所示，便可绘出表示平面应力状态下一点处不同方向的应变变化规律的应变圆. 表示了相应点的应变状态。在应变圆上的 D_1 点，其横坐标代表沿 x 轴方向的线应变 ε_x，纵坐标代表直角 $\angle xOy$ 的切应变 γ_{xy} 的一半，即 $\frac{\gamma_{xy}}{2}$。而在圆上的 D_2 点，其横坐标代表沿 y 轴方向的线应变 ε_y，

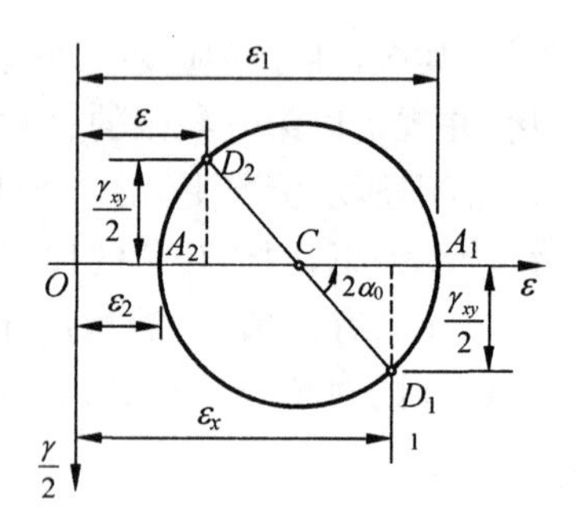

图 7－11 应变圆

纵坐标代表坐标系 Oxy 旋转了 90°以后的直角改变量之半，即 $-\frac{\gamma_{xy}}{2}$。在已知一点处的三个应变分量 ε_x、ε_y 和 γ_{xy} 后，就可依照应力圆的作法作出应变圆(其证明可仿照应力圆的证明)。但

需注意,应变圆的纵坐标是$\frac{\gamma}{2}$,且正值的切应变在横坐标轴的下方。

7.3.3　主应变的数值与方向

平面应力状态下,一点处与该平面(即与纸面)垂直的各斜截面中存在两相互垂直的主平面,其上的正应力为主应力而切应力均等于零。可以证明,平面应力状态下,在该平面内一点处也存在着两个互相垂直的主应变,其相应的切应变均等于零。由图 7-11 可见,应变圆与横坐标轴的两交点 A_1和 A_2的纵坐标均等于零,其横坐标分别代表两个主应变 ε_1 和 ε_2。应变圆上 A_1、A_2两点间所夹圆心角为 180°,因此,两主应变方向间的夹角等于 90°,即两主应变方向相互垂直。

由应变圆可得两个主应变的表达式为

$$\varepsilon_{\substack{\max\\ \min}}=\frac{\varepsilon_x+\varepsilon_y}{2}\pm\frac{1}{2}\sqrt{(\varepsilon_x-\varepsilon_y)^2+\gamma_{xy}^2} \tag{7-7}$$

而主应变 ε_1 的方向与 x 轴间所夹角度 α_0 为

$$\alpha_0=\frac{1}{2}\arctan\frac{\gamma_{xy}/2}{(\varepsilon_x-\varepsilon_y)/2}=\frac{1}{2}\arctan\frac{\gamma_{xy}}{\varepsilon_x-\varepsilon_y} \tag{7-8}$$

由图 7-11 可见,当 γ_{xy}为正值,且 $\varepsilon_x>\varepsilon_y$ 时,从 D_1点(代表 x 轴方向的应变)到 A_1点(代表主应变 ε_1)的圆心角是按逆时针转向转动的,因此,$2\alpha_0$ 角为正值,故在上式中用正号。主应变 ε_2 的方向则与 ε_1 的方向垂直。对于各向同性材料,在线弹性范围内,由于正应力仅引起线应变,因而,任一点处的主应变方向与相应的主应力相同,且主应变的序号也与主应力的序号相一致。

【例 7-4】　设用图 7-12(a)所示的 45°应变花测得某构件表面上一点处的三个线应变值为 $\varepsilon_x=345\times10^{-6}$,$\varepsilon_{45°}=208\times10^{-6}$及 $\varepsilon_y=-149\times10^{-6}$。试用应变圆求该点处的主应变数值和方向。

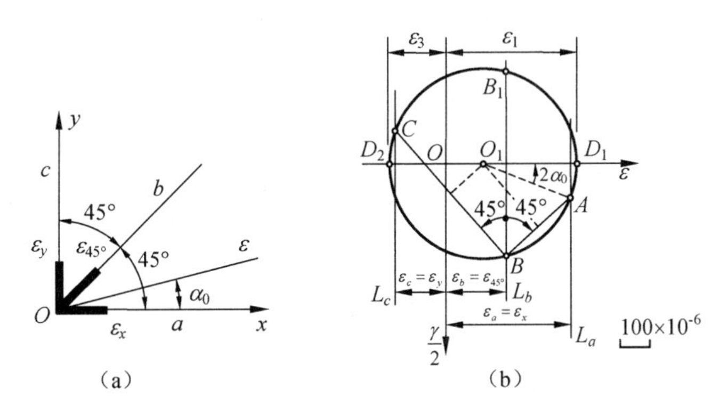

图 7-12　例 7-4 图

【解】　解法一:用解析法求解

为利用公式求解,先求出 γ_{xy}。由式(7-5)可得

$$\varepsilon_{45°}=\frac{1}{2}(\varepsilon_x+\varepsilon_y)+\frac{1}{2}\gamma_{xy}=\frac{1}{2}(345-149)\times10^{-6}+\frac{1}{2}\gamma_{xy}=208\times10^{-6}$$

解得 $\gamma_{xy}=222\times10^{-6}$。

由式(7-7)可得

$$\varepsilon_{1,3}=\frac{\varepsilon_x+\varepsilon_y}{2}\pm\frac{1}{2}\sqrt{(\varepsilon_x-\varepsilon_y)^2+\gamma_{xy}^2}$$

$$=\frac{1}{2}(345-149)\times10^{-6}\pm\frac{1}{2}\sqrt{(345+149)^2+222^2}\times10^{-6}=\begin{cases}369\times10^{-6}\\-173\times10^{-6}\end{cases}$$

$$\alpha_0=\frac{1}{2}\arctan\frac{\gamma_{xy}}{\varepsilon_x-\varepsilon_y}=\frac{1}{2}\arctan\frac{222}{247}=12.1^\circ$$

即该点处的主应变数值分别为 369×10^{-6} 和 -173×10^{-6}，单元体中最大主应变方位角 $\alpha_0=12.1^\circ$（x 轴逆时针旋转 12.1°），如图 7-12(a)所示。

解法二：用图解法求解

选定比例尺如图 7-12(b)中所示。绘出纵坐标轴即 $\gamma/2$ 轴，并根据已知的 ε_x、ε_{45° 和 ε_y 值分别作出平行于该轴的直线 L_a、L_b 和 L_c。过 L_b 线上的任一点 B，作与 L_b 线成 45°角（顺时针转向）的线 BA，交 L_a 线于 A 点；作与 L_b 线成 45°角（逆时针转向）的线 BC，交 L_c 线于 C 点。作 BA 与 BC 两线的垂直等分线，相交于 O_1点。过 O_1点作横坐标轴即 ε 轴，并以$\overline{O_1A}$为半径作圆，按上述比例尺量取应变圆与 ε 轴的交点 D_1、D_2的横坐标，即得

$$\varepsilon_1=\overline{OD_1}=370\times10^{-6}$$

$$\varepsilon_3=-\overline{OD_2}=-175\times10^{-6}$$

再从应变圆上量得 $2\alpha_0=24^\circ$，故 $\alpha_0=12^\circ$，主应变 ε_1 的方向如图 7-12(a)中所示。

【说明】 图 7-12(b)中 A、B_1、C 三点的横坐标分别等于ε_a、ε_b 和ε_c，又由圆心角等于同弧所对的圆周角的 2 倍这一几何关系，可知圆心角$\angle AO_1B_1$ 和$\angle B_1O_1C$ 各等于 $2\times45^\circ=90^\circ$，从而可知 A、B_1、C 三点分别表示测点处沿 a、b、c 三方向的线应变，所以，作图所得的这个圆就是代表测点处应变状态的应变圆。

由式(7-7)、(7-8)可知，欲求一点处的主应变及其方向，应首先求得该点处的三个应变分量 ε_x、ε_y 和 γ_{xy}。用电阻应变仪测线应变比较简单，而切应变则不易测量。因此，在应变实测时，一般先测出一点处在三个选定方向 α_1、α_2、α_3上的线应变 ε_{α_1}、ε_{α_2} 和 ε_{α_3}，如图 7-13(a)所示。再由式(7-5)可得

$$\left.\begin{aligned}\varepsilon_{\alpha_1}&=\frac{\varepsilon_x+\varepsilon_y}{2}+\frac{\varepsilon_x-\varepsilon_y}{2}\cos2\alpha_1+\frac{\gamma_{xy}}{2}\sin2\alpha_1\\\varepsilon_{\alpha_2}&=\frac{\varepsilon_x+\varepsilon_y}{2}+\frac{\varepsilon_x-\varepsilon_y}{2}\cos2\alpha_2+\frac{\gamma_{xy}}{2}\sin2\alpha_2\\\varepsilon_{\alpha_3}&=\frac{\varepsilon_x+\varepsilon_y}{2}+\frac{\varepsilon_x-\varepsilon_y}{2}\cos2\alpha_3+\frac{\gamma_{xy}}{2}\sin2\alpha_3\end{aligned}\right\}\tag{7-9}$$

求得三个应变分量 ε_x、ε_y 和 γ_{xy}。继而可以利用式(7-7)、(7-8)求出主应变及其方位。

① 当式(7-9)中 $\alpha_1=0$，$\alpha_2=45^\circ$，$\alpha_3=90^\circ$时，称为三轴 45°应变花，也就是图 7-12(a)所示。可求得

$$\left.\begin{aligned}&\varepsilon_x=\varepsilon_{0^\circ},\varepsilon_y=\varepsilon_{90^\circ},\gamma_{xy}=2\varepsilon_{45^\circ}-\varepsilon_{0^\circ}-\varepsilon_{90^\circ}\\&\varepsilon_{\substack{\max\\\min}}=\frac{\varepsilon_{0^\circ}+\varepsilon_{90^\circ}}{2}\pm\frac{1}{\sqrt{2}}\sqrt{(\varepsilon_{0^\circ}-\varepsilon_{45^\circ})^2+(\varepsilon_{45^\circ}-\varepsilon_{90^\circ})^2}\\&2\alpha_0=\arctan\frac{2\varepsilon_{45^\circ}-\varepsilon_{0^\circ}-\varepsilon_{90^\circ}}{\varepsilon_{0^\circ}-\varepsilon_{90^\circ}}\end{aligned}\right\}\tag{7-10}$$

② 当式(7-9)中 $\alpha_1=0,\alpha_2=60^\circ,\alpha_3=120^\circ$时，称为三轴 60°应变花，也就是图 7-13(b)所示。可求得

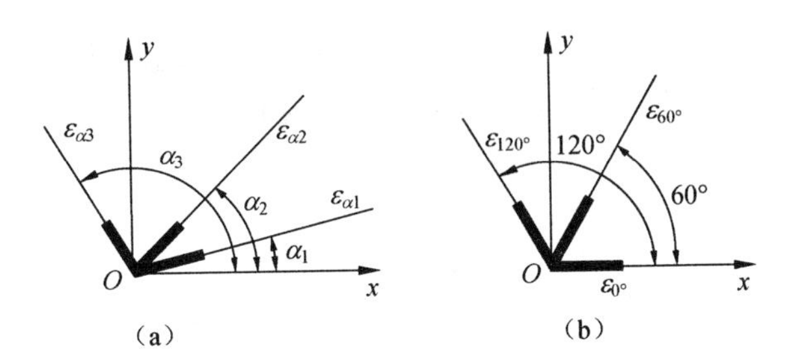

图 7-13　三轴 60°应变花

$$\left.\begin{aligned}&\varepsilon_x=\varepsilon_{0^\circ},\varepsilon_y=\frac{2(\varepsilon_{60^\circ}+\varepsilon_{120^\circ})-\varepsilon_{0^\circ}}{3},\gamma_{xy}=\frac{2(\varepsilon_{60^\circ}-\varepsilon_{120^\circ})}{\sqrt{3}}\\&\varepsilon_{\substack{\max\\\min}}=\frac{\varepsilon_{0^\circ}+\varepsilon_{60^\circ}+\varepsilon_{120^\circ}}{2}\pm\frac{\sqrt{2}}{3}\sqrt{(\varepsilon_{0^\circ}-\varepsilon_{60^\circ})^2+(\varepsilon_{60^\circ}-\varepsilon_{120^\circ})^2+(\varepsilon_{0^\circ}-\varepsilon_{120^\circ})^2}\\&2\alpha_0=\arctan\frac{\sqrt{3}(\varepsilon_{60^\circ}-\varepsilon_{120^\circ})}{2\varepsilon_{0^\circ}-\varepsilon_{60^\circ}-\varepsilon_{120^\circ}}\end{aligned}\right\}\tag{7-11}$$

【说明】 ① 虽说一点处的应变状态只需三个方向的线应变即可确定，但实际上有时会在一点处布置四个应变片，这主要是考虑到有时需要检测应变片的工作是否正常。② 因为线应变一般极其微小，不易测量，所以测应变时需要转换为电信号经过放大由电阻应变仪示出。在布置应变片之前，应对构件的受力、最大应力、最大应变及其方位、应变之间的相互关系等有全面的了解，以选择比较好的测量位置、角度及电路桥路，尽量将电阻应变仪读出的读数放大，才能保证测量的精度。③ 同样因为线应变极其微小，温度的影响不能忽略，所以在实际测量时还要考虑温度影响而布置温度补偿片，同样的原因在测量时导线也应尽量固定不动，防止因移动导线对测量带来影响。

7.4　空间应力状态分析

一般的空间应力状态，曾在第一章介绍，例如图 1-12(b)所示，其中的 9 个应力分量中，根据切应力互等定理，在数值上有 $\tau_{xy}=\tau_{yx}$，$\tau_{yz}=\tau_{zy}$、$\tau_{xz}=\tau_{zx}$，因而，独立的应力分量有 6 个，即 σ_x、σ_y、σ_z、τ_{xy}、τ_{yz}、τ_{zx}。

可以证明，在受力物体内任一点处一定可以找到一个主应力单元体，其三对相互垂直的平面均为主平面，三对主平面上的主应力分别为 σ_1、σ_2、σ_3。如图 7-14(a)所示，在它的六个面上有主应力 $\sigma_1\geqslant\sigma_2\geqslant\sigma_3$。首先讨论与 σ_2平行的某一截面上的应力情况，此截面上的应力与 σ_2无关，因为单元体上、下面上的应力 σ_2与此截面平行。所以只利用图 7-14(b)[图 7-14(a)的俯

视图],就可找出该面上的应力。对应图 7-14(b)的应力圆,即图 7-14(c)所示的 A_1A_3 圆(由 σ_1、σ_3 画出)。凡是与 σ_2 平行的所有截面上的应力情况都由 A_1A_3 圆上的点来代表。

由相同的办法,与 σ_1 平行的各截面上的应力可以由圆 A_2A_3(由 σ_2、σ_3 画出)上的点来代表;与 σ_3 平行的各截面上的应力将由圆 A_1A_2(由 σ_1、σ_2 画出)上的点来代表。

由以上的讨论可知,对于图 7-14(a)的空间应力状态,可以画出三个应力圆(简称空间应力圆),最大应力作用的截面必然和最大的应力圆 A_1、A_3 上的点对应。显然,与点 A_1、A_3 对应的主应力 σ_1、σ_3 分别代表单元体中的最大正应力和最小正应力,即 $\sigma_{max}=\sigma_1$,$\sigma_{min}=\sigma_3$。从最大应力圆的圆心 C 作 $O\sigma$ 轴的垂直线交 A_1A_3 圆于 F 和 F' 两点。这两点是最大应力圆上与横坐标轴距离最远的两点,所以 F 和 F' 分别代表单元体的最大切应力和最小切应力,它们的数值相等(均等于最大应力圆的半径 $\overline{CA_1}$)而符号相反。于是空间应力状态下切应力的极值为

$$\left.\begin{array}{l}\tau_{max}\\ \tau_{min}\end{array}\right\}=\pm\frac{\sigma_1-\sigma_3}{2} \tag{7-12}$$

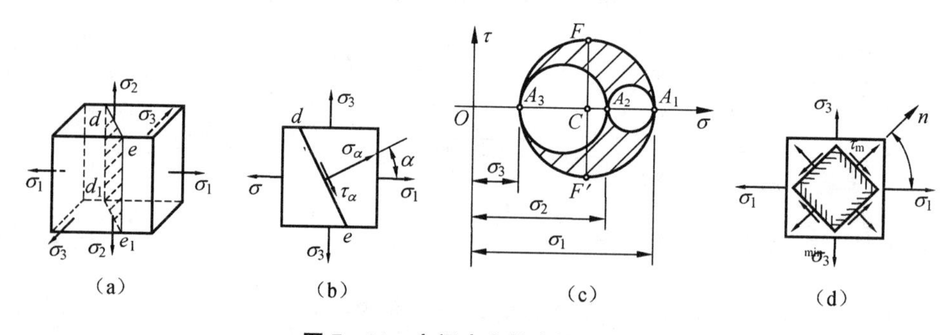

图 7-14 空间应力状态的应力圆

即图 7-14(c)从 A_1 点沿 A_1A_3 圆逆时针转 90°到 F 点,顺时针转 90°到 F' 点。所以,在图 7-14(d)所示的图中,从 σ_1 方向逆时针和顺时针各旋转 45°,分别转到 τ_{max} 和 τ_{min} 所在截面的外法线方向。故空间应力状态下切应力为极值的截面与 σ_2 方向平行,且平分 σ_1 和 σ_3 两方向所形成的夹角,切应力的极值等于空间应力圆中最大应力圆的半径,其值为最大最小主应力之差的一半。

对于空间应力状态的说明同样适用于平面应力状态,因为平面应力状态可以看作是有一个主应力为零的空间应力状态。例如,图 7-15(a)所示的平面应力状态,根据三个主应力 σ_1、σ_2 和 $\sigma_3=0$ 可画出三个应力圆,如图 7-15(b)所示。其中 A_1A_3 圆和 A_2A_3 圆都与纵坐标轴相切(因为 $\sigma_3=0$)。此情况下的最大切应力为 $\tau_{max}=\dfrac{\sigma_1-0}{2}=\dfrac{\sigma_1}{2}$,其作用面和 σ_2 方向平行,且作用面的法线 n 与 σ_1 方向成 45°角,如图 7-15(c)所示。

对于与三个主应力均不平行的任意截面,如果该截面与三个主应力 σ_i $(i=1,2,3)$ 的夹角分别为 α,β,γ,则利用截出的四面体的平衡方程,可以得到该截面上的正应力 σ_n 和切应力 τ_n 分别为

$$\sigma_n=\sigma_1\cos^2\alpha+\sigma_2\cos^2\beta+\sigma_3\cos^2\gamma \tag{7-13}$$

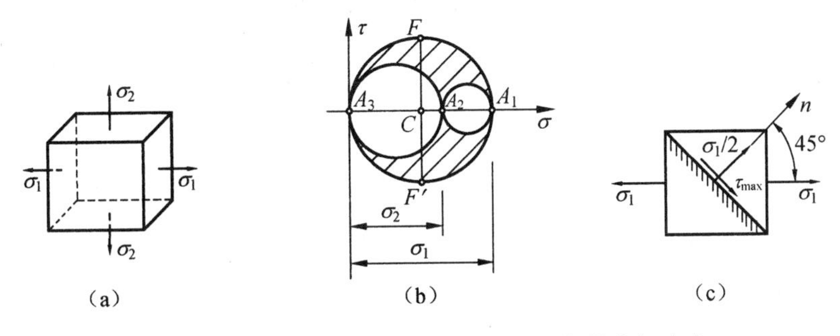

图 7-15　平面应力状态的三个主应力与最大切应力

$$\tau_n=\sqrt{\sigma_1^2\cos^2\alpha+\sigma_2^2\cos^2\beta+\sigma_3^2\cos^2\gamma-\sigma_n^2} \tag{7-14}$$

该截面上的正应力 σ_n 和切应力 τ_n 对应于应力圆上的点则位于图 7-15(b)中的阴影区域内。

【说明】 关于空间应力状态的一般理论，可以参考弹性力学的教材，例如，徐芝纶的著作《弹性力学》(第二版)，高等教育出版社，1982 年。

7.5　广义胡克定律

7.5.1　各种应力状态下的广义胡克定律

根据各向同性材料在弹性范围内应力应变关系的实验结果，可以得到单向应力状态下单元体沿正应力方向的正应变 $\varepsilon_x=\dfrac{\sigma_x}{E}$。实验结果还表明，在 σ_x 作用下，除 x 方向的正应变外，在与其垂直的 y、z 方向亦有反号的正应变 ε_y、ε_z 存在，且二者与 ε_x 之间存在下列关系：

$$\varepsilon_y=-\nu\varepsilon_x=-\nu\frac{\sigma_x}{E}$$

$$\varepsilon_z=-\nu\varepsilon_x=-\nu\frac{\sigma_x}{E}$$

式中，ν 为材料的泊松比。对于各向同性材料，上述二式中的泊松比是相同的。

对于纯剪切应力状态，切应力和切应变在弹性范围也存在比例关系，即 $\gamma=\dfrac{\tau}{G}$。

在小变形条件下，考虑到正应力与切应力所引起的正应变和切应变都是相互独立的，因此，应用叠加原理，可以得到图 7-16 所示平面应力状态下的应力-应变关系：

$$\left.\begin{aligned}
\varepsilon_x&=\frac{1}{E}(\sigma_x-\nu\sigma_y)\\
\varepsilon_y&=\frac{1}{E}(\sigma_y-\nu\sigma_x)\\
\varepsilon_z&=-\frac{\nu}{E}(\sigma_x+\sigma_y)\\
\gamma_{xy}&=\frac{\tau_{xy}}{G}
\end{aligned}\right\} \tag{7-15}$$

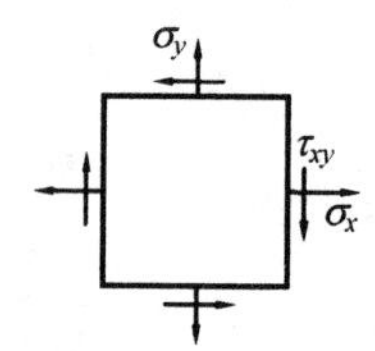

图 7-16　平面应力状态

式(7-15)称为平面应力状态下的胡克定律，式中，切应变 γ_{xy} 表示正向 dx 边与正向 dy 边夹角的改变量。

利用叠加原理，可以得到各向同性材料在小变形假设下的广义胡克定律表达式

$$\left.\begin{aligned}\varepsilon_x&=\frac{1}{E}[\sigma_x-\nu(\sigma_y+\sigma_z)]\\\varepsilon_y&=\frac{1}{E}[\sigma_y-\nu(\sigma_z+\sigma_x)]\\\varepsilon_z&=\frac{1}{E}[\sigma_z-\nu(\sigma_x+\sigma_y)]\\\gamma_{xy}&=\frac{1}{G}\tau_{xy},\gamma_{yz}=\frac{1}{G}\tau_{yz},\gamma_{zx}=\frac{1}{G}\tau_{zx}\end{aligned}\right\}\tag{7-16}$$

在式(7-15)和式(7-16)中，$\varepsilon_i(i=x,y,z)$为沿 i 方向的线应变，$\gamma_{ij}(i,j=x,y,z)$表示切应变，弹性常量 E、G、ν 之间有关系 $G=\frac{E}{2(1+\nu)}$。式(7-16)成立的前提是，各向同性材料在小变形条件下正应力不会产生切应变，切应力也不会产生线应变。对于图 7-15(a)所示的主单元体，沿主应力 σ_1、σ_2 和 σ_3 方向的正应变分别为 ε_1、ε_2、ε_3，则式(7-16)可写成

$$\left.\begin{aligned}\varepsilon_1&=\frac{1}{E}[\sigma_1-\nu(\sigma_2+\sigma_3)]\\\varepsilon_2&=\frac{1}{E}[\sigma_2-\nu(\sigma_3+\sigma_1)]\\\varepsilon_3&=\frac{1}{E}[\sigma_3-\nu(\sigma_1+\sigma_2)]\end{aligned}\right\}\tag{7-17}$$

可以证明 $\varepsilon_1\geqslant\varepsilon_2\geqslant\varepsilon_3$。即最大与最小的正应变分别发生在最大与最小的正应力方向。

【说明】　对于各向异性的材料，正应力一般可能产生切应变，而切应力也可能产生线应变，应力与应变之间的关系会比较复杂。详细了解，请参阅相关著作。

【例 7-5】　在一块厚钢板上挖了一个半径 $r=20$ mm，深 $H=40$ mm 的圆柱状坑，如图 7-17(a)所示。在此坑内放置一个相同形状和体积的圆柱体，既无间隙也无过盈。若圆柱体的弹性模量 $E=200$ GPa，泊松比 $\nu=0.3$，承受 $F=60$ kN 的轴向压力，试求圆柱体的主应力。

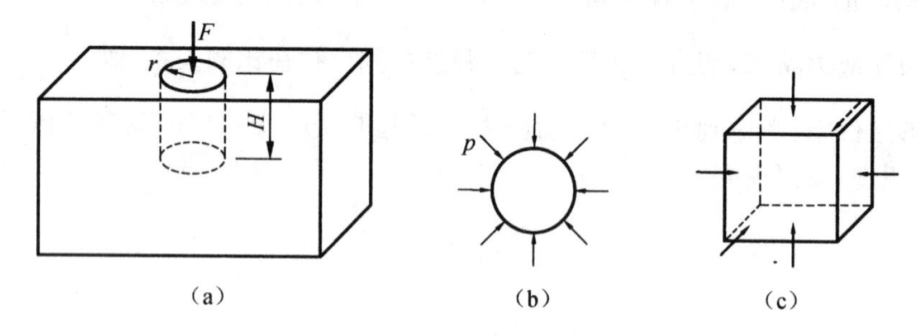

图 7-17　例 7-5 图

【解】　圆柱体横截面上的压应力为

$$\sigma'=-\frac{F}{A}=-\frac{F}{\pi r^2}=-\frac{60\times10^3\ \text{N}}{\pi\times(20\ \text{mm})^2}=-47.7\ \text{MPa}$$

由于厚钢板的体积较圆柱体积大很多，可近似将其视作刚体。当圆柱体受到轴向压缩时，侧向的膨胀受到此刚体的限制，径向应变 $\varepsilon_r=0$。设钢块对圆柱体周边的均匀压力为 p，如图7-17(b)所示。圆柱在环向和径向处于均匀应力状态，在这种情况下，圆柱体内任一点的径向应力 σ'' 和环向应力 σ''' 均为 $-p$，如图7-17(c)所示。由广义胡克定律有

$$\varepsilon_r=\frac{1}{E}[\sigma''-\nu(\sigma'+\sigma''')]=0$$

又由对称性，可得

$$\sigma''=\sigma'''=-p=\frac{\nu\sigma'}{1-\nu}=-\frac{0.3\times 47.7\ \text{Mpa}}{1-0.3}=-20.4\ \text{MPa}$$

将主应力按顺序排列，得到 $\sigma_1=\sigma_2=-20.4\ \text{MPa}$，$\sigma_3=-47.7\ \text{MPa}$。

7.5.2　体积应变与体积胡克定律

设图7-18所示单元体，边长分别为 $\mathrm{d}x$、$\mathrm{d}y$ 和 $\mathrm{d}z$。在三个主应力作用下，边长将发生变化，现求其体积的改变。

单元体原来的体积为 $V_0=\mathrm{d}x\mathrm{d}y\mathrm{d}z$，受力变形后，单元体的体积设为 V，则

$$V=(1+\varepsilon_1)(1+\varepsilon_2)(1+\varepsilon_3)\mathrm{d}x\mathrm{d}y\mathrm{d}z$$

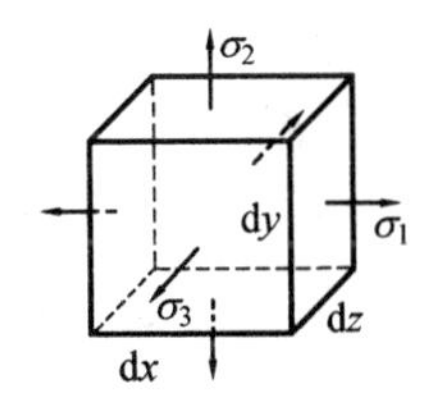

图7-18　主单元体

单元体的体积改变为 $\Delta V=(1+\varepsilon_1)(1+\varepsilon_2)(1+\varepsilon_3)\mathrm{d}x\mathrm{d}y\mathrm{d}z-\mathrm{d}x\mathrm{d}y\mathrm{d}z$，略去应变的高阶微量后，得

$$\Delta V=(\varepsilon_1+\varepsilon_2+\varepsilon_3)\mathrm{d}x\mathrm{d}y\mathrm{d}z$$

若单位体积的改变量定义为**体积应变**，用 θ 表示，则有

$$\theta=\frac{V-V_0}{V_0}=\varepsilon_1+\varepsilon_2+\varepsilon_3 \tag{7-18}$$

将式(7-17)代入式(7-18)后，体积应变 θ 可用主应力表示为

$$\theta=\frac{1-2\nu}{E}(\sigma_1+\sigma_2+\sigma_3) \tag{7-19}$$

由式(7-19)可见，体积应变和三个主应力之和成正比。如果三个主应力之和为零，则 θ 等于零，即体积保持不变。例如对于纯剪切的应力状态，由于 $\sigma_1=\tau$，$\sigma_2=0$，$\sigma_3=-\tau$，故有 $\sigma_1+\sigma_2+\sigma_3=0$，从而其体积不变，这说明切应力不引起体积改变。当单元体各面上既有正应力，又有切应力时，则体积应变为

$$\theta=\frac{1-2\nu}{E}(\sigma_x+\sigma_y+\sigma_z)=\frac{3(1-2\nu)}{E}\cdot\frac{\sigma_x+\sigma_y+\sigma_z}{3}=\frac{\sigma_\text{m}}{K} \tag{7-20}$$

其中，$K=\dfrac{E}{3(1-2\nu)}$，称为**体积弹性模量**；$\sigma_\text{m}=\dfrac{\sigma_x+\sigma_y+\sigma_z}{3}$ 是三个正应力的平均值。式(7-20)表明，体积应变 θ 与平均应力 σ_m 成正比，此即**体积胡克定律**。

【例7-6】　如图所示的铝制矩形板受到两个方向的应力作用，$\sigma_x=65\ \text{MPa}$，$\sigma_y=-20\ \text{MPa}$。若板的尺寸为 $a\times b\times\delta=200\ \text{mm}\times 300\ \text{mm}\times 15\ \text{mm}$，弹性模量 $E=75\ \text{GPa}$，泊松比 $\nu=0.33$。

试求:(1) 板内图示平面上最大的切应变 γ_{max};(2) 板厚度的变化量 $\Delta\delta$;(3) 板体积的变化量 ΔV。

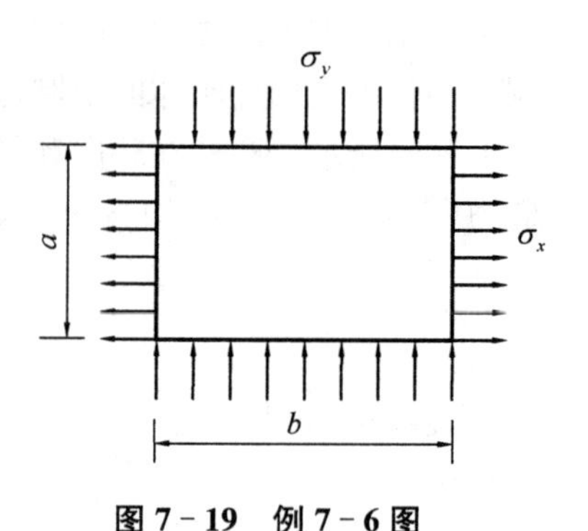

图 7-19　例 7-6 图

【解】 由弹性常数之间的关系,可得

$$G=\frac{E}{2(1+v)}=\frac{75\ \text{GPa}}{2(1+0.33)}=28.20\ \text{GPa}$$

(1) 由题意可知,板内任意一点的主应力均为

$$\sigma_1=65\ \text{MPa};\sigma_2=0;\sigma_3=-20\ \text{MPa}$$

由式(7-12)可得,板内任意一点处最大切应力为

$$\tau_{max}=\frac{\sigma_1-\sigma_3}{2}=42.50\ \text{MPa}$$

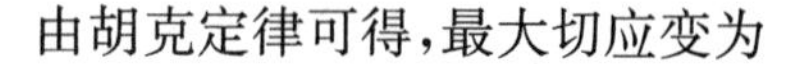
由胡克定律可得,最大切应变为

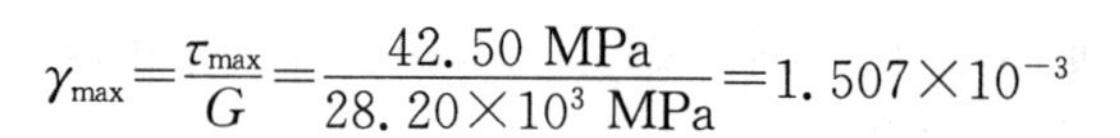

$$\gamma_{max}=\frac{\tau_{max}}{G}=\frac{42.50\ \text{MPa}}{28.20\times10^3\ \text{MPa}}=1.507\times10^{-3}$$

(2) 由广义胡克定律(7-15)的第三式,可得

$$\varepsilon_z=-\frac{\nu}{E}(\sigma_x+\sigma_y)=-\frac{0.33}{75\times10^3\ \text{MPa}}(65\ \text{MPa}-20\ \text{MPa})=-1.98\times10^{-4}$$

从而,板厚度的变化量为

$$\Delta\delta=\varepsilon_z\delta=-1.98\times10^{-4}\times15\ \text{mm}=-0.002\ 97\ \text{mm}$$

(3) 由式(7-19)可得,体积应变为

$$\theta=\frac{\Delta V}{V_0}=\frac{1-2v}{E}(\sigma_1+\sigma_2+\sigma_3)=\frac{1-2\times0.33}{75\times10^3\ \text{MPa}}(65\ \text{MPa}+0-20\ \text{MPa})=2.04\times10^{-4}$$

故体积的改变量为

$$\Delta V=V_0\theta=200\ \text{mm}\times300\ \text{mm}\times15\ \text{mm}\times2.04\times10^{-4}=183.6\ \text{mm}^3$$

7.6　平面应力状态的电测实验应力分析

由平面应力状态的广义胡克定律(7-15)反解出 σ_x、σ_y、τ_{xy},有

$$\left.\begin{aligned}\sigma_x&=\frac{E}{1-\nu^2}(\varepsilon_x+\nu\varepsilon_y)\\\sigma_y&=\frac{E}{1-\nu^2}(\varepsilon_y+\nu\varepsilon_x)\\\tau_{xy}&=\frac{E}{2(1+\nu)}\gamma_{xy}\end{aligned}\right\}\qquad(7-21)$$

对于工程中的平面应力状态问题,若能测出 ε_x、ε_y、γ_{xy},便可由式(7-21)计算得到 σ_x、σ_y 和 τ_{xy},继而可以进行应力状态分析,得到主应力、主方向、主切应力等。但是 γ_{xy} 不便于测量,需设法解决这一问题,例如可以采取 45°应变花测出 0°、45°、90°的线应变。注意到

$$\sigma_{45^\circ}=\frac{\sigma_x+\sigma_y}{2}+\frac{\sigma_x-\sigma_y}{2}\cos 90^\circ-\tau_{xy}\sin 90^\circ=\frac{\sigma_x+\sigma_y}{2}-\tau_{xy}$$

$$\sigma_{-45^\circ}=\sigma_x+\sigma_y-\sigma_{45^\circ}=\frac{\sigma_x+\sigma_y}{2}+\tau_{xy}$$

根据上式及广义胡克定律，可得

$$\varepsilon_{45^\circ}=\frac{1}{E}(\sigma_{45^\circ}-\nu\sigma_{-45^\circ})=\frac{1-\nu}{E}\cdot\frac{\sigma_x+\sigma_y}{2}-\frac{1+\nu}{E}\cdot\tau_{xy} \tag{a}$$

利用式(7－21)的前面二式相加，可得

$$\sigma_x+\sigma_y=\frac{E}{1-\nu}(\varepsilon_x+\varepsilon_y)$$

将上式代入式(a)，并考虑式(7－21)的第三式，则有

$$\varepsilon_{45^\circ}=\frac{1}{E}(\varepsilon_x+\varepsilon_y)-\frac{1+\nu}{E}\cdot\tau_{xy}=\frac{\varepsilon_x+\varepsilon_y}{2}-\frac{\gamma_{xy}}{2}$$

或

$$\gamma_{xy}=\varepsilon_x+\varepsilon_y-2\varepsilon_{45^\circ} \tag{b}$$

即可通过测量 ε_x、ε_y、ε_{45°，由式(b)间接地可以得到 γ_{xy} 的大小。

将式(b)代入式(7－21)的第三式可以得到在平面应力状态下，利用 ε_x、ε_y、ε_{45° 求解应力 σ_x、σ_y 和 τ_{xy} 的一般关系如下

$$\left.\begin{aligned}\sigma_x&=\frac{E}{1-\nu^2}(\varepsilon_x+\nu\varepsilon_y)\\ \sigma_y&=\frac{E}{1-\nu^2}(\varepsilon_y+\nu\varepsilon_x)\\ \tau_{xy}&=\frac{E}{2(1+\nu)}(\varepsilon_x+\varepsilon_y-2\varepsilon_{45^\circ})\end{aligned}\right\} \tag{7-22}$$

得到了应力 σ_x、σ_y、τ_{xy}，继而可作平面应力状态分析的其他分析。

【例 7－7】　由受力物体内某点处取平面应力状态单元体，如图 7－20(a)所示。若测得图示±45°方向应变 $\varepsilon'=125\times10^{-5}$，$\varepsilon''=-65\times10^{-5}$，材料的弹性模量 $E=200$ GPa，泊松比 $\mu=0.3$，试求：(1) 单元体的应力 σ_x 和 τ_{xy}；(2) 主应力 σ_1、σ_2、σ_3；(3) 画出主单元体。

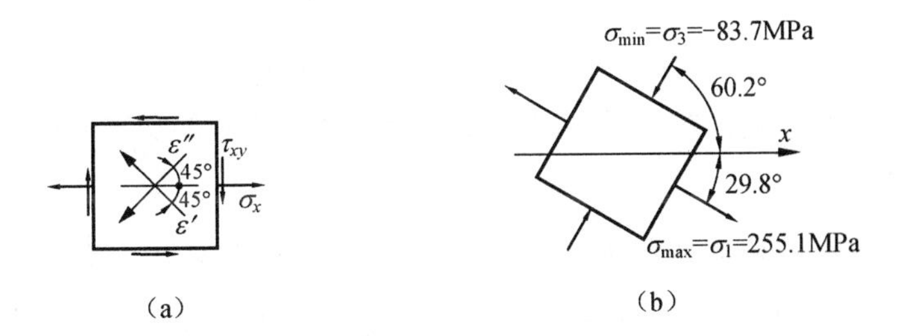

图 7－20　例 7－7 图

【解】　(1) 根据平面应力状态斜截面上的应力公式(7－1)，对于图 7－20(a)有

$$\sigma'=\sigma_{-45^\circ}=\frac{\sigma_x}{2}+\tau_y$$

$$\sigma''=\sigma_{45^\circ}=\frac{\sigma_x}{2}-\tau_{xy}$$

由广义胡克定律，可得

$$\varepsilon'=\frac{1}{E}(\sigma'-\nu\sigma'')=\frac{1}{E}\left[(1-\nu)\frac{\sigma_x}{2}+(1+\nu)\tau_{xy}\right]$$

$$\varepsilon''=\frac{1}{E}(\sigma''-\nu\sigma')=\frac{1}{E}\left[(1-\nu)\frac{\sigma_x}{2}-(1+\nu)\tau_{xy}\right]$$

由上式可以得到

$$\sigma_x=\frac{E}{1-\nu}(\varepsilon'+\varepsilon'')=\frac{200\times10^3\ \mathrm{MPa}}{1-0.3}\times(125\times10^{-5}-65\times10^{-5})=171.4\ \mathrm{MPa}$$

$$\tau_{xy}=\frac{E}{2(1+\nu)}(\varepsilon'-\varepsilon'')=\frac{200\times10^3\ \mathrm{MPa}}{2(1+0.3)}\times(125\times10^{-5}+65\times10^{-5})=146.1\ \mathrm{MPa}$$

(2) 主方向 α_0 可由下式计算：

$$\tan2\alpha_0=\frac{-2\tau_{xy}}{\sigma_x-\sigma_y}=\frac{-2\times146.1\ \mathrm{MPa}}{171.1\ \mathrm{MPa}-0}=-1.71$$

得 $\alpha_0=-29.8^\circ$。

由式(7-3)及式(7-4)，有

$$\left.\begin{matrix}\sigma_{\max}\\ \sigma_{\min}\end{matrix}\right\}=\frac{\sigma_x}{2}\pm\sqrt{\left(\frac{\sigma_x}{2}\right)^2+\tau_{xy}^2}$$

$$=\frac{171.4\ \mathrm{MPa}}{2}\pm\sqrt{\left(\frac{171.4}{2}\right)^2+146.1^2}\,\mathrm{MPa}=\begin{cases}255.1\ \mathrm{MPa}\\ -83.7\ \mathrm{MPa}\end{cases}$$

则有主应力 $\sigma_1=255.1\ \mathrm{MPa}$，$\sigma_2=0$，$\sigma_3=-83.7\ \mathrm{MPa}$。

(3) 画出的主单元体，如图 7-20(b)所示。

【思考】 对于例 7-7，如果应变片布置在 0°和 45°(或−45°)方向，试建立单元体的应力 σ_x 和 τ_{xy} 与所测的应变之间的关系。

7.7 空间应力状态下的应变能

如前所述，弹性体在外力作用下产生变形，外力作用点也同时产生位移，因此外力要做功。若不计热能的变化等因素的影响，按照功能原理则有，外力所做的功在数值上等于积蓄在弹性体内的应变能。即 $V_\varepsilon=W$。

由 2.4 节介绍的单向拉伸或压缩应变能密度的计算公式为 $v_\varepsilon=\frac{1}{2}\sigma\varepsilon$。在空间应力状态下，弹性体应变能与外荷载做功在数值上相等，它只取决于外荷载和变形的最终值，而与施加荷载的次序无关。因为，若不同施加荷载的次序可以得到不同的应变能，那么，按一个储存能量较多的次序施加荷载，而按一个储存能量较少的次序的反过程来卸载，完成一个循环后，弹性体内的能量将增加，这显然违背了能量守恒定律。故应变能与施加荷载次序无关。这样就可以选择一个便于计算应变能的施加荷载次序，所得应变能与按其他加力次序是相同的。为此，假设应力按比例同时从零增加到最终值，在线弹性情况下，每一主应力与相应的主应变之间仍保持线性关系，因而与每一主应力相应的应变能密度仍可按单向拉伸或压缩应变能密度的计算公式计算。于是空间应力状态下的应变能密度为

$$v_{\varepsilon}=\frac{1}{2}\sigma_1\varepsilon_1+\frac{1}{2}\sigma_2\varepsilon_2+\frac{1}{2}\sigma_3\varepsilon_3$$

将广义胡克定律式(7-17)代入上式，经化简后得到总应变能密度表达式为

$$v_{\varepsilon}=\frac{1}{2E}[\sigma_1^2+\sigma_2^2+\sigma_3^2-2\nu(\sigma_1\sigma_2+\sigma_2\sigma_3+\sigma_3\sigma_1)] \tag{7-23}$$

把图 7-21(a)所示单元体分解成图 7-21(b)和 7-21(c)的组合。这里 $\sigma_m=\frac{\sigma_1+\sigma_2+\sigma_3}{3}$ 是平均主应力，把原始单元体的各主应力表示成两个分量之和，即

$$\left.\begin{aligned}\sigma_1=\sigma_m+\sigma_1'\\ \sigma_2=\sigma_m+\sigma_2'\\ \sigma_3=\sigma_m+\sigma_3'\end{aligned}\right\} \tag{a}$$

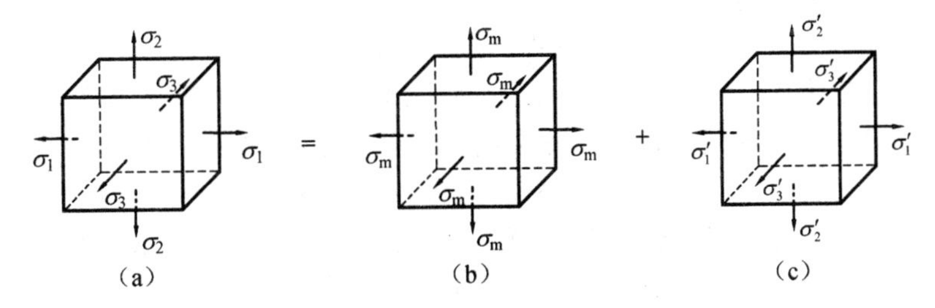

图 7-21　主应力的分解与叠加

对于图 7-21(b)所示的单元体，以 σ_m 代替原来的主应力后，由于单元体的三个棱边的应变相同，所以只有体积变化而形状不变。这种情况下的应变能密度，称为体积改变能密度 v_v，则有

$$v_v=\frac{1}{2}\sigma_m\varepsilon_m+\frac{1}{2}\sigma_m\varepsilon_m+\frac{1}{2}\sigma_m\varepsilon_m=\frac{3}{2}\sigma_m\varepsilon_m \tag{b}$$

由广义胡克定律，可得

$$\varepsilon_m=\frac{1}{E}\sigma_m-\nu\left(\frac{\sigma_m}{E}+\frac{\sigma_m}{E}\right)=\frac{1-2\nu}{E}\sigma_m$$

将上式代入式(b)，得到体积改变能密度

$$v_v=\frac{3(1-2\nu)}{2E}\sigma_m^2=\frac{1-2\nu}{6E}(\sigma_1+\sigma_2+\sigma_3)^2 \tag{c}$$

对于图 7-21(c)所示的单元体，由于 $\sigma_1'+\sigma_2'+\sigma_3'=0$，故此单元体的体应变 $\theta=0$，所以该单元体只发生形状改变，不发生体积改变。因此，图 7-21(a)所示的单元体，其应变能密度 v_{ε} 可认为由两部分组成：① 形状不变，因体积变化而储存的体积改变能密度 v_v；② 体积不变，因形

状改变而储存的畸变能密度 v_d。即

$$v_\varepsilon = v_v + v_d \tag{d}$$

将式(7-23)、式(c)一并代入式(d),经过整理得出畸变能密度

$$v_d = \frac{1+\nu}{3E}(\sigma_1^2 + \sigma_2^2 + \sigma_3^2 - \sigma_1\sigma_2 - \sigma_2\sigma_3 - \sigma_3\sigma_1)$$

或

$$v_d = \frac{1+\nu}{6E}[(\sigma_1 - \sigma_2)^2 + (\sigma_2 - \sigma_3)^2 + (\sigma_3 - \sigma_1)^2] \tag{7-24}$$

7.8 强度理论及其应用

在载荷作用下,构件的强度和破坏方式不但与材料本身的力学性能有关,而且与应力状态有关。因此,复杂应力状态下的强度失效准则可一般性表示为

$$f(\sigma_1, \sigma_2, \sigma_3, k_1, k_2, k_3 \cdots) = 0$$

式中 $\sigma_1, \sigma_2, \sigma_3$ 为应力状态的三个主应力;$k_1, k_2, k_3, \cdots$ 为由简单试验测得的材料常数和力学性能参数;而函数 f 的数学形式是建立强度失效准则的关键。

如何选取 f 的数学形式呢? 一种思路是从研究材料强度失效的微观机理出发,考虑材料的成分、微观和细观结构、杂质和缺陷等的影响,由这些微观或细观参数建立相应的失效准则。根据这种方法所建立的强度理论,虽经材料学家和力学家的大量努力取得了一些成效,但由于材料微观结构和失效机理的复杂性,其相对普适性及实用性与工程要求还有很大的距离。

另一种思路是根据尽可能多的宏观实验结果,对材料强度失效的主要力学因素进行假设,进而建立主要力学量之间的数学关系,确定函数 f 的数学形式,而不过多关注材料失效时的微观机制。这种方法称为**唯象学方法**,是近代工程学广泛采用的研究方法。目前工程中常用的几种强度理论都是基于唯象学方法建立起来的。

当材料处于单向应力状态时,其极限应力 σ_u 可利用拉伸与压缩实验测定。但如前所述,实际构件危险点的应力状态往往不是单向的,而是处于平面或空间应力状态,模拟复杂应力状态下的实验比较困难。一个典型的实验是在封闭的薄壁圆筒中施加内压,同时配以轴力和扭矩,这样可以得到不同主应力比的实验结果。尽管如此,还是不能重现实际中遇到的各种复杂应力状态。由于主应力 σ_1、σ_2 与 σ_3 之间存在无数种数值组合或比例,要测出每种组合下的相应极限应力 σ_{1u}、σ_{2u} 与 σ_{3u},实际上很难实现。因此,研究材料在复杂应力状态下的破坏或失效的规律极为必要。

各种材料因强度不足引起的失效现象是不同的,试验表明,材料在静荷作用下的破坏形式主要有两种:一种为断裂,另一种为屈服。例如,铸铁试样拉伸时沿横截面断裂,扭转时沿与轴线约成 45°倾角的螺旋面断裂;低碳钢试样拉伸屈服时在与轴线约成 45°的方向产生滑移,扭转屈服时沿纵、横方向滑移。大量的实验结果与工程构件强度破坏的实例表明,复杂应力状态虽然各式各样,但无论在复杂应力状态还是简单应力状态下材料的破坏形式却是有限的。衡量受力和变形程度的参量有应力、应变和应变能,对于同一种破坏形式,可能存在相同的破坏原因。于是假定材料的失效(断裂或屈服)是由于应力、应变和应变能等因素中某一个因素引

起的。长期以来人们根据破坏形式，提出了种种关于破坏原因的假说，根据这些假说就可以通过简单的实验结果，建立材料在复杂应力状态下的破坏判据，预测材料在复杂应力状态下，何时发生破坏，进而建立复杂应力状态下的强度条件。经过实验研究及工程实践检验证实了的有关破坏原因的假说被称为强度理论。

由于材料的破坏形式分为两类，因而强度理论也分为两类，即关于脆性断裂的强度理论和关于塑性屈服的强度理论，下面介绍的是比较经典的四个基本的强度理论。

7.8.1　脆性断裂的强度理论

1. 最大拉应力理论(第一强度理论)

17 世纪，意大利力学家伽利略基于对石料等脆性材料拉伸和弯曲破坏现象的观察，已经意识到最大拉应力是导致这些材料破坏的主要力学因素。到 19 世纪，英国的朗肯(W. J. M, Rankine, 1820—1872)正式提出了这一理论。

对铸铁、石料等脆性材料单向拉伸时的破坏实验发现，断裂面总是垂直于最大拉应力的方向。正是基于这个基本的实验结果，提出了最大拉应力是引起材料破坏的主要因素的假说，这就是最大拉应力理论或称为第一强度理论。它认为材料的断裂决定于最大拉应力，当危险点处的最大拉应力 σ_1 达到该种材料在轴向拉伸时的强度极限 σ_b，，即 $\sigma_1=\sigma_b$ 时材料将发生断裂。为了强度储备，应引入安全因数 n，要求

$$\sigma_1 \leqslant [\sigma]=\frac{\sigma_b}{n} \tag{7-25}$$

式中，$[\sigma]$是单向拉伸时材料的许用应力。这一理论基本上能正确反映出某些脆性材料的特性。如果用铸铁圆筒做试验，给铸铁圆筒同时加内压力和轴向拉力，其试验结果与最大拉应力理论符合得较好。所以，这一理论可用于承受拉应力的某些脆性材料，如铸铁。

2. 最大拉应变理论(第二强度理论)

17 世纪，法国物理学家马略特(E. Mariotte, 1620—1684)对木材拉伸强度的研究中，已萌发了最大拉应变理论的基本思想，19 世纪法国力学家圣维南正式提出了这一理论。对石料等材料单向压缩时的破坏观察发现，断裂面总是垂直于最大拉应变方向。基于此，提出最大拉应变是引起材料破坏的主要因素的假说，这就是最大拉应变理论或称为第二强度理论。该理论的失效准则可表述为：无论材料处于何种应力状态，只要这一应变值达到该种材料在单向拉伸断裂时的应变值 ε_{1u}，材料就发生脆性断裂。对于铸铁等脆性材料，从受载到断裂，其应力与应变关系基本上服从胡克定律，所以利用空间应力状态的胡克定律可写出断裂条件

$$\varepsilon_1=\frac{\sigma_1-\nu(\sigma_2+\sigma_3)}{E}=\frac{\sigma_b}{E}$$

引入安全因数，写出强度条件，即

$$\sigma_1-\nu(\sigma_2+\sigma_3) \leqslant [\sigma] \tag{7-26}$$

式中，$[\sigma]$是单向拉伸时材料的许用应力。相比于第一强度理论，在第二强度理论中，考虑了三个主应力对材料破坏的影响，从形式上更加完美了。但是薄壁圆筒铸铁试件在内压、轴力和扭矩联合作用下的试验表明，第二强度理论并不比第一强度理论更符合实验结果。

7.8.2 塑性屈服的强度理论

1. 最大切应力理论(第三强度理论)

1773年,法国科学家库仑(C. A. de, Coulomb, 1736—1806)发表了土体的最大切应力准则,1864年特雷斯卡(H. E. Tresca, 1814—1885)提出了金属的最大切应力屈服准则。

实验发现,低碳钢的屈服与最大切应力有关,例如,前面第三章等直杆拉伸时在与杆轴成45°角的方向上出现滑移线而显现出屈服现象,目前认为这是沿最大切应力方向滑移的结果,即塑性变形是由于金属晶格沿剪切面滑移的结果。因此,该理论认为处于复杂应力状态下的材料,只要其最大切应力 τ_{max} 达到该材料在简单拉伸下出现屈服时的最大切应力值 τ_s,材料就发生屈服而进入塑性状态。因此材料在复杂应力状态下的屈服条件为 $\tau_{max}=\tau_s$,空间应力状态时的最大切应力为 $\tau_{max}=\frac{\sigma_1-\sigma_3}{2}$。而简单拉伸下出现屈服时的最大切应力值 $\tau_s=\frac{\sigma_s}{2}$,故屈服条件变为 $\sigma_1-\sigma_3=\sigma_s$。引入安全因数 n,取许用应力为 $[\sigma]=\frac{\tau_s}{n}$,那么第三强度理论的强度条件为

$$\sigma_1-\sigma_3\leqslant[\sigma] \tag{7-27}$$

人们用塑性金属材料做试验,证实了当材料出现塑性变形时最大切应力基本上保持为常值。这一理论将金属材料的屈服视为材料发生破坏,它适用于具有明显屈服平台的金属材料。由于最大切应力理论与试验结果比较接近,因此在工程上得到了广泛应用。但缺点是没有考虑主应力 σ_2 对材料屈服的影响。事实上,主应力 σ_2 对材料屈服的确实有一定的影响。

2. 畸变能理论(第四强度理论)

前面曾提到单元体在空间应力状态下储存有体积改变能密度 v_v 和畸变能密度 v_d,如果材料处于三向等值压缩,即 $\sigma_1=\sigma_2=\sigma_3=-p$,人们发现三向压应力可达到很大,而材料并不过渡到失效状态,这时单元体只有体积改变能,而无畸变能。这表明体积改变能的大小与材料的失效无关,于是有人提出畸变能理论。该理论认为:当单元体储存的畸变能密度 v_d 达到单向拉伸发生屈服的畸变能密度 v_{ds} 时,材料就进入塑性屈服,即屈服条件为 $v_d=v_{ds}$。而单向拉伸时,$\sigma_1=\sigma_s$,$\sigma_2=\sigma_3=0$,代入畸变能密度 v_d 的表达式(7-24)可得 $v_{ds}=\frac{1+\nu}{3E}\sigma_s^2$。故材料在复杂应力状态下的屈服条件为

$$\frac{1+\nu}{6E}[(\sigma_1-\sigma_2)^2+(\sigma_2-\sigma_3)^2+(\sigma_3-\sigma_1)^2]=\frac{1+\nu}{3E}\sigma_s^2$$

即

$$\sqrt{\frac{1}{2}[(\sigma_1-\sigma_2)^2+(\sigma_2-\sigma_3)^2+(\sigma_3-\sigma_1)^2]}=\sigma_s$$

在上式中引入安全因数得到第四强度理论的强度条件:

$$\sqrt{\frac{1}{2}[(\sigma_1-\sigma_2)^2+(\sigma_2-\sigma_3)^2+(\sigma_3-\sigma_1)^2]}\leqslant[\sigma] \tag{7-28}$$

第四强度理论有时也被称为**形状改变比能理论**。

*7.8.3　莫尔强度理论

最大切应力理论是解释和判断塑性材料是否发生屈服的理论，但材料发生屈服的根本原因是材料的晶格之间在最大切应力的面上发生错动。因此，从理论上说，这一理论也可以解释和判断材料的脆性剪断破坏。但实际上，某些实验现象没有证实这种论断。例如铸铁压缩试验，虽然试件最后发生剪断破坏，但剪断面并不是最大切应力的作用面。这一现象表明，对脆性材料，仅用切应力作为判断材料剪断破坏的原因还不全面。1900 年，莫尔提出了这一强度理论。这一理论认为：材料发生剪断破坏的原因主要是切应力，但也和同一截面上的正应力有关。因为如材料沿某一截面有错动趋势时，该截面上将产生内摩擦力阻止这一错动。这一摩擦力的大小与该截面上的正应力有关。当构件在某截面上有压应力时，压应力越大，材料越不容易沿该截面产生错动；当截面上有拉应力时，则材料就容易沿该截面错动。因此，剪断并不一定发生在切应力最大的截面上。

如前所述，在空间应力状态下，一点处的应力状态可用三个应力圆表示。如果不考虑 σ_2 对破坏的影响，则一点处的最大切应力可由 σ_1 和 σ_3 所作的应力圆决定。材料发生剪断破坏时，由 σ_1 和 σ_3 所作的应力圆称为极限应力圆。莫尔认为，根据 σ_1 和 σ_3 的不同比值，可作一系列极限应力圆，然后作这一系列极限应力圆的包络线，如图 7－22 所示。某一材料的包络线便是其破坏的临界线。当构件内某点处的主应力为已知时，根据 σ_1 和 σ_3 所作的应力圆如在包络线以内，则该点不会发生剪断破坏；如所作的应力圆与包络线相切，表示该点刚处于剪断破坏状态，切点就对应于该点处的破坏面；如所作的应力圆已超出包络线，表示该点已发生剪断破坏。

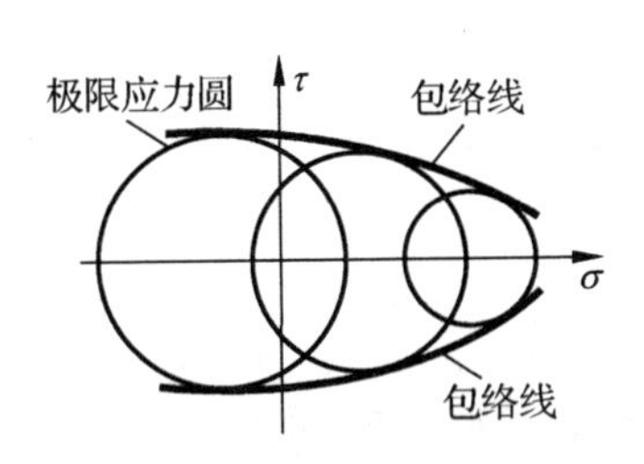

图 7－22　极限应力圆的包络线

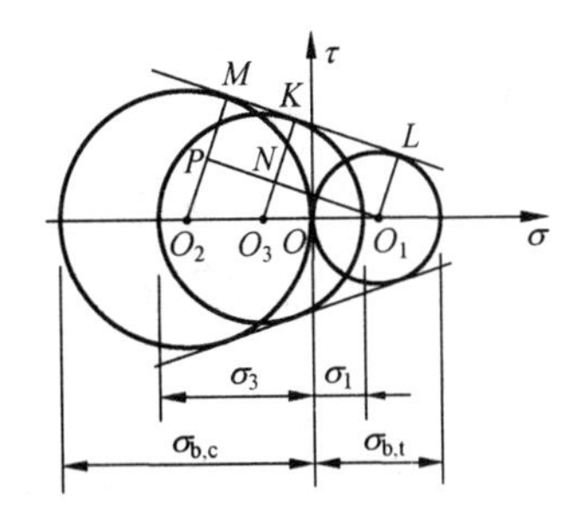

图 7－23　拉压强度不等的极限应力圆和包络线

但是，要精确作出某一材料的包络线是非常困难的。工程上为了简化计算，往往只作出单向拉伸和单向压缩的极限应力圆，并以这两个圆的公切线作为简化的包络线。图 7－23 表示抗拉强度 $\sigma_{b,t}$ 和抗压强度 $\sigma_{b,c}$ 不相等的材料所作的极限应力圆和包络线。为了导出用主应力表示的破坏条件，设构件内某点处于剪断破坏临界状态，由该点处的主应力 σ_1 和 σ_3 作一应力圆和包络线相切，如图 7－23 中的中间一个应力圆。作 MKL 的平行线 PNO_1，由 $\triangle O_1NO_3$ 与 $\triangle O_1PO_2$ 相似，得到

$$\frac{\overline{O_3N}}{\overline{O_2P}}=\frac{\overline{O_3O_1}}{\overline{O_2O_1}}$$

式中

$$\overline{O_3N}=\overline{O_3K}-\overline{O_1L}=\frac{1}{2}(\sigma_1-\sigma_3)-\frac{1}{2}\sigma_{b,t}$$

$$\overline{O_2P}=\overline{O_2M}-\overline{O_1L}=\frac{1}{2}\sigma_{b,c}-\frac{1}{2}\sigma_{b,t}$$

$$\overline{O_3O_1}=\overline{OO_1}+\overline{OO_3}=\frac{1}{2}\sigma_{b,t}+\frac{1}{2}(\sigma_1+\sigma_3)$$

$$\overline{O_2O_1}=\overline{OO_1}+\overline{OO_2}=\frac{1}{2}\sigma_{b,t}+\frac{1}{2}\sigma_{b,c}$$

将以上诸式代入相似比例式，并加以化简，可得

$$\sigma_1-\frac{\sigma_{b,t}}{\sigma_{b,c}}\sigma_3=\sigma_{b,t}$$

将 $\sigma_{b,t}$ 和 $\sigma_{b,c}$ 除以安全因数后，得到材料的许用拉应力 $[\sigma_t]$ 和许用压应力 $[\sigma_c]$，故强度条件为

$$\sigma_1-\frac{[\sigma_t]}{[\sigma_c]}\sigma_3\leqslant[\sigma_t] \tag{7-29}$$

一些实验表明，莫尔强度理论适用于脆性材料的剪断破坏。例如铸铁试件受轴向压缩时，其剪断面和图 7-23 中的点 M 对应，并不是与横截面成 45°的截面。此外，该强度理论也可用于岩石、土壤等材料。对于抗拉强度和抗压强度相等的塑性材料，由于 $[\sigma_t]=[\sigma_c]$，此时式(7-29)即成为式(7-27)，表明最大切应力理论是莫尔强度理论的特殊情况。因此，莫尔强度理论也适用于塑性材料的屈服破坏。莫尔强度理论和最大切应力理论一样，也没有考虑 σ_2 对破坏的影响。

7.8.4 强度理论的应用

上面介绍了四种基本的强度理论及莫尔强度理论，每种强度理论的强度条件，即式(7-25)～(7-29)，这些强度条件可以写成统一的形式，即

$$\sigma_r\leqslant[\sigma] \tag{7-30}$$

式中，σ_r 称为复杂应力状态的**相当应力**，这里 σ_r 只是按不同强度理论得出的主应力的综合值，并不是真实存在的应力；$[\sigma]$ 代表材料的许用应力，可以通过拉伸实验获得。

显然，四种基本强度理论及莫尔强度理论的相当应力分别为

第一强度理论：$\sigma_{r,1}=\sigma_1$；

第二强度理论：$\sigma_{r,2}=\sigma_1-\nu(\sigma_2+\sigma_3)$；

第三强度理论：$\sigma_{r,3}=\sigma_1-\sigma_3$；

第四强度理论：$\sigma_{r,4}=\sqrt{\frac{1}{2}[(\sigma_1-\sigma_2)^2+(\sigma_2-\sigma_3)^2+(\sigma_3-\sigma_1)^2]}$；

莫尔强度理论：$\sigma_{r,M}=\sigma_1-\frac{[\sigma_t]}{[\sigma_c]}\sigma_3$。

式(7-30)表明将一复杂应力状态转换为一相当强度的单向应力状态，并与许用应力 $[\sigma]$ 作比较，进行强度校核。

有了强度条件，就可对危险点处于复杂应力状态的杆件进行强度计算。但是，在工程实际问题中，解决具体问题时选用哪一个强度理论是比较复杂的问题，需要根据杆件的材料种类、

受力情况、荷载的性质(静荷载还是动荷载)以及温度等因素决定。一般说来,在常温静载下,脆性材料多发生断裂破坏(包括拉断和剪断),所以通常采用最大拉应力理论或莫尔强度理论,有时也采用最大拉应变理论。塑性材料多发生屈服破坏,所以通常采用最大切应力理论或形状改变能密度理论,前者偏于安全,后者偏于经济。

【说明】 选取强度理论不仅取决于材料的性质(脆性材料或塑性材料),而且与材料的应力状态有密切关系。即使是同一种材料,在不同的应力状态下,也可能有不同的失效形式,所以也不能采用同一种强度理论。例如低碳钢在单向拉伸时呈现屈服破坏,宜用第三或第四强度理论;但在三向拉伸状态下的三个主应力数值接近时,屈服很难出现,构件会因脆性断裂而破坏(此时最大切应力和形状改变比能均很小,无法应用),宜用最大拉应力理论或最大拉应变理论。对于脆性材料,在三向压应力相近的情况下,都可发生屈服破坏,故宜用第三或第四强度理论(此时不出现拉应力和伸长线应变,自然无法应用第一或第二强度理论)。

总之,强度理论的研究,使人们认识到了物体破坏的一些基本规律,并在工程上得到了广泛应用,但建立广泛意义下的强度理论或者针对特殊材料的强度理论至今仍是一个开放的课题,人们还在不断提出一些新的强度理论,如我国学者俞茂宏提出的双剪强度理论等,有兴趣的读者可以参考其著作。另外,构件内部可能还存在一些细小裂纹,在荷载作用下裂纹尖端附近会产生应力场和位移场,从而造成裂纹的扩展,最终断裂破坏。有关含裂纹构件的强度及其寿命的问题,已经形成一门新的学科,即断裂力学,有兴趣的读者可以参考相关教材。

使用式(7-30)进行强度问题的有关计算,一般均应遵照如下步骤进行:(1) 根据构件受力与变形的特点,判断危险截面和危险点的可能位置;(2) 在危险点上选择并截取单元体,并根据构件的受力情况计算单元体上的应力;(3) 利用主应力的计算公式或图解法计算危险点处的主应力 σ_1、σ_2、σ_3;(4) 根据材料的类型和应力状态,判断可能发生的破坏现象,选择合适的强度理论,进行有关的强度计算,包括强度校核、设计截面、计算许可荷载等。

【例7-8】 试用强度理论导出[σ]和[τ]之间的关系式。

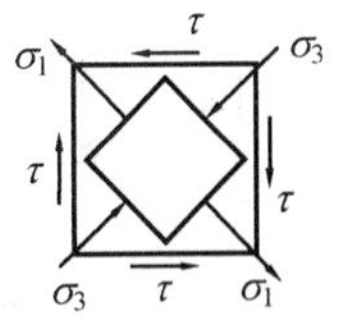

【解】 取一纯剪切应力状态的单元体,如图7-24所示。在该单元体中,主应力 $\sigma_1=\tau,\sigma_2=0,\sigma_3=-\tau$。

σ1 τ σ3 τ τ σ3 τ σ1

图7-24　例7-8图

现首先用第四强度理论导出[σ]和[τ]的关系式。

将主应力代入式(7-28),可得

$$\sqrt{\frac{1}{2}[(\tau-0)^2+(0+\tau)^2+(-\tau-\tau)^2]}\leqslant[\sigma]$$

即 $\tau\leqslant\frac{[\sigma]}{\sqrt{3}}$。

由 $\tau\leqslant[\tau]$,即得 $[\tau]=\frac{[\sigma]}{\sqrt{3}}=0.577[\sigma]$。

同理,由其他强度理论也可导出[σ]和[τ]的关系:

第三强度理论:$[\tau]=0.5[\sigma]$;

第一强度理论:$[\tau]=[\sigma]$;

第二强度理论:$[\tau]=\frac{[\sigma]}{1+\nu}$。

由于第一、第二强度理论适用于脆性材料,第三、第四强度理论适用于塑性材料,故通常取[σ]和[τ]的关系如下:

塑性材料：$[\tau]=(0.5\sim0.6)[\sigma]$；脆性材料：$[\tau]=(0.8\sim1.0)[\sigma]$

【说明】 通常低碳钢的容许应力取$[\sigma]=170$ MPa，$[\tau]=100$ MPa。这基本符合由第四强度理论导出的$[\sigma]$和$[\tau]$的关系。

【例 7-9】 图 7-25 所示的单向受力与纯剪切的组合应力状态，是一种常见的应力状态，试分别根据第三与第四强度理论建立相应的强度条件。

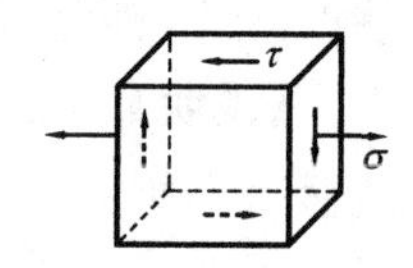

图7-25 例 7-9 图

【解】 由式(7-3)可得，该单元体的最大与最小正应力

$$\sigma_{\substack{max\\min}}=\frac{1}{2}(\sigma\pm\sqrt{\sigma^2+4\tau^2})$$

又无论 σ，τ 为正或为负，相应的主应力均为 $\sigma_{1,3}=\frac{1}{2}(\sigma\pm\sqrt{\sigma^2+4\tau^2})$，$\sigma_2=0$。

根据第三强度理论，由式(7-27)得

$$\sigma_{r,3}=\sqrt{\sigma^2+4\tau^2}\leqslant[\sigma] \tag{7-31}$$

根据第四强度理论，由式(7-28)得

$$\sigma_{r,4}=\sqrt{\sigma^2+3\tau^2}\leqslant[\sigma] \tag{7-32}$$

【说明】 图 7-25 所示的平面应力状态，在梁的弯曲、圆轴的扭转与弯曲或扭转与拉伸组合作用时会经常遇到。所以对应的相当应力的表达式(7-31)和式(7-32)需要掌握。

【例 7-10】 如图 7-26(a)所示的圆柱形薄壁容器的内径 $d=1$ m，内部的蒸汽压强 $p=3.6$ MPa，材料的许用应力$[\sigma]=160$ MPa，试按第三和第四强度理论设计容器的壁厚 t，并比较它们的差别。

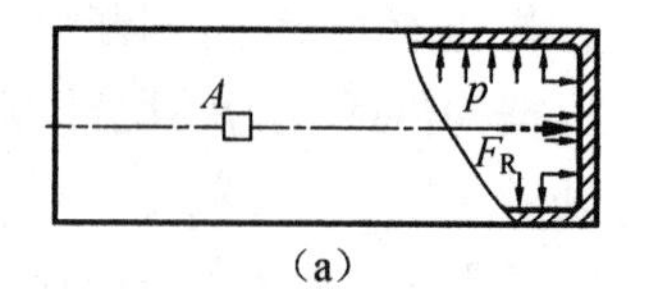

(a)

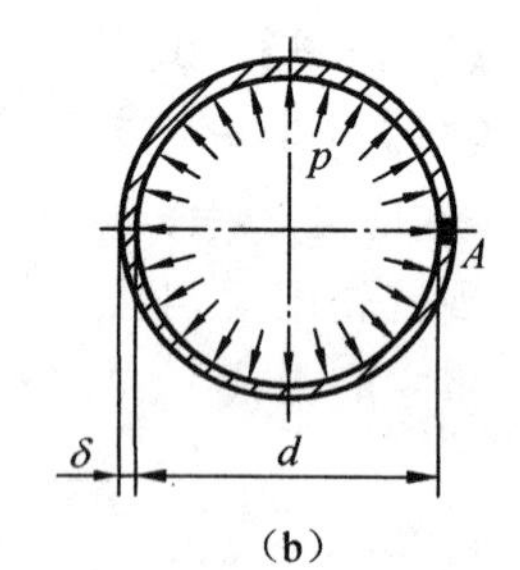

(b)

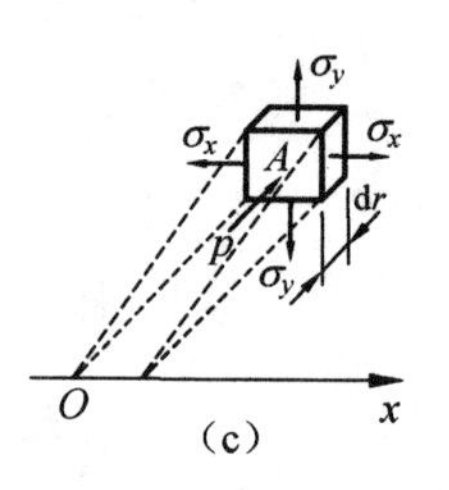

(c)

图 7-26 例 7-10 图

【解】 不考虑自重、应力集中等因素，容器中间的各横截面处于相同的危险程度。故在容器壁的任一截面上的点 A 处取一单元体，如图 7-26(b)、(c)所示。此单元体承受的轴向应力和环向应力分别是

$$\sigma_x=\frac{pd}{4\delta}$$

$$\sigma_y=\frac{pd}{2\delta}$$

单元体是自内壁取出的，它的前、后面上作用着内压 p，因为 p 值比 σ_x、σ_y 小得多，故可暂时略去。又由于圆形截面的对称性，可以认为不存在切应力。这样单元体的三个主应力是

$$\sigma_1=\frac{pd}{2\delta}$$

$$\sigma_2=\frac{pd}{4\delta}$$

$$\sigma_3=0$$

根据第三强度理论的式(7-27)，有

$$\frac{pd}{2\delta}-0\leqslant[\sigma]$$

$$\frac{3.6\ \text{MPa}\times1\ 000\ \text{mm}}{2\delta}\leqslant160\ \text{MPa}$$

解得 $\delta\geqslant11.25$ mm。

根据第四强度理论的式(7－28)有

$$\sqrt{\left(\frac{pd}{2\delta}\right)^2+\left(\frac{pd}{4\delta}\right)^2-\frac{pd}{2\delta}\times\frac{pd}{4\delta}}\leqslant[\sigma]$$

即
$$\frac{pd}{\delta}\times\frac{\sqrt{3}}{4}\leqslant[\sigma]$$

或者
$$\frac{3.6\ \text{MPa}\times1\ 000\ \text{mm}}{\delta}\times\frac{\sqrt{3}}{4}\leqslant160\ \text{MPa}$$

解得 $\delta\geqslant9.75$ mm。

若选用壁厚 $\delta=9.75$ mm，这时$\frac{\delta}{d}\approx\frac{1}{100}$，故此容器确属于薄壁。此例中第三和第四理论的差别为$\frac{11.25\ \text{mm}-9.75\ \text{mm}}{9.75\ \text{mm}}=15.4\ \%$。

如果取 $\delta=9.75$ mm，按第四理论，并考虑主应力 $\sigma_3=-p$，即

$$\sigma_1=\frac{pd}{2\delta}=\frac{3.6\ \text{MPa}\times1\ 000\ \text{mm}}{2\times9.75\ \text{mm}}=184.6\ \text{MPa}$$

$$\sigma_2=92.3\ \text{MPa}$$

$$\sigma_3=-3.6\ \text{MPa}$$

可得相当应力 $\sigma_{r,4}=163$ MPa，即超出$[\sigma]$约 2%，不足 5%。因此可取壁厚 $\delta=9.75$ mm。

【说明】 该例题可验证前面的结论，即第三强度理论比第四强度理论偏于安全。

【例 7－11】 如图 7－27(a)所示简支梁 AB，荷载 $F=12$ kN，距离 $a=0.8$ m，材料的许用应力$[\sigma]=120$ MPa，$[\tau]=80$ MPa。试选择工字钢型号，并对梁强度作全面校核。截面尺寸单位：mm。

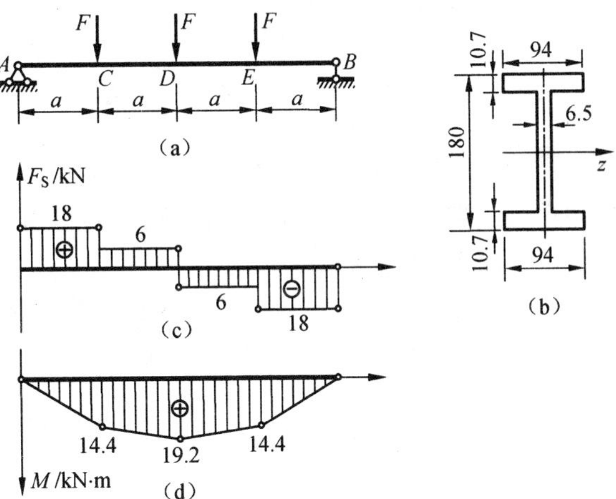

图 7－27　例 7－10 图

【解】 画出梁 AB 的剪力图和弯矩图，如图 7 - 27(c)、(d)所示。首先按正应力强度条件选择工字形截面，截面 D 的弯矩值最大，$M_{max}=19.2\ kN\cdot m$，根据 $\sigma_{max}=\frac{M_{max}}{W_z}\leqslant[\sigma]$，可解出

$$W_z\geqslant\frac{M_{max}}{[\sigma]}=\frac{19.2\times10^6\ N\cdot mm}{120\ N/mm^2}=16.0\times10^4\ mm^3$$

查型钢表，可选 18 号工字钢，截面有关的几何性质如下：$I_z=16.6\times10^6\ mm^4$，$W=1.85\times10^5\ mm^3$，$\frac{I_z}{S_z^*}=154\ mm$，$d=6.5\ mm$。

为了计算方便，将 18 号工字钢截面作适当的简化，简化后的截面尺寸如图 7 - 27(b)所示，其中截面尺寸为 mm。首先校核梁在 AC 段和 EB 段的中性层处的切应力，有

$$\tau_{max}=\frac{F_{S,max}S_z^*}{I_zd}=\frac{F_{S,max}}{(I_z/S_z^*)d}=\frac{18\times10^3\ N}{154\ mm\times6.5\ mm}=18.0\ MPa<[\tau]$$

因为在翼缘的上、下边缘处及中性层上，材料处于单向应力状态或纯剪切应力状态，可不使用强度理论进行有关的强度计算。但是在翼缘和腹板的交汇处，既有正应力也有切应力作用，属平面应力状态，需使用强度理论校核。

对于无限接近截面 D 的左侧截面，$M=19.2\ kN\cdot m$，$F_S=6\ kN$，计算得翼缘与腹板交汇处的正应力 σ_x、切应力 τ_{xy} 分别为

$$\sigma_x=\frac{19.2\times10^6\ N\cdot mm\times(90-10.7)mm}{16.6\times10^6\ mm^4}=91.7\ MPa$$

$$\tau_{xy}=\frac{6\times10^3\ N\times94\ mm\times10.7\ mm\times(90-5.4)mm}{16.6\times10^6\ mm^4\times6.5\ mm}=4.73\ MPa$$

根据第三强度理论，由式(7 - 31)得

$$\sigma_{r,3}=\sigma_1-\sigma_3=\sqrt{\sigma_x^2+4\tau_{xy}^2}=\sqrt{91.7^2+4\times4.73^2}\ MPa=92.2\ MPa$$

对于截面 C 的左侧截面，$M=14.4\ kN\cdot m$，$F_S=18\ kN$，正应力 σ_x、切应力 τ_{xy} 分别为

$$\sigma_x=\frac{14.4\times10^6\ N\cdot mm\times(90-10.7)\ mm}{16.6\times10^6\ mm^4}=68.8\ MPa$$

$$\tau_{xy}=\frac{18\times10^3\ N\times94\ mm\times10.7\ mm\times(90-5.4)\ mm}{16.6\times10^6\ mm^4\times6.5\ mm}\ MPa=14.2\ MPa$$

第三强度理论的相应力

$$\sigma_{r,3}=\sqrt{\sigma_x^2+4\tau_{xy}^2}=\sqrt{68.8^2+4\times14.2^2}\ MPa=74.4\ MPa<[\sigma]$$

经全面校核可知此梁的设计(选 18 号工字钢)是可行的。对于由型钢制成的细长梁，按正应力条件设计后，其强度校核一般会满足要求。

【思考】 ① 试用第四强度理论进行强度校核。② 与应用第四强度理论相比较，这种结果是偏于安全或偏于经济？

习 题

7 - 1 试说明如图所示梁中 A,B,C,D,E 各处于什么应力状态，并用单元体表示。

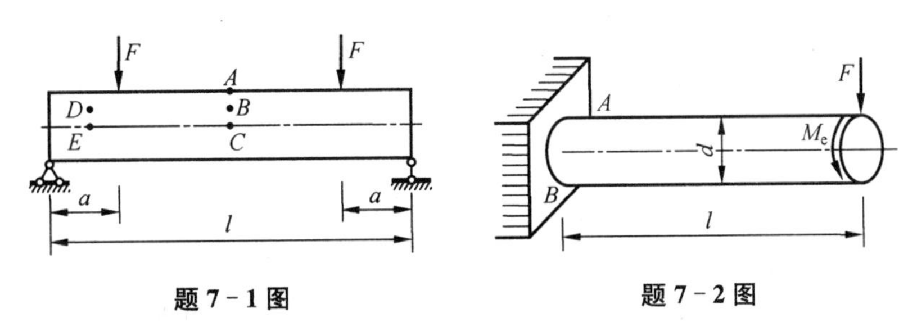

题 7－1 图　　　　题 7－2 图

7－2　杆件受力如图所示。设 F,M_e,d 及 l 为已知，试用单元体表示点 A,B 的应力状态。

7－3　在如图所示应力状态中，试用解析法和图解法求出指定斜截面上的应力(图中应力单位 MPa)。

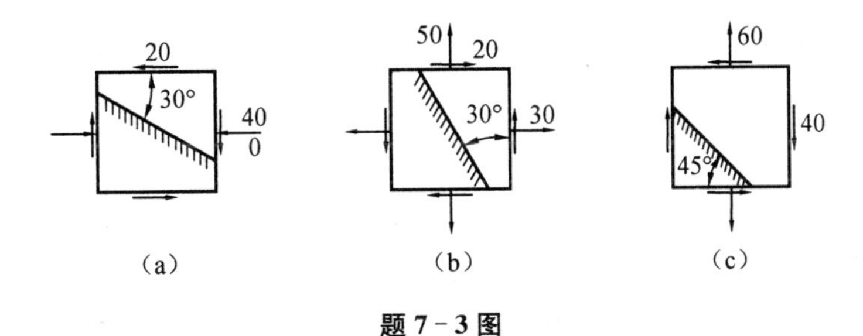

题 7－3 图

7－4　已知应力状态如图所示，图中应力单位皆为 MPa。试用解析法及图解法求：(1) 主应力大小，主平面位置；(2) 在单元体上绘出主平面位里及主应力方向；(3) 最大切应力。

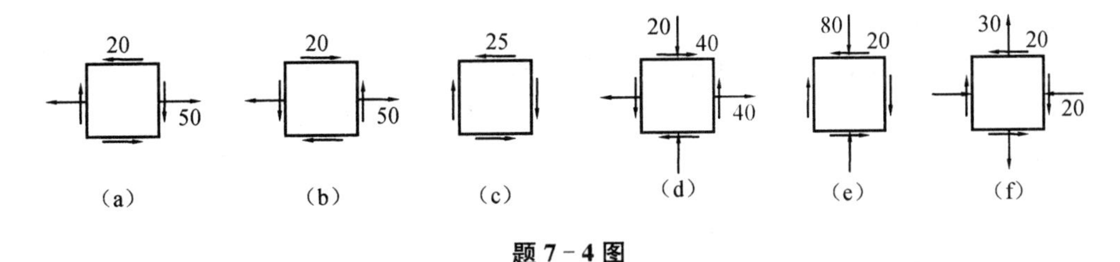

题 7－4 图

7－5　如图所示的单元体，试用应力圆求解，并讨论以下问题：(1) 主应力值；(2) 主平面的方位；(3) 最大切应力值及作用面的方位。

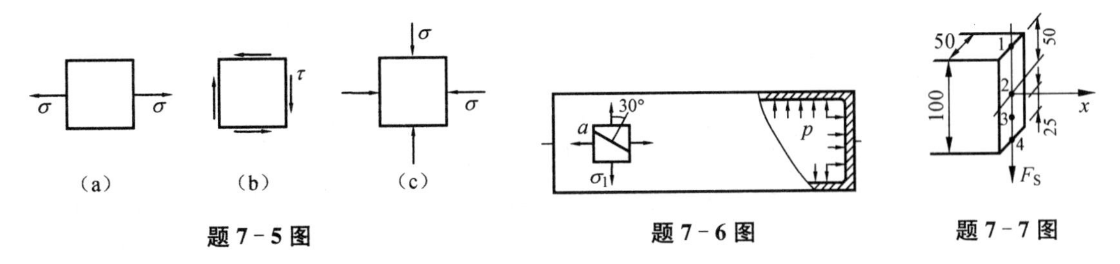

题 7－5 图　　　　题 7－6 图　　　　题 7－7 图

7－6　如图所示，锅炉直径 $D=1$ m，壁厚 $t=10$ mm，内受蒸汽压力 $p=3$ MPa。试求：(1) 壁内主应力 σ_1,σ_2 及最大切应力 τ_{max}；(2) 斜截面 ab 上的正应力及切应力。

7－7　如图所示，已知矩形截面梁某截面上的弯矩及剪力为 $M=10$ kN・m，$F=120$ kN，试绘出截面上 1,2,3,4 各点应力状态的单元体，并求其主应力。图中几何尺寸单位：mm。

7-8 从构件中取出的微元如图所示，AC 为自由表面，无外力作用，试求 σ_x 和 τ_{xy}。

7-9 如图所示，构件表面 AC 上作用有数值为 14 MPa 的压应力，求 σ_x 和 τ_{xy}。

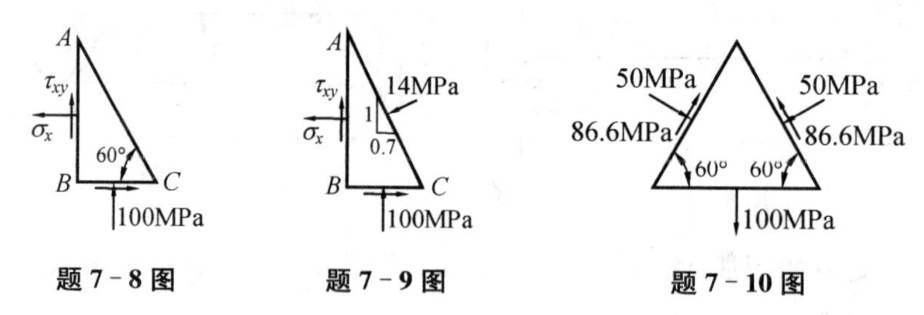

题 7-8 图　　题 7-9 图　　题 7-10 图

7-10 在平面应力状态的受力物体中取出一单元体，其受力状态如图所示。试求主应力和最大切应力，并指出其位置。

7-11 图示平面应力状态的应力单位为 MPa，试求其主应力。

7-12 通过一点的两个平面上，应力如图所示，单位为 MPa，试求主应力的大小和主平面的位置。

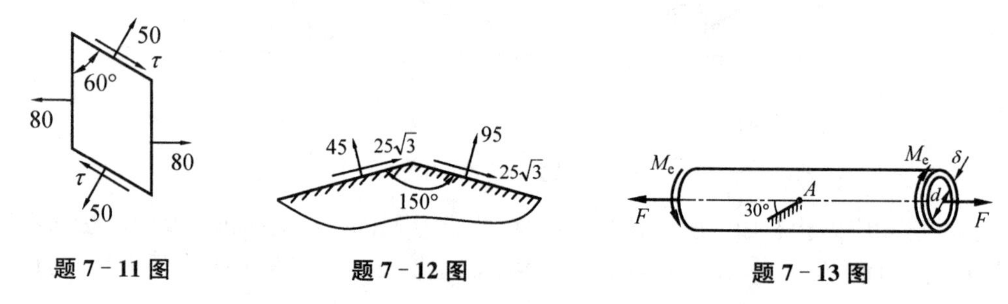

题 7-11 图　　题 7-12 图　　题 7-13 图

7-13 薄壁圆筒作扭转-拉伸试验时的受力如图所示。若 $F=20$ kN，$M_e=600$ N·m，$d=5$ cm，$\delta=2$ mm。试求：(1) 点 A 在指定斜截面上的应力；(2) 点 A 的主应力大小及方向(用单元体表示)。

7-14 试求如图所示各单元体的主应力及最大切应力(应力单位为 MPa)。

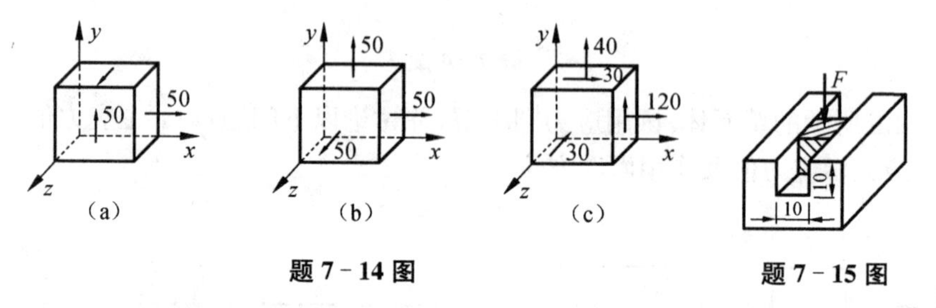

题 7-14 图　　题 7-15 图

7-15 如图所示，一体积较大的钢块上开一个贯穿的槽，其宽度和深度都是 10 mm。在槽内紧密无隙地嵌入一铝质立方块，它的尺寸是 10 mm×10 mm×10 mm。当铝块受到压力 $F=6$ kN 的作用时，假设钢块不变形。铝的弹性模量 $E=70$ GPa，$\nu=0.33$。试求铝块的 3 个主应力及相应的变形。

7-16 如图所示的受拉圆杆，直径 $d=2$ cm，现测得与轴线成 30°方向上的线应变 $\varepsilon_{30°}=410\times10^{-6}$。已知材料的 $E=200$ GPa，$\nu=0.3$，试求其轴向拉力 F。

7-17 如图所示，直径 $d=2$ cm 的受扭圆轴，现测得与轴线成 45°方向上的线应变 $\varepsilon_{45°}=520\times10^{-6}$。已知 $E=200$ GPa，$\nu=0.3$，试求其外力偶 M_e。

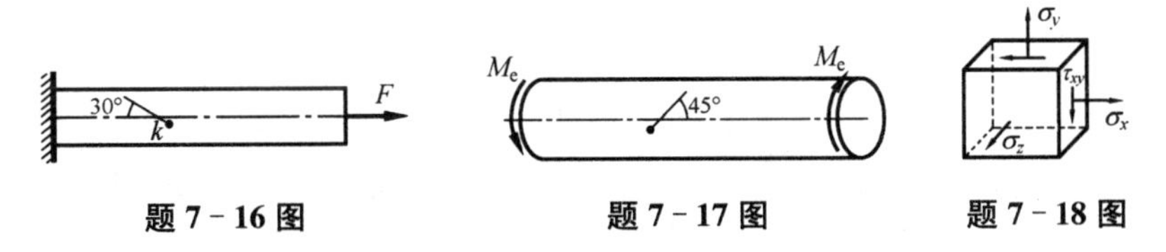

题 7－16 图　　题 7－17 图　　题 7－18 图

7－18　构件中危险点的应力状态如图所示，试选择合适的准则对以下两种情形进行强度校核：

(1) 构件为钢制成，$\sigma_x=45$ MPa，$\sigma_y=135$ MPa，$\sigma_z=0$，$\tau_{xy}=0$，材料许用应力$[\sigma]=160$ MPa。

(2) 构件材料为铸铁，$\sigma_x=20$ MPa，$\sigma_y=-25$ MPa，$\sigma_z=30$ MPa，$\tau_{xy}=0$，$[\sigma]=30$ MPa。

7－19　简支梁如图所示，梁为 25b 型号的工字钢。试用第四强度理论进行校核。已知 $F=200$ kN，$q=10$ kN/m，$l=2$ m，$a=0.2$ m，$[\sigma]=160$ MPa。

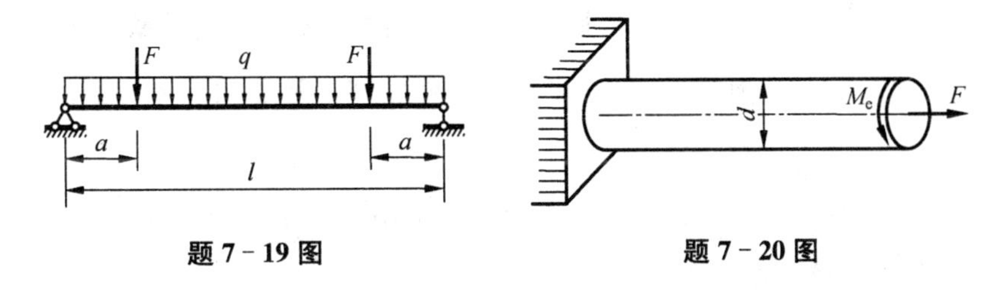

题 7－19 图　　题 7－20 图

7－20　圆杆如图所示。已知直径 $d=10$ mm，$M_e=\dfrac{1}{10}Fd$，试求杆的许用荷载$[F]$。若圆杆为钢材，$[\sigma]=160$ MPa；若圆杆为铸铁，$[\sigma]=30$ MPa。

7－21　在构件表面某点 O 处，沿 0°，60°与 120°方位，粘贴三个测量正应变的应变片，测得该三方位的正应变依次为 $\varepsilon_{0^\circ}=300\times10^{-6}$，$\varepsilon_{60^\circ}=200\times10^{-6}$ 与 $\varepsilon_{120^\circ}=-100\times10^{-6}$，试求该表面处的正应变 ε_x 与 ε_y，以及切应变 γ_{xy}。

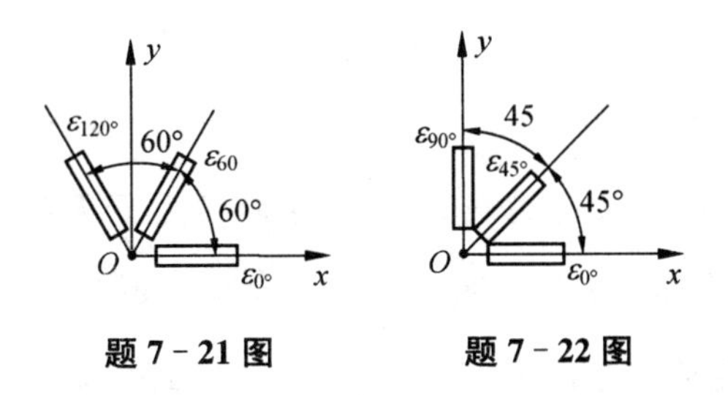

题 7－21 图　　题 7－22 图

7－22　在构件表面某点 O 处，沿 0°，45°与 90°方位，粘贴三个测量正应变的应变片，测得该三方位的正应变分别为 $\varepsilon_{0^\circ}=450\times10^{-6}$，$\varepsilon_{45^\circ}=350\times10^{-6}$ 与 $\varepsilon_{90^\circ}=100\times10^{-6}$，该处表层处于平面应力状态，试求该点处的应力 σ_x，σ_y 与 τ_x。已知材料的弹性模量 $E=200$ GPa，泊松比$v=0.3$。

7－23　直径 $d=50$ mm 的实心圆铝柱，放置在厚度 $\delta=2$ mm 的钢制圆筒内，两者之间无间隙。铝圆柱受压力 $F=45$ kN。已知铝和钢的弹性常数分别为 $E_{al}=70$ GPa，$\nu_{al}=0.35$；$E_{st}=210$ GPa，$\nu_{st}=0.28$。试求铝柱和钢筒中的主应力值。（提示：当圆柱受径向分布压力 p 时，其中任一点的径向及周向应力均为 p。）

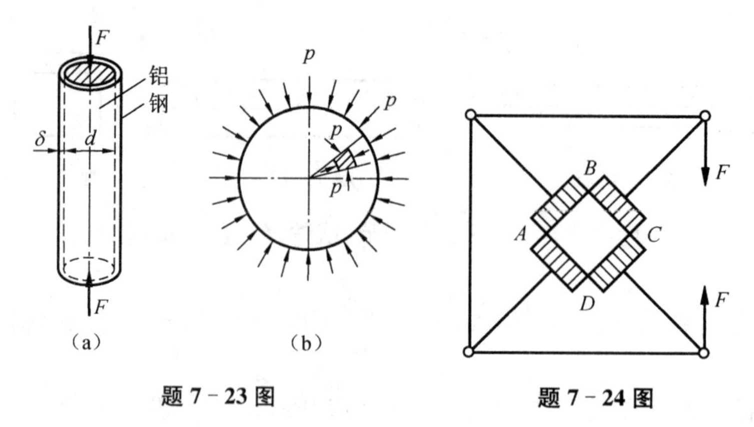

题 7-23 图　　题 7-24 图

7-24　图示立方块 $ABCD$ 尺寸是 70 mm×70 mm×70 mm，通过专用的压力机在其四个面上作用均匀分布的压力。若 $F=50$ kN，$E=200$ GPa，$\nu=0.3$。试求立方块的体积应变 θ。

7-25　试证明弹性模量 E、切变模量 G 和体积弹性模量 K 间的关系是 $E=\dfrac{9KG}{3K+G}$。

7-26　试对题 7-4 应力状态，写出四个常用强度理论及莫尔强度理论的相当应力。设 $\nu=0.25$，$\dfrac{\sigma_t}{\sigma_c}=\dfrac{1}{4}$。

7-27　对题 7-14 中的各应力状态，写出四个常用强度理论的相当应力。设 $\nu=0.3$。如果材料为中碳钢，指出该用哪一理论。

7-28　两种应力状态如图所示。(1) 试按第三强度理论分别列出其强度条件(设 $|\sigma|>|\tau|$)；(2) 按形变能的概念判断何者较易发生塑性屈服。

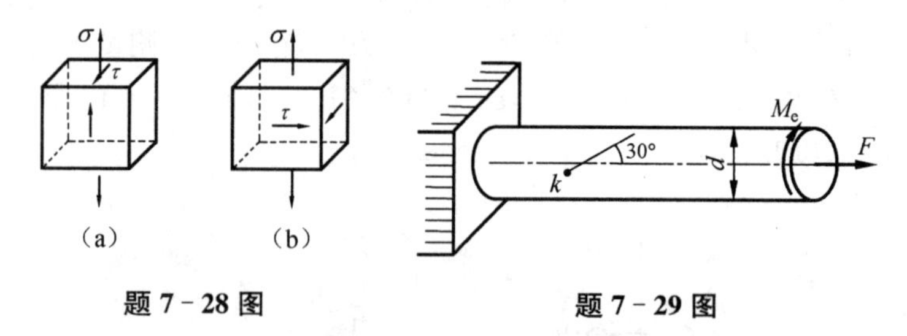

题 7-28 图　　题 7-29 图

7-29　用 Q235 钢制成的实心圆截面杆，受轴向拉力 F 及扭转力偶矩 M_e 共同作用，且 $M_e=\dfrac{1}{10}Fd$。今测得圆杆表面点 k 处沿图所示方向的线应变 $\varepsilon_{30^\circ}=14.33\times10^{-5}$。已知该杆直径 $d=10$ mm，材料的弹性常数为 $E=200$ GPa，$\nu=0.3$。试求荷载 F 和 M_e。若其许用应力 $[\sigma]=160$ MPa，试按第四强度理论校核该杆的强度。

7-30　钢制圆柱形薄壁容器，直径为 800 mm，壁厚 5 mm，$[\sigma]=120$ MPa。试用强度理论确定可能承受的内压强 p。

7-31　如图所示，一铸铁的圆筒形薄壁容器的内径 $d=20$ cm，壁厚 $t=2$ cm，承受内压 $p=4$ MPa，作用在容器两端的轴向拉力 $F=240$ kN，材料的许用拉应力 $[\sigma_t]=35$ MPa，许用压应力 $[\sigma_c]=120$ MPa。试用简化的莫尔强度理论校核其强度。

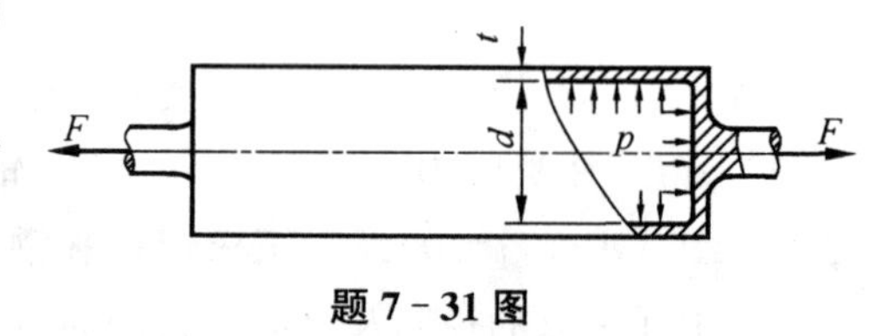

题 7-31 图

7－32　变形体内部在外荷载作用下形成了一个应力场。这个应力场中每一点都定义着一个应力状态，可以用空间的单元体表示，因而在每一点都存在者三个主应力和对应的主方向。由于连续体的应力分布是连续的，因此每个主应力在物体中都是连续分布的，对应的主方向也是连续变化的。这样，在连续体中就存在着三组相互正交的曲面族，可将它们称为主应力曲面。某点处三个主应力曲面的交线的切线方向，就是该点主应力的方向。

在二维情况下，这三组正交曲面族退化为两组正交曲线族，称为主应力迹线。主应力迹线上某点的切线方向，便是过该点的主应力方向。例如题 7－32 图，便是自由端承受集中力的悬臂梁的主应力迹线的示意图。主应力迹线在工程中有重要应用。例如混凝土是一种抗拉能力较弱的材料，人们常在混凝土中配置钢筋，用以提高其抗拉能力。在理论上，在混凝土构件中的受拉区沿第一主应力迹线配置钢筋对于提高构件的抗拉能力是最有效的。

针对题 7－32 图，分析主应力迹线的规律，并回答下列问题：

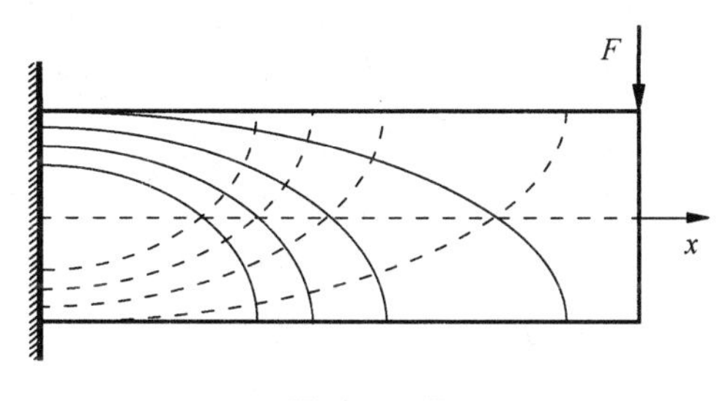

题 7－32 图

（1）图中的两组迹线分别代表何种主应力？

（2）对图中的一条迹线而言，在左端处、中性层处和下边沿处与 x 轴正向的夹角分别为多少？为什么？

（3）如果将悬臂梁的荷载由图示的集中力 F 改为集中力偶 M，那么主应力迹线会发生什么变化？

（4）尝试绘制矩形截面简支梁在跨中承受竖直向下的集中力作用时的主应力迹线图。

第 8 章　组合变形

8.1　概述

在前面的章节，研究了杆件在轴向拉压、扭转与剪切、平面弯曲等基本变形时的强度和刚度问题，以及应力状态和强度理论。在工程实际中，许多杆件往往所受荷载不是如讨论的那样单一，而是处于组合变形状态，即其变形是由两种或三种基本变形所组成，或者所受的单一荷载并不满足简单变形的条件。例如虽然也是拉伸或压缩，但可能荷载并不沿轴线作用，而是相对横截面的形心位置有所偏离，即所谓的偏心拉伸或压缩。本章主要研究杆件组合变形时的强度计算。

如前所述，如果杆件处在线弹性范围内工作，而且变形很小，从而可按原始尺寸原理来分析其内力，则任一载荷在杆内引起的应力不受其他载荷的影响。所以，当杆件处于组合变形时，可首先将其分解为若干基本变形的组合，并计算出物体内某截面上一点相应于每种基本变形的应力，然后将所得结果迭加(代数和或矢量和)，即得杆件在组合变形时的应力。

组合变形包括两个平面弯曲的组合(斜弯曲)，拉伸(或压缩)与弯曲的组合，弯曲与扭转的组合，拉伸(或压缩)与扭转的组合，弯曲、拉伸(或压缩)与扭转的组合等多种形式，本章主要研究杆件在斜弯曲、拉伸(或压缩)与弯曲组合、弯扭组合变形时的强度计算，其分析方法同样适用于其他组合变形形式。

8.2　梁的斜弯曲

8.2.1　斜弯曲及横截面上的正应力

在第五章曾指出只要作用在杆件上的横向力通过弯心，并与一个形心主轴方向平行，杆件将只发生平面弯曲。但在工程实际中，有时横向力通过弯心，但不与形心主轴平行，例如屋架上倾斜放置的矩形截面檩条，如图 8－1(a)所示，它所承受的屋面荷载 q 就不沿截面的形心主轴方向[图 8－1(b)]。试验结果以及下面的分析均表明此时挠曲线不再位于外力所在的纵向平面内，这种弯曲称为**斜弯曲**。

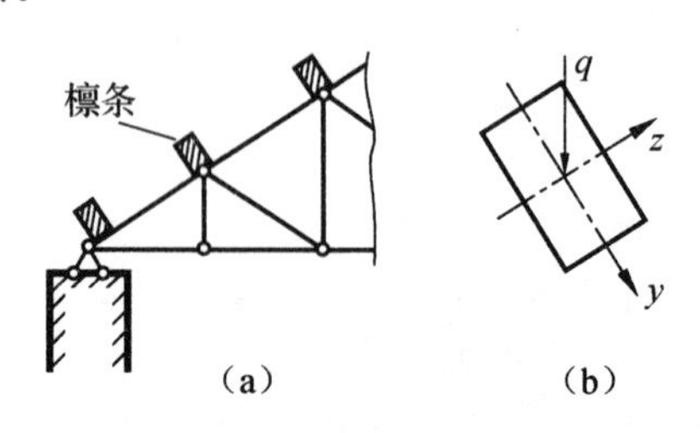

图 8－1　屋架(部分)

现以图 8-2 所示的矩形截面悬臂梁为例，来说明斜弯曲时的应力与位移的计算方法。设作用在梁自由端的集中力 F 通过截面形心，且与竖直对称轴之间的夹角为 φ。

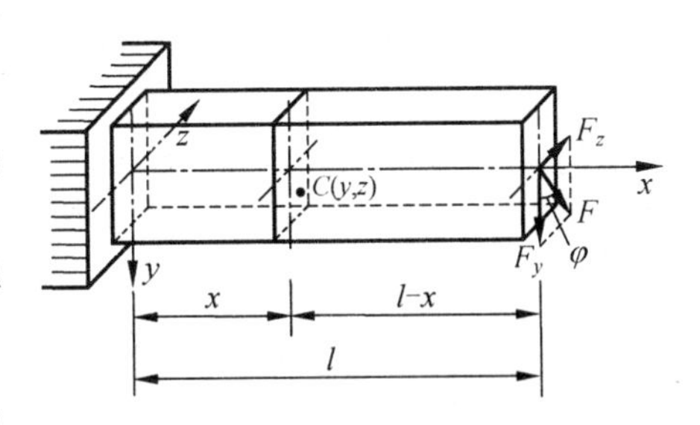

图 8-2　矩形截面悬臂梁

将力 F 沿截面的两个对称轴 y 和 z 方向分解，得 $F_y=F\cos\varphi$，$F_z=F\sin\varphi$。

在 F_y 单独作用下，梁在竖直平面内发生平面弯曲，z 轴为中性轴；而在 F_z 单独作用下，梁在水平平面内发生平面弯曲，y 轴为中性轴。可见斜弯曲是两个互相垂直方向的平面弯曲的组合。

F_y 和 F_z 各自单独作用时，距固定端为 x 的横截面上，绕 z 轴和 y 轴的弯矩分别为

$$M_z=F_y(l-x)=F\cos\varphi(l-x)=M\cos\varphi$$

$$M_y=F_z(l-x)=F\sin\varphi(l-x)=M\sin\varphi$$

可见弯矩 M_y 和 M_z 也可从分解向量 M（总弯矩）来求得。

若材料在线弹性范围内工作，则对于其中的每一个平面弯曲，均可用弯曲正应力的计算公式计算其正应力。对于 x 截面上第一象限内某点 $C(y,z)$ 处，与弯矩 M_z 和 M_y 对应的正应力 σ' 和 σ'' 都是压应力，故

$$\sigma'=-\frac{M_z}{I_z}y=-\frac{M\cos\varphi}{I_z}y$$

$$\sigma''=-\frac{M_y}{I_y}z=-\frac{M\sin\varphi}{I_y}z$$

在以上两式中弯矩均采用绝对值。

当 F_y 和 F_z 共同作用时，应用叠加法，取 σ' 和 σ'' 的代数和，即为 C 点处由集中力 F 引起的正应力 σ，即

$$\sigma=\sigma'+\sigma''=-M\left(\frac{\cos\varphi}{I_z}y+\frac{\sin\varphi}{I_y}z\right) \tag{8-1}$$

式(8-1)表明，横截面上的正应力是坐标 y、z 的线性函数，即式(8-1)是平面方程。x 截面上的正应力变化规律如图 8-3 所示。

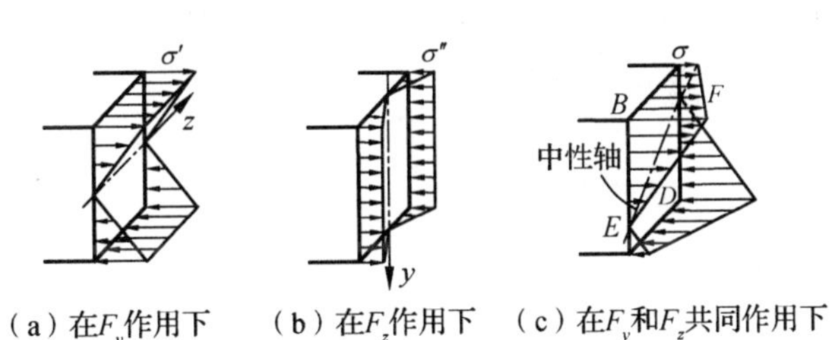

图 8-3　矩形截面上的应力分布

8.2.2 斜弯曲时梁的中性轴方程与强度条件

由图 8－3(c)可知，在 x 截面上角点 B 处有最大拉应力，角点 D 处有最大压应力，它们的绝对值相等。E 和 F 点处的正应力为零，它们的连线即是中性轴，从而点 B 和点 D 就是离中性轴最远的点。

由式(8－1)可知，任意 x 截面的中性轴方程应满足下式：

$$\frac{\cos\varphi}{I_z}y_0+\frac{\sin\varphi}{I_y}z_0=0 \tag{8-2}$$

其中，(y_0, z_0)是中性轴上点的坐标。显然中性轴通过截面形心，若记中性轴与 y 轴的夹角为 α，则有

$$\tan\alpha=\frac{z_0}{y_0}=-\left(\frac{I_y}{I_z}\right)cot\varphi \tag{8-3}$$

式(8－3)说明，除非 $I_y=I_z$，否则中性轴不会与荷载的作用线垂直。

对整个梁来说，横截面上的最大正应力应在危险截面的角点处，其值为

$$\sigma_{\max}=\frac{M_{y,\max}}{W_y}+\frac{M_{z,\max}}{W_z}=M_{\max}\left(\frac{\sin\varphi}{W_y}+\frac{\cos\varphi}{W_z}\right) \tag{8-4}$$

由于角点处的切应力为零，所以按单向应力状态来建立强度条件。设材料的抗拉和抗压强度相同，则斜弯曲时的强度条件为

$$\sigma_{\max}\leqslant[\sigma]$$

若梁的横截面没有外棱角，例如图 8－4 所示的椭圆形截面，y、z 轴为形心主轴。为确定斜弯曲时危险点的位置，可利用横截面上的中性轴方程(8－2)。

确定了中性轴的位置后，作两条与中性轴平行而与横截面周边相切的直线，将所得切点的坐标分别代入式(8－1)，就可求得指定横截面上的最大拉应力和最大压应力。而弯矩最大横截面上的切点就是整个梁的危险点。

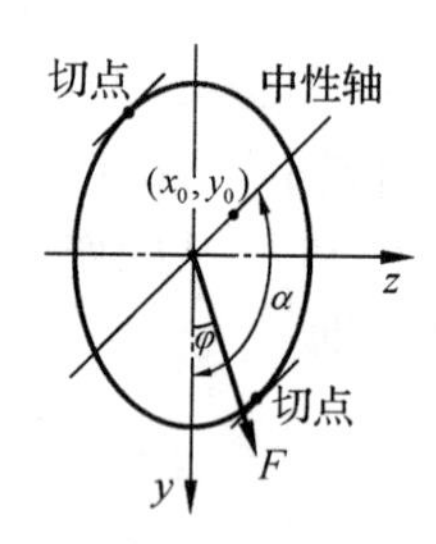

图 8－4　没有外棱角截面的危险点

8.2.3 斜弯曲时梁的变形

现在用叠加法来求梁在斜弯曲时的挠度。当 F_y 和 F_z 各自单独作用时，则自由端截面的挠度分别为

$$w_y=\frac{F_y l^3}{3EI_z}$$

$$w_z=\frac{F_z l^3}{3EI_y}$$

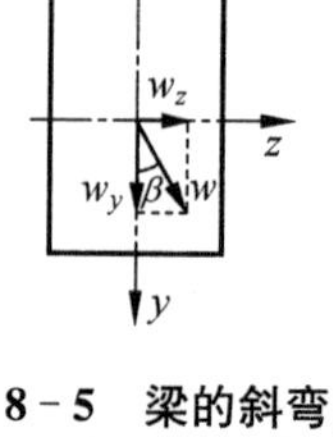

图 8－5　梁的斜弯曲

因 w_y 和 w_z 是正交的，所以当 F_y 和 F_z 共同作用时自由端截面的总挠度为 $w=\sqrt{w_y^2+w_z^2}$，如图 8－5 所示。若以 β 表示总挠度与 y 轴之间的夹角，则

$$\tan\beta=\frac{w_z}{w_y}=\frac{I_z}{I_y}\cdot\frac{F_z}{F_y}=\left(\frac{I_z}{I_y}\right)\tan\varphi \tag{8-5}$$

【说明】 (1) 若矩形截面的 $I_y\neq I_z$，则有 $\beta\neq\varphi$。这表明矩形截面梁斜弯曲时的挠曲平面与外荷载所在的纵向平面一般不重合，这是斜弯曲与平面弯曲的本质不同。若 $I_y>I_z$，则 $\beta<\varphi$；若 $I_z>I_y$，则 $\beta>\varphi$。即挠曲平面总是位于最大主惯性轴与外荷载所在的纵向平面之间。(2) 若梁的截面是正方形，则有 $I_y=I_z$，故 $\beta=\varphi$，即不会发生斜弯曲。因此，对于圆形及正多边形截面梁，由于任何一对正交形心轴都是形心主轴，且截面对各形心轴的惯性矩均相等，所以，过形心的任意方向的横向力，都只会使梁发生平面弯曲。(3) 由式(8-2)、(8-4)可知，无论 I_y 与 I_z 是否相等，总有：$\tan\alpha\cdot\tan\beta=-1$。这说明，中性轴总是垂直于挠曲平面。

综上所述，分析斜弯曲(及其他组合变形)的应力和变形时，与分析其内力的方法一样，仍然使用叠加法。即，先将组合变形分解为各种基本变形的情况，认为它们之间互不干扰(即拉压变形不影响弯曲变形，弯曲变形也不影响扭转变形等)，分别计算出它们各自的内力和应力，并将危险点处的同类应力叠加，然后进行强度校核。

【注意】 (1) 同类应力进行叠加是指：在同一点处分别由轴力和弯矩产生的正应力可进行叠加；分别由扭转和弯曲剪力产生的剪应力也可进行叠加。但不能将正应力和剪应力进行叠加，也不允许将不同点处的应力进行叠加。(2) 各种作用之间互不干扰的前提是小变形假设，即在小变形的前提下，可以使用叠加原理而不计它们之间的相互作用。但在实际设计工作中，仍需注意真实存在的相互作用给设计带来的影响是偏于安全或偏于风险。

【例8-1】 跨长 $l=4$ m的简支梁，由25a号工字钢制成，受力如图8-6所示。F 力的作用线通过截面形心，且与 y 轴间的夹角 $\varphi=15°$，材料的许用应力 $[\sigma]=170$ MPa，试校核此梁的强度。

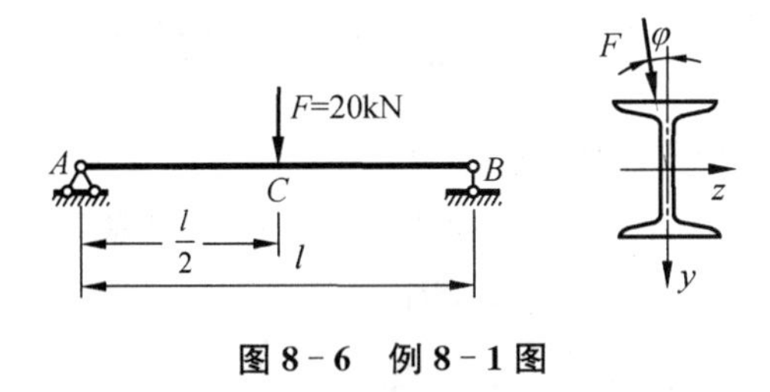

图8-6　例8-1图

【解】 梁跨中截面上的弯矩最大，故为危险截面，该截面上的弯矩值为

$$M_{\max}=\frac{Fl}{4}=\frac{1}{4}\times(20\ \text{kN})\times(4\ \text{m})=20\ \text{kN}\cdot\text{m}$$

在两个形心主惯性平面内的弯矩分量分别为

$$M_{y,\max}=M_{\max}\sin\varphi=20\ \text{kN}\cdot\text{m}\times\sin15°=5.18\ \text{kN}\cdot\text{m}$$

$$M_{z,\max}=M_{\max}\cos\varphi=20\ \text{kN}\cdot\text{m}\times\cos15°=19.32\ \text{kN}\cdot\text{m}$$

从型钢表中查得25a号工字钢的弯曲截面系数 $W_y=48.3\times10^3\ \text{mm}^3$，$W_z=402\times10^3\ \text{mm}^3$。将 W_y、W_z 的值代入式(8-4)，可得

$$\sigma_{\max}=\frac{5.18\times10^6\ \text{N}\cdot\text{mm}}{48.3\times10^3\ \text{mm}^3}+\frac{19.32\times10^6\ \text{N}\cdot\text{mm}}{402\times10^3\ \text{mm}^3}=107.25\ \text{MPa}+48.06\ \text{MPa}$$

$$=155.31\ \mathrm{MPa}<170\ \mathrm{MPa}$$

故此梁满足正应力强度条件。

【说明】 (1) 若在此例中若 F 力的作用线与 y 轴重合,即 $\varphi=0$,则梁横截面上的最大正应力为 $\sigma_{\max}=\dfrac{M_{\max}}{W_z}=\dfrac{20\times10^6\ \mathrm{N\cdot mm}}{402\times10^3\mathrm{mm}^3}=49.75\ \mathrm{MPa}$,其值远小于 155.31 MPa。(2) 由此例可见,对于工字形截面梁,当外力对 y 轴稍有偏斜时,就会使最大正应力显著增大,这是由于其 W_y 远小于 W_z 的缘故。因此对于这类截面梁,应尽量避免产生斜弯曲,以确保梁有足够的强度。

8.3 拉压与弯曲的组合受力

8.3.1 拉压与弯曲组合的强度条件

现以图 8-7(a)所示的矩形截面杆为例来说明拉(压)弯组合变形时的强度计算方法。

在横向力 q 和轴向拉力 F 的作用下,杆除发生弯曲变形外,还要产生轴向伸长变形。如果杆件的弯曲刚度 EI 较大,由横向力产生的挠度远小于截面尺寸,则轴向拉力由于挠度而引起的附加弯矩可略去不计,如图 8-7(b)所示。本节只限于研究弯曲刚度较大的杆,若材料在线弹性范围内工作,可分别计算横向力和轴向拉力所引起的横截面上的正应力,然后叠加求其代数和,即得拉弯组合变形下的解。

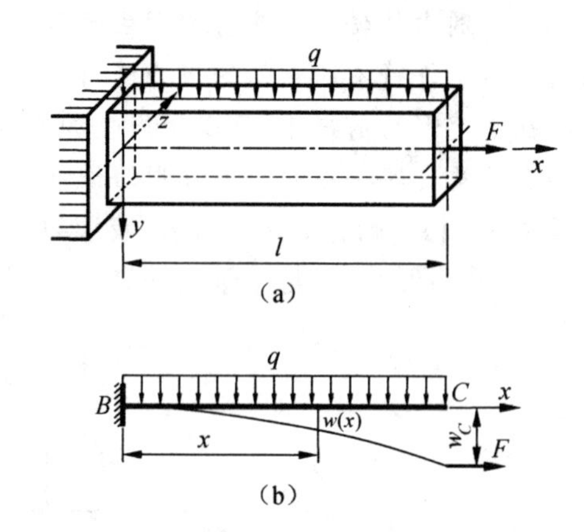

图 8-7 受轴向拉力和均布荷载作用的悬臂梁

在轴向拉力 F 作用下,杆的各横截面上有相同的轴力 $F_{\mathrm{N}}=F$,而在横向力 q 作用下,固定端 B 截面上弯矩的绝对值最大,为 $|M|_{\max}=\dfrac{ql^2}{2}$,因此危险截面为 B 截面。B 截面上的应力变化规律如图 8-8 所示。

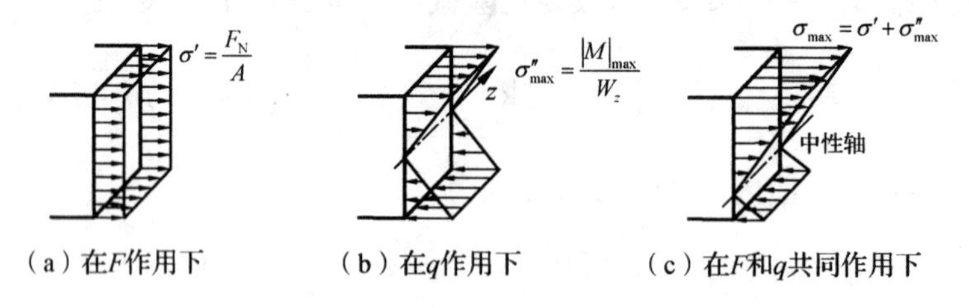

(a) 在F作用下　　(b) 在q作用下　　(c) 在F和q共同作用下

图 8-8 弯组合件截面上的应力

由图 8-8(c)可见,B 截面的上边缘各点有最大拉应力,这些点处于单向应力状态。设材料的抗拉和抗压强度相同,则拉伸与弯曲组合时的强度条件为

$$\sigma_{\mathrm{t,max}}=\frac{F_{\mathrm{N}}}{A}+\frac{|M|_{\max}}{W_z}\leqslant[\sigma]$$

【说明】 拉弯组合变形时,略去轴向拉力所引起的附加弯矩是偏于安全一边的。因为附加弯矩与横向力产生的弯矩是反向的。对于压弯组合变形,情况则相反,此时附加弯矩与横向力产生的弯矩是同向的。故只有当弯曲刚度较大(即小变形)时,才能略去附加弯矩的影响。

8.3.2　偏心拉伸(压缩)

当外力作用线与杆件的轴线平行,但不重合时,杆件的变形称为**偏心拉压**,这实际是一种拉(压)与弯曲的组合变形。现以矩形截面直杆为例,讨论偏心压缩问题。

1. 单向偏心压缩

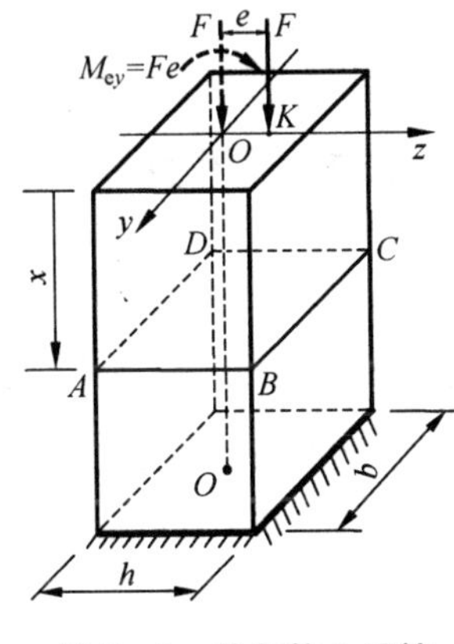

图 8-9　单向偏心压缩

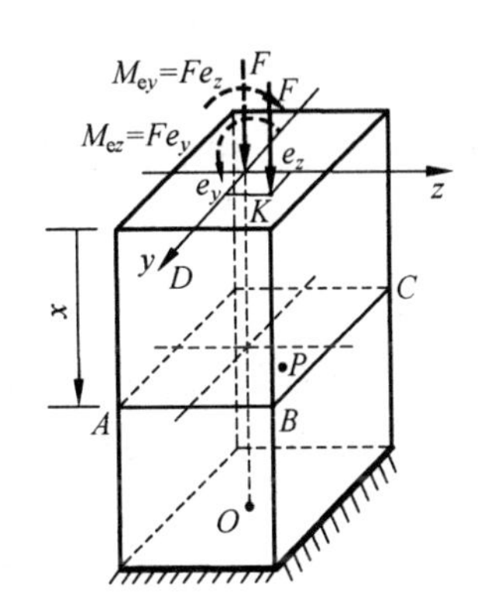

图 8-10　双向偏心压缩

如图 8-9 所示,立柱在上端受到集中力 F 作用,集中力 F 的作用点 K 在 z 轴上,偏心即是 e。将力 F 向形心简化,得到轴向压力 F 和对 y 轴的力偶矩 $M_{ey}=Fe$。在这个等效力系作用下,柱发生压缩与弯曲的组合变形。由截面法,柱内任一截面上的内力中,轴力 $F_N=-F$,弯矩 $M_y=Fe$。x 横截面上任一点 $P(y,z)$上由轴力和弯矩引起的正应力分别为

$$\sigma'=\frac{F_N}{A}=-\frac{F}{A}$$

$$\sigma''=\frac{M_y z}{I_y}=\pm\frac{Fez}{I_y}$$

式中,σ''的正、负号由弯曲变形直接判断。根据叠加原理,点 P 处的总应力 σ 为

$$\sigma=\sigma'+\sigma''=-\frac{F}{A}\pm\frac{Fez}{I_y} \tag{8-6}$$

2. 双向偏心压缩

如图 8-10 所示,立柱所受的集中力 F 不在形心主轴 y 或 z 上,对两个轴都有偏心,设偏心距是 e_y,e_z。将力 F 向形心简化,得到轴向压力 F 和对 y,z 轴的力偶矩 M_{ey},M_{ez},在这样的等效力系作用下,在任一截面处的内力为

$$F_N=-F$$

$$M_y=M_{ey}=Fe_z$$

$$M_z=M_{ez}=Fe_y$$

根据叠加原理，可得任一点 $P(y,z)$ 处的正应力为

$$\sigma=\sigma'+\sigma''+\sigma'''=-\frac{F_{\mathrm{N}}}{A}-\frac{M_y z}{I_y}-\frac{M_z y}{I_z}=-\frac{F}{A}-\frac{Fe_z z}{I_y}-\frac{Fe_y y}{I_z} \tag{8-7}$$

式中，σ'' 与 σ''' 的正、负号可直观判断。

8.3.3 截面核心

由于中性轴上各点的正应力等于零，为了确定中性轴位置，令式(8-7)为零，即 $\sigma=0$，设中性轴上任一点坐标为 (z_0,y_0)，则有

$$\frac{F}{A}+\frac{Fe_z z_0}{I_y}+\frac{Fe_y y_0}{I_z}=0$$

利用 $I_y=Ai_y^2$，$I_z=Ai_z^2$，其中 i_y、i_z 为惯性半径，代入上式，可得中性轴方程为

$$1+\frac{e_z z_0}{i_y^2}+\frac{e_y y_0}{i_z^2}=0 \tag{8-8}$$

显然，式(8-8)表示的是关于 z_0 和 y_0 的一直线方程。

设 a_y，a_z 分别是中性轴在 y，z 轴上的截距，则由式(8-8)，可得

$$\left.\begin{aligned} a_y&=-\frac{i_z^2}{e_y}\\ a_z&=-\frac{i_y^2}{e_z}\end{aligned}\right\} \tag{8-9}$$

【说明】 由式(8-8)和(8-9)可以看出偏心压缩时，中性轴有以下特点：(1) 中性轴是一条不过形心的直线；(2) 由于 a_y 与 e_y 符号相反，a_z 与 e_z 符号相反，说明中性轴与荷载作用点在形心两侧，有可能在截面以外；(3) 荷载越接近截面形心，中性轴离开形心越远。

这样，当外荷载作用于截面形心附近的一个区域时，就可以保证中性轴在横截面边缘以外，从而截面上不出现拉应力，形心附近的这个区域称为**截面核心**。

工程上，常用的材料如砖、石、混凝土、铸铁等其抗压性能好而抗拉能力差，因而由这些材料制成的偏心受压构件，应力求使全截面上只出现压应力而不出现拉应力，即 $\boldsymbol{F}$ 应尽量作用于截面核心之内。现以图 8-11(a)所示矩形截面为例，说明确定截面核心的方法。

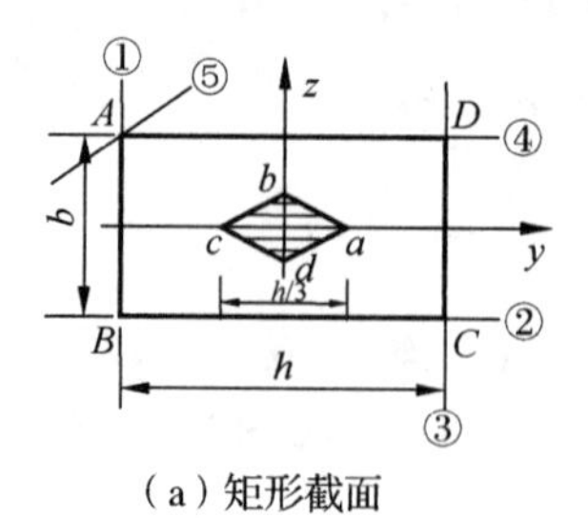

（a）矩形截面　　（b）圆形截面

图 8-11　截面核心示例

若中性轴与 AB 边重合，则其截距 $a_y=-\dfrac{h}{2}$，$a_z=\infty$；又知矩形截面 $i_y^2=\dfrac{b^2}{12}$，$i_z^2=\dfrac{h^2}{12}$。代入

式(8-9)，得力 F 的作用点 a 的坐标是 $e_{y_1}=\frac{h}{6}$，$e_{z_1}=0$。用同样的方法可以确定点 b、c、d。考虑过点 A 的中性轴①、④、⑤等，由于点 A 是这些中性轴的共同点，如将其坐标 y_A 和 z_A 代入中性轴方程式(8-8)，可以得到

$$e_z=-\frac{i_y^2}{z_A}-\frac{i_y^2 y_A}{i_z^2 z_A}e_y$$

由于截面形状不变，故上式中的惯性半径 i_y、i_z 也都是常数，e_y、e_z 间的关系是线性关系。过点 A 的3条中性轴①、⑤、④分别对应的力作用点必定在一条直线上，由此得到绕定点(如 A 点)转动的诸中性轴，所对应的力作用点移动的轨迹为一直线。根据这个结论，将已得的 a、b、c、d 点依次连成4条直线，所围成的菱形就是该矩形的截面核心。同理可以确定圆形等截面的截面核心，如图8-11(b)。

【说明】 由图8-11(a)可见，矩形截面的截面核心为位于截面中心、对角线分别沿对称轴且长度为矩形边长三分之一的菱形所围成的区域。也称为"中间三分之一法则"。对于由石材、混凝土等材料制作而成的矩形截面柱或拱受压时，牢记该法则是非常重要的。

【例8-2】 图8-12(a)所示矩形截面短柱受偏心压力 F 的作用，作用点在 y 轴上，偏心距 $e=60$ mm，试求任一截面上的最大拉压应力。

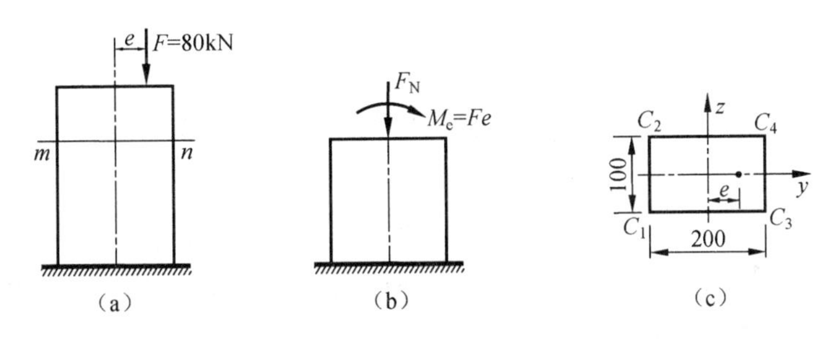

图8-12　例8-2图

【解】 将力 F 向截面形心简化，得 m—n 截面上的内力分量为

$$F_N=-80\ \text{kN}$$

$$M_z=80\ \text{kN}\times 60\times 10^{-3}\ \text{m}=4.8\ \text{kN}\cdot\text{m}$$

最大拉应力发生在 C_1C_2 边界上，且

$$\sigma_{max}=\frac{F_N}{A}+\frac{M_z}{W_z}=-\frac{80\times 10^3\ \text{N}}{100\times 200\ \text{mm}^2}+\frac{6\times 4.8\times 10^6\ \text{N}\cdot\text{mm}}{100\times 200^2\ \text{mm}^3}$$
$$=-4\ \text{MPa}+7.2\ \text{MPa}=3.2\ \text{MPa}$$

最大压应力发生在 C_3C_4 边界上，且

$$\sigma_{max}=\frac{F_N}{A}-\frac{M_z}{W_z}=-4\ \text{MPa}-7.2\ \text{MPa}=-11.2\ \text{MPa}$$

【例8-3】 如图8-13(a)所示，短柱受荷载 F_1 和 F_2 的作用，试求固定端截面上角点 A、B、C、D 的正应力。图中几何尺寸单位：mm。

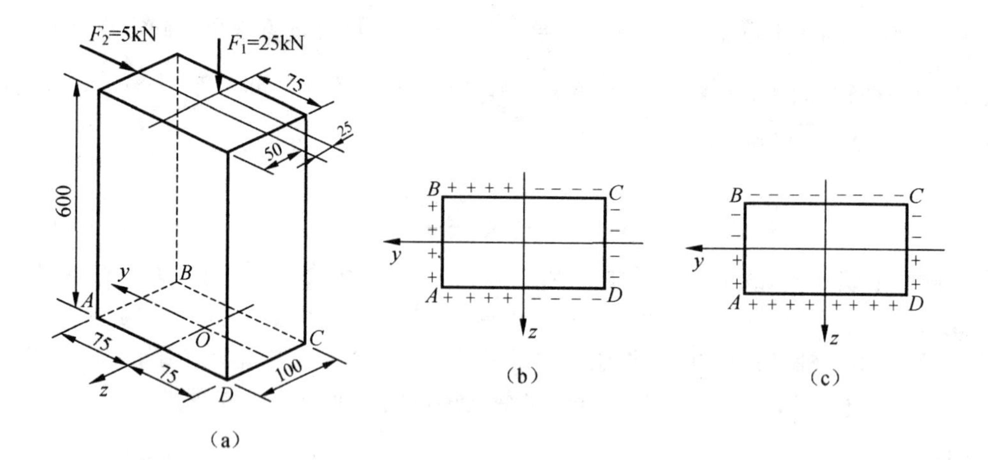

图 8-13　例 8-3 图

【解】　柱的固定端截面上的内力分量为

$$F_N = -25\ \text{kN}(压)$$

$$M_z = 5\times0.6 = 3\ \text{kN}\cdot\text{m}$$

$$M_y = 25\times0.025 = 0.625\ \text{kN}\cdot\text{m}$$

在 F_N 单独作用下，截面上各点的应力均为大小相等的压应力，且为

$$\sigma' = \frac{F_N}{A} = -\frac{25\times10^3\ \text{N}}{100\ \text{mm}\times150\ \text{mm}} = -1.67\ \text{MPa}$$

而在 M_z 单独作用下，截面上 AB 一侧各点的应力均为拉应力，CD 一侧各点的应力均为压应力，如图 8-13(b)所示，且最大拉应力与最大压应力分别为

$$\sigma'' = \pm\frac{M_z}{W_z} = \pm\frac{6\times3\times10^6\ \text{N}\cdot\text{mm}}{100\times150^2\ \text{mm}^3} = \pm8\ \text{MPa}$$

在 M_y 单独作用下，截面上 AD 一侧各点的应力均为拉应力，BC 一侧各点的应力均为压应力，如图 8-13(c)所示，且最大拉应力与最大压应力分别为

$$\sigma''' = \pm\frac{M_y}{W_y} = \pm\frac{6\times0.625\times10^6\ \text{N}\cdot\text{mm}}{150\times100^2\ \text{mm}^3} = \pm2.5\ \text{MPa}$$

于是固定端截面上角点 A、B、C、D 处的正应力分别为

$$\sigma_A = -1.67\ \text{MPa} + 8\ \text{MPa} + 2.5\ \text{MPa} = 8.83\ \text{MPa}$$

$$\sigma_B = -1.67\ \text{MPa} + 8\ \text{MPa} - 2.5\ \text{MPa} = 3.83\ \text{MPa}$$

$$\sigma_C = -1.67\ \text{MPa} - 8\ \text{MPa} - 2.5\ \text{MPa} = -12.17\ \text{MPa}$$

$$\sigma_D = -1.67\ \text{MPa} - 8\ \text{MPa} + 2.5\ \text{MPa} = -7.17\ \text{MPa}$$

【评注】　求解拉伸(压缩)与弯曲组合变形问题的关键是确定轴力与弯矩的方向或转向，并进行叠加计算。

8.4　弯曲与扭转的组合受力

弯曲与扭转的组合变形是机械工程中最常见的情况。机器中的大多数转轴都是以弯曲与扭转组合的方式工作的。现以图8-14(a)所示曲拐中的AB段圆杆为例，介绍弯曲与扭转组合时的强度计算方法。

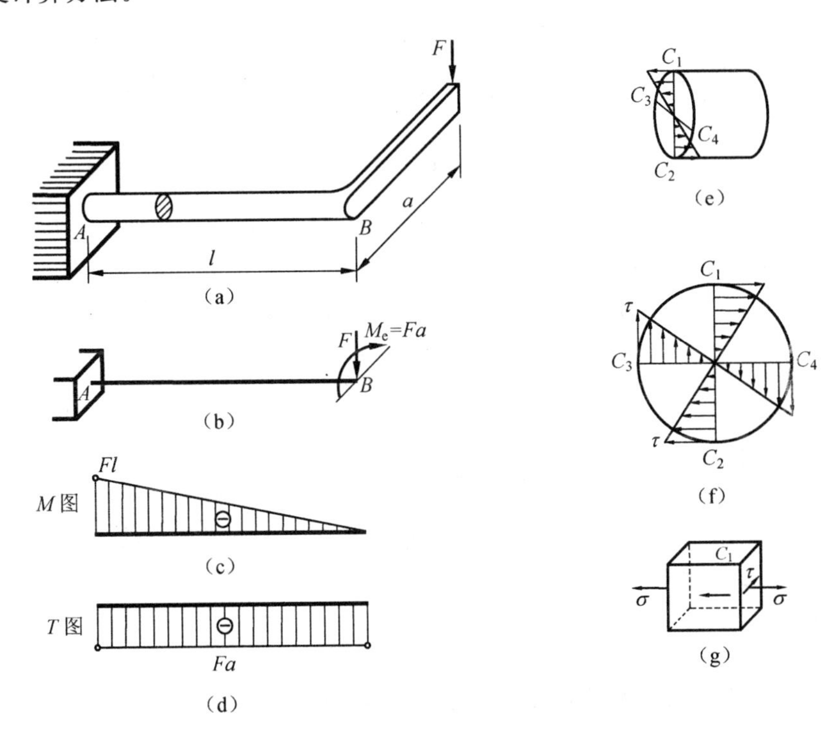

图8-14　水平曲拐的受力与危险点处的应力

将外力F向截面B形心简化，得AB段计算简图如图8-14(b)所示。横向力F使轴发生平面弯曲，而力偶$M_e=Fa$使轴发生扭转。其弯矩图和扭矩图如图8-14(c)、(d)所示。可见，危险截面在固定端A，其上的内力为

$$M=Fl$$

$$T=M_e=Fa$$

截面A的弯曲正应力和扭转切应力的分布图，分别如图8-14(e)、(f)所示(忽略弯曲切应力)，可以看出，点C_1和C_2为危险点，点C_1的单元体如图8-14(g)所示，由应力计算公式得点C_2的正应力与切应力为

$$\left.\begin{aligned}\sigma&=\frac{M}{W_z}\\ \tau&=\frac{T}{W_p}\end{aligned}\right\}\tag{a}$$

式中，$W_z=\frac{\pi d^3}{32}$，$W_p=2W_z=\frac{\pi d^3}{16}$分别是圆轴的弯曲截面系数和扭转截面系数。危险点$C_1$或

C_2处于平面应力状态，与图 7-25 中的应力状态一致。故按第三强度理论，其强度条件为$\sqrt{\sigma^2+4\tau^2}\leqslant[\sigma]$。将式(a)代入，可得圆杆弯扭组合变形下与第三强度理论对应的强度条件为

$$\sigma_{r,3}=\frac{\sqrt{M^2+T^2}}{W_z}\leqslant[\sigma] \tag{8-10}$$

若按第四强度理论，其强度条件为$\sqrt{\sigma^2+3\tau^2}\leqslant[\sigma]$，将式(a)代入，可得圆杆弯扭组合变形下与第四强度理论对应的强度条件为

$$\sigma_{r,4}=\frac{\sqrt{M^2+0.75T^2}}{W_z}\leqslant[\sigma] \tag{8-11}$$

当圆形危险截面有两个弯矩M_y和M_z同时作用时，如图 8-15 所示，应按矢量求和的方法，确定危险截面上总弯矩M的大小和方向。根据截面上的总弯矩M和扭矩T的实际方向，以及它们分别产生的正应力和切应力分布[图 8-15(b)]，即可确定危险点及其应力状态，如图 8-15(c)所示。

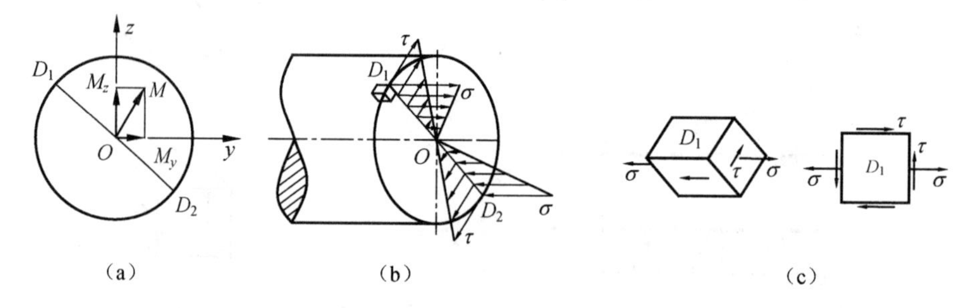

图 8-15　弯扭组合受力截面上的应力分布与危险点的应力状态

由于承受弯矩组合的圆轴一般由塑性材料制成，故可采用第三或第四强度理论。由如图 8-15(c)所示应力状态及相应强度条件，可得

$$\sigma_{r,3}=\frac{\sqrt{M^2+T^2}}{W_z}=\frac{\sqrt{M_y^2+M_z^2+T^2}}{W_z}\leqslant[\sigma] \tag{8-12}$$

$$\sigma_{r,4}=\frac{\sqrt{M^2+0.75T^2}}{W_z}=\frac{\sqrt{M_y^2+M_z^2+0.75T^2}}{W_z}\leqslant[\sigma] \tag{8-13}$$

【说明】 (1) 对于圆形截面，式(8-12)、式(8-13)分别与式(7-27)、式(7-28)等价，但式(8-12)、(8-13)应用起来会更方便，因为它们都是用内力来表示的，只需确定危险截面的内力即可。(2) 对于非圆截面杆件，如矩形截面杆件，由于一般不存在$W_p=2W_z$，所以不能使用式(8-12)或(8-13)，必须使用式(7-27)或式(7-28)进行计算。

【例 8-4】 图 8-16(a)所示为一钢制实心圆轴，轴上齿轮的受力如图所示。齿轮C的节圆直径$d_C=500$ mm，齿轮D的节圆直径$d_D=300$ mm。许用应力$[\sigma]=100$ MPa，试按第四强度理论设计该轴的直径。

【解】 先将齿轮上的外力向AB的轴线简化，得到如图 8-16(b)所示的计算简图。根据轴的计算简图，分别作出如图 8-16(c)轴的扭矩图，如图 8-16(d)、(e)所示的垂直平面内的弯矩M_y图和水平面内的弯矩M_z图。

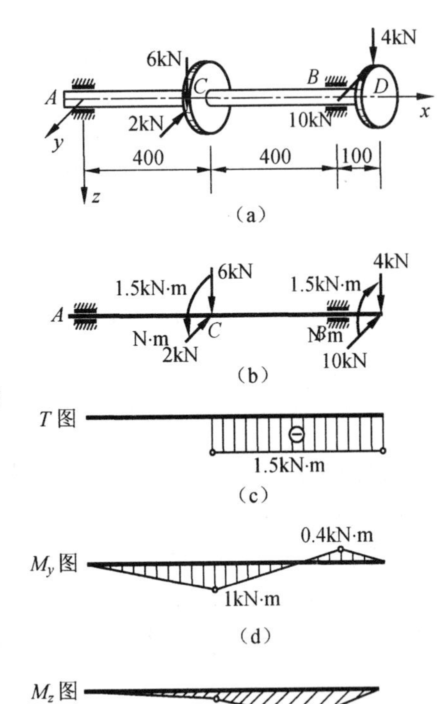

图 8-16　例 8-4 图

对于圆轴，由于通过圆心的任何直径都是形心主轴，故圆轴在两个方向弯曲时可以直接求其合成弯矩，即

$$M=\sqrt{M_y^2+M_z^2}$$

对于 C 截面

$$M_C=\sqrt{1^2+0.125^2}\ \text{kN}\cdot\text{m}=1.008\ \text{kN}\cdot\text{m}$$

对于 B 截面

$$M_B=\sqrt{1^2+0.4^2}=1.077\ \text{kN}\cdot\text{m}$$

由于 CBD 段轴上的扭矩相同，所以截面 B 是危险截面。

由第四强度理论的强度条件式(8-13)可知

$$\sigma_{r,4}=\frac{\sqrt{M_B^2+0.75T_B^2}}{W_z}=\frac{\sqrt{1.077^2+0.75\times1.5^2}\,\text{kN}\cdot\text{m}}{W_z}=\frac{1.687\times10^6\ \text{N}\cdot\text{mm}}{W_z}\leqslant[\sigma]$$

将 $W_z=\frac{\pi d^3}{32}$ 代入上式，得

$$d\geqslant\sqrt[3]{\frac{32\times1.687\times10^6\ \text{N}\cdot\text{mm}}{\pi[\sigma]}}=\sqrt[3]{\frac{32\times1.687\times10^6\ \text{N}\cdot\text{mm}}{\pi\times100\ \text{MPa}}}=55.6\ \text{mm}$$

故可选择直径为 56 mm 的实心轴。

【例 8-5】　图 8-17(a)所示圆弧形小曲率圆截面杆，承受铅垂荷载 F 作用。设杆轴半径为 r，许用应力为 $[\sigma]$，试根据第三强度理论设计杆的直径。

【解】　首先进行内力分析。如图 8-17(b)所示，用角 φ 表示横截面的位置。用截面法可求，截面 φ 的弯矩与扭矩分别为

$$M=-F\cdot\overline{AC}=-Fr\sin\varphi$$

$$T=-F\cdot\overline{BC}=-Fr(1-\cos\varphi)$$

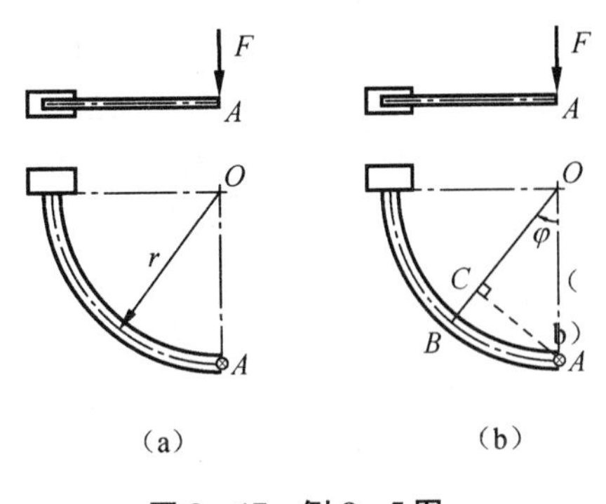

图 8-17　例 8-5 图

即曲杆处于弯扭组合变形状态。

再计算相当应力，并确定杆的直径。由式(8-12)可知，截面 φ 危险点处的相当应力为

$$\sigma_{r,3}=\frac{\sqrt{M^2+T^2}}{W}=\frac{32Fr\sqrt{\sin^2\varphi+(1-\cos\varphi)^2}}{\pi d^3}$$

或

$$\sigma_{\mathrm{r},3}=\frac{32Fr\sqrt{2(1-\cos\varphi)}}{\pi d^3}$$

显然，当 $\cos\varphi=0$，即 $\varphi=90°$（在固定端）时，相当应力最大，由此可得强度条件为

$$(\sigma_{\mathrm{r},3})_{\max}=\frac{32\sqrt{2}Fr}{\pi d^3}\leqslant[\varphi]$$

由上式，可得杆的直径应满足

$$d\geqslant 3\sqrt{\frac{32\sqrt{2}Fr}{\pi[\varphi]}}$$

【思考】 (1) 上述求解的过程中，忽略了剪力的影响，为什么？(2) 如果不能忽略剪力的影响，如何确定？

【例 8-6】 尺寸为 2.0 m×1.2 m 的矩形广告牌，由内径 $d=180$ mm、外径 $D=220$ mm 的空心圆钢管支承，如图 8-18(a)所示。若不计钢管和广告牌的质量，已知钢管的许用应力为 $[\sigma]=160$ MPa，垂直作用在广告牌上的风压为 2 kPa。试按第三强度理论校核该钢管的强度。

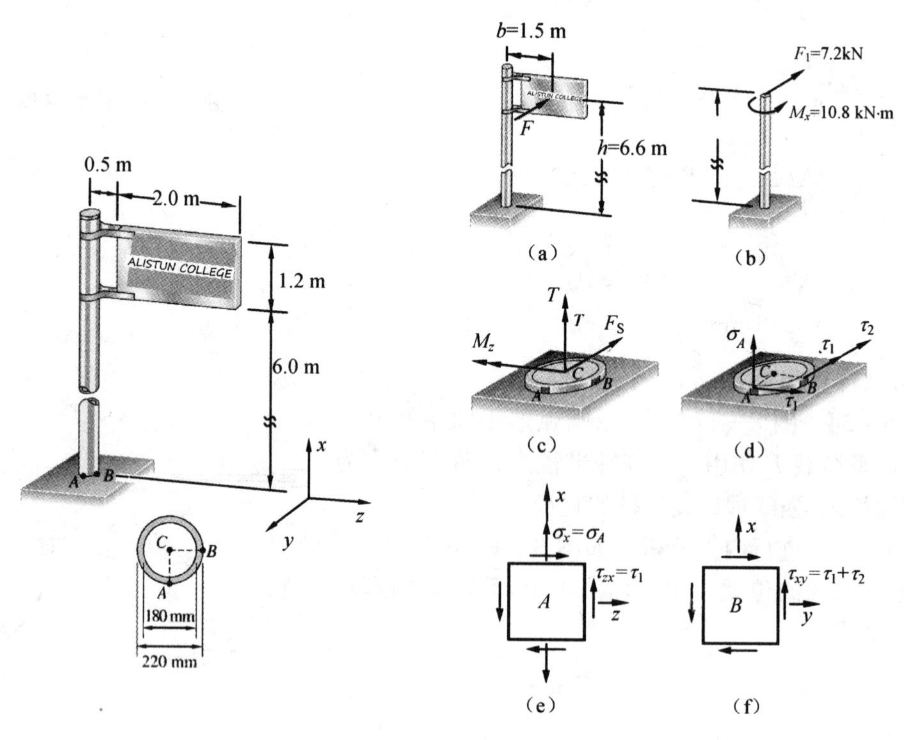

图 8-18 例 8-6 图

【解】 (1) 求危险截面上的内力。

首先计算风荷载的大小，将荷载向钢管中心简化，如图 8-18(b)所示。

再求危险截面上的内力。

风荷载的大小：$F=2\times10^3\ \mathrm{Pa}\times2\ \mathrm{m}\times1.2\ \mathrm{m}=4\ 800\ \mathrm{N}=4.8\ \mathrm{kN}$。

将荷载向钢管中心简化易得

$$F_1 = F = 4.8\ \text{kN}$$

$$M_x = F \times 1.5\ \text{m} = 7.2\ \text{kN} \cdot \text{m}$$

显然，下部的固定端截面即为危险截面，如图 8-18(c)所示。其内力分量为：

剪力：$F_S = F_1 = 4.8\ \text{kN}$

扭矩：$T = M_x = 7.2\ \text{kN} \cdot \text{m}$

弯矩：$M_z = F_1 \times l = 4.8\ \text{kN} \times 6.6\ \text{m} = 31.68\ \text{kN} \cdot \text{m}$

(2) 确定 A、B 两点的应力状态

根据截面的内力可知，可能的危险点分别为固定端截面外边缘与坐标轴的四个交点，但前后两点的危险程度相同，左右两点的危险程度相同。故取 A、B 两点进行讨论，如图 8-18(c)、(d)所示。其中，A 点存在有弯曲正应力 σ_A 和扭转切应力 τ_1；B 点存在有扭转切应力 τ_1 和弯曲切应力 τ_2。它们的大小分别为

$$\sigma_A = \frac{M_z}{W_z} = \frac{32M_z}{\pi D^3\left[1-\left(\dfrac{d}{D}\right)^4\right]} = \frac{32 \times 31.68 \times 10^6\ \text{N} \cdot \text{mm}}{\pi \times (220\ \text{mm})^3 \times \left[1-\left(\dfrac{180\ \text{mm}}{220\ \text{mm}}\right)^4\right]} = 54.91\ \text{MPa}$$

$$\tau_1 = \frac{T}{W_p} = \frac{16T}{\pi D^3\left[1-\left(\dfrac{d}{D}\right)^4\right]} = \frac{16 \times 7.2 \times 10^6\ \text{N} \cdot \text{mm}}{\pi \times (220\ \text{mm})^3 \times \left[1-\left(\dfrac{180\ \text{mm}}{220\ \text{mm}}\right)^4\right]} = 6.24\ \text{MPa}$$

由于钢管的厚度与外径之比小于十分之一，τ_2 可直接利用薄壁圆管最大弯曲切应力的计算公式(5-37)来计算

$$\tau_2 = 2\frac{F_S}{A} = 2 \times \frac{4 \times F_S}{\pi(D^2 - d^2)} = 2 \times \frac{4 \times 4.8 \times 10^3\ \text{N}}{\pi \times (220^2 - 180^2) \cdot \text{mm}^2} = 0.76\ \text{MPa}$$

(3) 计算 A、B 两点的主应力

A、B 两点的应力状态如图 8-18(e)、(f)所示。A 点的应力状态与图 7-25 一致，故其主应力分别为

$$\sigma_1 = \frac{\sigma_A}{2} + \sqrt{\left(\frac{\sigma_A}{2}\right)^2 + \tau_1^2} = \frac{54.91\ \text{MPa}}{2} + \sqrt{\left(\frac{54.91\ \text{MPa}}{2}\right)^2 + (6.24\ \text{MPa})^2} = 55.61\ \text{MPa}$$

$$\sigma_2 = 0$$

$$\sigma_3 = \frac{\sigma_A}{2} - \sqrt{\left(\frac{\sigma_A}{2}\right)^2 + \tau_1^2} = \frac{54.91\ \text{MPa}}{2} - \sqrt{\left(\frac{54.91\ \text{MPa}}{2}\right)^2 + (6.24\ \text{MPa})^2} = -0.70\ \text{MPa}$$

依据第三强度理论有

$$\sigma_{r,3} = \sigma_1 - \sigma_3 = 55.61\ \text{MPa} - (-0.70\ \text{MPa}) = 56.31\ \text{MPa} < [\sigma]$$

即危险点 A 点是安全的。

再考察 B 点，其应力状态如图 8-18(f)所示，为纯剪切的应力状态。故其主应力分别为

$$\sigma_1 = \tau_1 + \tau_2 = 6.24\ \text{MPa} + 0.76\ \text{MPa} = 7.0\ \text{MPa}$$

$$\sigma_2=0$$

$$\sigma_3=-7.0\ \text{MPa}$$

依据第三强度理论有

$$\sigma_{r,3}=\sigma_1-\sigma_3=14\ \text{MPa}<[\sigma]$$

即危险点 B 点也是安全的。从而整个钢管的强度是安全的。

【思考】 (1) 若考虑广告牌的重量,固定端处横截面上前后左右四点的危险程度一样吗?(2) 假设广告牌本身的重量为 $W=1$ kN,试重新校核杆件的强度。

【说明】 由本题的计算结果可以看出,弯曲切应力 τ_2 是比弯曲正应力和扭转切应力要小一个数量级,所以除非一些特殊情况,一般计算中可以忽略不计。

习 题

8-1 图示 16 工字钢梁为 $F=7$ kN,求 C 截面 1、2、3、4 四点的正应力。如截面改用 10(厚 10 mm)等边角钢,承受竖直力 $F=2$ kN,求梁中央 C 截面上 1、2、3 三点的正应力。

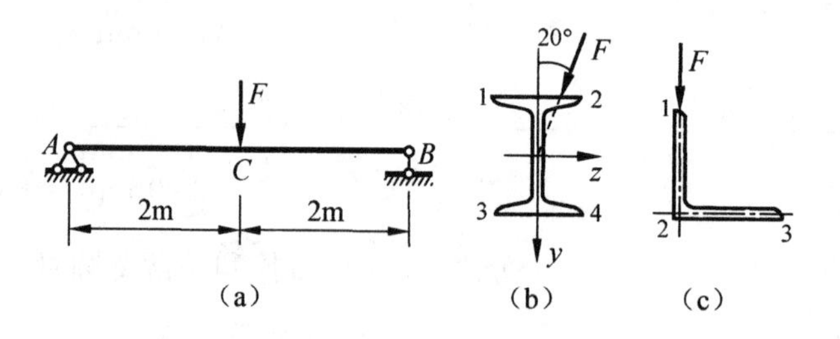

题 8-1 图

8-2 悬臂梁 AC 受力如图示,已知 $F=10$ kN,$a=1$ m,$[\sigma]=160$ MPa,$E=200$ GPa,试按强度条件设计 b、h(设 $h=2b$)。

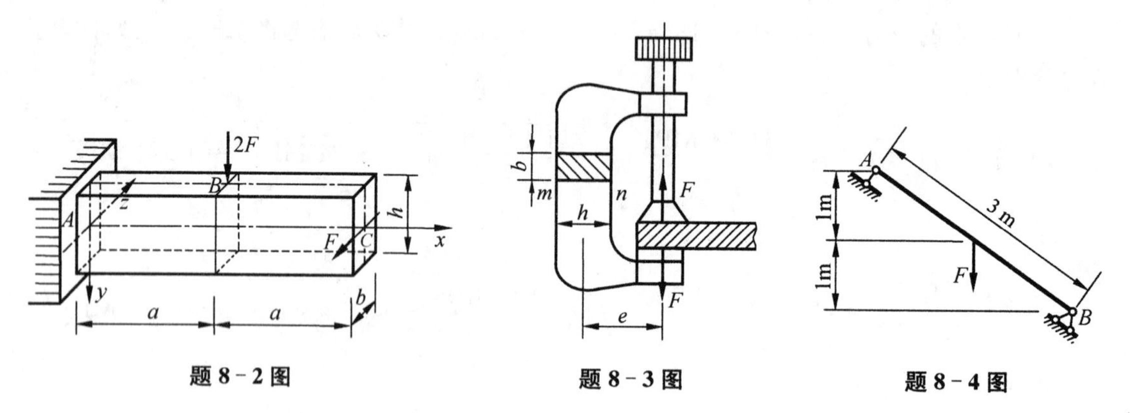

题 8-2 图 **题 8-3 图** **题 8-4 图**

8-3 图示夹紧器在最大夹紧力 $F=2$ kN 下使用,偏心距 $e=60$ mm,用厚度 $b=10$ mm 的钢板制造,许用应力 $[\sigma]=160$ MPa。试求 m—n 截面的尺寸 h。

8-4 图示梁 AB 的截面为 100 mm×100 mm 的正方形,$F=3$ kN,其作用点通过梁轴线的中点。试绘出轴力图和弯矩图,并求最大拉应力及最大压应力。

8-5　图示钢板，在一侧切去 40 mm 的缺口，试求 A—B 截面的 σ_{max}。若两侧各切去宽 40 mm 的缺口，此时 σ_{max} 是多少？

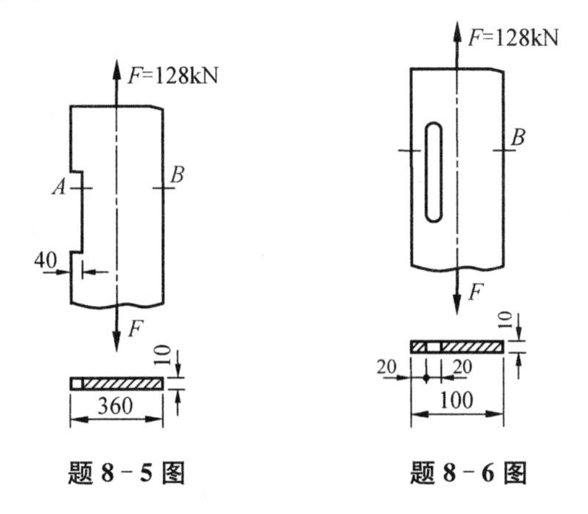

题 8-5 图　　　　题 8-6 图

8-6　图示钢板受力 $F=100$ kN，试求局部挖空处 A—B 截面的 σ_{max} 值，并画出其正应力分布图。若缺口移至板宽的中央位置，且使 σ_{max} 保持不变，则挖空宽度可为多少？

8-7　图示单臂水压机，公称压力为 5 MN，设计时考虑 25% 超载，故设计压力 $F=1.25\times5$ MN$=6.25$ MN。立柱截面如图所示，材料为铸钢，$[\sigma]=80$ MPa。试校核其强度。图中几何尺寸单位：mm。

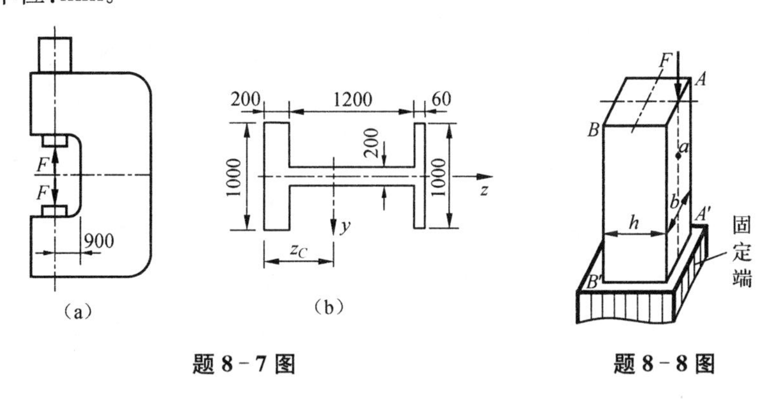

题 8-7 图　　　　题 8-8 图

8-8　图示直杆受偏心压力 F 作用，已知 $b=60$ mm，$h=100$ mm，$E=200$ GPa，若测得 a 点竖直方向应变 $\varepsilon=-2\times10^{-5}$。试求力 F。

8-9　试证明外半径为 R_1，内半径为 R_2 的空心圆截面的核心是一个半径为 $e=\dfrac{R_1^2+R_2^2}{4R_1}$ 的同心圆。

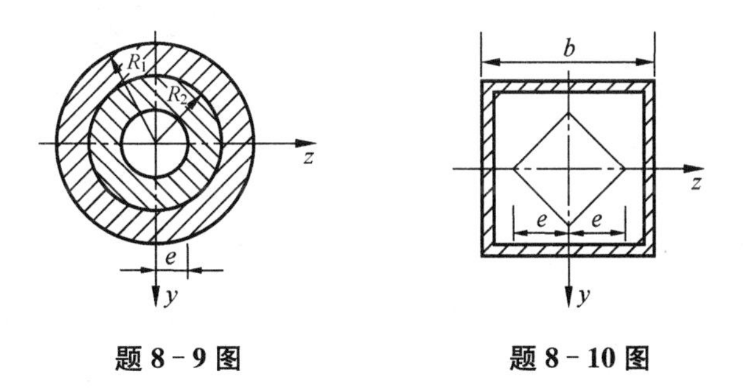

题 8-9 图　　　　题 8-10 图

8-10　试证明边长为 b 的方形薄壁截面的核心是一个对角线长为 $2e=\dfrac{2}{3}b$ 的正方形。

8-11　图示矩形截面钢杆，用应变片测得其上、下表面的轴向正应变分别为 $\varepsilon_a=1.0\times10^{-3}$ 与 $\varepsilon_b=0.4\times10^{-3}$，材料的弹性模量 $E=210$ GPa。试绘横截面上的正应力分布图，并求拉力 F 及其偏心距 e 的数值。

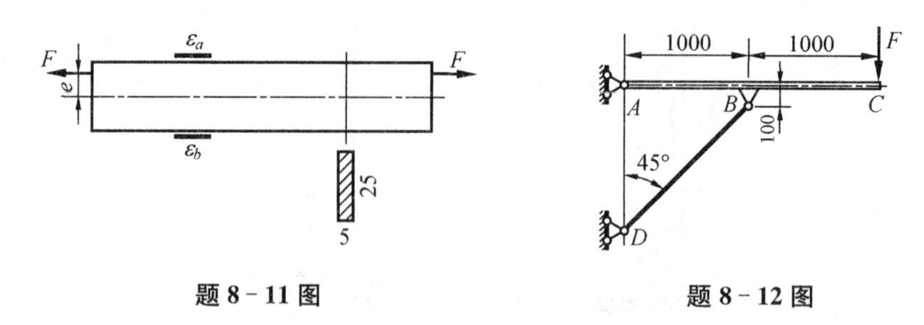

题 8-11 图　　　　题 8-12 图

8-12　图示结构，承受载荷 F 作用，试检查横梁的强度。已知载荷 $F=150$ kN，横梁用 14 号工字钢制成，许用应力$[\sigma]=160$ MPa。图中几何尺寸单位：mm。

8-13　图示悬臂梁，承受载荷 F_1 与 F_2 作用，试校核梁的强度。已知 $F_1=5$ kN，$F_2=30$ kN，许用拉应力$[\sigma_t]=30$ MPa，许用压应力$[\sigma_c]=90$ MPa。图中几何尺寸单位：mm。

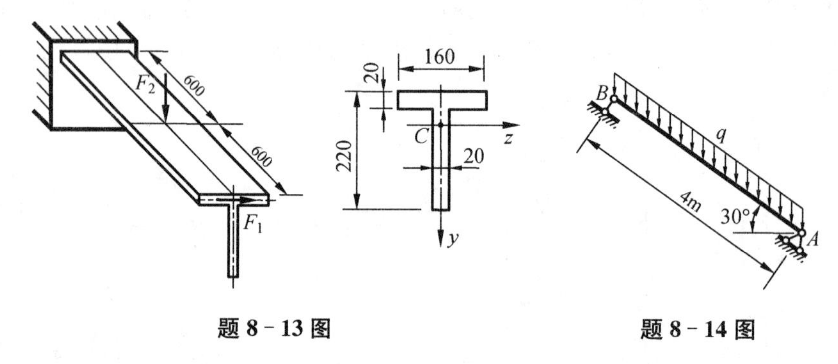

题 8-13 图　　　　题 8-14 图

8-14　如图所示一楼梯木斜梁长度为 $l=4$ m，截面为 200 mm×100 mm 的矩形，受均布荷载作用，$q=2$ kN/m。试作此梁的轴力图和弯矩图，并求横截面上的最大拉应力和最大压应力。

8-15　曲拐受力如图所示，其圆杆部分的直径 $d=50$ mm。试画出表示点 A 处应力状态的单元体，并求其主应力及最大剪应力。

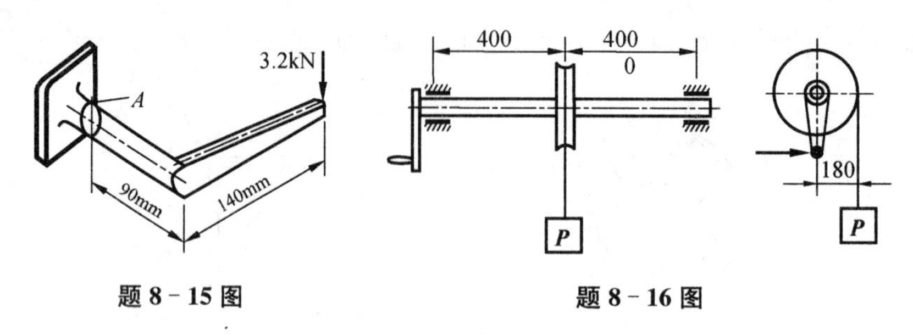

题 8-15 图　　　　题 8-16 图

8-16　手摇绞车如图所示，轴的直径 $d=30$ mm，材料为 Q235 钢，$[\sigma]=80$ MP。试按第三强度理论，求绞车的最大起吊重量 P。

8-17　如图所示，直径均为 600 mm 的两个皮带轮. 在 $n=100$ r/min 时传递功率 $P=7.36$ kW。C 轮上的皮带是水平的，D 轮上是垂直的。皮带拉力 $F_2=1.5$ kN，$F_1>F_2$。$[\sigma]=$

80 MPa。试按第三强度理论选择轴的直径。

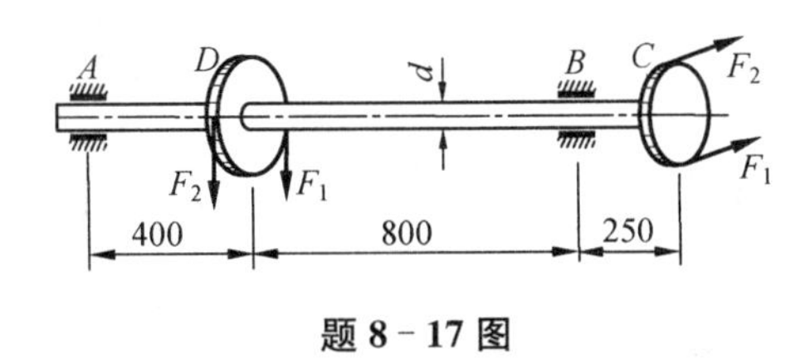

题 8 - 17 图

8 - 18　如图所示为传动轴，轴上的斜齿轮 A 上受有 3 个互相垂直的啮合力 $F_a=650$ N，$F_t=650$ N，$F_r=1\ 730$ N，方向如图所示。图中 $D=50$ mm，$l=100$ mm。若已知轴的许用应力 $[\sigma]=90$ MPa，试设计轴的直径。

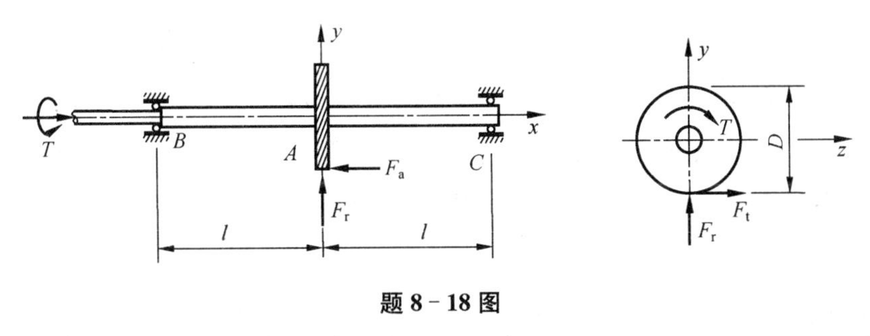

题 8 - 18 图

8 - 19　一端固定的半图形曲杆，尺寸及受力如图所示。曲杆横截面为正方形，边长为 $a=30$ mm。荷载 $F=1.2$ kN。材料的许用应力 $[\sigma]=165$ MPa。试用第三强度理论校核曲杆强度是否安全(剪力影响忽略不计)。

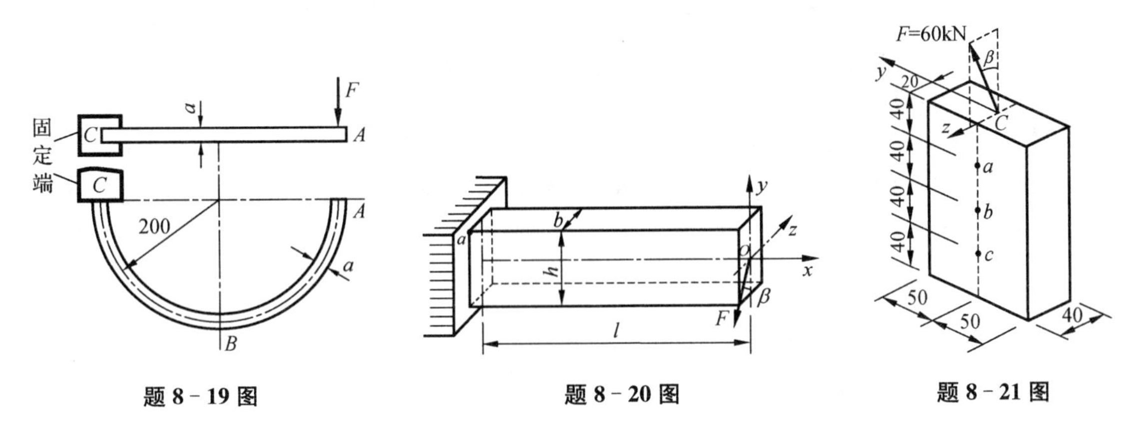

题 8 - 19 图　　题 8 - 20 图　　题 8 - 21 图

8 - 20　矩形截面悬臂梁如图所示，荷载 F 加在自由端截面形心，其作用线垂直于梁的轴线而与铅垂方向夹 β 角。(1) 若已知 F，b，h，l 和 β，求图示横截面上点 a 处的正应力。(2) 求使点 a 处的正应力为零时的角度 β。

8 - 21　矩形截面柱受力如图所示。(1) 已知 $\beta=5°$，求图示横截面上 a，b，c 三点处的正应力。(2) 求使点 b 应力为零时的角度 β，并计算这时 a，c 两点的正应力。

8 - 22　试分别求出如图所示不等截面及等截面杆内的最大正应力，并进行比较。已知 $F=3\ 000$ kN。截面尺寸单位：mm。

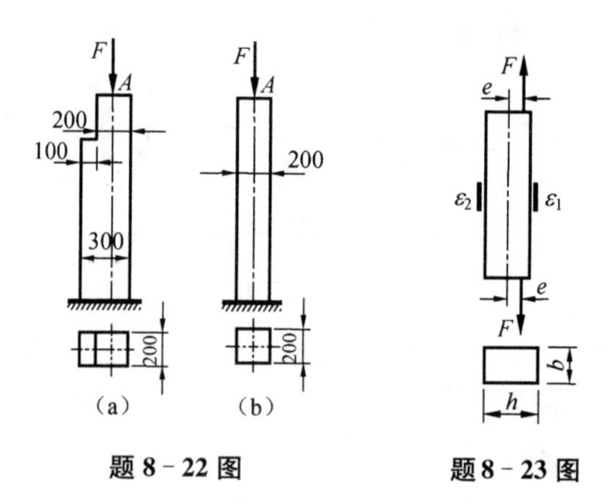

题 8－22 图　　　　题 8－23 图

8－23　承受偏心荷载的矩形截面杆如图所示。现用试验方法测得杆左右两侧面的纵向应变 ε_1 和 ε_2。试证明：偏心距 e 与 ε_1，ε_2 满足下列关系式：$e=\dfrac{\varepsilon_1-\varepsilon_2}{\varepsilon_1+\varepsilon_2}\cdot\dfrac{h}{6}$。

8－24　直径为 d 的实心圆轴，受轴向拉力 F_1，横向力 F_2 及扭转力偶矩 M 的作用，如图所示。试从第三强度的原始条件出发，推导出此轴危险点的相当应力 σ_{r3} 的表达式。

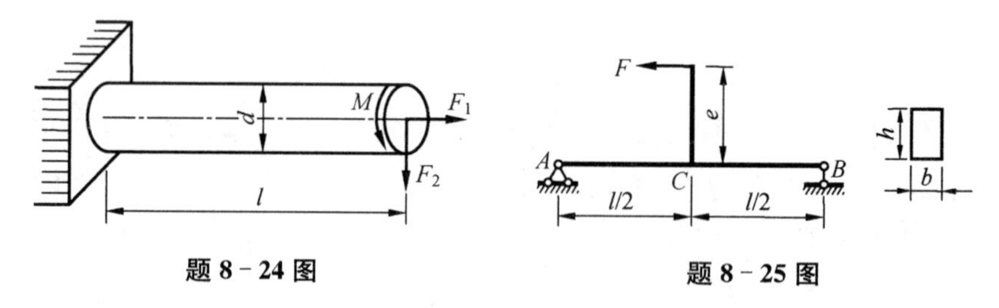

题 8－24 图　　　　题 8－25 图

8－25　一个矩形截面简支梁，按图示方式承受载荷 F，假设距离 $e=2h$，试计算梁中最大的拉应力和最大压应力。

8－26　图示一圆形塔，高为 h，内径为 d_1，外径为 d_2，开始有些倾斜，试问：为使塔中不产生拉应力，该塔与竖直线所成的最大允许倾角 α 为多少？（假设塔的自重沿高度 h 均匀分布，设均匀分布力为 p）。

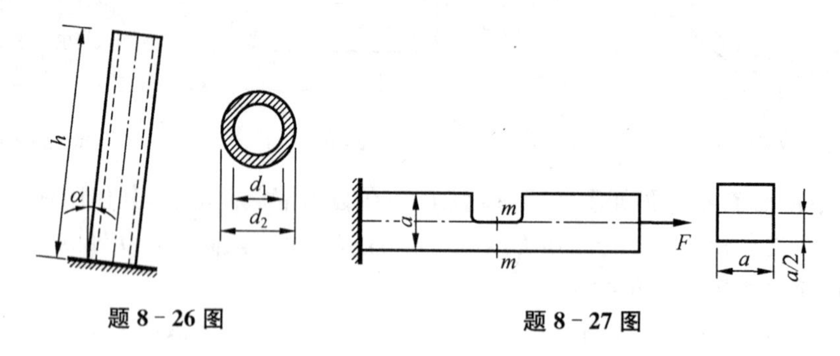

题 8－26 图　　　　题 8－27 图

8－27　图示一边长为 a 的正方形截面杆，在凹槽处的面积减小了一半，试求在 F 作用下，m—m 截面上的最大压应力和最大拉压力。

8-28　图示T字形悬臂梁，已知 $P=10$ kN 作用在纵向对称平面内，$\alpha=60°$，$l=1.5$ m，试求 A 和 B 处单元体的主应力和最大剪应力。

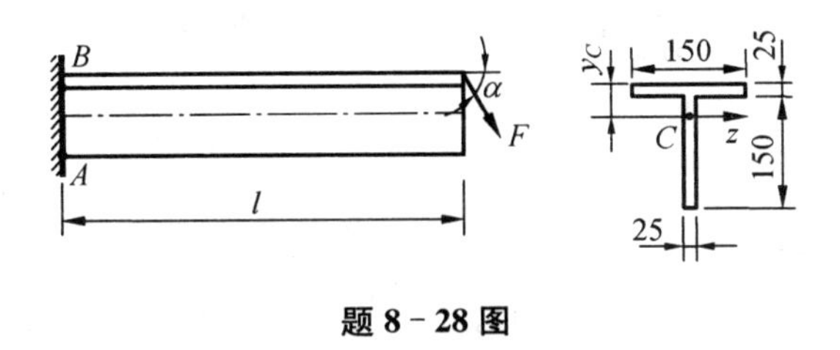

题 8-28 图

8-29　图示圆杆受力为拉扭组合，已知直径 $D=10$ mm，力偶矩 $M_n=\frac{1}{10}FD$，若材料为：(1) 钢，其许用应力为 $[\sigma]=160$ MPa；(2) 铸铁，其许用应力为 $[\sigma_t]=30$ MPa

试求载荷最大许用值 $[F]$。

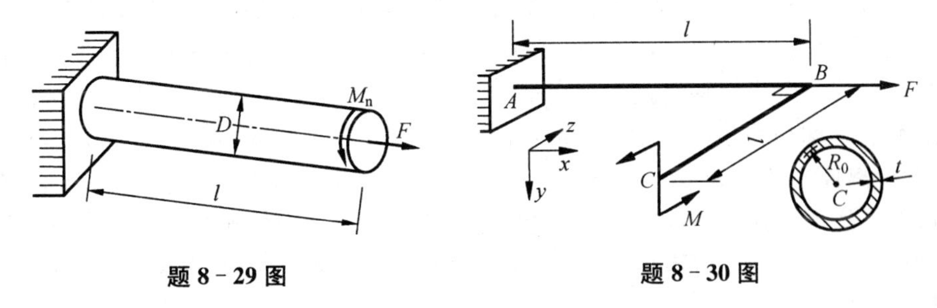

题 8-29 图　　题 8-30 图

8-30　图示薄壁圆截面折杆，在其自由端 C 处作用一力偶矩 $M=8$ kN·m，而在 B 处作用一集中载荷 $F=5$ kN，若截面平均半径 $R_0=100$ mm，壁厚 $t=10$ mm，$l=1$ m，试校核折杆的强度。已知 $[\sigma]=140$ MPa。

8-31　图示长为1 m，直径 $d=60$ mm 的钢杆，在水平面内弯成直角，其自由端面沿铅垂方向作用一集中力 $F=2$ kN，已知 $[\sigma]=80$ MPa，试用第三强度理论校核强度（略去弯曲剪力影响）。

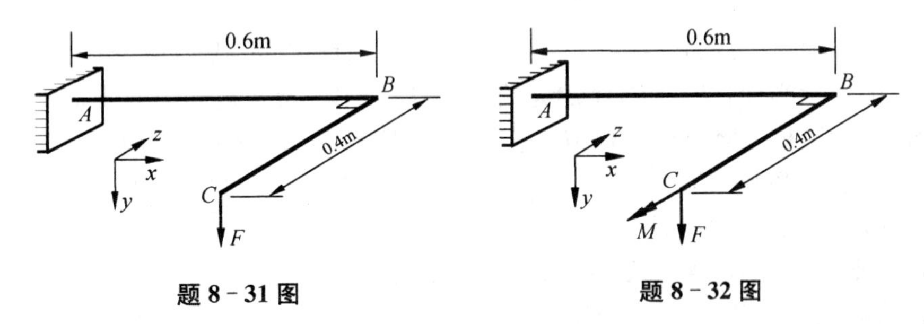

题 8-31 图　　题 8-32 图

8-32　若在上题端点 C 处增加一力偶矩 $M=1.6$ kN·m，试用第三强度理论重新校核强度（略去弯曲剪力影响）。

第9章 压杆稳定

9.1 压杆稳定的概念

在绪论中曾经指出，当作用在细长杆上的轴向压力达到或超过一定限度时，杆件可能突然变弯，即产生失稳现象。杆件失稳往往产生很大的变形甚至导致系统破坏。因此，对于轴向受压杆件，除应考虑其强度与刚度问题外，还应考虑其稳定性问题。

稳定问题是一类很大的问题，在各类学科中均有不同程度的存在。以小球在曲面或平面中平衡的情形来说明，可知存在如图9-1中所示的三种情形。对于图9-1(a)中的小球的平衡位置，当给小球一微小位移使之偏离原来的平衡位置并释放后，小球仍可回到原来的平衡位置，这类平衡位置称为**稳定平衡位置**；而对于图9-1(b)中的小球的平衡位置，当给小球一微小位移使之偏离原来的平衡位置并释放后，小球则不会回到原来的平衡位置，而是继续远离平衡位置，这类平衡位置称为**不稳定平衡位置**；对于图9-1(c)中的小球的平衡位置，当小球偏离原来的位置释放后，则一直不再运动，就在释放的位置平衡，这类平衡位置称为**中性平衡**(或称**随遇平衡**)**位置**。

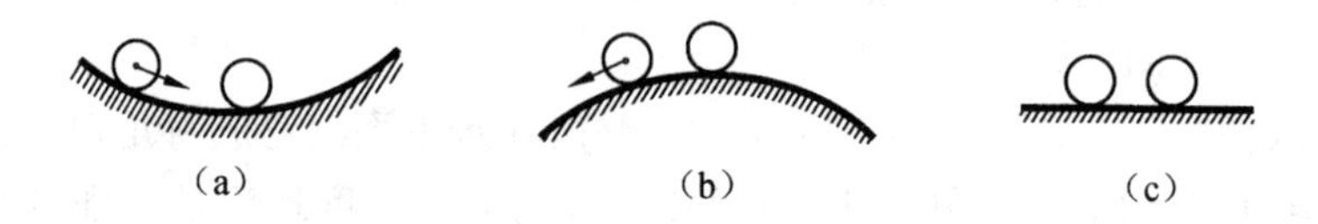

图9-1 质点的稳定性

再以图9-2(a)所示的力学模型，讨论有关刚体平衡稳定性的基本概念。

图9-2(a)所示刚性直杆AB，A端为铰支座，B端用弹簧常数为k的弹簧所支撑。在铅垂荷载F作用下，该杆在竖直位置保持平衡。若给直杆AB以侧向微小干扰，使杆端产生微小侧向位移δ[图9-2(b)]后释放。则此时作用在杆端的外力F对A点的力矩$F\delta$使杆更加偏离竖直位置，而弹性力$k\delta$对A点的力矩$k\delta l$欲使杆恢复到初始竖直平衡位置。如果$F\delta<k\delta l$，即$F<kl$，则在上述干扰解除后，杆将自动恢复至初始平衡位置，说明在荷载$F<kl$时，杆在竖直位置的平衡是稳定的。如果$F\delta>k\delta l$，即$F>kl$，则在干扰解除后，杆不仅不能自动返回其初始位置，而且将继续偏转，说明在荷载$F>kl$时，杆在竖直位置的平衡是不稳定的。如果$F\delta=k\delta l$，即$F=kl$，则杆既可在竖直位置保持平衡，也可在微小偏斜状态保持平衡，这时在竖直位置的平衡称为中性平衡(或随遇平衡)。由此可见，当杆长l与弹簧常数k一定时，杆AB在竖直位置的平衡性质，由荷载F的大小而定。其中的$F=kl$称为系统的**临界力**。

【思考】 试分析图9-1中的钢球和图9-2中钢杆在不同压力作用下，系统势能的变化规律，并找出稳定性与系统势能的关系。

轴向受压的细长弹性直杆也存在类似情况。对图9-3(a)所示两端铰支细长直杆施加轴向压力，若杆件是理想直杆，则杆受力后将保持直线形状。如果给杆以微小侧向干扰使其稍微弯曲，以偏离原来的直线平衡状态，则在去掉干扰后将出现两种不同情况：当轴向压力较小时，压杆最终将恢复其原有直线形状，如图 9－3(b)所示；当轴向压力较大时，则压杆不仅不能恢复直线形状，而且将继续弯曲，产生显著的弯曲变形甚至破坏，如图 9－3(c)所示。

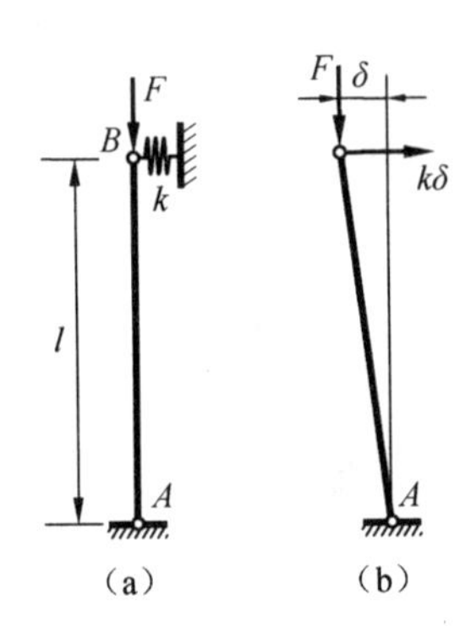

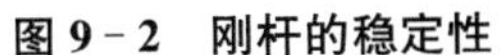
图 9－2　刚杆的稳定性

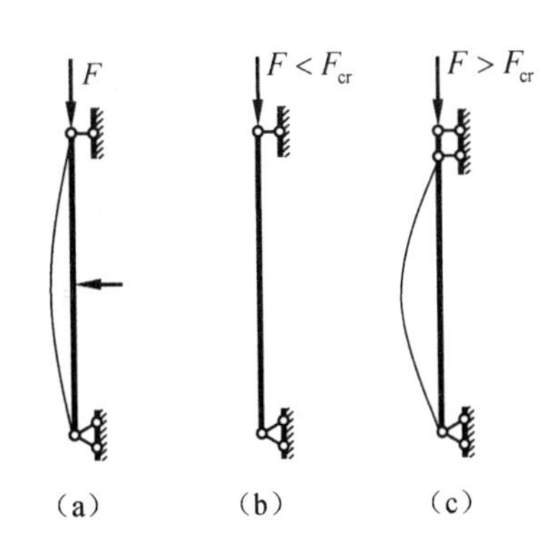

图 9－3　弹性杆件的稳定

上述情况表明，在轴向压力逐渐增大的过程中，压杆经历了两种不同性质的平衡。当轴向压力较小时，压杆直线形式的平衡是稳定的；而当轴向压力较大时，压杆直线形式的平衡则是不稳定的。使压杆直线形式的平衡，开始由稳定转变为不稳定的轴向压力值，称为压杆的**临界力**，并用 F_{cr} 表示。压杆在临界力作用下，既可在直线状态下保持平衡，也可在微弯状态下保持平衡。所以，当轴向压力达到或超过压杆的临界力时，压杆将失去稳定性(失稳)。

【猜一猜】　弹性杆件的稳定性是否也与系统“势能”(即变形能)有关?

如上所述，无论是用弹簧支撑的刚性直杆，或者是轴向受压的细长弹性直杆，其稳定性均与压力的大小有关。当压力小于临界力时，杆件的平衡是稳定的；若压力大于临界力，杆件的平衡是不稳定的；而压力等于临界力时，杆件的平衡则是中性的，可以在微小位移或微小变形后处于平衡。如图 9－4 所示，当 $F=F_{cr}$ 时，对应于 B 点的中性平衡，位于稳定平衡与不稳定平衡的边界，称为分叉点。

【说明】　图 9－4 中过 B 点的水平线为一短线，表示位移或变形很小。如果位移或变形较大，则中性平衡的曲线可能不再水平。

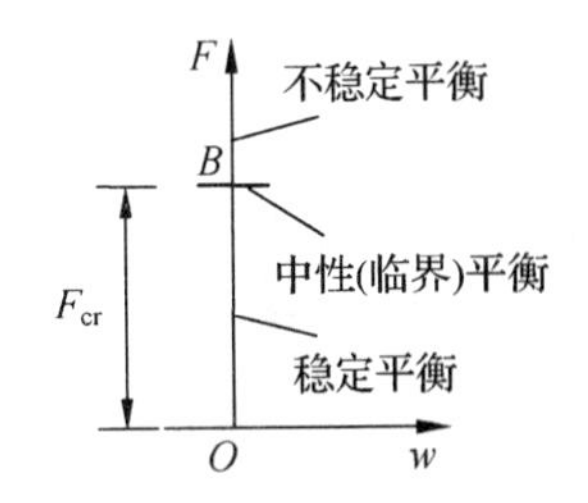

图 9－4　平衡位置的稳定性

例如，一根长 300 mm 的矩形截面钢尺，其横截面尺寸为 20 mm×1 mm，若该钢尺的抗压许用应力等于 196 MPa，按照其抗压强度计算，其许用抗压承载力 $[F]=20\ \text{mm}\times 1.0\ \text{mm}\times 196\ \text{MPa}=3\ 920\ \text{N}$。但实际上，杆件在承受约 40 N 的轴向压力时，直杆就发生了明显的弯曲变形从而不能再承担更多的压力，即丧失了其在直线形状下保持平衡的能力从而导致破坏。可见，对于细长压杆而言，其承载能力往往由其稳定性决定，而不是由其拉伸(压缩)强度决定。

除细长压杆外，薄壁杆与某些杆系结构等也存在稳定问题。例如，图 9－5(a)所示狭长矩形截面梁，当作用在自由端的荷载 F 达到或超过一定数值时，梁将突然发生侧向弯曲与扭转；又如，图 9－5(b)所示承受径向外压的薄壁圆管，当 p 达到或超过一定数值时，圆环形截面将突然变为椭圆形。这些都是工程设计中需要注意的重要问题。

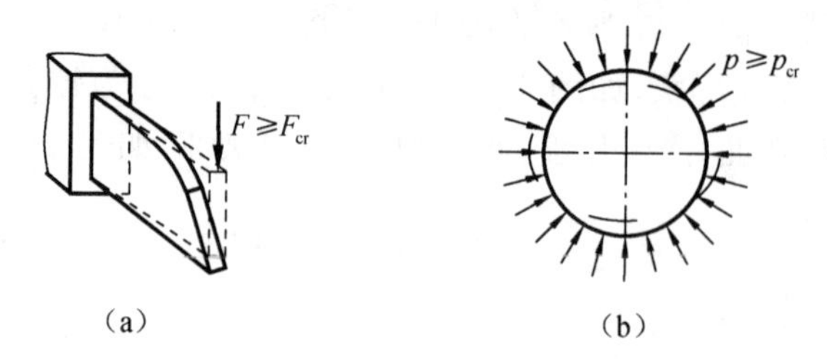

图 9-5 工程中的其他稳定问题

显然,解决压杆稳定问题的关键是确定其临界力。如果将压杆的工作压力控制在由临界力所确定的许用范围内,则压杆不致失稳。

本章主要研究压杆临界力的确定,约束方式对临界力的影响,压杆的稳定条件及合理设计等。

9.2 细长压杆的临界力

由上节内容可知,解决压杆稳定问题的关键是确定其临界力(临界荷载)。如果将压杆的工作压力控制在由临界力所确定的许用范围内,则压杆不致失稳。下面研究如何确定压杆的临界力。从图 9-3 可知,计算临界力归结于计算压杆处于微弯状态临界平衡时的平衡方程及荷载值。用静力法计算临界力时应按以下的思路来考虑:(1) 细长压杆失稳模态是弯曲,所以弯曲变形必须考虑(不再使用原始尺寸原理);(2) 假设压杆处在线弹性状态;(3) 临界平衡时压杆处于微弯状态,即挠度远小于杆长,于是,梁近似挠曲线的微分方程仍然适用。(4) 压杆存在纵向对称面,且在纵向对称面内弯曲变形。

9.2.1 两端铰支细长压杆的临界力

现以两端铰支,长度为 l 的等截面细长中心受压直杆为例,推导其临界力的计算公式。如图 9-6(a)所示,假设压杆在临界力作用下轴线呈微弯状态维持平衡,若记压杆任意 x 截面沿 y 方向的挠度为 w,如图 9-6(b)所示,则该截面上的弯矩为

$$M(x)=F_{cr}\cdot w \tag{9-1a}$$

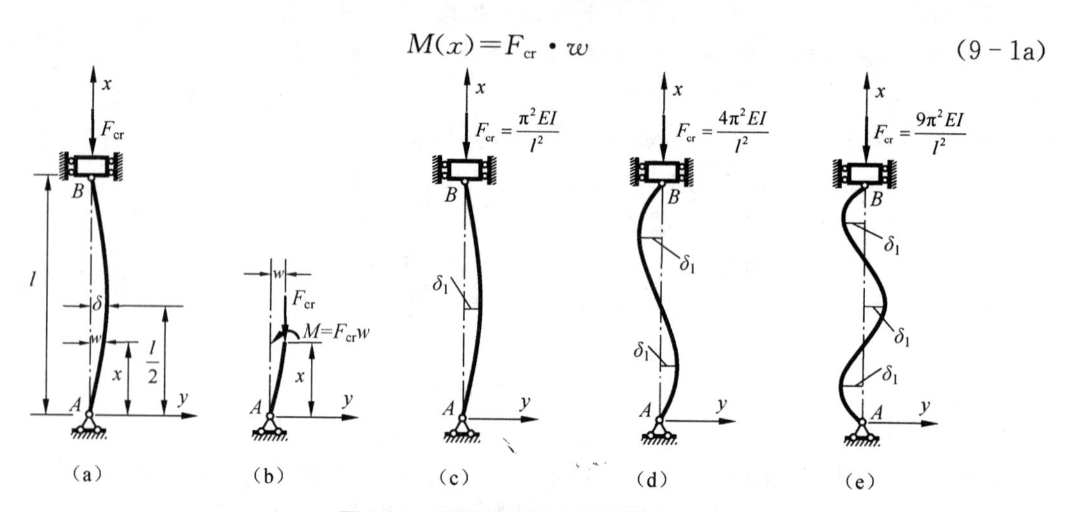

图 9-6 两端铰支的细长压杆

弯矩的正、负号以沿 y 轴正方向一侧杆件受拉为正，反之为负，压力 F_{cr} 取为正值，挠度 w 以沿 y 轴正值方向为正。

杆的挠曲线近似微分方程为

$$\frac{d^2w}{dx^2}=-\frac{M(x)}{EI} \tag{9-1b}$$

将弯矩方程 $M(x)$ 代入 (9-1b)式，得

$$\frac{d^2w}{dx^2}=-\frac{F_{cr}}{EI}w \tag{9-1c}$$

令

$$k=\sqrt{\frac{F_{cr}}{EI}} \tag{9-1d}$$

则式(9-1c)可写成如下形式

$$\frac{d^2w}{dx^2}+k^2w=0 \tag{9-1e}$$

式(9-1e)为二阶齐次常系数线性微分方程，其通解为

$$w=A\sin kx+B\cos kx \tag{9-1f}$$

式中，A、B 和 k 为三个待定的积分常数，可由压杆的边界条件确定。

图 9-6(a)所示压杆的边界条件为 $w|_{x=0}=0$，$w|_{x=l}=0$。

由 $x=0$ 时，$w=0$，代入式(9-1f)，可得 $B=0$。于是式(9-1f)为

$$w=A\sin kx \tag{9-1g}$$

由 $x=l$ 时，$w=0$，代入式(9-1g)，可得

$$A\sin kl=0 \tag{9-1h}$$

满足式(9-1h)的条件是 $A=0$，或者 $\sin kl=0$。若 $A=0$，由式(9-1g)可见 $w\equiv0$，这与题意(轴线呈微弯状态)不符。因此，$A\neq0$，故只有

$$\sin kl=0 \tag{9-1i}$$

即得 $kl=n\pi$。考虑到 kl 为正，故 $n=1,2,3,\cdots$。

于是

$$kl=\sqrt{\frac{F_{cr}}{EI}}\cdot l=n\pi \tag{9-1j}$$

$$F_{cr}=\frac{n^2\pi^2EI}{l^2} \tag{9-1k}$$

工程上可取其最小非零解，即 $n=1$ 时的解，作为构件的临界力，即

$$F_{cr}=\frac{\pi^2EI}{l^2} \tag{9-1}$$

式(9－1)即两端铰支(球铰)等截面细长中心受压直杆临界力 F_{cr}的计算公式。由于式(9－1)最早是由欧拉(L. Euler，1707—1783)导出的，所以称为**欧拉公式**。

【说明】 ① 杆的弯曲必然发生在抗弯能力最小的平面内，所以，式(9－1)中的惯性矩 I 应为压杆横截面的最小惯性矩。② 在(9－1)的临界力作用下，式(9－1f)可写为 $w=A\sin\left(\frac{\pi}{l}x\right)$，即两端铰支、细长压杆的挠曲线为半波正弦曲线。其中常数 A 为压杆跨中截面的挠度，令 $x=\frac{l}{2}$，则有 $\delta=w|_{x=0.5l}=A\sin\left(\frac{\pi}{l}\cdot\frac{l}{2}\right)=A$，这里 A 的值可以是任意微小的位移值。之所以没有确定值，是因为在建立压杆的挠曲线微分方程式时使用了近似微分方程。③ 若采用挠曲线的精确微分方程式求解，即 $-\frac{M}{EI}=\frac{1}{\rho}=\frac{\mathrm{d}\theta}{\mathrm{d}s}=\frac{w''}{(1+w'^2)^{3/2}}$，则不会出现上述 A 值的不确定性问题。④ 临界状态的压力恰好等于临界力，而所处的微弯状态称为屈曲模态，临界力的大小与屈曲模态有关，例如图 9－6(c)所示的模态对应于 $n=1$ 时的临界力，而图 9－6(d)、(e)所示的模态分别对应于 $n=2$、3 时的临界力。⑤ $n=2$、3 所对应的屈曲模态事实上是不能存在的，除非在拐点处增加支座。这些结论对后面讨论的其他情况一样成立。

【思考】 试从能量的角度分析两端铰支、细长压杆的稳定性性态，并推导其临界力的计算公式？

9.2.2 一端固定、一端自由细长压杆的临界力

如图 9－7 所示，一下端固定、上端自由并在自由端受轴向压力作用的等直细长压杆。杆长为 l，在临界力作用下，杆失稳时假定可能在 xOy 平面内维持微弯状态下的平衡，其弯曲刚度为 EI，现推导其临界力。

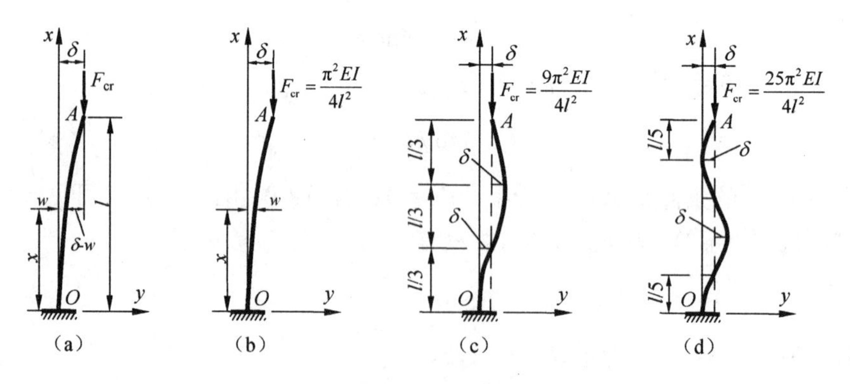

图 9－7 一端固定、一端铰支的细长压杆

根据杆端约束情况，杆在临界力 F_{cr}作用下的挠曲线形状如图 9－7 所示，最大挠度 δ 发生在杆的自由端。由临界力引起的杆任意 x 截面上的弯矩为

$$M(x)=-F_{cr}(\delta-w) \tag{9-2a}$$

式中，w 为 x 截面处杆的挠度。

将式(9－2a)代入杆的挠曲线近似微分方程，即得

$$\frac{\mathrm{d}^2w}{\mathrm{d}x^2}=-\frac{M(x)}{EI}=\frac{F_{cr}}{EI}(\delta-w) \tag{9-2b}$$

令

$$k^2=\frac{F_{cr}}{EI} \tag{9-2c}$$

则式(9-2b)可写成如下形式

$$\frac{d^2w}{dx^2}+k^2w=k^2\delta \tag{9-2d}$$

上式为二阶常系数非齐次微分方程，可取特解为 $w_0=\delta$，则其通解为

$$w=A\sin kx+B\cos kx+\delta \tag{9-2e}$$

其一阶导数为

$$w'=Ak\cos kx-Bk\sin kx \tag{9-2f}$$

式中，A、B 和 k 为三个待定的积分常数，可由压杆的边界条件确定。

图 9-7 所示压杆的边界条件如下：当 $x=0$ 时，$w=0$，代入式(9-2e)，可得有 $B=-\delta$；当 $x=0$ 时，$w'=0$，代入式(9-2f)，可得有 $A=0$。将 A、B 值代入式(9-2e)得

$$w=\delta(1-\cos kx) \tag{9-2g}$$

再将边界条件 $x=l$，$w=\delta$ 代入式(9-2g)，即得

$$\delta=\delta(1-\cos kl) \tag{9-2h}$$

由于 $\delta\neq0$，所以有

$$\cos kl=0 \tag{9-2i}$$

可以求得方程(9-2i)的非零正解为 $kl=\frac{n\pi}{2}$，$k=\frac{n\pi}{2l}(n=1,3,5,\cdots)$。于是由式(9-2c)得

$$F_{cr}=\frac{n^2\pi^2EI}{(2l)^2} \tag{9-2j}$$

取 n 的最小值 1，可得该压杆临界力 F_{cr}的欧拉公式为

$$F_{cr}=\frac{\pi^2EI}{(2l)^2} \tag{9-2}$$

9.2.3　两端固定细长压杆的临界力

如图 9-8(a)所示，两端固定的压杆，当轴向力达到临界力 F_{cr}时，杆处于微弯平衡状态。由于对称性，可设杆两端的约束力偶矩均为 M_e，将杆从 x 截面截开，并考虑下半部分的静力平衡[如图 9-8(b)所示]，可得到 x 截面处的弯矩为

$$M(x)=F_{cr}w-M_e \tag{9-3a}$$

代入挠曲线近似微分方程，得

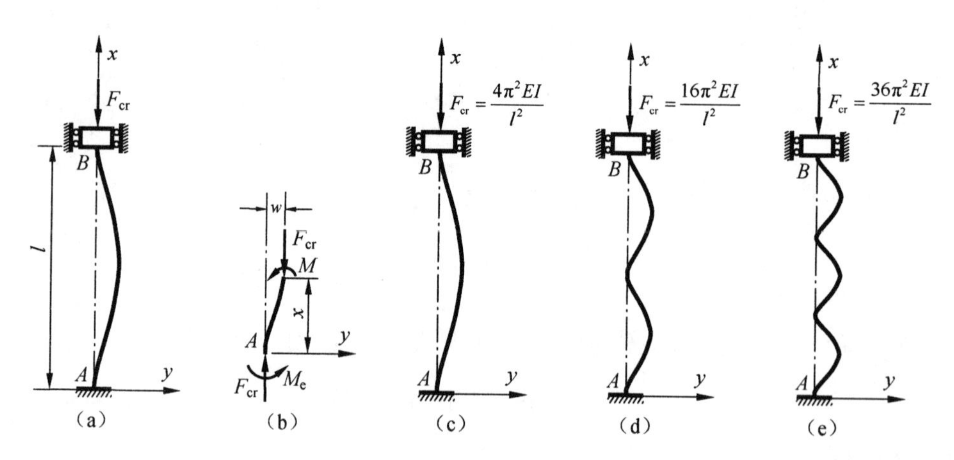

图 9-8　两端固定的细长压杆

$$\frac{d^2 w}{dx^2}=-\frac{M(x)}{EI}=-\frac{(F_{cr}w-M_e)}{EI} \tag{9-3b}$$

令

$$k^2=\frac{F_{cr}}{EI} \tag{9-3c}$$

则式(9-3b)可写成如下形式

$$\frac{d^2 w}{dx^2}+k^2 w=\frac{M_e}{EI} \tag{9-3d}$$

上式为二阶常系数非齐次微分方程，其特解可取为 $w=\dfrac{M_e}{EIk^2}=\dfrac{M_e}{F_{cr}}$。故其通解为

$$w=A\sin kx+B\cos kx+\frac{M_e}{F_{cr}} \tag{9-3e}$$

挠曲函数 w 对 x 的一阶导数为

$$w'=Ak\cos kx-Bk\sin kx \tag{9-3f}$$

式中，A、B 和 k 为三个待定的积分常数，可由压杆的边界条件确定。

图 9-8(a)所示压杆的边界条件为：$w|_{x=0}=w'|_{x=0}=0$，$w|_{x=l}=w'|_{x=l}=0$。将这些条件分别代入式(9-3e)、(9-3f)，可得 A、B、k、M_e 和 F_{cr} 应满足方程组

$$\left.\begin{aligned}&B+\frac{M_e}{F_{cr}}=0\\&Ak=0\\&A\sin kl+B\cos kl+\frac{M_e}{F_{cr}}=0\\&Ak\cos kl-Bk\sin kl=0\end{aligned}\right\} \tag{9-3g}$$

由方程组(9-3g)，易得

$$\left.\begin{aligned}&A=0\\&B=-\frac{M_e}{F_{cr}}\\&\cos kl=1\\&\sin kl=0\end{aligned}\right\}\tag{9-3h}$$

由(9-3h)可求得 k 的非零正解为 $k=\frac{2n\pi}{l}(n=1,2,3,\cdots)$。于是由式(9-3c)得

$$F_{cr}=\frac{4n^2\pi^2EI}{l^2}\tag{9-3i}$$

取 n 的最小值1,可得该压杆临界力 F_{cr}的欧拉公式为

$$F_{cr}=\frac{\pi^2EI}{(0.5l)^2}\tag{9-3}$$

式(9-3)即为两端固定细长压杆临界力的欧拉公式。

【说明】 ① 在以上两种常见支承的压杆稳定问题中,其控制方程均为弹性梁弯曲方程(考虑了轴向压力的影响)。与两端铰支的情况相比较,当控制方程用二阶线性常系数微分方程描述时,它们的齐次部分完全相同,区别只是非齐次项。可以发现简支压杆(欧拉问题)的控制方程最简单,其非齐次项为零。② 从微分方程解的表达式来看,简支压杆的解仅仅对应了齐次部分。而其他两种情况还要考虑非齐次部分的特解,因而可以认为简支压杆是压杆稳定问题的最基本模式。③ 其他支承的压杆与简支压杆应该存在某种内在联系,这种联系可通过相当长度来体现。④ 压杆微分方程是特征值问题,其特征函数(即屈曲模态)均含有一个不确定的系数,所以即使对应一定的屈曲模态,位移的大小也是不确定的。

【思考】 试判断上述三种不同约束下的压杆在上端所受到的约束力的情况是否相同?为什么?

9.2.4 细长中心受压直杆临界力的统一公式

比较上述3种典型压杆的欧拉公式,可以看出,这些公式的形式是一样的;临界力与 EI 成正比(这与在本章第一节中的细长压杆的承载能力与构件受压后变弯有关一致),与 l^2 成反比,只是相差一个系数。显然,此系数与约束形式有关。故临界力的表达式可统一写为

$$F_{cr}=\frac{\pi^2EI}{(\mu l)^2}\tag{9-4}$$

式中 μ 称为**长度系数**,μl 称为压杆的**相当长度**,即相当的两端铰支压杆的长度,或压杆挠曲线拐点之间的距离。而 I 则应取为 $\min\{I_y,I_z\}$。

不同杆端约束情况下长度系数的值见表9-1。值得指出,表中给出的都是理想约束情况。实际工程问题中,杆端约束多种多样,要根据具体实际约束的性质和相关设计规范选定 μ 值的大小。

表 9-1　不同杆端约束情况下的长度系数

支承情况	两端铰支	一端固定 一端铰支	两端固定	一端固定 一端自由	两端固定但可沿横向相对移动
失稳时挠曲线形状	F_{cr} l	F_{cr} B l $0.7l$ C A	F_{cr} B D l $0.5l$ C A	F_{cr} l $2l$	F_{cr} B l C $0.5l$ A
临界力公式	$F_{cr}=\frac{\pi^2 EI}{l^2}$	$F_{cr}\approx\frac{\pi^2 EI}{(0.7l)^2}$	$F_{cr}=\frac{\pi^2 EI}{(0.5l)^2}$	$F_{cr}=\frac{\pi^2 EI}{(2l)^2}$	$F_{cr}=\frac{\pi^2 EI}{l^2}$
长度系数	$\mu=1$	$\mu=0.7$	$\mu=0.5$	$\mu=2$	$\mu=1$
相当长度	l	$0.7l$	$0.5l$	$2l$	l

【说明】 ① 表 9-1 中的相当长度是指相当于两端铰支压杆的长度(挠曲线拐点处的弯矩为零),见表 9-1 中的图所标注。② 在实际构件中,还常常遇到柱状铰,如图 9-9 所示。可以看出:当杆件的轴线在垂直于圆柱状销钉轴线的平面内(即 xz 平面)弯曲时,销钉对杆件的约束相当于铰支;而当杆件的轴线在包含圆柱状销钉轴线的平面内(即 xy 平面)弯曲时,销钉对杆件的约束相当于固定端。

【思考】 对于两端铰支的细长压杆,在截面面积相等的前提下,下面的这些截面中哪个截面对应的临界力最大?(a)圆形;(b)正方形;(c)正三角形;(d)矩形;(e)正六边形。

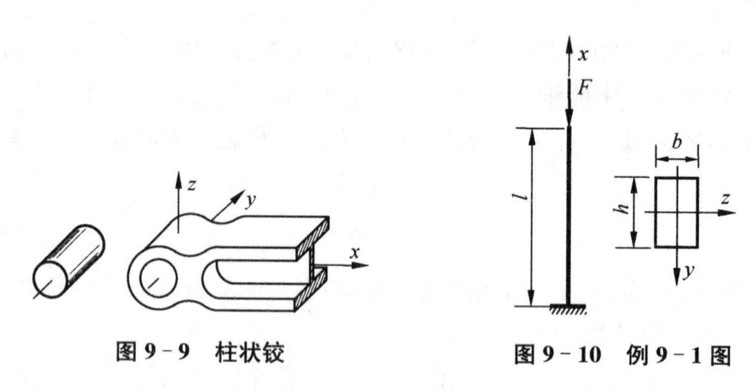

图 9-9　柱状铰　　　　图 9-10　例 9-1 图

【例 9-1】 一端固定另一端自由的细长压杆如图 9-10 所示,已知其弹性模量 $E=200$ GPa,杆长度 $l=2$ m,矩形截面 $b=20$ mm,$h=45$ mm。试计算此压杆的临界力。若 $b=h=30$ mm,长度不变,此压杆的临界力又为多少?

【解】 (1) 计算截面的惯性矩

此压杆对 z 轴的惯性矩为

$$I_z=\frac{bh^3}{12}=\frac{20\ \text{mm}\times(45\ \text{mm})^3}{12}=15.2\times10^4\ \text{mm}^4$$

对 y 轴的惯性矩为

$$I_y=\frac{hb^3}{12}=\frac{45\ \text{mm}\times(20\ \text{mm})^3}{12}=3.0\times10^4\ \text{mm}^4$$

由于压杆的弯曲发生在抗弯能力最小的平面内，$I_y<I_z$，所以此压杆必在 xz 平面内失稳，惯性矩 I 取 I_y。

(2) 计算临界力

由表 9－1 可知 $\mu=2$，由此计算其临界力为

$$F_{\text{cr}}=\frac{\pi^2 EI}{(2l)^2}=\frac{\pi^2\cdot(200\times10^3\ \text{MPa})\times(3.0\times10^4\ \text{mm}^4)}{(2\times2\times10^3\ \text{mm})^2}=3\ 701\ \text{N}=3.7\ \text{kN}$$

(3) 当截面尺寸为 $b=h=30$ mm 时，计算压杆的临界力截面的惯性矩为

$$I_y=I_z=\frac{bh^3}{12}=\frac{(30\ \text{mm})^4}{12}=6.75\times10^4\,\text{mm}^4$$

代入欧拉公式可得

$$F_{\text{cr}}=\frac{\pi^2 EI}{(2l)^2}=\frac{\pi^2\cdot(200\times10^3\ \text{MPa})\times(6.75\times10^4\,\text{mm}^4)}{(2\times2\times10^3\ \text{mm})^2}=8\ 327\ \text{N}=8.33\ \text{kN}$$

【评注】 本例中两种情况的截面面积相等，但从计算结果看，后者的临界力大于前者。可见在材料相同的条件下，采用正方形截面比矩形截面更能提高压杆的临界力。

【例 9－2】 如图 9－11(a)所示，一两端铰支的细长压杆，长度为 l，横截面面积为 A，抗弯刚度为 EI。设杆处于变化的均匀温度场中，若材料的线膨胀系数为 α，初始温度为 T_0，试求压杆失稳时的临界温度值 T_{cr}。

【解】 (1) 图示结构为一次超静定问题。将杆件上侧的竖向约束解除，并代之以力 F，如图 9－11(b)所示。则其变形协调条件为

$$\Delta l=\Delta l_{\text{T}}-\Delta l_{\text{R}}=0$$

由于压杆的自由热膨胀量为

$$\Delta l_{\text{T}}=\alpha(T-T_0)l$$

而约束反力 F 产生的变形可近似表示为 $\Delta l_{\text{R}}=\dfrac{Fl}{EA}$。故有

$$F=EA\alpha(T-T_0)$$

显然，当轴向压力 F 等于压杆的临界力 F_{cr} 时，杆将丧失稳定性。此时对应的温度称为**临界温度** T_{cr}。由于 $\mu=1$，可得临界力为

$$F_{\text{cr}}=\frac{\pi^2 EI}{(\mu l)^2}=EA\alpha(T_{\text{cr}}-T_0)$$

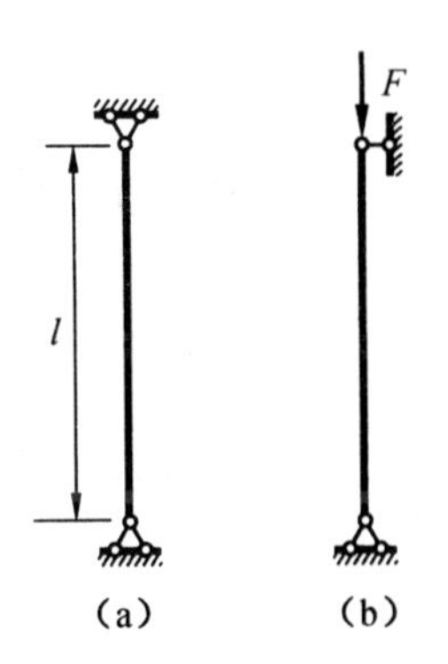

图 9－11　例 9－2 图

故 $T_{\text{cr}}=T_0+\dfrac{\pi^2 I}{\alpha A l^2}$。

【说明】 在超静定结构中，由于温度变化而引起的失稳问题称为**热屈曲**。对于轴向压力和热屈曲同时存在的问题，在线性范围内时可以采用叠加法求解。

【例 9-3】 结构如图所示，已知杆 AB 与梁 CD 相联结（B 处刚接），$l=2l_1=2l_2$，杆 AB 与梁 CD 的弯曲刚度均为 EI。试求细长杆件 AB 在图示情况下的临界力 F_{cr}。

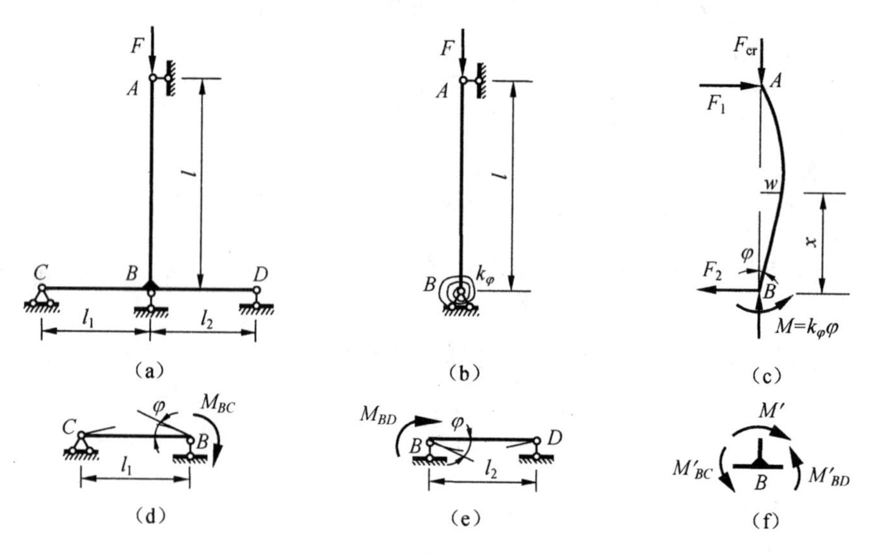

图 9-12 例 9-3 图

【解】 由题意可知，结点 B 的水平位移和铅垂位移均为零，但结点 B 可以转动。杆件 AB 可简化为图 9-12(b)所示的 B 端有弹性常数为 k_φ 的阻转弹簧的中心受压直杆。设结点 B 的转角为 φ，则阻转弹簧对杆件 AB 的作用为大小是 $k_\varphi\varphi$ 的力偶 M，如图 9-12(c)所示。由于力偶 M 的作用，由结点 B 的力矩平衡条件可知，支座 A 处的反力 F_1 与杆件 AB 在 B 处的剪力 F_2 形成力偶与 M 平衡。即对杆件 AB，由平衡条件 $\sum M_B=0$，可得

$$F_1=F_2=\frac{M}{l}=\frac{k_\varphi\varphi}{l}$$

杆件 AB 上，任意 x 截面的弯矩为

$$M(x)=F_{cr}w-F_1(l-x)=F_{cr}w-\frac{k_\varphi\varphi}{l}(l-x)$$

从而由杆件 AB 的挠曲线方程，可得

$$EIw''+F_{cr}w-\frac{k_\varphi\varphi}{l}(l-x)=0 \tag{a}$$

将式(a)除以 EI，并令 $k^2=\frac{F_{cr}}{EI}$，则有

$$w''+k^2y=\frac{k_\varphi\varphi}{EIl}(l-x) \tag{b}$$

由于结点 B 为刚结点，故当杆件 AB 的 B 端转角为 φ 时，CB 的 B 端转角与 BD 的 B 端转角均为 φ。分别将 CB 与 BD 进行分析，视为一端作用有集中力偶的简支梁，如图 9-12(d)、(e)所示。则有

$$\varphi_{BC}=\varphi=\frac{M_{BC}l_1}{3EI}$$

$$\varphi_{BD}=\varphi=\frac{M_{BD}l_2}{3EI}$$

从而可得

$$M_{BC}=\frac{3EI\varphi}{l_1}$$

$$M_{BD}=\frac{3EI\varphi}{l_2}$$

以结点 B 为研究对象，受力分析如图 9－12(f)所示(未画出力，只画出力偶)。由结点 B 的力矩平衡方程可得

$$M=M'=M_{BC}+M_{BD}=\frac{3EI\varphi}{l_1}+\frac{3EI\varphi}{l_2}=\frac{12EI\varphi}{l}$$

又由于 $M=k_{\varphi}\varphi$，故式(b)可写为

$$w''+k^2w=\frac{12\varphi}{l^2}(l-x) \tag{c}$$

显然，方程(c)的特解可取为

$$w_0=\frac{12\varphi}{k^2l^2}(l-x)=\frac{12EI\varphi}{F_{\mathrm{cr}}l^2}(l-x)$$

从而，方程(c)的通解为

$$w=A\sin kx+B\cos kx+\frac{12EI\varphi}{F_{\mathrm{cr}}l^2}(l-x) \tag{d}$$

又由题意知边界条件为 $w(0)=0,w'(0)=\varphi,w(l)=0$。将其分别代入方程(d)可得

$$B=-\frac{12EI\varphi}{F_{\mathrm{cr}}l}$$

$$\tan kl=-\frac{B}{A}$$

$$\varphi=Ak-\frac{12EI\varphi}{F_{\mathrm{cr}}l^2}$$

简化计算可得关系式为

$$\tan kl=\frac{1}{\dfrac{kl}{12}+\dfrac{1}{kl}}$$

求解可得 $kl=4.181$。所以，杆件 AB 的临界力大小为

$$F_{\mathrm{cr}}=\frac{4.181^2EI}{l^2}=\frac{\pi^2EI}{(0.751l)^2}$$

9.3　压杆的临界应力

9.3.1　临界应力

当压杆受临界力 F_{cr}作用而在直线平衡形式下维持不稳定平衡时，横截面上的压应力可按公式 $\sigma=\frac{F}{A}$计算。于是，各种支承情况下压杆横截面上的应力为

$$\sigma_{cr}=\frac{F_{cr}}{A}=\frac{\pi^2 E}{(\mu l)^2}\cdot\frac{I}{A}=\frac{\pi^2 E}{(\mu l/i)^2} \tag{9-5}$$

式中，σ_{cr}称为**临界应力**；$i=\sqrt{\frac{I}{A}}$，为压杆横截面对中性轴的惯性半径。

令

$$\lambda=\frac{\mu l}{i} \tag{9-6}$$

则压杆的临界应力可表达为

$$\sigma_{cr}=\frac{\pi^2 E}{\lambda^2} \tag{9-7}$$

式(9－7)为临界应力的欧拉公式。

λ 称为压杆的**长细比**或**柔度**，λ 是一个无量纲量，它综合地反映了压杆的长度、截面的形状与尺寸以及杆件的支承情况对临界应力的影响，公式(9－7)表明，λ 值越大，σ_{cr}就越小，即压杆越容易失稳。

9.3.2　欧拉公式的适用范围

在前面推导临界力的欧拉公式过程中，使用了挠曲线近似微分方程。而挠曲线近似微分方程的适用条件是小变形、线弹性范围内，即材料服从胡克定律时欧拉公式才成立。因此，欧拉公式(9－7)只适用于小变形且临界应力 σ_{cr}不超过材料比例极限 σ_p 的情况，亦即

$$\sigma_{cr}\leqslant\sigma_p$$

将式(9－7)代入上式，得

$$\frac{\pi^2 E}{\lambda^2}\leqslant\sigma_p$$

或

$$\lambda\geqslant\sqrt{\frac{\pi^2 E}{\sigma_p}}=\lambda_p \tag{9-8}$$

式(9－8)中，λ_p 是应用欧拉公式的压杆柔度的界限值，称为**判别柔度**。当 $\lambda\geqslant\lambda_p$ 时，才能满足 $\sigma_{cr}\leqslant\sigma_p$，欧拉公式才适用，这种压杆称为**大柔度压杆**或**细长压杆**。

例如，对于用 Q235 钢制成的压杆，$E=200$ GPa，$\sigma_p=200$ MPa，其判别柔度 λ_p 为

$$\lambda_p=\sqrt{\frac{\pi^2 E}{\sigma_p}}=\sqrt{\frac{\pi^2\times 200\ \text{MPa}\times 10^3}{200\ \text{MPa}}}\approx 100$$

不同材料的判别柔度如表9-2所示。

若压杆的柔度λ小于λ_p，称为**小柔度杆或非细长杆**。小柔度杆的临界应力σ_{cr}大于材料的比例极限σ_p，此时压杆的临界应力σ_{cr}不能用欧拉公式(9-7)计算。

【说明】 式(9-8)中的判别柔度是针对理想中心受压直杆得到的计算公式，考虑到实际杆件比不绝对满足，所以规范中规定的判别柔度往往大于式(9-8)中的判别柔度。

9.3.3　超过比例极限σ_p时压杆的临界应力

对临界应力超过比例极限的压杆($\sigma_{cr}>\sigma_p$，即$\lambda<\lambda_p$)，欧拉公式(9-4)和(9-7)不再适用，此时压杆的临界应力常用经验公式计算。常用的经验公式有直线公式和抛物线公式。

1. 直线公式

可分两种情况考虑，即中柔度杆和小柔度杆。

(1) 中柔度杆

中柔度杆在工程实际中是最常见的。关于这类杆的临界应力计算，有基于理论分析的公式，如切线模量公式；还有以试验为基础考虑压杆存在偏心率等因素的影响而整理得到的经验公式。目前在设计中多采用经验公式确定临界应力，常用的经验公式有直线公式和抛物线公式。

对于柔度$\lambda<\lambda_p$的压杆，通过试验发现，其临界应力σ_{cr}与柔度之间的关系可近似地用如下直线公式表示

$$\sigma_{cr}=a-b\lambda \tag{9-9}$$

式中，a、b为与压杆材料力学性能有关的常数，其单位为MPa，一些常用材料的a、b值见表9-2所示。

表9-2　不同材料的a、b值及λ_0、λ_p的值

材料(σ_s,σ_b/MPa)	a(MPa)	b(MPa)	λ_p	λ_0
Q235钢($\sigma_s=235$,$\sigma_b\geqslant 372$)	304	1.12	100	60
优质碳钢($\sigma_s=306$,$\sigma_b\geqslant 470$)	460	2.57	100	60
硅钢($\sigma_s=353$,$\sigma_b\geqslant 510$)	577	3.74	100	60
铬钼钢	980	5.29	55	
硬铝	392	3.26	50	
铸铁	332	1.45	80	
松木	28.7	0.2	59	

经验公式(9-9)也是有其适用范围的，即临界应力σ_{cr}不应超过材料的压缩极限应力σ_u。这是由于当临界应力σ_{cr}达到压缩极限应力σ_u时，压杆不会因发生弯曲变形而失稳，而是因强度不足而失效破坏。若以λ_0表示对应于$\sigma_{cr}=\sigma_u$时的柔度，则

$$\sigma_{cr}=\sigma_u=a-b\lambda_0$$

或

$$\lambda_0=\frac{a-\sigma_u}{b} \tag{9-10}$$

其中,压缩极限应力 σ_u,对于塑性材料制成的杆件可取材料的抗压屈服强度 σ_s,对于脆性材料制成的杆件可取材料的抗压强度 σ_b。

λ_0 是可用直线公式的最小柔度,不同材料的 λ_0 值见表 9-2 所示,也可参考有关规范或设计手册。

因此,直线经验公式的适用范围为

$$\lambda_0\leqslant\lambda<\lambda_p \tag{9-11}$$

满足上式的压杆,称为**中柔度压杆**。λ_0 依材料的不同而不同,见表 9-2 所示,也可依式(9-10)计算。

(2) **小柔度杆(或短粗杆)**

对于 $\lambda<\lambda_0$ 的小柔度杆,当其临界应力 σ_{cr} 达到材料的压缩极限应力 σ_u 时,杆件就会因强度不足而发生破坏即认为失效。所以有

$$\sigma_{cr}=\sigma_u \tag{9-12}$$

综上所述,可将压杆的临界应力依柔度的不同归结如下:

(1) 大柔度压杆(细长杆):$\lambda\geqslant\lambda_p$,$\sigma_{cr}=\dfrac{\pi^2E}{\lambda^2}$。

(2) 中柔度压杆(中长杆):$\lambda_0\leqslant\lambda<\lambda_p$,$\sigma_{cr}=a-b\lambda$。

(3) 小柔度压杆(粗短杆):$\lambda<\lambda_0$,$\sigma_{cr}=\sigma_u$。

若以柔度 λ 为横坐标,临界应力 σ_{cr} 为纵坐标,将临界应力与柔度的关系曲线绘于图中,即得到全面反映大、中、小柔度压杆的临界应力随柔度变化情况的**临界应力总图**,如图 9-13 所示。

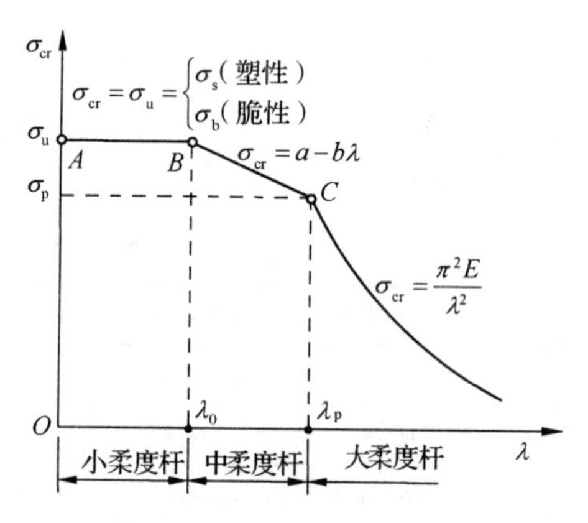

图 9-13　临界应力总图

【说明】 ① 稳定计算中,无论是欧拉公式或是经验公式,都是以杆件的整体变形为基础的,即压杆在临界力作用下可保持微弯状态的平衡,以此作为压杆失稳时的整体变形状态。② 局部削弱(如螺钉孔等)对杆件的整体变形影响很小,计算临界应力时,应采用未经削弱的横截面面积 A 和惯性矩 I。而在小柔度杆中作强度计算时,自然应该使用削弱后的横截面面积。

2. 抛物线公式

抛物线公式是指对于中小柔度杆件的临界应力用关于柔度 λ 的二次函数表示为

$$\sigma_{cr}=a_1-b_1\lambda^2 \tag{9-13}$$

式中,a_1、b_1 为与材料性质有关的常数。例如我国钢结构规范中,对于非细长杆件的临界应力采用如下形式的抛物线公式

$$\sigma_{cr}=\sigma_s\left[1-0.43\left(\frac{\lambda}{\lambda_c}\right)^2\right](\lambda\leqslant\lambda_c) \tag{9-14}$$

式(9－14)中 λ_c 为

$$\lambda_c=\sqrt{\frac{\pi^2 E}{0.57\sigma_s}} \tag{9-15}$$

比较式(9－8)与式(9－15)可知，λ_p 与 λ_c 稍有差别。以 Q235 钢为例，$\lambda_c=123$。Q235 钢的抛物线公式为

$$\sigma_{cr}=235\ \text{MPa}-0.006\ 68\ \text{MPa}\times\lambda^2(\lambda\leqslant 123) \tag{9-16}$$

【说明】 对于非弹性屈曲时的临界力，常见的理论有切线模量理论、折减模量理论和 Shanley 理论，相关分析可参考 James M. Gere 的文献。

【思考】 ① 如果承受的压力存在小偏心，试确定其最大挠度、最大弯矩和最大压应力与压力 F 之间的关系。② 如果压杆未受力时轴线具有微小的正弦半波曲线，试讨论其临界力。

【例 9－4】 材料为 Q235 钢的三根轴向受压圆杆，长度 l 分别为 0.25 m、0.5 m 和 1 m，直径分别为 20 mm、30 mm 和 50 mm，$E=210$ GPa，$\lambda_p=100$，$\lambda_0=60$。对于中柔度杆，σ_{cr} 服从直线规律，且参数 $a=304$ MPa，$b=1.12$ MPa。各杆支承如图 9－14 所示。试求各杆的临界应力。

解 (1) 计算各杆的柔度

杆 a：$\mu_1=2$，$l_1=0.25$ m，$d_1=20$ mm，则

$$i_1=\sqrt{\frac{I}{A}}=\frac{d_1}{4}=5.0\ \text{mm}$$

$$\lambda_1=\frac{\mu_1 l_1}{i_1}=\frac{2\times 250\ \text{mm}}{5\ \text{mm}}=100$$

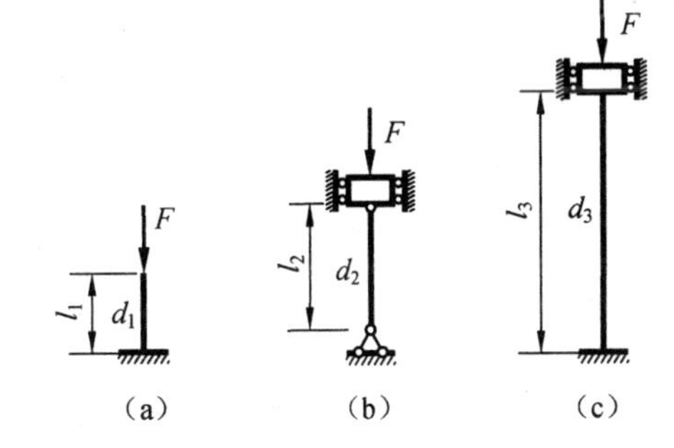

图 9－14　例 9－4 图

杆 b：$\mu_2=1$，$l_2=0.5$ m，$d_2=30$ mm，则

$$i_2=\sqrt{\frac{I}{A}}=\frac{d_2}{4}=7.5\ \text{mm}$$

$$\lambda_2=\frac{\mu_2 l_2}{i_2}=\frac{1\times 500\ \text{mm}}{7.5\ \text{mm}}=66.7$$

杆 c：$\mu_3=0.5$，$l_3=1$ m，$d_3=50$ mm，则

$$i_3=\sqrt{\frac{I}{A}}=\frac{d_3}{4}=12.5\ \text{mm}$$

$$\lambda_3=\frac{\mu_3 l_3}{i_3}=\frac{0.5\times 1\ 000\ \text{mm}}{12.5\ \text{mm}}=40$$

(2) 计算各杆的临界应力

杆 a：$\lambda_1=\lambda_p$，属于大柔度压杆，其临界应力为

$$\sigma_{cr}=\frac{\pi^2 E}{\lambda^2}=\frac{3.14^2\times 210\times 10^3\ \text{MPa}}{100^2}=207.1\ \text{MPa}$$

杆 b：$\lambda_0=60<\lambda_2=66.7<\lambda_p=100$，属于中柔度压杆，其临界应力为

$$\sigma_{cr}=a-b\lambda=304\ \text{MPa}-1.12\ \text{MPa}\times 66.7=229.3\ \text{MPa}$$

杆 c：$\lambda_3=40<\lambda_0=60$，属于小柔度压杆，其临界应力为：$\sigma_{cr}=\sigma_s=235\ \text{MPa}$

【注意】 在计算临界力之前，必须计算杆件的柔度，并判断杆件的类型，然后根据不同的类型套用不同的计算公式。

【例 9-5】 某施工现场脚手架搭设，第一种搭设是有扫地杆形式，第二种搭设是无扫地杆形式，如例 9-15(a)图所示。对于这两种情况，可以将其中的杆简化为例 9-15(b)、(c)所示的压杆。若压杆外径为 48 mm、内径为 41 mm 的焊接钢管，材料的弹性模量 $E=200\ \text{GPa}$，$\lambda_p=100$，$\lambda_0=60$，排距为 1.8 m。对于中柔度杆，σ_{cr}服从直线规律，且参数 $a=304\ \text{MPa}$，$b=1.12\ \text{MPa}$。试比较两种情况下压杆的临界应力。

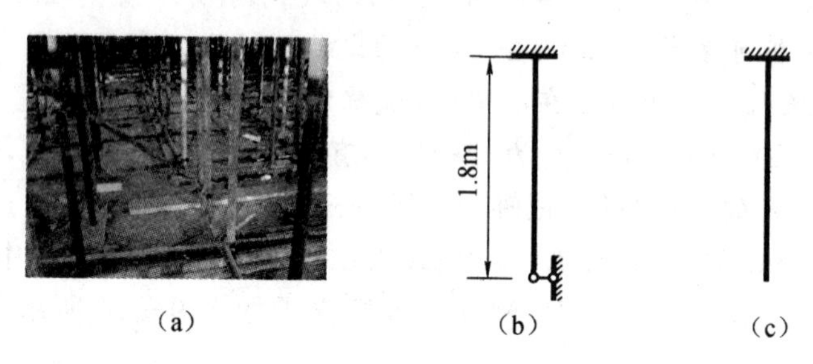

图 9-15　例 9-5 图

【解】 (1) 第一种情况的临界应力

由于杆件一端固定一端铰支，故长度系数 $\mu=0.7$。杆长 $l=1\ 800\ \text{mm}$。所以有

$$I=\frac{\pi D^4}{64}(1-\alpha^4)$$

$$A=\frac{\pi D^2}{4}(1-\alpha^2)$$

$$i=\sqrt{\frac{I}{A}}=\frac{D}{4}\sqrt{1+\alpha^2}=\frac{48\ \text{mm}}{4}\times\sqrt{1+\left(\frac{41\ \text{mm}}{48\ \text{mm}}\right)^2}=15.78\ \text{mm}$$

柔度 $\lambda=\dfrac{\mu l}{i}=\dfrac{0.7\times1\ 800\ \text{mm}}{15.78\ \text{mm}}=79.85<\lambda_p=100$，并且，$\lambda>\lambda_0=60$。所以压杆为中柔度压杆，其临界应力为

$$\sigma_{cr1}=a-b\lambda=304\ \text{MPa}-1.12\ \text{MPa}\times79.85=214.6\ \text{MPa}$$

(2) 第二种情况（一端固定、一端自由）的临界应力

长度系数 $\mu=2$，杆长 $l=1\ 800\ \text{mm}$，惯性半径 $i=15.78\ \text{mm}$。柔度为

$$\lambda=\frac{\mu l}{i}=\frac{2\times1\ 800\ \text{mm}}{15.78\ \text{mm}}=228.1>\lambda_p=100$$

所以，此压杆是大柔度杆，可应用欧拉公式，其临界应力为

$$\sigma_{cr2}=\frac{\pi^2E}{\lambda^2}=\frac{3.14^2\times200\times10^3\ \text{MPa}}{228.1^2}=37.94\ \text{MPa}$$

(3) 比较两种情况下压杆的临界应力

$$\frac{\sigma_{cr1}-\sigma_{cr2}}{\sigma_{cr1}}=\frac{214.6-37.94}{214.6}=82.3\%$$

【说明】 上述两种情况说明有、无扫地杆的脚手架搭设是完全不同的情况，无扫地杆的脚手架受压时的临界应力 σ_{cr2} 远小于有扫地杆的脚手架的临界应力 σ_{cr1}，更易发生失稳，因此在施工过程中要注意这一类问题。

9.4 压杆的稳定计算

9.4.1 稳定安全因数法

当压杆中的应力达到(或超过)其临界应力 σ_{cr} 时，压杆会丧失稳定。所以，在工程中，为确保压杆的正常工作，并具有足够的稳定性，其横截面上的应力 σ 应小于临界应力 σ_{cr}。同时还必须考虑一定的安全储备，这就要求横截面上的应力，不能超过压杆的临界应力的许用值 $[\sigma_{cr}]$，即

$$\sigma=\frac{F_N}{A}\leqslant[\sigma_{cr}] \tag{9-17}$$

$[\sigma_{cr}]$ 为临界应力的许用值，又称为**稳定许用应力**，其值为

$$[\sigma_{cr}]=\frac{\sigma_{cr}}{n_{st}} \tag{9-18}$$

式中 n_{st} 为**稳定安全因数**，常见压杆的稳定安全因数见表 9-3 所示。式(9-17)即为稳定安全因数法的稳定条件。对于机械工程专业，相关设计常使用稳定安全因数法。

由式(9-17)和(9-18)可得，与式(9-17)等价，用临界力和杆件轴向压力表示的稳定条件为

$$\frac{F_{cr}}{F_N}\geqslant n_{st} \tag{9-19}$$

【说明】 稳定安全因数 n_{st} 一般都大于强度计算时的安全因数 n_s 或 n_b，这是因为在确定稳定安全因数时，除了应遵循确定安全因数的一般原则以外，还必须考虑实际压杆并非理想的轴向压杆这一情况。例如，在制造过程中，杆件不可避免地存在微小的弯曲(即存在初曲率)；同时外力的作用线也不可能绝对准确地与杆件的轴线相重合(即存在初偏心)；另外，也必须考虑杆件的细长程度，杆件越细长稳定安全性越重要，稳定安全因数 n_{st} 应越大。这些因素都应在稳定安全因数 n_{st} 中加以考虑。

表 9-3 常见压杆的稳定安全因数

实际压杆	稳定安全因数 n_{st}
金属结构中的压杆	1.8～3.0
矿山和冶金设备中的压杆	4～8
机床的走刀丝杠	2.5～4
磨床油缸活塞杆	4～6
高速发动机挺杆	2.5～5
起重螺旋	3.5～5

【例 9-6】 如图 9-16 所示的结构中,梁 AB 为 No. 14 普通热轧工字钢,CD 为圆截面直杆,其直径为 $d=20$ mm,二者材料均为 Q235 钢。结构受力如图所示,A、C、D 三处均为球铰约束。若已知 $F=25$ kN,$l_1=1.25$ m,$l_2=0.55$ m,$\sigma_s=235$ MPa。强度安全因数 $n_s=1.45$,稳定安全因数 $n_{st}=1.8$。试校核此结构是否安全。

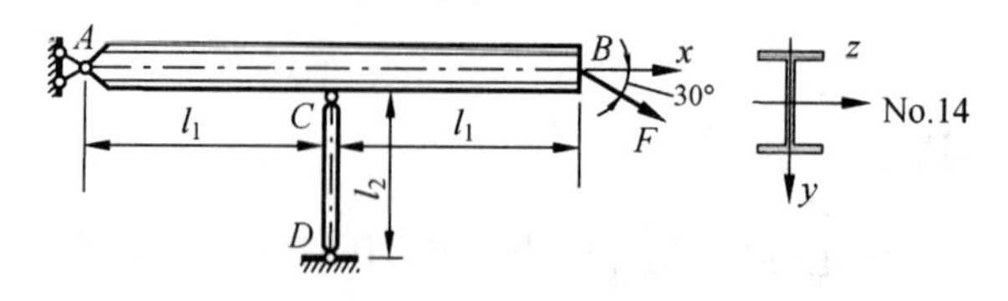

图 9-16 例 9-6 图

【解】 在给定的结构中共有两个构件:梁 AB,承受拉伸与弯曲的组合作用,属于强度问题;杆 CD,承受压缩荷载,属稳定问题。现分别校核如下。

(1) 梁 AB 的强度校核

梁 AB 在截面 C 处的弯矩最大,该处横截面为危险截面。截面 C 处的弯矩和轴力分别为

$$M_{max}=(F\sin 30°)l_1=(25\ \text{kN}\times 0.5)\times 1.25\ \text{m}=15.63\ \text{kN}\cdot\text{m}$$

$$F_N=F\cos 30°=25\ \text{kN}\times\frac{\sqrt{3}}{2}=21.65\ \text{kN}$$

由型钢表查得 14 号普通热轧工字钢的 W_z 和 A 分别为

$$W_z=102\ \text{cm}^3=102\times 10^3\ \text{mm}^3, A=2\ 150\ \text{mm}^2$$

由此得到大梁 AB 危险截面的最大正应力为

$$\sigma_{max}=\frac{M_{max}}{W_z}+\frac{F_N}{A}=\frac{15.63\times 10^6\ \text{N}\cdot\text{mm}}{102\times 10^3\text{mm}^3}+\frac{21.65\times 10^3\ \text{N}}{2\ 150\ \text{mm}^2}=163.2\ \text{MPa}$$

Q235 钢的许用应力为:$[\sigma]=\frac{\sigma_s}{n_s}=\frac{235\ \text{MPa}}{1.45}=162\ \text{MPa}$。

σ_{max}略大于$[\sigma]$,但$\frac{\sigma_{max}-[\sigma]}{[\sigma]}\times 100\%=0.74\%<5\%$,工程上仍可认为强度足够。

(2) 校核压杆 CD 的稳定性

由平衡方程求得压杆 CD 的轴向压力为

$$F_{N,CD}=2F\sin 30°=2\times 25\ \text{kN}\times 0.5=25\ \text{kN}$$

$$\sigma=\frac{F_{N,CD}}{A}=\frac{4\times F_{N,CD}}{\pi d^2}=\frac{4\times 25\times 10^3\ \text{N}}{\pi\times(20\ \text{mm})^2}=79.62\ \text{MPa}$$

因为是圆截面杆,故惯性半径为

$$i=\sqrt{\frac{I}{A}}=\frac{d}{4}=\frac{20\ \text{mm}}{4}=5\ \text{mm}$$

又因为两端为球铰约束 $\mu=1.0$,所以杆件的柔度为

$$\lambda=\frac{\mu l}{i}=\frac{1.0\times 550\ \text{mm}}{5\ \text{mm}}=110>\lambda_p=100$$

这表明，压杆 CD 为细长杆，故需采用式(9－7)计算其临界应力，有

$$F_{cr}=\sigma_{cr}A=\frac{\pi^2 E}{\lambda^2}\times\frac{\pi d^2}{4}=\frac{\pi^2\times210\times10^3\ \text{MPa}}{110^2}\times\frac{\pi\times(20\ \text{mm})^2}{4}=53\ 813\ \text{N}$$

于是，压杆 CD 的工作应力

$$\sigma=79.62\ \text{MPa}<\frac{\sigma_{cr}}{n_{st}}=\frac{F_{cr}}{A\cdot n_{st}}=\frac{4\times F_{cr}}{\pi d^2\cdot n_{st}}=\frac{4\times53\ 813\ \text{N}}{\pi\times(20\ \text{mm})^2\times1.8}=95.2\ \text{MPa}$$

说明压杆是稳定的。

上述两项计算结果表明，整个结构的强度和稳定性都是安全的。

9.4.2　折减因数法

在结构工程的相关设计中，经常将压杆的稳定许用应力$[\sigma_{cr}]$写成材料的强度许用应力$[\sigma]$乘以一个小于 1 的因数 φ，即

$$[\sigma_{cr}]=\frac{\sigma_{cr}}{n_{st}}=\varphi[\sigma] \tag{9-20}$$

其中，φ 称为稳定折减因数，或简称折减因数。由式(9－20)可知，折减因数 φ 值为

$$\varphi=\frac{\sigma_{cr}}{n_{st}[\sigma]} \tag{9-21}$$

由式(9－21)可知，当$[\sigma]$一定时，φ 取决于 σ_{cr} 与 n_{st}。由于临界应力 σ_{cr} 值随压杆的柔度 λ 而改变，而不同柔度的压杆一般又规定不同的稳定安全因数 n_{st}，所以折减因数 φ 是柔度 λ 的函数。当材料一定时，φ 值取决于柔度 λ 的值。

临界应力 σ_{cr} 依据压杆的屈曲失效试验确定，还涉及实际压杆存在的初曲度、压力的偏心度、涉及实际材料的缺陷、涉及型钢轧制、加工留下的残余应力及其分布规律等因素。《钢结构设计规范》(GB 50017—2003)，根据我国常用构件的截面形状、尺寸和加工条件，规定了相应的残余应力变化规律，并考虑 1/1000 的初弯曲度，计算了 96 根压杆的折减因数 φ 与柔度 λ 的关系值，并按截面分 a、b、c、d 四类列表，供设计应用。其中 a 类的残余应力影响较小，稳定性较好；c 类的残余应力影响较大，其稳定性较差；多数情况可归为 b 类。表 9－4 中只给出了圆管和工字形截面的分类，其他截面分类见《钢结构设计规范》(GB 50017—2003)。对于不同材料，根据 φ 与 λ 的关系，分别给出 a、b、c、d 四类截面的稳定折减因数 φ 值。表 9－5～9－7 中分别给出 Q235 钢常用的 a、b、c 三类截面的 φ 值。

表 9－4　轴压杆件的截面分类

	截面形状和对应轴	
类别	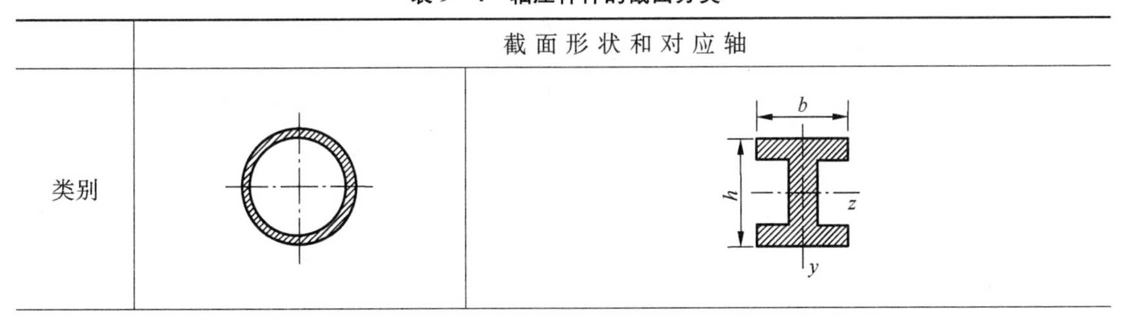	

续表

<table>
<tr><td>a类</td><td>轧制，对任意轴</td><td>轧制，$b/h\leqslant 0.8$，对 z 轴</td></tr>
<tr><td rowspan="2">b类</td><td rowspan="2">焊接，对任意轴</td><td>轧制，$b/h\leqslant 0.8$，对 y 轴
$b/h>0.8$，对 y、z 轴</td></tr>
<tr><td>焊接，翼缘为轧制边，对 z 轴</td></tr>
<tr><td>c类</td><td></td><td>焊接，翼缘为轧制边，对 y 轴</td></tr>
</table>

表 9-5　Q235 钢 a 类截面中心受压直杆稳定的稳定折减因数 φ

λ	0	1.0	2.0	3.0	4.0	5.0	6.0	7.0	8.0	9.0
0	1.000	1.000	1.000	1.000	0.999	0.999	0.998	0.998	0.997	0.996
10	0.995	0.994	0.993	0.992	0.991	0.989	0.988	0.986	0.985	0.983
20	0.981	0.979	0.977	0.976	0.974	0.972	0.970	0.968	0.966	0.964
30	0.963	0 961	0.959	0.957	0.955	0.952	0.950	0.948	0.946	0.944
40	0.941	0.939	0.937	0.934	0.932	0.929	0.927	0.924	0.921	0.919
50	0.916	0.913	0.910	0.907	0.904	0.900	0.897	0.894	0.890	0.886
60	0.883	0.879	0.875	0.871	0.867	0.863	0.858	0.851	0.849	0.844
70	0.839	0.834	0.829	0.824	0.818	0.813	0.807	0.801	0.795	0.789
80	0.783	0.776	0.770	0.763	0.757	0.750	0.743	0.736	0.728	0.721
90	0.714	0.706	0.699	0.691	0.684	0.676	0.668	0.661	0.653	0.645
100	0.638	0.630	0.622	0.615	0.607	0.600	0.592	0.585	0.577	0.570
110	0.563	0.556	0.548	0.541	0.534	0.527	0.520	0.514	0.507	0.500
120	0.494	0.488	0.481	0.475	0.469	0.463	0.457	0.451	0.445	0.440
130	0.434	0.429	0.423	0.418	0.412	0.407	0.402	0.397	0.392	0.387
140	0.383	0.378	0.373	0.369	0.364	0.360	0.356	0.351	0.347	0.343
150	0.339	0.335	0.331	0.327	0.323	0.320	0.316	0.312	0.309	0.305
160	0.302	0.298	0.295	0.292	0.289	0.285	0.282	0.279	0.276	0.273
170	0.270	0.267	0.264	0.262	0.259	0.256	0.253	0.251	0.248	0.246
180	0.243	0.241	0.238	0.236	0.233	0.231	0.229	0.226	0.224	0.222
190	0.220	0.218	0.215	0.213	0.211	0.209	0.207	0.205	0.203	0.201
200	0.199	0.198	0.196	0.194	0.192	0.190	0.189	0.187	0.185	0.183
210	0.182	0.180	0.179	0.177	0.175	0.174	0.172	0.171	0.169	0.168
220	0.166	0.165	0.164	0.162	0.161	0.159	0.158	0.157	0.155	0.154

续表

λ	0	1.0	2.0	3.0	4.0	5.0	6.0	7.0	8.0	9.0
230	0.153	0.152	0.150	0.149	0.148	0.147	0.146	0.144	0.143	0.142
240	0.141	0.140	0.139	0.138	0.136	0.135	0.134	0.133	0.132	0.131
250	0.130									

表 9-6　Q235 钢 b 类截面中心受压直杆的稳定折减因数 φ

λ	0	1.0	2.0	3.0	4.0	5.0	6.0	7.0	8.0	9.0
0	1.000	1.000	1.000	0.999	0.999	0.998	0.997	0.996	0.995	0.994
10	0.992	0.991	0.989	0.987	0.985	00983	0.981	0.978	0.976	0.973
20	0.970	0.967	0.963	0.960	0.957	0.953	0.950	0.946	0.943	0.939
30	0.936	0.932	0.929	0.925	0.922	0.918	0.914	0.910	0.906	0.903
40	0.899	0.895	0.891	0.887	0.882	0.878	0.874	0.870	0.865	0.861
50	0.856	0.852	0.847	0.842	0.838	0.833	0.828	0.823	0.818	0.813
60	0.807	0.802	0.797	0.791	0.786	780	0.774	0.769	0.763	0.757
70	0.751	0.745	0.739	0.732	0.726	0.720	0.714	0.707	0.701	0.694
80	0.688	0.681	0.675	0.668	0.661	0.655	0.648	0.641	0.635	0.628
90	0.621	0.614	0.608	0.601	0.594	0.588	0.581	0.575	0.568	0.561
100	0.555	0.549	0.542	0.536	0.529	0.523	0.517	0.511	0.505	0.499
110	0.493	0.487	0.481	0.475	0.470	0.464	0.458	0.453	0.447	0.442
120	0.437	0.432	0.426	0.421	0.416	0.411	0.406	0.402	0.397	0.392
130	0.387	0.383	0.378	0.374	0.370	0.365	0.361	0.357	0.353	0.349
140	0.345	0.341	0.337	0.333	0.329	0.326	0.322	0.318	0.315	0.311
150	0.308	0.304	0.301	0.298	0.295	0.291	0.288	0.285	0.282	0.279
160	0.276	0.273	0.270	0.267	0.265	0.262	0.259	0.256	0.254	0.251
170	0.249	0.246	0.244	0.241	0.239	0.236	0.234	0.232	0.229	0.227
180	0.225	0.223	0.220	0.218	0.216	0.214	0.212	0.210	0.208	0.206
190	0.204	0.202	0.200	0.198	0.197	0.195	0.193	0.191	0.190	0.188
200	0.186	0.184	0.183	0.181	0.180	0.178	0.176	0.175	0.173	0.172
210	0.170	0.169	0.167	0.166	0.165	0.163	0.162	0.160	0.159	0.158
220	0.156	0.155	0.154	0.153	0.151	0.150	0.149	0.148	0.146	0.145
230	0.144	0.143	0.142	0.141	0.140	0.138	0.137	0.136	0.135	0.134
240	0.133	0.132	0.131	0.130	0.129	0.128	0.127	0.126	0.125	0.124
250	0.123									

表 9-7 Q235 钢 c 类截面中心受压直杆的稳定折减因数 φ

λ	0	1.0	2.0	3.0	4.0	5.0	6.0	7.0	8.0	9.0
0	1.000	1.000	1.000	0.999	0.999	0.998	0.997	0.996	0.995	0.993
10	0.992	0.990	0.988	0.986	0.9883	0.981	0.978	0.976	0.973	0.970
20	0.966	0.959	0.953	0.947	0.940	0.934	0.928	0.921	0.915	0.909
30	0.902	0.896	0.890	0.884	0.877	0.871	0.865	0.858	0.852	0.846
40	0.839	0.833	0.826	0.820	0.814	0.807	0.801	0.794	0.788	0.781
50	0.775	0.768	0.762	0.755	0.748	0.742	0.735	0.729	0.722	0.725
60	0.709	0.702	0.695	0.689	0.682	0.676	0.669	0.662	0.656	0.649
70	0.643	0.636	0.629	0.623	0.616	0.610	0.604	0.597	0.591	0.584
80	0.578	0.572	0.566	0.559	0.553	0.547	0.541	0.535	0.529	0.523
90	0.517	0.511	0.505	0.500	0.494	0.488	0.483	0.477	0.472	0.467
100	0.463	0.458	0.454	0.449	0.445	0.441	0.436	0.432	0.428	0.423
110	0.419	0.415	0.411	0.407	0.403	0.399	0.395	0.391	0.387	0.383
120	0.379	0.375	0.371	0.367	0.364	0.360	0.356	0.353	0.349	0.346
130	0.342	0.339	0.335	0.332	0.328	0.325	0.322	0.319	0.315	0.312
140	0.309	0.306	0.303	0.300	0.297	0.294	0.291	0.288	0.285	0.282
150	0.280	0.277	0.274	0.271	0.269	0.266	0.264	0.261	0.258	0.256
160	0.254	0.251	0.249	0.246	0.244	0.242	0.239	0.237	0.235	0.233
170	0.230	0.228	0.226	0.224	0.222	0.220	0.218	0.216	0.214	0.212
180	0.210	0.208	0.206	0.205	0.203	0.201	0.199	0.197	0.196	0.194
190	0.192	0.190	0.189	0.187	0.186	0.184	0.182	0.181	0.179	0.178
200	0.176	0.175	0.173	0.172	0.170	0.169	0.168	0.166	0.165	0.163
210	0.162	0.161	0.159	0.158	0.157	0.156	0.154	0.153	0.152	0.151
220	0.150	0.148	0.147	0.146	0.145	0.144	0.143	0.142	0.140	0.139
230	0.138	0.137	0.136	0.135	0.134	0.133	0.132	0.131	0.130	0.129
240	0.128	0.127	0.126	0.125	0.124	0.124	0.123	0.122	0.121	0.120
250	0.119									

对于木制压杆的折减因数 φ 值，我国《木结构设计规范》(GBJ 50005—2003)中，按照树种的强度等级，分别给出了两组计算公式。

树种强度等级为 TC17、TC15 及 TB20 时

$$\lambda \leqslant 75 \text{ 时}, \varphi=\frac{1}{1+\left(\frac{\lambda}{80}\right)^2}; \quad \lambda>75 \text{ 时}, \varphi=\frac{3\,000}{\lambda^2}$$

树种强度等级为 TC13、TC11、TB17 及 TB15 时

$$\lambda \leqslant 91 时,\varphi=\frac{1}{1+\left(\frac{\lambda}{65}\right)^2};\quad \lambda>91 时,\varphi=\frac{2\,800}{\lambda^2}$$

上述代号后的数字为树种的弯曲强度(单位为 MPa)。

【说明】 $[\sigma_{cr}]$与$[\sigma]$虽然都是“许用应力”,但两者却有很大的不同。$[\sigma]$只与材料有关,当材料一定时,其值为定值;而$[\sigma_{cr}]$除了与材料有关以外,还与压杆的长细比有关,所以,相同材料制成的不同(柔度)的压杆,其$[\sigma_{cr}]$值是不同的。

将式(9-20)代入式(9-17),可得

$$\sigma=\frac{F}{A}\leqslant\varphi[\sigma] \tag{9-22}$$

或

$$\frac{F}{\varphi A}\leqslant[\sigma] \tag{9-23}$$

上式即为压杆需要满足的稳定条件。由于折减因数 φ 可按 λ 的值直接查相关的表格确定,因此,按式(9-22)的稳定条件进行压杆的稳定计算,十分方便。因此,该方法为一种实用计算方法。

【说明】 与前面的说明一样,在稳定计算中,压杆的横截面面积 A 均采用毛截面面积计算,即当压杆在局部有横截面削弱(如钻孔、开口等)时,可不予考虑。因为压杆的稳定性取决于整个杆件的弯曲刚度,而局部的截面削弱对整个杆件的整体刚度来说,影响甚微。但是,对截面的削弱处,则应当进行强度验算。

应用压杆的稳定条件,可以解决三个方面的问题:

(1) 稳定校核,即已知压杆的几何尺寸、所用材料、支承条件以及承受的压力,验算是否满足公式(9-22)的稳定条件。

这类问题,一般应首先计算出压杆的柔度 λ,根据 λ 查出相应的折减因数 φ,再按照公式(9-22)进行校核。

(2) 计算稳定时的许用荷载,即已知压杆的几何尺寸、所用材料及支承条件,按稳定条件计算其能够承受的许用荷载 F 值。

这类问题,一般也要首先计算出压杆的柔度 λ,根据 λ 查出相应的折减因数 φ,再按照 $F\leqslant\varphi A[\sigma]$进行计算。

(3) 进行截面设计,即已知压杆的长度、所用材料、支承条件以及承受的压力 F,按照稳定条件计算压杆所需的截面尺寸。

这类问题,一般采用“试算法”。这是因为在稳定条件(9-22)中,折减因数 φ 是根据压杆的柔度 λ 查表得到的,而在压杆的截面尺寸尚未确定之前,压杆的柔度 λ 不能确定,所以也就不能确定折减因数 φ。因此,只能采用试算法,首先假定一折减因数 φ 值(0 与 1 之间一般可采用 0.5),由稳定条件计算所需要的截面面积 A,然后计算出压杆的柔度 λ,根据压杆的柔度 λ 查表得到折减因数 φ,再按照公式(9-22)验算是否满足稳定条件。如果不满足稳定条件,则应重新假定折减因数 φ 值,重复上述过程,直到满足稳定条件为止。

【例 9-7】 由 Q235 钢加工成的工字形截面链杆,两端为柱形铰,即在 xy 平面内失稳时,杆端约束情况接近于两端铰支,长度系数 $\mu_z=1.0$;而在 xz 平面内失稳时,杆端约束情况接近

于两端固定，$\mu_y=0.6$，如图 9－17 所示。已知连杆在工作时承受的最大压力为 $F=35$ kN，材料的强度许用应力$[\sigma]=206$ MPa，并符合《钢结构设计规范》(GB 50017—2003)中 a 类中心受压杆的要求。试校核其稳定性。图中几何尺寸单位：mm。

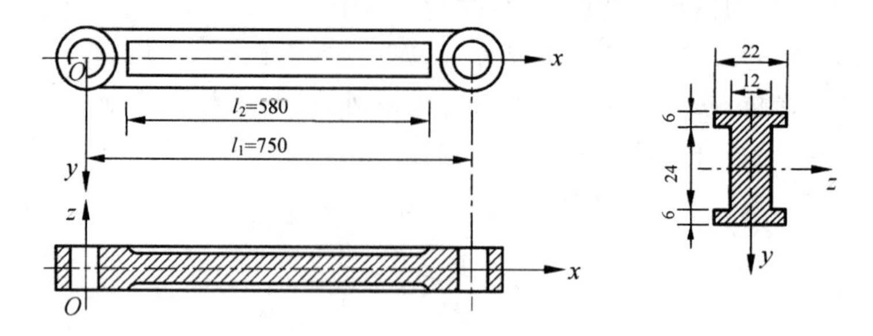

图 9－17　例 9－7 图

【解】　(1) 横截面的面积和形心主惯性矩分别为

$$A=12\ \text{mm}\times 24\ \text{mm}+2\times 6\ \text{mm}\times 22\ \text{mm}=552\ \text{mm}^2$$

$$I_z=\left[\frac{12\times 24^3}{12}+2\times\left(\frac{22\times 6^3}{12}+22\times 6\times 15^2\right)\right]\text{mm}^4=7.4\times 10^4\,\text{mm}^4$$

$$I_y=\left[\frac{24\times 12^3}{12}+2\times\frac{6\times 22^3}{12}\right]\text{mm}^4=1.41\times 10^4\ \text{mm}^4$$

(2) 横截面对 z 轴和 y 轴的惯性半径分别为

$$i_z=\sqrt{\frac{I_z}{A}}=\sqrt{\frac{7.4\times 10^4\ \text{mm}^4}{552\ \text{mm}^2}}=11.58\ \text{mm}$$

$$i_y=\sqrt{\frac{I_y}{A}}=\sqrt{\frac{1.41\times 10^4\,\text{mm}^4}{552\ \text{mm}^2}}=5.05\ \text{mm}$$

(3) 链杆的柔度 λ 及稳定折减因数 φ

$$\lambda_z=\frac{\mu_z l_1}{i_z}=\frac{1.0\times 750\ \text{mm}}{11.58\ \text{mm}}=64.8$$

$$\lambda_y=\frac{\mu_y l_2}{i_y}=\frac{0.6\times 580\ \text{mm}}{5.05\ \text{mm}}=68.9$$

在两柔度值中，应按较大的柔度值 $\lambda_y=68.9$ 来确定压杆的折减因数 φ。查表 9－5，并用内插法求得折减因数为

$$\varphi=0.844+\frac{69-68.9}{69-68}(0.849-0.844)=0.845$$

(4) 链杆的稳定性校核

由式(9－23)得

$$\frac{F}{\varphi A}=\frac{35\times 10^3\ \text{N}}{0.845\times 552\ \text{mm}^2}=75.04\ \text{MPa}<[\sigma]=206\ \text{MPa}$$

故链杆满足稳定性要求。

【例9-8】 厂房的钢柱长7 m，上、下两端分别与基础和梁连接。由于与梁连接的一端可发生侧移，因此，根据柱顶和柱脚的连接刚度，钢柱的长度系数取为$\mu=1.3$。钢柱由两根Q235钢的槽钢组成，符合《钢结构设计规范》(GB 50017—2003)中的实腹式b类截面中心受压杆的要求。钢柱承受的轴向压力为270 kN，材料的强度许用应力为$[\sigma]=170\ \text{MPa}$，如图9-18所示。试为钢柱选择槽钢号码。

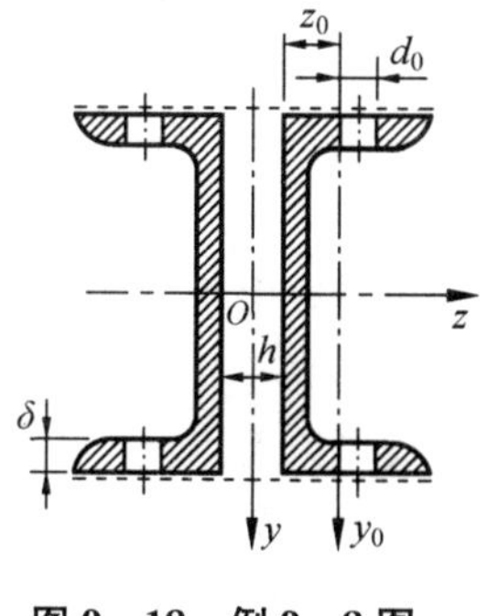

图9-18 例9-8图

【解】 按稳定条件选择槽钢号码。在选择截面时，由于$\lambda=\mu l/i$中的i不知道，λ值无法算出，相应的折减因数φ也就无法确定。于是，先假设一个φ值进行计算。

假设$\varphi=0.50$，得到压杆的稳定许用应力为

$$[\sigma_{cr}]=\varphi[\sigma]=0.5\times170\ \text{MPa}=85\ \text{MPa}$$

按稳定条件可算出每根槽钢所需的横截面面积为

$$A=\frac{F/2}{[\sigma_{cr}]}=\frac{270\times10^3\ \text{N}/2}{85\ \text{MPa}}=1\ 588.2\ \text{mm}^2\approx15.9\ \text{cm}^2$$

由型钢表查得，14a号槽钢的横截面面积为$A=1\ 851\ \text{mm}^2$，$i_z=55.2\ \text{mm}$。对于图示组合截面，由于I_z和A均为单根槽钢的两倍，故i_z值与单根槽钢截面的值相同。由i_z算得

$$\lambda=\frac{\mu l}{i}=\frac{1.3\times7\ 000\ \text{mm}}{55.2\ \text{mm}}=165$$

由表9-6查出，Q235钢压杆对应于柔度$\lambda=165$的折减因数为$\varphi=0.262$。

显然，前面假设的$\varphi=0.50$过大，需重新假设较小的φ值再进行计算。但重新假设的φ值也不应采用$\varphi=0.262$，因为降低φ后所需的截面面积必然加大，相应的i_z也将加大，从而使λ减小而φ增大。因此，试用$\varphi=0.35$进行截面选择。

$$A=\frac{F/2}{\varphi[\sigma]}=\frac{270\times10^3\ \text{N}/2}{0.35\times170\ \text{MPa}}=2268.9\ \text{mm}^2\approx22.7\ \text{cm}^2$$

试用16号槽钢：$A=2\ 515\ \text{mm}^2$，$i_z=61\ \text{mm}$，柔度为

$$\lambda=\frac{\mu l}{i}=\frac{1.3\times7\ 000\ \text{mm}}{61\ \text{mm}}=149.2$$

与λ值对应的φ为0.311，接近于试用的$\varphi=0.35$。按$\varphi=0.311$进行核算，以校核16号槽钢是否可用。此时，稳定许用应力为

$$[\sigma_{cr}]=\varphi[\sigma]=0.311\times170\ \text{MPa}=52.9\ \text{MPa}$$

而钢柱的工作应力为

$$\sigma=\frac{F/2}{A}=\frac{270\times10^3\ \text{N}/2}{2\ 515\ \text{mm}^2}=53.7\ \text{MPa}$$

虽然工作应力略大于压杆的稳定许用应力，但

$$\frac{\sigma-[\sigma_{cr}]}{[\sigma_{cr}]}=\frac{53.7\ \text{MPa}-52.9\ \text{MPa}}{52.9\ \text{MPa}}=1.5\%<5\%$$

工程上仍认为是允许的。即可以选用 16 号槽钢。

9.5 提高压杆稳定性的措施

由以上各节的讨论可知，压杆的临界应力或临界压力的大小，直接反映了压杆稳定性的高低。提高压杆稳定性的关键，在于提高压杆的临界压力或临界应力。从临界力或临界应力的公式可以看出，影响临界力或临界应力的因素主要有：压杆的截面形状、压杆的长度、约束情况及材料性质等。因而，我们从这几方面入手，讨论如何提高压杆的稳定性。

1. *合理选择材料*

欧拉公式表明，大柔度杆的临界力与材料的弹性模量 E 成正比。所以选择弹性模量高的材料制成的压杆，可以提高压杆的临界应力，相应地提高其稳定性。因此钢制压杆比铜、铸铁或铝制压杆的临界应力大，稳定性好。但各种钢材的 E 基本相同，所以对大柔度杆选用优质钢材对提高压杆的稳定性作用不大。

对中小柔度杆，由临界应力总图可以看到，材料的屈服极限 σ_u 和比例极限 σ_p 越高，其临界应力就越大，即临界应力与材料的强度指标有关，强度高的材料，其临界力也大，所以选择高强度材料对提高中小柔度杆的稳定性有一定作用。

对于小柔度压杆，本来就是强度问题，优质钢材的强度高，其承载能力的提高是显然的。

2. *选择合理的截面形状*

欧拉公式表明，柔度 λ 越小，临界应力越高。由于柔度 $\lambda=\frac{\mu l}{i}$，所以提高惯性半径 i 的数值就能减小柔度 λ 的数值。因此压杆的临界力与其横截面的惯性矩 I 成正比。因此为了提高压杆的临界应力，应选择截面惯性矩较大的截面形状，如在不增加截面面积 A 的前提下，可尽可能把材料放在离截面形心较远处，以取得较大的截面惯性矩 I。如图 9-19 所示的两种压杆截面，在面积相同的情况下，截面(b)比截面(a)合理，因为截面(b)的惯性矩大。另外，当杆端各方向约束相同时，应尽可能使杆截面在各方向的惯性矩相等。例如，由槽钢制成的压杆，有两种摆放形式，如图 9-20 所示，截面(b)比截面(a)合理，因为(a)中截面对竖轴的惯性矩比另一方向小很多，降低了杆的临界力。

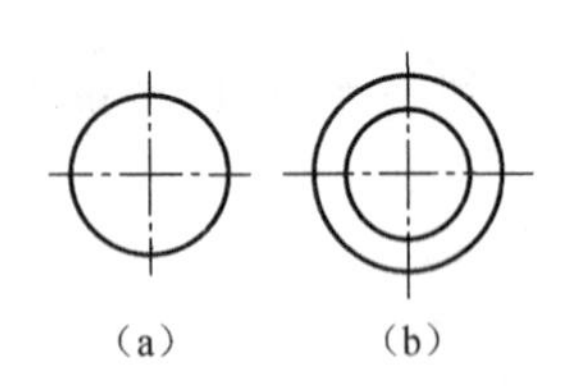

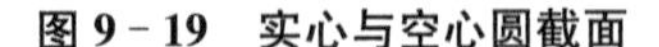

图 9-19　实心与空心圆截面

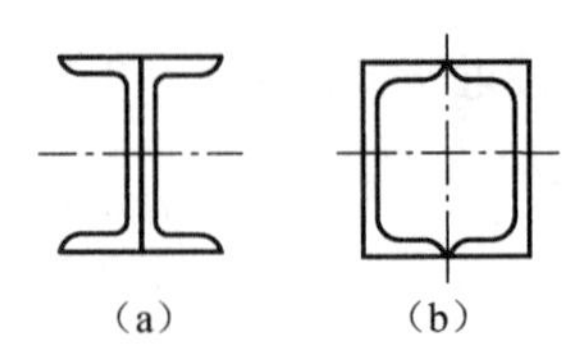

图 9-20　不同组合形式的截面

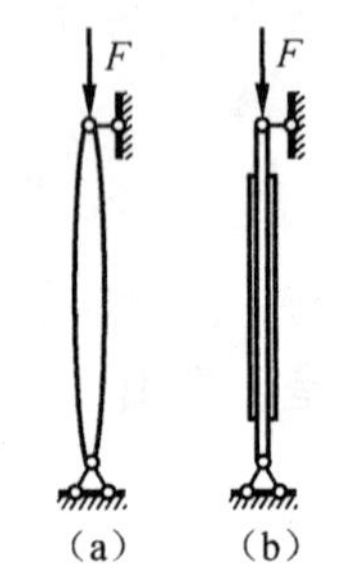

图 9-21　变截面柱

除采用上述提高截面的最小惯性矩的思路之外，也可以采用变截面的方法提高构件的临界力。这是因为构件失稳与受压力作用后变弯有关，而采用如图 9-21 所示的变截面构件或者在挠度大的部位截面加强的做法，可以达到控制变形、提高抵抗失稳能力和节约材料的目的。

3. *改善约束条件、减小压杆长度*

欧拉公式表明，临界应力 σ_{cr} 与压杆的相当长度 μl 的平方成反比，而压杆的相当长度又与其约束条件有关，从表 9－1 可知，两端约束加强，长度系数 μ 减小，因此，改善约束条件，可以减小压杆的长度系数 μ。此外，减小长度 l，如设置中间支座以减小跨长，也可大大增大杆件的临界应力 σ_{cr}，达到提高压杆稳定性的目的。

4. *改善结构的形式*

对于压杆，除了可以采取上述几方面的措施以提高其承载能力外，在可能的条件下，还可以从结构方面采取相应的措施。如图 9－22(a)中的压杆 AB 改变为图 9－22(b)中的拉杆 AB。

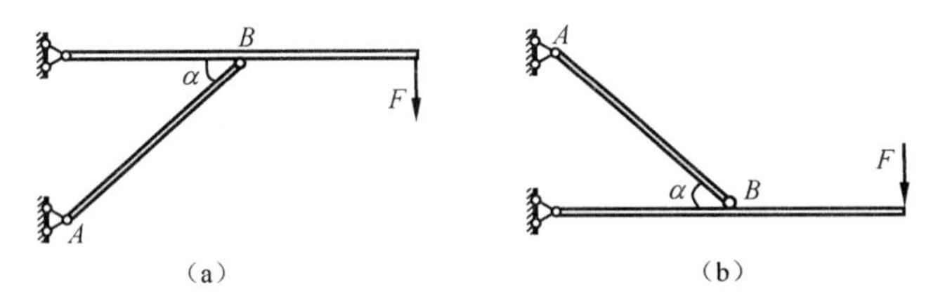

图 9－22　不同受力方式的杆件 AB

习　题

9－1　图示为两端铰支一蝶形弹簧系统，图中的 k 代表使蝶形弹簧产生单位转角所需之力偶矩。试求该系统的临界力 F_{cr}。

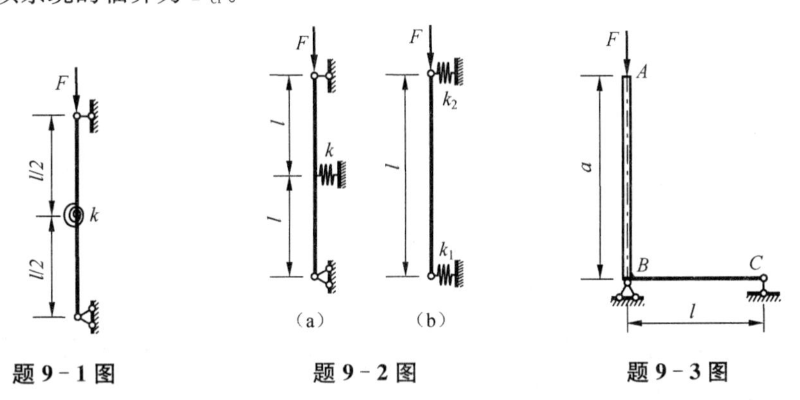

题 9－1 图　　**题 9－2 图**　　**题 9－3 图**

9－2　图示各刚杆-弹簧系统，试分别推导其临界力。图中的 k、k_1、k_2 均为弹簧常量。

9－3　图示结构，AB 为刚性杆，BC 为弹性梁，在刚性杆顶端承受铅垂荷载 F 作用，试求其临界值。设梁 BC 各截面的弯曲刚度均为 EI。

9－4　两端铰支的 16 号工字型钢压杆，杆长 $l=3$ m，材料的弹性模量 $E=210$ GPa，试计算此压杆的临界压力 F_{cr}。

9－5　某钢制空心受压圆管，内、外径分别为 10 mm 和 12 mm，杆长 $l=383$ mm，钢材的 $E=210$ GPa，可简化为两端铰支的细长压杆，试计算该杆的临界压力 F_{cr}。

9－6　两端为铰支的压杆，杆长 $l=2$ m，直径 $d=60$ mm，材料为 Q235 钢，$E=206$ GPa，试计算该压杆的临界压力 F_{cr}；若在面积不变的条件下，改用外径和内径分别为 $D_1=68$ mm 和 $d_1=32$ mm 的空心圆截面，问此时压杆的临界压力 F_{cr} 等于多少？

9－7　有一强度等级为 TC17 的圆形截面轴向受压木杆 AB，其两端固定，直径 $d=20$ mm，长度 $l=1.5$ m，$E=10$ GPa，$\lambda_p=59$。试计算该木杆的临界应力 σ_{cr} 和临界压力 F_{cr}。

9－8　图示压杆，型号为 20a 工字钢，在 xOz 平面内为两端固定，在 xOy 平面内为一端固定，一端自由，材料的弹性模量 $E=200$ GPa，比例极限 $\sigma_p=200$ MPa，试计算此压杆的临界压力 F_{cr}。

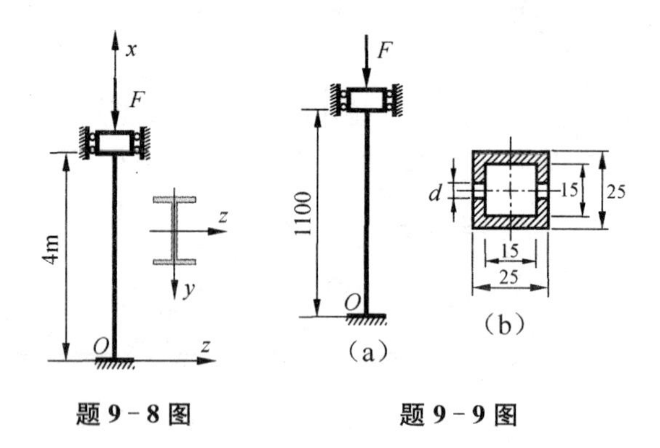

题 9-8 图　　　　题 9-9 图

9-9　如图所示压杆横截面为空心正方形的立柱，其两端固定，材料为优质钢，许用应力 $[\sigma]=200$ MPa，$\lambda_p=100$，$\lambda_b=60$，$a=460$ MPa，$b=2.57$ MPa，$n_{st}=2.5$，因构造需要，在压杆中点 C 开一直径为 $d=5$ mm 的圆孔，断面形状如图(b)所示。当顶部受压力 $F=40$ kN 时，试校核其稳定性和强度。图中几何尺寸单位：mm。

9-10　如图所示，构架由两根直径相同的圆杆构成，杆的材料为 Q235 钢 a 类截面，直径 $d=20$ mm，材料的许用应力 $[\sigma]=170$ MPa，已知 $h=0.4$ m，作用力 $F=15$ kN。试在计算平面内校核二杆的稳定。

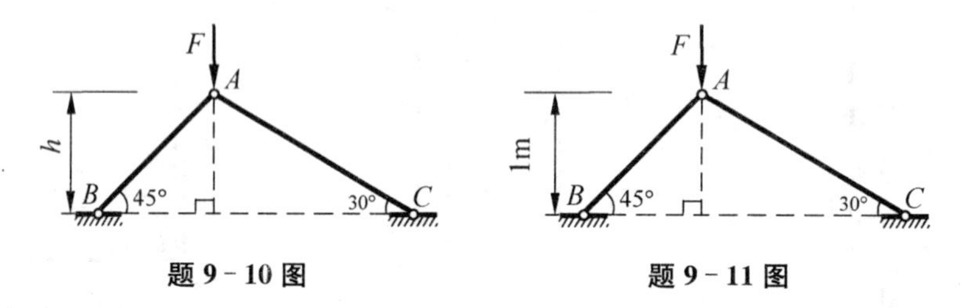

题 9-10 图　　　　题 9-11 图

9-11　图示两压杆，杆 AB 为边长 $a=30$ mm 的正方形截面，杆 AC 为直径 $d=40$ mm 的圆形截面，两压杆的材料相同，材料的弹性模量 $E=200$ GPa，比例极限 $\sigma_p=200$ MPa，屈服极限 $\sigma_s=240$ MPa，直线经验公式 $\sigma_{cr}=304-1.12\lambda$(MPa)。试计算结构失稳时的竖直外力 F。

9-12　图示正方形桁架，各杆各截面的弯曲刚度 EI 相同，且均为细长杆。试问当荷载 F 为何值时结构中的个别杆件将失稳？如果将荷载 F 的方向改为向内，则使杆件失稳的荷载 F 又为何值？

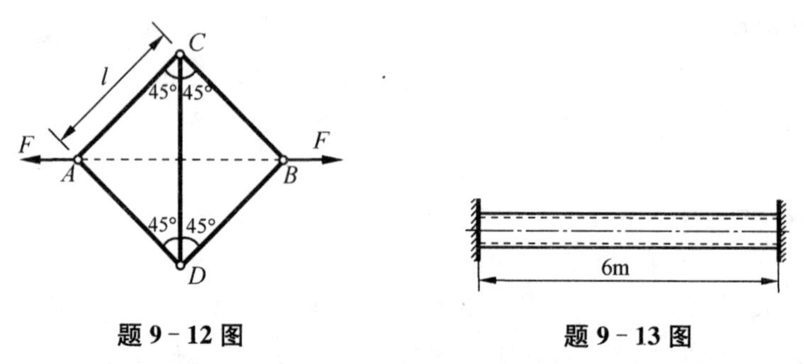

题 9-12 图　　　　题 9-13 图

9-13　两端固支的 Q235 钢管，长 6 m，内径为 60 mm，外径为 70 mm，在 $t=20$℃时安

装，此时管子不受力。已知钢的线膨胀系数 $\alpha=12.5\times10^{-6}/℃$，弹性模量 $E=206$ GPa。当温度升高到多少度时，管子将失稳？

9－14　图示结构，用 Q235 钢制成，$E=206$ GPa，$\sigma_p=200$ MPa，试问当 $q=20$ N/mm 和 $q=40$ N/mm时，横梁截面 B 的挠度分别为多少？圆形截面杆 BD 的直径 $d=40$ mm。

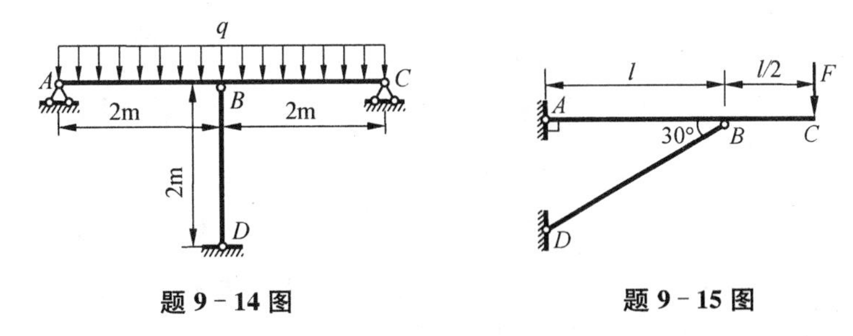

题 9－14 图　　　　题 9－15 图

9－15　如图所示支架，一强度等级为 TC17 的正方形截面的木杆 BD，截面边长 $a=0.1$ m，木材的许用应力$[\sigma]=10$ MPa，其长度 $l=2$ m，试从满足 BD 杆的稳定条件考虑，计算该支架能承受的最大荷载 F_{max}。

9－16　图示矩形截面压杆，$h=60$ mm，$b=40$ mm，杆长 $l=2$ m，材料为 Q235 钢，$E=206$ GPa。两端用柱形铰与其他构件相连接，在 xy 平面内两端铰接；在 xz 平面内两端为弹性固定，长度系数 $\mu_y=0.8$。压杆两端受轴向压力 $F=100$ kN，稳定安全因数 $n_{st}=2.5$。校核该压杆的稳定性；又问 b 与 h 的比值等于多少才是合理的。

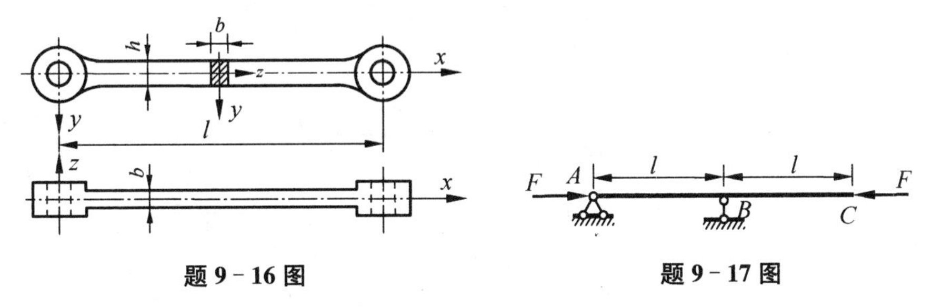

题 9－16 图　　　　题 9－17 图

9－17　如图所示细长压杆，弯曲刚度 EI 为常数。试证明压杆的临界力满足方程：$\sin kl(\sin kl-2kl\cos kl)=0$。式中，$k^2=F/(EI)$。

9－18　图示两端铰支细长压杆，弯曲刚度 EI 为常数，压杆中点用弹簧常量为 c 的弹簧支持。试证明压杆的临界力满足方程：$\sin\dfrac{kl}{2}\left[\sin\dfrac{kl}{2}-\dfrac{kl}{2}\left(1-\dfrac{4k^2EI}{cl}\right)\cos\dfrac{kl}{2}\right]=0$。式中，$k=\sqrt{\dfrac{F}{EI}}$。

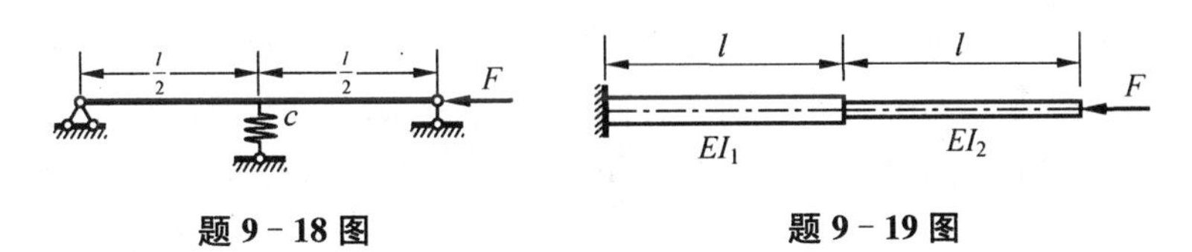

题 9－18 图　　　　题 9－19 图

9－19　图示阶梯形细长压杆，左、右两段各截面的弯曲刚度分别为 EI_1 与 EI_2。试证明压杆的临界力满足方程：$\tan k_1l\cdot\tan k_2l=\dfrac{k_2}{k_1}$。式中，$k_1=\sqrt{\dfrac{F}{EI_1}}$；$k_2=\sqrt{\dfrac{F}{EI_2}}$。

9－20　图示结构，杆 AB 为直径 $d=80$ mm 的圆杆，杆 BC 为正方形截面杆，边长为 70 mm。杆 AB 和 BC 可以独立发生变曲变形且互不影响；两杆的弹性模量同为 $E=200$ GPa，比例极限均为 $\sigma_p=160$ MPa；已知 $l=3$ m，稳定安全系数 $n_{st}=2.5$，求许可载荷[F]。

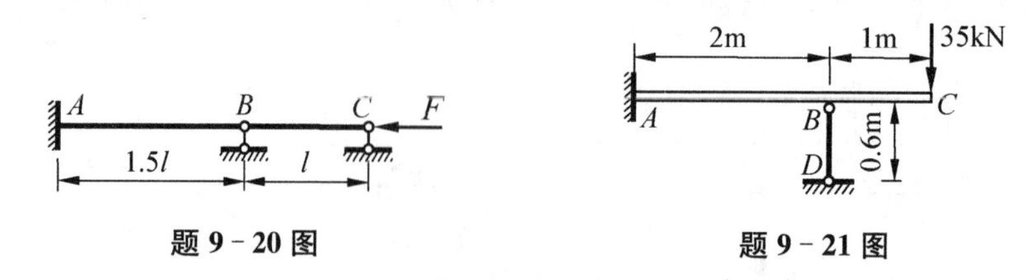

题 9－20 图　　　　题 9－21 图

9－21　图示钢质圆形截面 AC 与 BD 两杆，杆 AC 直径 $D=60$ mm，杆 BD 直径 $d=30$ mm，已知两杆为同一种材料，弹性模量 $E=200$ GPa，比例极限 $\sigma_p=200$ MPa，许用应力[σ]$=160$ MPa，稳定安全系数 $n_{st}=2.5$，该材料采用压杆临界应力的经验公式为 $\sigma_{cr}=304-1.2\lambda$(MPa)。试校核杆 AC 的强度及杆 BD 的稳定性。两杆的屈服极限 $\sigma_s=240$ MPa。

9－22　如图所示，梁 AB 和杆 BC 材料相同，梁的惯性矩 I 与杆的面积 A 之间的关系为：$A=3I/l^2$，材料的 $E=200$ GPa，$\sigma_p=200$ MPa，杆直径 $d=40$ mm，求当杆 BC 处于临界状态时均布荷载 q 的值。

9－23　一结构如图所示，由两根悬臂梁与杆 BC 连接而成。设两梁的截面相同，主惯性矩为 I，杆 BC 的横截面面积为 A，梁和杆的材料均相同，弹性模量为 E。当梁 AB 作用着均布载荷 q 时，求：(1) 杆 BC 的内力；(2) 若压杆 BC 在图示平面内丧失稳定时，此时的载荷 q 应为多少？

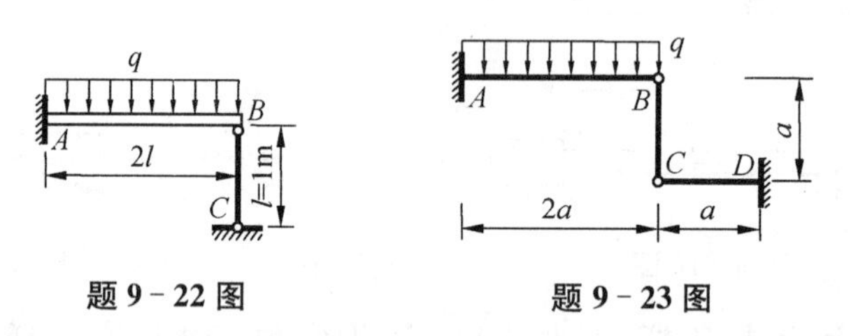

题 9－22 图　　　　题 9－23 图

9－24　图示结构系统，已知其水平杆 AB 为刚性，A 端为光滑铰支，B 端作用有垂直向下的集中力 P；竖直杆 CD 和 EF 均假设为细长(大柔度)杆，且杆 CD 的长度为 l_1，杆 EF 的长度为 l_2，杆 CD 与杆 EF 的 EA 和 EI 相同，C、D、E 和 F 处均假设为光滑铰支，试计算：(1) 如果 $l_1=l_2=l$，当集中力 P 为何值时结构系统将发生失稳破坏？(2) 在集中力 P 的作用下，如果假设 $l_1=l$，则 l_2 应满足什么条件时，杆 CD 和杆 EF 将同时发生失稳破坏？

9－25　由六根钢圆杆组成的正方形结构，如图所示。图中 E 处两杆相互无约束，结构连接处均为光滑铰链，正方形边长 $a=1$ m，各杆的直径均为 $d=50$ mm。试计算图中哪根杆件首先出现失稳？并求此时结构所受外载荷 F。圆杆材料为 Q235 钢，其弹性模量 $E=200$ GPa，比例极限 $\sigma_p=200$ MPa，屈服极限 $\sigma_s=240$ MPa，材料临界应力经验公式为 $\sigma_{cr}=314-1.12\lambda$(MPa)。

9－26　图示 1、2 两杆材料相同，弹性模量均为 E；两杆截面都是方形，边长分别为 $3a$ 和 a。已知 $l=70a$，为避免失稳试求此结构升高温度 t 的最大值。设材料的线膨胀系数 $\alpha=1.25\times10^{-5}$ 1/℃，并且适用欧拉公式的柔度临界值是 100。

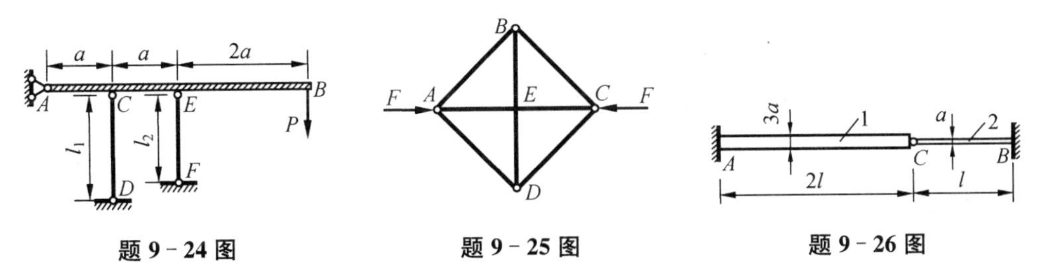

题 9－24 图　　题 9－25 图　　题 9－26 图

9－27　图示杆件 AB，在 A、B、C 截面处均为铰支座，在 C 截面处受轴向压力 F，杆件的弯曲刚度 EI 为常数。试求确定杆件 AB 临界力的特征方程。

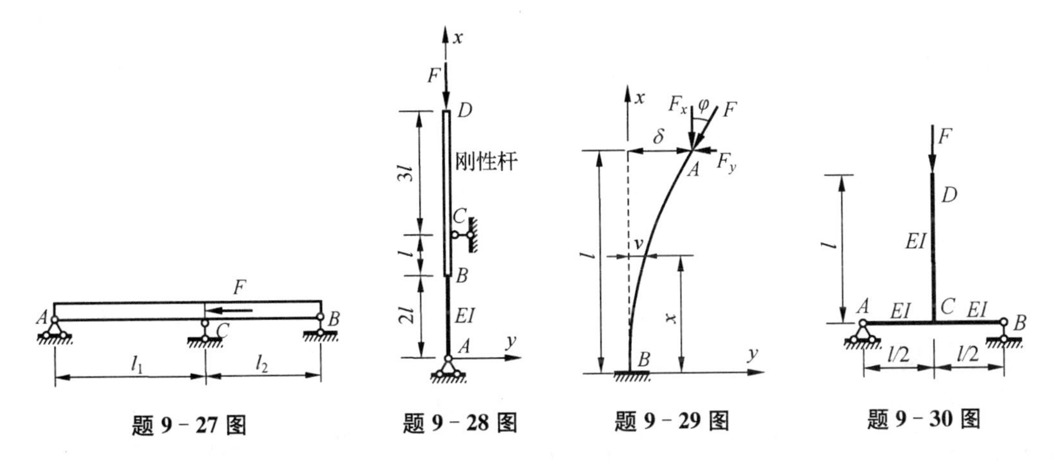

题 9－27 图　　题 9－28 图　　题 9－29 图　　题 9－30 图

9－28　图示杆系中，杆 BD 为刚性杆，杆 AB 为细长压杆，其在 xy 平面内的抗弯刚度 EI 为常数，两杆在 B 点为刚性连接。试求该杆系在 xy 平面内失稳时的临界力。

9－29　图示压杆，长为 l，抗弯刚度为 EI。若力 F 的作用线始终保持与微弯杆自由端处相切，试分析此杆是否会发生弹性失稳。

9－30　试求图示刚架在 $ABCD$ 平面内失稳时的欧拉临界力 F_{cr}。

9－31　图示平面刚架，各杆的抗弯刚度均为 EI，长度均为 l。试求刚架在刚架平面内失稳时，临界载荷的特征方程。

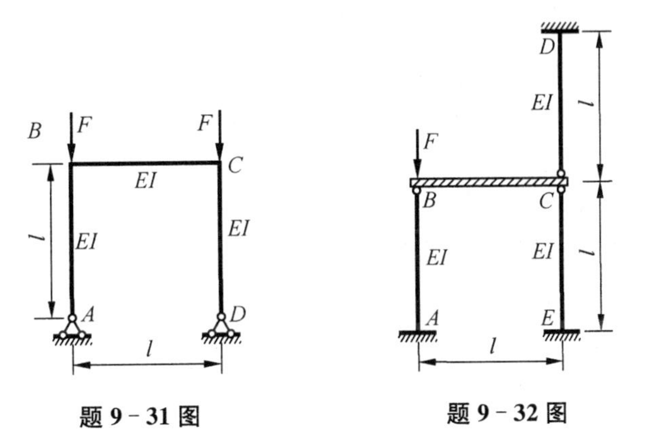

题 9－31 图　　题 9－32 图

9－32　图示结构中，杆 BC 为刚性杆，杆 AB、CD、CE 的长度均为 l，弯曲刚度均为 EI。试求确定该结构在结构平面内失稳时临界力满足的特征方程。

第10章　动荷载及交变应力

10.1　概述

在实际问题中，有些构件，如高速旋转的部件或加速提升的构件等，各质点的加速度是明显的，不能再像以前认为构件上的荷载是静荷载。又如，锻压汽锤的锤杆、紧急制动的转轴等，在非常短暂的时间内速度发生急剧变化。此外，大量的机械零件又长期在周期性变化的荷载下工作。即在有些情况下，荷载不能视为静荷载，构件在动荷载作用下会表现出什么样的性质，也是工程界十分关注的问题。本章介绍处理动荷载及交变应力的一般方法。

试验结果表明，只要不超过材料的比例极限，胡克定律仍适用于动荷载下应力、应变的计算，弹性模量也与静荷载作用下的数值相同。

质点和质点系的达朗贝尔原理是处理动力学问题的一般方法。构件作加速直线运动或等角速度转动时，构件内各质点都有加速度，从而惯性力不为零。根据达朗贝尔原理，对作加速运动的质点系，如假想地在每一质点上加上惯性力，则质点系上的原外力系与惯性力系组成平衡力系。这样，可把动力学问题在形式上作为静力学问题，可列平衡方程求解，这种将动力学的问题转化为形式上的静力学问题，并用静力学平衡方程求解的方法称为**动静法**。动静法是实际工程中处理动力学问题的常用方法，而交变荷载作用下构件会出现疲劳破坏及其规律，需要建立在大量实验的基础上。

10.2　惯性力问题

10.2.1　等加速运动构件中的动应力分析

下面举例说明动静法在惯性力问题分析中的应用。

【例10-1】　一钢索吊起重物如图10-1所示，以等加速度a提升。重物的重量为P，钢索的横截面积为A，钢索的重与P相比甚小而略去不计。试求钢索横截面上的动应力σ_d。

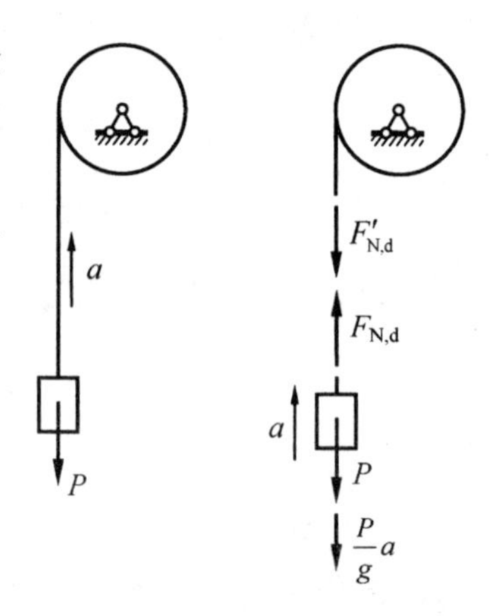

图10-1　例10-1图

【解】　以重物为研究对象，除受重物的重力P作用外，由于有加速度，还存在惯性力，将惯性力$\frac{P}{g}a$加在重物上。由动静法，可按静荷载问题求钢索横截面上的轴力$F_{N,d}$。列平衡方程可得

$$F_{N,d}-P-\frac{P}{g}a=0$$

解得$F_{N,d}=P+\frac{P}{g}a=P\left(1+\frac{a}{g}\right)$。从而可求得钢索横截面上

的动应力为

$$\sigma_d=\frac{F_{N,d}}{A}=\frac{P}{A}\left(1+\frac{a}{g}\right)=\sigma_{st}\left(1+\frac{a}{g}\right)=k_d\sigma_{st}$$

式中，$\sigma_{st}=\frac{P}{A}$，是以静荷载作用时钢索横截面上的应力。

$$k_d=1+\frac{a}{g} \tag{10-1}$$

称为**动荷(载)因数**。对于有动荷载作用的构件，常用动荷因数 k_d 来反映动荷载的效应。可以看出，动应力等于静应力乘以动荷载因数。其强度条件可以写为

$$\sigma_d=k_d\sigma_{st}\leqslant[\sigma] \tag{10-2}$$

10.2.2　等角速转动构件内的动应力分析

以匀速旋转圆环为例说明动静法在等角速转动构件内的动应力分析中的应用。

【例 10-2】 图 10-2(a)中平均直径为 D 的薄壁圆环，绕通过其圆心且垂直于环平面的轴做均速转动。已知环的角速度 ω，环的横截面积 A 和材料的重度 γ，求此环横截面上的正应力。

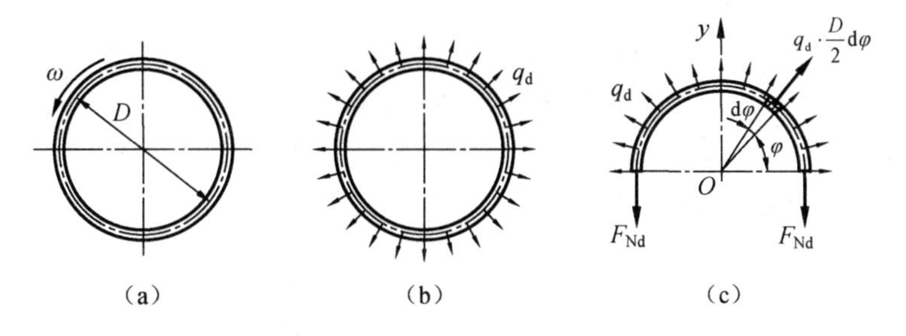

图 10-2　例 1-2 图

【解】 因圆环等速转动，故环内各点只有向心加速度。又因为 $\delta<<D$，故可认为环内各点的向心加速度大小相等，都等于 $a_n=\frac{D\omega^2}{2}$，故沿环轴线均匀分布的惯性力集度 q_d 就是沿轴线单位长度上的惯性力，如图 10-2(b)所示。即

$$q_d=\frac{1\times A\times\gamma}{g\times\pi D}a_n=\frac{A\gamma}{2\pi g}\omega^2$$

其中，A 为薄壁圆环横截面的面积。上述分布惯性力构成全环上的平衡力系。用径向截面的平衡可求得圆环横截面上的内力 $F_{N,d}$。关于 $F_{N,d}$ 的计算，可利用积分的方法求得径向惯性力的合力。亦可等价地将 q_d 视为“内压”，则有

$$2F_{N,d}=\int_0^{\pi}q_d\sin\varphi\frac{D}{2}\mathrm{d}\varphi=q_dD$$

由 q_d 的表达式可求得 $F_{N,d}=\frac{A\gamma D}{4\pi g}\omega^2$。于是横截面上的正应力 σ_d 为

$$\sigma_{\mathrm{d}}=\frac{F_{\mathrm{N,d}}}{\delta\times1}=\frac{A\gamma D\omega^{2}}{4\pi g}\times\frac{\pi D}{A}=\frac{\gamma D^{2}\omega^{2}}{4g}=\frac{\gamma v^{2}}{g}$$

式中，$v=\frac{D}{2}\omega$，是圆环轴线上点的线速度。

由 σ_{d} 的表达式可知，σ_{d} 与圆环横截面积 A 无关。故要保证圆环的强度，只能限制圆环的转速，增大横截面积 A 并不能提高圆环的强度。其强度条件为

$$\sigma_{\mathrm{d}}=\frac{\gamma v^{2}}{g}\leqslant[\sigma]$$

【评注】 对于惯性力问题，要求注意应用运动学的方法，求解出构件内各点的加速度，然后在各个加速度的相反方向上施加相应的惯性力，这样即可把动荷载问题即可转化为静荷载问题来处理。

10.3 构件受冲击荷载作用时的应力和变形计算

当物体(冲击物)以一定的速度作用在一静止的构件上时，物体在极短的时间内(例如千分之一秒或更短时间)，速度变为零。这时，在物体与构件之间产生很大的相互作用力。冲击物与构件之间的相互作用力，称为**冲击力**或**冲击荷载**。当弹性体受到冲击荷载作用时，由于弹性体具有质量，即具有惯性，力的作用并非立即传至弹性体的所有部分。在开始一瞬间，远离冲击处的部位并不受影响。冲击荷载引起的变形，是以弹性波的形式在弹性体内传播。在有些情况下，在冲击荷载作用处的局部范围内，应力状态非常复杂，加之持续时间非常短促，接触处的应力变化难以准确分析，并且还会产生很大的塑性变形。所以，冲击问题是一个复杂的问题。工程中常采用一种较为粗略但偏于安全的近似简化计算方法一能量法。

用能量法进行分析时，为了计算简便同时又能满足要求，常进行以下假定：(1) 不计冲击物的变形；(2) 冲击物与构件接触后无回弹；(3) 构件的质量(惯性)与冲击物相比很小，可忽略不计，冲击应力瞬时传遍整个构件；(4) 材料服从胡克定律；(5) 在冲击过程中，声、热等能量损耗很小，略去不计。

10.3.1 自由落体冲击

先讨论自由落体形成的冲击应力。如图 10－3 所示，假设一重量为 F 的物体从高为 h 处自由下落，冲击线弹性体 AB。当冲击物的速度变为零时，线弹性体所受冲击荷载 F_{d} 及相应位移 Δ_{d} 均达到最大值。为简化分析，提出如下两个假设：(1) 设冲击物为刚体，在冲击过程中不发生变形；(2) 冲击后两者连成一体，忽略被冲击线弹性体的质量以及冲击过程中的能量损失；(3) 冲击时应力立即传播到弹性体的各个部分。则由能量守恒定律可知，在冲击过程中，冲击物的动能和势能仅与被冲击线弹性体的应变能发生能量转换。

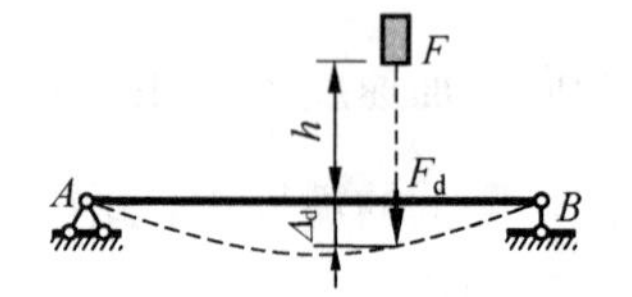

图 10－3 受冲击作用的简支架

当自由落体的冲击物速度变为零或冲击荷载最大时，冲击物减少的势能为 $E_{\mathrm{P}}=F(h+\Delta_{\mathrm{d}})$，而被冲击的线弹性体获得的应变能则为 $V_{\varepsilon}=\frac{1}{2}F_{\mathrm{d}}\Delta_{\mathrm{d}}$。由能量守恒定律知，冲击物减小的势能 E_{P} 全部转化为被冲击线弹性体的应变能 V_{ε}，故有 $E_{\mathrm{P}}=V_{\varepsilon}$，即

$$F(h+\Delta_d)=\frac{F_d\Delta_d}{2}$$

简化可得

$$F_d\Delta_d-2F\Delta_d-2Fh=0 \tag{a}$$

由于作用在线弹性体上的荷载与其相应位移成正比，即

$$\frac{F_d}{\Delta_d}=\frac{F}{\Delta_{st}}=k \tag{b}$$

式中，Δ_{st}表示将 F 视为静荷载作用在被冲击线弹性体上时沿 F 方向的静位移，k 为刚度系数。将式(b)代入式(a)，得

$$\Delta_d^2-2\Delta_{st}\Delta_d-2\Delta_{st}h=0 \tag{c}$$

于是，由式(c)解得最大冲击位移为

$$\Delta_d=\Delta_{st}\left(1+\sqrt{1+\frac{2h}{\Delta_{st}}}\right) \tag{10-3}$$

引入冲击动荷因数

$$k_d=1+\sqrt{1+\frac{2h}{\Delta_{st}}} \tag{10-4}$$

则最大冲击荷载可表示为

$$F_d=k_dF=F\left(1+\sqrt{1+\frac{2h}{\Delta_{st}}}\right) \tag{10-5}$$

最大冲击荷载确定后，弹性体内的应力也随之确定。显然，由式(10－5)也可以推广到应力，即

$$\sigma_d=k_d\sigma_{st} \tag{10-6}$$

式中，σ_{st}表示 F 为静载时的应力。

【说明】 作为自由落体冲击的一个特殊情况，如果 $h=0$，即将重物突然施加于弹性体，则由式(10－3)与式(10－5)可得 $\Delta_d=2\Delta_{st}$，$F_d=2F$。可见，当荷载突然作用时，弹性体的变形与应力均比同值静荷载所引起的变形与应力增加 1 倍。

由式(10－5)可以看出，冲击荷载的最大值 F_d，不仅与冲击物的重量 F 有关，而且与静位移 Δ_{st}或被冲击弹性体的刚度有关。所以，在设计承受冲击荷载的构件时，应注意构件的刚度问题，例如，配置缓冲弹簧等，通过增加构件的柔度，从而降低最大冲击应力。例如汽车大梁和轮之间所安装的弹簧、机器零件上所加的橡皮垫圈、船舶停靠码头的相关部位用废旧轮胎作为缓冲器等都是这个道理。在分析受冲击构件的强度问题时，要求受冲击构件中最大的动应力，$\sigma_{d,max}$满足

$$\sigma_{d,max}\leqslant[\sigma] \tag{10-7}$$

【例 10－3】 图 10－4(a)、(b)分别表示不同支承方式的钢梁，有重量均为 F 的物体自高度 h 自由下落至梁 AB 的跨中 C 点，已知弹簧[图 10－4(b)]的刚度系数 $k=100$ N/mm，$l=3$ m，$h=$

50 mm,F=1 kN,钢梁的惯性矩 $I=3.40\times10^7\ \mathrm{mm}^4$,弯曲截面系数 $W=3.09\times10^5\ \mathrm{mm}^3$,弹性模量 E=200 GPa,试求两种情况下钢梁的冲击应力。

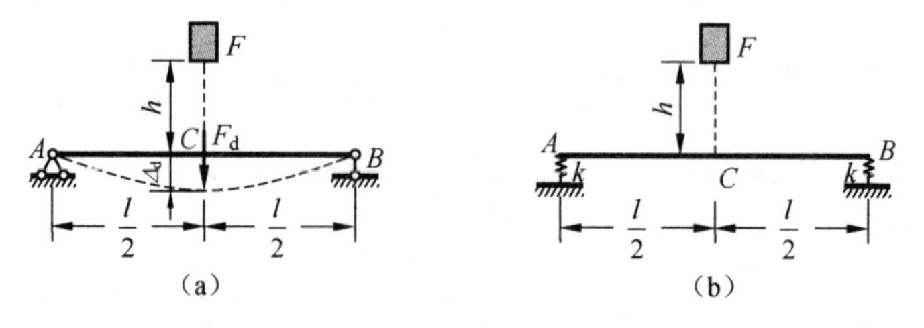

图 10-4　例题 8-3 图

【解】 对于图 10-4(a),将梁受静荷载 F 作用下的静变形(梁截面 C 的静挠度)和动荷因数分别为

$$\Delta_{\mathrm{st},1}=\frac{Fl^3}{48EI}=\frac{1\ 000\ \mathrm{N}\times(3\times10^3\ \mathrm{mm})^3}{48\times200\times10^3\ \mathrm{MPa}\times3.40\times10^7\ \mathrm{m}^4}=8.27\times10^{-2}\ \mathrm{mm}$$

$$k_{\mathrm{d},1}=1+\sqrt{1+\frac{2h}{\Delta_{\mathrm{st},1}}}=1+\sqrt{1+\frac{2\times50\ \mathrm{mm}}{8.27\times10^{-2}\ \mathrm{mm}}}=35.79$$

静载下钢梁的最大弯曲正应力为

$$\sigma_{\mathrm{st},1}=\frac{M}{W}=\frac{Fl}{4W}=\frac{1\ 000\ \mathrm{N}\times3\times10^3\ \mathrm{mm}}{4\times3.09\times10^5\mathrm{mm}^3}=2.43\ \mathrm{MPa}$$

由式(10-6)求得梁的最大冲击应力为

$$\sigma_{\mathrm{d},1}=k_{\mathrm{d},1}\sigma_{\mathrm{st},1}=35.79\times2.43\ \mathrm{MPa}=86.97\ \mathrm{MPa}$$

对于图 10-4(b),梁截面 C 的静挠度应包括弹簧引起的静变形,其值和动荷因数分别为

$$\Delta_{\mathrm{st},2}=\frac{Fl^3}{48EI}+\frac{F}{2k}=8.27\times10^{-2}\mathrm{mm}+\frac{1\ 000\ \mathrm{N}}{2\times100\ \mathrm{N/mm}}$$

$$=8.27\times10^{-2}\ \mathrm{mm}+5\ \mathrm{mm}=5.083\ \mathrm{mm}$$

$$k_{\mathrm{d},2}=1+\sqrt{1+\frac{2h}{\Delta_{\mathrm{st},2}}}=1+\sqrt{1+\frac{2\times50\ \mathrm{mm}}{5.083\ \mathrm{mm}}}=5.55$$

静载下图 10-4(b)所示梁的最大弯曲正应力与图 10-4(a)的相同,所以最大冲击应力为

$$\sigma_{\mathrm{d},2}=k_{\mathrm{d},2}\sigma_{\mathrm{st},1}=5.55\times2.43\ \mathrm{MPa}=13.49\ \mathrm{MPa}$$

【说明】 (1) 由该例可以看出,采用弹簧支座,确实使系统的刚度减小,静位移增大,从而动荷因数减小,是一种减小冲击应力的有效方法,因此工程中常用不同类型的柔性构件作为缓冲元件。(2) 在实际冲击过程中,由于不可避免地会有声、热等其他能量损耗,因此,被冲击构件内所增加的应变能将小于冲击物所减少的能量。这表明由能量守恒定律计算出的冲击动荷因数是偏大的,或者说这种近似计算方法是偏于安全的。

10.3.2　水平冲击

如图 10-5(a)所示,有一根下端固定、长度为 l 的铅直圆截面杆 AB,被一个重为 F 的物

体以速度 v 沿水平方向冲击。已知冲击点 C 到杆下端的距离为 a，在前面所述假设的基础上，根据能量守恒定律，冲击时重物的动能全部转化为冲击后弹性体的应变能，并考虑上一小节的式(b)，则有

$$\frac{1}{2}\left(\frac{F}{g}\right)v^2=\frac{1}{2}F_d\Delta_d=\frac{1}{2}k_d^2F\Delta_{st}$$

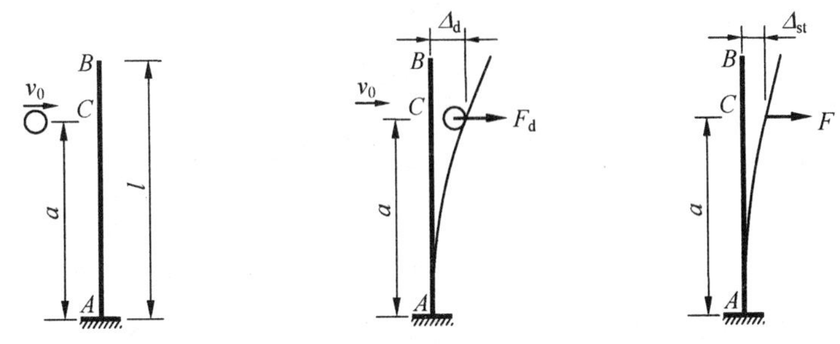

（a）受水平冲击的开始状态 （b）位移达到最大时的状态 （c）静荷载作用的状态

图 10-5 受水平冲击的悬臂性

由上式可得

$$k_d=\frac{v}{\sqrt{g\Delta_{st}}} \tag{10-8}$$

式(10-8)中弹性体的静位移 Δ_{st} 是其受冲击点处、在水平作用力(大小等于 F)下的相应位移。得到动荷因数并计算出 Δ_{st} 后，即可得到重力为 F 的物体以速度 v 从水平方向冲击下的相应位置处的最大应力。

10.3.3 突然制动的动应力

运动的物体或构件突然制动时，也会产生冲击荷载与冲击应力。例如，图 10-6 所示鼓轮绕轴 O 作等速转动，通过绕在其上的绳索带动重物等速 v 下降。当鼓轮突然停止转动时，悬挂重物的绳索就会受到很大的冲击荷载作用，由于吊索的自重与重物的重量相比很小，故可略去不计。设绳索的横截面面积为 A，弹性模量为 E，铅垂部分绳索的长度为 l，起吊重物的重量为 W，鼓轮质量不计。现分析鼓轮突然制动时绳索受到的冲击荷载 F_d 和冲击应力 σ_d。

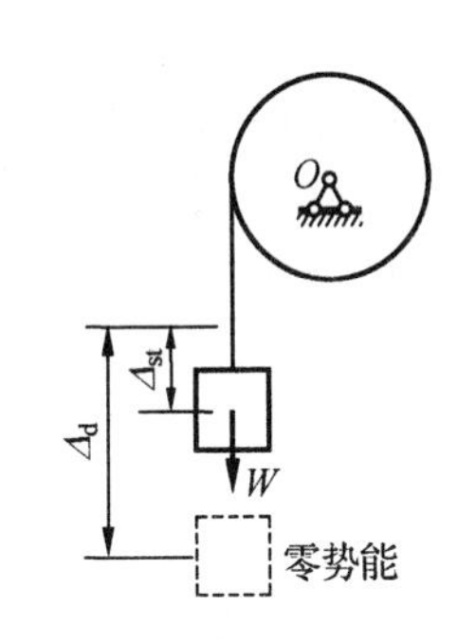

图 10-6 突然制动的鼓轮

计算在冲击过程中重物(冲击物)所减少的能量，其动能的减少为 $\frac{1}{2}\left(\frac{W}{g}\right)v^2$，其势能的减少为 $W(\Delta_d-\Delta_{st})$。这里的 Δ_d 为滑轮被卡住后，长度为 l 的一段绳索(被冲击物)在冲击荷载 F_d 作用下的总伸长量，故有 $\Delta_d=\frac{F_dl}{EA}$；Δ_{st} 为该段绳索(吊索)在滑轮被卡住前一瞬间由于重量 W 所引起的静伸长，从而有 $\Delta_{st}=\frac{Wl}{EA}$；$(\Delta_d-\Delta_{st})$ 即为重物在冲击过程中下降的距离。因此，重物在冲击过程中所减少的总能量为：$\frac{1}{2}\left(\frac{W}{g}\right)v^2+W(\Delta_d-\Delta_{st})$。由于在滑轮被卡住后，吊索内的应变能的增量为：$\frac{1}{2}F_d\Delta_d-\frac{1}{2}W\Delta_{st}$。

按照能量守恒定律,重物在冲击过程中所减少的总能量均转化为吊索内的应变能的增量。即有

$$\frac{1}{2}\left(\frac{W}{g}\right)v^2+W(\Delta_d-\Delta_{st})=\frac{1}{2}F_d\Delta_d-\frac{1}{2}W\Delta_{st} \tag{a}$$

在线弹性范围内,$F_d=\frac{EA}{l}\Delta_d$,$\Delta_{st}=\frac{Wl}{EA}$,$\frac{F_d}{W}=\frac{\Delta_d}{\Delta_{st}}$。由此简化式(a)可得

$$\Delta_d^2-2\Delta_{st}\Delta_d+\Delta_{st}^2\left(1-\frac{v^2}{g\Delta_{st}}\right)=0 \tag{b}$$

式(b)为关于Δ_d的二次方程,求解可得Δ_d的两个根,取其中大于Δ_{st}的一个,可得

$$\Delta_d=\Delta_{st}\left(1+\sqrt{\frac{v^2}{g\Delta_{st}}}\right) \tag{c}$$

与前面的讨论一致,由式(c)可以定义该问题的动荷因数为

$$k_d=1+\sqrt{\frac{v^2}{g\Delta_{st}}} \tag{10-9}$$

从而冲击荷载和冲击应力分布为

$$F_d=Wk_d=W\left(1+\sqrt{\frac{v^2}{g\Delta_{st}}}\right)$$

$$\sigma_d=\sigma_{st}k_d=\frac{W}{A}\left(1+\sqrt{\frac{v^2}{g\Delta_{st}}}\right)$$

【说明】 由以上讨论可知,各类动应力的分析方法就是将冲击物减少的能量转化为被冲击物的应变能,通过求解计算出最大动应力(或最大位移等),并与静应力(或位移等)比较,获取相应问题的动荷因数k_d。

【思考】 试比较式(10-4)、式(10-8)和式(10-9)的异同点。

【例10-4】 如图10-7所示,圆截面轴AB,B端装有飞轮,轴与飞轮以角速度ω等速转动,飞轮对旋转轴的转动惯量为J,轴的直径为d。试计算当轴的A端突然被刹住时轴内的最大扭转切应力。轴的转动惯量与飞轮的变形均忽略不计。

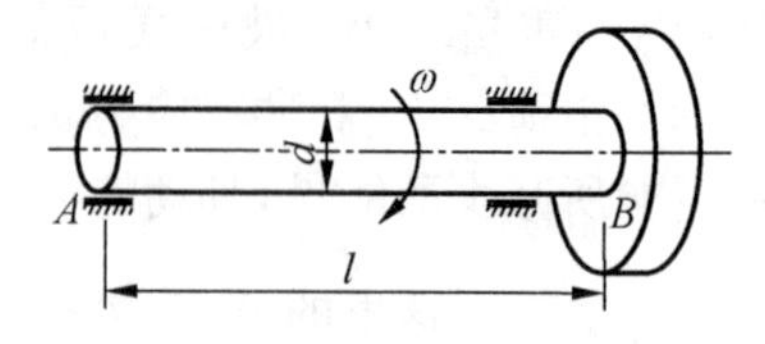

图10-7 例10-4图

【解】 当A端突然被刹住时,飞轮因惯性继续转动一角度φ_d后转速才变为零。所以,根据能量守恒定律,飞轮减少的动能转化为轴在转速为零时的扭转应变能,即

$$\frac{1}{2}J\omega^2=\frac{1}{2}M_d\varphi_d=\frac{M_d^2l}{2GI_p}=\frac{16M_d^2l}{G\pi d^4}$$

式中,M_d代表转速为零时飞轮作用在轴上的扭转力偶矩,即惯性力偶矩。由上式得

$$M_d=\omega d^2\sqrt{\frac{G\pi J}{32l}}$$

所以，轴内的最大扭转切应力为：$\tau_{max}=\frac{16M_d}{\pi d^3}=\frac{4\omega}{d}\sqrt{\frac{GJ}{2\pi l}}$。

【说明】 由例题的结论可知，最大切应力与初始角速度成正比，故对于高速旋转的车轴突然刹车可能导致车轴损坏。

10.4　交变应力与疲劳破坏

在机械与工程结构中，许多构件常常受到随时间循环变化的这种特征的应力，即所谓循环应力或交变应力。例如，随车轮一起转动的火车轮轴，如图 10－8(a)所示，当车轴以角速度ω旋转时，横截面边缘任一点 A 处的弯曲正应力为

$$\sigma_A=\frac{My_A}{I_z}=\frac{MR}{I_z}\sin\omega t$$

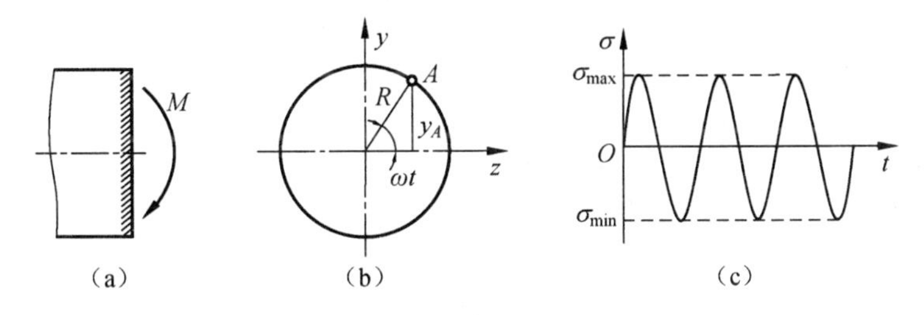

图 10－8　火车轮轴上一点的应力

上式表明，车轴每旋转一圈，A 点处的材料即经历一次由拉伸到压缩的应力循环，如图 10－8(b)所示，车轴不停地转动，该处材料即不断地反复受力。

又如，齿轮上的每个齿，自开始啮合到脱开的过程中，齿根上的应力自零增大到某一最大值，然后又逐渐减为零；齿轮不断转动，每个齿不断反复受力，如图 10－9 所示。

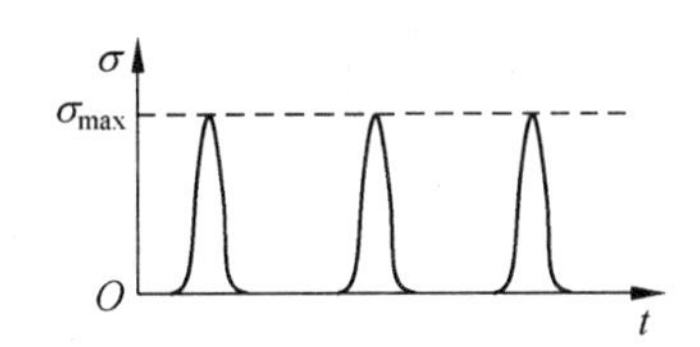

图 10－9　齿轮上一点的应力

实践表明，在交变应力作用下的构件，虽然所受应力小于材料的静强度极限，但经过应力的多次重复后，构件将产生可见裂纹或完全断裂；即使是塑性很好的材料，断裂时也往往无显著的塑性变形。在交变应力作用下，构件产生可见裂纹或完全断裂的现象称为**疲劳破坏**，简称**疲劳**。

图 10－10 所示为传动轴疲劳破坏断口的示意图，断口呈现两个区域，一个是光滑区，另一个是粗粒状区。

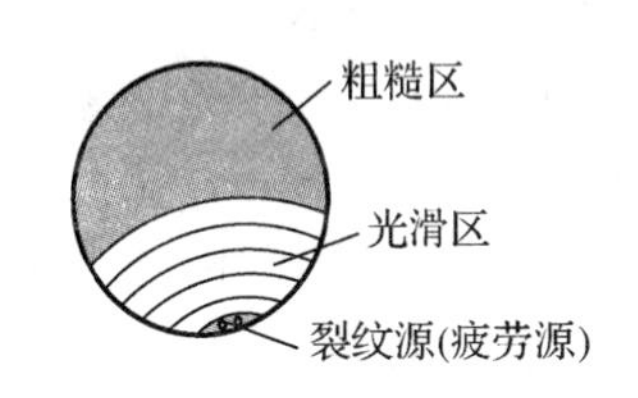

图 10－10　疲劳破坏断口示意

此外，由于近代测试技术的发展，人们还发现，在疲劳断裂前，在断口位置早就出现了细微裂纹。当交变应力的大小超过一定限度并经历了足够多次的交替重复后，在构件内部应力最大或材质薄弱处，将产生细微裂纹(即所谓**疲劳源**)，这种裂纹随着应力循环次数增加而不断扩展，并逐渐形成为宏观裂纹。在

扩展过程中，由于应力循环变化，裂纹两表面的材料时而互相挤压，时而分离，或时而正向错动，时而反向错动，从而形成断口的光滑区。另一方面，由于裂纹不断扩展，当达到其临界长度时，构件将发生突然断裂.断口的粗粒状区就是突然断裂造成的。因此，疲劳破坏的过程可理解为疲劳裂纹萌生、逐渐扩展和最后断裂的过程。

以上分析表明，构件发生疲劳破坏前，既无明显塑性变形，而裂纹的形成与扩展又不易及时发现，因此，疲劳破坏常常带有突发性，往往造成严重后果。据统计，在机械与航空等领域中，大部分损伤事故是由疲劳破坏所造成的。因此对于承受交变应力的机械设备与结构，应该十分重视其疲劳强度问题。

10.5 交变应力与材料的疲劳极限

10.5.1 交变应力及其类型

最常见、最基本的交变应力为图 10－11 所示常幅交变应力。应力在两个极值之间周期性地变化。

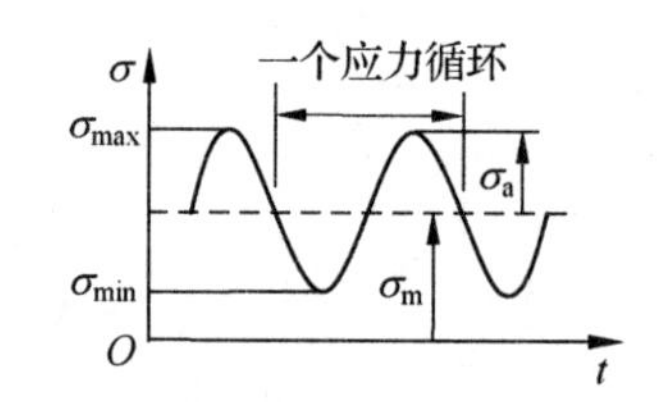

图 10－11 常幅交变应力的概念

在一个应力循环中，应力的极大与极小值，分别称为**最大应力与最小应力**。最大应力 σ_{max} 与最小应力 σ_{min} 的代数平均值，称为平均应力，并用 σ_m 表示，即

$$\sigma_m=\frac{\sigma_{max}+\sigma_{min}}{2} \qquad (10-10)$$

最大应力与最小应力的代数差之半，称为**应力幅**，并用 σ_a 表示，即

$$\sigma_a=\frac{\sigma_{max}-\sigma_{min}}{2} \qquad (10-11)$$

交变应力的变化特点，对材料的疲劳强度有直接影响。应力变化的特点，可用最小应力与最大应力的比值 r 表示，并称为**应力比或循环特征**，即

$$r=\frac{\sigma_{min}}{\sigma_{max}} \qquad (10-12)$$

在交变应力中，如果最大应力与最小应力的数值相等、正负符号相反，例如 $\sigma_{max}=-\sigma_{min}$［图 10－12(a)］，则称为**对称交变应力**，其应力比 $r=-1$。在交变应力中，如果最小应力 σ_{min} 为零［图 10－12(b)］，则称为**脉动交变应力**，其应力比 $r=0$。

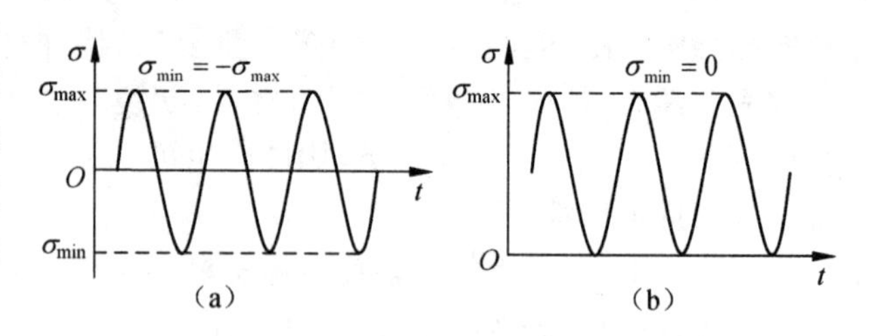

图 10－12 对称交变应力与脉动交变应力

除对称循环外，所有应力比 $r\neq-1$ 的交变应力，均属于非对称交变应力。所以，脉动交变应力也是一种非对称交变应力。

以上关于交变应力的概念，均采用正应力 σ 表示。当构件承受循环切应力时，上述概念仍然适用.只需将正应力 σ 改为切应力 τ 即可。

10.5.2　疲劳试验与 $S-N$ 曲线

材料在交变应力作用下的强度由试验测定，最常用的试验是旋转弯曲疲劳试验。

首先准备一组材料与尺寸均相同的光滑试样（直径为 6～10 mm）。试验时，将试样的一端安装在疲劳试验机的夹头内（图 10－13），并山电动机带动而旋转，在试样的另一端，则通过轴承悬挂砝码，使试样处于弯曲受力状态。于是，试样每旋转一圈，其内每一点处的材料即经历一次对称循环的交变应力。试验一直进行到试样断裂为止。试验中，由计数器记下试样断裂时所旋转的总圈数或所经历的应力循环数 N，即试样的**疲劳寿命**。同时，根据试样的尺寸与砝码的重量，按弯曲正应力公式 $\sigma=\frac{M}{W}$，计算试样横截面上的最大正应力。对同组试样挂上不同重量的砝码进行疲劳试验，将得到一组关于最大正应力 σ 与相应疲劳寿命 N 的数据。

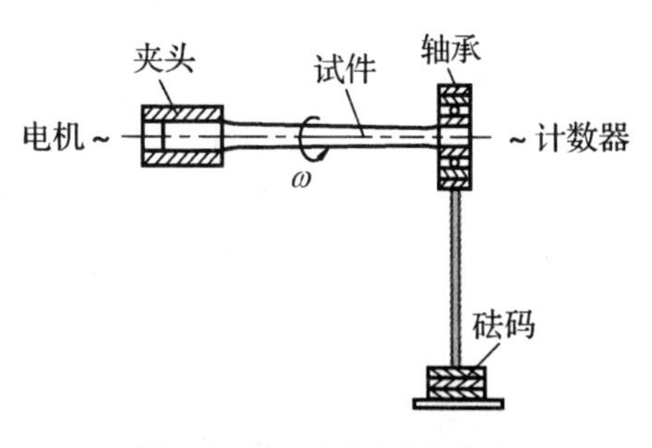

图 10－13　疲劳试验简

以最大应力 σ 为纵坐标，以疲劳寿命 N（或其对数 $\lg N$）为横坐标，根据上述数据所绘出最大应力与疲劳寿命间的关系曲线，称为 **$S-N$ 曲线**。例如，如图 10－14 所示为碳钢的 $S-N$ 曲线。

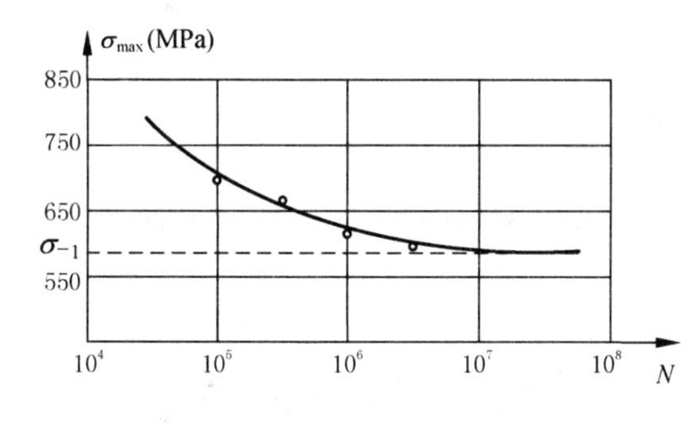

图 10－14　碳钢的 $S-N$ 曲线

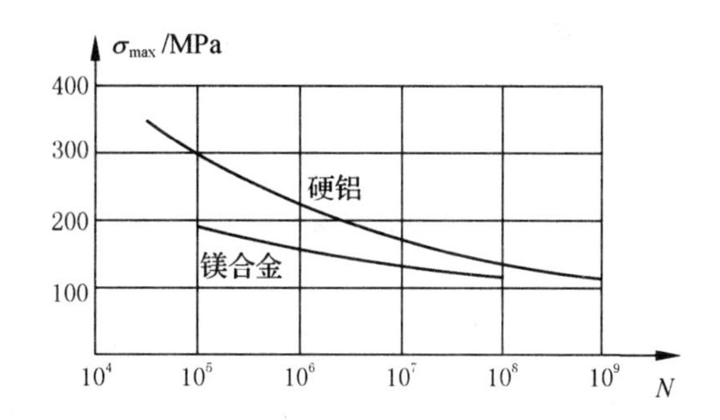

图 10－15　有色金属及其合金的 $S-N$ 曲线

10.5.3　疲劳极限

试验表明，一般钢与灰口铸铁的 $S-N$ 曲线均存在水平渐近线。该渐近线的纵坐标所对应的应力，称为材料的**持久极限**，代表材料能经受"无限"次应力循环而不发生疲劳破坏的最大应力值。持久极限用 σ_r 或 τ_r 表示，下标 r 代表应力比。例如图 10－14 中的 σ_{-1} 即代表材料在对称交变应力下的持久极限。由于"无限"次应力循环在实验中难以实现，通常认为如果经历 10^7 次应力循环以后尚未疲劳，则可认为再增加交变应力次数也不会疲劳，从而把 $N=10^7$ 称为**循环基数**。

有色金属及其合金的 $S-N$ 曲线一般不存在水平渐近线（图 10－15）。对于这类材料，通常根据构件的使用要求，以某一指定寿命 N_0（例如 10^7～10^8）所对应的应力作为极限应力，并称为材料的**条件疲劳极限**或**疲劳极限**。为叙述简单，以后将持久极限与疲劳极限（或条件疲劳极限）统称为疲劳极限。可以看出，作用应力越大，疲劳寿命越短。对于寿命 $N\leqslant10^4$ 的疲劳问题，称为**低周疲劳**；反之，称为**高周疲劳**。

同样,也可通过试验测量材料在轴向拉-压或扭转等交变应力下的疲劳极限。

试验发现,钢材的疲劳极限与其静强度极限 σ_b 之间存在下述关系:

弯曲:$\sigma_{-1}\approx(0.4\sim0.5)\sigma_b$;

拉压:$\sigma_{-1}\approx(0.33\sim0.59)\sigma_b$;

扭转:$\sigma_{-1}\approx(0.23\sim0.29)\sigma_b$。

由上述关系可以看出,在交变应力作用下,材料抵抗破坏的能力显著降低。

10.6 影响构件疲劳极限的主要因素

以上所述材料的疲劳极限,是利用表面磨光、横截面尺寸无突然变化以及直径 6~10 mm 的标准试样测得的。试验表明,构件的疲劳极限与材料的疲劳极限不同,它不仅与材料有关,而且与构件的外形、横截面尺寸以及表面状况等因素相关。

10.6.1 构件外形的影响

构件外形尺寸的突然变化,如键槽、小孔、圆角和轴肩等,将会引起应力集中。试验表明,应力集中会促使疲劳裂纹的形成和发展,因此,应力集中对疲劳强度有显著影响。

在对称交变应力作用下,应力集中对疲劳极限的影响,用**有效应力集中因数或疲劳缺口因数** K_σ 或 K_τ 表示,它代表光滑试样的疲劳极限 σ_{-1} 或 τ_{-1} 与同样尺寸但存在应力。集中的试样的疲劳极限 (σ_{-1}) 或 (τ_{-1}) 之比值,即

$$K_\sigma=\frac{\sigma_{-1}}{(\sigma_{-1})},\quad K_\tau=\frac{\tau_{-1}}{(\tau_{-1})} \tag{10-13}$$

图 10-16、8-17 与 8-18 分别给出了阶梯形圆截面钢轴在对称交变弯曲、轴向拉-压与对称循环扭转时的有效应力集中因数。

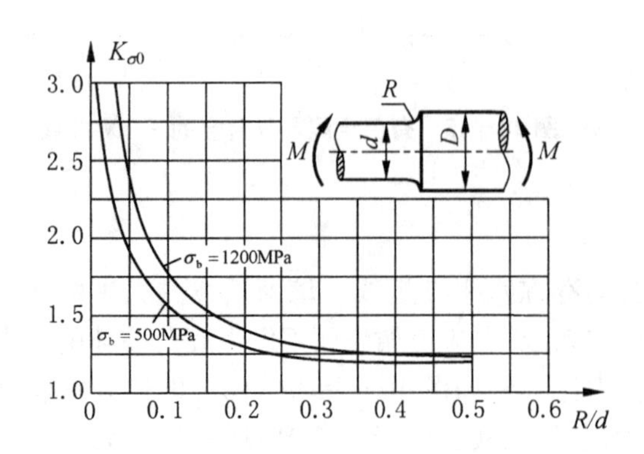

图 10-16 阶梯形圆钢轴在对称交变弯曲时的有效应力集中因数

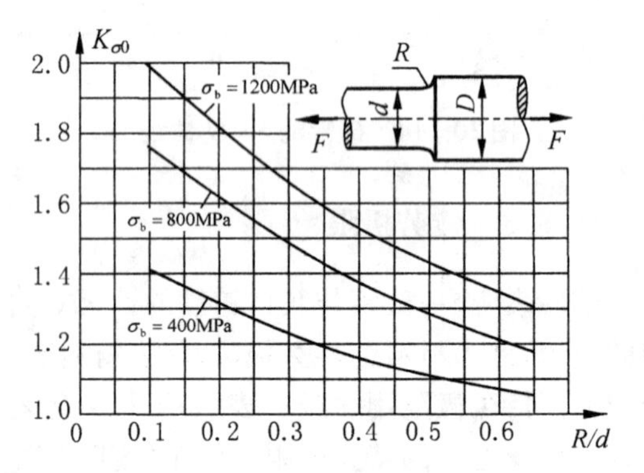

图 10-17 阶梯形圆钢轴在对称交变轴向拉-压时的有效应力集中因数

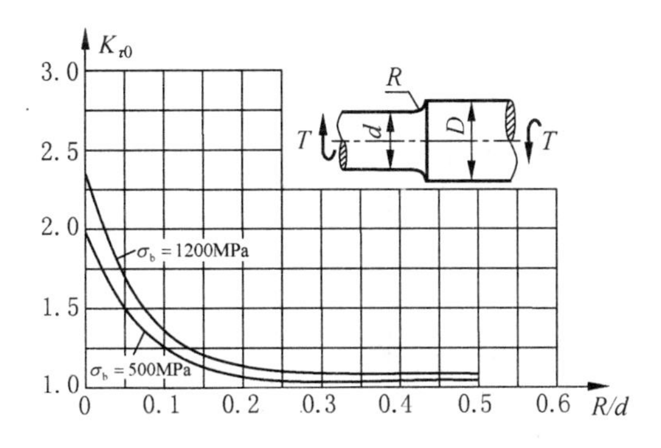

图 10-18　阶梯形圆钢轴在对称交变扭转时的有效应力集中因数

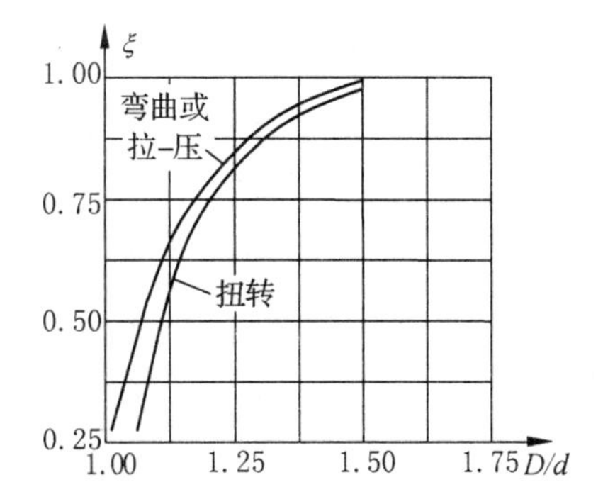

图 10-19　修正因数

在对称交变应力作用下，应力集中对疲劳极限的影响，用**有效应力集中因数**或**疲劳缺口因数** K_σ 或 K_τ 表示，它代表光滑试样的疲劳极限与同样尺寸但存在应力集中的试样的疲劳极限之比值。

应该指出，上述曲线都是在$\dfrac{D}{d}=2$且$d=30\sim50$ mm 的条件下测得的。如果$\dfrac{D}{d}<2$，则有效应力集中因数修正为

$$K_\sigma=1+\xi(K_{\sigma0}-1) \tag{10-14}$$

$$K_\tau=1+\xi(K_{\tau0}-1) \tag{10-15}$$

式中，$K_{\sigma0}$与$K_{\tau0}$为$\dfrac{D}{d}=2$的有效应力集中因数；ξ为修正因数，其值与$\dfrac{D}{d}$有关，可由图 10-19 查得。至于其他情况下的有效应力集中因数，可查阅有关手册。

由图 10-16～8-18 可以看出：圆角半径 R 愈小，有效应力集中因数 $K_{\sigma0}$ 与 $K_{\tau0}$ 愈大；材料的静强度极限 σ_b 愈高，应力集中对疲劳极限的影响愈显著。

10.6.2　构件截面尺寸的影响

弯曲与扭转疲劳试验均表明，疲劳极限随构件横截面尺寸的增大而降低。

截面尺寸对疲劳极限的影响，用**尺寸因数** ε_σ 或 ε_τ 表示。设对称循环下光滑大试件的疲劳极限为(σ_{-1})和(τ_{-1})，光滑小试件的疲劳极限为 σ_{-1} 和 τ_{-1}；二者的比值即尺寸系数为：

$$\left.\begin{aligned}\varepsilon_\sigma&=\frac{(\sigma_{-1})}{\sigma_{-1}}\\ \varepsilon_\tau&=\frac{(\tau_{-1})}{\tau_{-1}}\end{aligned}\right\} \tag{10-16}$$

显然尺寸因数为小于 1 的数。图 10-20 给出了圆截面钢轴对称循环弯曲与扭转时的尺寸因数。

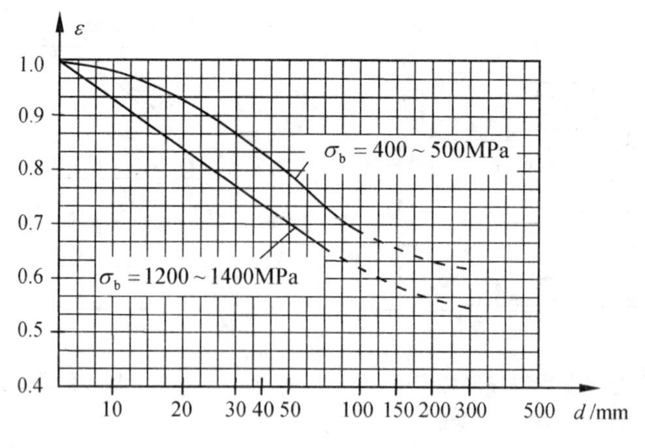

图 10-20　尺寸因数

从图中可以看出，试样的直径 d 越大，疲劳极限降低越多；材料的静强度越高，截面尺寸的大小对构件疲劳极限的影响越显著。以弯曲疲劳极限为例，设两根不同直径的试样所承受的最大弯曲正应力相同，则大试样的高应力区肯定比小试样的高应力区大，因而处于高应力状态的金属晶粒也多，更容易产生疲劳裂纹，因而疲劳极限降低。另一方面，高强度钢的晶粒尺寸较小，相同大小的高应力区所包含的晶粒数量较多，也容易产生疲劳裂纹。

轴向加载时，光滑试样横截面上的应力均匀分布，截面尺寸的影响不大，可取尺寸因数 $\varepsilon_{\sigma}=1$。

10.6.3　表面加工质量的影响

最大应力一般发生在构件表层，同时，构件表层又常常存在各种缺陷（刀痕与擦伤等）。因此，构件表面的加工质量与表层状况对构件的疲劳强度存在显著影响。

表面加工质量对构件疲劳极限的影响可用**表面质量因数** β 表示。它代表用某种方法加工的构件的疲劳极限与光滑试样（经磨削加工）的疲劳极限之比值，**表面质量因数** β 与加工方法的关系如图 10-21 所示。

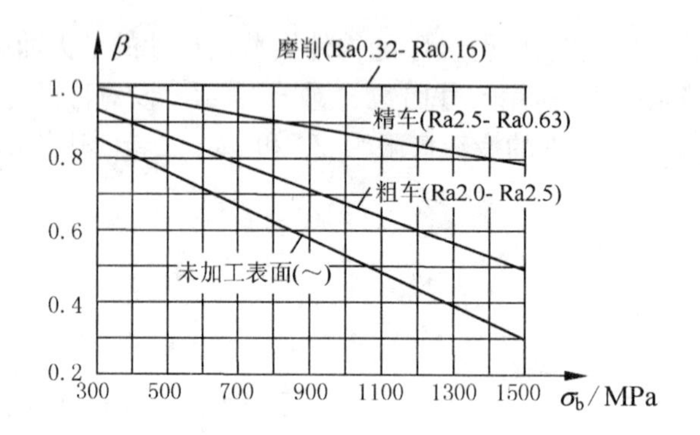

图 10-21　表面质量因数

可以看出，表面加工质量愈低，疲劳极限降低愈多；材料的静强度愈高，加工质量对构件疲劳极限的影响愈显著。

因此，对于在交变应力下工作的重要构件，特别是在存在应力集中的部位，应当力求采用高质量的表面加工，而且，愈是采用高强度材料，愈应讲究加工方法。

10.6.4　提高构件疲劳强度的途径

掌握了影响疲劳强度的因素后，就能采取有效措施延长构件的寿命，以防止疲劳破坏发生。

1. 正确设计以减缓应力集中

设计构件外形时要充分考虑缺口、孔等对疲劳强度的影响，大量的事故表明，疲劳裂纹大都在应力集中处萌生，因而在设计时应尽量减缓应力集中，对于在交变应力下工作的构件，尤其是用高强度材料制成的构件，设计时应尽量减小应力集中。

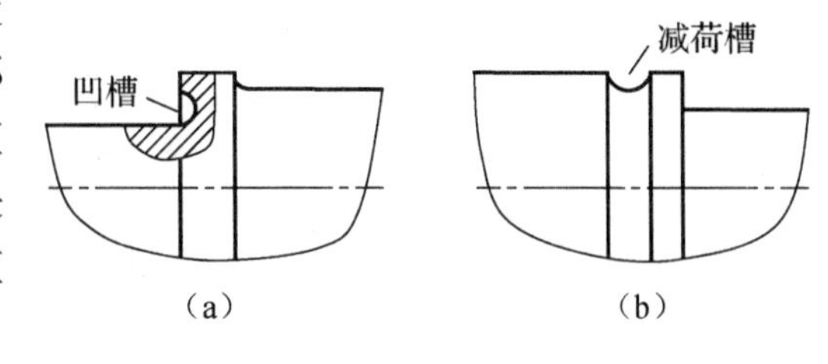

图 10－22　凹槽与减荷槽

例如：增大圆角半径；减小相邻横截面的粗细差别；采用凹槽结构[图 10－22(a)]；设置减荷槽[图 10－22(b)]；把必要的孔或沟槽配置在构件的低应力区；等等。这些措施均能显著地提高构件的疲劳强度。

2. 提高构件表面的质量

疲劳裂纹往往起源于构件表面，所以，对于在交变应力下工作的重要构件，特别是存在应力集中的部位，应当力求采用高质量的表面加工，而且，越是高强度材料，越应讲究加工方法。如渗碳、渗氮、高频淬火、表层滚压和喷丸等，都是提高构件疲劳强度的重要措施。

3. 加强对缺陷和裂纹的监控

在构件投入使用和服役期间，为防止疲劳断裂，定期检测缺陷和裂纹是非常重要的。尤其某些维系人们生命安全的重要构件，更需要作经常性的检测，例如火车到站时，工人用小锤敲击车轴，用听力判断车轴是否有裂纹产生，这是一种防止突然事故的简易手段。对构件缺陷和裂纹的监控，目前工程上用得较多的则是无损探伤技术。

10.7　交变应力作用下构件的疲劳强度计算

10.7.1　对称交变应力下的疲劳强度

由以上分析可知，当考虑应力集中、截面尺寸、表面加工质量等因数的影响以及必要的安全因数后，拉、压杆或梁在对称交变应力下的许用应力为

$$[\sigma_{-1}]=\frac{(\sigma_{-1})}{n_{\mathrm{f}}}=\frac{\varepsilon_\sigma\beta}{n_{\mathrm{f}}K_\sigma}\sigma_{-1} \tag{a}$$

式中，(σ_{-1})代表拉、压杆或梁在对称交变应力下的疲劳极限；σ_{-1}代表材料在轴向拉伸(压缩)或弯曲对称交变应力下的疲劳极限；n_{f}为**疲劳安全因数**，其值为 1.4～1.7。所以，拉压杆或梁在对称交变应力下的强度条件为

$$\sigma_{\max}\leqslant[\sigma_{-1}]=\frac{\varepsilon_\sigma\beta\sigma_{-1}}{n_{\mathrm{f}}K_\sigma} \tag{10-17}$$

式中，σ_{max}代表拉、压杆或梁横截面上的最大工作应力。

在设计中，通常将构件的疲劳强度条件写成安全因数的形式，要求构件对于疲劳破坏的实际安全裕度或工作安全因数不小于规定的安全因数。由式(a)和式(10－17)可知，拉、压杆或梁在对称交变应力下的工作安全因数为

$$n_\sigma=\frac{(\sigma_{-1})}{\sigma_{max}}=\frac{\varepsilon_\sigma \beta\sigma_{-1}}{K_\sigma \sigma_{max}} \tag{10-18}$$

而相应的疲劳强度条件则为

$$n_\sigma=\frac{\varepsilon_\sigma \beta\sigma_{-1}}{K_\sigma \sigma_{max}}\geqslant n_f \tag{10-19}$$

同理，轴在对称循环扭转切应力下的安全因数为

$$n_\tau=\frac{\varepsilon_\tau\beta\tau_{-1}}{K_\tau\tau_{max}} \tag{10-20}$$

相应的疲劳强度条件为

$$n_\tau=\frac{\varepsilon_\tau\beta\tau_{-1}}{K_\tau\tau_{max}}\geqslant n_f \tag{10-21}$$

式中，τ_{max}代表轴横截面上的最大扭转切应力。

【例 10－5】 图 10－23 所示阶梯形圆截面轴，由铬镍合金钢制成，承受对称循环的交变弯矩，其最大值 $M_{max}=700\ \text{N}\cdot\text{m}$。已知轴径 $D=50\ \text{mm}$，$d=40\ \text{mm}$，圆角半径 $R=5\ \text{mm}$，强度极限 $\sigma_b=1\ 200\ \text{MPa}$，材料在弯曲对称交变应力下的疲劳极限 $\sigma_{-1}=480\ \text{MPa}$，疲劳安全因数 $n_f=1.6$，轴表面经精车加工。试校核该轴的疲劳强度。

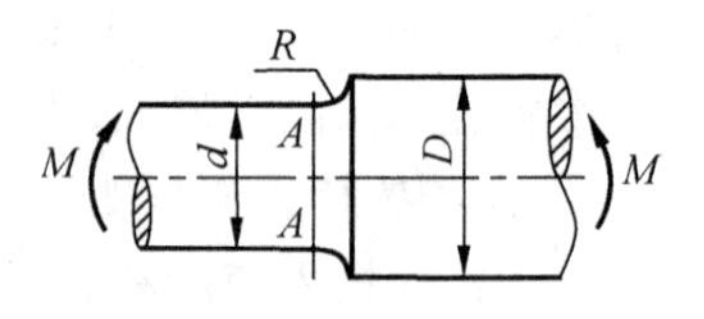

图 10－23　例 10－5 图

【解】 (1) 计算工作应力

危险截面位于细轴右端的横截面 $A—A$ 处。在交变弯矩作用下，该截面上的最大弯曲正应力为

$$\sigma_{max}=\frac{M}{W_z}=\frac{32M}{\pi d^3}=\frac{32\times700\times10^3\ \text{N}\cdot\text{mm}}{\pi\times(40\ \text{mm})^3}=111.4\ \text{MPa}$$

(2) 确定影响因数

阶梯形轴在粗细过渡处具有下述几何特征：

$$\frac{D}{d}=\frac{50\ \text{mm}}{40\ \text{mm}}=1.25$$

$$\frac{R}{d}=\frac{5\ \text{mm}}{40\ \text{mm}}=0.125$$

由图 10－20 与图 10－17，分别查得 $\xi=0.87$，$K_{\sigma0}=1.7$。可得有效应力集中因数为

$$K_\sigma=1+0.87\times(1.7-1)=1.61$$

由图 10－20 与图 10－21，得尺寸因数与表面质量因数分别为 $\varepsilon_\sigma=0.755$，$\beta=0.84$。

(3) 校核疲劳强度

将以上数据代入式(10－19)，于是得危险截面的工作安全因数为

$$n_\sigma=\frac{\varepsilon_\sigma\beta\sigma_{-1}}{K_\sigma\sigma_{\max}}=\frac{0.755\times0.84\times480\ \mathrm{MPa}}{1.61\times111.4\ \mathrm{MPa}}=1.697\geqslant n_{\mathrm{f}}$$

故该阶梯形轴符合疲劳强度要求。

10.7.2　非对称交变应力下构件的强度条件

材料在非对称交变应力下的疲劳极限σ_r或τ_r也由试验测定，对于实际构件，同样也应考虑应力集中、截面尺寸与表面加工质量等的影响。根据分析结果，在应力比保持不变的条件下，拉压杆与梁的疲劳强度条件为

$$n_\sigma=\frac{\sigma_{-1}}{\sigma_{\mathrm{a}}\dfrac{K_\sigma}{\varepsilon_\sigma\beta}+\sigma_{\mathrm{m}}\psi_\sigma}\geqslant n_{\mathrm{f}} \tag{10-22}$$

轴的疲劳强度条件则为

$$n_\tau=\frac{\tau_{-1}}{\tau_{\mathrm{a}}\dfrac{K_\tau}{\varepsilon_\tau\beta}+\tau_{\mathrm{m}}\psi_\tau}\geqslant n_{\mathrm{f}} \tag{10-23}$$

在以上二式中，σ_{m}与σ_{a}(或τ_{m}与τ_{a})分别代表构件危险点处的平均应力与应力幅，K_σ，ε_σ(或K_τ，ε_τ)与β分别代表对称循环时的有效应力集中因数、尺寸因数与表面质量因数；ψ_σ与ψ_τ称为**敏感因数**，表示材料对于应力循环非对称性的敏感程度，其值分别为

$$\psi_\sigma=\frac{2\sigma_{-1}-\sigma_0}{\sigma_0} \tag{10-24}$$

$$\psi_\tau=\frac{2\tau_{-1}-\tau_0}{\tau_0} \tag{10-25}$$

式中，σ_0与τ_0代表材料在脉动交变应力下的疲劳极限。ψ_σ与ψ_τ之值也可从有关手册中查到。

10.7.3　弯扭组合交变应力下构件的强度条件

按照第三强度理论，构件在弯扭组合变形时的静强度条件为

$$\sqrt{\sigma_{\max}^2+4\tau_{\max}^2}\leqslant\frac{\sigma_{\mathrm{s}}}{n}$$

将上式两边平方后同除以σ_{s}^2，并将$\tau_{\mathrm{s}}=\sigma_{\mathrm{s}}/2$代入，则上式变为

$$\frac{1}{\left(\dfrac{\sigma_{\mathrm{s}}}{\sigma_{\max}}\right)^2}+\frac{1}{\left(\dfrac{\tau_{\mathrm{s}}}{\tau_{\max}}\right)^2}\leqslant\frac{1}{n^2}$$

式中，比值$\dfrac{\sigma_{\mathrm{s}}}{\sigma_{\max}}$与$\dfrac{\tau_{\mathrm{s}}}{\tau_{\max}}$可分别理解为仅考虑弯曲正应力与扭转切应力的工作安全因数，并分别用n_σ与n_τ表示，于是，上式又可改写作

$$\frac{1}{n_\sigma^2}+\frac{1}{n_\tau^2}\leqslant\frac{1}{n^2}$$

或

$$\frac{n_\sigma n_\tau}{\sqrt{n_\sigma^2+n_\tau^2}}\geqslant n$$

试验表明，上述形式的静强度条件可推广应用于弯扭组合交变应力下的构件。在这种情况下，n_σ 与 n_τ 应分别按式(10－18)、式(10－20)或式(10－22)、式(10－23)进行计算，而静强度安全因数则相应改用疲劳安全因数 n_f 代替。因此，构件在弯扭组合交变应力下的疲劳强度条件为

$$n_{\sigma\tau}=\frac{n_\sigma n_\tau}{\sqrt{n_\sigma^2+n_\tau^2}}\geqslant n_f \tag{10-26}$$

式中，$n_{\sigma\tau}$ 代表构件在弯扭组合交变应力下的工作安全因数。

【例 10－6】 图 10－24 所示阶梯形圆截面钢杆，承受非对称循环的轴向载荷 F 作用，其最大与最小值分别为 $F_{max}=100$ kN 与 $F_{min}=10$ kN。已知杆件直径分别为 $D=50$ mm，$d=40$ mm，圆角半径 $R=5$ mm，强度极限 $\sigma_b=600$ MPa，材料在拉压对称交变应力下的疲劳极限 $\sigma_{-1}=170$ MPa，敏感因数 $\psi_\sigma=0.05$，疲劳安全因数 $n_f=2$，杆表面经精车加工。试校核杆的疲劳强度。

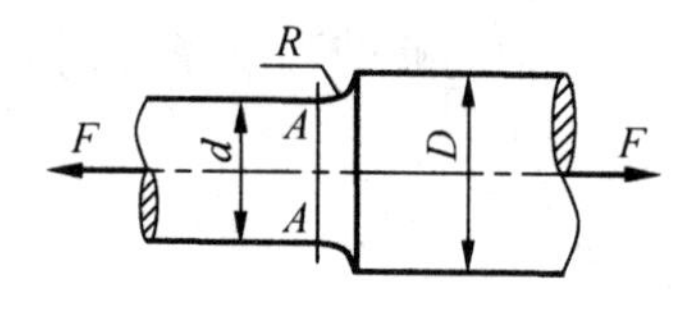

图 10－24　例 10－6 图

【解】 (1) 计算工作应力

在非对称循环的轴向载荷作用下，危险截面 $A—A$ 承受非对称循环的交变正应力，其最大与最小值分别为

$$\sigma_{max}=\frac{4F_{max}}{\pi d^2}=\frac{4\times100\times10^3\ \text{N}}{\pi\times(40\ \text{mm})^2}=79.6\ \text{MPa}$$

$$\sigma_{min}=\frac{4F_{min}}{\pi d^2}=\frac{4\times10\times10^3\ \text{N}}{\pi\times(40\ \text{mm})^2}=7.96\ \text{MPa}$$

由此得相应的平均应力与应力幅分别为

$$\sigma_m=\frac{\sigma_{max}+\sigma_{min}}{2}=\frac{79.6+7.96}{2}\text{MPa}=43.8\ \text{MPa}$$

$$\sigma_a=\frac{\sigma_{max}-\sigma_{min}}{2}=\frac{79.6-7.96}{2}\text{MPa}=35.8\ \text{MPa}$$

(2) 确定影响因数

阶梯形杆在粗细过渡处具有下述几何特征：

$$\frac{D}{d}=\frac{50\ \text{mm}}{40\ \text{mm}}=1.25$$

$$\frac{R}{d}=\frac{5\ \text{mm}}{40\ \text{mm}}=0.125$$

由图 10－17，查得$\frac{D}{d}=2$，$\frac{R}{d}=0.125$ 时钢材的 $K_{\sigma0}$ 值如下：

$$当\ \sigma_b=400\ \text{MPa}\ 时, K_{\sigma0}=1.38$$

$$当\ \sigma_b=800\ \text{MPa}\ 时, K_{\sigma0}=1.72$$

于是,利用线性插入法,得 $\sigma_b=600$ MPa 之钢材的有效应力集中因数为

$$K_{\sigma0}=1.38+\frac{600\ \text{MPa}-400\ \text{MPa}}{800\ \text{MPa}-400\ \text{MPa}}\times(1.72-1.38)=1.55$$

由图 10－19,查得$\frac{D}{d}=1.25$时的修正因数为$\xi=0.85$。

将所得到的 $K_{\sigma0}$ 与ξ值代入式(10－14),可得杆的有效应力集中因数为

$$K_{\sigma0}=1+0.85\times(1.55-1)=1.47$$

由图 10－21,查得表面质量因数为 $\beta=0.94$。此外,在轴向受力的情况下,尺寸因数为$\varepsilon_\sigma\approx1$。

(3) 校核疲劳强度

将以上数据代入式(10－22),于是可得杆件截面 $A—A$ 的工作安全因数为

$$n_\sigma=\frac{\sigma_{-1}}{\sigma_a\frac{K_\sigma}{\varepsilon_\sigma\beta}+\sigma_m\psi_\sigma}=\frac{170\ \text{MPa}}{35.8\ \text{MPa}\times\frac{1.47}{1\times0.94}+43.8\ \text{MPa}\times0.05}=2.92>n_f$$

可见,在上述非对称循环的交变轴向载荷作用下,该杆的疲劳强度符合要求。

【例 10－7】 图 10－25 所示阶梯形钢轴,在危险截面 $A—A$ 上,内力为同相位的对称循环交变弯矩与交变扭矩,其最大值分别为 $M_{max}=1.5$ kN・m 与 $T_{max}=2.0$ kN・m,设规定的疲劳安全因数 $n_f=1.5$。已知轴径 $D=60$ mm,$d=50$ mm,圆角半径 $R=5$ mm,强度极限 $\sigma_b=1\ 100$ MPa,材料的弯曲疲劳极限 $\sigma_{-1}=540$ MPa,扭转疲劳极限 $\tau_{-1}=310$ MPa,轴表面经磨削加工。试校核轴的疲劳强度。

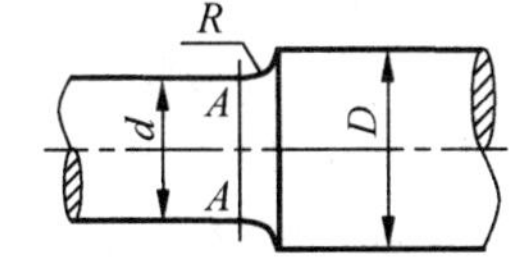

图 10－25　例 10－7 图

【解】 (1) 计算工作应力

在对称循环的交变弯矩与交变扭矩作用下,截面 $A—A$ 上的最大弯曲正应力与最大扭转切应力分别为

$$\sigma_{max}=\frac{32M}{\pi d^3}=\frac{32\times1.5\times10^6\ \text{N}\cdot\text{mm}}{\pi\times(50\ \text{mm})^3}=122\ \text{MPa}$$

$$\tau_{max}=\frac{16T}{\pi d^3}=\frac{16\times2.0\times10^6\ \text{N}\cdot\text{mm}}{\pi\times(50\ \text{mm})^3}=81.5\ \text{MPa}$$

(2) 计算影响因数

根据$\frac{D}{d}=1.2$,$\frac{R}{d}=0.10$,$\sigma_b=1\ 100$ MPa,由图 10－16、图 10－18 与图 10－19,以及式(10－14)与(10－15),得有效应力集中因数分别为

$$K_\sigma=1+0.80\times(1.70-1)=1.56$$

$$K_\tau=1+0.74\times(1.35-1)=1.26$$

由图 10－20 与图 10－21,可得尺寸因数与表面质量因数分别为 $\varepsilon\approx0.70$,$\beta=1.0$。

(3) 校核疲劳强度

将以上数据分别代入式(10-18)与(10-21),得

$$n_\sigma=\frac{\varepsilon_\sigma\beta\sigma_{-1}}{K_\sigma\sigma_{\max}}=\frac{0.70\times1.0\times540\ \text{MPa}}{1.56\times122\ \text{MPa}}=1.99$$

$$n_\tau=\frac{\varepsilon_\tau\beta\tau_{-1}}{K_\tau\tau_{\max}}=\frac{0.70\times1.0\times310\ \text{MPa}}{1.26\times81.5\ \text{MPa}}=2.11$$

再将上述结果代入式(10-26),于是得截面 A—A 在弯扭组合交变应力下的工作安全因数为

$$n_{\sigma\tau}=\frac{n_\sigma n_\tau}{\sqrt{n_\sigma^2+n_\tau^2}}=\frac{1.99\times2.11}{\sqrt{1.99^2+2.11^2}}=1.45$$

$n_{\sigma\tau}$略小于 n_f,但其差值仍小于 n_f值的 5%,所以,轴的疲劳强度符合要求。

10.8 变幅交变应力与累计损伤理论简介

前面讨论的是常幅交变应力作用下的疲劳强度计算。常幅交变应力情况下,只要保证构件的最大应力小于构件的疲劳极限,构件将不会发生疲劳破坏。然而,工程中许多构件经历的是变幅交变应力。例如,在不平坦公路上行驶的汽车,车轴即承受变幅应力作用。变幅交变应力作用下,不同幅值的交变应力都可能对构件的疲劳寿命产生影响,因此,这时仍然采用最大应力计算构件的疲劳寿命是不合理的。

本节讨论变幅交变应力下构件疲劳寿命的计算方法,并重点介绍**线性累积损伤理论**。

多数变幅应力循环可以简化为由 k 级常幅应力循环构成,如图 10-26 所示,其中,σ_i 和 n_i 为第 i 级常幅交变应力的应力幅和循环次数,$i=1\ ,2,\cdots,k$。

当构件承受高于疲劳极限的应力时,每个循环都将使构件受到损伤;当损伤累积到一定程度时,构件将发生破坏;而各级交变应力所造成的损伤可以线性相加。这就是著名的迈因纳(Miner, M. A.)**线性累积福伤理论**。

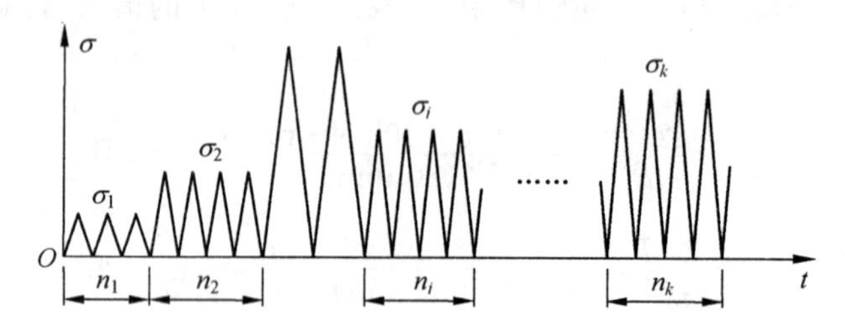

图 10-26 应力-时间关系

设在某一幅值应力循环下,构件的疲劳寿命为 N 次,并假设每次循环对构件造成的损伤都相同,则每次应力循环造成的损伤为$\frac{1}{N}$,n 次循环累积损伤则为

$$D=\frac{n}{N} \tag{10-27}$$

式中,D 为表示损伤程度的量。显然,当 $n=0$ 时,$D=0$,构件不发生损伤;当 $n=N$ 时,$D=1$,

构件发生疲劳破坏。因为累积损伤与循环次数 n 呈线性关系，所以这种计算损伤的方法称为**线性累积损伤法则**。

设构件在应力水平 $\sigma_1,\sigma_2,\cdots,\sigma_k$ 下的疲劳寿命分别为 $N_1,N_1,\cdots,N_k$，并设构件在图 10－26 所示的变幅交变应力一时间历程(即应力谱)下，第 i 级常幅交变应力次数为 n_i，则构件在第 i 级常幅应力循环作用下的累积损伤为 $D_i=\dfrac{n_i}{N_i}$，所有 k 组常幅应力循环对构件造成的总累积损伤则为

$$D=\sum_{i=1}^{k}D_i=\sum_{i=1}^{k}\frac{n_i}{N_i} \tag{10-28}$$

如果构件达到破坏时图 10－26 所示的应力谱共循环 λ 个周期，则构件发生疲劳破坏的条件为

$$\lambda\sum_{i=1}^{k}\frac{n_i}{N_i}=1 \tag{10-29}$$

一般利用线性累积损伤理论进行疲劳分析的一般步骤为：

(1) 确定构件在设计寿命期的载荷谱，选取拟用的设计载荷或应力水平；

(2) 考虑构件的具体情况，通过修正材料的 $S-N$ 曲线，选用适合构件的 $S-N$ 曲线；

(3) 由 $S-N$ 曲线计算 $D_i=\dfrac{n_i}{N_i}$，再由 $D=\lambda\sum\limits_{i=1}^{k}\dfrac{n_i}{N_i}$ 计算总损伤；

(4) 根据 D 值判断是否满足疲劳设计要求。若在设计寿命内 $D<1$，构件是安全的；若 $D>1$，则构件将发生疲劳破坏，应降低应力水平或缩短使用寿命。

【说明】 上述步骤为 k 级常幅应力循环时的计算步骤。而对于一般的变幅应力循环，如随机荷载谱，需要采用雨流计数法等方法先处理荷载谱，变换成与图 10－26 类似的多级常幅应力循环问题，再用上述方法进行疲劳强度计算。关于雨流计数法以及与疲劳相关的其他问题请参见有关的专著，如赵少汴、王忠保编著的《抗疲劳设计——方法与数据》，机械工业出版社，1997 年。

【例 10－8】 某构件的 $S-N$ 曲线可用方程描述为 $\sigma^2N=2.5\times10^{10}$(应力单位为 MPa)；设其一年内所承受的典型应力谱由 4 级常幅交变应力构成，第一级 $\sigma_1=150$ MPa，循环次数 $n_1=0.01\times10^6$；第二级 $\sigma_2=120$ MPa，循环次数 $n_1=0.05\times10^6$；第三级 $\sigma_3=90$ MPa，循环次数 $n_3=0.01\times10^6$；第四级 $\sigma_4=60$ MPa，循环次数 $n_4=0.35\times10^6$。试用线性累积损伤理论确定其寿命。

【解】 (1) 根据构件的 $S-N$ 曲线方程计算各级常幅应力循环对应的疲劳寿命：

$$N_1=\frac{2.5\times10^{10}}{150^2}=1.111\times10^6$$

$$N_2=\frac{2.5\times10^{10}}{120^2}=1.736\times10^6$$

$$N_3=\frac{2.5\times10^{10}}{90^2}=3.086\times10^6$$

$$N_4=\frac{2.5\times10^{10}}{60^2}=6.944\times10^6$$

(2) 估算寿命。将一年当作一个典型周期，则一年内该构件损伤为 $\sum_{i=1}^{4}\frac{n_i}{N_i}$ 。设构件寿命为 λ 年，则根据线性累积损伤理论有

$$\lambda\sum_{i=1}^{4}\frac{n_i}{N_i}=1$$

$$\begin{aligned}\lambda&=\left(\sum_{i=1}^{4}\frac{n_i}{N_i}\right)^{-1}=\left(\frac{n_1}{N_1}+\frac{n_2}{N_2}+\frac{n_3}{N_3}+\frac{n_4}{N_4}\right)^{-1}\\&=\left(\frac{0.01\times10^6}{1.111\times10^6}+\frac{0.05\times10^6}{1.736\times10^6}+\frac{0.01\times10^6}{3.086\times10^6}+\frac{0.35\times10^6}{6.944\times10^6}\right)^{-1}\\&=10.94\text{ 年}\end{aligned}$$

习　题

10－1　如图所示用钢索起吊 $P=60$ kN 的重物，并在第 1 s 内以等加速上升 2.5 m。试求钢索横截面上的轴力 F_{Nd}（不计钢索的质量）。

10－2　如图所示长为 l、横截面面积为 A 的杆以加速度 a 向上提升。若材料重度为 γ，试求杆内的最大应力。

10－3　如图所示飞轮的最大圆周速度 $v=25$ m/s，材料的重度是 $\gamma=72.6$ kN/m³。若不计轮辐的影响，试求轮缘内的最大正应力。

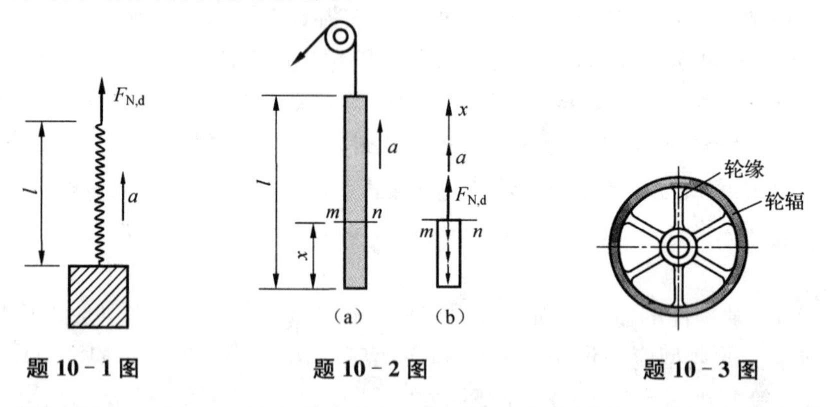

题 10－1 图　　题 10－2 图　　题 10－3 图

10－4　如图所示重量为 P、长为 l 的杆件 AB，可在铅垂平面内绕点 A 自由转动。当此杆以等角速 ω 绕铅垂轴 y 旋转时，试求：(1) α 角的大小；(2) 杆上离点 A 为 x 处横截面上的弯矩和最大弯矩；(3) 作弯矩图。

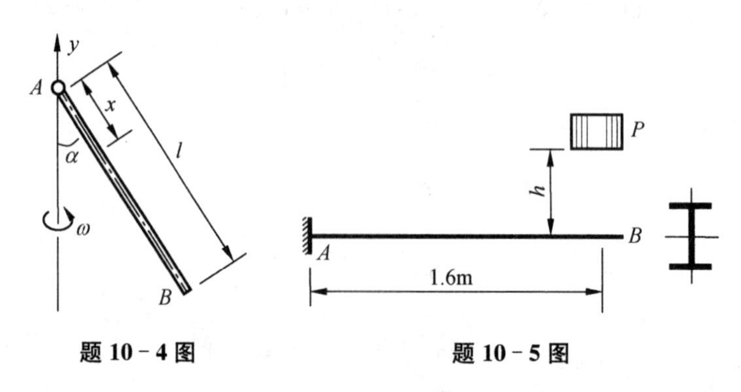

题 10－4 图　　题 10－5 图

10－5　重量为 $P=5\ \text{kN}$ 的重物自高度 $h=10\ \text{mm}$ 处自由下落，冲击到 20b 工字钢梁上的点 B 处，如图所示。已知钢的弹性模量 $E=210\ \text{GPa}$。试求梁内最大冲击正应力(不计梁的自重和重物的变形)。

10－6　重量为 $P=40\ \text{N}$ 的重物，自高度 $h=60\ \text{mm}$ 处自由下落. 冲击到钢梁中点 E 处，如图所示。该梁一端吊在弹簧 AC 上，另一端支承在弹簧 BD 上，冲击前梁 AB 处水平位置。已知两弹簧的弹簧常数均为 $k=25.32\ \text{N/mm}$，钢的弹性模量 $E=210\ \text{GPa}$，梁的截面为宽 40 mm、高 8 mm 的矩形，其自重和冲击物的变形不计。试求梁内最大冲击正应力。

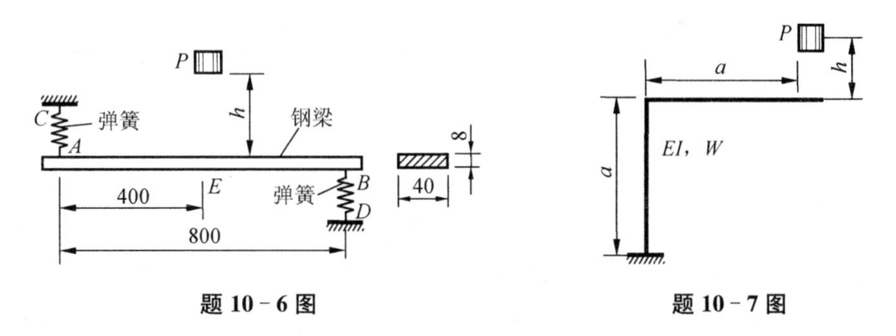

题 10－6 图　　　　题 10－7 图

10－7　重量为 P 的重物自由下落于如图所示的刚架上，设刚架的抗弯刚度为 EI，弯曲截面系数为 W，试求刚架内的最大冲击正应力。

10－8　如图所示，重物 P 以初速 v，从高 H 处下落于杆顶，试证明动荷因数为

$$k_{\mathrm{d}}=1+\sqrt{1+\frac{2H+v^2/g}{\Delta_{\mathrm{st}}}}。$$

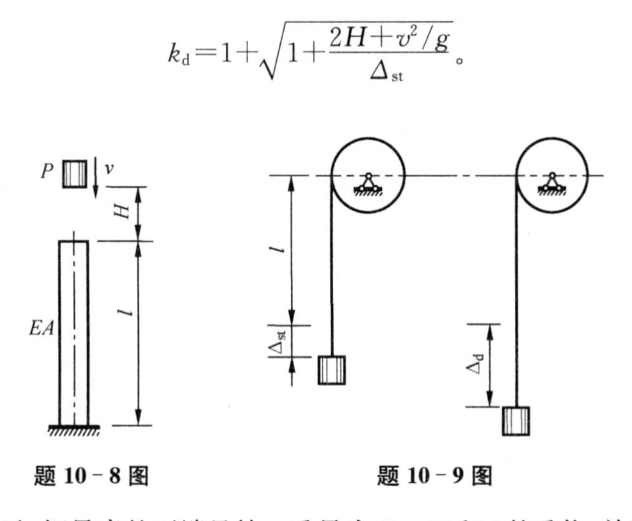

题 10－8 图　　　　题 10－9 图

10－9　如图所示，钢吊索的下端悬挂一重量为 $P=25\ \text{kN}$ 的重物，并以速度 $v=100\ \text{cm/s}$ 下降。当吊索长为 $l=20\ \text{m}$ 时，滑轮突然被卡住。试求吊索的冲击荷载 F_{d}。设钢吊索的横截面面积 $A=4.14\ \text{cm}^2$，弹性模量 $E=170\ \text{GPa}$，滑轮和吊索的质量可略去不计。

10－10　材料相同、长度相等的变截面杆如图所示。若两杆的最大横截面面积相同，问哪一根杆承受冲击的能力强？设变截面杆直径为 d 的部分长为 $\frac{2}{5}l$。杆的质量与冲击物的变形均忽略不计。为了便于比较. 假设 H 较大，可以近似地把动荷因数取为

$$k_{\mathrm{d}}=1+\sqrt{1+\frac{2H}{\Delta_{\mathrm{st}}}}=\sqrt{\frac{2H}{\Delta_{\mathrm{st}}}}$$

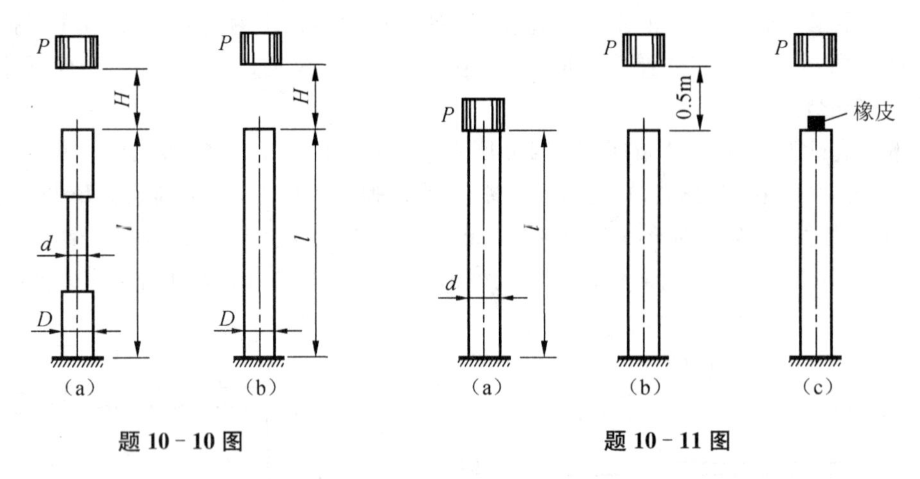

题 10 - 10 图　　　　题 10 - 11 图

10 - 11　如图所示直径 $d=300$ mm，长为 $l=6$ m 的圆木桩，下端固定，上端受重 $P=2$ kN 重锤作用。木材的 $E_1=10$ GPa。试求下列三种情况下，木桩内的最大正应力(木桩的质量和重锤的变形均忽略不计)：(1) 重锤以静荷载方式作用于木桩上；(2) 重锤从离桩顶 0.5 m 的高度自由落下；(3) 在桩顶放置直径为 150 mm，厚 40 mm 的橡皮垫，橡皮垫的弹性模量 $E_2=8$ MPa，重锤也是从离橡皮垫顶面 0.5 m 的高度自由落下。

10 - 12　长 $l=400$ mm，直径 $d=12$ mm 的圆截面直杆，在 B 端受到水平方向的轴向冲击，如图所示。已知 AB 杆材料的弹性模量 $E=210$ GPa，冲击时冲击物的动能为 2 000 N·mm。在不考虑杆的质量的情况下，试求杆内的最大冲击正应力。

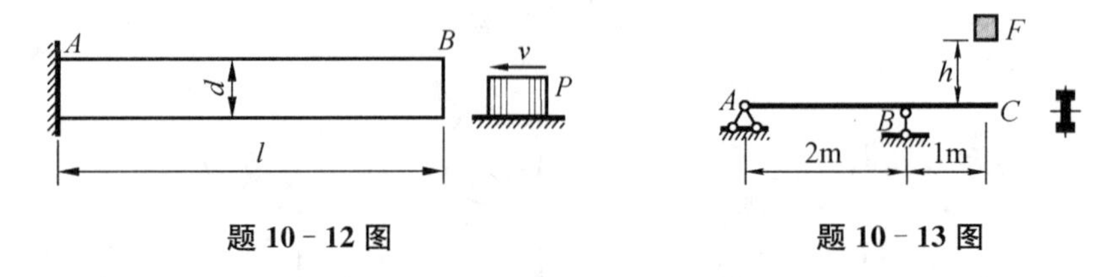

题 10 - 12 图　　　　题 10 - 13 图

10 - 13　重量为 $F=5$ kN 的重物，自高度 $h=15$ mm 处自由下落，冲击到外伸梁的 C 点处，如图所示。已知梁为 20b 工字钢，其弹性模量 $E=210$ GPa，不计梁的自重，试求梁横截面上的最大冲击正应力。

10 - 14　如图所示为等截面刚架，重物(重量为 F)自高度 h 处自由下落冲击到刚架的 A 点处。已知 $F=300$ N，$h=50$ mm，$E=200$ GPa，不计刚架的质量以及轴力、剪力对刚架的影响，试求截面 A 的最大铅垂位移和刚架内的最大冲击弯曲正应力。截面尺寸单位：mm。

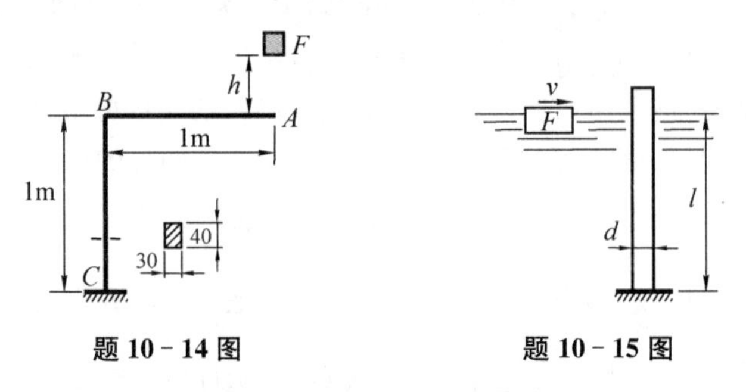

题 10 - 14 图　　　　题 10 - 15 图

10 - 15　重量为 $F=2$ kN 的冰块，以 $v=1$ m/s 的速度沿水平方向冲击在木桩的上端，如图所示。木桩长 $l=3$ m，直径 $d=200$ mm，弹性模量 $E=11$ GPa，不计木桩的自重，试求木桩的最大冲击正应力。

10－16　直径 $d=20$ mm 的圆杆 AB 和直径 $d_1=10$ mm 的圆杆 CD 的材料相同，$E=200$ GPa，$[\sigma]=200$ MPa，柔度 $\lambda_p=100$，稳定安全因数 $n_{st}=4$。重量 $P=20$ N、初速度 $v=0.5$ m/s 的重物垂直冲击梁 AB 的 A 端。已知：长度 $AC=l=100$ mm，$BC=CD=3l$，如图所示。试求重物的许可冲击高度。

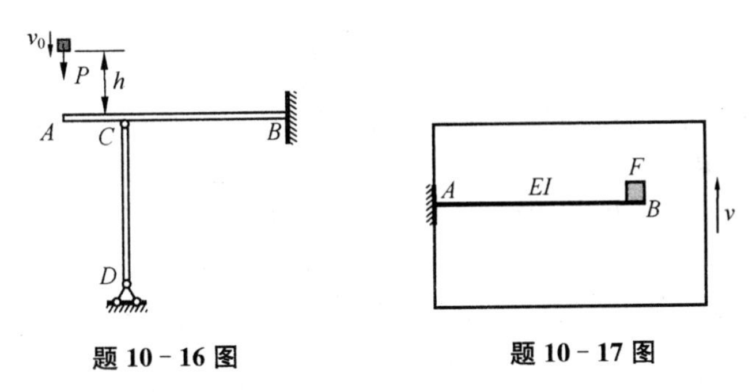

题 10－16 图　　题 10－17 图

10－17　在电梯内安装一悬臂梁 AB，如图所示。梁的自由端作用一重量为 F 的重物，梁长为 l，抗弯刚度为 EI，抗弯截面系数为 W。电梯以速度 v 匀速上升，然后突然停止，求梁内的最大动应力。不计梁的自重。

10－18　如图所示，两根相同的悬臂梁 AB 和 CD，末端有间隙 $\delta=\dfrac{Fl^3}{3EI}$，梁 AB 末端处有一重物 F 突然加在梁上，但没有冲击高度。试求梁 CD 自由端的最大挠度。

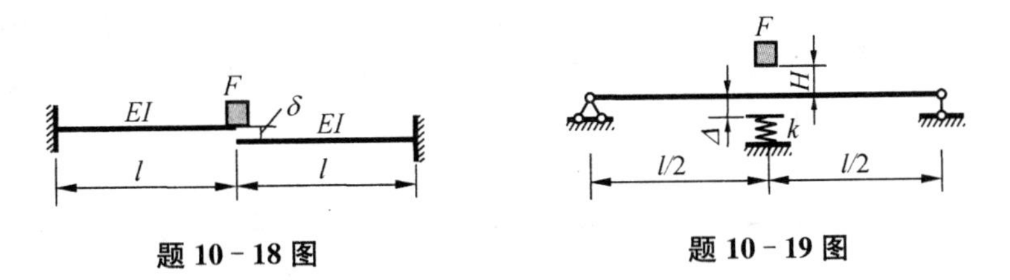

题 10－18 图　　题 10－19 图

10－19　如图所示，长为 l、抗弯刚度为 EI 的简支梁中点正下方 $\Delta=\dfrac{Fl^3}{48EI}$ 处有一刚度 $k=\dfrac{48EI}{l^3}$ 的弹簧。中点正上方 $h=\dfrac{Fl^3}{32EI}$ 处有一重物 F 自由下落。求弹簧所受的最大冲击力。

10－20　如图所示，重物固结在轻质杆的末端，轻质杆另一端铰接于简支梁的 A 端，故轻质杆可绕 A 端转动。当轻质杆处于竖直位置时，重物具有水平速度 v。梁的弯曲刚度为 EI，弯曲截面系数为 W，不计梁和杆的重量，求重物冲击在梁上时的最大正应力。

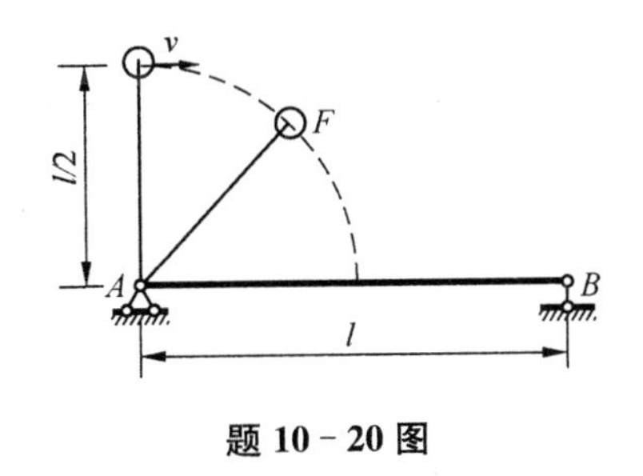

题 10－20 图

10－21　计算如图所示各交变应力的平均应力、应力幅度及循环特征。

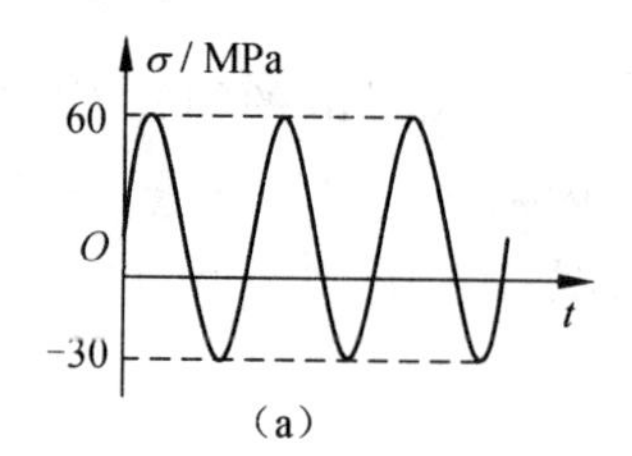

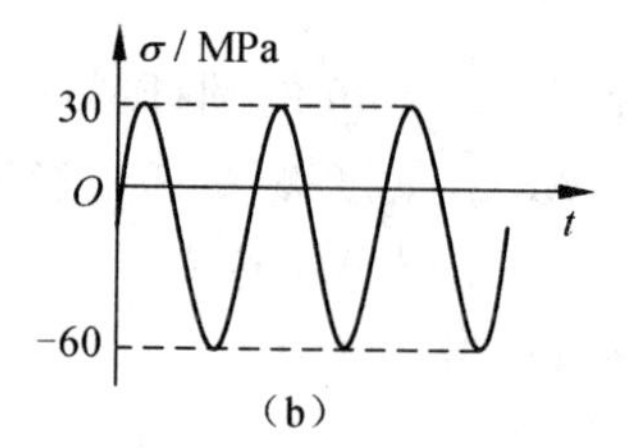

题 10－21 图

10－22　如图所示，一旋转的轴，受到弯矩 $M=750\ \text{N}\cdot\text{m}$ 的作用。材料为碳钢，$\sigma_b=600\ \text{MPa}$，$\sigma_{-1}=250\ \text{MPa}$，规定的安全因数 $n=2$，试校核其强度。

10－23　如图所示钢轴，承受对称循环的弯曲应力作用。钢轴分别由合金钢和碳钢制成，前者的强度极限 $\sigma_b=1\ 200\ \text{MPa}$，$\sigma_{-1}=480\ \text{MPa}$，后者的强度极限 $\sigma_b'=700\ \text{MPa}$，$\sigma_{-1}=280\ \text{MPa}$，它们都是经粗车制成。设疲劳安全因数 $n_f=2$，试计算钢轴的许用应力$[\sigma_{-1}]$，并进行比较。

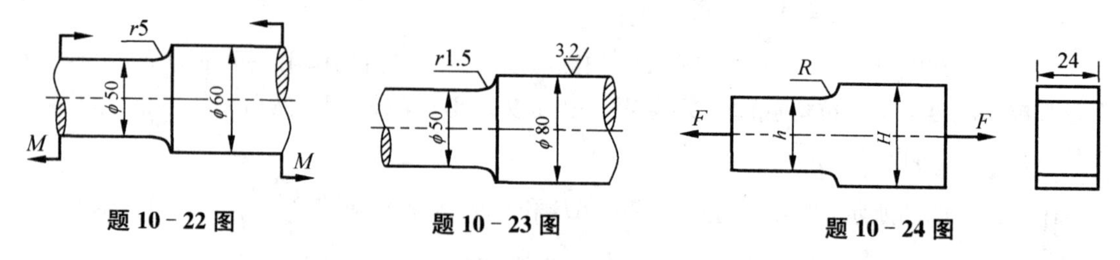

题 10－22 图　　**题 10－23 图**　　**题 10－24 图**

10－24　图示矩形截面阶梯形钢杆，承受对称循环的轴向载荷作用，其最大值 $F_{max}=17\ \text{kN}$。已知：$\sigma_b=500\ \text{MPa}$，$\sigma_{-1}^{拉-压}=150\ \text{MPa}$，$\varepsilon_\sigma=1.25$，$\beta=1.1$，$H=24\ \text{mm}$，$h=18\ \text{mm}$，$n_f=3.0$。试确定钢杆过渡处圆角半径 R 的最小值。在 $H/h=1.33$ 与，$\sigma_b=500\ \text{MPa}$ 的情况下，有效应力集中因数 K_σ 与比值R/h 间的关系如下表。

习题 10－24 表

R/h	0.10	0.20	0.30	0.40	0.50	0.60	0.70
K_σ	1.77	1.59	1.46	1.38	1.30	1.27	1.25

10－25　若起重杆承受脉冲循环荷载作用，每年作用荷载谱统计如表所示，$S-N$ 曲线可用$\sigma^3 N=2.9\times10^{13}$（其中应力单位为 MPa）表示。(1) 试估算拉杆的寿命为多少年？(2) 若要求使用寿命为五年，试确定许用的 σ_{max}。

习题 10－25 表

σ_{max}/MPa	500	400	300	200
每年工作循环 $n_i/10^6$ 次	0.01	0.03	0.1	0.5

附录Ⅰ 截面的几何性质

由轴向拉压或圆轴扭转的应力计算中，都需要计算有关截面的相关几何量，如截面面积、极惯性矩或扭转截面系数等，弯曲的应力和变形计算也一样需要计算有关截面的几何量。

Ⅰ.1 截面的静矩

设任一截面如图Ⅰ-1所示，其面积为 A，y 轴和 z 轴是截面所在平面内的任意一对直角坐标轴。从截面内任取微面积 $\mathrm{d}A$，其坐标分别为 y 和 z，则称 $y\mathrm{d}A$ 和 $z\mathrm{d}A$ 分别为微面积 $\mathrm{d}A$ 对 z 轴和 y 轴的**静面积矩**（若将 $\mathrm{d}A$ 看作力，则 $y\mathrm{d}A$ 和 $z\mathrm{d}A$ 形式上相当于静力学中的力矩）；遍及整个截面面积 A 的积分

$$\left.\begin{aligned} S_z &= \int_A y\,\mathrm{d}A \\ S_y &= \int_A z\,\mathrm{d}A \end{aligned}\right\} \qquad (\text{Ⅰ}-1)$$

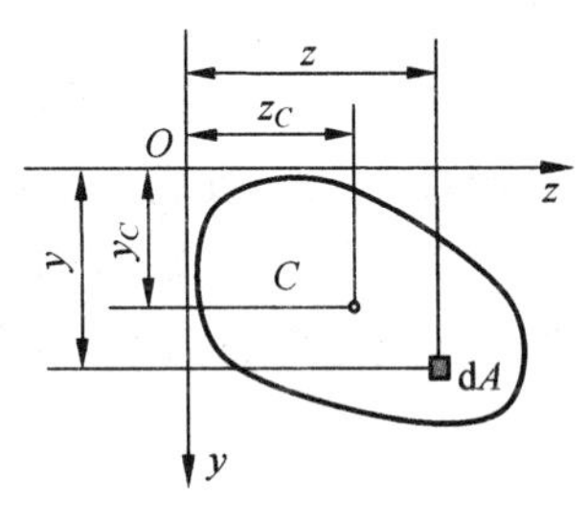

图Ⅰ-1 静距的概念

分别定义为该截面对 z 轴和 y 轴的**静面积矩**（或**面积矩**），简称为**静矩**。

截面的静矩不仅与截面的形状和尺寸大小有关，而且与所选坐标轴的位置有关，同一截面对于不同的坐标轴其静矩是不相同的。静矩的数值可正、可负，也可等于零。静矩的量纲为[长度]^3，常用单位为米三次方（m^3）或毫米三次方（mm^3）。

由面积的形心坐标公式及上述静矩的概念，可得形心坐标与静矩之间的关系为

$$\left.\begin{aligned} y_C &= \frac{S_z}{A} \\ z_C &= \frac{S_y}{A} \end{aligned}\right\} \qquad (\text{Ⅰ}-2)$$

或利用形心坐标，将静矩改写为：

$$\left.\begin{aligned} S_z &= y_C A \\ S_y &= z_C A \end{aligned}\right\} \qquad (\text{Ⅰ}-3)$$

Ⅰ.2 惯性矩、惯性积和惯性半径

对于图Ⅰ-1中的取微面积 $\mathrm{d}A$，称 $y^2\mathrm{d}A$ 和 $z^2\mathrm{d}A$ 分别称为微面积 $\mathrm{d}A$ 对 z 轴和 y 轴的**惯性矩**（若将 $\mathrm{d}A$ 看作质量，则 $y^2\mathrm{d}A$ 和 $z^2\mathrm{d}A$ 即相当于动力学中的转动惯量，故称为惯性矩），遍及整个截面面积 A 的积分

$$\left.\begin{aligned}I_z&=\int_A y^2\mathrm{d}A\\I_y&=\int_A z^2\mathrm{d}A\end{aligned}\right\}\qquad(\text{I}-4)$$

则分别定义为该截面对 z 轴和 y 轴的**惯性矩**。

微面积 $\mathrm{d}A$ 与两坐标 y、z 的乘积 $yz\mathrm{d}A$ 称为微面积 $\mathrm{d}A$ 对 y、z 轴的**惯性积**；而遍及整个截面面积 A 的积分

$$I_{yz}=\int_A yz\mathrm{d}A\qquad(\text{I}-5)$$

则定义为该截面对 y、z 轴的**惯性积**。

【说明】 (1) 同一截面对不同坐标轴的惯性矩或惯性积是不相同的。(2) 由于积分式中的 y^2 和 z^2 总是正的，故惯性矩的值恒为正值，而坐标 yz 的乘积可正可负，所以惯性积的值可能为正或为负，也可能等于零。(3) 惯性矩和惯性积的量纲相同，均为[长度]^4，其常用单位为米四次方(m^4)或毫米四次方(mm^4)。

对于由若干个简单图形所组成的组合截面，根据惯性矩的定义可知，组合截面对于某轴的惯性矩等于它的各组成部分对同一轴的惯性矩之和，惯性积也类同，故可表示为

$$\left.\begin{aligned}I_z&=\sum_{i=1}^{n}I_{z_i}\\I_y&=\sum_{i=1}^{n}I_{y_i}\\I_{yz}&=\sum_{i=1}^{n}I_{y_iz_i}\end{aligned}\right\}\qquad(\text{I}-6)$$

式中，I_{y_i}、I_{z_i} 和 $I_{y_iz_i}$ 分别为组合截面中第 i 个面积对 y、z 轴的惯性矩和惯性积。

在某些场合，还把惯性矩写成截面面积 A 与某一长度平方的乘积，即

$$\left.\begin{aligned}I_y&=Ai_y^2\\I_z&=Ai_z^2\end{aligned}\right\}\qquad(\text{I}-7)$$

或改写为

$$\left.\begin{aligned}i_y&=\sqrt{\frac{I_y}{A}}\\i_z&=\sqrt{\frac{I_z}{A}}\end{aligned}\right\}\qquad(\text{I}-8)$$

式中，i_y 和 i_z 分别称为截面对 y 轴和 z 轴的**惯性半径**。惯性半径的量纲为[长度]，常用单位为毫米(mm)或米(m)。

图Ⅰ-2 中所示的各空心截面，可看作大实心截面的面积与小实心截面的负面积的组合，从而对 y、z 轴的惯性矩，可分别求得如下：

空心圆截面：

$$I_y=I_z=\frac{\pi D^4}{64}-\frac{\pi d^4}{64}=\frac{\pi D^4}{64}(1-\alpha^4)$$

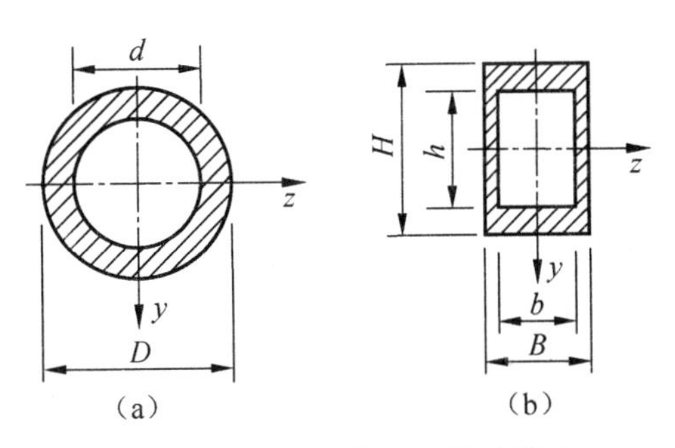

图Ⅰ-2 空心圆截面和箱形截面

式中，$\alpha=\dfrac{d}{D}$。

箱形截面：

$$I_z=\frac{BH^3}{12}-\frac{bh^3}{12}$$

$$I_y=\frac{HB^3}{12}-\frac{hb^3}{12}$$

【例Ⅰ-1】 试计算图Ⅰ-3所示矩形截面对其对称轴 y 和 z 的惯性矩 I_y、I_z 和 I_{yz}。

【解】 取平行于 z 轴的窄长条作为微面积 $\mathrm{d}A$，则 $\mathrm{d}A=b\mathrm{d}y$，根据惯性矩的定义

$$I_z=\int_A y^2\mathrm{d}A=\int_{-\frac{h}{2}}^{\frac{h}{2}}y^2\cdot b\mathrm{d}y=\frac{bh3}{12}$$

用完全相同的方法取 $\mathrm{d}A=h\mathrm{d}z$，可求得 $I_y=\dfrac{hb^3}{12}$。

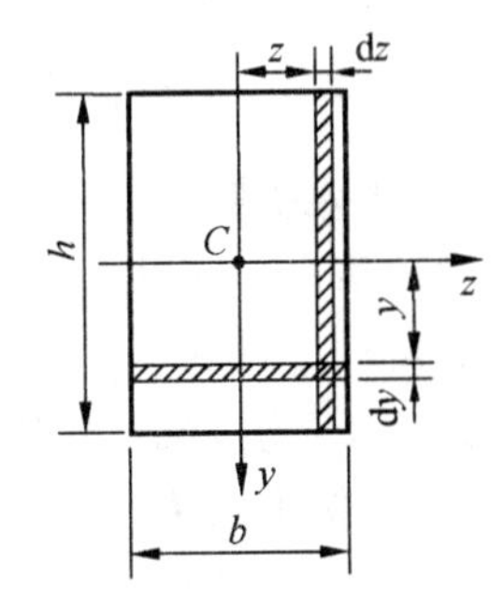

图Ⅰ-3 例题Ⅰ-1图

$$I_{yz}=\int_A yz\mathrm{d}A=\int_{-\frac{h}{2}}^{\frac{h}{2}}\int_{-\frac{b}{2}}^{\frac{b}{2}}yz\mathrm{d}z\mathrm{d}y=\int_{-\frac{b}{2}}^{\frac{b}{2}}z\mathrm{d}z\cdot\int_{-\frac{h}{2}}^{\frac{h}{2}}y\mathrm{d}y=0$$

【说明】 (1) 若在对称轴 y(或 z)两侧的对称位置处各取一微面积 $\mathrm{d}A$，则两者的 y 坐标相同，而 z 坐标的数值相等但符号相反，因而两微面积的惯性积数值相等而符号相反，在积分求和时，它们相互抵消，致使整个截面的惯性积 I_{yz} 等于零。可见，只要截面具有一个对称轴，则截面对于包含此对称轴在内的正交坐标轴的惯性积必等于零。(2) 在矩形截面的惯性矩 I_y、I_z 的表达式中，有一个有趣的现象，即 I_y 中与 y 轴平行的边长 h 是一次方，I_z 中与 z 轴平行的边长 b 是一次方。这两个关系式经常使用，切忌混淆。

【例Ⅰ-2】 试计算图Ⅰ-4所示圆截面对其形心轴的惯性矩。

【解】 解法一

取平行于 z 轴的窄长条为微面积 $\mathrm{d}A$，则

$$\mathrm{d}A=(2\sqrt{R^2-y^2})\mathrm{d}y$$

$$I_z=\int_A y^2\mathrm{d}A=\int_{-R}^{R}y^2(2\sqrt{R^2-y^2})\mathrm{d}y=\frac{\pi d^4}{64}$$

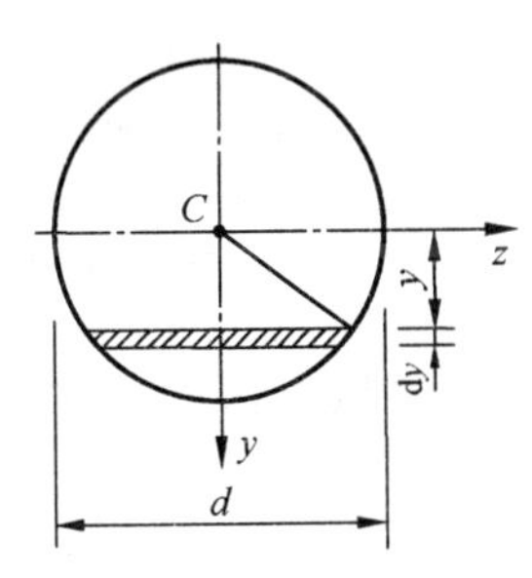

图Ⅰ-4 例题Ⅰ-2图

由于圆截面对圆心是极对称的，它对任意形心轴的惯性矩均应相

等，所以 $I_y=I_z=\pi d^4/64$。

解法二

直接二次积分来求。

$$I_z=\int_A y^2\mathrm{d}A=\int_0^{2\pi}\int_0^{d/2} r^2\sin^2\theta\cdot r\mathrm{d}r\mathrm{d}\theta$$
$$=\int_0^{2\pi}\sin^2\theta\mathrm{d}\theta\cdot\int_0^{2\pi}\int_0^{d/2} r^3\mathrm{d}r=\frac{2\pi}{2}\cdot\frac{1}{4}\times\left(\frac{d}{2}\right)^4=\frac{\pi d^4}{64}$$

解法三

利用圆形截面的极惯性矩求。已知圆截面对形心 C 的极惯性矩 $I_\mathrm{p}=\int_A\rho^2\mathrm{d}A=\pi d^4/32$，由于 $\rho^2=y^2+z^2$，所以

$$I_\mathrm{p}=\int_A\rho^2\mathrm{d}A=\int_A(y^2+z^2)\mathrm{d}A=\int_A y^2\mathrm{d}A+\int_A z^2\mathrm{d}A$$

即

$$I_\mathrm{p}=I_y+I_z \qquad (\text{Ⅰ}-9)$$

考虑到圆截面的极对称性，故有 $I_y=I_z$，则有 $I_y=I_z=\frac{1}{2}I_\mathrm{p}=\frac{\pi d^4}{64}$。

【说明】 式(Ⅰ-9)表明，任意截面对其所在平面内任一点 O 的极惯性矩 I_p，等于该截面对过该点的一对正交坐标轴的惯性矩之和。尽管过该点可以作无数多对正交坐标轴，但由于截面对过该点的任意一对正交坐标轴的惯性矩之和始终不变，而惯性矩非负，所以惯性矩为有界的几何量，最重要的就是其中的最大和最小者。

【例Ⅰ-3】 试计算图Ⅰ-5所示三角形截面对平行于底边的形心轴 z 的惯性矩 I_z。

【解】 取平行于 z 轴的窄长条为微面积，其长度为 $b(y)$。由图可以看出

$$b(y):b=\left(\frac{2h}{3}+y\right):h$$

可得 $b(y)=\frac{b}{h}\left(\frac{2h}{3}+y\right)$

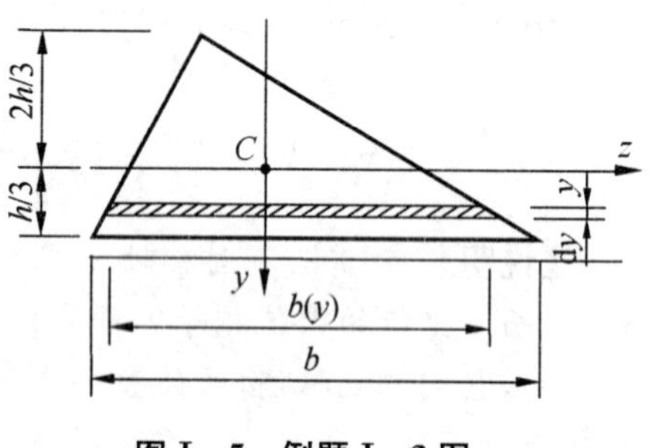

图Ⅰ-5 例题Ⅰ-3图

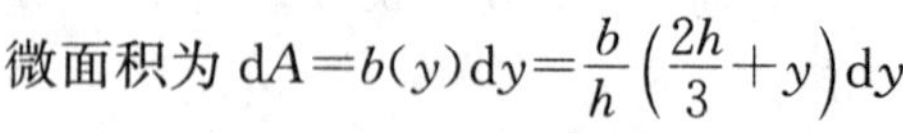

微面积为 $\mathrm{d}A=b(y)\mathrm{d}y=\frac{b}{h}\left(\frac{2h}{3}+y\right)\mathrm{d}y$

三角形对 z 轴的惯性矩为

$$I_z=\int_A y^2\mathrm{d}A=\int_{-2h/3}^{h/3}y^2\,\frac{b}{h}\left(\frac{2h}{3}+y\right)\mathrm{d}y=\int_{-2h/3}^{h/3}\left(\frac{2}{3}by^2+\frac{b}{h}y^3\right)\mathrm{d}y=\frac{bh^3}{36}$$

【思考】 能否不用积分的方法，计算例Ⅰ-3？

Ⅰ.3 平行移轴公式

同一截面对于不同坐标轴的惯性矩和惯性积一般是不相同的,但当两对坐标轴相平行,且其中的一对坐标轴是截面的形心轴时,截面对这两对坐标轴的惯性矩和惯性积存在着比较简单的关系。可以利用这种关系,简化对组合截面的惯性矩和惯性积的计算。

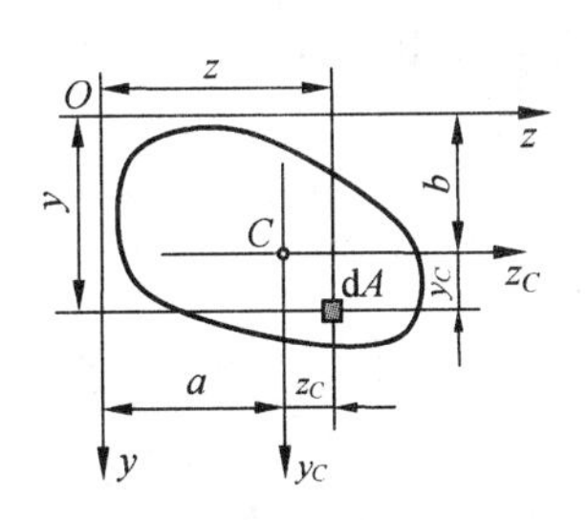

图Ⅰ-6 对平行轴惯性矩之间的关系

设任一截面如图Ⅰ-6所示,C为形心,y_C、z_C轴为截面的形心轴,y、z轴分别与y_C、z_C轴平行,a和b是截面形心C在y、z坐标系中的坐标值。现在来研究截面对这两对坐标轴的惯性矩以及惯性积间的关系。

显然,截面上任一微面积$\mathrm{d}A$在两坐标系中的坐标之间的关系为

$$y=y_C+b$$

$$z=z_C+a$$

代入式(Ⅰ-4)和(Ⅰ-5),可得

$$I_y=\int_A z^2\mathrm{d}A=\int_A (z_C+a)^2\mathrm{d}A=\int_A z_C^2\mathrm{d}A+2a\int_A z_C\mathrm{d}A+a^2\int_A\mathrm{d}A$$

$$I_z=\int_A y^2\mathrm{d}A=\int_A (y_C+b)^2\mathrm{d}A=\int_A y_C^2\mathrm{d}A+2b\int_A y_C\mathrm{d}A+b^2\int_A\mathrm{d}A$$

$$\begin{aligned}I_{yz}&=\int_A yz\mathrm{d}A=\int_A (y_C+b)(z_C+a)\mathrm{d}A\\&=\int_A y_Cz_C\mathrm{d}A+a\int_A y_C\mathrm{d}A+b\int_A z_C\mathrm{d}A+ab\int_A\mathrm{d}A\end{aligned}$$

式中,$\int_A z_C^2\mathrm{d}A=I_{yC}$,$\int_A y_C^2\mathrm{d}A=I_{zC}$,$\int_A y_Cz_C\mathrm{d}A=I_{y_Cz_C}$,$\int_A\mathrm{d}A=A$。$\int_A z_C\mathrm{d}A$和$\int_A y_C\mathrm{d}A$分别为截面对其形心轴$y_C$、$z_C$的静矩,故均应等于零。于是,上列三式简化为

$$\left.\begin{aligned}I_y&=I_{y_C}+a^2A\\I_z&=I_{z_C}+b^2A\\I_{yz}&=I_{y_Cz_C}+abA\end{aligned}\right\}\qquad(\text{Ⅰ}-10)$$

式(Ⅰ-10)即为惯性矩和惯性积的**平行移轴公式**。应用第三个式子时,应注意a和b两坐标值的正、负号,其符号由形心C在y、z坐标系中所在象限来决定。

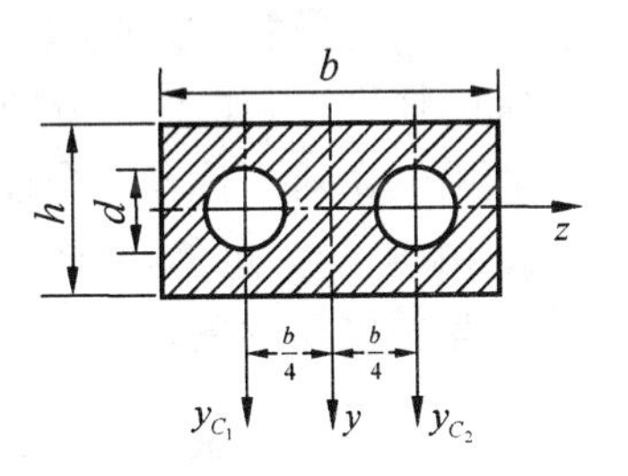

图Ⅰ-7 例题Ⅰ-4图

【例Ⅰ-4】 试计算图Ⅰ-7所示截面对y轴的惯性矩I_y。

【解】 可把该截面看成是由矩形截面减去两个直径为d的圆截面所组成。

矩形截面对y轴的惯性矩$I_{y1}=\dfrac{hb^3}{12}$。

利用平行移轴公式可求得每个圆截面对 y 轴的惯性矩。

已知左侧圆截面对本身形心轴 y_{C_1} 的惯性矩 $I_{y_{C_1}}=\frac{\pi d^4}{64}$，面积 $A=\frac{\pi d^2}{4}$，则左侧圆截面对 y 轴的惯性矩为：$I_{y_2}=\frac{\pi d^4}{64}+\left(\frac{b}{4}\right)^2\cdot\frac{\pi d^2}{4}$。故

$$I_y=I_{y_1}-2I_{y_2}=\frac{hb^3}{12}-2\left[\frac{\pi d^4}{64}+\left(\frac{b}{4}\right)^2\cdot\frac{\pi d^2}{4}\right]=\frac{hb^3}{12}-\frac{\pi d^2}{32}(d^2+b^2)$$

【例Ⅰ-5】 求图Ⅰ-8所示半圆形截面对平行于底边的 z 轴的惯性矩 I_z。

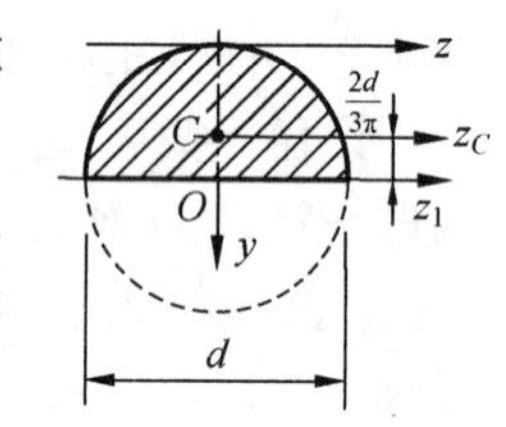

图Ⅰ-8　例题Ⅰ-5图

【解】 圆截面对其形心轴 z_1 轴的惯性矩为 $\frac{\pi d^4}{64}$，则半圆截面对 z_1 轴的惯性矩为

$$I_{z_1}=\frac{1}{2}\cdot\frac{\pi d^4}{64}=\frac{\pi d^4}{128}$$

虽然 z 轴平行于 z_1 轴，但它们都不是半圆截面的形心轴，故不能直接利用平行移轴公式求 I_z，即：$I_z\neq I_{z_1}+\left(\frac{d}{2}\right)^2\cdot\frac{\pi d^2}{8}$。欲求截面对 z 轴的惯性矩 I_z，必须先求出半圆截面对平行 z_1 的形心轴 z_C 的惯性矩 I_{z_C}，由平行移轴公式得

$$I_{z_C}=I_{z_1}-\left(\frac{2d}{3\pi}\right)^2A=\frac{\pi d^4}{128}-\left(\frac{2d}{3\pi}\right)^2\cdot\frac{\pi d^2}{8}$$

再次利用平行移轴公式，可得半圆形截面对之轴的惯性矩为

$$I_z=I_{z_C}+\left(\frac{d}{2}-\frac{2d}{3\pi}\right)^2A=\left[\frac{\pi d^4}{128}-\left(\frac{2d}{3\pi}\right)^2\cdot\frac{\pi d^2}{8}\right]+\left(\frac{d}{2}-\frac{2d}{3\pi}\right)^2\cdot\frac{\pi d^2}{8}=\frac{15\pi-32}{384}d^4$$

Ⅰ.4　转轴公式　主惯性轴和主惯性矩

1. 惯性矩和惯性积的转轴公式

当坐标轴绕其原点转动时，截面对转动前后的两对不同坐标轴的惯性矩及惯性积之间应该存在一定的关系。

设任一截面(图Ⅰ-9)对通过任一点 O 的 y、z 轴的惯性矩和惯性积分别记为 I_y、I_z 和 I_{yz}。若 y、z 轴绕 O 点旋转 α 角(规定 α 角逆时针方向旋转时为正)至 y_1、z_1 位置，截面对 y_1、z_1 轴的惯性矩和惯性积分别记为 I_{y_1}、I_{z_1} 和 $I_{y_1z_1}$。现在来研究截面对这两对坐标轴的惯性矩及惯性积之间的关系。

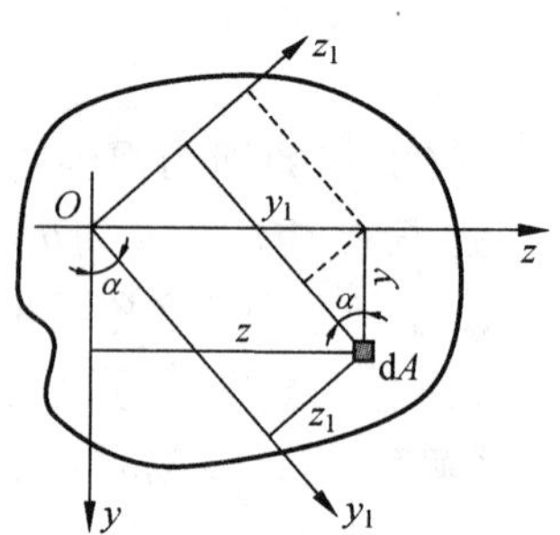

图Ⅰ-9　对旋转轴惯性矩之间的关系

由图Ⅰ-9可见，截面上任一微面积 dA 在这两对坐标系中的坐标之间的关系为

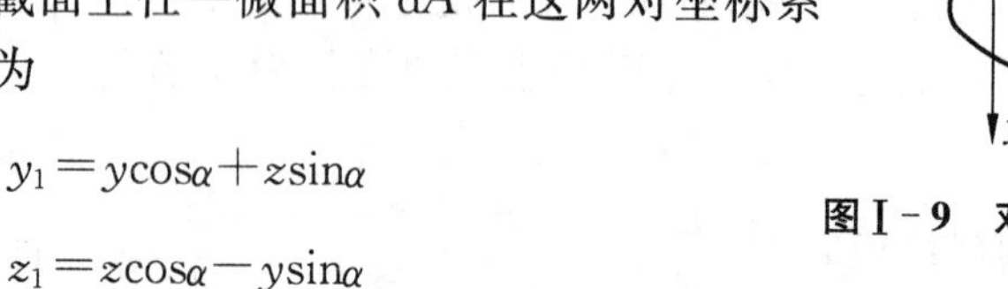

$$y_1=y\cos\alpha+z\sin\alpha$$

$$z_1=z\cos\alpha-y\sin\alpha$$

截面对 y_1 轴的惯性矩为

$$\begin{aligned}I_{y_1}&=\int z_1^2\mathrm{d}A=\int_A(z\cos\alpha-y\sin\alpha)^2\mathrm{d}A\\&=\cos^2\alpha\int_A z^2\mathrm{d}A+\sin^2\alpha\int_A y^2\mathrm{d}A-2\sin\alpha\cos\alpha\int_A yz\mathrm{d}A\\&=I_y\cos^2\alpha+I_z\sin^2\alpha-I_{yz}\sin2\alpha\end{aligned}$$

利用三角公式：$\cos^2\alpha=\frac{1}{2}(1+\cos2\alpha)$，$\sin^2\alpha=\frac{1}{2}(1-\cos2\alpha)$，代入上式，即得

$$I_{y_1}=\frac{I_y+I_z}{2}+\frac{I_y-I_z}{2}\cos2\alpha-I_{yz}\sin2\alpha \tag{Ⅰ-11}$$

同理，可求得

$$I_{z_1}=\frac{I_y+I_z}{2}-\frac{I_y-I_z}{2}\cos2\alpha+I_{yz}\sin2\alpha \tag{Ⅰ-12}$$

$$I_{y_1z_1}=\frac{I_y-I_z}{2}\sin2\alpha+I_{yz}\cos2\alpha \tag{Ⅰ-13}$$

式(Ⅰ-11)，(Ⅰ-12)和(Ⅰ-13)即为惯性矩和惯性积的转轴公式。可见 I_{y_1}、I_{z_1} 和 $I_{y_1z_1}$ 均随 α 的改变而变化，即都是 α 的函数。

将式(Ⅰ-11)和(Ⅰ-12)相加，可得

$$I_{y_1}+I_{z_1}=I_y+I_z \tag{Ⅰ-14}$$

【说明】 (1) 式(Ⅰ-14)截面对过同一坐标原点的任意一对正交坐标轴的两惯性矩之和为一常数，并等于截面对该坐标原点的极惯性矩 I_p。(2) 由于惯性矩的非负性，一平面图形，对过同一坐标原点各轴的惯性矩中至少存在一个轴，对其惯性矩最大，且对与该轴垂直的轴的惯性矩最小。

2. 截面的主惯性轴和主惯性矩

若将 $\alpha=\alpha_k$ 及 $\alpha=\alpha_k+90°$ 分别代入(Ⅰ-13)式，则惯性积的正负号相反，这说明至少存在某一个特殊的角度 α_0，使截面对相应的 y_0、z_0 轴的惯性积 $I_{y_0z_0}=0$，这一对坐标轴就称为**主惯性轴**(简称**主轴**)。截面对主轴的惯性矩称为**主惯性矩**。

现在来确定主轴的位置。设主轴与原坐标轴之间的夹角为 α_0，将 $\alpha=\alpha_0$ 代入(Ⅰ-13)式，并令其等于零，得

$$\frac{I_y-I_z}{2}\sin2\alpha_0+I_{yz}\cos2\alpha_0=0$$

所以

$$\tan2\alpha_0=\frac{-2I_{yz}}{I_y-I_z} \tag{Ⅰ-15}$$

将求出的 α_0 值代入式(Ⅰ-11)和(Ⅰ-12)，就可求得截面的主惯性矩。为了计算方便，现导出直接由 I_y、I_z 和 I_{yz} 计算主惯性矩的公式。由式(Ⅰ-15)可以求得

$$\cos2\alpha_0=\frac{1}{\sqrt{1+\tan^2 2\alpha_0}}=\frac{I_y-I_z}{\sqrt{(I_y-I_z)^2+4I_{yz}^2}}$$

$$\sin 2\alpha_0=\frac{\tan 2\alpha_0}{\sqrt{1+\tan^2 2\alpha_0}}=\frac{-2I_{yz}}{\sqrt{(I_y-I_z)^2+4I_{yz}^2}}$$

经化简可得到主惯性矩的计算公式

$$\left.\begin{aligned}I_{y_0}&=\frac{I_y+I_z}{2}+\frac{1}{2}\sqrt{(I_y-I_z)^2+4I_{yz}^2}\\I_{z_0}&=\frac{I_y+I_z}{2}-\frac{1}{2}\sqrt{(I_y-I_z)^2+4I_{yz}^2}\end{aligned}\right\}\qquad(\text{Ⅰ}-16)$$

由式(Ⅰ-15)解出 α_0 值，就确定了两主轴中 y_0 轴的位置，此时的 I_{y_0} 值恒大于 I_{z_0} 值。

又假设 $\alpha=\alpha_1$ 时 I_{y_1} 取极值，则有

$$\frac{\mathrm{d}I_{y_1}}{\mathrm{d}\alpha}=-(I_y-I_z)\sin 2\alpha_1-2I_{yz}\cos 2\alpha_1=0$$

故有 $\tan 2\alpha_1=\frac{-2I_{yz}}{I_y-I_z}$。由此求出的 α_1 角与按式(Ⅰ-15)所求得的 α_0 角完全相同。即：截面对惯性主轴的惯性矩取得极值。从而主惯性矩 I_{y_0} 是截面对过该点的所有坐标轴的惯性矩中之最大值，而 I_{z_0} 则为最小值。

当主轴的交点与截面的形心重合时，这对坐标轴就称为**形心主惯性轴**(简称**形心主轴**)。截面对形心主轴的惯性矩称为**形心主惯性矩**。如上所述，截面对两个的形心主惯性矩中，一个为最大值，另一个为最小值。一般可根据截面面积离形心主轴的远近，直观判定对哪个轴的惯性矩为最大值，对哪一个的是最小值。在弯曲问题的计算中，都需要确定形心主轴的位置，并算出形心主惯性矩之值。

若截面有两个对称轴，这两个对称轴就是截面的形心主轴。因为对称轴必通过截面的形心，且截面对于对称轴的惯性积等于零。当截面只有一个对称轴时，则该对称轴及过形心并与对称轴相垂直的轴即为截面的形心主轴。假如截面没有对称轴，欲求形心主惯性矩，则需要：① 确定截面的形心位置，选取便于计算惯性矩和惯性积的一对形心轴为参考轴；② 求出截面对参考轴的惯性矩和惯性积；③ 由(Ⅰ-15)式解出 α_0 值，从而确定形心主轴 y_0 的位置。再利用式(Ⅰ-16)，即可求得截面的形心主惯性矩。

【例Ⅰ-6】 证明图Ⅰ-10(a)所示正五边形截面的形心轴均为形心主轴，且截面对所有形心轴的惯性矩均相等。图中 C 为形心。

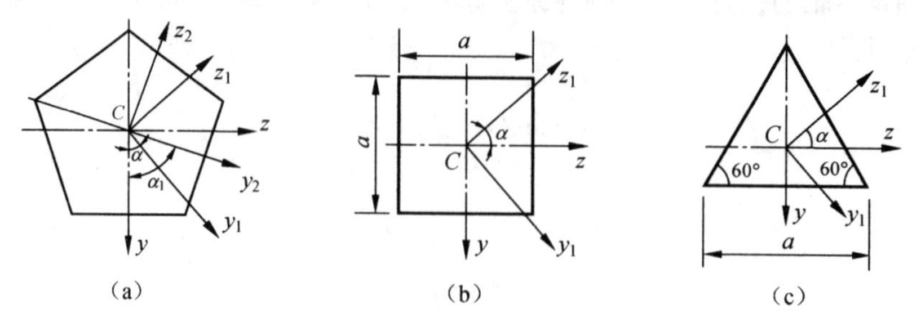

图Ⅰ-10 例题Ⅰ-6图

【证明】 取 y 为对称轴，则截面对 y、z 轴的惯性积 $I_{yz}=0$。设 y_1、z_1 为任意形心轴(角 α 为任意值)。只需证明截面对 y_1、z_1 轴的惯性积 $I_{y_1z_1}=0$，则过形心的轴均为形心主轴。

由公式(Ⅰ-13)，可得

$$I_{y_1z_1}=\frac{I_y-I_z}{2}\sin 2\alpha+I_{yz}\cos 2\alpha \tag{a}$$

因为 α 任意，$I_{yz}=0$，要证 $I_{y_1z_1}=0$，还需证明 $I_y=I_z$。

取 y_2 为对称轴，则有 $I_{y_2z_2}=0$。再次利用转角公式（Ⅰ－13）得：$I_{y_2z_2}=\frac{I_y-I_z}{2}\sin 2\alpha_1+I_{yz}\cos 2\alpha_1=0$。因为 $I_{yz}=0$，$\sin 2\alpha_1\neq 0$，得 $I_y=I_z$。把 $I_y=I_z$ 代入式(a)，即得：$I_{y_1z_1}=0$。所以过形心的轴均为形心主轴。

由式（Ⅰ－11），可得截面对 y_1 轴的惯性矩为

$$I_{y_1}=\frac{I_y+I_z}{2}+\frac{I_y-I_z}{2}\sin 2\alpha-I_{yz}\cos 2\alpha \tag{b}$$

把 $I_{yz}=0$ 及 $I_y=I_z$ 代入(b)式，得：$I_{y_1}=\frac{I_y+I_z}{2}=I_y=I_z$。所以截面对所有形心轴的惯性矩均相等。

【说明】 ① 以上证明中，并没有用到正五边形的个体性质。因此，可以推论，对任意正多边形截面以及正多边形截面的对称组合截面，过形心的轴均为形心主轴，截面对所有形心轴的惯性矩均相等。例如图(b)所示边长为 a 的正方形截面对任一形心轴 z_1 的惯性矩为 $I_{z_1}=a^4/12$；图(c)所示边长为 a 的等边三角形截面，对任一形心轴 z_1 的惯性矩为 $I_{z_1}=\frac{1}{36}a\left(\frac{\sqrt{3}}{2}a\right)^3=\frac{\sqrt{3}}{96}a^4$。② 本题的结论说明，截面的形心主轴有时并不唯一。

习　　题

Ⅰ－1　试求如图所示平面阴影部分面积对形心轴 z 轴的静矩。图(c)截面尺寸单位：mm。

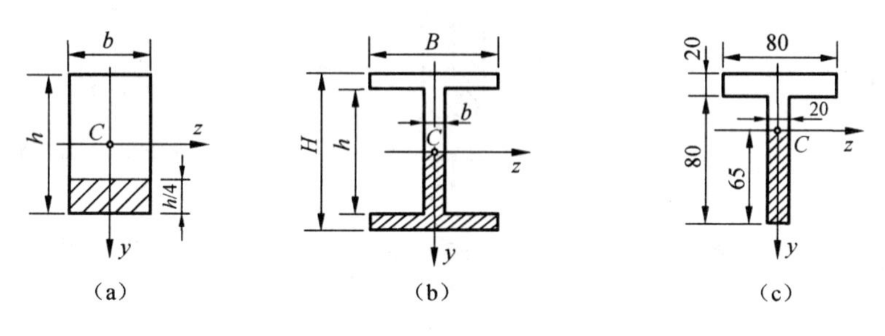

题Ⅰ－1图

Ⅰ－2　试计算图示截面对 z 轴的惯性矩。图(b)截面尺寸单位：mm。

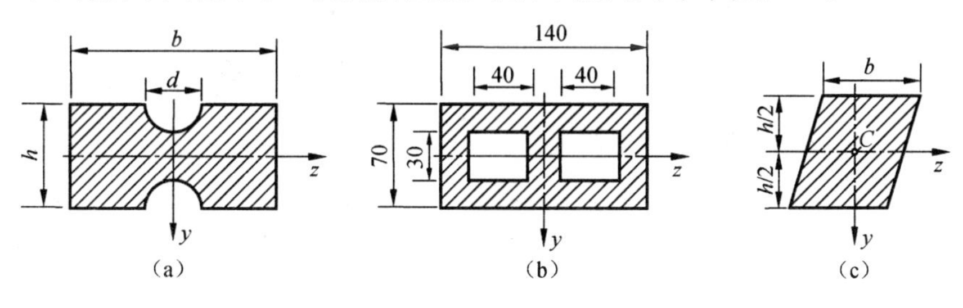

题Ⅰ－2图

Ⅰ-3　试计算图示各截面对水平形心轴 z 的惯性矩。(c)图中已知：$a=40\ \mathrm{mm}$，$\delta=2\ \mathrm{mm}$。

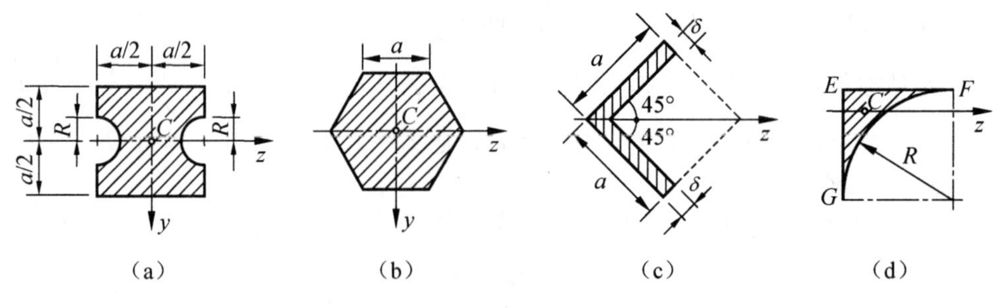

题Ⅰ-3图

Ⅰ-4　试计算如图所示截面对形心轴的惯性矩。截面尺寸单位：mm。

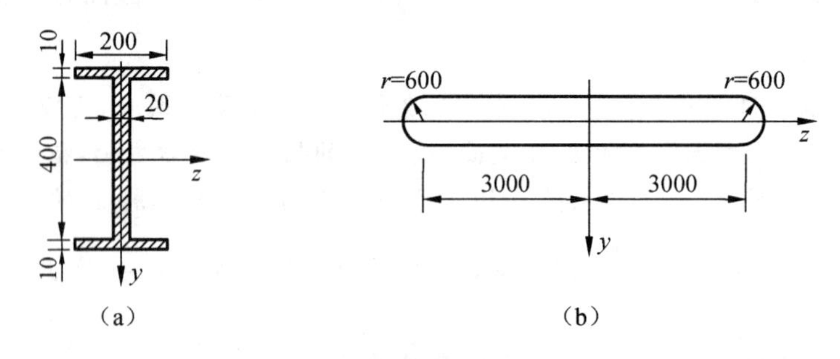

题Ⅰ-4图

Ⅰ-5　试计算如图所示截面对水平形心轴的惯性矩。截面尺寸单位：mm。

Ⅰ-6　试确定如图所示平面图形的形心主惯性轴的位置，并求形心主惯性矩。

Ⅰ-7　如图所示由两个 20a 槽钢构成的组合截面，若要使 $I_y=I_z$，试求间距 a 应为多大。

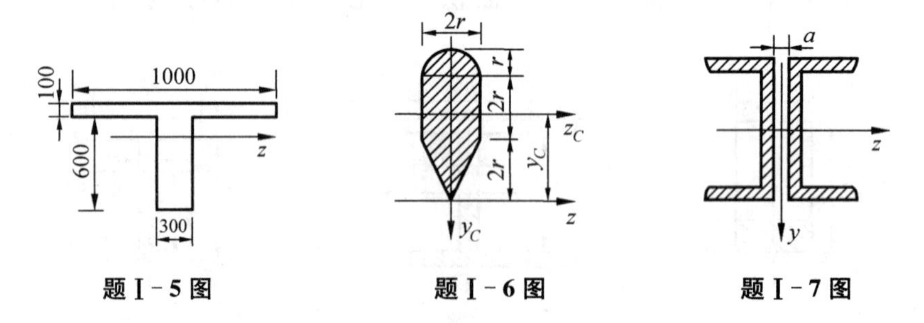

题Ⅰ-5图　　题Ⅰ-6图　　题Ⅰ-7图

Ⅰ-8　边长为 $a\times b$ 的矩形截面如图所示，试求截面对其对角线的惯性矩。

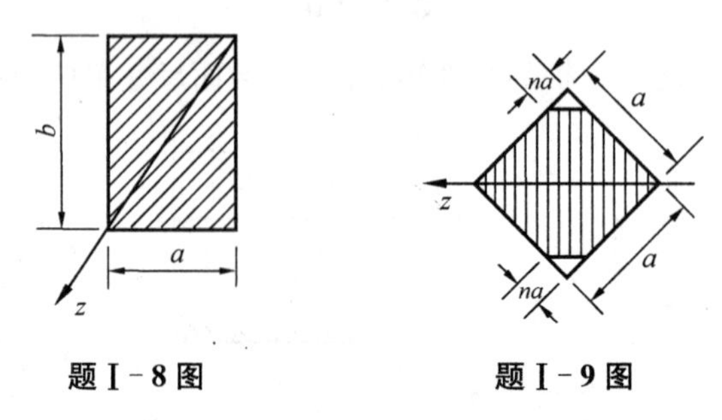

题Ⅰ-8图　　题Ⅰ-9图

Ⅰ-9　一边长为 a 的正方形截面，截去长度为 na 的两对角，如图所示。试求截去对角后，截面对 z 轴的惯性矩。

Ⅰ-10 由三个直径为 d 的圆形组成的截面，如图所示。试求截面对其形心轴 z_C 的惯性矩。

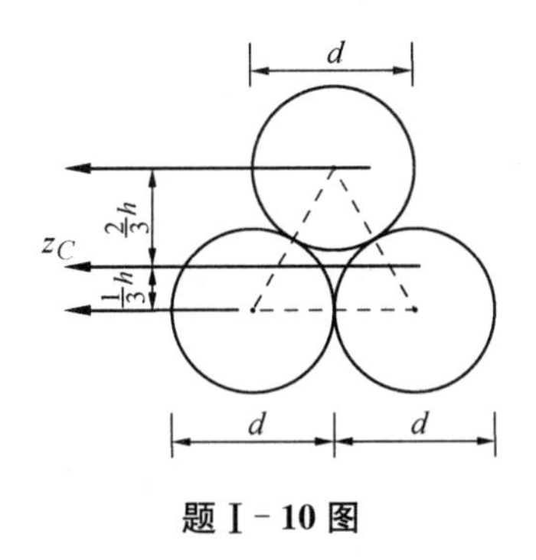

题Ⅰ-10 图

Ⅰ-11 边长为 $b\times h$ 的矩形截面及其坐标轴，如图(a)所示。试求：

(1) 截面对坐标轴 y、z 的惯性矩和惯性积；

(2) 截面对通过角点 O、其惯性矩为极值(最大及最小)的坐标轴位置。

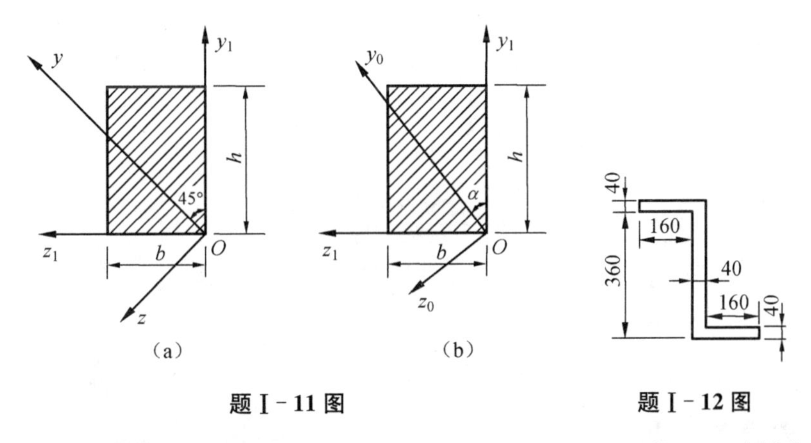

题Ⅰ-11 图 **题Ⅰ-12 图**

Ⅰ-12 试求如图所示截面的形心主轴位置及形心主惯性矩。截面尺寸单位：mm。

附录Ⅱ　MDSolids 软件的应用简介

MDSolids 软件是 Timothy A. Philpot 教授开发的用于解决材料力学问题的一个教学软件。该软件将很多材料力学问题模块化，通过简单的窗口绘制构件的几何图形，输入相关参数并施加荷载后即可进行材料力学分析，应用方便，便于学生学习和对照，是一款学习材料力学的好工具。读者可以在软件主页 http://www.mdsolids.com 下载免费使用，目前软件已更新到 4.1 版，可以运行在 Windows 8，Windows 7 及以前所有的 Windows 平台上。

Ⅱ.1　简介

下载后简单安装即可。然后双击桌面图标，即可进入系统，如图Ⅱ-1 所示。其中的 MDSolids Modules 为主要窗口，可以求解对应的各类材料力学问题；MDSolids Help Documents 为帮助文件窗口；Animated Learning Tools 则提供一些互动学习帮助，用户可以一步一步进行学习，以提高对相关材料力学知识的理解。本附录仅介绍利用 MDSolids Modules 中的几个模块进行材料力学问题的求解，其他模块的使用可类似进行。

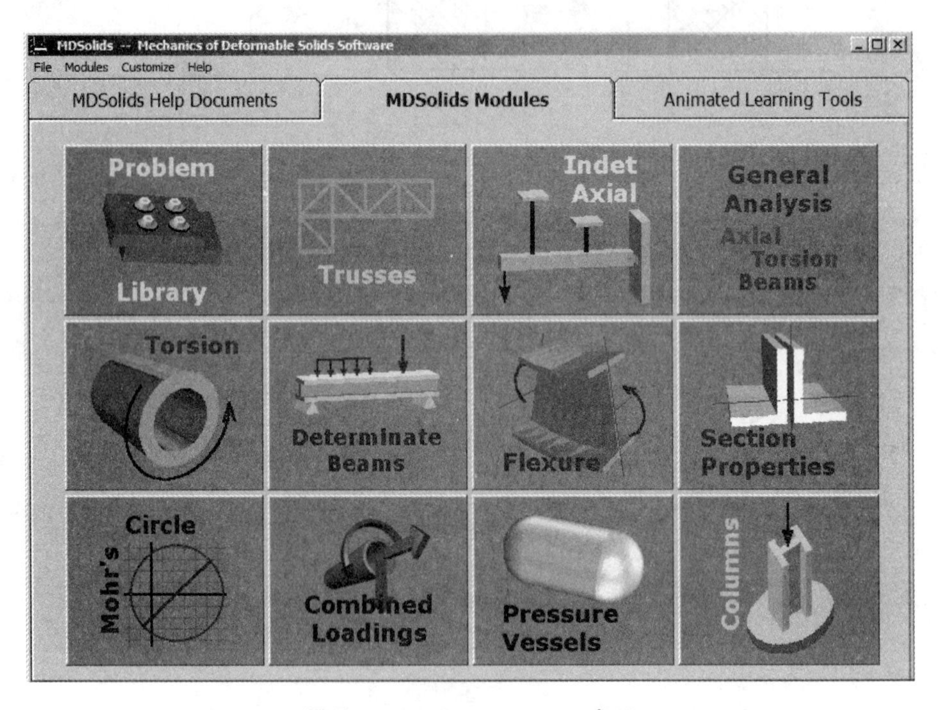

图Ⅱ-1　MDSolids Modules 窗口

Ⅱ.2　题目1—静定梁的内力图

【例Ⅱ-1】 外伸梁 AB,受到荷载作用,如图Ⅱ-2所示。已知:集中力 $P=20$ kN,集中力偶 $M=50$ kN·m,均布荷载大小为 5 kN/m,在 AB 段中间受向上的线性分布荷载且 A 截面的集度为 5 kN/m,B 截面的集度为 20 kN/m,在 B 截面左侧段受向下的线性分布荷载且 B 截面的集度为 20 kN/m,在梁右端截面的集度为 5 kN/m。试绘制杆件的剪力图和弯矩图,并确定最大剪力和最大弯矩及其所在截面的位置。

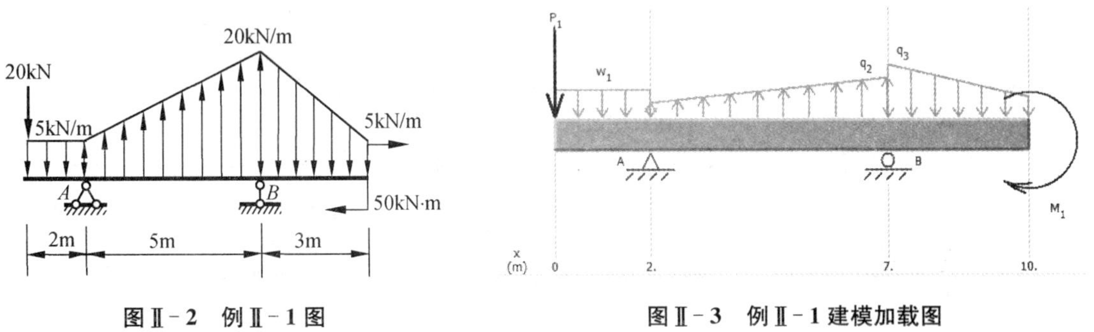

图Ⅱ-2　例Ⅱ-1图　　　　图Ⅱ-3　例Ⅱ-1建模加载图

【解】 (1) 建模、加载

选择 MDSolids Modules 中的 Determinate Beams 模块,进入 Determinate Beams Module,选择两端外伸的梁的图标,建立梁的支座并添加荷载,如图Ⅱ-3所示。

【说明】 ① 图Ⅱ-3所示荷载只是一种形象表示,并没有按照数值的大小成比例给出。② 图Ⅱ-3下侧是确定截面位置的 x 坐标,以梁的左侧起点为0点。

(2) 结果与分析

当梁的支座与荷载确定后,系统会自动将剪力图和弯矩图绘制在下方,如图Ⅱ-4所示。

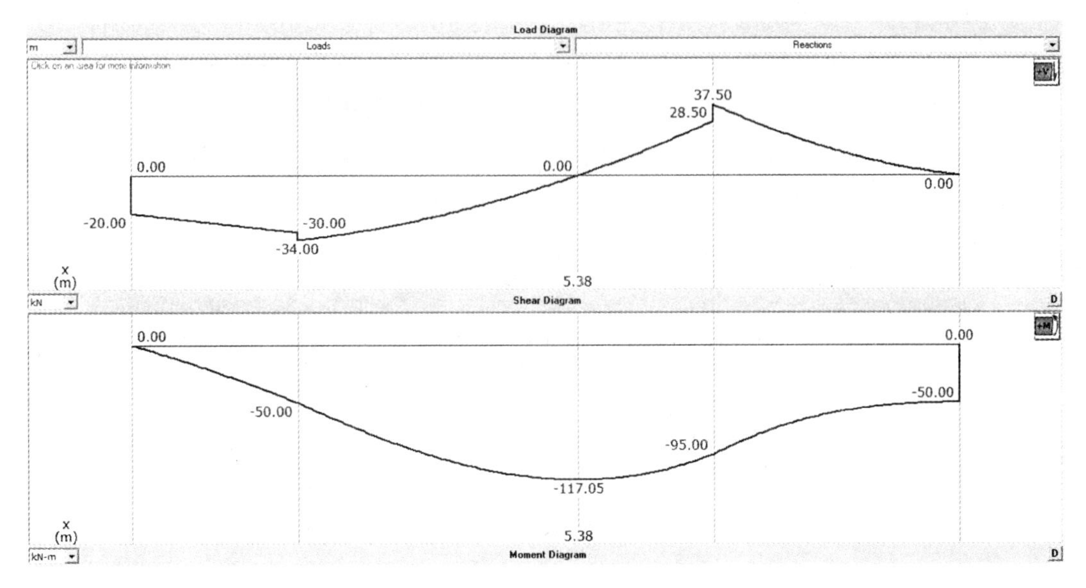

图Ⅱ-4　例Ⅱ-1的剪力图和弯矩图

从图Ⅱ-4中可以看出最大剪力发生在 B 截面右侧，最大剪力为37.5 kN；最大弯矩发生距离左端5.38 m的截面上，最大弯矩为117.05 kN·m，该截面的上侧纵向纤维受拉，下侧纵向纤维受压，而该截面的剪力为零，这与第四章的结论一致。

【说明】 ① 默认状态下，该软件正弯矩画在梁轴线的上侧，负弯矩画在梁轴线的下侧，即弯矩图画在受压一侧，这与本书规定画法相反，希望读者注意。② 在图Ⅱ-4上侧可以通过点击Loads下拉菜单查看施加荷载的情况，以核对所施加的荷载；点击Reactions下拉菜单可查看约束反力的情况。

Ⅱ.3 题目2—静定梁的变形计算

【例Ⅱ-2】 如图所示的简支梁 AB，受集中荷载 F_1、F_2 作用。已知：$F_1=100$ kN，$F_2=200$ kN，$l=10$ m。$E=200$ GPa，$I_z=1.2\times10^9\ \text{mm}^4$。试求：(1) 两端截面的转角，(2) 集中力作用位置处的挠度，(3) 最大挠度及其作用位置。

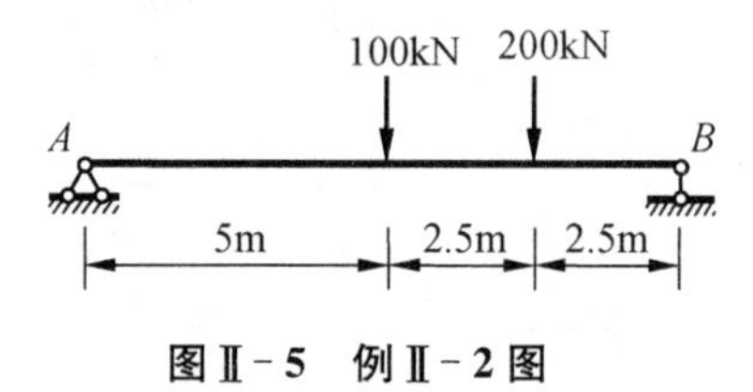

图Ⅱ-5 例Ⅱ-2图

【解】 (1) 建模、加载

选择MDSolids Modules中的General Analysis菜单，进入General Analysis模块General Analysis Module，可以发现一些黄色背景的表格和白色背景的表格，其中黄色背景的是输入部分，白色背景的是输出计算结果。设置梁单元个数，因为本题简支梁有两个集中力将梁分成三部分，故设置Elements为3，然后设置单位体系，这里单位可以根据实际情况设置。

再将每一段的长度、惯性矩、弹性模量等参数输入黄色表格，如图Ⅱ-6所示。

Element Number	Length (mm)	Moment of Inertia (mm^4)	Modulus of Elasticity (GPa)	Dist Load at Start Node (N/m)	Dist Load at End Node (N/m)
1	5,000.0	1.20E+09	200.00	0.00	0.00
2	2,500.0	1.20E+09	200.00	0.00	0.00
3	2,500.0	1.20E+09	200.00	0.00	0.00

图Ⅱ-6 例Ⅱ-2材料性质和梁的几何参数输入表

将作用在节点处的每一个集中力和集中力偶以及特定挠度和转角值对应输入节点表格中的黄色区域，如图Ⅱ-7所示。其中力以向上为正，向下为负。

Node Number	Concentrated Force (kN)	Concentrated Moment (kN-m)	Specified Deflection (mm)	Specified Slope (degrees)
1	0.000	0.000	0.00	
2	-100.000	0.000		
3	-200.000	0.000		
4	0.000	0.000	0.00	

图Ⅱ-7 例Ⅱ-2荷载及特定挠度和转角输入表

则完成建模和加载。建模的示意图在页面下面给出，如图Ⅱ-8所示。

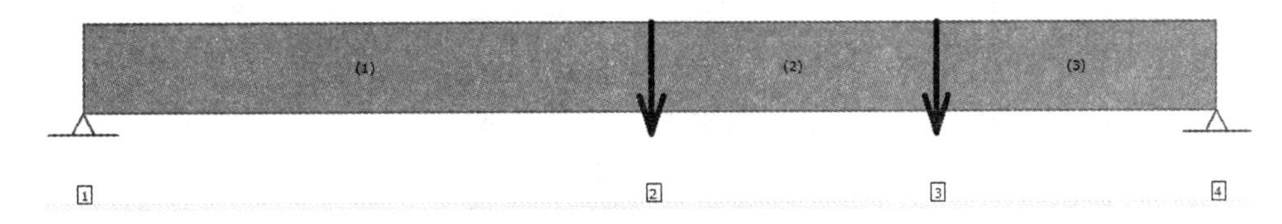

图Ⅱ-8　例Ⅱ-2生成的模型

(2) 结果与分析

确保输入数据无误后，点击左侧的 Compute 按钮，即可完成计算，并将结果输出在表格的白色有关区域，如图Ⅱ-9右边所示。

Node Number	Concentrated Force (kN)	Concentrated Moment (kN-m)	Specified Deflection (mm)	Specified Slope (degrees)	Deflection (mm)	Slope (degrees)
1	0.000	0.000	0.00		0.00	-0.3357
2	-100.000	0.000			-20.62	-0.03730
3	-200.000	0.000			-15.73	0.2611
4	0.000	0.000	0.00		0.00	0.4103

图Ⅱ-9　例Ⅱ-2的计算结果

【注意】 这里的挠度以向上为正，转角以逆时针为正。

点击左侧的 Plots 按钮，则可将梁的剪力图、弯矩图、挠度及转角的变化曲线绘出，如图Ⅱ-10所示。

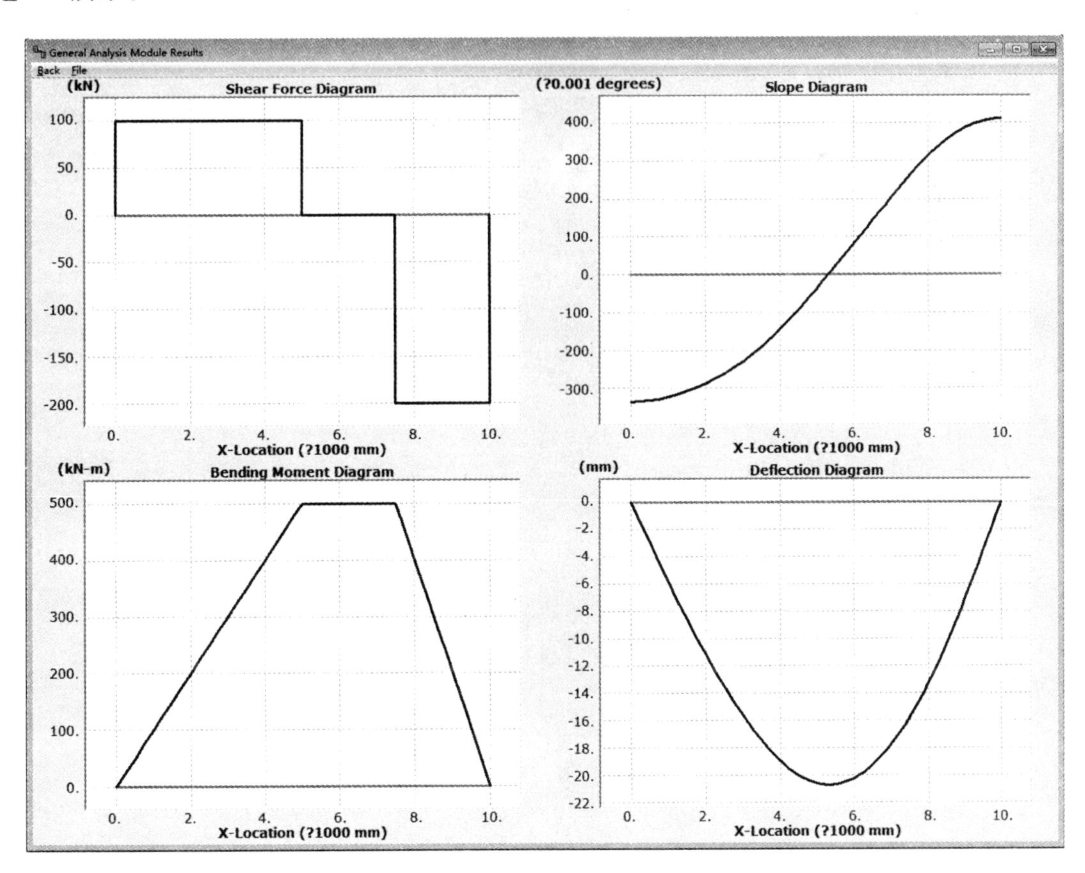

图Ⅱ-10　例Ⅱ-2的剪力图、弯矩图、转角图、挠度图

另外,在页面右侧给出有关计算结果的文本,例如反力、剪力、弯矩、挠度和转角的最大和最小值及其所在的截面位置。

从上述结果可以得知:① A 截面的转角为顺时针转动 0.335 7°,B 截面的转角为逆时针转动 0.410 3°;② F_1 作用处的挠度为向下 20.62 mm,F_2 作用处的挠度为向下 15.73 mm;③ 最大挠度为 20.718 mm,其位置在距离 A 截面 5 312.5 mm 处,即 5.3 m 附近,与正文第六章中的分析结果在跨中附近一致。

附录Ⅲ　简单荷载作用下梁的挠度和转角

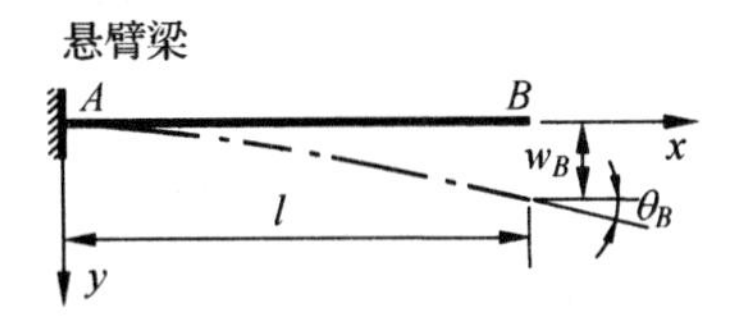

w=沿 y 方向的挠度

$w_B=w(l)$=梁右端处的挠度

$\theta_B=w'(l)$=梁右端处的转角

序号	梁上荷载及弯矩图	挠曲线方程	转角和挠度
1	M_e, l, M_e	$w=\dfrac{M_e x^2}{2EI}$	$\theta_B=\dfrac{M_e l}{EI}$, $w_B=\dfrac{M_e l^2}{2EI}$
2	F, l, Fl	$w=\dfrac{Fx^2}{6EI}(3l-x)$	$\theta_B=\dfrac{Fl^2}{2EI}$, $w_B=\dfrac{Fl^3}{3EI}$
3	F, a, l, Fa	$w=\dfrac{Fx^2}{6EI}(3a-x)\quad(0\leqslant x\leqslant a)$ $w=\dfrac{Fa^2}{6EI}(3x-a)\quad(a\leqslant x\leqslant l)$	$\theta_B=\dfrac{Fa^2}{2EI}$, $w_B=\dfrac{Fa^2}{6EI}(3l-a)$
4	q, l, $\frac{1}{2}ql^2$	$w=\dfrac{qx^2}{24EI}(x^2+6l^2-4lx)$	$\theta_B=\dfrac{ql^3}{6EI}$, $w_B=\dfrac{ql^4}{8EI}$
5	q_0, l, $\frac{1}{6}q_0l^2$	$w=\dfrac{q_0 x^2}{120EIl}(10l^3-10l^2x+5lx^2-x^3)$	$\theta_B=\dfrac{q_0 l^3}{24EI}$, $w_B=\dfrac{q_0 l^4}{30EI}$

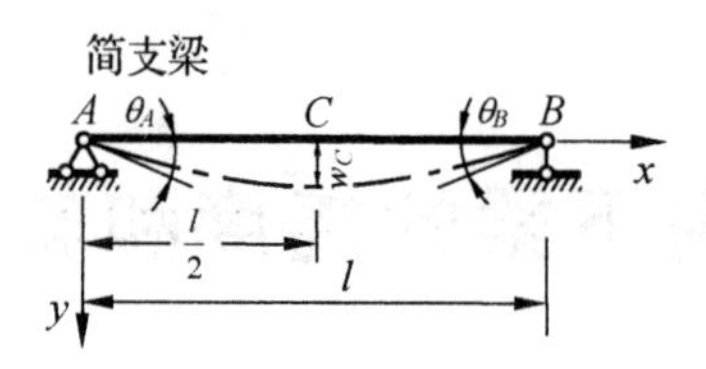

w=沿 y 方向的挠度

$w_C=w(l/2)$ =梁的中点挠度

$\theta_A=w'(0)$=梁左端处的转角

$\theta_B=w'(l)$=梁右端处的转角

序号	梁上荷载及弯矩图	挠曲线方程	转角和挠度
6	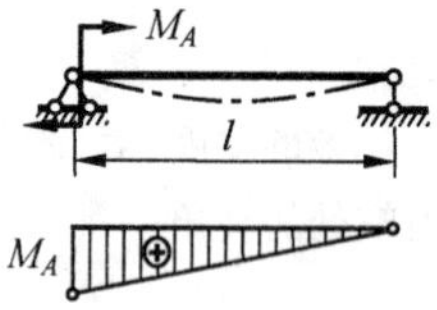	$w=\dfrac{M_A x}{6EIl}(l-x)(2l-x)$	$\theta_A=\dfrac{M_A l}{3EI},\theta_B=-\dfrac{M_A l}{6EI},w_C=\dfrac{M_A l^2}{16EI}$
7	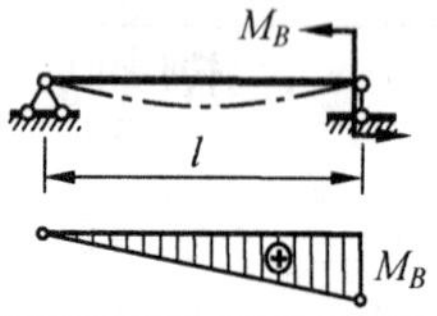	$w=\dfrac{M_B x}{6EIl}(l^2-x^2)$	$\theta_A=\dfrac{M_B l}{6EI},\theta_B=-\dfrac{M_A l}{3EI}$, $w_C=\dfrac{M_B l^2}{16EI}$
8	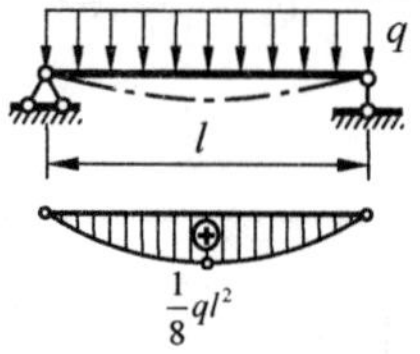	$w=\dfrac{qx}{24EI}(l^3-2lx^2+x^3)$	$\theta_A=\dfrac{ql^3}{24EI},\theta_B=-\dfrac{ql^3}{24EI},w_C=\dfrac{5ql^4}{384EI}$
9	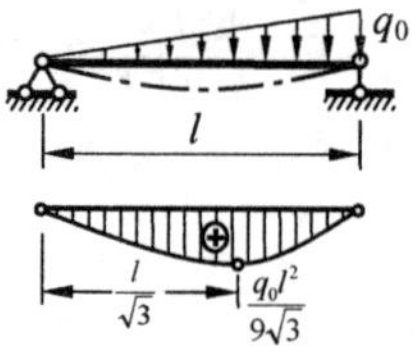	$w=\dfrac{q_0 x}{360EIl}(7l^4-10l^2x^2+3x^4)$	$\theta_A=\dfrac{7q_0 l^3}{360EI},\theta_B=-\dfrac{q_0 l^3}{45EI},w_C=\dfrac{5q_0 l^4}{768EI}$
10	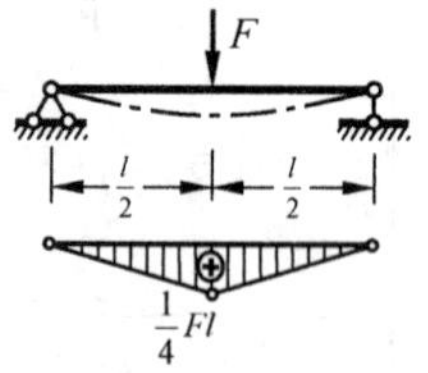	$w=\dfrac{Fx}{48EI}(3l^2-4x^2),\left(0\leqslant x\leqslant\dfrac{l}{2}\right)$	$\theta_A=\dfrac{Fl^2}{16EI},\theta_B=-\dfrac{Fl^2}{16EI},w_C=\dfrac{Fl^3}{48EI}$
11	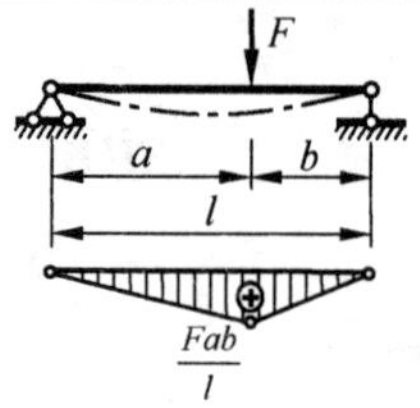	$w=\dfrac{Fbx}{6EIl}(l^2-x^2-b^2),(0\leqslant x\leqslant a)$ $w=\dfrac{Fb}{6EIl}\left[\dfrac{l}{b}(x-a)^3+(l^2-b^2)x-x^3\right]$, $(a\leqslant x\leqslant l)$	$\theta_A=\dfrac{Fab(l+b)}{6EIl},\theta_B=-\dfrac{Fab(l+a)}{6EIl}$, $w_C=\dfrac{Fb(3l^2-4b^2)}{48EI}$(当 $a\geqslant b$ 时)
12	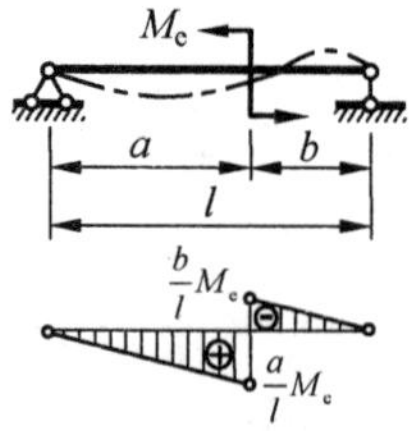	$w=\dfrac{M_e x}{6EIl}(6al-3a^2-2l^2-x^2)$, $(0\leqslant x\leqslant a)$ 当 $a=b=0.5l$ 时, $w=\dfrac{M_e x}{24EIl}(l^2-4x^2),\left(0\leqslant x\leqslant\dfrac{l}{2}\right)$	$\theta_A=\dfrac{M_e}{6EIl}(6al-3a^2-2l^2)$ $\theta_B=\dfrac{M_e}{6EIl}(l^2-3a^2)$ 当 $a=b=0.5l$ 时, $\theta_A=\dfrac{M_e l}{24EI},\theta_B=\dfrac{M_e l}{24EI},w_C=0$

附录Ⅳ　型钢表

表 1　热轧等边角钢(摘自 GB/T9787—1988)

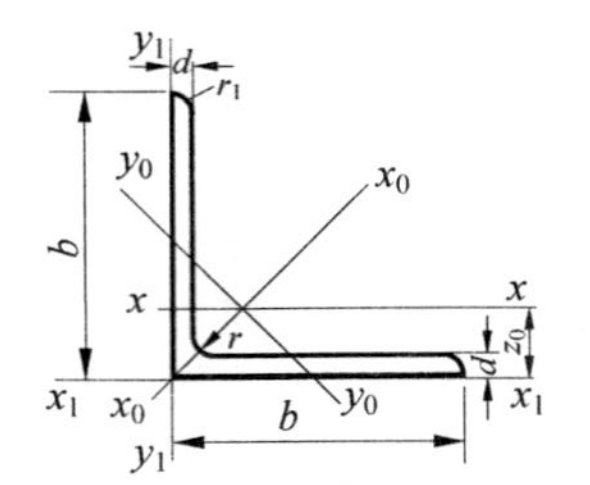

B—边宽度；d—边厚度；
r—内圆弧半径；r_1—边端内圆弧半径；
I—惯性矩；i—惯性半径；
W—抗弯截面系数；z_0—形心距离。

型号	尺寸(mm)			截面面积	理论重量	外表面积	参考数值										
							$x-x$			x_0-x_0			y_0-y_0			x_1-x_1	z_0
	b	d	r				I_x	i_x	W_x	I_y		W_y	I_y	i_y	W_y	I_{x_1}	
				cm^2	kg/m	m^2/m	cm^4	cm	cm^3	cm^4	cm	cm^3	cm^4	cm	cm^3	cm^4	cm
2	20	3	3.5	1.132	0.889	0.078	0.40	0.59	0.29	0.63	0.75	0.45	0.17	0.39	0.20	0.81	0.60
		4		1.459	1.145	0.077	0.50	0.58	0.36	0.78	0.73	0.55	0.22	0.38	0.24	1.09	0.64
2.5	25	3		1.432	1.124	0.098	0.92	0.70	0.40	1.29	0.95	0.73	0.34	0.49	0.33	1.57	0.73
		4		1.859	1.459	0.097	1.03	0.74	0.59	1.62	0.93	0.92	0.43	0.48	0.40	2.11	0.76
3.0	30	3	4.5	1.749	1.373	0.117	1.46	0.91	0.68	2.31	1.15	1.09	0.61	0.59	0.51	2.71	0.85
		4		2.276	1.786	0.117	1.84	0.90	0.87	2.92	1.13	1.37	0.77	0.58	0.62	3.63	0.89
3.6	36	3		2.109	1.656	0.141	2.58	1.11	0.99	4.09	1.39	1.61	1.07	0.71	0.76	4.68	1.00
		4		2.756	2.163	0.141	3.29	1.09	1.28	5.22	1.38	2.05	1.37	0.70	0.93	6.25	1.04
		5		3.382	2.654	0.141	3.95	1.08	1.56	6.24	1.36	2.45	1.65	0.70	1.09	7.84	1.07
4.0	40	3	5	2.359	1.852	0.157	3.59	1.23	1.23	5.69	1.55	2.01	1.49	0.79	0.98	6.41	1.09
		4		3.086	2.422	0.157	4.60	1.22	1.60	7.29	1.54	2.58	1.91	0.79	1.19	8.56	1.13
		5		3.791	2.976	0.156	5.53	1.21	1.96	8.76	1.52	3.10	2.30	0.78	1.39	10.74	1.17

续表

型号	尺寸(mm)			截面面积	理论重量	外表面积	参考数值										
							$x-x$			x_0-x_0			y_0-y_0			x_1-x_1	z_0
	b	d	r				I_x	i_x	W_x	I_y		W_y	I_y	i_y	W_y	I_{x_1}	
				cm^2	kg/m	m^2/m	cm^4	cm	cm^3	cm^4	cm	cm^3	cm^4	cm	cm^3	cm^4	cm
4.5	45	3	5	2.659	2.088	0.177	5.17	1.40	1.58	8.20	1.76	2.58	2.14	0.89	1.24	9.12	1.22
		4		3.486	2.736	0.177	6.65	1.38	2.05	10.56	1.74	3.32	2.75	0.89	1.54	12.18	1.26
		5		4.292	3.369	0.176	8.04	1.37	2.51	12.74	1.72	4.00	3.33	0.88	1.81	15.25	1.30
		6		5.076	3.985	0.176	9.33	1.36	2.95	14.76	1.70	4.64	3.89	0.88	2.06	18.36	1.33
5	50	3	5.5	2.971	2.332	0.197	7.18	1.55	1.96	11.37	1.96	3.22	2.98	1.00	1.57	12.50	1.34
		4		3.897	3.059	0.197	9.26	1.54	2.56	14.70	1.94	4.16	3.82	0.99	1.96	16.69	1.38
		5		4.803	3.770	0.196	11.21	1.53	3.13	17.79	1.92	5.03	4.64	0.98	2.31	20.90	1.42
		6		5.688	4.465	0.196	13.05	1.52	3.68	20.68	1.91	5.85	5.42	0.98	1.63	25.14	1.46
5.6	56	3	6	3.343	2.624	0.221	10.19	1.75	2.48	16.14	2.20	4.08	4.24	1.13	2.02	17.56	1.48
		4		4.390	3.446	0.220	13.18	1.73	3.24	20.92	2.18	5.28	5.46	1.11	2.52	23.43	1.53
		5		5.415	4.251	0.220	16.02	1.72	3.97	25.42	2.17	6.42	6.61	1.10	2.98	29.33	1.57
		8		8.367	6.568	0.219	23.63	1.68	6.03	37.37	2.11	9.44	9.89	1.09	4.16	47.24	1.68
6.3	63	4	7	4.978	3.907	0.248	19.03	1.96	4.13	30.17	2.46	6.78	7.89	1.26	3.29	33.35	1.70
		5		6.143	4.882	0.248	23.17	1.94	5.08	36.77	2.45	8.25	9.57	1.25	3.90	41.73	1.74
		6		7.288	5.721	0.247	27.12	1.93	6.00	43.03	2.43	9.66	11.20	1.24	4.46	50.14	1.78
		8		9.515	7.469	0.247	34.36	1.90	7.75	54.56	2.40	12.25	14.33	1.23	5.47	67.11	1.85
		10		11.657	9.151	0.246	41.09	1.88	9.39	64.85	2.36	14.56	17.33	1.22	6.36	84.31	1.93
7	70	4	8	5.570	4.372	0.275	26.39	2.18	5.14	41.80	2.74	8.44	10.99	1.40	4.17	45.74	1.86
		5		6.875	5.397	0.275	32.21	2.16	6.32	51.08	2.73	10.32	13.34	1.39	4.95	57.21	1.91
		6		8.160	6.406	0.275	37.77	2.15	7.48	59.93	2.71	12.11	15.61	1.38	5.67	68.73	1.95
		7		9.424	7.398	0.275	43.09	2.14	8.59	68.35	2.69	13.81	17.82	1.38	6.34	80.29	1.99
		8		10.667	8.373	0.274	48.17	2.12	9.68	76.37	2.68	15.43	19.82	1.37	6.98	91.92	2.03

续表

型号	尺寸(mm)			截面面积 cm²	理论重量 kg/m	外表面积 m²/m	参考数值										
							$x-x$			x_0-x_0			y_0-y_0			x_1-x_1	z_0
	b	d	r				I_x	i_x	W_x	I_y		W_y	I_y	i_y	W_y	I_{x_1}	
							cm⁴	cm	cm³	cm⁴	cm	cm³	cm⁴	cm	cm³	cm⁴	cm
7.5	75	5	9	7.367	5.818	0.295	39.97	2.33	7.32	63.30	2.92	11.94	16.63	1.50	5.77	70.56	2.04
		6		8.797	6.905	0.294	46.95	2.31	8.64	74.38	2.90	14.02	19.51	1.49	6.67	84.55	2.07
		7		10.161	7.916	0.294	53.57	2.30	9.93	84.96	2.89	16.02	22.18	1.48	7.44	98.71	2.11
		8		11.503	9.030	0.294	59.96	2.28	11.20	95.07	2.88	17.93	24.86	1.47	8.19	112.97	2.15
		10		14.126	11.089	0.293	71.98	2.26	13.64	113.92	2.84	21.46	30.05	1.46	9.56	141.71	2.22
8	80	5	9	7.912	6.211	0.315	48.79	2.48	8.34	77.33	3.13	13.67	2.25	1.60	6.66	85.36	2.15
		6		9.397	7.376	0.314	57.35	2.47	9.87	90.98	3.11	16.08	23.72	1.59	7.65	102.50	2.19
		7		10.860	8.525	0.314	65.58	2.46	11.37	104.07	3.10	19.40	27.09	1.58	8.58	119.70	2.23
		8		12.303	9.658	0.314	73.49	2.44	12.83	116.60	3.08	20.61	30.39	1.57	9.46	136.97	2.27
		10		15.126	11.874	0.313	88.43	2.42	15.64	140.09	3.04	24.76	36.77	1.56	11.08	171.74	2.35
9	90	6	10	10.637	8.350	0.354	82.77	2.79	12.61	131.26	3.51	20.63	34.28	1.80	9.95	145.87	2.44
		7		12.301	9.656	0.354	94.83	2.78	14.54	150.47	3.50	23.64	39.18	1.78	11.19	170.30	2.48
		8		13.944	10.946	0.353	106.47	2.76	16.42	168.97	3.48	26.55	43.97	1.78	12.35	194.80	2.52
		10		17.167	13.476	0.353	128.58	2.74	20.07	203.90	3.45	32.04	53.26	1.76	14.52	244.07	2.59
		12		20.306	15.940	0.352	149.22	2.71	23.57	236.21	3.41	37.12	62.22	1.75	16.49	293.76	2.67
10	100	6	12	11.932	9.366	0.393	114.95	3.10	15.68	181.93	3.90	25.74	47.92	2.00	12.69	200.07	2.67
		7		13.796	10.830	0.393	131.86	3.09	17.10	208.97	3.89	29.55	54.74	1.99	14.26	233.54	2.71
		8		15.638	12.276	0.393	148.24	3.08	20.47	235.07	3.88	33.42	61.41	1.98	15.75	267.09	2.76
		10		19.261	15.120	0.392	179.51	3.05	25.06	284.68	3.84	40.26	74.35	1.96	18.54	334.48	2.84
		12		22.800	17.898	0.391	208.90	3.03	29.48	330.95	3.81	46.80	86.84	1.95	21.08	402.34	2.91
		14		26.256	20.611	0.391	236.53	3.00	33.73	374.06	3.77	52.90	99.00	1.94	23.44	470.75	2.99
		16		29.627	23.611	0.390	262.53	2.98	37.82	414.46	3.74	58.57	110.89	1.94	25.63	539.80	3.06

续表

型号	尺寸(mm)			截面面积 cm^2	理论重量 kg/m	外表面积 m^2/m	参考数值										
							$x-x$			x_0-x_0			y_0-y_0			x_1-x_1	z_0
	b	d	r				I_x	i_x	W_x	I_y		W_y	I_y	i_y	W_y	I_{x_1}	
							cm^4	cm	cm^3	cm^4	cm	cm^3	cm^4	cm	cm^3	cm^4	cm
11	110	7		15.196	110928	0.433	177.16	3.41	22.05	230.94	4.30	36.12	73.38	2.20	17.51	310.64	2.96
		8		17.238	13.532	0.433	199.46	3.40	24.95	316.49	4.28	40.69	82.42	2.19	19.39	355.20	3.01
		10		21.261	16.690	0.432	242.19	3.38	30.60	384.39	4.25	49.42	99.98	2.17	22.91	444.65	3.09
		12		25.200	19.782	0.431	282.55	3.35	36.05	448.17	4.22	57.62	116.93	2.15	26.15	534.60	3.16
		14		29.056	22.809	0.431	320.71	3.32	41.31	508.01	4.18	65.31	133.40	2.14	29.14	625.16	3.24
12.5	125	8	14	19.750	15.504	0.492	297.03	3.88	32.52	470.89	4.88	53.28	123.16	2.50	25.86	521.01	3.37
		10		24.373	19.133	0.491	361.67	3.85	39.97	573.89	4.85	64.93	149.46	2.48	30.62	651.93	3.45
		12		28.912	22.696	0.491	432.16	.3.83	41.17	671.44	4.82	75.96	174.88	2.46	35.03	783.42	3.53
		14		33.367	26.193	0.490	481.65	3.80	54.16	763.73	4.78	86.41	199.57	2.45	39.13	915.61	3.61
14	140	10	14	27.373	21.488	0.551	514.65	4.43	50.58	817.27	5.45	82.56	212.04	2.78	39.20	915.11	3.82
		12		32.512	25.522	0.551	603.68	4.31	59.80	958.79	5.43	96.85	248.57	2.76	45.02	1 099.28	3.9
		14		37.567	29.490	0.550	688.81	4.28	68.75	1 093.56	5.40	110.47	284.06	2.75	50.45	1 284.22	3.98
		16		42.593	33.393	0.549	770.24	4.26	77.46	1 221.81	5.36	123.42	318.67	2.74	55.55	1 470.07	4.06
16	160	10	16	31.502	24.729	0.630	779.53	4.98	66.70	1 237.30	6.27	109.36	321.76	3.20	52.76	1 365.33	4.31
		12		37.441	29.391	0.630	916.58	4.95	78.98	1 455.68	6.24	128.67	377.49	3.18	60.74	1 639.57	4.39
		14		43.441	33.987	0.629	1 048.36	4.92	90.95	1 665.02	6.20	147.17	431.70	3.16	68.24	1 914.68	4.47
		16		49.067	38.518	0.629	1 175.08	4.89	102.63	1 865.57	6.17	164.89	484.59	3.14	75.31	2 190.82	4.55

续表

型号	尺寸(mm)			截面面积 cm²	理论重量 kg/m	外表面积 m²/m	参考数值										
							$x-x$			x_0-x_0			y_0-y_0			x_1-x_1	z_0
	b	d	r				I_x	i_x	W_x	I_y		W_y	I_y	i_y	W_y	I_{x_1}	
							cm⁴	cm	cm³	cm⁴	cm	cm³	cm⁴	cm	cm³	cm⁴	cm
18	180	12	16	42.241	33.159	0.710	1 321.35	5.59	100.82	2 100.10	7.05	165.00	542.61	3.58	78.41	2 332.80	4.89
		14		48.896	38.383	0.709	1 514.48	5.56	116.25	2 407.42	7.02	189.14	621.53	3.56	88.38	2 723.48	4.97
		16		55.467	43.542	0.709	1 700.99	5.54	131.13	2 703.37	6.98	212.40	698.60	3.55	97.83	3 115.29	5.05
		18		61.955	48.634	0.708	1 875.12	5.50	145.64	2 988.24	6.94	234.78	762.01	3.51	105.14	3 502.43	5.13
20	200	14	18	54.642	42.894	0.788	2 103.55	6.20	144.70	3 343.26	7.82	236.40	863.83	3.98	111.82	3 734.10	5.46
		16		62.013	48.860	0.788	2 366.15	6.18	163.65	3 760.89	7.79	265.93	971.41	3.96	123.96	4 270.39	5.54
		18		69.301	54.401	0.787	2 620.64	6.15	182.22	4 164.54	7.75	294.48	1 076.74	3.94	135.52	4 808.13	5.62
		20		76.505	60.056	0.787	2 867.30	6.12	200.42	4 554.55	7.72	322.06	1 180.04	3.93	146.55	5 347.51	5.69
		24		90.661	71.168	0.785	3 338.25	6.07	236.17	5 294.97	7.64	374.41	1 381.53	3.90	166.65	6 457.16	5.87

注:截面图中的 $r_1=d/3$ 及表中 r 值的数据用于孔型设计,不作交货条件。

表 2　热轧不等边角钢(摘自 GB/T9788—1988)

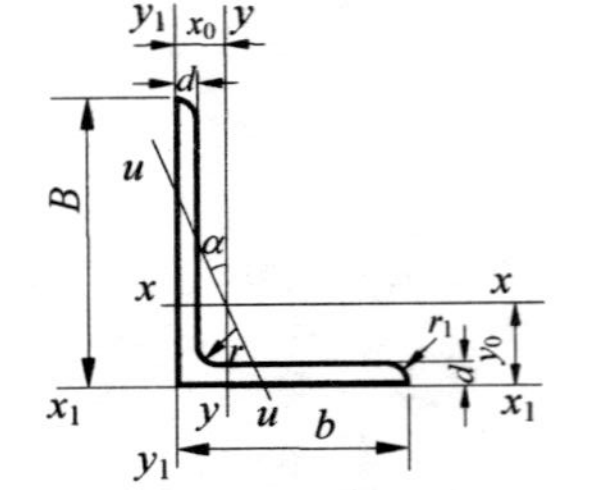

B—长边宽度；b—短边厚度；d—边厚度；r—内圆弧半径；
I—惯性矩；r_1—边端内圆弧半径；i—惯性半径；W—弯曲截面系数；
x_0—形心距离；y_0—形心距离。

角钢号数	尺寸(mm)				截面面积 cm²	理论重量 kg/m	外表面积 m²/m	参考数值															
								$x-x$			$y-y$			x_1-x_1		y_1-y_1		$u-u$			$\tan\alpha$
	B	b	d	r				I_x	i_x	W_x	I_y	i_y	W_y	I_{x_1}	y_0	I_{y_1}	x_0	I_u	i_u	W_u	
								cm⁴	cm	cm³	cm⁴	cm	cm³	cm⁴	cm	cm⁴	cm	cm⁴	cm	cm³	
2.5/1.6	25	16	3	3.5	1.162	0.192	0.080	0.70	0.78	0.43	0.22	0.44	0.19	1.56	0.86	0.43	0.42	0.14	0.34	0.16	0.392
			4		1.499	1.176	0.079	0.88	0.77	0.55	0.27	0.43	0.24	2.09	0.90	0.59	0.46	0.17	0.34	0.20	0.381
3.2/2	32	20	3	3.5	1.492	1.171	0.102	1.53	1.01	0.72	0.46	0.55	0.30	3.27	1.08	0.82	0.49	0.28	0.43	0.25	0.382
			4		1.939	1.522	0.101	1.93	1.00	0.93	0.57	0.54	0.39	4.37	1.12	1.12	0.53	0.35	0.42	0.32	0.374
4/2.5	40	25	3	4	1.890	1.484	0.127	3.08	1.28	1.15	0.93	0.70	0.49	5.39	1.32	1.59	0.59	0.56	0.54	0.40	0.385
			4		2.467	1.936	0.127	3.93	1.26	1.49	1.18	0.69	0.63	8.53	1.37	2.14	0.63	0.71	0.54	0.52	0.381
4.5/2.8	45	28	3	5	2.149	1.687	0.143	4.45	1.44	1.47	1.34	0.79	0.62	9.10	1.47	2.23	0.64	0.80	0.61	0.51	0.383
			4		2.806	2.203	0.143	5.69	1.42	1.91	1.70	0.78	0.80	12.13	1.51	3.00	0.68	1.02	0.60	0.66	0.380
5/3.2	50	32	3	5.5	2.431	1.908	0.161	6.24	1.60	1.84	2.02	0.91	0.82	12.49	1.60	3.31	0.73	1.20	0.70	0.68	0.404
			4		3.177	2.494	0.160	8.02	1.59	2.39	2.58	0.90	1.06	16.65	1.65	4.45	0.77	1.53	0.69	0.87	0.402
5.6/3.6	56	36	3	6	2.743	2.153	0.181	8.88	1.80	2.32	2.92	1.03	1.05	17.54	1.78	4.70	0.80	1.73	0.79	0.87	0.408
			4		3.590	2.188	0.180	11.45	1.79	3.03	3.76	1.02	1.37	23.39	1.82	6.33	0.85	2.23	0.79	1.13	0.408
			5		4.415	3.466	0.180	13.86	1.77	3.71	4.49	1.01	1.65	29.25	1.87	7.94	0.88	2.67	0.78	1.36	0.404

续表

角钢号数	尺寸(mm)				截面面积 cm^2	理论重量 kg/m	外表面积 m^2/m	参考数值													
								$x-x$			$y-y$			x_1-x_1		y_1-y_1		$u-u$			$\tan\alpha$
	B	b	d	r				I_x	i_x	W_x	I_y	i_y	W_y	I_{x_1}	y_0	I_{y_1}	x_0	I_u	i_u	W_u	
								cm^4	cm	cm^3	cm^4	cm	cm^3	cm^4	cm	cm^4	cm	cm^4	cm	cm^3	
6.3/4	63	40	4	7	4.058	3.185	0.202	16.49	2.02	3.87	5.23	1.14	1.70	33.20	2.04	8.63	0.92	3.12	0.88	1.40	0.398
			5		4.993	3.920	0.202	20.02	2.00	4.74	6.31	1.12	2.71	41.63	2.08	10.86	0.95	3.76	0.87	1.71	0.396
			6		5.908	4.638	0.201	23.36	1.96	5.59	7.29	1.11	2.43	49.98	2.12	13.12	0.99	4.34	0.86	1.99	0.393
			7		6.802	5.339	0.201	26.53	1.98	6.40	8.24	1.10	2.78	58.07	2.15	15.47	1.03	4.97	0.86	2.29	0.389
7/4.5	70	45	4	7.5	4.547	3.570	0.226	23.17	2.26	4.86	7.55	1.29	2.17	45.92	2.24	12.26	1.02	4.40	0.98	1.77	0.410
			5		5.609	4.403	0.225	27.95	2.23	5.92	9.13	1.28	2.65	57.10	2.28	15.39	1.06	5.40	0.98	2.19	0.407
			6		6.647	5.218	0.225	32.54	2.21	6.95	10.62	1.26	3.12	68.35	2.32	18.58	1.09	6.35	0.98	2.59	0.404
			7		7.657	6.011	0.225	37.22	2.20	8.03	12.01	1.25	3.57	79.99	2.36	21.84	1.13	7.16	0.97	2.94	0.402
(7.5/5)	75	50	5	8	6.125	4.808	0.245	34.86	2.39	6.83	12.61	1.44	3.30	70.00	2.40	21.04	1.17	7.41	1.10	2.74	0.435
			6		7.260	5.699	0.245	41.12	2.38	8.12	14.70	1.42	3.88	84.30	2.44	25.37	1.21	8.54	1.08	3.19	0.435
			8		9.467	7.431	0.244	52.39	2.35	10.52	18.53	1.40	4.99	112.50	2.52	34.23	1.29	10.87	1.07	4.10	0.429
			10		11.590	9.098	0.244	62.71	2.33	12.79	21.96	1.38	6.04	140.80	2.60	43.43	1.36	13.10	1.06	4.99	0.423
8/5	80	50	5	8	6.375	6.005	0.255	41.96	2.56	7.78	12.82	1.42	3.32	85.21	2.60	21.06	1.14	7.66	1.10	2.74	0.388
			6		7.560	5.935	0.255	49.49	2.56	9.25	14.95	1.41	3.91	102.53	2.65	25.41	1.18	8.85	1.08	3.20	0.387
			7		8.724	6.848	0.255	56.16	2.54	10.58	16.96	1.39	4.48	119.33	2.69	29.82	1.21	10.18	1.08	3.70	0.384
			8		9.867	7.745	0.254	62.83	2.52	11.92	18.85	1.38	5.03	136.41	2.73	34.32	1.25	11.38	1.07	4.16	0.381
9/6.5	90	56	5	9	7.212	5.661	0.287	60.45	2.90	9.92	18.32	1.59	4.21	121.32	2.91	29.53	1.25	10.98	1.23	3.49	0.385
			6		8.557	6.717	0.286	71.03	2.88	11.74	21.42	1.58	4.96	145.59	2.95	35.58	1.29	12.90	1.23	4.13	0.384
			7		9.880	7.756	0.286	81.08	2.86	13.49	24.36	1.57	5.70	169.60	3.00	41.71	1.33	14.67	1.22	4.72	0.382
			8		11.183	8.799	0.286	91.03	2.85	15.27	27.15	1.56	6.41	194.17	3.04	47.93	1.36	16.34	1.21	5.29	0.380

续表

角钢号数	尺寸(mm)				截面面积	理论重量	外表面积	参考数值															
								$x-x$			$y-y$			x_1-x_1		y_1-y_1		$u-u$			
	B	b	d	r				I_x	i_x	W_x	I_y	i_y	W_y	I_{x_1}	y_0	I_{y_1}	x_0	I_u	i_u	W_u	$\tan\alpha$
					cm^2	kg/m	m^2/m	cm^4	cm	cm^3	cm^4	cm	cm^3	cm^4	cm	cm^4	cm	cm^4	cm	cm^3	
10/6.3	100	63	6	10	9.617	7.550	0.320	99.06	3.21	14.64	30.94	1.79	6.35	199.71	3.24	50.50	1.43	18.42	1.38	5.25	0.394
			7		11.111	8.722	0.320	113.45	3.20	16.88	35.26	1.78	7.29	233.00	3.28	59.14	1.47	21.00	1.38	6.02	0.394
			8		12.548	9.878	0.319	127.37	3.18	19.08	39.39	1.77	8.21	266.32	3.32	67.88	1.50	23.50	1.37	6.78	0.391
			10		15.467	12.142	0.319	153.81	3.15	23.32	47.12	1.74	9.98	33.06	3.40	85.73	1.58	28.33	1.35	8.24	0.387
10/8	100	80	6	10	10.637	8.350	0.354	107.04	3.17	15.19	61.24	2.40	10.16	199.83	2.95	102.68	1.97	31.65	1.72	8.37	0.627
			7		12.301	9.656	0.354	122.37	3.16	17.52	70.08	2.39	11.71	233.20	3.00	119.98	2.01	36.17	1.72	9.60	0.626
			8		13.944	10.946	0.353	137.92	3.14	19.81	17.58	2.37	13.21	266.61	3.04	137.37	2.05	40.58	1.71	10.80	0.625
			10		17.167	13.476	0.353	166.87	3.12	24.24	94.65	2.35	16.12	33.63	3.12	172.48	2.13	49.10	1.69	13.12	0.622
11/7	110	70	6	10	10.637	8.350	0.354	133.37	3.54	17.83	42.92	2.01	7.90	265.78	3.53	69.08	1.57	25.36	1.54	6.53	0.403
			7		12.301	9.656	0.354	153.00	3.53	20.60	49.01	2.00	9.09	310.07	3.57	80.82	1.61	28.95	1.53	7.50	0.402
			8		13.944	10.946	0.353	172.04	3.51	23.30	54.87	1.98	10.25	354.39	3.62	92.70	1.65	32.45	1.53	8.45	0.401
			10		17.167	13.476	0.353	208.39	3.48	28.54	65.88	1.96	12.48	443.13	3.70	116.83	1.72	39.20	1.51	10.29	0.397
12.5/8	125	80	7	11	14.096	11.066	0.403	227.98	4.02	26.86	74.42	2.30	12.01	454.99	4.10	120.32	1.80	43.81	1.76	9.92	0.408
			8		15.989	12.551	0.403	256.77	4.01	30.41	83.49	2.28	13.56	519.99	4.06	137.85	1.84	49.15	1.75	11.18	0.407
			10		19.712	15.474	0.402	312.04	3.98	37.33	100.67	2.26	16.56	650.09	4.14	173.40	1.92	59.45	1.74	13.64	0.404
			12		23.351	18.330	0.402	364.41	3.95	44.01	116.67	2.24	19.43	780.39	4.22	209.67	2.00	69.35	1.72	16.01	0.400
14/9	140	90	8	12	18.038	14.160	0.453	365.64	4.50	38.48	120.69	2.59	17.34	730.53	4.50	195.79	2.04	70.83	1.98	14.31	0.411
			10		22.261	17.475	0.452	445.50	4.47	47.31	140.03	2.56	21.22	913.20	4.58	245.92	2.12	85.82	1.96	17.48	0.409
			12		26.400	20.724	0.451	521.59	4.44	55.87	169.79	2.54	24.95	1 096.09	4.66	296.89	2.19	100.21	1.95	20.54	0.406
			14		30.456	23.908	0.451	594.10	4.42	64.18	192.10	2.51	28.54	1 279.26	4.76	348.82	2.27	114.13	1.04	23.52	0.403

续表

角钢号数	尺寸(mm)				截面面积	理论重量	外表面积	参考数值														
								$x-x$			$y-y$			x_1-x_1		y_1-y_1		$u-u$			
	B	b	d	r	cm^2	kg/m	m^2/m	I_x	i_x	W_x	I_y	i_y	W_y	I_{x_1}	y_0	I_{y_1}	x_0	I_u	i_u	W_u	$\tan\alpha$
								cm^4	cm	cm^3	cm^4	cm	cm^3	cm^4	cm	cm^4	cm	cm^4	cm	cm^3	
16/10	160	100	10	13	25.315	19.872	0.512	668.69	5.14	62.13	205.03	2.85	26.56	1 262.89	5.24	336.59	2.28	121.74	2.19	21.92	0.390
			12		30.054	23.592	0.511	784.91	5.11	73.49	239.06	2.82	31.28	1 635.56	5.32	405.94	2.36	142.33	2.17	25.79	0.388
			14		34.709	27.247	0.510	896.30	5.08	84.56	271.20	2.80	35.83	1 908.50	5.40	476.42	2.43	162.23	2.16	29.56	0.385
			16		39.281	30.835	0.510	1003.04	5.05	95.33	301.60	2.77	40.24	2 182.79	5.48	548.22	2.51	182.57	2.16	33.44	0.382
18/11	180	110	10	14	28.373	22.273	0.571	956.25	5.80	78.96	278.11	3.13	32.49	1 940.40	5.89	447.22	2.44	166.50	2.42	26.88	0.376
			12		33.712	26.464	0.571	1 124.72	5.78	93.53	325.03	3.10	38.32	2 328.38	5.98	538.94	2.52	194.87	2.40	31.66	0.374
			14		38.967	30.589	0.570	1 286.91	5.75	107.76	369.55	3.08	43.97	2 716.60	6.06	631.95	2.59	222.30	2.39	36.32	0.372
			16		44.139	34.649	0.569	1 443.06	5.72	121.64	411.85	3.06	49.44	3 105.15	6.14	726.46	2.67	248.94	2.38	40.87	0.369
20/12.5	200	125	12	14	37.912	29.761	0.641	1 570.90	6.44	116.73	483.16	3.57	49.99	3 193.85	6.54	787.74	2.83	285.79	2.74	41.23	0.392
			14		43.867	34.436	0.640	1 800.97	6.41	134.65	550.83	3.54	57.44	3 726.17	6.62	922.47	2.91	326.58	2.73	47.34	0.390
			16		49.739	39.054	0.629	2 023.35	6.38	152.18	615.44	3.52	64.69	4 258.86	6.70	1 058.86	2.99	366.21	2.71	53.32	0.388
			18		55.526	43.588	0.639	2 238.30	6.35	169.33	677.19	3.49	71.74	4 792.00	6.78	1 197.13	3.06	404.83	2.70	59.18	0.385

注:括号内型号不推荐使用;截面图中的 $r_1=d/3$ 及表中 r 值的数据用于孔型设计,不作交货条件。

表 3　热轧普通工字钢(摘自 GB/T 706—1988)

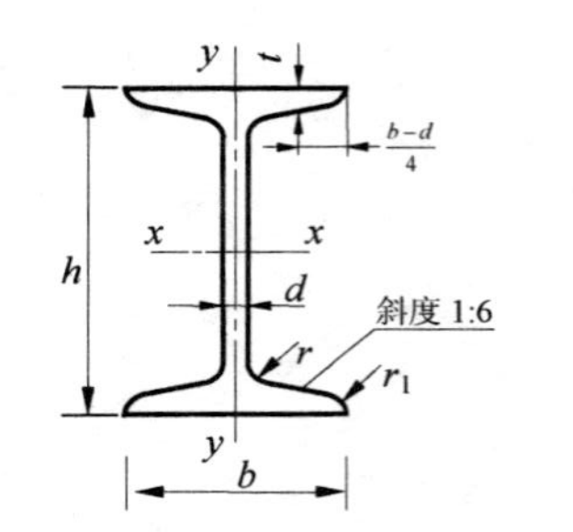

h——高度；r_1——腿端圆弧半径；b——腿宽；I——惯性矩；
d——腰厚；W——截面系数；t——平均腿厚；
i——惯性半径；r —— 内圆弧半径；S—— 半截面的静矩。

型号	尺寸(mm)						截面面积	理论重量	参考数值						
									$x-x$				$y-y$		
	h	b	d	t	r	r_1	mm^2	kg/m	I_x cm^4	W_x cm^3	i_x mm	$I_x:S_x$ mm	I_y cm^4	W_y cm^3	i_y mm
10	100	68	4.5	7.6	6.5	3.3	1 430	11.2	245	49.0	41.4	85.9	33.0	9.72	15.2
12.6	126	74	5.0	8.4	7.0	3.5	1 810	14.2	488	77.5	52.0	108	46.9	12.7	16.1
14	140	80	5.5	9.1	7.5	3.8	2 150	16.9	712	102	57.6	120	64.4	16.1	17.3
16	160	88	6.0	9.9	8.0	4.0	2 610	20.5	1 130	141	65.8	138	93.1	21.2	18.9
18	180	94	6.5	10.7	8.5	4.3	3 060	24.1	1 660	185	73.6	154	122	26.0	20.0
20a	200	100	7.0	11.4	9	4.5	3 550	27.9	2 370	237	81.5	172	158	31.5	21.2
20b	200	102	9.0	11.4	9	4.5	3 950	31.1	2 500	250	79.6	169	169	33.1	20.6
22a	220	110	7.5	12.3	9.5	4.8	4 200	33.0	3 400	309	89.9	189	225	40.9	23.1
22b	220	112	9.5	12.3	9.5	4.8	4 640	36.4	3 570	325	87.8	187	239	42.7	22.7
25a	250	116	8.0	13	10	5	4 850	38.1	5 020	402	102	216	280	48.3	24.0
25b	250	118	10.0	13	10	5	5 350	42.0	5 280	423	99.4	213	309	52.4	24.0

续表

型号	尺寸 (mm)						截面面积 mm²	理论重量 kg/m	参考数值						
									$x-x$				$y-y$		
	h	b	d	t	r	r_1			I_x cm⁴	W_x cm³	i_x mm	$I_x:S_x$ mm	I_y cm⁴	W_y cm³	i_y mm
28a	280	122	8.5	13.7	10.5	5.3	5 545	43.4	7 110	508	113	246	345	56.6	25.0
28b	280	124	10.5	13.7	10.5	5.3	6 105	47.9	7 480	534	111	242	379	61.2	24.9
32a	320	130	9.5	15	11.5	5.8	6 705	52.7	11 100	692	128	275	460	70.8	26.2
32b	320	132	11.5	15	11.5	5.8	7 345	57.7	11 600	726	126	271	502	76.0	26.1
32c	320	134	13.5	15	11.5	5.8	7 995	62.8	12 200	760	123	267	544	81.2	26.1
36a	360	136	10	15.8	12	6	7 630	59.5	15 800	875	144	307	552	81.2	26.9
36b	360	138	12	15.8	12	6	8 350	65.6	16 500	919	141	303	582	84.3	26.4
36c	360	140	14	15.8	12	6	9 070	71.2	17 300	962	138	299	612	87.4	26.0
40a	400	142	10.5	16.5	12.5	6.3	8 610	67.6	21 700	1 090	159	341	660	93.2	27.7
40b	400	144	12.5	16.5	12.5	6.3	9 410	73.8	22 800	1 140	156	336	692	96.2	27.1
40c	400	146	14.5	16.5	12.5	6.3	10 200	80.1	23 900	1 190	152	332	727	99.6	26.5
45a	450	150	11.5	18	13.5	6.8	10 200	80.4	32 200	1 430	177	386	855	114	28.9
45b	450	152	13.5	18	13.5	6.8	11 100	87.4	33 800	1 500	174	380	894	118	28.4
45c	450	154	15.5	18	13.5	6.8	12 000	94.5	35 300	1 570	171	376	938	122	27.9
50a	500	158	12	20	14	7	11 900	93.6	46 500	1 860	197	428	1 120	142	30.7
50b	500	160	14	20	14	7	12 900	101	48 600	1 940	194	424	1 170	146	30.1
50c	500	162	16	20	14	7	13 900	109	50 600	2 080	190	418	1 220	151	29.6
56a	560	166	12.5	21	14.5	7.3	13 525	106	65 600	2 340	220	477	1 370	165	31.8
56b	560	168	14.5	21	14.5	7.3	14 645	115	68 500	2 450	216	472	1 490	174	31.6
56c	560	170	16.5	21	14.5	7.3	15 785	124	71 400	2 550	213	467	1 560	183	31.6
63a	630	176	13	22	15	7.5	15 490	121	93 900	2 980	246	542	1 700	193	33.1
63b	630	178	15	22	15	7.5	16 750	131	98 100	3 160	242	535	1 810	204	32.9
63c	630	180	17	22	15	7.5	18 010	141	102 000	3 300	238	529	1 920	214	32.7

注：截面图和表中标注的圆弧半径 r，r_1 的数据用于孔型设计，不作交货条件。

表 4　热轧普通槽钢(摘自 GB/T707－1988)

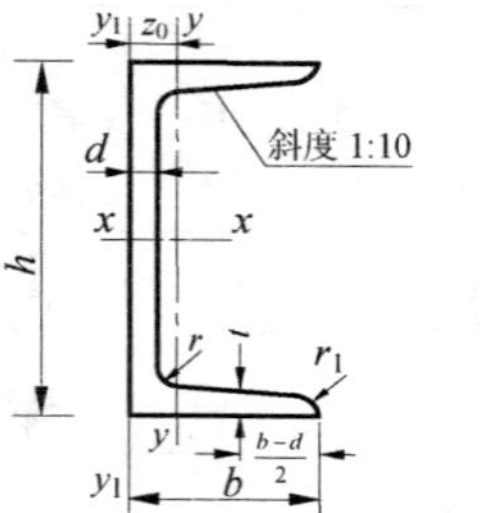

h — 高度；r_1—腿端圆弧半径；b — 腿宽；
I— 惯性矩；d — 腰厚；W— 截面系数；
t — 平均腿厚；i —惯性半径；r — 内圆弧半径；
z_0—$y-y$ 与 y_1-y_1 轴线间距离。

型号	尺寸(mm)						截面面积	理论重量	参考数值							
									$x-x$			$y-y$			y_1-y_1	z_0
	h	b	d	t	r	r_1			W_x	I_x	i_x	W_y	I_y	i_y	I_{y_1}	
							mm^2	kg/m	cm^3	cm^4	mm	cm^3	cm^4	mm	cm^4	mm
5	50	37	4.5	7.0	7.0	3.5	693	5.44	10.4	26.0	19.4	3.55	8.30	11.0	20.9	13.5
6.3	63	40	4.8	7.5	7.5	3.8	845	6.63	16.1	50.8	24.5	4.50	11.9	11.9	28.4	13.6
8	80	43	5.0	8.0	8.0	4.0	1 024	8.04	25.3	101	31.5	5.79	16.6	12.7	37.4	14.3
10	100	48	5.3	8.5	8.5	4.2	1 274	10.00	39.7	198	39.5	7.80	25.6	14.1	54.9	15.2
12.6	126	53	5.5	9.0	9.0	4.5	1 569	12.37	62.1	391	49.5	10.2	38.0	15.7	77.1	15.9
14a	140	58	6.0	9.5	9.5	4.8	1 851	14.53	80.5	564	55.2	13.0	53.2	17.0	107	17.1
14b	140	60	8.0	9.5	9.5	4.8	2 131	16.73	87.1	609	53.5	14.1	61.1	16.9	121	16.7
16a	160	63	6.5	10.0	10.0	5.0	2 195	17.23	108	866	62.8	16.3	73.3	18.3	144	18.0
16	160	65	8.5	10.0	10.0	5.0	2 515	19.74	117	935	61.0	17.6	83.4	18.2	161	17.5
18a	180	68	7.0	10.5	10.5	5.2	2 569	20.17	141	1 270	70.4	20.0	98.6	19.6	190	18.8
18	180	70	9.0	10.5	10.5	5.2	2 929	22.99	152	1 370	68.4	21.5	111	19.5	210	18.4
20a	200	73	7.0	11.0	11.0	5.5	2 883	22.63	178	1 780	78.6	24.2	128	21.1	244	20.1
20	200	75	9.0	11.0	11.0	5.5	3 283	25.77	191	1 910	76.4	25.9	144	20.9	268	19.5

续表

型号	尺寸(mm)						截面面积	理论重量	参考数值							
									$x-x$			$y-y$			y_1-y_1	z_0
	h	b	d	t	r	r_1			W_x	I_x	i_x	W_y	I_y	i_y	I_{y_1}	
							mm^2	kg/m	cm^3	cm^4	mm	cm^3	cm^4	mm	cm^4	mm
22a	220	77	7.0	11.5	11.5	5.8	3 184	24.99	218	2 390	86.7	28.2	158	22.3	298	21.0
22	220	79	9.0	11.5	11.5	5.8	3 624	28.45	234	2 570	84.2	30.1	176	22.1	326	20.3
25a	250	78	7.0	12.0	12.0	6.0	3 491	27.47	270	3 370	98.2	30.6	176	22.4	322	20.7
25b	250	80	9.0	12.0	12.0	6.0	3 991	31.39	282	3 530	94.1	32.7	196	22.2	353	19.8
25c	250	82	11.0	12.0	12.0	6.0	4 491	35.32	295	3 690	90.7	35.9	218	22.1	384	19.2
28a	280	82	7.5	12.5	12.5	6.2	4 002	31.42	340	4 760	109	35.7	218	23.3	388	21.0
28b	280	84	9.5	12.5	12.5	6.2	4 562	35.81	366	5 130	106	37.9	242	23.0	428	20.2
28c	280	86	11.5	12.5	12.5	6.2	5 122	40.21	393	5 500	104	40.3	268	22.9	463	19.5
32a	320	88	8.0	14	14	7	4 870	38.22	475	7 600	125	46.5	305	25.0	552	22.4
32b	320	90	10.0	14	14	7	5 510	43.25	509	8 140	122	49.2	336	24.7	593	21.6
32c	320	92	12.0	14	14	7	6 150	48.28	543	8 690	119	52.6	374	24.7	643	20.9
36a	360	96	9.0	16	16	8	6 089	47.8	660	11 900	140	63.5	455	27.3	818	24.4
36b	360	98	11.0	16	16	8	6 809	53.45	703	12 700	136	66.9	497	27.0	880	23.7
36c	360	100	13.0	16	16	8	7 529	59.11	746	13 400	134	70.0	536	26.7	948	23.4
40a	400	100	10.5	18	18	9	7 505	58.91	879	17 600	153	78.8	592	28.1	1 070	24.9
40b	400	102	12.5	18	18	9	8 305	65.19	932	18 600	150	82.5	640	27.8	1 140	24.4
40c	400	104	14.5	18	18	9	9 105	71.47	986	19 700	147	86.2	688	27.5	1 220	24.2

注:截面图和表中标注的圆弧半径 r, r_1 的数据用于孔型设计,不作交货条件。

主要参考文献

[1] 李庆华主编,许留旺修订. 材料力学(第三版)[M]. 成都:西南交通大学出版社. 2005.

[2] 孙训方,方孝淑,关来泰编. 胡增强,郭力,江晓禹修订. 材料力学(Ⅰ),(Ⅱ)(第5版)[M]. 北京:高等教育出版社. 2009.

[3] 孙训方,方孝淑,关来泰编. 材料力学(上,下)(第2版)[M]. 北京:高等教育出版社. 1979.

[4] 单辉祖编著. 材料力学(Ⅰ),(Ⅱ)(第4版)[M]. 北京:高等教育出版社. 2018.

[5] 张新占主编. 材料力学[M]. 西安:西北工业大学出版社,2005.

[6] 秦世伦主编. 材料力学(第二版)[M]. 成都:四川大学出版社,2011.

[7] 何青主编. 材料力学[M]. 北京:机械工业出版社,2013.

[8] 黄丽华,苏振超. 材料力学[M]. 大连:大连理工大学出版社,2015.

[9] 苏振超主编. 材料力学[M]. 北京:清华大学出版社,2016.

[10] 黄小青,陆丽芳,何庭蕙编著. 材料力学(第二版)[M]. 广州:华南理工大学出版社,2011.

[11] 刘鸿文. 材料力学Ⅰ,Ⅱ(第5版)[M]. 北京:高等教育出版社. 2011.

[12] 秦飞编著. 材料力学[M]. 北京,科学出版社. 2012.

[13] 杨伯源主编. 材料力学(Ⅰ),(Ⅱ)[M]. 北京:机械工业出版社,2006.

[14] 金忠谋. 材料力学(Ⅰ),(Ⅱ)[M]. 北京:机械工业出版社,2008.

[15] 李志君,许留旺. 材料力学思维训练题集[M]. 北京:中国铁道出版社. 2000.

[16] 奚绍中. 材料力学精讲[M]. 成都:西南交通大学出版社. 1993.

[17] 陆明万,罗学富. 弹性理论基础[M]. 北京:清华大学出版社. 1990.

[18] James M. Gere. Mechanics of Materials (5th Edition) [M]. Thomson-Engineering. 2001.

[19] R. C. Hibbeler. Mechanics of Materials (Fifth Edition)[M]. Pearson Education, Prentice Hall. 2003.

[20] Timoshenko S. P, Goodier J. N. Theory of Elasticity (2th Edition) [M]. New York: McGRAW-HILL book company, Inc. 1951.